KYOTO UNIVERSITY

改訂第 2 版
世界一わかりやすい
京大の
理系数学
合格講座

池谷 哲
Satoshi Ikeya

for faculty of science

＊本書は，小社より 2016 年に刊行された『改訂版　世界一わかりやすい　京大の
理系数学　合格講座』の改訂版であり，京都大学「数学（理系）」の最新動向に
最大限の配慮をするために加筆・修正をしたものです。

はじめに

　本書は，高校数学を一通り勉強して，これから京大の理系学部合格に向けて，本格的な受験勉強に入ろうとする人のための参考書です。数学Ⅲは後半に収録してありますので，数学Ⅰ・A，Ⅱ・Bの学習が終了していれば，本書を使用することは可能です。

　京大の過去問から，理系入試で出題された問題を中心に100題を選りすぐり，単に解答だけではなく，その解き方の全体を解説してあります。

どうしてそんなことを思いつくのか
どうしてそのような解答になるのか

そこに力を注ぎ込みました。そのせいで，こんなにぶ厚くなってしまいました(笑)。

ところで，京大の問題を解いたことありますか？

　1年分をまとめて解いたことはないかもしれませんが，問題集や参考書などで，出典に「京大」と書かれた問題を解いたことがあるのではないでしょうか。

　どうでしたか？　京大の問題を解いた人からは，

　　「難しい」

　　「何をやっていいのかわからない」

　　「どうして，そんな解法が思いつくのかわからない」

という感想をよく聞きます。僕自身もそうでした。

　少し僕の話をさせてください。もう30年近く昔になりますが，京都教育大附属高校から，2浪して京大工学部に入りました。精密工学科（現在の物理工学科の一部）に入って，大学院は応用システム科学研究科（現在の情報科学研究科の一部）に進み，人工知能の研究をしていました。

　一応，中学……いや高校1年生くらいまでは，数学が得意だったんです。ところが，高校2年生くらいからだんだんできなくなり，自分としては一生懸命勉強したつもりでしたが，結局2浪してしまいました。できないといっても，教科書の公式や定理は覚えられますし，簡単な問題は解けるんです。中間テストや期末テストもなんとかなりました。ところが，

京大をはじめとする難関大の入試問題になると解けない

んです。

　本書を読んでいるあなたはどうですか？　僕と同じような状態ではないですか？　一生懸命勉強しているのに，難関大の問題が解けない原因は，

数学の問題に取り組むプロセスが間違っている

可能性が高いです。

　人によって多少表現が異なりますが，数学者が数学の問題に取り組むプロセスは，次の四段階に分類できるようです。

　第一段階：「**理解**」

　　その問題は何が与えられていて，何を求める（何を示す）のかを理解する段階

　第二段階：「**計画**」

　　与えられたものと求めたいもの（示したいもの）の関連を見つけ，その問題をどうやって解くかの計画を立てる段階

　第三段階：「**実行**」

　　計画を実行に移す。すなわち，実際に解答を作成する段階

　第四段階：「**検討**」

　　出てきた結果や導くプロセスが正しいか，他の解き方はないかなどを検討する段階

　京大をはじめとする難関大の入試問題が解けない人は，すぐに「解こう」というか「解答を書こう」としていませんか？　つまり，

最初から「実行」しようとしていませんか？

　これでは無理です。なぜならば，他の難関大もそうですが，とくに

京大では「理解」と「計画」が重視されている

からです。

教科書で習う数学でも，「理解」や「計画」は必要なのですが，それほど複雑ではありません。大学入試と比べると，1問あたりにかかる時間がかなり短いですから，それもそうです。高校の教科書に載っている問題であっても，本来は「理解」や「計画」をしないといけないのですが，とりあえず丸暗記して，反復練習をすれば反射的に解けるようにはなります。しかし，京大の問題ではそれは無理です。

　僕はそれまで，数学の問題は，見たらパッと解き方が思いついて，イキナリ解答用紙に答案をガリガリと書く，つまり，すぐに「実行」するものだと思っていました。このスタンスで，ず～っと問題を解こうとするから，解けなかったんです。あなたは違いますか？　数学の問題を解くとき，これからは「理解」と「計画」にも時間と手間をかけてください。

　京大を目指すあなたに，僕からの提案が2つあります。
　1つめの提案は，

ゆっくり解こう

です。6ページでお話しますが，京大の理系数学で全完する場合でも，1題あたり25分です。合格するだけなら，その必要はありませんから，実際にはもっと時間的な余裕があります。
　2つめの提案は，

紙に書いて考えよう

です。やはり6ページでお話しますが，京大の解答用紙には「解答用」と同じ大きさの「計算用」のスペースがあります。ここに「書きながら考える」んです。その作業を本書でお伝えしていきます。

　「ひらめき」という言葉で片づけてしまったら，永久に「ひらめき」待ちです。京大に合格するのに，天才的な「ひらめき」は必要ありません。無意識のはたらきに見える「ひらめき」を意識の上にあげて，偶然ではなく必然にしましょう。本書がその助けになります。京大合格に向かって一緒にがんばりましょう！

池谷　哲

京大理系数学の特徴

　大手予備校に所属していると，京大のいろいろな情報が入ってきます。また，僕は関西地区に所属していますので，自分も含め，まわりの講師も京大出身者がたくさんいます。さらに，京大に進学する学生さんが毎年たくさんいますので，多くの情報が入ってきます。その中で，京大入試についてのキーワードを 1 つあげるならば，ある京大の先生がおっしゃった

完答できる学生がほしい

という言葉です。
　京大は教育に関する基本理念として，

対話を根幹とした自学自習

をあげています。いま手もとに京大の大学案内がありますが，はじめに

優れた学知を継承し創造的な精神を養い育てる教育を実践するため，自ら積極的に取り組む主体性をもった人を求めています。

と書かれています。

　京大は，ノーベル賞受賞者をたくさん出していますし，最近ですと iPS 細胞の研究に代表されるように，「研究」のイメージが強い大学です。学生も研究者志望が多いですし，先生方も「研究者を育てる」という意識で講義や指導をされています。研究者にとって重要な資質のひとつに，

最初から最後まで自分でやり抜く力

があります。研究者とは，いままでだれも解決していない問題を解き明かしていく人です。京大ではそういった力をもった人に入学してもらいたいですから，入試問題もそうなってきます。

先ほどとは別の京大の先生がおっしゃっていましたが，入試において「単に解答の数値が合っているか」「問題を解けるか」が見たいのではなく，

- 数学的に問題が理解できること　　←**理解**
- 論理展開できること　　　　　　←**計画**
- 正しく計算ができること　　　　┐
- それらを数学的に表現できること┘←**実行**

などが見たいんだそうです。

ほら，「理解」「計画」「実行」が対応しているでしょ。このような背景から，京大の理系数学には，次のような特徴があります。

★ 1 題あたり 25 分（試験時間 150 分，大問 6 題）

軽い問題から重たい問題まで多岐にわたっており，15 分くらいで解けるものもあれば，1 時間くらいかかりそうな問題もあります。入試本番ではパスすべき問題（いわゆる捨て問）もありますので，あくまで目安です。

★ 解答用紙は 1 題あたり B4 または A3 見開き 1 枚

左半分が「解答用」，右半分が「計算用」と書かれています。つまり，「計算用」の部分も一緒に回収されます。採点のとき，解答だけでなくそこに至る試行錯誤，すなわち，「理解」や「計画」の部分も見て受験生の力を判断しようとしているのです。巻末に見本をつけました。これを拡大コピーすればよいのですが，コピーするほどでもないですね。同じサイズの紙を横に使って解答作成の練習をするとよいと思います。左半分に収まらないときは，右半分の方に続けて書いても OK です。ただし，そのときは解答が右半分に続くことを明記しておかないといけません。京大の問題冊子の表紙に注意として書かれているのですが，模試などでも明記していない人が多く，びっくりします。「（明記されていないと）計算用ページは採点の対象としない。」って書かれていますから，気をつけてください。

注意　2019 年までは B4 見開きだったのですが，2020 年は A3 見開きでした。今後は A3 と予想されていますが，B4 に戻る可能性もあります。

★誘導形式の小問が少ない

先ほどの「完答できる学生がほしい」との話からもわかるように，最初から最後まで自力で組み立てることが求められています。とくに2000年代に入ってからは，「(1)をヒントに(2)を考えさせる」ことは，よほどの難問でないかぎり出題されません。受験生が，「理解」「計画」「実行」「検討」をすべて行う必要があります。

★論証重視

京大は，昔から「論証の京大」と言われています。たとえば，同じ素材を問題にするとき，東大では「〜の値を求めよ」という求値問題になることが多いのに対し，京大では「〜を示せ」という証明問題になることが多いです。また，必要性や十分性といった論理関係についての採点は厳しく，求値問題で値が正しく求まっていても，その説明にウソがあれば，ゴッソリ減点されてしまいます。

★別解が多い

受験生が自分で考える自由度を与えるため，いろいろな角度から考えることのできる問題が好まれます。そのため，多くの別解が発生しやすいのです。京大の先生によると，ある年の問題で受験生から出てきた解法が26通りもあったことがあるそうです。こういうとき，それぞれの解法について先生方が解答を作成し直し，厳密な採点基準を決めたうえで，採点が行われるそうです。

個人的にはたくさんの別解を載せて，京大らしさを味わっていただきたいのですが，そうすると，この本が2〜3倍の厚さになってしまいますので，本書では興味深いもの，いろいろ使えそうなものに絞って載せることにしました。

★計算力重視

東大，東工大，阪大などと比べると，数学Ⅲの微積分からの出題が少ないため，あまり話題にのぼりませんが，京大でも，もちろん計算の答えが合っていないと評価されません。2007年から登場した，第1問の小問2題（計算問題）の採点は，「All or Nothing」だそうです。本当に15点と0点以外の点数が存在しないのか，多少の部分点があるのか（たとえば5点きざみ）は不明ですが，計算結果が正しくなければ，得点がないと思いましょう。

本書の構成と使い方

　今まで述べたような「京大理系数学の特徴」をふまえ，本書は次のような構成になっています。

★全部で 50 テーマ

　1 つのテーマで例題 1 題，類題 1 題を扱い，京大の理系入試における頻出の問題，または京大理系数学の特徴的な問題を 50 テーマで網羅できるように構成されています。

　収録されている問題は，すべて京大の過去問からセレクトされた良問で，2006 年度まで実施されていた後期入試も含みますし，2007〜2009 年度に実施されていた甲・乙の両方の問題を含みます。また，文系の問題でも良問であれば収録しています。

★各問題には難易度と解答目安時間を表記

　一般的な難易度で表現すると，ほとんどの問題が難問になってしまうので（笑），京大理系の問題におけるレベル分け（★☆☆：易，★★☆：標準，★★★：難）です。「易」と「標準」がちゃんと解ければ合格できますが，医学部志望の人は，「難」でも少しは点数をもぎ取りたいところです。

　また，解答目安時間は入試本番での目安なので，学習初期段階は，もっと時間をかけても構いません。最終的な目標タイムだと思ってください。

★問題ごとに「理解」→「計画」→「実行」→「検討」

　本書では，「どういうふうに考えれば解答にたどりつくか」というところに，とくに重点をおきましたので，「解答（実行）」に移るまでのプロセス（「理解」「計画」）を非常に詳しく書きました。

理解 : その問題のどこに着目するのか，どうしていいかわからないときに，どのようにその問題を調べていくのかを，しつこく解説しました。

計画 : 「理解」をもとに，どのように解答を組み立てるのか，それを順を追って説明しました。ただし実際には，「理解」と「計画」とを行ったり来たりしながら進めていくものなので，本書でも便宜上の分け方になっています。あまり神経質にならず，要するに「実行（解答用紙）」に移る前の段階（計算用紙）と思ってください。

実行 : 実際の解答です。かっこいい解答にはこだわらず，受験生が書け

る範囲で，減点されない解答を載せました。また，「京大理系数学の特徴」でもお話ししましたように，別解もあまり多く載せると混乱しますので，重要と思われるものだけにしました。

検討 ：「計画」段階では気づきにくく，「実行」段階で気づく注意点・関連事項などを載せました。別解がこちらに載っている場合もあります。

★**本書の使い方**

「もう少し実力がついてから京大の過去問をやろう」と考えている人はいませんか？　「もう少し」ってどのくらいですか？

京大の問題が解けるようになる近道は
京大の問題を解くこと

ですよ。ふつうの問題集をやっていて，京大の問題がスラスラ解けるようになるというのは，よほど実力がついた段階です。京大の問題がどういう問題なのか知らずに，一般的な大学入試における数学の力をつけていって，京大の問題もいっしょに解けるようになろうということですから，ものすごい時間と労力が必要です。数学Ⅰ・A，Ⅱ・Bの学習が一通り終わっているならば，本書を使い始めてください。

❶ 例題を，目安時間を参考にして自分で解いてみる

　　解けなくても，式を立てたり，図をかいたり，その問題を理解することが大切です。理解できたら，どう解くかをいろいろな角度から考えてみることが大切です。

❷ 解けないときは **理解** ，**計画** を読んでみる

　　この段階で解けそうだったら，自分で解答を作成してみてください。ただし，次にやるときは自力で **理解** ，**計画** ができるように，問題の見方，切り方をチェックしておいてください。

❸ 答え合わせをする

　　自力で解けたとしても，それを思いついたプロセスを客観的に観察して，意識の表面に上げることが重要です。**実行** （解答）だけでなく，**理解** **計画** **検討** もよく読んでください。また，別解は重要なものだけ載せましたので，こちらもチェックしてください。

❹ 類題についても例題と同じように進める

復習についてですが，本書を2周も3周もやる必要はありません。

よく「●●という問題集を3周した」と言いながら，全然学力が伸びない人がいます。そういう人はだいたい，

　　1周目　ほとんどできないから，すぐに解答を読んだ

　　2周目　1周目である程度覚えたから，半分くらいできる

　　3周目　2周目でけっこう覚えたから，けっこうできる

でも，その問題集で見た問題しか解けない。

こんな感じでしょうか。わかりますか？　これ「その問題集を覚えた」だけなんです。はじめて見る問題に対して，どうやって考えていくのか，どう調べていくのかをまったくやっていないのです。典型題を並べてくれる大学でしたら，この勉強法でOKです。でも，京大では無理です。

問題にもよるのですが，「理解」に重点のおかれた問題は1回目しか勉強になりません。2回目からは「タネあかしされた手品」のようなものですから，どうしても「タネ」に目がいってしまいます。問題をはじめてさわるときの試行錯誤のプロセスは，1回目にしか練習できないのです。

「計画」に重点のおかれた問題は2回目でも意味があります。ただし，何となく覚えちゃってるでしょうから，「なぜこの解法を選択するのか」，「どういう基準で場合分けしたのか」，「はじめて解いたときに迷ったところはどこか，次は迷わないか」などを意識して復習しないといけません。漠然と解答を作成しているだけでは，単に暗記した解答を復元しているだけです。「実行」に重点のおかれた問題は何回やってもいいです。でも，「実行」に重点のおかれた問題って，たとえば積分で面積を求めるような計算問題です。あまり何回もやりたくないですよね。

まずは1周目，1問1問に時間をかけて，自分のすべてをぶつけて真剣勝負してください。その中で，「これはもう1回復習した方がいいな」という問題を選んでおいて，2周目はそれだけをこれまた真剣勝負してください。

本書は，「京大理系志望者が本格的な受験勉強を始めるときに使う本」ですが，一通りやり終えれば，京大の問題を100題も勉強するわけですから，合格に必要な実力が十分につくはずです。しかし，勉強にやり過ぎということはありません。京大の過去問を何年でもさかのぼって解いてください。

また，「一通りやってみたけど，やっぱり確率が弱いな」といった分野による強い・弱いや，「どうも，このタイプの証明がニガテだな」といった問題のタイプによる得手・不得手がわかってくると思います。そのとき

は，京大の過去問にこだわらず，網羅的な参考書や問題集で個別にツブしていきましょう。

2つだけ注意

- 受験はトータルバランスです。数学の学習だけに偏らないように。
- 他大学の問題と比較するからこそ，京大の特徴がよく理解できます。他大学の問題もしっかり勉強しましょう。

謝　辞

このような出版の機会を与えてくださった㈱KADOKAWA の原賢太郎氏，遅れまくったキタナイ字の原稿を，このような立派な本に仕上げてくださった島田晋也氏に感謝します。

それから，原稿を読み，さまざまな意見をくださった駿台予備学校の澤田肇先生，後藤康介先生，小山功先生，引野貴之先生，河合塾の瀬古泰世先生，西浦高志先生に，この場をお借りしてお礼を申し上げます。ありがとうございました。

CONTENTS

 一覧

第 1 章

整 数

プロローグ

　「整数はニガテ」という受験生が多いですが，あなたはどうですか？　数学オリンピックに出るような人は別として，ふつうの高校生なら，整数はニガテであたり前だと思いますよ。新課程から教科書に「整数」という章が入りましたが（今まではなかったんです！），大学入試で出題される内容に比べるとかなり狭い範囲しか扱っていませんから。問題を解く道具をもっていないのに，ズバズバ解ける方が不思議でしょう。

　一方で，整数は最もシンプルな数学の素材であり，大昔からいろいろと研究されていて，困ったことにネタだけは豊富です。

　そこで，ひとつの対策として，有名ネタ，パターンを押さえていくという方法があるのですが，京大対策としてはあまり効果的ではないと思います。受験生がちょっと勉強したくらいで出くわすようなパターンは，あまり出題されないからです。

　知り合いの予備校講師（京大理学部数学科卒です）が，「やっぱり入試問題というのは，小さな発見があるものがいいですよね～」とおっしゃっていました。京大の入試問題を作成される先生にも，このような感覚で問題を作られている方がいらっしゃると思います。受験生は試験中にそんなものを味わう余裕はないでしょうが，研究者にとって「発見」は小さかろうが何だろうが最上の喜びのひとつです。京大は研究者を育てる学校でもありますので，「小さな発見」のある問題がちょいちょい入っています。とりわけ，整数はシンプルな素材だけに，そういった問題が作りやすい分野です。

　というわけで，京大の過去問で整数を勉強するときは，この「小さな発見」に注意して，つまり「理解」に十分時間をかけて研究してください。それから，ある程度心に余裕がないと「小さな発見」はできないので，本番では易しめ，標準的な問題を何題か解いて，心が落ちついてから整数問題に取り組むとよいでしょう。

　しかし，パターンを知らないと，発見もできませんし，発見したとしてもどう進めればよいかわからないので，整数問題へのアプローチをまとめておきましょう。

　整数問題にはいろいろなネタがあり，さまざまな解法があるように見えますが，おもなアプローチ法は，次の3つです。

整数問題　➡　1 約数・倍数の関係を利用する
2 不等式を利用する
3 剰余類（剰余系）

もちろん，これらのほかに，特殊な問題の特殊な解法というものもあります。しかし，ほとんどの整数問題は，難しく見えても，結局この3つのどれかをやっているのです。

　簡単な例で確認してみましょう。どれもやった経験があると思います。

◼ 約数・倍数の関係を利用する

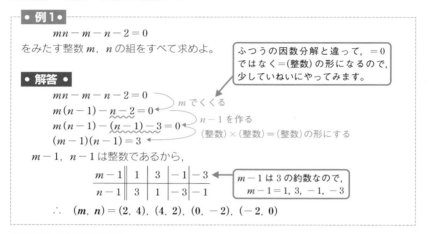

・例1・

$$mn - m - n - 2 = 0$$
をみたす整数 m，n の組をすべて求めよ。

> ふつうの因数分解と違って，$= 0$ ではなく $=$(整数) の形になるので，少していねいにやってみます。

・解答・

$$mn - m - n - 2 = 0$$
$$m(n-1) - n - 2 = 0 \quad m でくくる$$
$$m(n-1) - (n-1) - 3 = 0 \quad n-1 を作る$$
$$(m-1)(n-1) = 3 \quad (整数)×(整数)=(整数) の形にする$$

$m-1$，$n-1$ は整数であるから，

$m-1$	1	3	-1	-3
$n-1$	3	1	-3	-1

> $m-1$ は 3 の約数なので，$m-1 = 1, 3, -1, -3$

$$\therefore \quad (m, n) = (2, 4),\ (4, 2),\ (0, -2),\ (-2, 0)$$

◼ 不等式を利用する

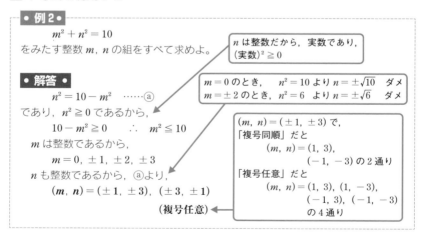

・例2・

$$m^2 + n^2 = 10$$
をみたす整数 m，n の組をすべて求めよ。

> n は整数だから，実数であり，(実数)$^2 \geq 0$

・解答・

$$n^2 = 10 - m^2 \quad \cdots\cdots ⓐ$$
であり，$n^2 \geq 0$ であるから，
$$10 - m^2 \geq 0 \quad \therefore \quad m^2 \leq 10$$
m は整数であるから，
$$m = 0,\ \pm 1,\ \pm 2,\ \pm 3$$
n も整数であるから，ⓐより，
$$(m, n) = (\pm 1,\ \pm 3),\ (\pm 3,\ \pm 1)$$

(複号任意)

> $m = 0$ のとき，$n^2 = 10$ より $n = \pm\sqrt{10}$　ダメ
> $m = \pm 2$ のとき，$n^2 = 6$ より $n = \pm\sqrt{6}$　ダメ

> $(m, n) = (\pm 1, \pm 3)$ で，
> 「複号同順」だと
> $(m, n) = (1, 3)$,
> $\qquad\qquad (-1, -3)$ の2通り
> 「複号任意」だと
> $(m, n) = (1, 3),\ (1, -3)$,
> $\qquad\qquad (-1, 3),\ (-1, -3)$
> の4通り

● 例 3 ●

任意の整数 n に対して，$n^3 + 2n$ は 3 で割り切れることを示せ。

n を 3 で割った余りで場合分けしています。

剰余	(分)類
$3k$	$3k+1$	$3k+2$
0	1 -2	2 -1
±3	4 -5	5 -4
±6	7 -8	8 -7
±9	⋮	⋮
⋮		

3 で割り切れる数 ｜ 3 で割ると 1 余る数 ｜ 3 で割ると 2 余る数

● 解答 ●

n は k を整数として，
$$n = 3k,\ 3k+1,\ 3k+2$$
のいずれかで表せる。

(ⅰ) $n = 3k$ のとき
$$n^3 + 2n = 27k^3 + 6k = 3(9k^3 + 2k)$$

(ⅱ) $n = 3k+1$ のとき
$$n^3 + 2n = (27k^3 + 27k^2 + 9k + 1) + 2(3k+1)$$
$$= 3(9k^3 + 9k^2 + 5k + 1)$$

(ⅲ) $n = 3k+2$ のとき
$$n^3 + 2n = (27k^3 + 54k^2 + 36k + 8) + 2(3k+2)$$
$$= 3(9k^3 + 18k^2 + 14k + 4)$$

以上(ⅰ)，(ⅱ)，(ⅲ)いずれの場合も $n^3 + 2n$ は 3 で割り切れるから，任意の整数 n に対して，$n^3 + 2n$ は 3 で割り切れる。

Column 「理解」，「計画」，「実行」，「検討」

「はじめに」でお話しした「理解」，「計画」，「実行」，「検討」という分類は G.Polya（ポリア）という数学者が考えたもので，『いかにして問題を解くか』という有名な本に載ってます。この本は数学だけではなく，問題解決の方法の本として広く読まれていて，僕も大学院生のときに読みました。

日本では千葉大学名誉教授の佐藤恒雄先生が，数学の力を 4 つに分類されていて，

1. まず，問題文を読み，分析する力（読解・分析力）
2. 次に，内容を自分の言葉におきかえる力（翻訳力）
3. 次に，解答に向かって目標を設定する力（目標設定力）
4. 最後に，解答を作成する力（遂行力）

といっておられます。1，2 が「理解」，3 が「計画」，4 が「実行」という対応でしょうか。

数学者が「理解」や「計画」を重視していることがわかりますよね。これまで反射で数学を解いてきて，今，行き詰っている人は，ここがいいかげんになっている可能性が高いです。とくに京大の問題では重要ですから，京大の過去問を通してひとつずつ作業を意識化していきましょう。

整 数 ①

例 題 **1** ★★☆ ⏳ 25分

　2以上の自然数 n に対し，n と $n^2 + 2$ がともに素数になるのは $n = 3$ の場合に限ることを示せ。 （京大・理系・06前）

 理解　「素数」という言葉に引っかかってしまい，本番で手の出なかった人がけっこういた問題です。

　「どうやって解こうか？」と考えていませんか？　それではダメです。京大では問題の「理解」にも重点がおかれています。パッと解法が思いつく問題もありますが，そうでないときは，まずその問題の数学的な構造を調べてみましょう。「数学的な構造」などと難しいことを言いましたが，

　　　　　　　　　n に値を入れて具体的に調べていく

だけです。とりあえず n が素数であることが必要ですから n に $2, 3, 5, 7, 11, \cdots\cdots$ を順に代入して，

$n = 2$ のとき，　$n^2 + 2 = 6 = 2 \times 3$
$n = 3$ のとき，　$n^2 + 2 = 11$ ◀── 確かに両方素数。
$n = 5$ のとき，　$n^2 + 2 = 27 = \underset{\sim}{3}^3$
$n = 7$ のとき，　$n^2 + 2 = 51 = \underset{\sim}{3} \times 17$
$n = 11$ のとき，　$n^2 + 2 = 123 = \underset{\sim}{3} \times 41$
　　　⋮　　　　　　　　　⋮

> ╋ 補 足
> 1 は素数ではありません！
> 1 を素数とすると，6 は
> 　　$6 = 2 \times 3$
> 　　　$= 1 \times 2 \times 3$
> 　　　$= 1^{100} \times 2 \times 3$
> のように，何通りにも素因数分解できてしまいます。

何か気がつくことはありませんか？
　そうです！　$n = 3$ のとき以外，$n^2 + 2$ はすべて 3 の倍数なのです!!

 計画　「n が 3 以外の素数のとき，
　　　　　　　$n^2 + 2$ が 3 の倍数である」

> 題意を示すには，これではちょっとマズイところがあります。20ページの 📌**検討1** でお話ししましょう。

ことが示せそうなので，

　「3 の倍数である」ことを示す ➡ 3 の **剰余類**

でいきましょう。n を
$$n = 3k,\ 3k+1,\ 3k+2$$
の 3 通りに場合分けして $n^2 + 2$ を調べます。

$n = 3k$　$(k = 1,\ 2,\ 3,\ \cdots\cdots)$ の形で表される整数のうち，素数は 3 だけなので，$n = 3$ だけを調べます。

$n = 3k + 1$ の形ですが，本問では n は素数で，$n \geqq 2$ だから，$k = 1,\ 2,\ 3,\ \cdots\cdots$ とします。

$n = 3k + 2$ の形だけ，$n = 2$ は素数なので，$k = 0,\ 1,\ 2,\ \cdots\cdots$ と $k = 0$ を含めて考えます。

ところで，「$n = 4$ や $n = 8$ は素数ではないのでは !?」と思ったかもしれません。そうなんです，剰余類で素数だけを表現することはできないので，このように 3 以外の素数をすべて含む，より広い集合として $n = 3k+1, 3k+2$ を考えるのです。

素数を扱うとき，ちょいちょいやります。

実行 1

整数 n は，k を整数として，
$$n = 3k,\ 3k+1,\ 3k+2$$
のいずれかで表せる。$n \geqq 2$ に注意すると，次のように場合分けされる。

(i)　$n = 3k$　$(k = 1,\ 2,\ 3,\ \cdots\cdots)$ のとき
　　n が素数となるのは $n = 3$ のときだけで，
　　このとき $n^2 + 2 = 11$ も素数である。

(ii)　$n = 3k + 1$　$(k = 1,\ 2,\ 3,\ \cdots\cdots)$ のとき
$$\begin{aligned}
n^2 + 2 &= (3k+1)^2 + 2 \\
&= 9k^2 + 6k + 3 \\
&= 3(3k^2 + 2k + 1)
\end{aligned}$$
3 でくくる

　　より，$n^2 + 2$ は 3 の倍数である。
　　さらに $k \geqq 1$ より，$3k^2 + 2k + 1 > 1$ であるから，$n^2 + 2$ は素数ではない。

検討 参照

(iii)　$n = 3k + 2$　$(k = 0,\ 1,\ 2,\ \cdots\cdots)$ のとき
$$\begin{aligned}
n^2 + 2 &= (3k+2)^2 + 2 \\
&= 9k^2 + 12k + 6 \\
&= 3(3k^2 + 4k + 2)
\end{aligned}$$
3 でくくる

より，n^2+2 は 3 の倍数である。

さらに $k \geqq 0$ より，$3k^2+4k+2>1$ であるから，
n^2+2 は素数ではない。 ⟵ 検討 参照

以上(i), (ii), (iii)より，n と n^2+2 がともに素数となるのは $n=3$ の場合に限る。

検討1 さて，点計画 のフキダシに「ちょっとマズイところが……」と書いていました。劣実行 の 部です。n^2+2 が素数でないことをいうには，「n^2+2 が 3 の倍数である」ではダメで，「n^2+2 が 3 以外の 3 の倍数である」です。わかりますか？ そうです，3 の倍数であっても，3 だけは素数なのです。「論証の京大」ですから，劣実行 のときには，こういったところに注意を払いながら解答を書いていきましょう。

また，$n=3k+2$ の場合は，$n=3k-1$ と表すこともできます。

$n=3k+2$ だと，$k=0, 1, 2, \cdots\cdots$ として，$n=2, 5, 8, \cdots\cdots$

$n=3k-1$ だと，$k=1, 2, 3, \cdots\cdots$ として，$n=2, 5, 8, \cdots\cdots$

となります。そうすると，前ページの 劣実行 の(ii), (iii)は，まとめて次のようにできます。

(ii) $n=3k\pm1$ $(k=1, 2, 3, \cdots\cdots)$ のとき

$$n^2+2=(3k\pm1)^2+2$$
$$=9k^2\pm6k+3$$
$$=3(3k^2\pm2k+1) \quad (複号同順)$$

より，n^2+2 は 3 の倍数である。

さらに，$n \geqq 2$ より，

$$n^2+2>3$$

であるから，n^2+2 は素数ではない。

> $n^2+2\neq3$(素数) であることをいうのに，$3k^2\pm2k+1>1$ を示してもよいのですが，今回は $n \geqq 2$ を使ってみましょう。

検討2 さてさて，本問では，次の性質を利用した証明もあります。

連続する 3 つの整数の積 → 3 の倍数（6 の倍数）

は，けっこう有名ですよね。代表的なのは

$$n^3-n=n(n^2-1)=(n-1)n(n+1)$$

です。$n-1$, n, $n+1$ は連続する 3 つの整数なので，必ず 3 の倍数を 1 つ，さらに 2 の倍数を 1 つか 2 つ含みます。ですから，その積である $n^3 - n$ は，

　　　3 の倍数　　もっというと　　6 の倍数

といえます。もちろん

$$n(n+1)(n+2) = n^3 + 3n^2 + 2n$$
$$(n+2)(n+3)(n+4) = n^3 + 9n^2 + 26n + 24$$

も同じですが，ここまでになるとパッとは気づかないかもしれませんね。でも，

という発想はあってもよいと思います。

　本問で与えられた式は「n^2+2」ですが，これが「3 で割り切れそうだ」という予想と，上の発想があれば

$$n^2 + 2 = (n^2 - 1) + 3$$
$$= (n-1)(n+1) + 3$$

という変形が思いつくのではないでしょうか。n が 3 以外の素数のとき，n は 3 の倍数ではありませんから，その前後の $n-1$ か $n+1$ のいずれかが 3 の倍数です。

　　　いずれか 1 つが 3 の倍数　　　　　　　　　いずれかが 3 の倍数
　　　$\underbrace{n-1, \ n, \ n+1}$　　$\Longrightarrow$　　$\underbrace{n-1, \ n+1}$
　　　　　　　↑
　　　　3 の倍数ではない

ということで，$(n-1)(n+1)+3$ すなわち n^2+2 は 3 の倍数です。

実行2

　$n=3$ のとき　$n^2+2 = 11$ は素数である。

　また，$n-1$, n, $n+1$ は連続する 3 つの整数であるから，いずれか 1 つが 3 の倍数である。よって，n が 3 以外の素数であるとき，n は 3 の倍数ではないから，$n-1$, $n+1$ のいずれかが 3 の倍数である。したがって，

$$n^2 + 2 = (n-1)(n+1) + 3$$

は 3 の倍数であり，$n \geq 2$ より $n^2 + 2$ は 3 ではないから，素数ではない。

以上より，n と $n^2 + 2$ がともに素数になるのは $n = 3$ のときに限る。

　さて，実は本問の類題で，「連続 3 整数の積」に気づくと，めちゃめちゃカンタンに解ける問題が，2018 年に京大で出題されたんです。

$n^3 - 7n + 9$ が素数となるような整数 n をすべて求めよ。

（京大・理文共通・18）

　これも n に 1, 2, 3, ……と代入して実験してみると，

n	1	2	3	4	5	$\cdots$
$n^3 - 7n + 9$	3	3	15	45	99	$\cdots$

となり，「あれ？　$n^3 - 7n + 9$ は 3 の倍数かも」と気づきます。そこで，連続 3 整数の積 $n^3 - n$ を思い出してもらうと，

$$n^3 - 7n + 9 = (n^3 - n) - 6n + 9 = (n-1)n(n+1) - 3(2n-3)$$

と変形できて，$(n-1)n(n+1)$ が 3 の倍数，$-3(2n-3)$ も 3 の倍数で，

$$n^3 - 7n + 9 \text{ は 3 の倍数である}$$

といえます。

　3 の倍数で素数は 3 だけですから，

$$n^3 - 7n + 9 = 3 \qquad \therefore \quad (n-1)(n-2)(n+3) = 0$$

$$\therefore \quad n = 1, 2, -3$$

これでおわりです。こんなふうにスッと解けると気持ちいいですね。

➕補足　ところで，「合同式（mod）」はご存じですか？　整数のある種の問題では強力な武器となり，数学オリンピックなどでは常識なのですが，高校の教科書には載っていなかったため，大学入試では「使っちゃダメ」という意見と「使ってよい」という意見があって，悩ましい道具でした。しかし，現在の課程（2015〜）から，一部の教科書に「発展的な内容」として載るようになりましたので，「使ってよい」ことになりました。

　要は剰余類をシンプルに書いているだけですが，定義は

a, b を整数, m を正の整数として

　　　a を m で割った余りと, b を m で割った余りが等しい

とき,

　　　　　a と b は m を法として合同である

といい,

　　　　　　　　$a \equiv b \pmod{m}$

と表す。このような式を合同式という
です。で, 次のことが成り立ちます。

これは
「$a - b$ が m の倍数
である」ことと同値
で, 本来はこちら
の方が定義です。

◆ 合同式の性質

a, b, a', b' を整数, m, k を正の整数として
$a \equiv a' \pmod{m}$, $b \equiv b' \pmod{m}$ のとき
$a \pm b \equiv a' \pm b' \pmod{m}$ （複号同順）
$ab \equiv a'b' \pmod{m}$
$a^k \equiv a'^k \pmod{m}$

たとえば mod 3 で
　　$7 \equiv 1$, $5 \equiv 2$
ですから
　$7 + 5 = 12 \equiv ⓪, 1 + 2 = 3 \equiv ⓪$
　$7 \times 5 = 35 \equiv ②$,　$1 \times 2 = ②$
　$7^2 = 49 \equiv ①$,　$1^2 \equiv ①$

　具体的な数字で考えてもらうと, ほぼあたり前な性質ですね。注意しな
いといけないのは割り算で,

　　　c を整数として

　　　　　$ac \equiv bc \pmod{m}$

　のとき,

mod 3 で
$\begin{cases} 7 \times 2 = 14 \equiv ② \\ 1 \times 2 = ② \end{cases}$
ですから
$7 \times 2 \equiv 1 \times 2 \rightarrow 7 \equiv 1$

　　　c と m が互いに素ならば

　　　　　$a \equiv b \pmod{m}$

　　　c と m が互いに素でなければ

　　　その最大公約数を g として, $m = gm'$ と表し,

　　　　　$a \equiv b \pmod{m'}$

となります。ここまで載っている教科書や参考書はほ
とんどありませんから, これを使える受験生も少ない
です。割り算はあまり使わない方が安全かもしれませ
んね。

mod 6 で
　　$7 \times 3 = 21 \equiv 3$
　　$5 \times 3 = 15 \equiv 3$
ですから
　　$7 \times 3 \equiv 5 \times 3 \pmod{6}$
は成立しますが
　　$7 \equiv 5 \pmod{6}$
は成立しません。
　　$6 = 3 \times 2$ ですから
　　$7 \equiv 5 \pmod{2}$
は成立します。

　さて, 本問を合同式でやりますと, mod 3 で考えて

　(ii) $n \equiv 1$ のとき　$n^2 + 2 \equiv 1^2 + 2 = 3 \equiv 0$

　(iii) $n \equiv 2$ のとき　$n^2 + 2 \equiv 2^2 + 2 = 6 \equiv 0$

となりますので,

　　　「$n^2 + 2$ が 3 の倍数である」

ことは非常に簡潔に示すことができます。ただし，

「$n^2 + 2 \neq 3$ （素数）」

は，いえていません。これは別に説明する必要があります。

　京大の過去問では，このように証明の核心に mod を使うと論証に穴があいてしまう問題がちょいちょいあります。ちゃんと理解していないのに，公式や定理をふりまわす受験生に対する ~~嫌がらせ~~ 愛でしょうか？

　mod は便利なものですが，その反面，剰余類に比べて情報が減っている部分もあります。たとえば，(奇数)^2 を考えますと，

　　　mod 2 で考えて，$n \equiv 1$ のとき　$n^2 \equiv 1$

となり，

「n^2 は 2 で割ると余り 1」

であることはわかります。しかし，剰余類でやると，

　　　$n = 2k + 1$（k は整数）のとき　$n^2 = 4k^2 + 4k + 1 = 4k(k+1) + 1$

ですから，じつは，

「n^2 は 4 で割ると余り 1」

もっと言えば，k と $k+1$ は連続する 2 つの整数で一方は偶数ですから，

「n^2 は 8 で割ると余り 1」

までわかります。

　くり返しになりますが，mod は便利なものですし，一部の教科書にも載るようになりましたので，入試に使っても大丈夫です。でも，割り算がキケンなこと，剰余類に比べて情報は減っていることなど，これくらいのことは知った上で，使っていきましょうね。

| 類 題 1 | 解答 ⇨ P.374 | ★★☆ | ⏱ 30分 |

$f(x) = x^3 + 2x^2 + 2$ とする。$|f(n)|$ と $|f(n+1)|$ がともに素数となる整数 n をすべて求めよ。

(京大・理系・19)

1 から n までの自然数 $1, 2, 3, \dots\dots, n$ の和を S とするとき，次の問に答えよ。

(1) n を 4 で割った余りが 0 または 3 ならば，S が偶数であることを示せ。

(2) S が偶数ならば，n を 4 で割った余りが 0 または 3 であることを示せ。

(3) S が 4 の倍数ならば，n を 8 で割った余りが 0 または 7 であることを示せ。

（神戸大・理系・08前）

正の整数の下 2 桁とは，100 の位以上を無視した数をいう。たとえば 2000, 12345 の下 2 桁はそれぞれ 0, 45 である。m が正の整数全体を動くとき，$5m^4$ の下 2 桁として現れる数をすべて求めよ。

（東大・文科・07前）

　神戸大の問題は，(1)で $n = 4k$，$4k + 3$ の場合を調べればよいのはすぐわかるので，(2)では残った $n = 4k + 1$，$4k + 2$ の場合を調べればよいとわかります。(3)は 8 の剰余類なのですが，8 通りすべてを調べる必要はありません。S が 4 の倍数ならば，S は偶数ですから，(2)より n を 4 で割った余りは 0 または 3 です。そうすると，8 の剰余類では，

$$n = \underbrace{8l,\ 8l + 4,}_{4\text{で割って余り}0}\ \underbrace{8l + 3,\ 8l + 7}_{4\text{で割って余り}3}$$

の 4 つを調べればよいことになります。

　ほとんどの大学では，神戸大のように，「何を使えばよいのか」がすぐにわかるような問い方をしたり，小問に分けて誘導したりしています。つまり 分 実行 のところを中心に問われるのです。なかでも神戸大は誘導をつけるのが上手な大学のひとつです。

　さて，東大の問題はどうでしょう。パッと見て，「10 の剰余類だ！」とは思いつかないのではないでしょうか。それがふつうだと思います。

　ちょっと考えてみましょう。たとえば，

もちろん電卓を使いました。

$$m = 123 \text{ のとき，} 5m^4 = 5 \times 123^4 = 1144433205 \longleftarrow$$

ですが，この下 2 桁を求めるだけなら，$m = 23$ で考えればよいはずです。

$m = 123 = 100 + 23$ で, 100 の部分は下 2 桁には影響がないですよね。実際,
$$m = 23 \text{ のとき, } 5m^4 = 5 \times 23^4 = 1399205$$
です。とすると,
$$m = 100k + r \quad (r = 0, 1, 2, \cdots\cdots, 99)$$
として, 調べればよいことが思いつきます。これは 100 の剰余類です。

しかし, 100 の剰余類のままでは 100 通りの場合分けで大変です。100 は 10^2 だから, ここはいったん 10 の剰余類で攻めてみましょう。
$$m = 10k + r \quad (r = 0, 1, 2, \cdots\cdots, 9)$$
これで 10 通り。さらに r を工夫して,
$$m = 10k + r \quad (r = 0, \pm 1, \pm 2, \pm 3, \pm 4, 5)$$

例題 **1** の 検討 でやった「$3k + 2$ のかわりに $3k - 1$ とする」って工夫です。

とすると, 6 通りになりました。

$(a + b)^4$ の展開公式を使って,

$$(a + b)^4 = a^4 + 4a^3 b + 6a^2 b^2 + 4ab^3 + b^4$$

$$\begin{aligned}
5m^4 &= 5(10k + r)^4 \\
&= 5\{(10k)^4 + 4(10k)^3 r + 6(10k)^2 r^2 + 4(10k)r^3 + r^4\} \\
&= 50000k^4 + 20000k^3 r + 3000k^2 r^2 + 200kr^3 + 5r^4 \\
&= (100 \text{の倍数}) + 5r^4
\end{aligned}$$

であるから,
$$(5m^4 \text{ の下 2 桁}) = (5r^4 \text{ の下 2 桁})$$
となり, $r = 0, \pm 1, \pm 2, \pm 3, \pm 4, 5$ の 6 通りを調べれば答えが出ます。

どうでしたか？ 東大や京大などのいわゆる難関大とよばれる大学では, このように 理解 や 計画 にも重きがおかれるのです。ふだんの勉強のときも, こういった大学の過去問を解くときは, 理解 や 計画 にも十分に時間をかけて, 数学の力全般を鍛えていってください。ところで,

（下 2 桁）＝（100 で割った余り）

は, じつは有名ネタで, 京大でも 1999 年前期に文系で出題されたことがあります。これは一度見たことがあれば思いつきやすいとして, 100 の剰余類を 10 の剰余類にしたり, $r = 0, 1, 2, \cdots\cdots, 9$ ではなく $r = 0, \pm 1, \pm 2, \pm 3, \pm 4, 5$ とする 計画 の部分や, $(a + b)^4$ の展開, r が減ったとはいえ 6 通り計算しないといけないなど 実行 の部分も, さすが東大です。なかなか息を抜かせてくれません。よく言われることですが, やはり東大は「情報処理能力の高い人材」を求めておられるんでしょうね。

ちなみに東大の問題の答えは, **0, 5, 25, 80** です。やってみてください。

整 数 ②

方程式
$$x^2 + 2y^2 + 2z^2 - 2xy - 2xz + 2yz - 5 = 0$$
をみたす正の整数の組 (x, y, z) をすべて求めよ。

（京大・理系・01後）

理解 文字が多いので，適当に式をイジって，迷子になってしまう人がいる問題ですが，どうですか？ 式を変形するとき，有名な式変形のパターンなどの何らかの特徴があれば別ですが，基本は

1 文字に着目して整理する

です。今回は x, y, z の 3 文字がありますが，y と z は入れ替えても元の式と同じ形に戻ります。すなわち対称性があります。

対称性は，キープ or くずす

の 2 つの方針があります。では，まず y, z の対称性をキープして，x の式と見て整理してみましょう。

$$x^2 - 2(y+z)x + 2y^2 + 2yz + 2z^2 - 5 = 0$$

左辺は x の 2 次式です。

2 次式の変形は，因数分解 or 平方完成

が基本ですが，因数分解はできそうにないので，平方完成してみます。

$$\{x - (y+z)\}^2 - (y+z)^2 + 2y^2 + 2yz + 2z^2 - 5 = 0$$
$$(x - y - z)^2 + y^2 + z^2 = 5$$

計画 よい形が出てきました。(実数)$^2 \geqq 0$ であり，y, z は正の整数だから，

$$(x - y - z)^2 \geqq 0, \quad y^2 \geqq 1, \quad z^2 \geqq 1$$

などの不等式が利用できそうです。どれでもよいですが，

$$(x - y - z)^2 \geqq 0$$

を利用すると，x が消えるのでベターでしょうか。

実行

与式より，

$$x^2 - 2(y+z)x + 2y^2 + 2yz + 2z^2 - 5 = 0$$

$$(x-y-z)^2 + y^2 + z^2 = 5 \qquad \cdots\cdots(*) \longleftarrow \boxed{\text{検討 参照}}$$

$$(x-y-z)^2 = 5 - (y^2+z^2) \qquad \cdots\cdots①$$

x, y, z は実数であるから，$(x-y-z)^2 \geqq 0$ が成り立つので，①より，

$$y^2 + z^2 \leqq 5$$

これをみたす正の整数 y, z の組は，

$$(y, z) = (1, 1),\ (1, 2),\ (2, 1)$$

> 無理数なの
> でアウト！

・$(y, z) = (1, 1)$ のとき，①より，$(x-2)^2 = 3$

$$\therefore \quad x - 2 = \pm\sqrt{3} \quad \therefore \quad x = 2 \pm \sqrt{3} \longleftarrow$$

・$(y, z) = (1, 2)$ のとき，①より，$(x-3)^2 = 0$ $\quad \therefore \quad x = 3$

・$(y, z) = (2, 1)$ のとき，①より，$(x-3)^2 = 0$ $\quad \therefore \quad x = 3$

よって，求める正の整数の組 (x, y, z) は，

$$(\boldsymbol{x}, \boldsymbol{y}, \boldsymbol{z}) = (3, 1, 2),\ (3, 2, 1)$$

検討 結局は同じことなのですが，(*)の式を「3 個の平方数（整数を 2 乗した数）の和」と見て解くこともできます。つまり，

$$○^2 + △^2 + □^2 = 5$$

と見ると，これは，

$$0^2 + 1^2 + 2^2 = 5$$

しかあり得ません。しかも，$y \geqq 1$，$z \geqq 1$ なので，

$$(x-y-z,\ y,\ z) = (0, 1, 2),\ (0, 2, 1)$$

の 2 通りです。

類題 2　　　　　　　　　　　　　　　解答 ⇨ P.377 | ★★☆ | ⏱ 25分

　4 個の整数 1, a, b, c は $1 < a < b < c$ を満たしている。これらの中から相異なる 2 個を取り出して和を作ると，$1+a$ から $b+c$ までのすべての整数の値が得られるという。a, b, c の値を求めよ。

（京大・文系・02前）

整 数 ③

p を 3 以上の素数とする。4 個の整数 a, b, c, d が次の 3 条件

$$a + b + c + d = 0, \quad ad - bc + p = 0, \quad a \geqq b \geqq c \geqq d$$

を満たすとき，a, b, c, d を p を用いて表せ。

（京大・理文共通・07）

 理解　具体的な数値がなく，京大らしい抽象的な整数の問題です。

$$\begin{cases} a + b + c + d = 0 & \cdots\cdots ⓐ \\ ad - bc + p = 0 & \cdots\cdots ⓑ \\ a \geqq b \geqq c \geqq d & \cdots\cdots ⓒ \end{cases}$$

　僕は最初「ⓒの不等式が解法のカギかな？」と思って，ⓐで $d = -(a + b + c)$ としてⓒへ代入したりしたのですが……，何も出てきません。次に，

　　　　　　条件に等式があれば，文字消去してみる

という原則があるので，たとえば d を消去すると，ⓐより $d = -(a + b + c)$ だから，これをⓑに代入して，

$$-a(a + b + c) - bc + p = 0$$
$$a^2 + (b + c)a + bc - p = 0 \quad \text{← } a \text{ で整理}$$
$$(a + b)(a + c) = p \quad \text{← } p \text{ を除いた部分は因数分解できる}$$

　出ました。(整数) × (整数) = (整数) で約数・倍数の関係が使えそうです。

　「p を 3 以上の素数とする」という言葉にビビってしまったかもしれませんが，これは「$p \times 1$ と $(-p) \times (-1)$ にしか分解できないよ」と言っているだけで，たとえば $p = 3$ で考えてもらえれば，

$$(a + b)(a + c) = 3$$
$$\therefore \quad (a + b, a + c) = (1, 3), (3, 1), (-1, -3), (-3, -1)$$

とできますよね。でも，これでは簡単すぎるから，p としているだけなんです。3 や 5 の代わりなんです。というわけで，

素数 p を含んだ等式 ⟹ （整数）×（整数）＝p の形に変形

という原則ができました。

計画　　　$(a+b)(a+c)=p$
　　　　$\therefore \quad (a+b,\ a+c)=(1,\ p),\ (p,\ 1),\ (-1,\ -p),\ (-p,\ -1)$

の 4 通りを調べることになったのですが，ⓒより $b \geqq c$ なので，
$a+b \geqq a+c$ です。p は 3 以上だから，$p>1$，$-p<-1$ であり，

　　　$(a+b,\ a+c)=(p,\ 1),\ (-1,\ -p)$

の 2 通りを調べればよいです。少しラクになりました。

　次に，たとえば，

　　　$(a+b,\ a+c)=(p,\ 1)$

の場合は，これとⓐを合わせて，

$$\begin{cases} a+b+c+d=0 & \cdots\cdots ⓐ \\ a+b=p & \cdots\cdots ⓓ \\ a+c=1 & \cdots\cdots ⓔ \end{cases}$$

の 3 式が得られたことになります。しかし，文字は a, b, c, d の 4 文字
（p は「p を用いて表せ」と問題文にあるため，文字ですが数として考え
ます）であり，式が 1 つ足りないので解くことはできません。ただ，

　　　　　　　　　1 つの文字で他の文字を表す

ことはできます。たとえば，a で b, c, d を表すと，

　　　ⓓより，$b=p-a$
　　　ⓔより，$c=1-a$
　　　ⓐより，$d=-(a+b+c)=a-(p+1)$

のようにできます。

　残る条件は，ⓒの不等式だけなので，ここに代入してみましょう。

$$a \geqq p-a \geqq 1-a \geqq a-(p+1)$$

$$2a \geqq p \qquad\qquad p \geqq 1 \qquad\qquad 2a \leqq p+2$$
　　　　　　　　　　　　　自明

a を p で表したいので，
a について整理

$$p \leqq 2a \leqq p+2$$

$$\frac{p}{2} \leqq a \leqq \frac{p}{2}+1$$

素数のうち偶数は 2 だけです。p は 3 以上の素数だから奇数です。とすると，$\dfrac{p}{2}$ は ○○.5 になります。$p = 3$ なら $\dfrac{p}{2} = 1.5$，$p = 5$ なら $\dfrac{p}{2} = 2.5$ です。これを数直線で表すと，

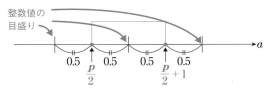

となるので，整数値の目盛りに値を入れると，

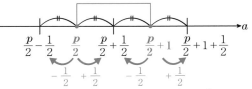

　この範囲にある a で，整数となるのは，$a = \dfrac{p}{2} + \dfrac{1}{2}$ だけです！

　このように，

　　　　整数問題を不等式で考えるときは，数直線で表してみる

と，イメージを把握しやすいことがあります。

実行

$$\begin{cases} a + b + c + d = 0 & \cdots\cdots ① \\ ad - bc + p = 0 & \cdots\cdots ② \\ a \geqq b \geqq c \geqq d & \cdots\cdots ③ \end{cases}$$

①より，
$$d = -(a + b + c) \qquad \cdots\cdots ①'$$
であるから，これを②に代入すると，
$$-a(a + b + c) - bc + p = 0$$
$$(a + b)(a + c) = p$$
p は素数であり，③より $a + b \geqq a + c$ であるから，
$$(a + b,\ a + c) = (p,\ 1),\ (-1,\ -p)$$

(i) $(a + b,\ a + c) = (p,\ 1)$ のとき，これと①'より，
$$b = p - a,\ c = 1 - a,\ d = -\{a + (p - a) + (1 - a)\} = a - (p + 1)$$
$$\cdots\cdots ④$$

これを③に代入すると,
$$a \geqq p - a \geqq 1 - a \geqq a - (p+1)$$
となるから,これを a について整理して,
$$\frac{p}{2} \leqq a \leqq \frac{p}{2} + 1$$

p は 3 以上の素数であるから奇数である。よって,この不等式をみたす整数 a は,
$$a = \frac{p}{2} + \frac{1}{2} = \frac{p+1}{2}$$
だけであり,これを④に代入して,
$$b = p - \frac{p+1}{2} = \frac{p-1}{2}$$
$$c = 1 - \frac{p+1}{2} = -\frac{p-1}{2}$$
$$d = \frac{p+1}{2} - (p+1) = -\frac{p+1}{2}$$

(ⅱ) $(a+b,\ a+c) = (-1,\ -p)$ のとき,これと①′より,
$$b = -a-1,\ c = -a-p,$$
$$d = -\{a + (-a-1) + (-a-p)\} = a + (p+1)$$
となるが,このとき $d > a$ となり,③をみたさないから不適。
以上より,
$$a = \frac{p+1}{2},\ b = \frac{p-1}{2},\ c = -\frac{p-1}{2},\ d = -\frac{p+1}{2}$$

 検討　上の解答では d を消去しましたが,a,b,c を消去しても同じように解けます。ただ,$a \geqq b \geqq c \geqq d$ という条件があるので,**最も大きい a か,最も小さい d を消去するのが一般的**です。しかし,それも「一般的」というだけなので,a や d でやってみて,ダメだったら,次は b か c でやってみることになります。他の条件とのかね合いもありますから,絶対的なものではありません。

類 題 3　　　　　　　　　　　解答 ⇨ P.380　★★☆　⏱ 25分

$a^3 - b^3 = 217$ を満たす整数の組 $(a,\ b)$ をすべて求めよ。

（京大・理系・05前）

テーマ 4 有理数・無理数

| 例 題 4 | ★★★ | ⏱ 35分 |

> 以下の問に答えよ。ただし, $\sqrt{2},\ \sqrt{3},\ \sqrt{6}$ が無理数であることは使ってよい。
>
> (1) 有理数 $p,\ q,\ r$ について,
> $$p + q\sqrt{2} + r\sqrt{3} = 0$$
> ならば, $p = q = r = 0$ であることを示せ。
>
> (2) 実数係数の 2 次式
> $$f(x) = x^2 + ax + b$$
> について, $f(1),\ f(1+\sqrt{2}),\ f(\sqrt{3})$ のいずれかは無理数であることを示せ。　(京大・理系・99前)

 理解　まず(1)について考えてみましょう。有理数・無理数を扱うときの原則をまとめておくと, 次のようになります。

1 「有理数である」が条件 ➡ $= \dfrac{p}{q}$ とおく ($p,\ q$ は互いに素な整数で $q > 0$)

2 「有理数である」を示す ➡ 有理数の和, 差, 積, 商で表せることを示す

3 「無理数である」が条件 ➡ $p + q\alpha = 0$ ($p,\ q$ は有理数, α は無理数) ならば $p = q = 0$　　……(*)

4 「無理数である」を示す ➡ 背理法 (「無理数でない」すなわち「有理数である」と仮定して, **1** になる)

　本問の(1)は(*)を $\alpha = \sqrt{2}$ としたものに $r\sqrt{3}$ がついただけですが, 自明というわけにはいきません。そもそも (*) の証明はできますか？　背理法で示します。$\alpha = \sqrt{2}$ の場合をやってみましょう。

● (∗)の証明 ●

有理数 p, q について,
$$p + q\sqrt{2} = 0 \quad \cdots\cdots①$$
であるとき, $q \neq 0$ と仮定すると, $\quad$ $q \neq 0$ ということは
割り算ができる
$$\sqrt{2} = -\frac{p}{q} \quad \text{(有理数)}$$
となり, $\sqrt{2}$ が無理数であることに矛盾する。よって,
$$q = 0$$
であり, このとき①より,
$$p + 0 \cdot \sqrt{2} = 0 \quad \therefore \quad p = 0$$

この程度の証明だから, 結果だけ丸暗記ってのはダメですよ。

(∗)の形にもちこむには, $\sqrt{}$ を1か所にすればよいわけですが, どうしましょうか？ そうですね, 次のように $\sqrt{2}$ か $\sqrt{3}$ を右辺にもっていって, 2乗すれば $\sqrt{}$ を1か所にできます。

$$p + q\sqrt{2} = -r\sqrt{3} \quad \text{または} \quad p + r\sqrt{3} = -q\sqrt{2}$$

 計画 それでは,
$$p + q\sqrt{2} = -r\sqrt{3}$$
として両辺を2乗してみましょう。
$$p^2 + 2pq\sqrt{2} + 2q^2 = 3r^2 \quad\quad \sqrt{2}\text{のあるところと}$$
$$(p^2 + 2q^2 - 3r^2) + 2pq\sqrt{2} = 0 \quad \text{ないところで整理した}$$
で, p, q, r が有理数より $p^2 + 2q^2 - 3r^2$, $2pq$ も有理数であり, $\sqrt{2}$ が無理数だから,
$$p^2 + 2q^2 - 3r^2 = 0, \quad 2pq = 0$$
後の式から $p = 0$ または $q = 0$ で, $p + q\sqrt{2} + r\sqrt{3} = 0$ は,

(i) $p = 0$ のとき, $q\sqrt{2} + r\sqrt{3} = 0$
$\sqrt{2}$ を掛けて $\sqrt{}$ を1か所にすると, $2q + r\sqrt{6} = 0$

(ii) $q = 0$ のとき, $p + r\sqrt{3} = 0$
となるので, (∗) と同様に,

$$● + ■\sqrt{6} = 0 \quad (●, ■\text{は有理数}) \quad \text{ならば} \quad ● = ■ = 0 \quad \cdots\cdots(∗)'$$
$$▲ + ★\sqrt{3} = 0 \quad (▲, ★\text{は有理数}) \quad \text{ならば} \quad ▲ = ★ = 0 \quad \cdots\cdots(∗)''$$
で, $p = q = r = 0$ が示せそうです。

(∗), (∗)′, (∗)″ をすべて自明にしてもよいかと思うのですが,「論証の京大」ですし, 書いてもそれほど大変な量ではありませんから, 解答の最初にまとめて示しておきましょう。

(1) まず，有理数 a, b について，

$$a + b\sqrt{n} = 0 \quad (n = 2, 3, 6) \quad \cdots\cdots①$$

であるとき，$b \neq 0$ と仮定すると，

$$\sqrt{n} = -\frac{a}{b} \quad (有理数)$$

となり，$\sqrt{2}, \sqrt{3}, \sqrt{6}$ が無理数であることに矛盾する。よって，

$$b = 0$$

であり，このとき①より，

$$a = 0$$

よって，

$$a + b\sqrt{n} = 0 \text{ のとき}, \quad a = b = 0 \quad \cdots\cdots(*)$$

次に，有理数 p, q, r について，

$$p + q\sqrt{2} + r\sqrt{3} = 0 \quad \cdots\cdots②$$

ならば，

$$(p + q\sqrt{2})^2 = (-r\sqrt{3})^2$$

$$(p^2 + 2q^2 - 3r^2) + 2pq\sqrt{2} = 0$$

であるから，$(*)$ より，

$$2pq = 0 \quad \therefore \quad p = 0 \text{ または } q = 0$$

(i) $p = 0$ のとき，②は，

$$q\sqrt{2} + r\sqrt{3} = 0 \quad \therefore \quad 2q + r\sqrt{6} = 0$$

となり，$(*)$ より，

$$q = r = 0$$

(ii) $q = 0$ のとき，②は，

$$p + r\sqrt{3} = 0$$

となり，$(*)$ より，

$$p = r = 0$$

以上(i)，(ii)いずれの場合も，$p = q = r = 0$ である。

 理解　次は，(2)について考えてみましょう。

(1)の 理解 でまとめたように，

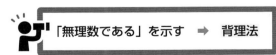

「無理数である」を示す　➡　背理法

が有名です。

なぜ背理法かというと、ひとつには「無理数である」ことを直接示すのは難しいからです。では聞きますが、無理数とは何ですか？「有理数でないもの」は間違いではありませんが、そんなことを言ったら「偶数は奇数じゃないもの、奇数は偶数じゃないもの」で堂々巡りしてしまいますよ。

　　有理数：整数、有限小数、循環小数で、m, n を整数として

$$\frac{n}{m}\ (m \neq 0)$$ の形で表すことができる。

　　無理数：循環しない無限小数。$\sqrt{2}$ や π など。

　どうですか？　無理数であることを示すには、「循環しない無限小数であること」を示さないといけません。ちょっと無理ですよね。このように、

> **直接証明しにくいとき　➡　背理法**

という考え方があります。「直接証明しにくい」というのはかなりアバウトで、ちょっとわかりにくいですが、たとえば確率を求めるとき、直接求めるのと、余事象を利用して求めるのがあるように、証明でも、

　　　　正面から攻めるのと、裏口から攻めるのがある

わけです。これは問題の構造自体を大きくとらえ直すことになるのですが、数学の問題を考えるときには必要な視点です。

　また、無理数を「有理数でないもの」と考えると、「無理数である」ことを示すことは、「有理数でない」ことを示すことになります。

> **否定命題「〜でない」を示すとき　➡　背理法**

という原則があり、これにあてはまっているとみなすこともできます。

　では、結論である、

　　　　「$f(1)$, $f(1+\sqrt{2})$, $f(\sqrt{3})$ のいずれかは無理数である」

を否定すると、どうなるでしょうか？

　　　　「$f(1)$, $f(1+\sqrt{2})$, $f(\sqrt{3})$ がすべて無理数ではない」

　すなわち、

　　　　「$f(1)$, $f(1+\sqrt{2})$, $f(\sqrt{3})$ がすべて有理数である」

となります。これは、ド・モルガンの法則ですね。ど忘れしている人は、ちょっと確認しておきましょう。

◆ ド・モルガンの法則
- $\overline{p \text{ または } q} \iff \bar{p} \text{ かつ } \bar{q}$
- $\overline{p \text{ かつ } q} \iff \bar{p} \text{ または } \bar{q}$

否定によって「かつ」と「または」が入れ替わります。キレイな関係なので覚えやすいと思うのですが，これも丸暗記してはいけません。高校数学の論理はベン図で考えるとわかりやすいことが多いですから，ベン図をかいてみましょう。

条件 p をみたす x の集合を P，条件 q をみたす x の集合を Q とすると，

だから，

図1

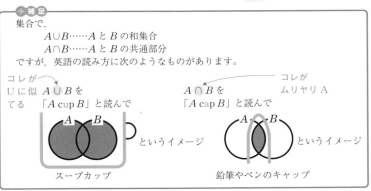

また，

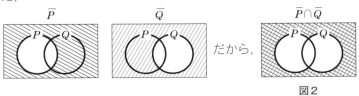

だから，

図2

となり，図1と図2から，
$$\overline{P \cup Q} = \bar{P} \cap \bar{Q}$$
つまり，

$$\overline{p\text{ または }q} \iff \overline{p}\text{ かつ }\overline{q}$$

であることがわかります。$\overline{p\text{ かつ }q} \iff \overline{p}\text{ または }\overline{q}$ も同様にできます。

よって，「$f(1)$, $f(1+\sqrt{2})$, $f(\sqrt{3})$ のいずれかが無理数である」すなわち，「$f(1)$ が無理数」または「$f(1+\sqrt{2})$ が無理数」または「$f(\sqrt{3})$ が無理数」の否定は，

「$f(1)$ が有理数」かつ「$f(1+\sqrt{2})$ が有理数」かつ「$f(\sqrt{3})$ が有理数」すなわち，「$f(1)$, $f(1+\sqrt{2})$, $f(\sqrt{3})$ がすべて有理数である」になるわけです。

計画　背理法なのでここから矛盾を導くわけですが，(1)より

$$p+q\sqrt{2}+r\sqrt{3}=0 \quad (p, q, r \text{ は実数})\text{ ならば }p=q=r=0 \quad \cdots\cdots(*)$$

にもちこむのでしょう。近年，京大は小問を作らない方針だそうですが，このように(1)，(2)と分かれていたら，他大学と同じく，(1)は(2)のヒントになっていることが多いです。さて，

$$f(1)=1+a+b$$
$$f(1+\sqrt{2})=(1+\sqrt{2})^2+a(1+\sqrt{2})+b$$
$$f(\sqrt{3})=3+\sqrt{3}a+b$$

が有理数であると仮定するのですが，さすがにこれは見にくいので，それぞれ s, t, u と名前をつけましょう。

$$a+b+1=s \qquad\qquad \cdots\cdots③$$
$$(1+\sqrt{2})a+b+(3+2\sqrt{2})=t \quad \cdots\cdots④$$
$$\sqrt{3}a+b+3=u \qquad\qquad \cdots\cdots⑤$$

> ①，②は(1)の解答で使ったので，③から使用します。

ちょっとスッキリしたところで，

条件に等式があれば，文字消去してみる

とくに

性格のわからない文字は消去

という原則があるので，a, b を消去します。問題文では「実数係数の2次式 $f(x)=x^2+ax+b$」と書いてあり，a, b は実数だから，無理数であるかもしれないことに注意してください。

まず④－③，⑤－③で b を消去して，出てきた2式から a を消去すれば，$(*)$ の形になりそうです。そこで，$p=q=r=0$ から矛盾が導ければOKです。

話は戻りますが，上で $f(1)$, $f(1+\sqrt{2})$, $f(\sqrt{3})$ を s, t, u とおいたように，数学において，

わかりやすい，扱いやすい名前をつける

もう少し詳しくいうと，

条件にあるものを主役にして，結論を表す

結論にあるものを主役にして，条件を表し直す

という操作は，とても重要です。

実行

(2) $f(1)$，$f(1+\sqrt{2})$，$f(\sqrt{3})$がすべて有理数であると仮定し，順にs，t，uとおくと，

$$\begin{cases} a+b+1=s & \cdots\cdots③ \\ (1+\sqrt{2})a+b+3+2\sqrt{2}=t & \cdots\cdots④ \\ \sqrt{3}a+b+3=u & \cdots\cdots⑤ \end{cases}$$

④−③により，bを消去して，

$\sqrt{2}a+2+2\sqrt{2}=t-s$ $\xrightarrow{\times\sqrt{2}}$ $\therefore\ 2a+2\sqrt{2}+4=\sqrt{2}(t-s)$ $\cdots\cdots⑥$

⑤−③により，bを消去して，

$(\sqrt{3}-1)a+2=u-s$ $\xrightarrow{\times(\sqrt{3}+1)}$ $\therefore\ 2a+2(\sqrt{3}+1)=(\sqrt{3}+1)(u-s)$

$\cdots\cdots⑦$

⑥−⑦により，aを消去して，

$$2\sqrt{2}+4-(2\sqrt{3}+2)=\sqrt{2}(t-s)-(\sqrt{3}+1)(u-s)$$
$$(u-s+2)+(s-t+2)\sqrt{2}+(u-s-2)\sqrt{3}=0$$

$u-s+2$，$s-t+2$，$u-s-2$は有理数であるから，(1)より，

$$\begin{cases} u-s+2=0 & \cdots\cdots⑧ \\ s-t+2=0 & \\ u-s-2=0 & \cdots\cdots⑨ \end{cases}$$

> 何か矛盾はないですか？
> そうです，⑧と⑨が同時に成立しません！

となるが，⑧−⑨より，

$$4=0$$

となり矛盾を生じる。

したがって，$f(1)$，$f(1+\sqrt{2})$，$f(\sqrt{3})$のいずれかは無理数である。

類題 4

解答 ⇨ P.382 ｜★★★｜⏱30分

(1) $\sqrt[3]{2}$が無理数であることを証明せよ。

(2) $P(x)$は有理数を係数とするxの多項式で，$P(\sqrt[3]{2})=0$を満たしているとする。このとき$P(x)$はx^3-2で割り切れることを証明せよ。

（京大・理系・12）

二項係数 $_n\mathrm{C}_r$

例題 5　　　　　　　　　　　　　　★★☆　🕐 25分

　　n が相異なる素数 p, q の積, $n = pq$ であるとき, $(n-1)$ 個の数
　$_n\mathrm{C}_k$　$(1 \leqq k \leqq n-1)$ の最大公約数は 1 であることを示せ。

　　　　　　　　　　　　　　　　　　　　　　　　（京大・理系・97前）

理解　　文字が多くて意味がわかりにくいので, p, q に具体的な値を
　　　　　代入して調べてみましょう。$p = 2$, $q = 3$ とすると,
$n = pq = 6$ であり,

$$_6\mathrm{C}_1 = 6, \quad _6\mathrm{C}_2 = \frac{\overset{3}{6} \cdot 5}{2 \cdot 1} = 3 \cdot 5, \quad _6\mathrm{C}_3 = \frac{\overset{2}{6} \cdot 5 \cdot 4}{3 \cdot 2 \cdot 1} = 5 \cdot 4,$$

$$_6\mathrm{C}_4 = {}_6\mathrm{C}_2, \quad _6\mathrm{C}_5 = {}_6\mathrm{C}_1$$

となり, 6 と $3 \cdot 5$ と $5 \cdot 4$ の最大公約数は確かに 1 です。

　もう少し詳しく見てみると, まず最初の $_6\mathrm{C}_1 = 6 = 2 \cdot 3$ の段階で,
　　　　最大公約数の候補は 1, 2, 3, $2 \cdot 3$ つまり 1, p, q, pq の 4 つ
です。しかし,

　　・$_6\mathrm{C}_2 = \dfrac{\overset{3}{6} \cdot 5}{2 \cdot 1}$ で $2\,(=p)$ を約分してしまっているので,

　　　$2\,(=p)$ と $6\,(=pq)$ はボツ

　　・$_6\mathrm{C}_3 = \dfrac{\overset{2}{6} \cdot 5 \cdot 4}{3 \cdot 2 \cdot 1}$ で $3\,(=q)$ を約分してしまっているので,

　　　$3\,(=q)$ と $6\,(=pq)$ はボツ

ということで, 残る候補は 1 だけですが, 1 はすべての整数の約数だから,
もちろん $_6\mathrm{C}_1$, $_6\mathrm{C}_2$, $_6\mathrm{C}_3$ の約数です。最大公約数 1 が出てきました。

計画　　まず, $_n\mathrm{C}_1 = {}_{pq}\mathrm{C}_1 = pq$ の段階で,
　　　　　　最大公約数の候補は, 1, p, q, pq の 4 つ
になります。p, q, pq がボツだということが説明できれば, 残るは 1 だけ
で, 最大公約数が 1 といえます。

そのために、$_n\mathrm{C}_2$, $_n\mathrm{C}_3$, $_n\mathrm{C}_4$, ……, $_n\mathrm{C}_{n-1}$ のすべてを調べる必要はなくて、

$_n\mathrm{C}_p$ で p が約分されて、p と pq がボツ

$_n\mathrm{C}_q$ で q が約分されて、q と pq がボツ

でいえそうです。$p=3$, $q=5$ でやってみると、$n=pq=15$ であり、

$$_{15}\mathrm{C}_3 = \frac{\overset{5}{15} \cdot 14 \cdot 13}{3 \cdot 2 \cdot 1}, \quad _{15}\mathrm{C}_5 = \frac{\overset{3}{15} \cdot 14 \cdot 13 \cdot 12 \cdot 11}{5 \cdot 4 \cdot 3 \cdot 2 \cdot 1}$$

一般的にやると、

$$_n\mathrm{C}_p = {}_{pq}\mathrm{C}_p = \frac{pq\,(pq-1)\,(pq-2)\,\cdots\cdots\,(pq-p+1)}{p\,(p-1)\,(p-2)\,\cdots\cdots\,3\cdot 2\cdot 1}$$

となり、確かに p が消えます。

> 一般式は、
> $$_n\mathrm{C}_r = \frac{_n\mathrm{P}_r}{r!}$$
> $$= \frac{n\,(n-1)(n-2)\,\cdots\cdots\,(n-r+1)}{r\,(r-1)(r-2)\,\cdots\cdots\,3\cdot 2\cdot 1}$$

　ちょっと気になるのは、「〜〜の部分で分母の p と約分されることはないの？」ということです。そうすると分子に p が残ってしまうのですが、上の $_{15}\mathrm{C}_3$ や $_{15}\mathrm{C}_5$ といった具体例を見ると、大丈夫なようです。

　たとえば、$pq-1$ は「p で割ると商が q で余りが -1」と見ることができます。「余りが -1」という表現は気持ち悪いので、商を q から $q-1$ に1つ減らして、

$$pq-1 = p(q-1+1)-1$$
$$= p(q-1)+p-1$$

> $3 \cdot 5 - 1 = 14$ を「3で割って商5, 余り -1」とせず、$3 \cdot (5-1+1)-1$ より、$3 \cdot 4 + 2$ で「3で割って商4, 余り2」と見る。

とすると「p で割ると商が $q-1$ で余りが $p-1$」と見ることができ、これは p で割り切れません。

　同様にして、分子の p 以外の因数は

$$pq-2 = p(q-1+1)-2$$
$$= p(q-1)+p-2 \qquad \therefore\ p で割ると余り p-2$$
$$\vdots$$
$$pq-p+1 = p(q-1+1)-p+1$$
$$= p(q-1)+1 \qquad \therefore\ p で割ると余り 1$$

となり、p では割り切れません。これで OK です。

$$_nC_p = _{pq}C_p = \frac{pq(pq-1)(pq-2)\cdots\cdots(pq-p+1)}{p(p-1)(p-2)\cdots\cdots\cdot 3\cdot 2\cdot 1}$$

$$= \frac{q(pq-1)(pq-2)\cdots\cdots(pq-p+1)}{(p-1)(p-2)\cdots\cdots\cdot 3\cdot 2\cdot 1} \quad \cdots\cdots ①$$

であり，①の分子の q は p と互いに素である。また，①の分子の q 以外の因数も，

$$pq-1 = p(q-1)+p-1$$
$$pq-2 = p(q-1)+p-2$$
$$\vdots$$
$$pq-p+1 = p(q-1)+1$$

となり，いずれも p で割り切れない。これらと，p が素数であることから，①の分子は p を素因数にもたない。よって，$_nC_p$ は p を約数にもたない。

同様にして，$_nC_q$ は q を約数にもたない。

一方，$_nC_1 = n = pq$ の正の約数は，p，q が素数であることから，1，p，q，pq となる。

よって，$_nC_1$，$_nC_p$，$_nC_q$ の最大公約数は 1 であり，1 は $_nC_k$ ($1\leqq k\leqq n-1$) のすべての約数であるから，$_nC_k$ ($1\leqq k\leqq n-1$) の最大公約数は 1 である。

補足 二項係数 $_nC_r$ には，次のような定理があります。

p が素数のとき，$_pC_k$ ($k=1, 2, \cdots\cdots, p-1$) は p を約数にもつ

京大では本問と **類題 5**，それから2000年前期にこれに関係する出題があり，頻出ネタといえるかもしれません。ただし，自明とはいえないので，使うときは軽く証明をつけるようにしましょう。

$p=3$ は簡単すぎるので，$p=5, 7$ で具体的に見てみると，

$$p = 5 \text{ で，} _5C_1 = _5C_4 = \frac{5}{1}, \quad _5C_2 = _5C_3 = \frac{5\cdot\overset{2}{4}}{2\cdot 1}$$

$$p = 7 \text{ で，} _7C_1 = _7C_6 = \frac{7}{1}, \quad _7C_2 = _7C_5 = \frac{7\cdot\overset{3}{6}}{2\cdot 1}, \quad _7C_3 = _7C_4 = \frac{7\cdot 6\cdot 5}{3\cdot 2\cdot 1}$$

です。一般的には，

$$_pC_k = \frac{p(p-1)(p-2)\cdots\cdots(p-k+1)}{k(k-1)(k-2)\cdots\cdots\cdot 3\cdot 2\cdot 1}$$

の部分は，素数 p よりも小さい自然数を掛けているので，素因数として p をもちません。7 よりも小さい自然数をいくら掛けても素因数 7 は出てこないですよね。$6\times 5\times 4\times 3\times 2\times 1$ とか。

分子の p が約分されずにそのまま残るので，$_pC_k$ は p を約数にもつわけです。

これは p が素数だからいえるのであって，合成数では無理ですよ。たとえば，

$$_6C_3 = \frac{6 \cdot 5 \cdot 4}{3 \cdot 2 \cdot 1}$$

のように，6 よりも小さい自然数の積 3×2 で 6 が約分できて，消えてしまいますから。

| 類 題 **5** | | 解答 ⇨ P.388 | ★★☆ | ⏱ 25分 |

a，b は $a > b$ をみたす自然数とし，p，d は素数で $p > 2$ とする。このとき，$a^p - b^p = d$ であるならば，d を $2p$ で割った余りが 1 であることを示せ。

(京大・理系・95前)

Column 　復習のやり方1

学校や塾で授業を受けたあと，ちゃんと復習してますか？

「予習で精一杯で復習の時間がとれない」

と相談にくる人がいます。それはそうです。大学入試の問題は，1 問 25〜30 分かけて解くんですから，小中学生のように短時間では復習できません。

また，復習はしているんだけど，

「その日に復習したら覚えてるし，日をあけると忘れちゃうし」

「授業でやった問題はできるけど，ちょっと変えられるとできない」

と相談にくる人がいます。これは時間がないので急いで復習しようとして，「理解」や「計画」をすっ飛ばして復習している可能性が高いです。問題のどこを見てその解法に気づいたのか，どういう試行錯誤を経てそれを思いついたのか，そういった「理解」の部分を復習していなければ，同じ問題なら反応できても，ちょっと変えられたら反応できません。また，自分で解答を組み立てずに，今日の授業を何となく思い出して解答を再現しているだけなら，そりゃあしばらくしたら忘れてしまうでしょう。

まともに「理解」，「計画」，「実行」，「検討」を復習すれば，一度習ってるとはいえ 1 問に 10 〜 20 分はかかるでしょう。でも時間がありません。ではどうするか？

第 2 章

方程式・不等式

プロローグ

　この章では数学Ⅲの微分法を使わない方程式・不等式を扱います。といっても京大の問題なので，別解として数学Ⅲの微分法が使える問題もあります。

　方程式では，2次方程式，高次方程式，整式の除法を扱いますが，見た目には問題文もシンプルですし，易しそうに見えるかもしれません。しかし，与えられた式や条件をよく見ないで，思いつきで式をいじくってみても，どんどんドロ沼にはまっていくだけです。

　不等式も見た目はシンプルですが，こちらは易しくは見えないかもしれません。京大ではあまり具体的な式や値ではなく，文字の多い一般的な式や条件を扱うことが多いからです。2次式であれば，$x^2 + 2ax + a + 1$ とかではなく，$ax^2 + bx + c$ ですし，集合 $\{a_1,\ a_2,\ \cdots\cdots,\ a_n\}$ に関する不等式の証明などもあります。

　いずれにしても，京大の問題では特別な知識は不要で，必要知識のほとんどはすでにあなたの頭の中に入っています。しかし，それをテキトーに使うのならば，京大の問題では歯が立たないでしょう。解答を見て，「言われたらそうだけど，思いつかない」とボヤくことになります。方程式・不等式の分野に限りませんが，京大の問題を解くことを通して，

今まで無意識にやってきたことを，
ひとつひとつ意識してできるようにする

ことを心がけてください。それが数学だけでなく，将来あなたが問題にぶつかったときに，その問題を解決する力として蓄積されていくのです。

　無意識にやっていることの代表が同値変形ではないでしょうか。ここで少し確認しましょう。「同値」とか「必要十分」とか言われると緊張が走りますが，

$$P \iff Q$$

とは，

$$P \implies Q \ \text{かつ} \ Q \implies P$$

すなわち，P から Q が導ける，Q からも P が導ける，要は「行って来いの関係」のことです。たとえば，連立方程式 $\implies \!\!\! \Longleftarrow$

$$\begin{cases} x + y = 2 & \cdots\cdots ① \\ x - y = 0 & \cdots\cdots ② \end{cases}$$

を解くとき，$\dfrac{①+②}{2}$ より，

$\qquad x = 1$　……③

が得られますが，「①かつ②」と③は同値でしょうか？　違いますよね。

　　「①かつ②」から③は導けますが，

　　　③だけから「①かつ②」は導けません。

　では，どうすれば同値にできるでしょうか。

$\dfrac{①+②}{2}$ で③を導いたので，いわば $\dfrac{①+②}{2} = ③$ です。たとえば，②を

導きたいなら，$\dfrac{①+②}{2} = ③$ を変形して ② ＝ ③×2 － ① ですから，③の式

を 2 倍して，①を引くと，②が得られます。

$$\begin{cases} x + y = 2 & ……① \\ x - y = 0 & ……② \end{cases} \iff \begin{cases} x = 1 & ……③ \\ x + y = 2 & ……① \end{cases}$$

①＝③×2－②
だから，①のか
わりに②でも
OK です。

という関係になっています。①と③から②が導けますし，
①から①が導けるのは当然です。「①かつ②」を同値変形すると，「①かつ
③」（または「②かつ③」）にできるんですね。だからこそ僕らは③を①に
代入して，y の値を求めることができるんです。まとめると次のようにな
ります。

$$\begin{cases} x + y = 2 & ……① \\ x - y = 0 & ……② \end{cases} \iff \begin{cases} x = 1 & ……③ \\ x + y = 2 & ……① \end{cases} \iff \begin{cases} x = 1 & ……③ \\ y = 1 & ……④ \end{cases}$$

ついでにグラフのイメージも確認しておきましょう。

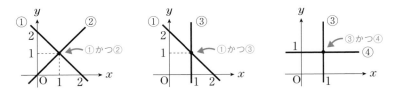

　当然ですが，連立方程式の解である交点は，ずっと点 $(1, 1)$ のままです。
これを使うと，たとえば，

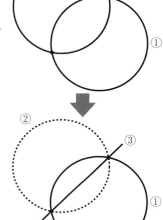

円 $C_1 : x^2 + y^2 - 1 = 0$ ……①
円 $C_2 : x^2 + y^2 + 2ax - y + 5a - 5 = 0$ ……②
の共有点の個数を調べよ。

という問題で，②－①により $x^2 + y^2$ を消去すると，

$$2ax - y + 5a - 4 = 0 \quad ……③$$

が得られ，これは直線を表します。

$$\begin{cases} ① \\ ② \end{cases} \Longleftrightarrow \begin{cases} ① \\ ③ \end{cases}$$

ですから，

円 $C_1 : x^2 + y^2 - 1 = 0$ ……①
直線 $: 2ax - y + 5a - 4 = 0$ ……③
の共有点の個数を調べよ。

という問題にすりかえることができます。

放物線 $C_1 : y = a(1 - x^2)$ ……①
放物線 $C_2 : x = a(1 - y^2)$ ……② $(a \neq 0)$
の共有点の個数を調べよ。

という問題では，①＋②より，

$$x + y = a(2 - x^2 - y^2)$$

$$x^2 + y^2 + \frac{x}{a} + \frac{y}{a} - 2 = 0$$

$$\left(x + \frac{1}{2a}\right)^2 + \left(y + \frac{1}{2a}\right)^2 = 2 + \frac{1}{2a^2} \quad ……③$$

①－②より，

$$y - x = a(y^2 - x^2)$$

$$(y - x)\{a(y + x) - 1\} = 0$$

$$y = x \quad ……④ \quad \text{または} \quad x + y = \frac{1}{a} \quad ……⑤$$

が得られ，③は円，④，⑤は直交する 2 直線を表します。

$$\begin{cases} ① \\ ② \end{cases} \Longleftrightarrow \begin{cases} ③ \\ (④または⑤) \end{cases}$$

ですから，

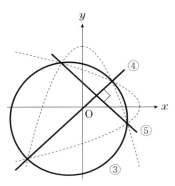

円：$\left(x+\dfrac{1}{2a}\right)^2+\left(y+\dfrac{1}{2a}\right)^2=2+\dfrac{1}{2a^2}$

　　　　　　　　　　　　　　　　……③

2 直線：$y=x$　……④　または　$x+y=\dfrac{1}{a}$

　　　　　　　　　　　　　　　　……⑤

の共有点の個数を調べよ。

という問題にすりかえることができます。

　「〜が成り立つ必要十分条件を求めよ」とか，「p であるための必要十分条件は q であることを示せ」という問いを見ると，「必要と十分に分けて示さないと！」と思う人が多いようなのですが，上のように式や条件を

$$p \iff p' \iff p'' \iff \cdots\cdots \iff q$$

と同値変形で話が進められるなら，分けて示す必要はありません。同値で話が進められないときに，$p \Longrightarrow q$ と $q \Longrightarrow p$ を分けて考えることになります。難しいことを言っているように思っていませんか？　16 ページでやった次の問題を思い出してください。

$$m^2 + n^2 = 10$$
をみたす整数 m, n の組をすべて求めよ。

という問題で，

「$n^2 \geqq 0$ であるから」

として m の値をしぼり込みました。

　これは「n が整数である」ことと同値なわけではないですね。「n が実数である」ことと同値なんです。

「n が整数」$\underset{\times}{\overset{\bigcirc}{\rightleftarrows}}$「$n$ が実数」$\underset{\bigcirc}{\overset{\bigcirc}{\rightleftarrows}}$ $n^2 \geqq 0$

であるから，詳しくいうと，

「$n^2 \geqq 0$ であることが必要」

です。だからこそ，この条件から出てきた $m=0, \pm1, \pm2, \pm3$ には本当の解ではないものが混ざっているので，$n^2=10-m^2$ に代入して，n が整数となるかどうかチェックしたんです。これが十分

性のチェックですね。
　ちょっと確認ですが，

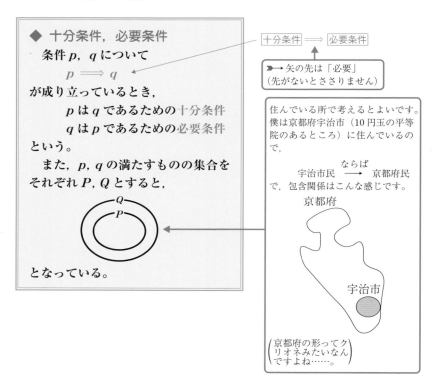

◆　十分条件，必要条件
　条件 p, q について
$$p \Longrightarrow q$$
が成り立っているとき，
　　　p は q であるための十分条件
　　　q は p であるための必要条件
という。
　また，p, q の満たすものの集合を
それぞれ P, Q とすると，

となっている。

十分条件 $\Longrightarrow$ 必要条件

➤➤ 矢の先は「必要」
（先がないとささりません）

住んでいる所で考えるとよいです。
僕は京都府宇治市（10円玉の平等
院のあるところ）に住んでいるの
で，

宇治市民 ――ならば→ 京都府民
で，包含関係はこんな感じです。

京都府

宇治市

（京都府の形ってク
リオネみたいなん
ですよね……。）

　こんなふうに，無意識に必要条件を使って，無意識に十分性をチェック
したりしてるんですが，やはり無意識のままではマズイです。必要とか十
分とかは数学者にとっての文法のようなものだといえます。これが守られ
ていない解答は，英語や国語と同じく評価されません。これから問題を解
いていく中で，同値な条件なのか，必要条件（または十分条件）なのか，
これまでの知識をひとつひとつ確認していっていってください。たとえば，次の
ようなものは大丈夫ですか？

微分可能な関数 $f(x)$ について

「$x = \alpha$ で極値をもつ」 $\xrightarrow[\times]{\bigcirc}$ $f'(\alpha) = 0$

$f(x) = x^3$ は
$f'(x) = 3x^2$ より
$f'(0) = 0$ ですが,
$f(0)$ は極値では
ありません。

x	$\cdots$	0	$\cdots$
$f'(x)$	+	0	+
$f(x)$	$\nearrow$		$\nearrow$

同値な条件は

$\vec{a} \perp \vec{b}$ $\xrightarrow[\times]{\bigcirc}$ $\vec{a} \cdot \vec{b} = 0$

$\vec{a} \cdot \vec{b} = 0$

$\Longleftrightarrow$ $\vec{a} = \vec{0}$ または $\vec{b} = \vec{0}$
または $\vec{a} \perp \vec{b}$

$\vec{a} = \vec{0}$ や $\vec{b} = \vec{0}$ の
ときも $\vec{a} \cdot \vec{b} = 0$ と
なりますよね。

Column 復習のやり方2

復習のグレードを分けましょう。たとえば次の3つです。

①理解 ↕ 見るだけ(着眼点,解法の急所)(2〜3分)

②計画 ↓ 下書き(立式や作図)(5〜10分)

③実行 ↓ 解答作成(10〜20分)

解答作成はわかりますよね。**下書き**は問題を読んで理解し,立式や作図で解答のアイデアができたら OK とします。**見るだけ**はノートに工夫が必要です。

●問題をコピーしてノートに貼っておく。

 (問題と解答が離れると復習に不便)

●『着眼点』を問題の横にメモしておく。

 (できれば「1次独立なベクトルですべて表す」のように一言でまとめる)

●『解答の急所』にアンダーラインを引く。

 (「ここさえできれば,ほかは大丈夫」という所,1問あたり3〜5か所)

これで,まず問題だけ見て『着眼点』を思い出す。次に解答のアンダーラインのところをかくしておいて,順に思い出していく。これなら1問あたり2〜3分ですし,電車の中で立っていても,布団で寝ころんででもできます。

僕は帰りの電車の中で**見るだけ**,家へ帰って予習のときできなかったものについては**下書き**,週末に必要なものだけ**解答作成**して,次の週の行きの電車でもう一度**見るだけ**をやっていました。難しい問題については4回復習したことになります。予習で1回,授業で1回見ていますから,これで合計6回見たことになります。いくら難しくても,6回も見ればかなり覚えてしまいます。それでもダメなものは付箋を貼っておいて,夏休みや直前にも復習します。

モノを覚えるには興味と回数です。**解答作成**だけでは時間が足りませんから,復習のグレードを何段階か用意して使い分け,回数をかせいでください。

方程式①

定数 a は実数であるとする。関数 $y=|x^2-2|$ と $y=|2x^2+ax-1|$ のグラフの共有点はいくつあるか，a の値によって分類せよ。

（京大・理系・08）

理解　本問が出題されたとき，そんなに難しいとは思わなかったんですが，受験生に聞くと，本当にグラフをかいて共有点を数えようとしてムチャクチャになったり，絶対値を2乗してはずして4次方程式にしてしまってグチャグチャになったり，と意外に難問だったようです。

$$\left(\begin{array}{c}\text{方程式 } f(x)=0 \\ \text{の実数解}\end{array}\right)=\left(\begin{array}{c}y=f(x) \text{ のグラフと } x \text{ 軸の} \\ \text{共有点の } x \text{ 座標}\end{array}\right)$$

は有名で，一般の入試では，

　　　　方程式の実数解　──→　グラフの共有点で考える

という問題が多いのですが，京大では，

　　　　グラフの共有点　──→　方程式の実数解で考える

という問題が多いです。グラフの共有点は図をかけば直感的にわかりそうなものですが，それを方程式で論理的に説明させようというもので，京大らしい問題といえます。あっ，数学Ⅲの微分を利用するものもありますよ。

本問では，

$$\left(\begin{array}{c}y=|x^2-2| \text{ と} \\ y=|2x^2+ax-1| \\ \text{のグラフの共有点の } x \text{ 座標}\end{array}\right)=\left(\begin{array}{c}\text{方程式 } |x^2-2|=|2x^2+ax-1| \\ \text{の実数解}\end{array}\right)$$

だから，

　　　$|A|=|B| \iff A=\pm B$

で絶対値をはずしましょう。

> 4つに場合分けされますが，
> ・$A \geq 0$, $B \geq 0$ のとき，　$A=B$
> ・$A \geq 0$, $B \leq 0$ のとき，　$A=-B$
> ・$A \leq 0$, $B \geq 0$ のとき，　$-A=B$
> ・$A \leq 0$, $B \leq 0$ のとき，　$-A=-B$
>
> 同じ

$$|x^2-2|=|2x^2+ax-1| \qquad \begin{array}{l} \scriptstyle x^2-2=+(2x^2+ax-1)\ を整理して ⓐ \\ \scriptstyle x^2-2=-(2x^2+ax-1)\ を整理して ⓑ \end{array}$$

$$\Longleftrightarrow \quad x^2-2=\pm(2x^2+ax-1)$$

$$\Longleftrightarrow \quad \underset{\cdots\cdots ⓐ}{x^2+ax+1=0} \quad または \quad \underset{\cdots\cdots ⓑ}{3x^2+ax-3=0}$$

ⓐの判別式を D_1，ⓑの判別式を D_2 とすると，

$$D_1=a^2-4=(a+2)(a-2)$$
$$D_2=a^2+36>0$$

だから，ⓑはつねに異なる 2 つの実数解をもちます。じゃあ，ⓐの実数解の個数で場合分けになって，

	ⓐの実数解	ⓑの実数解	合計
$D_1>0$ つまり $a<-2,\ 2<a$ のとき	2 個	2 個	4 個
$D_1=0$ つまり $a=\pm 2$ のとき	1 個	2 個	3 個
$D_1<0$ つまり $-2<a<2$ のとき	0 個	2 個	2 個

でしょうか。

計画　おしい！　もう一歩です。この間違いも多かったようです。
たとえば，

$D_1>0$ のとき，ⓐの実数解が $x=1,\ 2$ の 2 個
　　　　　　　　ⓑの実数解が $x=1,\ 3$ の 2 個

だとすると，実数解は合計 4 個ではなく，「$x=1,\ 2,\ 3$ の 3 個」
になりますよね。そうです，

ⓐとⓑの共通解を考慮しないといけない

んですね。

共通解は $x=\alpha$ のようにおきかえてもよいですし，そのままでも OK
です。「ⓐかつⓑ」をみたす x の値を求めればよいので，

x と a の連立方程式ⓐ，ⓑを解く

と，共通解 x と，それに対応する a の値が得られます。ⓑ－ⓐにより a
を消去することができるので，

$$2x^2-4=0 \qquad \therefore \quad x=\pm\sqrt{2} \quad \cdots\cdots ⓒ$$

となるのですが，この段階で $x=\pm\sqrt{2}$ が共通解とは断定できないんだけど，大丈夫ですか？

$$\begin{cases} x^2+ax+1=0 & \cdots\cdots ⓐ \\ 3x^2+ax-3=0 & \cdots\cdots ⓑ \end{cases} \overset{\bigcirc}{\underset{\times}{\longrightarrow}} \ 2x^2-4=0 \quad \therefore \quad x=\pm\sqrt{2} \ \cdots\cdots ⓒ$$

ⓒはⓑ－ⓐで導いたので，「ⓐかつⓑ」とⓒは同値ではなく一方通行です。よって，この段階で $x=\pm\sqrt{2}$ が共通解とは断定できず，どちらか一

方だけ，もしくは，両方とも違って「共通解なし」かもしれません。そこで，ⓒにⓐを補って，

$$\begin{cases} ⓐ \\ ⓑ \end{cases} \iff \begin{cases} ⓒ \\ ⓐ \end{cases}$$

これで同値関係がキープされました。ⓒの $x = \pm\sqrt{2}$ をⓐに代入して，a の値を求めると，

$$\begin{cases} ⓐ \\ ⓑ \end{cases} \iff \begin{cases} ⓒ \\ ⓐ \end{cases} \iff (x,\, a) = (\sqrt{2},\, \bullet),\ (-\sqrt{2},\, \blacksquare)$$

となり，共通解 x と，それに対応する a の値が得られます。

x と a の連立方程式ⓐ，ⓑを解く

といった意味がわかってもらえましたか？

それでは，共有点の話を方程式ⓐまたはⓑの実数解の話に切り替えて，判別式で実数解の個数を調べましょう。その際，今言っていた共通解に注意していきましょう。

🏃 実行

$y = |x^2 - 2|$ と $y = |2x^2 + ax - 1|$ のグラフの共有点の x 座標は，方程式
$$|x^2 - 2| = |2x^2 + ax - 1|$$
の実数解である。これは，
$$x^2 - 2 = \pm(2x^2 + ax - 1)$$
すなわち，
$$x^2 + ax + 1 = 0 \quad \cdots\cdots① \quad \text{または} \quad 3x^2 + ax - 3 = 0 \quad \cdots\cdots②$$
と同値であるから，「①または②」をみたす実数 x の個数を求めればよい。

①，②の判別式をそれぞれ $D_1,\, D_2$ とすると，
$$D_1 = a^2 - 4 = (a+2)(a-2) \qquad D_2 = a^2 + 36 > 0$$
であるから，①の実数解の個数は，
$$\begin{aligned} &a < -2,\ 2 < a \text{ のとき 2 個,} \\ &a = \pm 2 \qquad\qquad \text{のとき 1 個,} \\ &-2 < a < 2 \qquad\ \text{のとき 0 個} \end{aligned}$$
②の実数解の個数は，つねに 2 個である。

一方，②－①より，
$$2x^2 - 4 = 0 \quad \therefore\ \ x = \pm\sqrt{2}$$
であり，これを①に代入すると，
$$2 \pm \sqrt{2}\,a + 1 = 0 \quad \therefore\ \ a = \mp\frac{3}{\sqrt{2}} \quad (\text{複号同順})$$

(i) $a = \dfrac{3}{\sqrt{2}}$ のとき

①は $x^2 + \dfrac{3}{\sqrt{2}}x + 1 = 0$ $\therefore (x+\sqrt{2})\left(x + \dfrac{1}{\sqrt{2}}\right) = 0$ $\therefore x = -\sqrt{2},\ -\dfrac{1}{\sqrt{2}}$

②は $3x^2 + \dfrac{3}{\sqrt{2}}x - 3 = 0$ $\therefore (x+\sqrt{2})\left(x - \dfrac{1}{\sqrt{2}}\right) = 0$ $\therefore x = -\sqrt{2},\ \dfrac{1}{\sqrt{2}}$

であるから，x の個数は $x = -\sqrt{2},\ \pm\dfrac{1}{\sqrt{2}}$ の 3 個。

(ii) $a = -\dfrac{3}{\sqrt{2}}$ のとき

①は $x^2 - \dfrac{3}{\sqrt{2}}x + 1 = 0$ $\therefore (x-\sqrt{2})\left(x - \dfrac{1}{\sqrt{2}}\right) = 0$ $\therefore x = \sqrt{2},\ \dfrac{1}{\sqrt{2}}$

②は $3x^2 - \dfrac{3}{\sqrt{2}}x - 3 = 0$ $\therefore (x-\sqrt{2})\left(x + \dfrac{1}{\sqrt{2}}\right) = 0$ $\therefore x = \sqrt{2},\ -\dfrac{1}{\sqrt{2}}$

であるから，x の個数は $x = \sqrt{2},\ \pm\dfrac{1}{\sqrt{2}}$ の 3 個。

以上より，求める共有点の個数は，

a の値	…	$-\dfrac{3}{\sqrt{2}}$	…	-2	…	2	…	$\dfrac{3}{\sqrt{2}}$	…
個数（個）	4	3	4	3	2	3	4	3	4

検討

「①または②」は，
$$-x^2 - 1 = ax \quad \cdots\cdots ①'$$
または
$$-3x^2 + 3 = ax \quad \cdots\cdots ②'$$

のように変形できますね。すると方程式①′の実数解は放物線 $y = -x^2 - 1$ と直線 $y = ax$ の共有点の x 座標，方程式②′の実数解は放物線 $y = -3x^2 + 3$ と直線 $y = ax$ の共有点の x 座標であるから，右図のよう

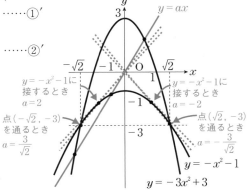

な 2 つの放物線と，原点を通る傾き a の直線の共有点を数えても OK です。

$a = 2$ と $a = \dfrac{3}{\sqrt{2}}$，$a = -2$ と $a = -\dfrac{3}{\sqrt{2}}$ の間がちょっとキワドイですが。

さらに，「①'または②'」は，
$x=0$ を代入しても成り立たない
ので，$x \neq 0$ で考えればよく，両
辺を x で割って，

$$-x-\frac{1}{x}=a \quad \cdots\cdots ①''$$

または

$$-3x+\frac{3}{x}=a \quad \cdots\cdots ②''$$

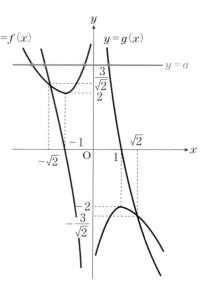

のように変形できます。これは数
学Ⅲの微分を用いないとグラフが
かけませんが，

$$f(x)=-x-\frac{1}{x}$$

$$g(x)=-3x+\frac{3}{x}$$

とおいて，2曲線 $y=f(x)$，$y=g(x)$ と直線 $y=a$ の共有点を考えても
OK です。

$$f'(x)=\frac{1-x^2}{x^2}$$

$$g'(x)=-\frac{3(x^2+1)}{x^2}$$

で，グラフは上の図のようになります。

　グラフをかくのに多少手間がかかりますが，共有点を数えるのはラクで
すね。

　このように，文字定数の入った等式や不等式を扱う場合，

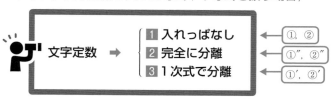

の3つの方法があり，与えられた式に応じて計算量や論証のしやすさを考
えて，最適のものを選びます。本問では，数学Ⅲの微分が得意なら **2** がよ
いでしょう。**3** は $a=2$ と $a=\frac{3}{\sqrt{2}}$ のときの図が微妙なので，試験中にフ

リーハンドで図をかくという状況下ではちょっとキケンでしょう。

解答 ⇨ P.393　★★☆　⏱ 25分

xy 平面上の原点と点 $(1,\ 2)$ を結ぶ線分（両端を含む）を L とする。曲線 $y = x^2 + ax + b$ が L と共有点をもつような実数の組 $(a,\ b)$ の集合を ab 平面上に図示せよ。　　　　（京大・理文共通・05前）

Column ✐ 完答重視

　「京大理系数学の特徴」で京大の先生の「完答できる学生がほしい」という言葉を紹介しましたが，これはその先生お一人の意見ではなく，京大の入試の数学全体につらぬかれている哲学のようなものです。たとえば，

　　　　　　　　誘導的な小問はなるべくつけない

という問題の型式もそのあらわれでしょう。
　これは採点においても同じで，

　　　　　　　　完答重視で部分点はほとんどない

といわれています。実際，予備校で京大を受験した学生さんに答案を再現してもらって，得点開示の結果と比較したりすると，
- 計算問題は答えが間違っていたらほとんど点はない。
- 論証問題も部分点はほとんどなく，最後まで書いていても論理的におかしなところや飛躍があると，バッサリ減点されている。

有名な話では，数学的帰納法で $n = 1$ の場合だけを書いても，点数はありません。それは $n = 1$ の場合の数学的な事実を書いたにすぎないので評価に値しないという考えからです。また 2007 年以降ちょくちょく出る第 1 問の小問 2 問ですが，あれは All or Nothing で採点されているそうです。15 点 or 0 点なのか，5 点きざみくらいなのかはわかりませんが，ともかく答えが合っていないと点はありません。
　あたり前のことなのですが，京大ではとくに，
- 計算問題は答えを合わせる。
- 論証問題はていねいに書き，最後まで書ききる。

ことを心がけてください。

テーマ 7 方程式②

例題 7 ★★☆ ⏱ 30分

$f(x) = x^4 + ax^3 + bx^2 + cx + 1$ は整数を係数とする x の4次式とする。4次方程式 $f(x) = 0$ の重複も込めた4つの解のうち、2つは整数で残りの2つは虚数であるという。このとき a, b, c の値を求めよ。

(京大・理文共通・02前)

👤 理解

整数係数の n 次方程式
$$a_n x^n + a_{n-1} x^{n-1} + \cdots\cdots + a_2 x^2 + a_1 x + a_0 = 0$$
$$(a_n \neq 0, \ a_0 \neq 0)$$
が有理数の解をもてば、それは、　　　　　　　　　　　　　……(*)
$$x = \frac{(a_0 の約数)}{(a_n の約数)}$$
と表せる。

はすぐに思いつきましたか？　学校の教科書には載っていないのですが、受験レベルでは知っていないといけないネタです。本問では、(*)でいうと $a_n = 1$, $a_0 = 1$ だから、有理数の解をもつとすれば、
$$x = \frac{(1 の約数)}{(1 の約数)} = \pm 1$$
です。よって、「重複も込めた4つの解のうち、2つは整数」となるなら、

　　(i)　1と1　　　(ii)　−1と−1　　　(iii)　1と−1

のいずれかです。

　これは自明とはいえないので、京大でもありますし、証明をつけるべきです。本問は「整数解」なので比較的簡単に証明できますが、一般の「有理数解」の場合の(*)は証明できますか？　(*)は大学入試レベルではちょいちょいテーマになるので、ここで証明を確認しておきましょうか。

有理数解を

$$x = \frac{p}{q} \quad (p, \ q \text{ は互いに素な整数で } q > 0)$$

とおくと,

$$a_n \left(\frac{p}{q}\right)^n + a_{n-1}\left(\frac{p}{q}\right)^{n-1} + \cdots\cdots + a_1 \frac{p}{q} + a_0 = 0$$

両辺に q^n を掛けて,

$$a_n p^n + a_{n-1}p^{n-1}q + \cdots\cdots + a_1 pq^{n-1} + a_0 q^n = 0 \quad \cdots\cdots ①$$

①より,

$$a_n p^n = - q \ (a_{n-1}p^{n-1} + \cdots\cdots + a_1 pq^{n-2} + a_0 q^{n-1})$$

$a_n p^n$ 以外を
q でくくった

$$\therefore \quad \frac{a_n p^n}{q} = -(a_{n-1}p^{n-1} + \cdots\cdots + a_1 pq^{n-2} + a_0 q^{n-1})$$

$\div q$

であり，右辺は整数である。よって，左辺も整数であり，p と q は互いに素であるから，a_n は q の倍数，すなわち q は a_n の約数である。

また，①より,

$$p \ (a_n p^{n-1} + a_{n-1}p^{n-2}q + \cdots\cdots + a_1 q^{n-1}) = -a_0 q^n$$

$a_0 q^n$ 以外を
p でくくった

$a_0 \neq 0, \ q \geqq 1$ より，$p \neq 0$ であるから,

$$a_n p^{n-1} + a_{n-1}p^{n-2}q + \cdots\cdots + a_1 q^{n-1} = -\frac{a_0 q^n}{p}$$

$\div p$

したがって，上と同様に a_0 は p の倍数，すなわち p は a_0 の約数である。

本問では整数解なので，これを n とおくと,

$$n^4 + an^3 + bn^2 + cn + 1 = 0$$

定数項の 1 以外を n でくくって,

$$n(n^3 + an^2 + bn + c) = -1$$

n と $n^3 + an^2 + bn + c$ は整数なので，$n = \pm 1$ しかない，というわけです。

 計画 （i）の 2 つの整数解が 1 と 1 のとき，$f(x)$ は 4 次式なので,

$$f(x) = (x - 1)^2 \times (\bullet x^2 + \blacksquare x + \blacktriangle)$$

という形に因数分解できますが，これを展開すると,

$$f(x) = (x^2 - 2x + 1) \times (\bullet x^2 + \blacksquare x + \blacktriangle)$$
$$= \bullet x^4 + \cdots\cdots + \blacktriangle$$

一方，$f(x) = x^4 + ax^3 + bx^2 + cx + 1$ だから，x^4 の係数と定数項を比較して,

$$\bullet = 1, \ \blacktriangle = 1$$

とわかるので，
$$f(x) = (x-1)^2 \times (x^2 + \blacksquare x + 1)$$
と表せます。解答では最初から
$$f(x) = (x-1)^2 (x^2 + px + 1)$$
とおいてしまいましょう。これを展開して，元の式と係数比較すれば，p と a，b，c の関係がわかります。また $x^2 + px + 1 = 0$ が虚数解をもつので，(判別式)$= p^2 - 4 < 0$ で p の値の範囲がしぼり込めそうです。

(ii)-1 と -1，(iii)1 と -1 も同様にイケそうですね。

実行

$f(x) = 0$ の整数解を n とおくと，
$$n^4 + an^3 + bn^2 + cn + 1 = 0$$
$$\therefore \quad n(n^3 + an^2 + bn + c) = -1$$
であり，a，b，c は整数であるから，n は 1 または -1

よって，$f(x) = 0$ の 2 つの整数解は，

(i) $\{1, 1\}$

(ii) $\{-1, -1\}$

(iii) $\{1, -1\}$

のいずれかである。

(i)のとき，$f(x)$ は x^4 の係数が 1，定数項が 1 であるから，
$$f(x) = (x-1)^2 (x^2 + px + 1)$$
と表せる。このとき，

			x^2	$-2x$	$+1$
$\times$			x^2	$+px$	$+1$
			x^2	$-2x$	$+1$
		px^3	$-2px^2$	$+px$	
	x^4	$-2x^3$	$+x^2$		
$x^4 + (p-2)x^3 - 2(p-1)x^2 + (p-2)x + 1$					

$$f(x) = x^4 + (p-2)x^3 - 2(p-1)x^2 + (p-2)x + 1$$
であるから，
$$a = p - 2, \quad b = -2(p-1), \quad c = p - 2$$

a が整数であるから，p も整数であり，$x^2 + px + 1 = 0$ が 2 つの虚数解をもつことから，
$$(判別式) = p^2 - 4 < 0 \quad \therefore \quad -2 < p < 2 \quad \therefore \quad p = -1, 0, 1$$
したがって，
$$(a, b, c) = (-3, 4, -3), (-2, 2, -2), (-1, 0, -1)$$

(ii)のとき，(i)と同様に，
$$f(x) = (x+1)^2 (x^2 + qx + 1)$$
$$= x^4 + (q+2)x^3 + 2(q+1)x^2 + (q+2)x + 1$$
と表せるから，
$$a = q + 2, \quad b = 2(q+1), \quad c = q + 2$$

a が整数であるから，q も整数であり，$x^2 + qx + 1 = 0$ が 2 つの虚数解をもつことから，

$\quad$（判別式）$= q^2 - 4 < 0$ $\quad \therefore \quad -2 < q < 2$ $\quad \therefore \quad q = -1,\ 0,\ 1$

したがって，

$\quad (a,\ b,\ c) = (1,\ 0,\ 1),\ (2,\ 2,\ 2),\ (3,\ 4,\ 3)$

(iii)のとき，(i)と同様に，

$\quad f(x) = (x+1)(x-1)(x^2 + rx - 1)$

と表せるが，$x^2 + rx - 1 = 0$ について，

> $(x+1)(x-1) = x^2 - 1$ なので，ココは $+1$ でなく -1 になります。

$\quad$（判別式）$= r^2 + 4 > 0$

であるから，$f(x) = 0$ は虚数解をもたず，条件をみたさない。

以上(i)，(ii)，(iii)より，

$\quad (\boldsymbol{a},\ \boldsymbol{b},\ \boldsymbol{c}) = (-3,\ 4,\ -3),\ (-2,\ 2,\ -2),\ (-1,\ 0,\ -1),$
$\qquad\qquad\quad (1,\ 0,\ 1),\ (2,\ 2,\ 2),\ (3,\ 4,\ 3)$

検討 (i)，(ii)はそれぞれ $x = 1$，$x = -1$ を重解にもつということで，解答ではそれをもとに因数分解された式を作って，元の式と係数比較しましたが，因数定理

$\quad$ 整式 $f(x)$ が $x - \alpha$ で割り切れる $\iff f(\alpha) = 0$

の発展版

$\quad$ 整式 $f(x)$ が $(x - \alpha)^2$ で割り切れる $\iff f(\alpha) = f'(\alpha) = 0$

は知っていますか？　たとえば(i)でこれを使うと，

$\quad f(x) = x^4 + ax^3 + bx^2 + cx + 1$

$\quad f'(x) = 4x^3 + 3ax^2 + 2bx + c$

よって，

$\quad \begin{cases} f(1) = 1 + a + b + c + 1 = 0 \\ f'(1) = 4 + 3a + 2b + c = 0 \end{cases}$

3 文字で 2 式だから，1 つの文字で残り 2 文字を表すことができて，たとえば，

$\quad b = -2a - 2,\ c = a$

とすると，

> 証明は数学Ⅲを使いますが，$f(x)$ を $(x-\alpha)^2$ で割った商を $g(x)$，余りを $ax + b$ とおくと，
> $f(x) = (x - \alpha)^2 g(x) + ax + b$
> $f'(x) = 2(x - \alpha)g(x) + (x - \alpha)^2 g'(x) + a$
> よって，
> $\quad f(\alpha) = a\alpha + b \quad f'(\alpha) = a$
> であるから，
> $\quad f(\alpha) = f'(\alpha) = 0$
> $\Leftrightarrow \quad a = b = 0$
> $\Leftrightarrow$ 「$f(x)$ が $(x - \alpha)^2$ で割り切れる」
>
> 数学Ⅲの積の微分法

$$f(x) = x^4 + ax^3 - (2a+2)x^2 + ax + 1$$
$$= (x-1)^2\{x^2 + (a+2)x + 1\}$$

となり，$x^2 + (a+2)x + 1 = 0$
が 2 つの虚数解をもつことから，
$$(判別式) = (a+2)^2 - 4$$
$$= a(a+4) < 0$$
$$\therefore \quad -4 < a < 0$$

a は整数だから，
$$a = -3, -2, -1$$

というように，p をおかずに直接 a の値を
求めることができます。

また，数学Ⅲの複素数平面で扱いますが，

実数係数の n 次方程式が虚数 $p+qi$
（p, q は実数）を解にもつと，その共
役複素数 $p-qi$ も解にもつ

という事実は知っていますか？　ここから，

整数解を m, n，虚数解を $p \pm qi(p, q$ は実数で $q \neq 0)$ とおく

という方針も考えられます。僕らは 4 次方程式の解と係数の関係は知らな
いので，ちょっと根性がいりますが，
$$f(x) = (x-m)(x-n)\{x - (p+qi)\}\{x - (p-qi)\}$$
を展開して，$f(x) = x^4 + ax^3 + bx^2 + cx + 1$ と係数比較すると，

x^3 の係数：$-(m+n+2p) = a$ ……ⓐ

x^2 の係数：$mn + 2(m+n)p + p^2 + q^2 = b$ ……ⓑ

x の係数 ：$-\{2mnp + (m+n)(p^2+q^2)\} = c$ ……ⓒ

定数項　　：$mn(p^2 + q^2) = 1$ ……ⓓ

文字だらけになってしまったので，ここで挫折してしまったかもしれま
せん。式をよく見てみると，定数項の 1 が目立ちます。m, n も整数なの
で，「m, n は ± 1 だ」といきたいところですが，$p^2 + q^2$ がジャマです。

もし，$p^2 + q^2 = \dfrac{1}{2}$ だったりすると，$m = 2$，$n = 1$ などもあり得ることに

なります。そこで，他の式をながめると……，ありました。ⓑが，
$$p^2 + q^2 = b - mn - (m+n) \times 2p$$
と変形できて，b, m, n は整数です。また，ⓐより，
$$2p = -(a+m+n)$$

右の割り算の筆算（枠内）：

$$\begin{array}{r} x^2 + (a+2)x + 1 \\ x^2 - 2x + 1 \overline{\smash{)}\ x^4 + ax^3 - (2a+2)x^2 + ax + 1} \\ \underline{x^4 - 2x^3 \ + x^2} \\ (a+2)x^3 - (2a+3)x^2 + ax \\ \underline{(a+2)x^3 - (2a+4)x^2 + (a+2)x} \\ x^2 - 2x + 1 \\ \underline{x^2 - 2x + 1} \\ 0 \end{array}$$

右の枠内：

3 次方程式の場合を証明しましょう。
$$ax^3 + bx^2 + cx + d = 0 \cdots\cdots ⊛$$
（a, b, c, d は実数）
が虚数 α を解にもつとすると，
$$a\alpha^3 + b\alpha^2 + c\alpha + d = 0$$
両辺の共役複素数をとると
$$\overline{a\alpha^3 + b\alpha^2 + c\alpha + d} = \overline{0}$$
$$\overline{a}(\overline{\alpha})^3 + \overline{b}(\overline{\alpha})^2 + \overline{c}\,\overline{\alpha} + \overline{d} = 0$$
$$a(\overline{\alpha})^3 + b(\overline{\alpha})^2 + c(\overline{\alpha}) + d = 0$$
（$\because \ a, b, c, d$ は実数）
よって，⊛ は $\overline{\alpha}$ を解にもつ。

ですから，$2p$ も整数です。ということで，$p^2 + q^2$ も整数です。

さらに，p, q が実数で $q \neq 0$ ですから，$p^2 + q^2 > 0$ なので，ⓓより，

$$p^2 + q^2 = 1 \quad \cdots\cdots ⓔ, \quad m = n = \pm 1$$

となります。

> $p = \pm 1$ のとき，$q = 0$ となり，$p \pm qi$ が虚数ではなく実数になってしまいます。

ⓔと $q \neq 0$ から，

$$-1 < p < 1 \quad \therefore \quad -2 < 2p < 2$$

で，$2p$ は整数ですから，

$$2p = -1, 0, 1 \quad \therefore \quad p = -\frac{1}{2}, 0, \frac{1}{2}$$

これをⓔに代入して，q の値も求まります。

> q の値を求めなくても，$p^2 + q^2 = 1$ で a, b, c の値は求められますが，$q \neq 0$ を確かめないといけないので，解答上は求めておいた方がよいでしょう。

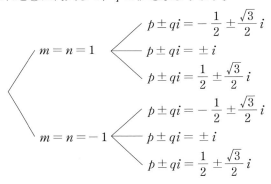

$$
m = n = 1
\begin{cases}
p \pm qi = -\dfrac{1}{2} \pm \dfrac{\sqrt{3}}{2}i \\[2mm]
p \pm qi = \pm i \\[2mm]
p \pm qi = \dfrac{1}{2} \pm \dfrac{\sqrt{3}}{2}i
\end{cases}
$$

$$
m = n = -1
\begin{cases}
p \pm qi = -\dfrac{1}{2} \pm \dfrac{\sqrt{3}}{2}i \\[2mm]
p \pm qi = \pm i \\[2mm]
p \pm qi = \dfrac{1}{2} \pm \dfrac{\sqrt{3}}{2}i
\end{cases}
$$

の6パターンがあり，これをⓐ，ⓑ，ⓒに代入して a, b, c の値を求めます。

こちらの方針は着想はしやすいのですが，文字が多くなり，$p^2 + q^2$ と $2p$ が整数であることに気づかないと次に進めません。ということで，解答にはしなかったのですが，今検討したように解答可能です。こちらの方針で行き詰まった人は，最初の段階で $f(x)$ の式の最大の特徴である「x^4 の係数が1で，定数項も1」を無視しているか，ⓐ，ⓑ，ⓒ，ⓓが出た段階でひとつひとつの式のもつ意味が読み取れなかったかだと思います。いずれにしても，

　　　　式をよく見て，その式のもつ意味をいろいろ考えてみる

ことを心がけましょう。　**理解** の訓練です。

類題 7　　　　　　　　　　　解答 ⇨ P.396　★★☆　⏱ 25分

　実数 p, q に対し $x^3 - px + q = 0$ の解がすべて実数なら（すなわち虚数解をもたないなら），$x^3 - 2px^2 + p^2x - q^2 = 0$ の解もすべて実数であることを示せ。
　　　　　　　　　　　　　　　　　　　　　　　　（京大・文系・91前）

方程式③

$Q(x)$ を 2 次式とする。整式 $P(x)$ は $Q(x)$ では割り切れないが，$\{P(x)\}^2$ は $Q(x)$ で割り切れるという。このとき 2 次方程式 $Q(x)=0$ は重解をもつことを示せ。 （京大・理文共通・06前）

理解 1 京大らしい抽象的，一般的な論証です。
整式の割り算においては，次の原理が重要です。

> 整式の係数は実数でも虚数でも，つまり複素数の範囲で OK です。

◆ **割り算の原理**

整式 $A(x)$, $B(x)$ について，

$$\begin{cases} A(x)=B(x)Q(x)+R(x) \\ (R(x) \text{の次数})<(B(x) \text{の次数}) \text{ または } R(x) \text{ は } 0 \end{cases} \quad \cdots\cdots(*)$$

をみたす整式 $Q(x)$, $R(x)$ はただ 1 組存在し，$Q(x)$ を商，$R(x)$ を余りという。

$A(x)$ や $B(x)$ が具体的な式なら実際に割り算すればよいわけですが，本問のように一般的に整式を扱う問題ではそれができないので，この原理を利用します。実際に割り算しなくても，$A(x)$ を (*) の形に変形できれば割り算とみなせます。整式の割り算については，次の 3 つのアプローチが考えられます。

整式の割り算 ➡
1 実際に割る
2 (*)の式を立てて，
$B(x)=0$ となる x の値を代入する
3 $A(x)$ から $B(x)$ をくくり出して，
(*)の形を作る

2 は有名ですね。たとえば，

◆ 剰余の定理
$$(A(x) \text{ を } x - \alpha \text{ で割った余り}) = A(\alpha)$$

は，このアプローチで説明します。$A(x)$ を1次式 $x - \alpha$ で割ると，余り
は r（定数）とおけるので，商を $Q(x)$ とおくと，

$$A(x) = (x - \alpha)Q(x) + r$$

$x = \alpha$ を代入して，

$$A(\alpha) = \underset{=0}{(\alpha - \alpha)}Q(\alpha) + r \qquad \therefore \quad r = A(\alpha)$$

3 は，たとえば x^n（n は2以上の整数）を $(x-1)^2$ で割った余りを求め
たいとき，

$$x^n = \{(x-1) + 1\}^n$$

と変形して，二項定理で，

$(x-1)^2$ でくくれる

ココはくくれない

$$x^n = {}_n\text{C}_0(x-1)^n + {}_n\text{C}_1(x-1)^{n-1} + \cdots + {}_n\text{C}_{n-2}(x-1)^2 \\ + {}_n\text{C}_{n-1}(x-1) + {}_n\text{C}_n$$

$$= (x-1)^2 \times (x \text{ の整式}) + n(x-1) + 1$$

$(n(x-1) + 1 \text{ の次数}) < ((x-1)^2 \text{ の次数})$ だから，余りは $n(x-1) + 1$
このように使います。

さて本問ですが，

条件1：「$P(x)$ は $Q(x)$ で割り切れない」
条件2：「$\{P(x)\}^2$ は $Q(x)$ で割り切れる」
　　　↓
結　論：「$Q(x) = 0$ は重解をもつ」

という構造です。

素直に**条件1**を式に直すと，商を $R(x)$，余りを $ax + b$ として，

$$P(x) = Q(x)R(x) + ax + b \quad \cdots\cdots ⓐ$$

ただし，a と b は同時には0にならない，つまり $(a, b) = (1, 0)$ で余
りが x や，$(a, b) = (0, 2)$ で余りが2は OK ですが，$(a, b) = (0, 0)$ で
余り0だけはダメなので，$(a, b) \neq (0, 0)$ です。すると，

$$\{P(x)\}^2 = \{Q(x)R(x) + (ax+b)\}^2$$
$$= \{Q(x)\}^2\{R(x)\}^2 + 2Q(x)R(x)(ax+b) + (ax+b)^2$$

だから，**条件2**を使うために $Q(x)$ でくくってみると，

$$\{P(x)\}^2 = Q(x)\{Q(x)(R(x))^2 + 2R(x)(ax+b)\} + (ax+b)^2 \quad \cdots\cdots ⓑ$$

となります。ここで，

「$\underline{\{P(x)\}^2 \text{ を } Q(x) \text{ で割った余りは } (ax+b)^2 \text{ だから}}$，**条件2**から $(ax+b)^2 = 0$ とすると，ⓐが $P(x) = Q(x)R(x)$ になって，**条件1**が？？？」

と考えたのなら，超重要ポイントを見落としていますよ。

$$A(x) = B(x)Q(x) + R(x)$$
$$(R(x) \text{ の次数}) < (B(x) \text{ の次数})$$

でしたね。$Q(x)$ は2次式，$(ax+b)^2$ も2次式だから，ⓑの形ではまだこの形になっていません！　＿＿部がウソです。

計画1　ⓑの $Q(x)\{Q(x)(R(x))^2 + 2R(x)(ax+b)\}$ の部分は $Q(x)$ で割り切れます。すると，**条件2**とⓑから，2次式 $(ax+b)^2$ が2次式 $Q(x)$ で割り切れるので，商を c(定数) とすると，

$$(ax+b)^2 = cQ(x) \quad \cdots\cdots ⓒ$$

c で割って，

$$Q(x) = \frac{1}{c}(ax+b)^2 = \frac{1}{c}a^2\left(x + \frac{b}{a}\right)^2$$

これで，$Q(x) = 0$ が $x = -\dfrac{b}{a}$ を重解にもつことがいえます！

ただし，c や a で割るので，$c \neq 0$，$a \neq 0$ には言及しないといけません。$c = 0$ とすると，ⓒで $(ax+b)^2 = 0$ (恒等式) となり，$(a, b) \neq (0, 0)$ に反するから，$c \neq 0$ です。$Q(x)$ は2次式だから，ⓒの右辺 $cQ(x)$ は2次式です。すると，左辺の $(ax+b)^2$ も2次式でないといけないので，$a \neq 0$ です。これでイケそうです。

実行1

$P(x)$ を2次式 $Q(x)$ で割ったとき，割り切れないことから，余りを $ax+b((a, b) \neq (0, 0))$ とおき，商を $R(x)$ とおくと，

$$P(x) = Q(x)R(x) + ax + b$$

と表せる。このとき，

$$\begin{aligned}
\{P(x)\}^2 &= \{Q(x)R(x) + (ax+b)\}^2 \\
&= \{Q(x)\}^2\{R(x)\}^2 + 2Q(x)R(x)(ax+b) + (ax+b)^2 \\
&= Q(x)\{Q(x)(R(x))^2 + 2R(x)(ax+b)\} + (ax+b)^2
\end{aligned}$$

となり，$\{P(x)\}^2$ が $Q(x)$ で割り切れることから，$(ax+b)^2$ は $Q(x)$ で割り切れる。さらに，$Q(x)$ が 2 次式であることから，c を定数として，

$$(ax+b)^2 = cQ(x)$$

と表せる。

$Q(x)$ は 2 次式であり，$(a, b) \neq (0, 0)$ であるから，$c \neq 0$ である。

よって，$a \neq 0$ であるから，

$$Q(x) = \frac{1}{c}(ax+b)^2 = \frac{a^2}{c}\left(x + \frac{b}{a}\right)^2$$

となり，2 次方程式 $Q(x) = 0$ は $x = -\dfrac{b}{a}$ を重解にもつ。

👤 理解2　数学の問題を考えるときは，「肯定から攻めるか，否定から攻めるか，その両方をつねに意識していないといけない」と先輩の先生に教わりました。「否定から攻める」とは，確率なら「余事象」の利用，図形なら，たとえば右図の斜線部分の面積を求めるとき，直接ではなく正方形の面積から，四分円の面積を引きますよね。証明なら「背理法」です。

本問で結論の「$Q(x) = 0$ は重解をもつ」の否定を考えてみると，

$$Q(x) = a(x-\alpha)(x-\beta) \quad (a \neq 0, \ \alpha \neq \beta)$$

とおけます。α と β は実数でも虚数でも，$\alpha \neq \beta$ であるなら何でも構いません。すると，条件2より「$\{P(x)\}^2$ は $Q(x)$ で割り切れる」から，商を $S(x)$ とおくと，

$$\{P(x)\}^2 = Q(x)S(x)$$

つまり，

$$\{P(x)\}^2 = a(x-\alpha)(x-\beta)S(x)$$

と表せます。この式を見て何をしようと思いますか？　そりゃあ，$x = \alpha, \beta$ の代入ですよね。$x = \alpha$ を代入すると，

$$\{P(\alpha)\}^2 = 0 \quad \therefore \quad P(\alpha) = 0$$

この式の意味することは？　そうです，因数定理から，

「$P(x)$ は $x - \alpha$ で割り切れる」　……(*)

です。

同様に，$x = \beta$ を代入すると，

$$\{P(\beta)\}^2 = 0 \qquad \therefore \quad P(\beta) = 0$$

(∗) と合わせて，

「$P(x)$ は $(x - \alpha)(x - \beta)$ で割り切れる」

ことになります。$(x - \alpha)(x - \beta) = \dfrac{1}{a}\, Q(x)$ だから，

「$P(x)$ は $Q(x)$ で割り切れる」

ことになりますが，これは**条件1**に矛盾します。こちらもイケそうです。これもやってみましょう。

> 整式が「割り切れる」という場合，実数倍は考慮しません。たとえば，
> $$P(x) = (2x - 1) \times (x\,の整式)$$
> なら，
> $$P(x) = 2\left(x - \dfrac{1}{2}\right) \times (x\,の整式)$$
> ですから，
> 「$2x - 1$ で割り切れる」
> でも
> 「$x - \dfrac{1}{2}$ で割り切れる」
> でも正しいです。

実行2

2次方程式 $Q(x) = 0$ が重解をもたないと仮定すると，

$$Q(x) = a(x - \alpha)(x - \beta) \quad (a \neq 0,\ \alpha \neq \beta)$$

とおける。$\{P(x)\}^2$ が $Q(x)$ で割り切れるから，商を $S(x)$ とおくと，

$$\{P(x)\}^2 = Q(x)S(x) \qquad \therefore \quad \{P(x)\}^2 = a(x - \alpha)(x - \beta)S(x)$$

と表せる。よって，$x = \alpha,\ \beta$ を代入して，

$$\{P(\alpha)\}^2 = 0,\ \{P(\beta)\}^2 = 0 \qquad \therefore \quad P(\alpha) = P(\beta) = 0$$

因数定理と $\alpha \neq \beta$ であることから，$P(x)$ は $(x - \alpha)(x - \beta)$ で割り切れて，$Q(x) = a(x - \alpha)(x - \beta)$ で割り切れることになり矛盾する。

したがって，$Q(x) = 0$ は重解をもつ。

類題 8

解答 ⇨ P.401　★★☆　⏱ 20分

多項式 $(x^{100} + 1)^{100} + (x^2 + 1)^{100} + 1$ は多項式 $x^2 + x + 1$ で割り切れるか。

〔京大・理系・03前〕

不等式①

> a, b, c は実数で，$a \geqq 0$，$b \geqq 0$ とする。
>
> $p(x) = ax^2 + bx + c$，$q(x) = cx^2 + bx + a$ とおく。
>
> $-1 \leqq x \leqq 1$ を満たすすべての x に対して $|p(x)| \leqq 1$ が成り立つとき，$-1 \leqq x \leqq 1$ を満たすすべての x に対して $|q(x)| \leqq 2$ が成り立つことを示せ。
>
> (京大・理系・95後)

 P：「$-1 \leqq x \leqq 1$ を満たすすべての x に対して $|p(x)| \leqq 1$」

Q：「$-1 \leqq x \leqq 1$ を満たすすべての x に対して $|q(x)| \leqq 2$」

とすると，まず失敗で多いのが，P の同値な条件（必要十分条件）を求めようとして，場合分けやら計算やらでぐちゃぐちゃになってしまうパターンです。もちろんそれが簡単な作業ですむならそれもアリなのですが，ちょっと考えてもらえばわかるように，まず $a \neq 0$ と $a = 0$ で $p(x)$ が 2 次関数かどうかで場合分けし，さらに 2 次関数であれば軸の位置で場合分け……，とかなりの作業です。

本問は「P が成り立つとき，Q が成り立つことを示せ」であるので，

$P \implies Q$

を示せばよいのであって，

$P \iff Q$

を示すわけではありません。だから，求めるのが難しそうな P の同値な条件は，ひとまずおいておきましょう。

さて，

証明問題では，結果からお迎え

が基本です。Q が成り立つことを示すには，何を示せばよいでしょうか？本問のように「すべての x で成立する不等式」のことを「絶対不等式」とよんで，

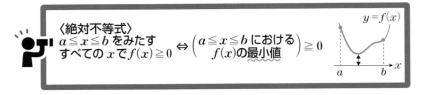

〈絶対不等式〉
$a \le x \le b$ をみたす
すべての x で $f(x) \ge 0$ $\Leftrightarrow$ $\left(\begin{array}{c}a \le x \le b \text{ における} \\ f(x) \text{ の最小値}\end{array}\right) \ge 0$

と考え，最大・最小の問題に切り替えるんでしたね。本問には絶対値がついていますが，

$$|q(x)| \le 2 \iff -2 \le q(x) \le 2$$

であるので，

　　　($-1 \le x \le 1$ における $q(x)$ の最小値)≥ -2

　　　($-1 \le x \le 1$ における $q(x)$ の最大値)≤ 2

を示せばよいことになります。すると，$c > 0$, $c < 0$, $c = 0$ で場合分けすることになって，$c \ne 0$ の場合は2次関数なので，

$q(x) = c\left(x + \dfrac{b}{2c}\right)^2 + a - \dfrac{b^2}{4c}$ より，さらに軸 $x = -\dfrac{b}{2c}$ の位置で場合分けがあり，次のようになります。

$c > 0$ のとき

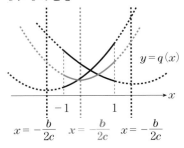

$c < 0$ のとき

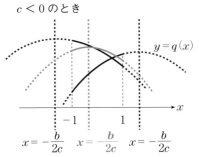

$c = 0$ のとき

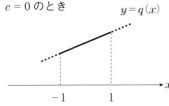

　　　すると，赤いグラフの $-1 \le -\dfrac{b}{2c} \le 1$ の場合以外は，$c = 0$, $c \ne 0$ にかかわらず $x = \pm 1$ で最大・最小になることがわかります。そこで，$q(1)$, $q(-1)$ を調べてみると，

$$q(1) = c + b + a = p(1), \quad q(-1) = c - b + a = p(-1)$$

に気づくでしょうから，

$$|q(1)| = |p(1)| \le 1 \le 2, \quad |q(-1)| = |p(-1)| \le 1 \le 2$$

で OK です。

> $1 \le 2$ はヘンな不等式ですが，「$1 < 2$ または $1 = 2$」という意味なので，$1 < 2$ が成り立ち，OK です。

　残るは，赤いグラフの $c \ne 0$，$-1 \le -\dfrac{b}{2c} \le 1$ の場合ですが，この場合も $|q(1)| \le 2$，$|q(-1)| \le 2$ は成り立つので，頂点での $\left|q\left(-\dfrac{b}{2c}\right)\right| \le 2$ の成立を示すことができれば OK です。

$$\left|q\left(-\frac{b}{2c}\right)\right| = \left|a - \frac{b^2}{4c}\right| = \left|a + \left(-\frac{b^2}{4c}\right)\right| \le |a| + \left|-\frac{b^2}{4c}\right|$$

$$= |a| + \left|\frac{b^2}{4c}\right| \quad \cdots\cdots ⓐ$$

となりますが，～～部は大丈夫でしょうか。これは，

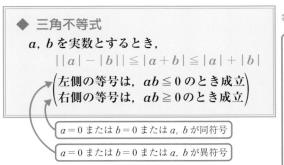

◆ 三角不等式

a, b を実数とするとき，

$$||a| - |b|| \le |a + b| \le |a| + |b|$$

左側の等号は，$ab \le 0$ のとき成立
右側の等号は，$ab \ge 0$ のとき成立

$a = 0$ または $b = 0$ または a, b が同符号

$a = 0$ または $b = 0$ または a, b が異符号

十 補足

等号成立は $x \ge 0$ のとき
等号成立は $x \le 0$ のとき

証明は，$-|x| \le x \le |x|$ を用います。
右側：(右辺)^2 - (左辺)^2
　　 $= (a^2 + 2|ab| + b^2)$
　　　 $- (a^2 + 2ab + b^2)$
　　 $= 2(|ab| - ab) \ge 0$
左側：(右辺)^2 - (左辺)^2
　　 $= (a^2 + 2ab + b^2)$
　　　 $- (a^2 - 2|ab| + b^2)$
　　 $= 2(|ab| + ab) \ge 0$

の右側の不等式を用いました。三角不等式は覚えていない人もいますが，絶対値の入った不等式を扱うときの重要アイテムなので，しっかり覚えておいてください。

　ⓐですぐ気づくのは，軸に関する条件 $-1 \le -\dfrac{b}{2c} \le 1$ より，$\left|\dfrac{b}{2c}\right| \le 1$ ですから，

$$ⓐ = |a| + \left|\frac{b}{2c}\right|\left|\frac{b}{2}\right| \le |a| + 1 \cdot \left|\frac{b}{2}\right| = a + \frac{b}{2} \quad \cdots\cdots ⓐ'$$

　条件より，$a \ge 0$，$b \ge 0$ だから，a と b の絶対値もはずしました。後は a と b についての不等式がほしいです。

ここでもう一度，
$$p(1) = a + b + c, \quad p(-1) = a - b + c$$
を思い出してもらうと，$|p(1)| \leqq 1$，$|p(-1)| \leqq 1$ より，
$$-1 \leqq a + b + c \leqq 1, \quad -1 \leqq a - b + c \leqq 1$$
です。ここから a と b についての不等式を作りたいのですが，どうでしょうか？　ちょっと扱いにくいので，

わかりやすい，扱いやすい名前をつける
（条件にあるものを主役にして，結論を表す）

をしてみましょう。$p(1) = A$，$p(-1) = B$ とおくと，
$$\begin{cases} A = a + b + c & \cdots\cdots \text{ⓑ} \\ B = a - b + c & \cdots\cdots \text{ⓒ} \end{cases} \qquad \begin{cases} -1 \leqq A \leqq 1 \\ -1 \leqq B \leqq 1 \end{cases} \cdots\cdots \text{ⓓ}$$

ⓑ−ⓒで，b は，
$$A - B = 2b \qquad \therefore \quad b = \frac{1}{2}(A - B) \qquad \cdots\cdots \text{ⓔ}$$
と表せますが，ⓑ＋ⓒをしても，
$$A + B = 2(a + c) \qquad \therefore \quad a = \frac{1}{2}(A + B) - c \quad \cdots\cdots \text{ⓕ}$$

となるので，a を A と B だけで表すことができません。c についての不等式もほしいですね。何か思いつきますか？

　そうです，「$-1 \leqq x \leqq 1$ をみたすすべての x で $|p(x)| \leqq 1$」だから，$x = 0$ とすれば，
$$p(0) = c \qquad \therefore \quad |c| \leqq 1 \qquad \therefore \quad -1 \leqq c \leqq 1 \quad \cdots\cdots \text{ⓖ}$$
　すると，ⓐ′ は，
$$\begin{aligned} \text{ⓐ}' = a + \frac{b}{2} &= \left\{ \frac{1}{2}(A + B) - c \right\} + \frac{1}{2} \cdot \frac{1}{2}(A - B) \quad (\because \ \text{ⓔ，ⓕより}) \\ &= \frac{3}{4}A + \frac{1}{4}B - c \\ &\leqq \frac{3}{4} \cdot 1 + \frac{1}{4} \cdot 1 + 1 \quad (\because \ \text{ⓓ，ⓖより}) \\ &= 2 \end{aligned}$$

> ⓖより $c \geqq -1$
> なので $-c \leqq 1$ です。

となり，OK です。

計画　まず，$p(1) = a + b + c = A$，$p(-1) = a - b + c = B$ とおいて，$|p(1)| \leq 1$，$|p(-1)| \leq 1$，$|p(0)| \leq 1$ から，

$$|A| \leq 1, \quad |B| \leq 1, \quad |c| \leq 1$$

を用意します。

$$|q(1)| = |c + b + a| = |A| \leq 1 \leq 2$$
$$|q(-1)| = |c - b + a| = |B| \leq 1 \leq 2$$

はすぐに示すことができますし，すべての場合で利用しますから，先に書いておきましょうか。

$c = 0$ の直線の場合と，$c \neq 0$ かつ $\left| -\dfrac{b}{2c} \right| > 1$ の放物線で軸が $-1 \leq x \leq 1$

の外にある場合は，$q(x)$ は $x = \pm 1$ で最大・最小ですから，これで OK です。

残る $c \neq 0$ かつ $\left| -\dfrac{b}{2c} \right| \leq 1$ の場合，$x = -\dfrac{b}{2c}$ も最大・最小の候補なので，

　・$\left| q\left(-\dfrac{b}{2c} \right) \right|$ を三角不等式で処理し，

　・$\left| -\dfrac{b}{2c} \right| \leq 1$ を利用して少し式を簡単にしてから，

　・A，B，c の式に直して，

　・$\left| q\left(-\dfrac{b}{2c} \right) \right| \leq 2$ を示します。

実行

$$p(1) = a + b + c = A, \quad p(-1) = a - b + c = B \quad \cdots\cdots ①$$

とおく。また，$p(0) = c$ である。$-1 \leq x \leq 1$ を満たすすべての x に対して $|p(x)| \leq 1$ が成り立つから，$|p(1)| \leq 1$，$|p(-1)| \leq 1$，$|p(0)| \leq 1$ より，

$$|A| \leq 1, \quad |B| \leq 1, \quad |c| \leq 1 \quad \cdots\cdots ②$$

である。よって，

$$\begin{cases} |q(1)| = |c + b + a| = |A| \leq 1 \leq 2 \\ |q(-1)| = |c - b + a| = |B| \leq 1 \leq 2 \end{cases} \quad \cdots\cdots ③$$

である。

また，$c \neq 0$ のとき，

$$q(x) = c\left(x + \frac{b}{2c} \right)^2 + a - \frac{b^2}{4c}$$

である。

(ⅰ) $c=0$ または $\left(c \neq 0\ \text{かつ}\ \left|-\dfrac{b}{2c}\right|>1\right)$ のとき

　　$q(x)$ の $-1 \leqq x \leqq 1$ における最大値と最小値は，$q(1)$ と $q(-1)$ の最大値と最小値である。さらに③が成り立っているから，$-1 \leqq x \leqq 1$ を満たすすべての x に対して，$|q(x)| \leqq 2$ が成り立つ。

(ⅱ) $c \neq 0$ かつ $\left|-\dfrac{b}{2c}\right| \leqq 1$ のとき

　　$q(x)$ の $-1 \leqq x \leqq 1$ における最大値と最小値は，$q(1)$，$q(-1)$，$q\left(-\dfrac{b}{2c}\right)$ の最大値と最小値である。また，

$$\left|q\left(-\dfrac{b}{2c}\right)\right| = \left|a-\dfrac{b^2}{4c}\right|$$

$$\leqq |a|+\left|\dfrac{b^2}{4c}\right| \quad (\because \ \ 三角不等式)$$

$$= |a|+\left|\dfrac{b}{2c}\right|\left|\dfrac{b}{2}\right|$$

$$\leqq |a|+\left|\dfrac{b}{2}\right| \quad \left(\because \ \left|-\dfrac{b}{2c}\right| \leqq 1\right)$$

$$= a+\dfrac{b}{2} \quad (\because \ \ a \geqq 0,\ b \geqq 0)$$

ココから
$$a+\dfrac{b}{2}$$
$$\leqq a+b$$
$$= A-c$$
$$\leqq 2$$
としてもよいです。

$$= \dfrac{1}{2}(A+B)-c+\dfrac{1}{2}\cdot\dfrac{1}{2}(A-B)$$

$$\left(\because \ \text{①より}\ a=\dfrac{1}{2}(A+B)-c,\ b=\dfrac{1}{2}(A-B)\right)$$

$$= \dfrac{3}{4}A+\dfrac{1}{4}B-c$$

$$\leqq \dfrac{3}{4}\cdot1+\dfrac{1}{4}\cdot1+1 \quad (\because \ \ \text{②より}\ A \leqq 1,\ B \leqq 1,\ -c \leqq 1)$$

$$= 2$$

であり，これと③より，$-1 \leqq x \leqq 1$ を満たすすべての x に対して $|q(x)| \leqq 2$ が成り立つ。

以上(ⅰ)，(ⅱ)より，題意が成り立つ。

検討

　この解答が書ければ十分合格ラインなんですが，じつは A, B でおきかえれば，場合分けナシで説明できます。

〈①，②の後の別解〉

　①より，
$$a = \frac{1}{2}(A+B) - c, \quad b = \frac{1}{2}(A-B)$$
であるから，
$$\begin{aligned}
q(x) &= cx^2 + bx + a \\
&= cx^2 + \frac{1}{2}(A-B)x + \frac{1}{2}(A+B) - c \\
&= c(x^2-1) + \frac{1}{2}A(x+1) + \frac{1}{2}B(1-x)
\end{aligned}$$

A, B, c の式にする

A, B, c で整理

よって，$-1 \leqq x \leqq 1$ において，
$$\begin{aligned}
|q(x)| &= \left| c(x^2-1) + \frac{1}{2}A(x+1) + \frac{1}{2}B(1-x) \right| \\
&\leqq |c(x^2-1)| + \left| \frac{1}{2}A(x+1) \right| + \left| \frac{1}{2}B(1-x) \right| \\
&\qquad\qquad\qquad\qquad\qquad (\because \text{三角不等式より}) \\
&= |c||x^2-1| + \frac{1}{2}|A||x+1| + \frac{1}{2}|B||1-x| \\
&\leqq |x^2-1| + \frac{1}{2}|x+1| + \frac{1}{2}|1-x| \quad (\because \text{②より}) \\
&= -(x^2-1) + \frac{1}{2}(x+1) + \frac{1}{2}(1-x) \quad (\because -1 \leqq x \leqq 1 \text{より}) \\
&= -x^2 + 2 \\
&\leqq 2
\end{aligned}$$

　「名前をつける」って大切ですね。

類題 9　　　　　　　解答 ⇨ P.404 ｜ ★★☆ ｜ ⏱ 25分

　$a+b+c=0$ を満たす実数 a, b, c について，
$$(|a| + |b| + |c|)^2 \geqq 2(a^2 + b^2 + c^2)$$
が成り立つことを示せ。また，ここで等号が成り立つのはどんな場合か。

（京大・理文共通・94後）

テーマ

10 不等式②

例題 10   ★★☆   🕐 25分

数列 $\{a_n\}$ は，すべての正の整数 n に対して $0 \leqq 3a_n \leqq \sum\limits_{k=1}^{n} a_k$ を満た

しているとする。このとき，すべての n に対して $a_n = 0$ であること

を示せ。   （京大・理系・10）

 理解   第 1 章「整数」でもやったように，

       n が出てきたら，具体的な値を入れて実験

が基本です。やってみましょう。

  $n = 1$ のとき $0 \leqq 3a_1 \leqq \sum\limits_{k=1}^{1} a_k$

    $\therefore$ $0 \leqq 3a_1 \leqq a_1$ $\therefore$ $a_1 \geqq 0,\ a_1 \leqq 0$ $\therefore$ $a_1 = 0$

  $n = 2$ のとき $0 \leqq 3a_2 \leqq \sum\limits_{k=1}^{2} a_k$

           $= 0$

    $\therefore$ $0 \leqq 3a_2 \leqq a_1 + a_2$ $\therefore$ $a_2 \geqq 0,\ a_2 \leqq 0$ $\therefore$ $a_2 = 0$

  $n = 3$ のとき $0 \leqq 3a_3 \leqq \sum\limits_{k=1}^{3} a_k$

           $= 0$

    $\therefore$ $0 \leqq 3a_3 \leqq a_1 + a_2 + a_3$ $\therefore$ $a_3 \geqq 0,\ a_3 \leqq 0$ $\therefore$ $a_3 = 0$

  $\vdots$

確かに，順に $a_1 = 0,\ a_2 = 0,\ a_3 = 0,\ \cdots\cdots$ と決まっていきます。

 計画 「順に」決まっていきますから，数学的帰納法がよさそうです。

> - 自然数 n に関する証明
> - 数列 $\{a_n\}$ に関する証明 ➡ **数学的帰納法**
>   （漸化式があるときはとくに）

「数学的帰納法しかダメ」というわけではなく，あくまで解法の1候補です。とくに京大だと，ほかの解法も使える可能性があります。

　それから，「数列」というと等差や等比のような項と項の間にキッチリとした関係のあるものをイメージするかもしれませんが，単に数が並んでいれば「数列」です。項と項がまったく無関係だとちょっとムリですが，本問の不等式のようなゆる〜い関係であっても数学的帰納法は有効です。とりわけ漸化式が与えられている場合は有効です。というのは，漸化式と数学的帰納法が同じ仕組みになっているからで，次のような対応になります。

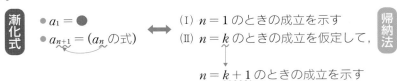

漸化式
- $a_1 = ●$
- $a_{n+1} = (a_n の式)$

⟷

帰納法
(I) $n = 1$ のときの成立を示す
(II) $n = k$ のときの成立を仮定して，
$n = k+1$ のときの成立を示す

　ところで，漸化式には3項間漸化式というものもありますよね。数学的帰納法にもこれに対応するものがあって，

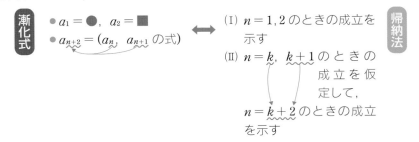

漸化式
- $a_1 = ●$, $a_2 = ■$
- $a_{n+2} = (a_n, a_{n+1} の式)$

⟷

帰納法
(I) $n = 1, 2$ のときの成立を示す
(II) $n = k, k+1$ のときの成立を仮定して，
$n = k+2$ のときの成立を示す

　「きのう法」が1つ前を仮定するのに対して，これは2つ前まで仮定するので，「おとといきのう法」という先生もいらっしゃいます。問題集などでやったことがあると思います。

　こういうことを言うと，「どんな場合が"きのう法"で，どんな場合が"おとといきのう法"なんですか？」と，すぐにパターン化したがる人がいますが，数学的帰納法は1つだけです。

あるところでの成立を示すのに，

それより手前のところの成立を仮定する

のが数学的帰納法で，1つ手前を仮定するのか，2つ手前まで仮定するのか，それとも手前すべてを仮定するのか，それはその問題のもつ構造によります。数学的帰納法で証明しようと思ったら，

$$n = k + 1 \text{ での成立を示すのに,}$$
$$\text{どこまで仮定しないといけないか}$$

を調べてから解答に入りましょう。

🙋‍♂️理解 で $n = 1,\ 2,\ 3$ とやったので, 同様に $n = k + 1$ でやってみます。あっ, k は Σ のところで使っていますね。じゃあ, $n = m + 1$ にしましょう。

$$n = m + 1 \text{ のとき,} \quad 0 \leqq 3a_{m+1} \leqq \sum_{k=1}^{m+1} a_k$$
$$= 0$$

$$\therefore \quad 0 \leqq 3a_{m+1} \leqq a_1 + a_2 + \cdots\cdots + a_m + a_{m+1}$$

$$\therefore \quad a_{m+1} \geqq 0 \qquad a_{m+1} \leqq 0$$

$$\therefore \quad a_{m+1} = 0$$

気がつきましたか?

$$n = m \text{ のとき, 成り立つと仮定する}$$

ではダメですよ。$n = m + 1$ のとき $a_{m+1} = 0$ を示すには, $a_m = 0$ だけでなく,

$$a_1 = 0,\ a_2 = 0,\ \cdots\cdots,\ a_m = 0$$

のすべてが必要だから,

$$n = 1,\ 2,\ 3,\ \cdots\cdots,\ m \text{ のとき成り立つと仮定する}$$

もしくは,

$$n \leqq m \text{ をみたすすべての } n \text{ で成り立つと仮定する}$$

と書かないといけません。$n = 1 \sim m$ のすべてを仮定するので, 「人生きのう法」とよぶ先生もいらっしゃいます。正式には「累積帰納法」という用語もあります。

この仮定が書けるかどうかで, 数学的帰納法が理解できているかどうかがわかります。たった 1 行のことですが, 採点者の先生はここをチェックされるので, 解答を書く前に,

$$\text{どこまで仮定しないといけないか}$$

をしっかり調べて解答を書きましょう。

数列 $\{a_n\}$ がすべての正の整数 n に対して

$$0 \leqq 3a_n \leqq \sum_{k=1}^{n} a_k \quad \cdots\cdots ①$$

をみたしているとき，すべての n に対して，

$$a_n = 0 \quad\quad\quad \cdots\cdots ②$$

であることを数学的帰納法で示す。

(I) $n = 1$ のとき

①で $n = 1$ とすると，$0 \leqq 3a_1 \leqq a_1$

$0 \leqq 3a_1$ より $a_1 \geqq 0$，$3a_1 \leqq a_1$ より $a_1 \leqq 0$

よって，$a_1 = 0$ であるから，②が成り立つ。

(II) $n = 1, 2, \cdots\cdots, m\,(m \geqq 1)$ のすべてで②が成り立つ，すなわち，

$$a_1 = a_2 = \cdots\cdots = a_m = 0 \quad \cdots\cdots ③$$

であると仮定する。①で $n = m + 1$ とすると，

$$0 \leqq 3a_{m+1} \leqq a_1 + a_2 + \cdots\cdots + a_m + a_{m+1}$$

であり，③より，

$$0 \leqq 3a_{m+1} \leqq a_{m+1}$$

(I)と同様にして，$a_{m+1} \geqq 0$ かつ $a_{m+1} \leqq 0$ であるから，

$$a_{m+1} = 0$$

よって，$n = m + 1$ のときも②は成り立つ。

以上より，すべての n に対して $a_n = 0$ である。

検討 **計画** でも言いましたが，「数学的帰納法しかダメ」というわけではないのです。でも，本問では $n = 1, 2, 3, \cdots\cdots$ として実験していくと，順に，

$$a_1 = 0,\ a_2 = 0,\ a_3 = 0,\ \cdots\cdots$$

と求まっていきますから，数学的帰納法が素直な発想のように思います。

しかし，本問の条件式を「一般項 a_n と和 $\sum_{k=1}^{n} a_k$ の関係式」と見ると，

◆ **数列の和と一般項**

$$a_n = \begin{cases} S_n - S_{n-1} & (n \geqq 2) \\ S_1 & (n = 1) \end{cases} \quad \cdots\cdots (*)$$

例によって一応証明します。

$n \geqq 2$ のとき，

$$\begin{array}{rl} S_n &= a_1 + a_2 + \cdots\cdots + a_{n-1} + a_n \\ -\ )\ S_{n-1} &= a_1 + a_2 + \cdots\cdots + a_{n-1} \\ \hline S_n - S_{n-1} &= \phantom{a_1 + a_2 + \cdots\cdots + a_{n-1} +} a_n \end{array}$$

（S_{n-1} を使うので $n = 1$ はダメです。）

を思いつくのではないでしょうか。この関係式はだいたい

$$S_n \text{ を消去して } a_n \text{ の関係式を作る}$$

という使い方をしますが，逆に

$$a_n \text{ を消去して } S_n \text{ の関係式を作る}$$

方が上手くいくこともあります。本問ですと，$\displaystyle\sum_{k=1}^{n} a_k = S_n$ として，

$$0 \leq 3a_n \leq \sum_{k=1}^{n} a_k$$

が，$n \geq 2$ のとき

$$0 \leq 3(S_n - S_{n-1}) \leq S_n \quad \cdots\cdots ⓐ$$

と書きかえられます。S_n について整理すると

$$S_{n-1} \leq S_n \leq \frac{3}{2} S_{n-1}$$

となります。

　右側の不等式をくり返し使っていくと

$$n = 2 \quad \text{として} \quad S_2 \leq \frac{3}{2} S_1$$

$$n = 3 \quad \text{として} \quad S_3 \leq \frac{3}{2} \overset{\leq \frac{3}{2} S_1}{\overgroup{S_2}} \quad \therefore \quad S_3 \leq \left(\frac{3}{2}\right)^2 S_1$$

$$n = 4 \quad \text{として} \quad S_4 \leq \frac{3}{2} \overset{\leq \left(\frac{3}{2}\right)^2 S_1}{\overgroup{S_3}} \quad \therefore \quad S_4 \leq \left(\frac{3}{2}\right)^3 S_1$$

$$\vdots$$

となりますから，

$$S_n \leq \left(\frac{3}{2}\right)^{n-1} S_1 \quad (n \geq 2)$$

という不等式が得られます。

　さらに，上の解答でもやったように $a_1 = 0$ ですから，$S_1 = a_1 = 0$ で

$$S_n \leq \left(\frac{3}{2}\right)^{n-1} S_1 = 0 \quad \cdots\cdots ⓑ$$

です。

　一方，ⓐの左端と右端から，

$$S_n \geq 0 \quad \cdots\cdots ⓒ$$

ですから，ⓑ，ⓒより，

$$S_n = 0 \quad (n = 1, 2, 3, \cdots\cdots)$$

　よって，与えられた不等式 $0 \leq 3a_n \leq S_n$ で $S_n = 0$ として，

$$a_n = 0 \quad (n = 1, 2, 3, \cdots\cdots)$$

がいえました。

〈数学的帰納法を使わない別解〉

$$0 \leqq 3a_n \leqq \sum_{k=1}^{n} a_k \quad \cdots\cdots ①$$

とおく。$S_n = \sum_{k=1}^{n} a_k$ とおくと，$n \geqq 2$ のとき，①より，

$$\underline{0 \leqq 3(S_n - S_{n-1}) \leqq S_n}$$

$$\therefore \quad \underline{0 \leqq S_n \leqq \left(\frac{3}{2}\right) S_{n-1}}$$

> ⑤をふまえて，
> ここで $S_n \geqq 0$
> を述べておきました。

であるから，これをくり返し用いて，

$$0 \leqq S_n \leqq \left(\frac{3}{2}\right)^{n-1} S_1 \quad (n \geqq 2) \quad \cdots\cdots ②$$

である。

一方，①で $n = 1$ とすると，

$$0 \leqq 3a_1 \leqq a_1$$

であり，左側の不等式より $a_1 \geqq 0$，右側の不等式より $a_1 \leqq 0$ であるから，

$$a_1 = 0 \quad \therefore \quad S_1 = 0$$

よって，②より，

$$0 \leqq S_n \leqq 0 \quad \therefore \quad S_n = 0 \quad (n \geqq 2)$$

である。

したがって，$S_n = 0 \quad (n \geqq 1)$ であるから，①より，

$$0 \leqq 3a_n \leqq S_n \quad \therefore \quad a_n = 0 \quad (n \geqq 1)$$

類題 10

解答 ⇨ P.407　★★☆　⏱ 30分

N を2以上の自然数とし，a_n $(n = 1, 2, \cdots\cdots)$ を次の性質(i), (ii) をみたす数列とする。

(i) $a_1 = 2^N - 3$，

(ii) $n = 1, 2, \cdots\cdots$ に対して，

a_n が偶数のとき　$a_{n+1} = \dfrac{a_n}{2}$，

a_n が奇数のとき　$a_{n+1} = \dfrac{a_n - 1}{2}$．

このときどのような自然数 M に対しても

$$\sum_{n=1}^{M} a_n \leqq 2^{N+1} - N - 5$$

が成り立つことを示せ。

(京大・理系・13)

例題 **11** ★★★ ⏱ 30分

> 実数 x_1, ……, $x_n (n \geq 3)$ が条件
>
> $$x_{k-1} - 2x_k + x_{k+1} > 0 \quad (2 \leq k \leq n-1)$$
>
> をみたすとし，x_1, ……, x_n の最小値を m とする。このとき $x_l = m$ となる l $(1 \leq l \leq n)$ の個数は 1 または 2 であることを示せ。
>
> （京大・文系・00前）

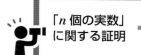 **理解** 昔，京大で頻出だった「n 個の実数」に関する証明問題です。近年は理系の方ではあまり出題されていなかったのですが，文系の方では出題されていて，これがまた難しいんです。ところが，2010 年の 例題 **10** や 2011 年にも数学的帰納法で証明する問題が出題されたので，もうひとつ超京大っぽいヤツをやっておきましょう。

> 「n 個の実数」 → **1** 数学的帰納法
> に関する証明 **2** 一般性を失わない条件を設定
> 　　　　　　　　（大小関係，符号など）

という方針があります。また，

　　　　　　　　n が出てきたら，具体的な値を入れて実験

というのが基本ですから，ちょっと実験してみます。

　$n \geq 3$ なので，$n = 3$ が簡単でよいのですが，すると，

$$x_{k-1} - 2x_k + x_{k+1} > 0 \quad (2 \leq k \leq 2)^{\overset{n-1}{\frown}}$$

となり，$k = 2$ しかないので，

$$x_1 - 2x_2 + x_3 > 0$$

だけになります。ちょっと少なすぎるので，$n = 5$ くらいにしましょうか。

$$x_{k-1} - 2x_k + x_{k+1} > 0 \quad \cdots\cdots \text{ⓐ} \quad (2 \leq k \leq 4)^{\overset{n-1}{\frown}}$$

　$x_{k-1} - 2x_k + x_k = 0$ なら 3 項間漸化式だから，変形はすぐに思いつきますよね。$1 - 2x + x^2 = 0$ として $(x-1)^2 = 0$ つまり $x = 1$（重解）なので，

$$x_{k+1} - (1+1)x_k + 1 \cdot 1 x_{k-1} = 0$$

$$x_{k+1} - x_k = x_k - x_{k-1}$$

と変形します。ⓐでは，

$$x_{k+1} - x_k > x_k - x_{k-1}$$

と変形できるので，$k = 2, 3, 4$ として，

$$\begin{cases} x_3 - x_2 > x_2 - x_1 \\ x_4 - x_3 > x_3 - x_2 & \cdots\cdots ⓑ \\ x_5 - x_4 > x_4 - x_3 \end{cases}$$

です。

　$x_1, x_2, \cdots\cdots, x_5$ を数列と見ると，これは階差数列の大小関係を表しています。階差数列を

$$x_{k+1} - x_k = y_k$$

とおくと，ⓑは，

$$\begin{cases} y_2 > y_1 \\ y_3 > y_2 \qquad \therefore \quad y_1 < y_2 < y_3 < y_4 \\ y_4 > y_3 \end{cases}$$

となります。

　y_1, y_2, y_3, y_4 の大小関係が与えられたことになるので，ここは「n 個の実数」に対するときの方針のひとつである，符号の設定を行ってみましょう。たとえば，

$$0 \leqq y_1 < y_2 < y_3 < y_4$$

とすると，y_1, y_2, y_3, y_4 はすべて正であるから，

$$x_1, \ x_2, \ x_3, \ x_4, \ x_5$$
$$+ y_1 \quad + y_2 \quad + y_3 \quad + y_4$$
$$\oplus \qquad \oplus \qquad \oplus \qquad \oplus$$

より，

$$x_1 < x_2 < x_3 < x_4 < x_5$$

　よって，最小値は x_1 の 1 個だけです。

$$y_1 < y_2 < y_3 < y_4 \leqq 0$$

とすると，y_1, y_2, y_3, y_4 はすべて負であるから，

$$x_1, \ x_2, \ x_3, \ x_4, \ x_5$$
$$+ y_1 \quad + y_2 \quad + y_3 \quad + y_4$$
$$\ominus \qquad \ominus \qquad \ominus \qquad \ominus$$

より，

$$x_1 > x_2 > x_3 > x_4 > x_5$$

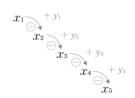

よって，最小値は x_5 の 1 個だけです。

　では，$y_1 \sim y_4$ が同符号でない場合はどうでしょう。たとえば，
$$y_1 < y_2 \lesssim 0 \lesssim y_3 < y_4$$
はどうでしょう。

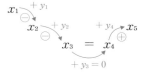

より，
$$x_1 > x_2 > x_3 < x_4 < x_5$$
　よって，最小値は x_3 の 1 個だけです。
$$y_1 \lesssim 0 \lesssim y_2 < y_3 < y_4$$
$$y_1 < y_2 < y_3 \lesssim 0 \lesssim y_4$$
でも同様に，最小になる x_l は 1 個だけです。

　後は……，そうです！　$=0$ をやっていません。たとえば，
$$y_1 < y_2 < y_3 < y_4$$
$$\underset{=0}{}$$
とすると，

となり，最小値は x_3 と x_4 の 2 個です。

　まず，数列 $\{x_k\}$ の階差数列を $\{y_k\}$ とおいて，
$$y_1 < y_2 < y_3 < \cdots\cdots < y_{n-1}$$
を示しましょう。その上で，$\{y_k\}$ に符号の設定をして，

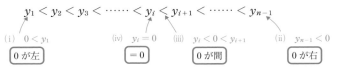

で場合分けすればイケそうです。(i)，(ii)，(iii)では最小となるのは 1 個，(iv)だけが 2 個のようです。

与式より,

$$x_{k+1} - x_k > x_k - x_{k-1} \quad (2 \leqq k \leqq n-1)$$

であるから, $x_{k+1} - x_k = y_k \quad (1 \leqq k \leqq n-1)$ とおくと,

$$y_k > y_{k-1} \quad (2 \leqq k \leqq n-1)$$

つまり,

$$y_1 < y_2 < y_3 < \cdots\cdots < y_{n-1}$$

よって, $y_1,\ y_2,\ \cdots\cdots,\ y_{n-1}$ の正負は次のいずれかである。

(i) $\quad 0 \leqq y_1 < y_2 < \cdots\cdots\cdots\cdots\cdots\cdots\cdots\cdots\cdots\cdots\cdots < y_{n-1}$

(ii) $\quad y_1 < y_2 < \cdots\cdots\cdots\cdots\cdots\cdots\cdots\cdots\cdots\cdots\cdots < y_{n-1} \leqq 0$

(iii) $\quad y_1 < y_2 < \cdots\cdots < y_{k-1} \leqq 0 \leqq y_k < \cdots\cdots < y_{n-1} \quad (k=2,\ 3,\ \cdots\cdots,\ n-1)$

(iv) $\quad y_1 < y_2 < \cdots\cdots < y_k = 0 < \cdots\cdots\cdots\cdots < y_{n-1} \quad (k=1,\ 2,\ \cdots\cdots,\ n-1)$

(i)のとき

$y_1 \sim y_{n-1}$ はすべて正, すなわち,

$$x_2 - x_1 > 0,\ x_3 - x_2 > 0,\ \cdots\cdots,\ x_n - x_{n-1} > 0$$
$$x_2 > x_1,\ x_3 > x_2,\ \cdots\cdots,\ x_n > x_{n-1}$$

であるから,

$$x_1 < x_2 < x_3 < \cdots\cdots < x_{n-1} < x_n$$

よって, $x_l = m$ となる l は $l=1$ の 1 個だけである。

(ii)のとき

$y_1 \sim y_{n-1}$ はすべて負, すなわち,

$$x_2 < x_1,\ x_3 < x_2,\ \cdots\cdots,\ x_n < x_{n-1}$$

であるから,

$$x_1 > x_2 > x_3 > \cdots\cdots > x_{n-1} > x_n$$

よって, $x_l = m$ となる l は $l=n$ の 1 個だけである。

(iii)のとき

$y_1 \sim y_{k-1}$ は負, $y_k \sim y_{n-1}$ は正, すなわち,

$$x_2 < x_1,\ x_3 < x_2,\ \cdots\cdots,\ x_k < x_{k-1},\ x_{k+1} > x_k,\ \cdots\cdots,\ x_n > x_{n-1}$$

であるから,

$$x_1 > x_2 > x_3 > \cdots\cdots > x_{k-1} > x_k,\ x_k < x_{k+1} < \cdots\cdots < x_{n-1} < x_n$$

よって, $x_l = m$ となる l は $l=k$ の 1 個だけである。

(iv)のとき

$y_1 \sim y_{k-1}$ は負, $y_k = 0$, $y_{k+1} \sim y_{n-1}$ は正, すなわち,

$$x_2 < x_1,\ \cdots\cdots,\ x_k < x_{k-1},\ x_{k+1} = x_k,\ x_{k+2} > x_{k+1},\ \cdots\cdots,\ x_n > x_{n-1}$$

であるから,

$$x_1 > x_2 > \cdots\cdots > x_{k-1} > x_k,\ x_k = x_{k+1},\ x_{k+1} < x_{k+2} < \cdots\cdots < x_{n-1} < x_n$$

よって, $x_l = m$ となる l は $l=k,\ k+1$ の 2 個である。

以上(i)〜(iv)より, $x_l = m$ となる l の個数は 1 または 2 である。

検討　「n 個の実数」に関する証明なので，数学的帰納法で解くことも考えられます。しかし，本問では結局 $x_{k+1} - x_k$ の符号を調べないといけないので，数学的帰納法でやったとしても，今の解答と同じ作業が必要になり，あまりありがたみはないです。残念。

類題 11　　　　　　　　　　解答 ⇨ P.413 ★★★ 🕐 30分

> n 個 ($n \geqq 3$) の実数 $a_1, a_2, \cdots\cdots, a_n$ があり，各 a_i は他の $n-1$ 個の相加平均より大きくはないという。このような $a_1, a_2, \cdots\cdots, a_n$ の組をすべて求めよ。　　　　　　　　　　　　　　　　（京大・理系・89前）

Column　受験計画の立て方1（敵を知る）

　質問です。あなたが受験する京大の学部や学科の，
　　　受験科目，配点，合格最低点，共通テストのボーダー
を答えてください。
　そんなことも知らずに受験勉強の計画なんて立てられませんよ！
　大昔の話で申し訳ありませんが，僕が受験したころの京大工学部の配点です。
センター試験は傾斜配点後です。また，国語は2次試験にありませんでした。

	英語	数学	国語	物理	化学	社会	合計
センター試験	50	50	150	50	×	100	400
2次試験	200	200	×	100	100	×	600

　これで合格最低点が700点ちょいでした。さあ，どう攻めますか？
　「2次試験の配点が高いから，2次をがんばろう」なんて考えていたらド素人ですよ。センター試験と京大の2次試験では難易度が違いすぎます。たとえば，センターで9割はあり得ましたが，京大の2次で9割は怪物だけです。仮にセンターで9割，360点が取れれば，2次は6割，360点で合格ラインです。そう考えるとセンターと2次は五分五分の重要度です。
　また，センターの社会と2次の化学が同じ100点です。どっちが勉強が楽そうですか？　この配点だと社会を後回しにはできないはずです。センターの国語だって，おろそかにはできないですよね。
　最近の京大の配点はかなり2次重視ですので，また作戦も変わってきます。学部・学科によっても変わってきますし，あなたの得意不得意によっても変わってきます。赤本にも載っていますし，塾や予備校の配っている資料もいろいろありますから，まずは敵の情報を集めましょう。

第 **3** 章 三角関数，指数・対数関数

プロローグ

　京大では三角関数だけ，指数・対数関数だけの問題は少ないのですが，たとえば図形の問題を考えるときに三角関数を利用しますし，また，数学Ⅲでは三角関数，指数・対数関数とも微積分の対象なので，ここで定義や公式，有名な処理を確認しておきましょう。

1 三角関数の定義

　まずは三角関数の定義です。数学の考え方のひとつに，

　　　　　　　定義に戻って考える

というのがあるので，どんな分野であれ定義は重要です。

◆ 三角関数の定義

　座標平面上で，x 軸の正の部分を始線にとり，角 θ の動径と，原点を中心とする半径 r の円との交点 P の座標を $(x,\ y)$ とするとき，

$$\cos\theta = \frac{x}{r},\ \sin\theta = \frac{y}{r},\ \tan\theta = \frac{y}{x}$$

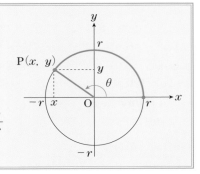

　これらの値は円の半径に無関係なので，半径を 1 とした単位円で考えることが多く，次のようになります。

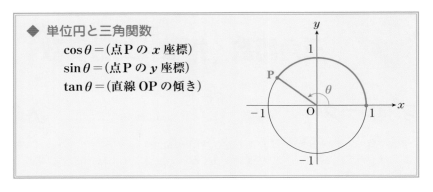

◆ 単位円と三角関数

$\cos\theta = (点\text{P}の x 座標)$

$\sin\theta = (点\text{P}の y 座標)$

$\tan\theta = (直線\,\text{OP}\,の傾き)$

　たま～に数学 I の直角三角形を利用した定義のままになっている人がいますが，それだと θ が $90°$ 以上だったり，マイナスのときが扱えないので，ダメですよ。定義がちゃんとわかっているなら，たとえば，

- $\cos(180°-\theta) = -\cos\theta$
- $\sin(180°-\theta) = \sin\theta$ ……(∗1)
- $\tan(180°-\theta) = -\tan\theta$

- $\cos(\theta+90°) = -\sin\theta$
- $\sin(\theta+90°) = \cos\theta$ ……(∗2)
- $\tan(\theta+90°) = -\dfrac{1}{\tan\theta}$

などの公式は，覚えなくてよいハズです。次のように図をかけば，すぐに作ることができます。まず θ をテキトーに，そうですね，$30°$ くらいにしましょうか。$\cos\theta$，$\sin\theta$ を書きこみます。次に $180°-\theta$（$150°$ くらい），$\theta+90°$（$120°$ くらい）の点の x 座標，y 座標を書きこみます。

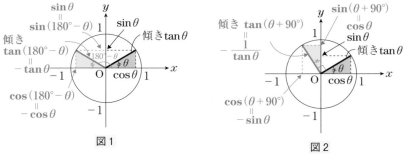

図1　　　　　　　　　図2

　(∗1) が **図1**，(∗2) が **図2** になります。

　図1 の点 $(\cos\theta,\ \sin\theta)$ と点 $(\cos(180°-\theta),\ \sin(180°-\theta))$ は y 軸対称だから，

　　　　x 座標は正負が逆で，　$\cos(180°-\theta) = -\cos\theta$

　　　　y 座標は一致して，　　$\sin(180°-\theta) = \sin\theta$

また，傾きは正負が逆になっているので，そこから $\tan(180°-\theta)=-\tan\theta$ としてもよいですし，計算で，

$$\tan(180°-\theta)=\frac{\sin(180°-\theta)}{\cos(180°-\theta)}=\frac{\sin\theta}{-\cos\theta}=-\tan\theta$$

としてもよいです。

図2の点 $(\cos(\theta+90°),\ \sin(\theta+90°))$ は，点 $(\cos\theta,\ \sin\theta)$ を原点まわりに 90° 回転した点だから，x 座標と y 座標が入れ替わります。ただし，$\cos(\theta+90°)$ は x 軸の負の部分にあるのに対して，$\sin\theta$ は y 軸の正の部分にあるため符号が逆になります。気をつけてください。

② 加法定理

> ◆ 加法定理
> - $\sin(\alpha+\beta)=\sin\alpha\cos\beta+\cos\alpha\sin\beta$
> - $\cos(\alpha+\beta)=\cos\alpha\cos\beta-\sin\alpha\sin\beta$

これは覚えましょうか。1999 年に東大の入試で「定義にもとづいて加法定理を説明しなさい」という問題が出されたことがあり，大学の先生からすると，導けないといけない公式なんだと思います。が，東大が出しちゃったんで，京大は出さないでしょう。

あとの公式はここから作れば OK です。

β を $-\beta$ におきかえて，

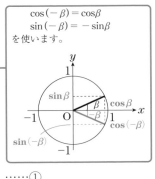

$\cos(-\beta)=\cos\beta$
$\sin(-\beta)=-\sin\beta$
を使います。

- $\sin(\alpha-\beta)=\sin\alpha\cos\beta-\cos\alpha\sin\beta$ ◀
- $\cos(\alpha-\beta)=\cos\alpha\cos\beta+\sin\alpha\sin\beta$

2 倍角の公式は，$\alpha=\beta=\theta$ として，

- $\sin2\theta=\sin\theta\cos\theta+\cos\theta\sin\theta$
  $=2\sin\theta\cos\theta$
- $\cos2\theta=\cos^2\theta-\sin^2\theta$
  $=1-2\sin^2\theta$ $\quad\cos^2\theta=1-\sin^2\theta$ ……①
  $=2\cos^2\theta-1$ $\quad\sin^2\theta=1-\cos^2\theta$ ……②

半角の公式は，①，②を $\cos^2\theta=$，$\sin^2\theta=$ の形に整理して，θ を $\dfrac{\theta}{2}$ におきかえれば OK で，

$$\bullet \sin^2\theta = \frac{1-\cos 2\theta}{2} \implies \sin^2\frac{\theta}{2} = \frac{1-\cos\theta}{2}$$

$$\bullet \cos^2\theta = \frac{1+\cos 2\theta}{2} \implies \cos^2\frac{\theta}{2} = \frac{1+\cos\theta}{2}$$

tan の加法定理は，また後の 例題 22 でやりましょう。あと，3 倍角の公式は，本来は高校の範囲外ですが，受験レベルでは知っていないといけません。これも $3\theta = 2\theta + \theta$ として加法定理を使ったあと，2θ の部分に 2 倍角の公式を使えば導けるので，これは自分で手を動かしてみてください。

$$\bullet \sin 3\theta = 3\sin\theta - 4\sin^3\theta$$

$$\bullet \cos 3\theta = -3\cos\theta + 4\cos^3\theta$$

3 指数の拡張

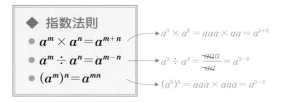

◆ 指数法則
- $a^m \times a^n = a^{m+n}$
- $a^m \div a^n = a^{m-n}$
- $(a^m)^n = a^{mn}$

$a^3 \times a^2 = aaa \times aa = a^{3+2}$

$a^3 \div a^2 = \dfrac{aaa}{aa} = a^{3-2}$

$(a^3)^2 = aaa \times aaa = a^{3\times 2}$

これは大丈夫ですよね。上の例のように，m，n が自然数で，$m > n$ のときは見たままの公式です。数学 II では，これを実数全体に拡張するために，

① $a^0 = 1$ ② $a^{-n} = \dfrac{1}{a^n}$ ③ $a^{\frac{1}{n}} = \sqrt[n]{a}$

と定義していますが，これはちゃんと納得できていますか？　丸暗記はダメですよ。

数学屋さんは拡張が好きです。整数→有理数→実数→複素数と数を拡張していったり，直角三角形で定義した sin や cos を 90°以上でも扱えるようにするために単位円で定義し直したり。ただし，拡張するとき，今までの定理や公式が使えなくなるのではもったいないので，それがウマくいくように定義を作るんです。

① $a^0 = 1$ は，指数法則 $a^m \div a^n = a^{m-n}$ をキープするためです。たとえば，$m = n = 3$ として，

$$a^3 \div a^3 = a^{3-3} = a^0$$

となりますが，$a^3 \div a^3 = \dfrac{a^3}{a^3} = 1$ ですよね。だから，①のように定義する

んです。

② $a^{-n} = \dfrac{1}{a^n}$ も同じです。たとえば，$m=2$, $n=5$ として，

$$a^2 \div a^5 = a^{2-5} = a^{-3}$$

となりますが，$a^2 \div a^5 = \dfrac{a^2}{a^5} = \dfrac{1}{a^3}$ ですよね。だから，$a^{-3} = \dfrac{1}{a^3}$ です。

③ $a^{\frac{1}{n}} = \sqrt[n]{a}$ は，指数法則 $(a^m)^n = a^{mn}$ をキープするためです。たとえば

$$(\sqrt[3]{a})^3 = a$$

ですよね。$\sqrt[3]{a} = a^x$ と表せたとすると，

$$(a^x)^3 = a \qquad \therefore \quad a^{3x} = a^1 \qquad \therefore \quad 3x = 1 \qquad \therefore \quad x = \dfrac{1}{3}$$

だから，$\sqrt[3]{a} = a^{\frac{1}{3}}$ です。

ウマく作られていますね。

4 対数の定義

意外にアブナイのが対数の定義です。公式はだいたい覚えられている人が多いのですが，

$$「\log_2 9 \text{の意味は？}」$$

と聞くと答えられない人が多いです。あなたは大丈夫ですか？

◆ 対数の定義

$a > 0$, $a \neq 1$ として，

$$a^r = R \iff r = \log_a R$$

$10^2 = 100 \iff 2 = \log_{10} 100$

指数と対数は同じことの表現の違い，表と裏みたいなもので，上のような関係にあります。文字ではわかりにくいので，右上の例で見てみると，

● $10^{\underline{2}} = \underline{100}$ …… 10 を 100 にするのに 2乗

● $\log_{10} \underline{100} = \underline{2}$ …… 10 を 100 にする指数が 2

$\log_a R$ は「a を R にする指数」という意味です。

たとえば，$8 = 2^3$ であるから，「2 を 8 にする指数は 3」です。よって，

$$\log_2 8 = \log_2 2^3 = 3$$

これを一般化すると，

$$\log_a a^r = r$$ ◀── 定義の式から R を消去しても導けます。

という公式ができます。

また，先ほどの $\log_2 9$ は，「2 を 9 にする指数」という意味です。$2^3=8$，
$2^4=16$ で，9 は 8 と 16 の間だから，$\log_2 9$ は $\log_2 8=3$ と $\log_2 16=4$ の間で，

$$\log_2 9 = 3. \cdots\cdots$$

となり，「3 と 4 の間」というように，おおよその値もわかります。

さらに $\log_2 9$ は「2 を 9 にする指数」なので，

$$2^{\log_2 9} = 9 \blacktriangleleft$$

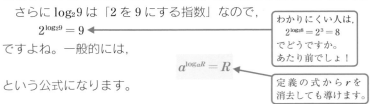

ですよね。一般的には，

$$a^{\log_a R} = R \blacktriangleleft$$

という公式になります。

わかりにくい人は，
$2^{\log_2 8} = 2^3 = 8$
でどうですか。
あたり前でしょ！

定義の式から r を
消去しても導けます。

⑤ 対数法則

> ◆ 対数法則 $(a>0, a \neq 1, P>0, Q>0)$
> - $\log_a PQ = \log_a P + \log_a Q$
> - $\log_a \dfrac{P}{Q} = \log_a P - \log_a Q$
> - $\log_a P^r = r \log_a P$

この法則そのものは覚えていると思うのですが，丸暗記ではないですか？　これ，じつは指数法則を対数で表現しているだけなんですよ。

$$P = a^p, \quad Q = a^q$$

と表せたとしましょう。右図の $y=a^x$ の
グラフのように，$P>0$，$Q>0$ であれば，
必ず対応する p, q があります。また，対
数の定義により，

$$p = \log_a P, \quad q = \log_a Q$$

です。さて，そうすると，

$$\begin{aligned}
\log_a PQ &= \log_a (a^p \times a^q) \\
&= \log_a a^{p+q} \\
&= p+q \\
&= \log_a P + \log_a Q
\end{aligned}$$

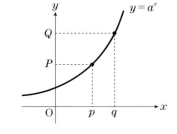

指数法則

$\log_a a^r = r$

つまり，$a^p \times a^q = a^{p+q}$ のように，掛け算のとき，指数は足し算ですよね。これを表現したのが，

$$\log_a \underset{\text{指数}}{P}\underset{\text{掛け算の}}{Q}=\log_a P \underset{\text{指数の足し算}}{+}\log_a Q$$

です。残りの対数法則も同じです。

ちなみに底の変換公式は,

$$a^{\log_a b}=b$$

$c(>0)$ を底とする両辺の対数を考えて,

$$\log_c a^{\log_a b}=\log_c b$$

対数法則より,

$$\log_a b \log_c a=\log_c b$$

$$\log_a P^r = r\log_a P$$

$$\therefore \quad \boxed{\log_a b=\dfrac{\log_c b}{\log_c a}}$$

として導けます。

⑥ 対数方程式・不等式の解法

対数方程式・不等式の解法は手順が決まっていて,次のようになります。

Step 1 **真数条件,底の条件の確認**

$\log_a P$ があれば, $P>0,\ a>0,\ a\neq 1$

> 計算をはじめると,底や真数の形が変わってしまうので,最初にチェックしないといけません。
> そもそも公式が使えるのは,この条件のもとにおいてのみです。

Step 2 **底をそろえる**

底の変換公式 $\quad \log_a b=\dfrac{\log_c b}{\log_c a}$

Step 3 **計算する**

まとめる or バラす

の 2 通りの計算方針があります。どちらがよいかは式によりますので,一方でやってみてダメなら,もう一方をやってみてください。

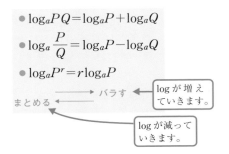

- $\log_a PQ=\log_a P+\log_a Q$
- $\log_a \dfrac{P}{Q}=\log_a P-\log_a Q$
- $\log_a P^r=r\log_a P$

まとめる ← ──── → バラす

> log が増えていきます。

> log が減っていきます。

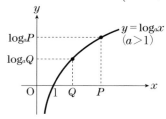

Step 4 **log をはずす**

- $\log_a P = \log_a Q \iff P = Q$

- $\log_a P > \log_a Q \iff \begin{cases} P > Q & (a > 1) \\ P < Q & (0 < a < 1) \end{cases}$

> $a > 1$ のとき, $y = \log_a x$ は
> 単調増加なので,
> y 座標の大小 $\log_a P > \log_a Q$ と
> x 座標の大小 $P > Q$ が一致する。

> $0 < a < 1$ のとき, $y = \log_a x$ は
> 単調減少なので,
> y 座標の大小 $\log_a P > \log_a Q$ と
> x 座標の大小 $P < Q$ が逆になる。

京大の過去問でちょうどよいのがあります。やってみましょう。

---

x, y は $x \neq 1$, $y \neq 1$ をみたす正の数で, 不等式
$$\log_x y + \log_y x > 2 + (\log_x 2)(\log_y 2)$$
をみたすとする。このとき x, y の組 (x, y) の範囲を座標平面上に図
示せよ。 （京大・理文共通・09）

Step 1 は, 本問では問題文で「x, y は $x \neq 1$, $y \neq 1$ をみたす正の数」
と書いてくれているので, クリアです。ただし, 最後に図示せよとあるの
で, 図示するときに忘れないようにしましょう。

Step 2 の底ですが, 何にそろえましょう。底に文字が入ると, そこ
で場合分けが発生します。そういう方針でイケる問題ももちろんあるので
すが, 本問はそれが x と y の関係になるので, ちょっとしんどいです。

それから, 与式は x, y に関して対称性があります。答えの図も直線 $y = x$
に関して対称のはずです。

対称性は，キープ or くずす

だから, キープする方針で考えてみると, 底は定数にして……, 2 はどう
でしょう。

$$\log_x 2 = \frac{\log_2 2}{\log_2 x} = \frac{1}{\log_2 x}, \quad \log_y 2 = \frac{\log_2 2}{\log_2 y} = \frac{1}{\log_2 y}$$

のように分子がシンプルになります。底がほかの定数，たとえば 10 だと，

$$\log_x 2 = \frac{\log_{10} 2}{\log_{10} x}$$

のように分子がちょっとうっとうしいです。

　あとは，

$$\log_x y = \frac{\log_2 y}{\log_2 x}, \quad \log_y x = \frac{\log_2 x}{\log_2 y}$$

ですから，与式は，

$$\frac{\log_2 y}{\log_2 x} + \frac{\log_2 x}{\log_2 y} > 2 + \frac{1}{\log_2 x} \cdot \frac{1}{\log_2 y}$$

となります。このままでは見にくいので，$\log_2 x = X$，$\log_2 y = Y$ とおくと，

$$\frac{Y}{X} + \frac{X}{Y} > 2 + \frac{1}{XY} \quad \cdots\cdots ⓐ$$

この分数不等式を解くことになります。分数不等式については，次のような方法があります。

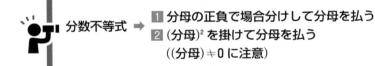

分数不等式 ⮕ 　① 分母の正負で場合分けして分母を払う
　　　　　　　② (分母)² を掛けて分母を払う
　　　　　　　　 ((分母)≠0 に注意)

　② の「$X^2 Y^2$ を掛ける」という方針はちょっと式が複雑になりそうなので，① の「場合分け」でいきましょうか。たとえば，$XY > 0$ となるのは，

$$XY > 0 \iff \begin{cases} X > 0 \\ Y > 0 \end{cases} \quad \text{または} \quad \begin{cases} X < 0 \\ Y < 0 \end{cases}$$
$$\iff \begin{cases} \log_2 x > 0 \\ \log_2 y > 0 \end{cases} \quad \text{または} \quad \begin{cases} \log_2 x < 0 \\ \log_2 y < 0 \end{cases}$$
$$\iff \begin{cases} x > 1 \\ y > 1 \end{cases} \quad \text{または} \quad \begin{cases} 0 < x < 1 \\ 0 < y < 1 \end{cases}$$

のときです。このとき，ⓐの両辺に XY を掛けると，

$$Y^2 + X^2 > 2XY + 1$$
$$(Y - X)^2 > 1$$

log に戻すと,
$$(\log_2 y - \log_2 x)^2 > 1$$
Step 3 で「まとめる方向」に計算して,
$$\left(\log_2 \frac{y}{x}\right)^2 > 1$$

$$\log_2 \frac{y}{x} < -1 \ \text{または} \ 1 < \log_2 \frac{y}{x}$$

あとは **Step 4** の「log はずし」で, $1 = \log_2 2$, $-1 = \log_2 2^{-1} = \log_2 \frac{1}{2}$ なので,

$$\log_2 \frac{y}{x} < \log_2 \frac{1}{2} \quad \text{または} \quad \log_2 2 < \log_2 \frac{y}{x}$$

$$\frac{y}{x} < \frac{1}{2} \qquad \text{または} \qquad 2 < \frac{y}{x}$$

$$y < \frac{1}{2}x \qquad \text{または} \qquad y > 2x$$

log はずす

$\times x$

イケそうです。

実行

$$x > 0, \ y > 0, \ x \neq 1, \ y \neq 1 \qquad \cdots\cdots ①$$
$$\log_x y + \log_y x > 2 + (\log_x 2)(\log_y 2) \qquad \cdots\cdots ②$$

$\log_2 x = X$, $\log_2 y = Y$ とおくと, ①より $X \neq 0$, $Y \neq 0$ で,

$$\log_x y = \frac{\log_2 y}{\log_2 x} = \frac{Y}{X}, \ \log_y x = \frac{\log_2 x}{\log_2 y} = \frac{X}{Y}$$

$$\log_x 2 = \frac{\log_2 2}{\log_2 x} = \frac{1}{X}, \ \log_y 2 = \frac{\log_2 2}{\log_2 y} = \frac{1}{Y}$$

であるから, ②より,

$$\frac{Y}{X} + \frac{X}{Y} > 2 + \frac{1}{X} \cdot \frac{1}{Y}$$

$$\frac{Y^2 + X^2 - 2XY - 1}{XY} > 0$$

$$\frac{(Y-X)^2 - 1}{XY} > 0 \qquad \cdots\cdots ③$$

(i) $XY = (\log_2 x)(\log_2 y) > 0$ つまり $\begin{cases} x > 1 \\ y > 1 \end{cases}$ または $\begin{cases} 0 < x < 1 \\ 0 < y < 1 \end{cases}$ のとき,

③より,

$$(Y-X)^2 > 1 \quad \therefore \quad \left(\log_2 \frac{y}{x}\right)^2 > 1$$

であるから,

$$\log_2 \frac{y}{x} < -1 \quad \text{または} \quad \log_2 \frac{y}{x} > 1$$

$$\frac{y}{x} < 2^{-1} \quad \text{または} \quad \frac{y}{x} > 2^1$$

$$y < \frac{1}{2}x \quad \text{または} \quad y > 2x$$

(ii) $XY = (\log_2 x)(\log_2 y) < 0$ つまり $\begin{cases} 0 < x < 1 \\ y > 1 \end{cases}$ または $\begin{cases} x > 1 \\ 0 < y < 1 \end{cases}$

のとき, ③より,

$$(Y-X)^2 < 1 \quad \therefore \quad \left(\log_2 \frac{y}{x}\right)^2 < 1$$

であるから,

$$-1 < \log_2 \frac{y}{x} < 1$$

$$2^{-1} < \frac{y}{x} < 2^1$$

$$\frac{1}{2}x < y < 2x$$

以上(i), (ii)より, 求める範囲は右図の斜線部（境界は含まない）。

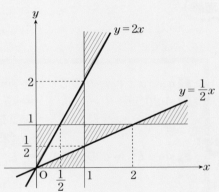

三角関数①

$$f(\theta) = \cos 4\theta - 4\sin^2\theta$$

とする。$0 \leqq \theta \leqq \dfrac{3\pi}{4}$ における $f(\theta)$ の最大値および最小値を求めよ。

（京大・理系・04前）

理解　　ハッキリ言ってサービス問題です。これを落とすと合格はないです。とプレッシャーをかけたところで，まずは数学Ⅱの三角関数の処理で代表的なものをまとめると，次のようになります。

---

1 $a\sin\theta + b\cos\theta$ の形　➡　sin 合成

2 $\sin^2\theta,\ \cos^2\theta,\ \cos 2\theta$　➡　$\sin^2\theta + \cos^2\theta = 1$
　　　　　　　　　　　　　　　　2 倍角の公式で $\sin\theta$
　　　　　　　　　　　　　　　　（または $\cos\theta$）だけにする

3 $\sin\theta$ と $\cos\theta$ の対称式　➡　$t = \sin\theta + \cos\theta$ とおく
　　　　　　　　　　　　　　$\left(\sin\theta\cos\theta = \dfrac{1}{2}(t^2 - 1)\right)$

4 $\sin^2\theta,\ \cos^2\theta,\ \sin\theta\cos\theta$　➡　2 倍角の公式で次数を下げる

　　本問ではやはり $\cos 4\theta$ が目につきます。4 倍角の公式は覚えていないので，$4\theta = 2 \times 2\theta$ として，2 倍角の公式を 2 回使いましょう。

$$\cos 4\theta = \cos(2 \cdot 2\theta)$$
$$= \cos^2 2\theta - \sin^2 2\theta \quad \text{or} \quad 2\cos^2 2\theta - 1 \quad \text{or} \quad 1 - 2\sin^2 2\theta$$

3 つ出てきましたが，どれにしましょう？　$\sin 2\theta$ は $\sin 2\theta = 2\sin\theta\cos\theta$ の 1 通りしか変形できませんが，$\cos 2\theta$ は
$\cos 2\theta = \cos^2\theta - \sin^2\theta = 2\cos^2\theta - 1 = 1 - 2\sin^2\theta$ と 3 通りあるので，さらに変形のバリエーションは増えます。このへんはやっぱり京大ですね。

　　式の変形はテキトーにやってはいけません。それから，式の一部分だけを見ていてもいけません。とくに三角関数は公式が多いので，無目的に変

形していくと，いろいろな式が出てきてなかなかゴールに着きません。

式変形は式全体を見て，目的をもって進める

ことが肝心です。

もう一度 $f(\theta)$ を見ると，

$$f(\theta)=\cos 4\theta-4\sin^2\theta$$

$\cos 4\theta$ と $\sin^2\theta$ があります。とりあえず，**2** の「$\sin\theta$（または $\cos\theta$）だけにする」という方針が考えられて，$\cos 2\theta=1-2\sin^2\theta$ がよさそうです。そうすると，$\cos 4\theta$ も，$\sin 2\theta$ の入っていない形，すなわち $\cos 4\theta=2\cos^2 2\theta-1$ にして，

$$\begin{aligned}
f(\theta)&=\underwave{\cos 4\theta}-4\sin^2\theta \qquad {\scriptstyle \cos 4\theta=2\cos^2 2\theta-1}\\
&=\underwave{(2\cos^2 2\theta-1)}-4\sin^2\theta \quad \cdots\cdots ⓐ\\
&\qquad\qquad\qquad\qquad\qquad {\scriptstyle \cos 2\theta=1-2\sin^2\theta}\\
&=2(1-2\sin^2\theta)^2-1-4\sin^2\theta\\
&=8\sin^4\theta-12\sin^2\theta+1
\end{aligned}$$

計画　$\sin\theta=x$ とおいてもよいのですが，せっかく $\sin^2\theta$ と $\sin^4\theta$ だけの，$\sin\theta$ や $\sin^3\theta$ がない式だから，$\sin^2\theta=x$ とおいて，

$$f(\theta)=8x^2-12x+1$$

$f(\theta)$ を x の2次関数で表すことができたから，あとは平方完成で OK です。ただし，

文字をおきかえたら範囲をチェック

するのを忘れずに！　$0\leqq\theta\leqq\dfrac{3\pi}{4}$ のとき，

図1 より，

$0\leqq\sin\theta\leqq 1$　∴　$0\leqq\sin^2\theta\leqq 1$　∴　$0\leqq x\leqq 1$

に注意しましょう。

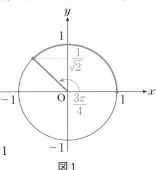

図1

理解　ところで，上で $f(\theta)$ を変形している途中に何か気づきませんでしたか？　数学Ⅲの積分を習うと頻繁に出てくるので思いつきやすくなるのですが，**4** の「2倍角の公式で次数を下げる」という方針です。上のⓐまでいって，これを思いつくと，

$$\begin{aligned}
f(\theta)&=(2\cos^2 2\theta-1)-4\underline{\sin^2\theta}\quad\cdots\cdots ⓐ \qquad {\scriptstyle \cos 2\theta=1-2\sin^2\theta\ \text{より，}}\\
&=(2\cos^2 2\theta-1)-4\cdot\dfrac{1-\cos 2\theta}{2} \qquad\qquad {\scriptstyle \sin^2\theta=\dfrac{1-\cos 2\theta}{2}}\\
&=2\cos^2 2\theta+2\cos 2\theta-3
\end{aligned}$$

これだったら，$\cos 2\theta = x$ とおいて，
$$f(\theta) = 2x^2 + 2x - 3$$
となり，$f(\theta)$ は x の 2 次関数です。

「$f(\theta)$ を $\sin\theta$ の式にする」，「$f(\theta)$ を $\cos 2\theta$ の式にする」はともに $f(\theta)$ が 2 次関数にできるので，どちらでも OK です。三角関数の変形が少し簡単なので，後者の「$\cos 2\theta$ の式にする」でいきましょうか。

 本問は，文系でも，範囲を $0 \le \theta \le \dfrac{\pi}{2}$ にして出題されていたので，上のような方針でよいのですが，僕たちは理系です。大事なことを忘れていませんか？　そうです，数学Ⅲの微分です。
$$f(\theta) = \cos 4\theta - 4\sin^2\theta$$
をそのまま微分して，
$$f'(\theta) = -4\sin 4\theta - 4\cdot 2\sin\theta\cos\theta$$
$f'(\theta)$ の符号を判定するので，これを整理しないといけませんが，方針は上と同じです。今回は $\sin\theta\cos\theta$ があるので，思いつきやすいと思いますが，

$\sin\theta\cos\theta$ を $\sin 2\theta = 2\sin\theta\cos\theta$ で 2θ の式に

$\sin 4\theta$ の 4θ を $2\times 2\theta$ と見て，$\sin 2\cdot 2\theta = 2\sin 2\theta\cos 2\theta$ で 2θ の式にすると，
$$f'(\theta) = -4\cdot 2\sin 2\theta\cos 2\theta - 4\sin 2\theta$$
$$= -4\sin 2\theta(2\cos 2\theta + 1)$$

 では，$f'(\theta)$ の符号を調べます。$0 \le \theta \le \dfrac{3\pi}{4}$ なので，$0 \le 2\theta \le \dfrac{3\pi}{2}$ で $\sin 2\theta$ と $2\cos 2\theta + 1$ の正負を調べます。

● $\sin 2\theta$ について

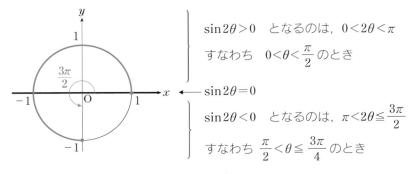

$\sin 2\theta > 0$　となるのは，$0 < 2\theta < \pi$

すなわち　$0 < \theta < \dfrac{\pi}{2}$ のとき

$\sin 2\theta = 0$

$\sin 2\theta < 0$　となるのは，$\pi < 2\theta \le \dfrac{3\pi}{2}$

すなわち $\dfrac{\pi}{2} < \theta \le \dfrac{3\pi}{4}$ のとき

● $2\cos 2\theta + 1$ について

$2\cos 2\theta + 1 = 0$

$\therefore \quad \cos 2\theta = -\dfrac{1}{2}$

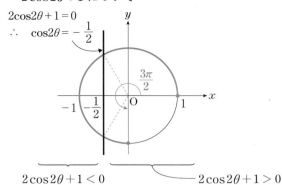

$$2\cos 2\theta + 1 < 0 \qquad\qquad 2\cos 2\theta + 1 > 0$$

$\therefore \quad \cos 2\theta < -\dfrac{1}{2}$ となるのは,

$\therefore \quad \cos 2\theta > -\dfrac{1}{2}$ となるのは,

$\dfrac{2\pi}{3} < 2\theta < \dfrac{4\pi}{3}$

$0 \leqq 2\theta < \dfrac{2\pi}{3}, \ \dfrac{4\pi}{3} < 2\theta \leqq \dfrac{3\pi}{2}$

すなわち $\dfrac{\pi}{3} < \theta < \dfrac{2\pi}{3}$ のとき

すなわち $0 \leqq \theta < \dfrac{\pi}{3}, \ \dfrac{2\pi}{3} < \theta \leqq \dfrac{3\pi}{4}$ のとき

以上より,

θ	0	$\cdots$	$\dfrac{\pi}{3}$	$\cdots$	$\dfrac{\pi}{2}$	$\cdots$	$\dfrac{2\pi}{3}$	$\cdots$	$\dfrac{3\pi}{4}$
$\sin 2\theta$	0	$+$	$+$	$+$	0	$-$	$-$	$-$	$-$
$2\cos 2\theta + 1$	$+$	$+$	0	$-$	$-$	$-$	0	$+$	$+$
$f'(\theta)$	0	$-$	0	$+$	0	$-$	0	$+$	$+$

$= -4\sin 2\theta\,(2\cos 2\theta + 1)$

先頭のマイナスに注意!

う〜ん,かなり大変ですね。最大値・最小値を求めるだけなので,これなら数学Ⅲを使わずに処理した方がよさそうです。このへんは式によるので,どっちがよいかはやってみないとわかりません。

　　三角関数,指数・対数関数では数学Ⅱ,数学Ⅲの両方使える
ということを頭に入れておきましょう。

　　参考のため,一応 $f(\theta)$ の増減表を書いておくと,次のようになります。

θ	0	$\cdots$	$\dfrac{\pi}{3}$	$\cdots$	$\dfrac{\pi}{2}$	$\cdots$	$\dfrac{2\pi}{3}$	$\cdots$	$\dfrac{3\pi}{4}$
$f'(\theta)$	0	$-$	0	$+$	0	$-$	0	$+$	
$f(\theta)$	1	$\searrow$	$-\dfrac{7}{2}$	$\nearrow$	-3	$\searrow$	$-\dfrac{7}{2}$	$\nearrow$	-3

最大値は $\theta=0$ のとき 1，最小値は $\theta=\dfrac{\pi}{3}$，$\dfrac{2\pi}{3}$ のとき $-\dfrac{7}{2}$ です。

実行

$$f(\theta)=\cos 4\theta-4\sin^2\theta$$
$$=(2\cos^2 2\theta-1)-4\cdot\frac{1-\cos 2\theta}{2}$$
$$=2\cos^2 2\theta+2\cos 2\theta-3$$

$\cos 2\theta=x$ とおくと，$f(\theta)$ は x の関数
となるから，これを $g(x)$ とおくと，

$$g(x)=2x^2+2x-3$$
$$=2\left(x+\frac{1}{2}\right)^2-\frac{7}{2}$$

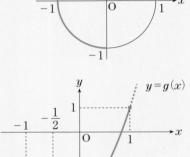

また，$0\leqq\theta\leqq\dfrac{3\pi}{4}$ より，

$$0\leqq 2\theta\leqq\frac{3\pi}{2}$$

であるから，

$$-1\leqq\cos 2\theta\leqq 1$$

よって，x の変域は，

$$-1\leqq x\leqq 1$$

したがって，$f(\theta)=g(x)$ の
最大値は $g(1)=2+2-3=1$
最小値は $g\left(-\dfrac{1}{2}\right)=-\dfrac{7}{2}$

＋補足 「最大・最小のときの θ の値は答えなくていいんですか？」と
聞かれることがあるんですが，あなたはどう思いますか？
　問題文に「最大値と最小値を求めよ。またそのときの θ の値を求めよ」
のように書かれていれば，もちろん答えないといけませんが，本問ではそ
のような問いはないので，不要です。

θ の値を求めたり，θ が存在することを示さないといけないのは，

　　　　絶対不等式を利用して最大値や最小値を求めたとき

で，このときは，

　　　　等号成立条件を書いておかないとダメ

です。

　簡単な例で確認してみましょう。絶対不等式として，

◆ 相加平均と相乗平均の大小関係
$a \geqq 0$，$b \geqq 0$ のとき，
$$\frac{a+b}{2} \geqq \sqrt{ab}$$
（等号成立は $a = b$ のとき）

「なぜ $a = b$ のとき等号成立なんですか？」と聞かれることがあるので，一応証明しておきます。

（左辺）－（右辺）$= \dfrac{1}{2}(a + b - 2\sqrt{ab})$

$= \dfrac{1}{2}\{(\sqrt{a})^2 + (\sqrt{b})^2 - 2\sqrt{a}\sqrt{b}\}$

$= \dfrac{1}{2}(\sqrt{a} - \sqrt{b})^2$

$\geqq 0$

等号成立は $\sqrt{a} = \sqrt{b}$ つまり $a = b$ のとき。

を使う問題でやってみます。

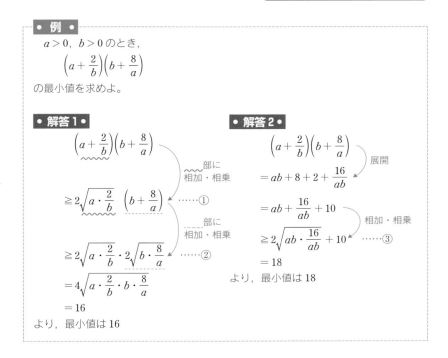

• 例 •

$a > 0$，$b > 0$ のとき，
$$\left(a + \frac{2}{b}\right)\left(b + \frac{8}{a}\right)$$
の最小値を求めよ。

• 解答1 •

$$\left(a + \frac{2}{b}\right)\left(b + \frac{8}{a}\right)$$

〜〜〜部に
相加・相乗

$$\geqq 2\sqrt{a \cdot \frac{2}{b}}\ \left(b + \frac{8}{a}\right) \quad \cdots\cdots ①$$

----部に
相加・相乗

$$\geqq 2\sqrt{a \cdot \frac{2}{b}} \cdot 2\sqrt{b \cdot \frac{8}{a}} \quad \cdots\cdots ②$$

$$= 4\sqrt{a \cdot \frac{2}{b} \cdot b \cdot \frac{8}{a}}$$

$$= 16$$

より，最小値は 16

• 解答2 •

$$\left(a + \frac{2}{b}\right)\left(b + \frac{8}{a}\right)$$

展開

$$= ab + 8 + 2 + \frac{16}{ab}$$

$$= ab + \frac{16}{ab} + 10$$

相加・相乗

$$\geqq 2\sqrt{ab \cdot \frac{16}{ab}} + 10 \quad \cdots\cdots ③$$

$$= 18$$

より，最小値は 18

●解答1● と ●解答2● で答えが違いますが，どちらが正しいでしょうか？
正解は ●解答2● の方です。●解答1● の方は，

$$\left(a+\frac{2}{b}\right)\left(b+\frac{8}{a}\right)\geqq 16$$

となっているのですが，この等号は成立しません。というのは，

①の≧の等号が成立するのは $a=\dfrac{2}{b}$ つまり $ab=2$ のとき

②の≧の等号が成立するのは $b=\dfrac{8}{a}$ つまり $ab=8$ のとき

だから，①と②の等号が同時に成立することはあり得ないんですね。

$$\left(a+\frac{2}{b}\right)\left(b+\frac{8}{a}\right)=16$$

となれないので，「最小値が16」といえないんです。

一方，●解答2● の方は，

$$\left(a+\frac{2}{b}\right)\left(b+\frac{8}{a}\right)\geqq 18$$

となっていて，この等号は③の等号が成立すれば OK です。

$$ab=\frac{16}{ab} \qquad \therefore\quad (ab)^2=16 \qquad \therefore\quad ab=4$$

このときに，

$$\left(a+\frac{2}{b}\right)\left(b+\frac{8}{a}\right)=18$$

となれます。たとえば，$a=b=2$ のとき，$\left(2+\dfrac{2}{2}\right)\left(2+\dfrac{8}{2}\right)=3\cdot 6=18$ と

なるので，「最小値は18」といえます。

　このように，絶対不等式を利用して最大値や最小値を求めたときは，等号が成立しないと本当に最大値や最小値になっているかどうかわからないので，等号成立条件を書いておかないとダメなんですね。

　逆に，微分などによりグラフをかいて最大値や最小値を求めるときは，問題文に要求がなければ，そのときの x や θ の値は書かなくても大丈夫です。

類 題 **12**　　　　　　　　　　解答 ⇨ P.417 | ★★☆ | ⏱ 25分

$0\leqq x<2\pi$ のとき，方程式
$$2\sqrt{2}(\sin^3 x+\cos^3 x)+3\sin x\cos x=0$$
を満たす x の個数を求めよ。

（京大・文系・08）

テーマ 13　三角関数②

例題 13　★★★ ⏱ 30分

α, β, γ は $\alpha > 0$, $\beta > 0$, $\gamma > 0$, $\alpha + \beta + \gamma = \pi$ を満たすものとする。このとき,

$$\sin \alpha \sin \beta \sin \gamma$$

の最大値を求めよ。

（京大・理系・99後）

 理解　$\alpha > 0$, $\beta > 0$, $\gamma > 0$, $\alpha + \beta + \gamma = \pi$ であるので, α, β, γ は三角形の内角と見ることができ, そのような与え方をする問題もあります。

まず思いつくのは「積和の公式」でしょうか。京大は積和, 和積の公式を比較的よく出す大学ですが, 公式は大丈夫でしょうか。例によって作ります。sin の積を含む加法定理は $\cos(\alpha+\beta)$, $\cos(\alpha-\beta)$ だから, これを並べて,

$$\cos(\alpha+\beta) = \cos\alpha\cos\beta - \sin\alpha\sin\beta \quad \cdots\cdots ⓐ$$
$$\cos(\alpha-\beta) = \cos\alpha\cos\beta + \sin\alpha\sin\beta \quad \cdots\cdots ⓑ$$

$\sin\alpha\sin\beta$ を残したいので, ⓑ－ⓐより,

$$\cos(\alpha-\beta) - \cos(\alpha+\beta) = 2\sin\alpha\sin\beta$$

$$\therefore \quad \sin\alpha\sin\beta = \frac{1}{2}\{\cos(\alpha-\beta) - \cos(\alpha+\beta)\}$$

他も同様に作れるので, 一度作ってみてください。

- $\sin\alpha\cos\beta = \dfrac{1}{2}\{\sin(\alpha+\beta) + \sin(\alpha-\beta)\}$

- $\cos\alpha\sin\beta = \dfrac{1}{2}\{\sin(\alpha+\beta) - \sin(\alpha-\beta)\}$

- $\cos\alpha\cos\beta = \dfrac{1}{2}\{\cos(\alpha+\beta) + \cos(\alpha-\beta)\}$

- $\sin\alpha\sin\beta = -\dfrac{1}{2}\{\cos(\alpha+\beta) - \cos(\alpha-\beta)\}$

他の公式と $\alpha+\beta$ と $\alpha-\beta$ の順番をそろえるために, マイナスを前に出しました。

ついでに和積の公式ですが, これは積和の公式で $\alpha+\beta=A$, $\alpha-\beta=B$

とおいてやると出てきます。しかし，加法定理→積和→和積と作るのになかなか手間がかかるので，

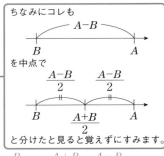

ちなみにコレも

$A-B$

B　　　　A

を中点で

$\dfrac{A-B}{2}$　　$\dfrac{A-B}{2}$

B　　$\dfrac{A+B}{2}$　　A

と分けたと見ると覚えずにすみます。

$$\dfrac{A+B}{2} \text{と} \dfrac{A-B}{2} \text{だけ覚える}$$

というのはどうでしょうか。これを覚えておけば，和積の公式は加法定理からすぐに作れます。たとえば，

$$\sin A+\sin B$$

$A=\dfrac{A+B}{2}+\dfrac{A-B}{2}, \ B=\dfrac{A+B}{2}-\dfrac{A-B}{2}$ と見ます

$$=\sin\left(\dfrac{A+B}{2}+\dfrac{A-B}{2}\right)+\sin\left(\dfrac{A+B}{2}-\dfrac{A-B}{2}\right)$$

加法定理

$$=\sin\dfrac{A+B}{2}\cos\dfrac{A-B}{2}+\cos\dfrac{A+B}{2}\sin\dfrac{A-B}{2}$$

$$+\sin\dfrac{A+B}{2}\cos\dfrac{A-B}{2}-\cos\dfrac{A+B}{2}\sin\dfrac{A-B}{2}$$

$$=2\sin\dfrac{A+B}{2}\cos\dfrac{A-B}{2}$$

他も同様に作れるので，こちらも一度作ってみてください。

- $\sin A+\sin B=2\sin\dfrac{A+B}{2}\cos\dfrac{A-B}{2}$

- $\sin A-\sin B=2\cos\dfrac{A+B}{2}\sin\dfrac{A-B}{2}$

- $\cos A+\cos B=2\cos\dfrac{A+B}{2}\cos\dfrac{A-B}{2}$

- $\cos A-\cos B=-2\sin\dfrac{A+B}{2}\sin\dfrac{A-B}{2}$

では，本問の式ですが，

$$F=\sin\alpha\sin\beta\sin\gamma$$

とおくと，$\alpha+\beta+\gamma=\pi$ があるので，まずは，

条件に等式があれば，文字消去してみる

で，$\gamma=\pi-(\alpha+\beta)$ として γ を消去しましょう。

$$F=\sin\alpha\sin\beta\sin(\pi-(\alpha+\beta))$$

$$=\sin\alpha\sin\beta\sin(\alpha+\beta)　\cdots\cdots\text{ⓒ}$$

$\sin(\pi-\theta)=\sin\theta$

次に，$\sin\alpha\sin\beta$ で積和の公式を使うと，

$$F = \frac{1}{2}\{\cos(\alpha-\beta) - \cos(\alpha+\beta)\}\sin(\alpha+\beta)$$

さあ，どうします？

ダメですよ～，無目的に式をいじくりまわしては。マグレでしか答えにたどりつけませんよ。今は F の最大値が知りたいわけですが，α, β の 2 文字あるから，「F は α, β の 2 変数関数」ということです。

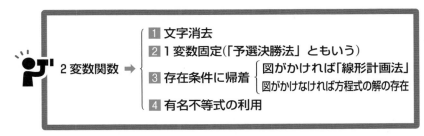

2 変数関数の解法は，以上のようにまとめることができます。**1** の「文字消去」は本問ではこれ以上できないので，**2** の「1 変数固定」でいくことにします。すると，

$$F = \sin\alpha\sin\beta\sin(\alpha+\beta) \quad \cdots\cdots ⓒ$$

は，α と β について対称性があり，どちらを固定しても構わないから，まず，

$$\alpha \text{ を固定して，} \beta \text{ を変化させる} \longleftarrow \boxed{予選}$$

としましょう。

すると，β が $\sin\beta$ と $\sin(\alpha+\beta)$ の 2 か所にあります。これはいけませんねぇ，扱いにくいです。そこで積和の公式を，この β の入った 2 か所に使うと，

$$F = \sin\alpha\underline{\sin\beta\sin(\alpha+\beta)} \quad \cdots\cdots ⓒ$$
$$= \sin\alpha \times \frac{1}{2}\underline{\{\cos((\alpha+\beta)-\beta) - \cos((\alpha+\beta)+\beta)\}}$$
$$= \frac{1}{2}\sin\alpha\{\cos\alpha - \cos(2\beta+\alpha)\} \quad \cdots\cdots ⓓ$$

と β が 1 か所に集まりました。このように積和の公式や，和積の公式は，$\alpha \pm \beta$ や $\dfrac{A \pm B}{2}$ という部分があるので，それによって

2ヶ所に分かれている変数を 1 か所にまとめる

ことができます。

計画
$$F = \frac{1}{2}\sin\alpha\{\cos\alpha - \cos(2\beta+\alpha)\} \quad \cdots\cdots\text{ⓓ}$$

で α を定数，β を変数と見ています。$\alpha>0$，$\beta>0$，$\gamma>0$，$\alpha+\beta+\gamma=\pi$ より，$0<\alpha<\pi$，$0<\beta<\pi$，$0<\alpha+\beta<\pi$ が成り立ちます。三角形の内角のイメージがあるとわかりやすいですね。そうすると，$0<2\beta+\alpha<2\pi$ であるから，

$$-1 \leq \cos(2\beta+\alpha) < 1$$

$$\therefore \quad \cos\alpha-1 < \cos\alpha - \cos(2\beta+\alpha) \leq \cos\alpha+1$$

$\times(-1)$ して，$+\cos\alpha$

$\sin\alpha>0$ だから，これを辺々に掛けて，

$\times \sin\alpha$

$$\sin\alpha(\cos\alpha-1) < \sin\alpha\{\cos\alpha-\cos(2\beta+\alpha)\} \leq \sin\alpha(\cos\alpha+1)$$

F の最大値が知りたいので，右側の不等式を使って，

$\times\frac{1}{2}$

$$F = \frac{1}{2}\sin\alpha\{\cos\alpha-\cos(2\beta+\alpha)\} \leq \frac{1}{2}\sin\alpha(\cos\alpha+1)$$

等号が成立するのは，$\cos(2\beta+\alpha)=-1$ つまり $2\beta+\alpha=\pi$ のときです。これで β がなくなったので，次は固定していた

α を変化させる $\leftarrow$ 決勝

ことにします。

$$f(\alpha) = \frac{1}{2}\sin\alpha(\cos\alpha+1)$$

とおいて，数学Ⅱの範囲で変形しても，ちょっとウマくいきません。そこで，数学Ⅲの微分を使うことにして，

$$f'(\alpha) = \frac{1}{2}\{\cos\alpha(\cos\alpha+1)+\sin\alpha(-\sin\alpha)\}$$

$$= \frac{1}{2}(\cos^2\alpha - \sin^2\alpha + \cos\alpha)$$

$\sin^2\alpha = 1 - \cos^2\alpha$

$$= \frac{1}{2}(2\cos^2\alpha + \cos\alpha - 1)$$

$$= \frac{1}{2}(\cos\alpha+1)(2\cos\alpha-1)$$

$0<\alpha<\pi$ より $-1<\cos\alpha<1$ であり，$\cos\alpha+1>0$ で，$2\cos\alpha-1$ は次ページの図のように符号変化するので，増減表が書けそうです。

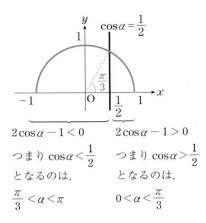

$$2\cos\alpha - 1 < 0 \qquad 2\cos\alpha - 1 > 0$$

つまり $\cos\alpha < \dfrac{1}{2}$ つまり $\cos\alpha > \dfrac{1}{2}$

となるのは， となるのは，

$$\dfrac{\pi}{3} < \alpha < \pi \qquad\qquad 0 < \alpha < \dfrac{\pi}{3}$$

実行

$$\alpha > 0,\ \beta > 0,\ \gamma > 0 \quad \cdots\cdots ①$$
$$\alpha + \beta + \gamma = \pi \qquad \cdots\cdots ②$$

とし，

$$F = \sin\alpha \sin\beta \sin\gamma$$

とおく。②より，

$$F = \sin\alpha \sin\beta \sin(\pi - (\alpha + \beta))$$
$$= \sin\alpha\ \underline{\sin\beta \sin(\alpha + \beta)} \qquad\text{積和}$$
$$= \dfrac{1}{2}\sin\alpha \{\cos\alpha - \cos(2\beta + \alpha)\}$$

ここで①，②より，

$$0 < \alpha < \pi,\ 0 < \beta < \pi,\ 0 < \alpha + \beta < \pi$$

であるから，$0 < 2\beta + \alpha < 2\pi$ であり，

$$\sin\alpha > 0,\ -1 \leqq \cos(2\beta + \alpha) < 1$$

よって，

$$F = \dfrac{1}{2}\sin\alpha \{\cos\alpha - \cos(2\beta + \alpha)\}$$
$$\leqq \dfrac{1}{2}\sin\alpha(\cos\alpha + 1) \qquad\qquad \cdots\cdots ③$$

（等号成立は $2\beta + \alpha = \pi$ のとき）

次に，

$$f(\alpha) = \dfrac{1}{2}\sin\alpha(\cos\alpha + 1)$$

とおくと，

$$f'(\alpha)=\frac{1}{2}\{\cos\alpha(\cos\alpha+1)+\sin\alpha(-\sin\alpha)\}$$

$$=\frac{1}{2}(2\cos^2\alpha+\cos\alpha-1)$$

$$=\frac{1}{2}(\cos\alpha+1)(2\cos\alpha-1)$$

であり，$0<\alpha<\pi$ であるから，$f(\alpha)$
の増減は右表のようになる。

α	(0)	$\cdots$	$\dfrac{\pi}{3}$	$\cdots$ (π)
$f'(\alpha)$		$+$	0	$-$
$f(\alpha)$		$\nearrow$	極大	$\searrow$

よって，

$$f(\alpha)\leqq f\!\left(\frac{\pi}{3}\right)=\frac{1}{2}\sin\frac{\pi}{3}\left(\cos\frac{\pi}{3}+1\right)=\frac{1}{2}\cdot\frac{\sqrt3}{2}\left(\frac{1}{2}+1\right)=\frac{3\sqrt3}{8} \quad\cdots\cdots④$$

$$\left(\text{等号成立は }\alpha=\frac{\pi}{3}\text{ のとき}\right)$$

③，④より，

$$F\leqq f(\alpha)\leqq\frac{3\sqrt3}{8}$$

であり，$F=\dfrac{3\sqrt3}{8}$ となるのは，

$$2\beta+\alpha=\pi \text{ かつ } \alpha=\frac{\pi}{3} \text{ かつ ①かつ②} \qquad \therefore \quad \alpha=\beta=\gamma=\frac{\pi}{3}$$

したがって，$F=\sin\alpha\sin\beta\sin\gamma$ の最大値は $\dfrac{3\sqrt3}{8}$ である。

類題 13　　　　　　　　　　　　　解答 ⇨ P.421 ｜★★☆｜ 🕐30分

α は $0<\alpha\leqq\dfrac{\pi}{2}$ を満たす定数とし，四角形 ABCD に関する次の2
つの条件を考える。
(i)　四角形 ABCD は半径 1 の円に内接する。
(ii)　$\angle ABC=\angle DAB=\alpha$
　　条件(i)と(ii)を満たす四角形のなかで，4辺の長さの積
　　　$k=AB\cdot BC\cdot CD\cdot DA$
が最大となるものについて，k の値を求めよ。　　　　（京大・理系・18）

指数・対数関数

> $2^{10} < \left(\dfrac{5}{4}\right)^n < 2^{20}$ を満たす自然数 n は何個あるか。
>
> ただし，$0.301 < \log_{10}2 < 0.3011$ である。　　（京大・理文共通・05前）

理解　　$2^{10} = 1024$ だから，$2^{20} = (2^{10})^2 = 1024^2 = 1048576$ となり，それ
ほど大きな数値ではありませんが，$\left(\dfrac{5}{4}\right)^n = 1.25^n$ をそのまま扱うのはツラ
そうです。

$$1.25^2 = 1.5625,\ \ 1.25^3 = 1.953125,\ \ 1.25^4 = 2.44140625,\ \ \cdots\cdots$$

　問題文に $\log_{10}2$ が登場しているので，すぐに気づきますが，ここは底
を 10 とする対数（常用対数）をとりましょう。前にも言いましたが，対
数は指数と表裏のような関係で，同じことを異なる表現で表しているだけ
です。しかし，どちらの表現が見やすいか，扱いやすいかは問題により，

指数がややこしいときは，対数をとる

対数がややこしいときは，指数に戻す

というのが基本方針です。

$$2^{10} < \left(\frac{5}{4}\right)^n < 2^{20}$$

の辺々で常用対数をとると，底は 10 で 1 より大きいから，大小関係はそ
のままで，

$$\log_{10}2^{10} < \log_{10}\left(\frac{5}{4}\right)^n < \log_{10}2^{20}$$

$$10\log_{10}2 < n\log_{10}\frac{5}{4} < 20\log_{10}2 \ \ \cdots\cdots\text{ⓐ}$$

　$\log_{10}2$ は値の範囲が与えられているので，これを使うには，$\log_{10}\dfrac{5}{4}$ を
$\log_{10}2$ で表さないといけません。大丈夫ですよね。

$$\log_{10}\frac{5}{4} = \log_{10}\frac{10}{8} = \log_{10}10 - \log_{10}2^3 = 1 - 3\log_{10}2$$

これを@に代入して，

$$10\log_{10}2<n(1-3\log_{10}2)<20\log_{10}2 \quad \cdots\cdots @'$$

n の値を求めないといけないので，$1-3\log_{10}2$ で割ります。不等式なので，割るなら正負が問題ですが，$1-3\log_{10}2$ よりは元の $\log_{10}\dfrac{5}{4}$ の方がわかりやすいですね。

$$1-3\log_{10}2=\log_{10}\frac{5}{4}>\log_{10}1=0$$

よって，@' より，

$$\frac{10\log_{10}2}{1-3\log_{10}2}<n<\frac{20\log_{10}2}{1-3\log_{10}2}$$

$$\cdots\cdots @''$$

ここで，ふつうの入試問題だったら，

$$\log_{10}2=0.3010$$

と与えてくるのですが，さすが京大，

$$0.301<\log_{10}2<0.3011 \quad \cdots\cdots ⓑ$$

> $\log_{10}2$ は無理数なので，本当は
> $\log_{10}2≒0.3010$ なのですが，簡単にするためにイコールで与えるんですね。

と幅をもった与え方をしています。これで難易度がグッと上がります。

計画 @'' の両端は

$$10\times\frac{\log_{10}2}{1-3\log_{10}2}, \quad 20\times\frac{\log_{10}2}{1-3\log_{10}2}$$

という形をしているので，ⓑのときの $\dfrac{\log_{10}2}{1-3\log_{10}2}$ の範囲がほしいです。

そこで，$\log_{10}2$ をいったん x として，

$$f(x)=\frac{x}{1-3x}=-\frac{x}{3\left(x-\dfrac{1}{3}\right)}$$

とおくと，$f(x)$ は x の分数関数です。

分子，分母とも 1 次式なので，割り算ができて，

$$f(x)=-\frac{\left(x-\dfrac{1}{3}\right)+\dfrac{1}{3}}{3\left(x-\dfrac{1}{3}\right)}=-\frac{1}{3}-\frac{1}{9\left(x-\dfrac{1}{3}\right)}$$

$y = f(x)$ のグラフは，$y = -\dfrac{1}{9x}$

のグラフを x 軸方向に $\dfrac{1}{3}$，y 軸方向

に $-\dfrac{1}{3}$ だけ平行移動したものだから，

図1 のようになります。

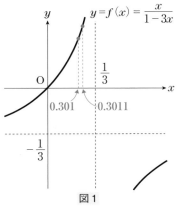

図1

　よって，$0.301 < x < 0.3011$ にお

いて，$f(x)$ は単調に増加するので，

$$f(0.301) < f(\log_{10}2) < f(0.3011)$$

$$\therefore \quad \frac{0.301}{1 - 3 \times 0.301} < \frac{\log_{10}2}{1 - 3\log_{10}2} < \frac{0.3011}{1 - 3 \times 0.3011}$$

これでⓐ″の両端 $10 \times f(\log_{10}2)$，$20 \times f(\log_{10}2)$ の不等式が得られます。

実行

$$2^{10} < \left(\frac{5}{4}\right)^n < 2^{20}$$

の辺々の常用対数をとると，底は $10\,(>1)$ であるから，

$$10\log_{10}2 < n\log_{10}\frac{5}{4} < 20\log_{10}2$$

$\dfrac{5}{4} > 1$ より，$\log_{10}\dfrac{5}{4} > 0$ であり，

$$\log_{10}\frac{5}{4} = \log_{10}\frac{10}{8} = \log_{10}10 - \log_{10}2^3 = 1 - 3\log_{10}2$$

であるから，

$$\frac{10\log_{10}2}{1 - 3\log_{10}2} < n < \frac{20\log_{10}2}{1 - 3\log_{10}2} \quad \cdots\cdots①$$

ここで，

$$f(x) = \frac{x}{1 - 3x} = -\frac{1}{9\left(x - \dfrac{1}{3}\right)} - \frac{1}{3}$$

とおくと，$f(x)$ は $0 < x < \dfrac{1}{3}$ において単調に増加する。

$(0 <)\ 0.301 < \log_{10}2 < 0.3011\left(< \dfrac{1}{3}\right)$ より，

$$f(0.301) < f(\log_{10} 2) < f(0.3011) \qquad \cdots\cdots ②$$

であり，

$$f(0.301) = \frac{0.3010}{1 - 3 \times 0.3010} = \frac{301}{97} \qquad \cdots\cdots ③$$

$$f(0.3011) = \frac{0.3011}{1 - 3 \times 0.3011} = \frac{3011}{967}$$

である。

①より，

$$10f(\log_{10} 2) < n < 20f(\log_{10} 2) \qquad \cdots\cdots ①'$$

であり，②，③より，

$$\frac{3010}{97} < 10f(\log_{10} 2) < \frac{30110}{967}$$

$$\therefore \quad 31 + \frac{3}{97} < 10f(\log_{10} 2) < 31 + \frac{133}{967}$$

$$\frac{6020}{97} < 20f(\log_{10} 2) < \frac{60220}{967}$$

$$\therefore \quad 62 + \frac{6}{97} < 20f(\log_{10} 2) < 62 + \frac{266}{967}$$

であるから，①′をみたす自然数は，$n = 32, 33, 34, \cdots\cdots, 62$ の **31個**

＋補足　よくある，$\log_{10} 2 = 0.3010$ という与え方ではなく，

$$0.301 < \log_{10} 2 < 0.3011$$

と不等式で与えられているところが味わい深いところです。実際の京大の入試でも，分数関数の単調性を書けていない人が多かったようです。そこが本問のキモなので，書けていなければ大幅に減点されてしまいます。

不等式で与えられた値は扱いに注意！

ちなみに，京大では 2016，2017 年の文系でも $\log_{10} 2$ はこの与え方，2019 年は理系（類題14）も文系も常用対数表が与えられました。また，2013 年理系では $\pi > 3.1, \sqrt{3} > 1.7$ という与え方をしています。「(無理数)＝(有理数) とするのはだめだ」と考えておられるのだと思います。

類題 14　　　　　　　　　解答 ⇨ P.428　★★☆　🕐 25分

i は虚数単位とする。$(1 + i)^n + (1 - i)^n > 10^{10}$ をみたす最小の正の整数 n を求めよ。　　　　　　　　　（京大・理系・19）

（※実際の問題には常用対数表がついていました。）

第4章 確率（場合の数を含む）

プロローグ

　京大は確率，場合の数をよく出題する大学で，出題されない年の方が少ないくらいです。この分野の京大の問題にはいくつかの特徴があります。

■ n がらみの問題が多い

　「さいころを5回投げる」とか「5枚のカードがあって」という設定はあまりなく，「さいころを n 回投げる」とか「n 枚のカードがあって」という設定が多いです。教科書や問題集では前者のような具体的な設定が多く，n であったとしても公式にあてはめるものが多いので，受験生にとって京大のこのタイプの問題は難しく見えるようです。

　一般の数学でもそのような問題がありますが，数学者はいきなり n で考えるのではなく，$n = 3$ や $n = 4$ の場合で実験して，n の場合に一般化するんだそうです。$n = 1, 2$ はちょっと小さすぎるのと，特殊なことが起こってしまっているかもしれないので，$n = 3$ ぐらいからスタートするそうで，樹形図をかくなどして問題の構造を「理解」し，一般の n の場合をどうするか「計画」を立てるのです。

　京大が受験生にやってほしいことは，まさにコレです。数学者がやる自然なプロセスとして，

　　　$n = 3, 4, \cdots\cdots$ の具体的な場合で実験して問題の構造を理解し，

　　　　　　それを一般の n の場合に拡張する

という流れで問題に取り組んでほしいのです。ちなみに，$n = 3, 4, \cdots\cdots$ でやっているとき，一般の n に拡張するための

　　　　　　　　　小さな発見

があることが多いです。これも京大らしさです。

■ 漸化式が頻出だが，「漸化式を作れ」という設問はない

　京大は，確率や場合の数で漸化式を立ててそれを解く問題が，他大学に比べて多いのですが，そのとき，誘導として「p_{n+1} を p_n の式で表せ」のような設問は，昔はあったのですが，最近はつけてくれないことがほとん

どです。１とも関係するのですが，実験をしている間に，

　　　問題の構造が，遷移的，再帰的であれば，漸化式の利用を考える

という，これも数学者にとって自然な発想を，受験生にももってほしいのです。「遷移的」，「再帰的」の説明は，具体的な問題の中でやります。

３ 論理を重視

　以前，京大の先生がおっしゃった話です。「確率の問題で説明がまったくなく，式だけが書かれていて，この答えが合っていたらどれくらい点がもらえますか？」と質問されたとき，「半分です」とお答えになったそうです。つまり，ざっくりいうと，

　　　　　　　　　説明に半分，式と答えに半分

　確率，場合の数は他の分野に比べて説明の書きにくい分野なので，ふだんの勉強のときから意識するようにしておきましょう。

　この書きにくいということとも関連するのですが，この分野は考えるための表現法も少ないんですよね。Σ とか $\int$ とか，はじめはややこしいですが，使い慣れてくると問題を考えるときの強力な武器になります。一方，確率，場合の数では基本的に問題は日本語で与えられるので，こちらもある程度は日本語で考えないと仕方がないです。しかし，日本語は数学用の言語ではないので，微妙なズレがあります。たとえば，数学で

　　　「2の倍数または3の倍数」

と書いてあれば，6の倍数はこれに含まれますが，喫茶店で

　　　「ランチにはコーヒーまたは紅茶がつきます」

と書いてあるからといって，「両方ください」と言えばたいがいの店では断られると思います。

　問題文から，

　　　　　「かつ」，「または」，「すべて」，「少なくとも1つ」
　　　　　　　　　　を正確に把握すること

　また，論理の難しい問題では，

　　　　　　ベン図などを利用して，構造を正しく理解すること

が重要です。

確 率 ①

例題 15 　　　　　　　　　　　★★☆ | ⏱ 30分

　　n 枚のカードを積んだ山があり，各カードには上から順番に 1 から n まで番号がつけられている。ただし $n \geqq 2$ とする。このカードの山に対して次の試行を繰り返す。1 回の試行では，一番上のカードを取り，山の一番上にもどすか，あるいはいずれかのカードの下に入れるという操作を行う。これらの n 通りの操作はすべて同じ確率であるとする。n 回の試行を終えたとき，最初一番下にあったカード（番号 n）が山の一番上にきている確率を求めよ。　　（京大・理系・09）

🧍 理解　　京大らしい「n がらみの確率」です。まずは具体的に $n = 3$ でやってみましょう。カードは ①, ②, ③ の 3 枚で，最初は

こんな状態です。③ のカードを 3 回の試行で，一番上にもってきます。

　1 回目，一番上の ① を取り，まずは一番上に戻してみましょうか。

（1回目
終了）　　①
　　　　　②
　　　　　③

2 回目，一番上の ① を取りますが，

　　　　　一番上に戻すと，　　　間に戻すと，　　　一番下に戻すと，

（2回目
終了）　　①　　　　　　　②　　　　　　　　②
　　　　　②　　　　　　　①　　　　　　　　③
　　　　　③　　　　　　　③　　　　　　　　①

　　あと 1 回で ③ を一　　これもあと 1 回　　これだと 3 回目に
　　番上にもってくる　　では不可能です　　② を取り，③ より
　　のは不可能　　　　　　　　　　　　　　下に戻せば OK

どうですか，何か思いつきましたか？　もう少しやってみましょう。
1回目，一番上の①を取り，間に戻してみましょうか。

2回目，一番上の②を取りますが，さっきと同じですね。

気がつきましたか？
　　1回の試行で③はそのままの位置になるか，1つ上に移動するか
しかありません。
　　　そのままの位置になるのは，③より上にカードを戻したとき ……Ⓐ
　　　1つ上に移動するのは，③より下にカードを戻したとき 　　……Ⓑ
です。3回の試行で③のカードを2つ上に移動させないといけないから，
　　　　　　　　　　Ⓐが1回，Ⓑが2回起こる
ことになります。①，②のカードの上下はどちらでもよいので，□ □で
表すことにします。Ⓐがどこで起こるかで場合分けすると，次の3通りに
なります。

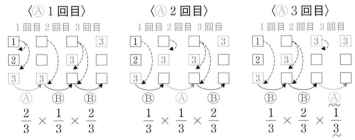

　　ひとつ新しいパターンが現れました。〰〰はⒶと書きましたが，違いま
すね。上で考えたときには試行の途中で一番上にきて，「③のカードを取
る」という状況は考えていませんでした。
　　　③のカードが一番上にきて，また一番上に戻す　……Ⓐ′

としましょうか。

　さて，ここから一般化するわけですが，$n = 3$ だけでは不安なので，もう少しがんばって，$n = 5$ の場合をやってみましょうか。

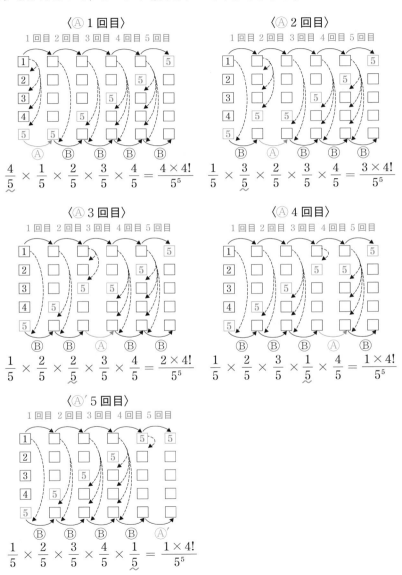

〈Ⓐ 1 回目〉

$$\frac{4}{5} \times \frac{1}{5} \times \frac{2}{5} \times \frac{3}{5} \times \frac{4}{5} = \frac{4 \times 4!}{5^5}$$

〈Ⓐ 2 回目〉

$$\frac{1}{5} \times \frac{3}{5} \times \frac{2}{5} \times \frac{3}{5} \times \frac{4}{5} = \frac{3 \times 4!}{5^5}$$

〈Ⓐ 3 回目〉

$$\frac{1}{5} \times \frac{2}{5} \times \frac{2}{5} \times \frac{3}{5} \times \frac{4}{5} = \frac{2 \times 4!}{5^5}$$

〈Ⓐ 4 回目〉

$$\frac{1}{5} \times \frac{2}{5} \times \frac{3}{5} \times \frac{1}{5} \times \frac{4}{5} = \frac{1 \times 4!}{5^5}$$

〈Ⓐ′ 5 回目〉

$$\frac{1}{5} \times \frac{2}{5} \times \frac{3}{5} \times \frac{4}{5} \times \frac{1}{5} = \frac{1 \times 4!}{5^5}$$

Ⓑの部分の確率は，⑤が 1 つずつ上に上がってくるので，入れられるところが 1 つずつ増えて，$\dfrac{1}{5}$, $\dfrac{2}{5}$, $\dfrac{3}{5}$. $\dfrac{4}{5}$ の順に変化していきますね。Ⓐ，Ⓐ′の部分の確率は，

1 回目に起こるなら，⑤より上の 4 か所のいずれかに入れるから $\dfrac{4}{5}$

2 回目に起こるなら，⑤より上の 3 か所のいずれかに入れるから $\dfrac{3}{5}$

3 回目に起こるなら，⑤より上の 2 か所のいずれかに入れるから $\dfrac{2}{5}$

4 回目に起こるなら，⑤より上の 1 か所に入れるから $\dfrac{1}{5}$

5 回目に起こるなら，一番上の⑤を一番上に戻すから $\dfrac{1}{5}$

そして，求める確率は，

$$\dfrac{4 \times 4!}{5^5} + \dfrac{3 \times 4!}{5^5} + \dfrac{2 \times 4!}{5^5} + \dfrac{1 \times 4!}{5^5} + \dfrac{1 \times 4!}{5^5}$$

計画 では，一般の n の場合を考えてみましょう。

　　　　k 回目にⒶが起こる場合，k は n 以外で $k = 1, 2, 3, \cdots, n-1$ ですが，それまでの $k-1$ 回はずっとⒷが起こっているので，$\boxed{n}$は一番下から数えて k 番目です。すると，$\boxed{n}$より上には $n-k$ 枚のカードがあります。

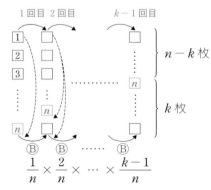

　　k 回目でⒶが起こりますが，一番上のカードを取って，そのカードを$\boxed{n}$より上の $n-k$ か所のどこかに入れます。

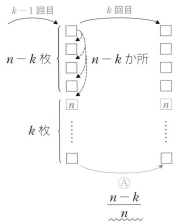

$$\underset{\textcircled{A}}{\underbrace{\dfrac{n-k}{n}}}$$

$k+1$ 回目から n 回目までの $n-k$ 回は，再び⑧が続くので，

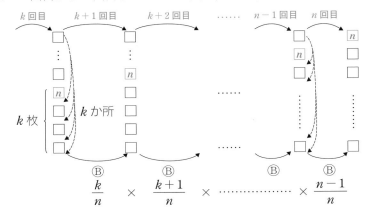

$$\underset{\textcircled{B}}{\dfrac{k}{n}} \times \underset{\textcircled{B}}{\dfrac{k+1}{n}} \times \cdots\cdots\cdots \times \underset{\textcircled{B}}{\dfrac{n-1}{n}}$$

よって，k 回目 $(k=1,\ 2,\ \cdots\cdots,\ n-1)$ に⑧が起こって，n 回目の試行を終えたときに $\boxed{n}$ が一番上にきている確率は，

$$\overset{\text{1回目}}{\underset{\textcircled{B}}{\dfrac{1}{n}}} \times \overset{\text{2回目}}{\underset{\textcircled{B}}{\dfrac{2}{n}}} \times \overset{\text{3回目}}{\underset{\textcircled{B}}{\dfrac{3}{n}}} \times \overset{\cdots}{\underset{\cdots}{\cdots}} \times \overset{k-1\text{回目}}{\underset{\textcircled{B}}{\dfrac{k-1}{n}}} \times \overset{k\text{回目}}{\underset{\textcircled{A}}{\dfrac{n-k}{n}}} \times \overset{k+1\text{回目}}{\underset{\textcircled{B}}{\dfrac{k}{n}}} \times \overset{\cdots}{\underset{\cdots}{\cdots}} \times \overset{n\text{回目}}{\underset{\textcircled{B}}{\dfrac{n-1}{n}}} = \dfrac{(n-k)\times(n-1)!}{n^n}$$

$k=1$ のとき，$k-1$ 回目が「0 回目」となり少し気持ち悪いですが，上の具体例で見たように，$k=1,\ 2,\ \cdots\cdots,\ n-1$ の場合は本質的な違いはありません。どうしても気になるようでしたら，$k=1$ をはずして，後に「これは $k=1$ のときも成り立つ」と書けばよいでしょう。

一方，n 回目に⒜′が起こる場合，これは完全に例外で，上の式で $k = n$ とすると確率が 0 になってしまいます。1〜 $n-1$ 回目は⒝が起こるので，確率は，

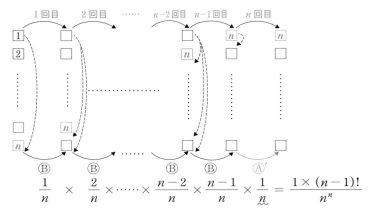

$$\frac{1}{n} \times \frac{2}{n} \times \cdots \cdots \times \frac{n-2}{n} \times \frac{n-1}{n} \times \frac{1}{n} = \frac{1 \times (n-1)!}{n^n}$$

となります。あとはこれらの和を求めれば OK です。

🏃 実行

> ⒜と⒜′をまとめて事象 A にしました。

　番号 n のカードを $\boxed{n}$ で表す。1 回の試行で $\boxed{n}$ の位置が，
　　　　変化しない事象を A，1 つ上に上がる事象を B
とすると，n 回の試行を終えたとき，$\boxed{n}$ が一番上にきているのは，A が 1 回，B が $n-1$ 回起こるときである。

　A が起こる確率は，

　　　$\boxed{n}$ が下から l 枚目 $(l=1, 2, \cdots\cdots, n-1)$ にあるとき，$\dfrac{n-l}{n}$

　　　$\boxed{n}$ が下から n 枚目，すなわち一番上にあるとき，$\dfrac{1}{n}$

である。よって，k 回目に A が起こり，他は B が起こる確率を p_k とおくと，$k = 1, 2, \cdots\cdots, n-1$ のとき，

$$p_k = \frac{1}{n} \times \frac{2}{n} \times \cdots\cdots \times \frac{k-1}{n} \times \frac{n-k}{n} \times \frac{k}{n} \times \cdots\cdots \times \frac{n-1}{n}$$

$$= \frac{(n-k)(n-1)!}{n^n}$$

であり，$k = n$ のとき，

$$p_n = \frac{1}{n} \times \frac{2}{n} \times \cdots\cdots \times \frac{n-1}{n} \times \frac{1}{n} = \frac{(n-1)!}{n^n}$$

である。

したがって，求める確率は，

$$\sum_{k=1}^{n} p_k = \sum_{k=1}^{n-1} p_k + p_n$$ ← p_n だけ式が違うので Σ からはずしました。

$$= \sum_{k=1}^{n-1} \frac{(n-k)(n-1)!}{n^n} + \frac{(n-1)!}{n^n} \quad\cdots\cdots ⓐ$$

$$= \frac{(n-1)!}{n^n} \sum_{k=1}^{n-1}(n-k) + \frac{(n-1)!}{n^n} \quad\cdots\cdots ⓘ$$

何が起こったのか ➕補足 でお話ししましょう。

$$= \frac{(n-1)!}{n^n} \sum_{k=1}^{n-1} k + \frac{(n-1)!}{n^n} \quad\cdots\cdots ⓤ$$

$$= \frac{(n-1)!}{n^n} \times \frac{1}{2}(n-1)n + \frac{(n-1)!}{n^n}$$

$$= \frac{(n-1)!\,(n^2-n+2)}{2n^n}$$

➕補足 さて，〜〜部の変形ですが，何が起こったかわかりますか？数列がニガテな人の中には，とくに Σ がダメという人が多いですが，

Σ は単なる圧縮記号

です。●＋●＋●＋……＋●と書くのがメンドーだから，数学屋さんが略して書いているだけです。僕らもよく略しますよね。アーティスト名とか。たとえば，DREAMS COME TRUE は略して「ドリカム」です。でも，あれって，"TRUE" がなくなっちゃってますよね（笑）。復元不可能な圧縮です。数学ではそういうことはないので，完全に復元できます。でも，音楽に全然興味のない人に「ドリカム」といってもまったくわかってもらえないように，Σ も慣れていない人間が見ると何が圧縮されているのかわからず，あり得ないような操作をやってしまうんです。

そんなときは圧縮をやめて，元の形に復元してあげましょう。数学の先生は「書き下す」と漢文みたいにおっしゃる方が多いように思います。では，〜〜部を書き下してみましょう。まずⓐです。

$$\sum_{k=1}^{n-1} \frac{(n-k)(n-1)!}{n^n} = \overset{(k=1)}{\frac{(n-1)(n-1)!}{n^n}} + \overset{(k=2)}{\frac{(n-2)(n-1)!}{n^n}}$$
$$+ \overset{(k=3)}{\frac{(n-3)(n-1)!}{n^n}} + \cdots\cdots + \overset{(k=n-1)}{\frac{1\cdot(n-1)!}{n^n}}$$

右辺は $\dfrac{(n-1)!}{n^n}$ でくくれますよね。これがⓘです。

$$\underline{\frac{(n-1)!}{n^n}} \sum_{k=1}^{n-1} (n-k)$$

$$= \frac{(n-1)!}{n^n} \{(n-1)+(n-2)+(n-3)+\cdots\cdots+1\}$$

右辺の { } の中は逆に並べた方がわかりやすいですね。これが㋭です。

$$\underline{\frac{(n-1)!}{n^n}} \sum_{k=1}^{n-1} k$$

$$= \frac{(n-1)!}{n^n} \{1+2+3+\cdots\cdots+(n-3)+(n-2)+(n-1)\}$$

{ } の中は 1 から $n-1$ までの自然数の和だから，$\frac{1}{2}(n-1)n$ として計算ができました。

どうですか？　解答の式変形を見て「？」と思った人も，書き下した式を見れば「な～んだ」でしょう。Σがニガテな人はΣの簡単な問題を書き下してみて，Σの変形と書き下した式の変形の関係に慣れるようにしましょう。また，自分で問題を解いているときには，

　　　　数列では，その数列のもつ構造を把握することが最重要

ですから，構造が把握できていないものをテキトーに変形するのではなく，書き下して考えるようにしましょう。問題集の解答や，模試の解答を読むときもそうです。模範解答はコンパクトにまとめるためにΣで書かれていることが多いので，わからなければ書き下してみましょう。ほとんどの場合，それで意味がわかります。

類題 15　　　　　　　　　　解答 ⇨ P.435　★★☆　⏱ 25分

　1 つのさいころを n 回続けて投げ，出た目を順に X_1，X_2，……，X_n とする。このとき次の条件をみたす確率を n を用いて表せ。ただし，$X_0 = 0$ としておく。
　条件：$1 \leq k \leq n$ をみたす k のうち，$X_{k-1} \leq 4$ かつ $X_k \geq 5$ が成立するような k の値はただ 1 つである。

(京大・理文共通・19)

確 率 ②

　さいころを n 個同時に投げるとき，出た目の数の和が $n+3$ にな
る確率を求めよ。　　　　　　　　　　　　　　　　（京大・理系・06後）

🙋‍♂️ **理解**　　$n=3$ で実験してみましょう。さいころを 3 個投げ，出た目
　　　　　　　の和が 6 となる場合です。確率を求めるのでさいころには A，B，
C などの区別があるとするのですが，とりあえず出た目の組合せだけを考
えることにします。小さい方から順に決めていくとして，樹形図は，

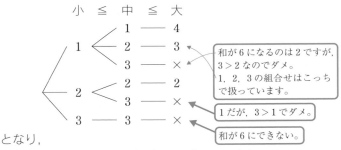

小 ≦ 中 ≦ 大

1 ― 4
1 < 2 ― 3
3 ― ×

2 < 2 ― 2
　　3 ― ×

3 ― 3 ― ×

和が 6 になるのは 2 ですが，3 > 2 なのでダメ。1，2，3 の組合せはこっちで扱っています。

1 だが，3 > 1 でダメ。

和が 6 にできない。

となり，

$$\{1,\ 1,\ 4\},\ \{1,\ 2,\ 3\},\ \{2,\ 2,\ 2\}\quad \cdots\cdots(*)$$

の 3 パターンということになりました。

　ここで気づくことは，n 個のさいころで和が $n+3$ だから，

　　　　　　　あまり大きい目が出たらダメ

もっと言えば，

　　　　　　　　ほとんど 1 の目のハズ

です。n 個全部が 1 の目だと，出た目の和は n だから，

　　　1 の目が $n-1$ 個の場合，和は $n-1$ で，あとの 1 個で $+4$ したいから，
　　　　　　4 の目が 1 個

　　　1 の目が $n-2$ 個の場合，和は $n-2$ で，あと 2 個で $+5$ したいから，
　　　　　　2 の目が 1 個と 3 の目が 1 個

　　　1 の目が $n-3$ 個の場合，和は $n-3$ で，あと 3 個で $+6$ したいから，
　　　　　　2 の目が 3 個

1 の目が $n-4$ 個の場合，和が $n-4$ で，あと 4 個で $+7$ したいが，

$7 = 2 + 2 + 2 + 1$ なので，1 の目を使わずには無理

だから，(∗) を一般化すると，

$$\{\underbrace{1,\ 1,\ \cdots\cdots,\ 1,\ 1,\ 1}_{n-1\,個},\ 4\},$$

$$\{\underbrace{1,\ 1,\ \cdots\cdots,\ 1,\ 1}_{n-2\,個},\ 2,\ 3\}$$

$$\{\underbrace{1,\ 1,\ \cdots\cdots,\ 1}_{n-3\,個},\ 2,\ 2,\ 2\}$$

の 3 パターンということになりました。

 「さいころを 5 回投げたとき，1 の目がちょうど 2 回出る確率
を求めよ」と問われれば，答えは，

$$_5\mathrm{C}_2\left(\frac{1}{6}\right)^2\left(\frac{5}{6}\right)^3$$

ですが，この $_5\mathrm{C}_2$ の意味は大丈夫でしょうか？ さいころやコイン，袋の
玉を取り出して戻すタイプの試行では，各回の試行は互いに独立です。

1 の目が出ることを○，出ないことを×で表すと，

1回目	2回目	3回目	4回目	5回目	1回目	2回目	3回目	4回目	5回目
○	○	×	×	×	×	○	×	○	×
$\frac{1}{6}$ ×	$\frac{1}{6}$ ×	$\frac{5}{6}$ ×	$\frac{5}{6}$ ×	$\frac{5}{6}$	$\frac{5}{6}$ ×	$\frac{1}{6}$ ×	$\frac{5}{6}$ ×	$\frac{1}{6}$ ×	$\frac{5}{6}$

だから，どちらにせよ確率は $\left(\frac{1}{6}\right)^2\left(\frac{5}{6}\right)^3$ になります。求める確率はこの全
パターンの確率の和ですが，どうせ同じ確率なんだから，「足す」かわり
に「パターン数を掛ける」とよいですよね。○ 2 個と× 3 個の並べ方だか
ら，「同じものを含む順列」で，

$\dfrac{5!}{2!\,3!}$（通り）としてもよいですし，

「5 回中，1 の目が出る回 2 か所を
選ぶ」と考えて，$_5\mathrm{C}_2$（通り）とし
てもよいです。それで，

$$\underbrace{\left(\frac{1}{6}\right)^2\left(\frac{5}{6}\right)^3}_{1\,パターン分の確率}\times\underbrace{_5\mathrm{C}_2}_{パターン数}$$

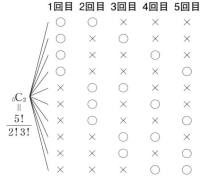

という式になっているわけですね。

　では，「さいころを 3 個投げたとき，1，2，3 の目が 1 つずつ出る確率を求めよ」と問われれば，どうでしょう。1 個のさいころを何回か投げても各回の試行は互いに独立で，いくつかのさいころを同時に投げても，各々のさいころの試行は互いに独立ですから，これも

　　　　(1 パターン分の確率) × (パターン数)

でいきましょう。確率を考えるので，さいころには A，B，C の区別があるとして，1 パターン分の確率は，1 の目 1 個，2 の目 1 個，3 の目 1 個の

$$\frac{1}{6} \times \frac{1}{6} \times \frac{1}{6}$$

　パターン数は，A，B，C のどれで 1 の目，2 の目，3 の目が出るかで，右下の樹形図のように，

　　　3！（通り）

　よって，求める確率は，

$$\underbrace{\frac{1}{6} \times \frac{1}{6} \times \frac{1}{6}}_{1\,パターン分の確率} \times \underbrace{3!}_{パターン数}$$

すると，(*) だと，さいころ 3 個で，

$\{1,\ 1,\ 4\}$ となる確率　$\underbrace{\left(\frac{1}{6}\right)^2 \cdot \frac{1}{6}}_{\substack{1\,の目\,2\,回 \\ 4\,の目\,1\,回}} \times \underbrace{{}_3\mathrm{C}_2}_{\substack{1,\,1,\,4\,の \\ 並べ方}}$

$\{1,\ 2,\ 3\}$ となる確率　$\frac{1}{6} \cdot \frac{1}{6} \cdot \frac{1}{6} \times 3!$　コレ

$\{2,\ 2,\ 2\}$ となる確率　$\left(\frac{1}{6}\right)^3 \times \underset{A\,も\,B\,も\,C\,も\,2\,の目}{1}$

となり，求める確率はこれらの和で，

$$\left(\frac{1}{6}\right)^2 \cdot \frac{1}{6} \times {}_3\mathrm{C}_2 + \frac{1}{6} \cdot \frac{1}{6} \cdot \frac{1}{6} \times 3! + \left(\frac{1}{6}\right)^3 \times 1$$

　これを一般の n に拡張します。$n = 1, 2$ の場合は「1 の目が $n - 3$ 個……」と書くのはマズいから，$n \geqq 3$ の場合とに分けて解答しましょう。

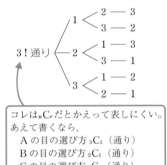

コレは ${}_n\mathrm{C}_r$ だとかえって表しにくい。あえて書くなら，
　A の目の選び方 ${}_3\mathrm{C}_1$（通り）
　B の目の選び方 ${}_2\mathrm{C}_1$（通り）
　C の目の選び方 ${}_1\mathrm{C}_1$（通り）
で，
　　　${}_3\mathrm{C}_1 \times {}_2\mathrm{C}_1 \times {}_1\mathrm{C}_1$（通り）

実行

$n \geq 3$ のとき，n 個のさいころの出た目の和が $n+3$ となるのは，

(ⅰ) 1の目が $n-1$ 個，4の目が1個出る

(ⅱ) 1の目が $n-2$ 個，2の目が1個，3の目が1個出る

(ⅲ) 1の目が $n-3$ 個，2の目が3個出る

のいずれかのときである。よって，求める確率は，

$$\left(\frac{1}{6}\right)^{n-1} \cdot \frac{1}{6} \times {}_n\mathrm{C}_1 + \left(\frac{1}{6}\right)^{n-2} \cdot \frac{1}{6} \cdot \frac{1}{6} \times \frac{n!}{(n-2)!} + \left(\frac{1}{6}\right)^{n-3}\left(\frac{1}{6}\right)^3 \times {}_n\mathrm{C}_3$$

$$= \left\{ n + n(n-1) + \frac{n(n-1)(n-2)}{3 \cdot 2 \cdot 1} \right\}\left(\frac{1}{6}\right)^n$$

$$= \frac{n(n+1)(n+2)}{6^{n+1}} \quad (n \geq 3) \quad \cdots\cdots①$$

+補足

$$\frac{n!}{(n-2)!}$$
$$= \frac{n(n-1)(n-2) \cdots\cdots 3 \cdot 2 \cdot 1}{(n-2) \cdots\cdots 3 \cdot 2 \cdot 1}$$
$$= n(n-1)$$

$n=1$ のとき，1個のさいころを投げて，4の目が出ればよいから，確率は，

$$\frac{1}{6} \quad \cdots\cdots②$$

$n=2$ のとき，2個のさいころを投げて，「1の目と4の目」または「2の目と3の目」が出ればよいから，確率は，

$$\underbrace{{}_2\mathrm{C}_1 \frac{1}{6} \cdot \frac{1}{6}}_{1の目と4の目} + \underbrace{{}_2\mathrm{C}_1 \frac{1}{6} \cdot \frac{1}{6}}_{2の目と3の目} = \frac{1}{9} \quad \cdots\cdots③$$

①，②，③より，求める確率は，

$$\frac{n(n+1)(n+2)}{6^{n+1}} \quad (n \geq 1)$$

類題 16

解答 ⇨ P.440　★★☆　⏱25分

投げたとき表が出る確率と裏が出る確率が等しい硬貨を用意する。数直線上に石を置き，この硬貨を投げて表が出れば数直線上で原点に関して対称な点に石を移動し，裏が出れば数直線上で座標1の点に関して対称な点に石を移動する。

(1) 石が座標 x の点にあるとする。2回硬貨を投げたとき，石が座標 x の点にある確率を求めよ。

(2) 石が原点にあるとする。n を自然数とし，$2n$ 回硬貨を投げたとき，石が座標 $2n-2$ の点にある確率を求めよ。

（京大・理系・13）

確 率 ③

　　正四面体 ABCD を考える。点 P は時刻 0 では頂点 A に位置し，1
秒ごとにある頂点から他の 3 頂点のいずれかに，等しい確率で動くと
する。このとき，時刻 0 から時刻 n までの間に，4 頂点 A，B，C，
D のすべてに点 P が現れる確率を求めよ。ただし n は 1 以上の整数
とする。　　　　　　　　　　　　　　　　　　　　　　（京大・理系・08）

理解

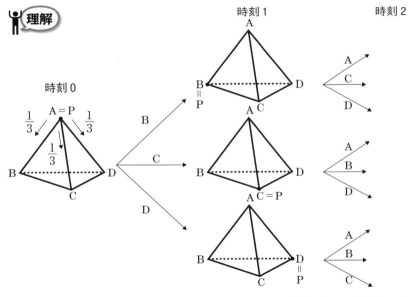

　　このまま調べ続けるのはちょっとキツそうです。何度かいいましたが，

つねに肯定と否定の両方から考える

ことが大切です。

　　　　「4 頂点 A，B，C，D のすべてに点 P が現れる」　……(*)

の否定は，時刻 0 で点 P は頂点 A にいるので，頂点 A を除いた

　　　　「頂点 B，C，D のどれかに現れない」

すなわち，

「頂点 B に現れない」 または 「頂点 C に現れない」

または 「頂点 D に現れない」

です。(∗)は「4 頂点に少なくとも 1 回現れる」と解釈できるので，そこからの発想でもよいですね。

頂点 B，C，D に点 P が現れる事象をそれぞれ B，C，D とすると，(∗)は「B かつ C かつ D」つまり $B \cap C \cap D$ ですから，右のベン図の網かけ部分になります。するとベン図の上では，

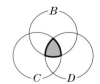

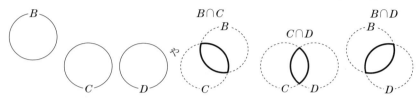

に分解できますが，それぞれ確率はどうでしょう。

事象 B：「点 P が少なくとも 1 回頂点 B に現れる」として，余事象を考えると，

$\overline{B}$：「点 P が頂点 B に 1 回も現れない」

すなわち，

$\overline{B}$：「点 P が頂点 A，C，D だけを動く」

です。このようになるには，

点 P が頂点 A にあるときは，

頂点 C か D

点 P が頂点 C にあるときは，

頂点 A か D

点 P が頂点 D にあるときは，

頂点 A か C

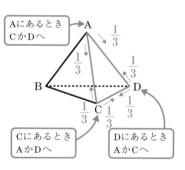

に動けばよいから，$\overline{B}$ の確率 $P(\overline{B})$ は，

$$P(\overline{B}) = \left(\frac{2}{3}\right)^n$$

よって，

$$P(B) = 1 - P(\overline{B}) = 1 - \left(\frac{2}{3}\right)^n$$

事象 $B \cap C$：「点 P が少なくとも 1 回ずつ頂点 B，C に現れる」として，余事象を考えると，

$$\overline{B \cap C}?:「点Pが頂点B，Cに1回も現れない」$$

すなわち，

$$\overline{B \cap C}?:「点Pが頂点A，Dだけを動く」$$

……としてしまったら間違いです。$B \cap C$ の余事象にはこれだけでなく，

「点Pが頂点A，B，Dだけを動く」

「点Pか頂点A，C，Dだけを動く」

場合も含まれます。

ド・モルガンの法則は覚えていますか？

$$\overline{B \cap C} = \overline{B} \cup \overline{C}$$

です。つまり，「B かつ C」の否定は「$\overline{B}$ または $\overline{C}$」ですから，事象 $B \cap C$ の余事象は，

$\overline{B} \cup \overline{C}$：「点Pが頂点Bに1回も現れない（A，C，Dを動く）

または，頂点Cに1回も現れない（A，B，Dを動く）」

です。

また，ド・モルガンの法則をベン図で考えると，

$\overline{B \cap C}$ は，

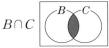 の補集合で，

$\overline{B} \cup \overline{C}$ は，

 の和集合で，

よって，$\overline{B \cap C} = \overline{B} \cup \overline{C}$ です。

高校数学では，このような「論理」とよばれる分野は，

ベン図を使って考える

ように習います。ド・モルガンの法則くらいは使えた方がよいですが，基本はベン図です。

さて，本問の場合，事象 B，C，D よりも，$\overline{B}$，$\overline{C}$，$\overline{D}$ の方が扱いやすそうです。そこでベン図も $\overline{B}$，$\overline{C}$，$\overline{D}$ のベン図にしてみましょう。さて，左下のベン図の網かけ部分は右下のベン図のどの部分に対応するでしょう？

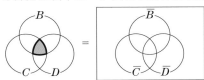

わかりましたか？　ちょっと詳しくかいてみると，

したがって，

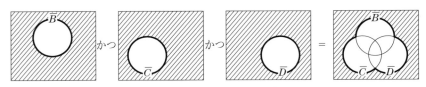

これを数式で書くと，

$$P(B \cap C \cap D) = 1 - P(\overline{B \cap C \cap D}) \quad \longleftarrow \boxed{余事象}$$
$$= 1 - P(\overline{B} \cup \overline{C} \cup \overline{D}) \quad \longleftarrow \boxed{ド・モルガンの法則}$$

ベン図のイメージがあると，わかりやすいですよね。

計画 さらにベン図のイメージで，

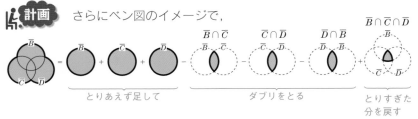

から，

$$P(\overline{B} \cup \overline{C} \cup \overline{D}) = P(\overline{B}) + P(\overline{C}) + P(\overline{D})$$
$$-\{P(\overline{B} \cap \overline{C}) + P(\overline{C} \cap \overline{D}) + P(\overline{D} \cap \overline{B})\} + P(\overline{B} \cap \overline{C} \cap \overline{D})$$

$P(\overline{B})$ は先ほどやったように，

　　　「点 P が頂点 B に 1 回も現れない」

すなわち，

　　　「点 P が頂点 A, C, D だけを動く」

確率だから，

$$P(\overline{B}) = \left(\frac{2}{3}\right)^n$$

$P(\overline{C})$, $P(\overline{D})$ も同様です。

$P(\overline{B} \cap \overline{C})$ は,

「点 P が頂点 B に 1 回も現れない，かつ頂点 C にも 1 回も現れない」

すなわち,

「点 P が頂点 A, D だけを動く」

確率だから,

$$P(\overline{B} \cap \overline{C}) = \left(\frac{1}{3}\right)^n$$

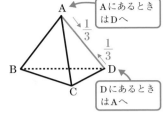

$P(\overline{C} \cap \overline{D})$, $P(\overline{D} \cap \overline{B})$ も同様です。

$P(\overline{B} \cap \overline{C} \cap \overline{D})$ は,

「点 P が頂点 B にも C にも D にも 1 回も現れない」

すなわち,

「点 P が頂点 A だけを動く」

確率ですが，これは点 P が頂点 A から動かないことになるので，あり得ませんね。

じつは，この問題ではベン図は $\overline{B} \cap \overline{C} \cap \overline{D}$ の部分がなく，右のようになっていて,

$$P(\overline{B} \cup \overline{C} \cup \overline{D}) = P(\overline{B}) + P(\overline{C}) + P(\overline{D})$$
$$-\{P(\overline{B} \cap \overline{C}) + P(\overline{C} \cap \overline{D}) + P(\overline{D} \cap \overline{B})\}$$

これを 1 から引けば，求める確率 $P(B \cap C \cap D)$ です。

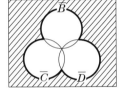

実行

事象 B：「点 P が少なくとも 1 回，頂点 B に現れる」

とし，事象 C, D も同様におく。時刻 0 では点 P は頂点 A に位置しているので，求める確率は,

$$P(B \cap C \cap D) = 1 - P(\overline{B \cap C \cap D})$$
$$= 1 - P(\overline{B} \cup \overline{C} \cup \overline{D}) \quad \cdots\cdots ①$$

ここで,

事象 $\overline{B}$：「点 P が頂点 B に 1 回も現れない」

　　　　すなわち「点 P が頂点 A, C, D だけを動く」

であるから,

$$P(\overline{B}) = \left(\frac{2}{3}\right)^n$$

であり，同様にして,

$$P(\overline{C}) = P(\overline{D}) = \left(\frac{2}{3}\right)^n$$

また，

　事象 $\overline{B} \cap \overline{C}$：「点 P が頂点 B にも C にも 1 回も現れない」

　　　　すなわち「点 P が頂点 A，D だけを動く」

であるから，

$$P(\overline{B} \cap \overline{C}) = \left(\frac{1}{3}\right)^n$$

であり，同様にして，

$$P(\overline{C} \cap \overline{D}) = P(\overline{D} \cap \overline{B}) = \left(\frac{1}{3}\right)^n$$

　さらに，

　事象 $\overline{B} \cap \overline{C} \cap \overline{D}$：「点 P が頂点 B にも C にも D にも 1 回も現れない」

　　　　すなわち「点 P が頂点 A だけにある」

であるが，これはあり得ないから，

$$P(\overline{B} \cup \overline{C} \cup \overline{D}) = P(\overline{B}) + P(\overline{C}) + P(\overline{D})$$
$$- \{P(\overline{B} \cap \overline{C}) + P(\overline{C} \cap \overline{D}) + P(\overline{D} \cap \overline{B})\}$$
$$= 3\left(\frac{2}{3}\right)^n - 3\left(\frac{1}{3}\right)^n$$

　よって，求める確率は，①より，

$$P(B \cap C \cap D) = 1 - P(\overline{B} \cup \overline{C} \cup \overline{D})$$
$$= 1 - \left\{3\left(\frac{2}{3}\right)^n - 3\left(\frac{1}{3}\right)^n\right\}$$

検討　　「四面体の頂点を点が動く」ので，漸化式を連想した人がいるかもしれません。確かに京大の確率の問題では漸化式は頻出ですし，このような設定が出題されたこともあります。ただし，それは本問の設定であれば，

　「n 回目に点 P が頂点 A にある確率を求めよ」
という設問の場合などです。n 回目に点 P が頂点 A，B，C，D にある確率をそれぞれ a_n，b_n，c_n，d_n とすると，たとえば，$n+1$ 回目に A にあるのは，

　n 回目に頂点 B にあって（確率 b_n），頂点 A に移動する $\left(\text{確率} \dfrac{1}{3}\right)$

　n 回目に頂点 C にあって（確率 c_n），頂点 A に移動する $\left(\text{確率} \dfrac{1}{3}\right)$

　n 回目に頂点 D にあって（確率 d_n），頂点 A に移動する $\left(\text{確率} \dfrac{1}{3}\right)$

のいずれかだから，

$$a_{n+1} = \frac{1}{3}b_n + \frac{1}{3}c_n + \frac{1}{3}d_n$$

このように，a_n，b_n，c_n，d_n についての連立漸化式を立て，一般項を求めることは可能ですが，本問の設問は，

「時刻 0 から時刻 n までの間に，

4 頂点 A，B，C，D のすべてに点 P が現れる確率を求めよ」

です。これを a_n，b_n，c_n，d_n で表すと……，ちょっと難しいですよ。たとえば $n = 3$ であっても，

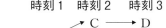

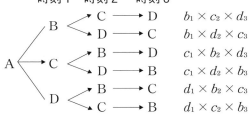

です。a_n，b_n，c_n，d_n を求めても本問の設問に対してはあまり役に立ちませんね。

漸化式で解こうとした人は，思いついたことはよいとして，それをやっても答えにはたどりつけないことに気づかないといけません。見たことのある素材に油断して，問題の 理解 が不足していたといえます。

ちなみに，漸化式ではまったく無理かというと，そうでもありません。4 点すべて，3 点のみ，2 点のみに現れる確率をそれぞれ p_n，q_n，r_n とおいて連立漸化式を立て，求める確率 p_n を出すことはできます。時間があればやってみてください。しかし，この p_n，q_n，r_n のおき方が難しいと思うので， 実行 のようにやるのがベターでしょう。

類題 17 解答 ⇨ P.445　★★☆　⏰ 25分

　サイコロをくり返し n 回振って，出た目の数を掛け合わせた積を X とする。すなわち，k 回目に出た目の数を Y_k とすると，

$X = Y_1 Y_2 \cdots\cdots Y_n$

(1)　X が 3 で割り切れる確率 p_n を求めよ。

(2)　X が 6 で割り切れる確率 q_n を求めよ。

(3)　X が 4 で割り切れる確率 r_n を求めよ。（京大・理文合体・92前）

18 確 率 ④

　校庭に，南北の方向に 1 本の白線が引いてある。ある人が，白線上の A 点から西へ 5 メートルの点に立ち，銅貨を投げて，表が出たときは東へ 1 メートル進み，裏が出たときは北へ 1 メートル進む。白線に達するまで，これを続ける。

(1)　A 点から n メートル北の点に到達する確率 p_n を求めよ。

(2)　p_n を最大にする n を求めよ。

（京大・理文共通・82）

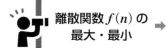 **理解**　少し問題が古いのですが，近年では手ごろな問題がなかったので許してください。確率は基本的に「バクチのための数学」だから，「勝つ確率を最大にしたい」と考えるのが人情です。

　確率や数列など，n を変数とする式になるものを「離散関数」とよぶことがあります。n は 1，2，3，……とトビトビの値をとって変化していくからです。離散関数 $f(n)$ の最大・最小を調べるには，次の 2 つの方針があります。

> 離散関数 $f(n)$ の　→ ①　$f(x)$（x は実数）を調べる
> 最大・最小　　　　　　 ②　差分 $f(n)-f(n-1)$ の正負を調べる

　「差分」という言葉ははじめて聞いたかもしれませんね。

　　　差分が正　$f(n)-f(n-1)>0$ つまり $f(n)>f(n-1)$ のとき，増加

　　　差分が負　$f(n)-f(n-1)<0$ つまり $f(n)<f(n-1)$ のとき，減少

ですから，「微分」のような感じでしょうか。でも，見たことはあるはずです。たとえば，

　　　数列の和 S_n の差分は，$S_n - S_{n-1} = a_n$　（一般項）

　　　数列 a_n の差分は，　　$a_{n+1} - a_n = b_n$　（階差数列）

　簡単な例で確認してみましょう。こんな問題をやったことがありませんか。

・ 例 ・

初項 21, 公差 -4 の等差数列 $\{a_n\}$ の初項から第 n 項までの和を S_n とするとき, S_n が最大となる n の値を求めよ。

$$S_n = \frac{n}{2}\{2 \cdot 21 + (n-1)(-4)\} = n(23 - 2n)$$

であるから, n が任意の実数をとり得るなら, S_n のグラフは右のような上に凸な放物線であり,

$n = \dfrac{23}{4} = 5.75$ で S_n は最大になり

ます。しかし, n は自然数なので, これはあり得ません。放物線は軸に関して対称だから, 5.75 にいちばん近い整数を考えて,

　　S_n が最大となる n の値は $n = 6$

これが **1** によるアプローチです。

　一方, S_n の差分である一般項 a_n は,

　　　$a_n = 21 + (n-1)(-4) = 25 - 4n$

であるから,

　　$a_n > 0$ となるのは, $n = 1, 2, 3, 4, 5, 6$

よって,

　　　S_n が最大となる n の値は $n = 6$

これが **2** によるアプローチです。「どうして?」と思った方, あたり前ですよ。a_n を毎月の貯金額, S_n を貯金の合計（= 貯金残高）だと思ってください。

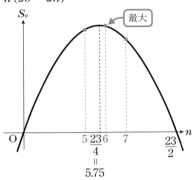

毎月の貯金額　貯金残高

$\oplus$ 増加
$a_1 = 21$　$S_1 = 21$
$a_2 = 17$　$S_2 = 38$
$a_3 = 13$　$S_3 = 51$
$a_4 = 9$　$S_4 = 60$
$a_5 = 5$　$S_5 = 65$
$a_6 = 1$　$S_6 = 66$

$\ominus$ 減少
$a_7 = -3$　$S_7 = 63$
$a_8 = -7$　$S_8 = 56$
$\vdots$　$\vdots$

1 月に 21 円, 2 月に 17 円, 3 月に 13 円, ……と貯金していけば, 残高の方は 1 月に 21 円, 2 月に 38 円, 3 月に 51 円と増えていきますよね。でも 7 月は -3 円貯金, つまり 3 円引き出してしまうので, 残高は減ります。8 月以降も同じで, あとは減る一方です。

　　　　　　貯金は, 入れると増えるけど, 使うと減る

という, ものすごくあたり前のことを言っているだけです。よって, お金を入れていた 6 月まで残高は増え続けるので, 残高が最高になるのは「6月」ということになります。

さて，本問ですが，右の **図1** のような状況です。気をつけないといけないのは，問題文に「白線に達するまで，これを続ける」とあるので，

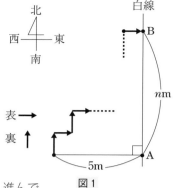

白線に達すると，そこでストップしてしまいます。したがって，A から n メートル北の点を B とすると，ここまでに白線に達してはいけません。**図2** のように座標をおくと，A$(5, 0)$，B$(5, n)$ だから C$(4, n)$ として，

　　　O から C まで (東へ 4m，北へ nm) 進んで，
　　　C から B まで (東へ 1m) 進む

と題意をみたします。よって，

$$p_n = {}_{n+4}\mathrm{C}_4 \underbrace{\left(\frac{1}{2}\right)^4 \left(\frac{1}{2}\right)^n}_{\text{O から C}} \times \underbrace{\frac{1}{2}}_{\text{C から B}} = \frac{{}_{n+4}\mathrm{C}_4}{2^{n+5}}$$

計画　では，いよいよメインの p_n を最大とする n の値を調べることにしましょう。まず **1** のアプローチだと，

$$p_n = \frac{(n+4)(n+3)(n+2)(n+1)}{4 \cdot 3 \cdot 2 \cdot 1} \cdot \frac{1}{2^{n+5}}$$

だから，n を x として，p_n を $f(x)$ とおくと，

$$f(x) = \frac{1}{4! \cdot 2^5} \cdot \frac{(x+4)(x+3)(x+2)(x+1)}{2^x}$$

いやらしい関数が出てきました。分子が 4 次式，分母は指数関数で，しかも底は e でなくて 2 です。これを微分して……，は，やめておきましょう。

ということで，**2** のアプローチで，

$$p_{n+1} - p_n \text{ の正負}$$

を調べることもあるのですが，そのかわりに，

$$\frac{p_{n+1}}{p_n} \text{ と 1 の大小}$$

を調べることもあります。こっちの方が経験があるのではないでしょうか。

確率 p_n は基本的に正なので（$p_n = 0$ のときは場合分けしないといけませんが），

$$\frac{p_{n+1}}{p_n} > 1 \text{ のとき, } p_{n+1} > p_n \qquad \frac{p_{n+1}}{p_n} < 1 \text{ のとき, } p_{n+1} < p_n$$

これでも p_n の増加，減少を調べることができます。さらに確率では $n!$ や $\bullet^n$ などが式に入るので，$p_{n+1} - p_n$ よりは $\frac{p_{n+1}}{p_n}$ の方が割り算により式が簡単にできることが多いからです。

$$\frac{p_{n+1}}{p_n} = \frac{{}_{n+5}C_4}{2^{n+6}} \times \frac{2^{n+5}}{{}_{n+4}C_4} = \frac{1}{2} \times \frac{(n+5)(n+4)(n+3)(n+2)}{4 \cdot 3 \cdot 2 \cdot 1}$$
$$\times \frac{4 \cdot 3 \cdot 2 \cdot 1}{(n+4)(n+3)(n+2)(n+1)} = \frac{n+5}{2(n+1)}$$

これと 1 の大小比較であるので，引き算して，

$$\frac{p_{n+1}}{p_n} - 1 = \frac{(n+5) - 2(n+1)}{2(n+1)} = \frac{3-n}{2(n+1)}$$

分母は正だから，分子 $3 - n$ の正負を調べればよく，楽勝です。

　ちなみに他大学だと，(1)，(2) の間に，

$$\text{「}\frac{p_{n+1}}{p_n} \text{ を } n \text{ の式で表せ」や「} p_{n+1} - p_n \text{ を } n \text{ の式で表せ」}$$

など，差分の誘導がつくことが多いです。p_n を直接調べるのか，差分を調べるのか，受験生にその判断をさせるところが京大らしいですね。

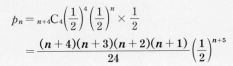 実行

(1) 右の図のように座標軸をとると，白線は直線 $x = 5$，点 A は $(5, 0)$ である。

　原点 O から出発して，点 $B(5, n)$ $(n = 0, 1, 2, \cdots\cdots)$ に到達するには合計 $n + 5$ 回移動し，点 $C(4, n)$ を通らないといけないから，

　　$1 \sim n + 4$ 回目で
　　　　表が 4 回，裏が n 回出て，
　　$n + 5$ 回目に表が出ればよい。
　よって，

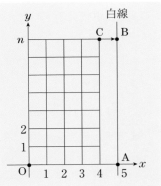

$$p_n = {}_{n+4}C_4 \left(\frac{1}{2}\right)^4 \left(\frac{1}{2}\right)^n \times \frac{1}{2}$$
$$= \frac{(n+4)(n+3)(n+2)(n+1)}{24} \left(\frac{1}{2}\right)^{n+5}$$

(2)
$$\frac{p_{n+1}}{p_n} = \frac{(n+5)(n+4)(n+3)(n+2)}{4\cdot3\cdot2\cdot1}\cdot\frac{1}{2^{n+6}}$$

$$\times\frac{4\cdot3\cdot2\cdot1}{(n+4)(n+3)(n+2)(n+1)}\cdot\frac{2^{n+5}}{1}=\frac{n+5}{2(n+1)}$$

であるから,

$$\frac{p_{n+1}}{p_n}-1 = \frac{(n+5)-2(n+1)}{2(n+1)}=\frac{3-n}{2(n+1)}$$

よって, $p_n > 0$ より,

$n = 0,\ 1,\ 2$ のとき, $\dfrac{p_{n+1}}{p_n}>1$ つまり $p_n < p_{n+1}$ ←

$n = 3$ のとき, $\dfrac{p_{n+1}}{p_n}=1$ つまり $p_n = p_{n+1}$ ←

$n = 4,5,\cdots\cdots$ のとき, $\dfrac{p_{n+1}}{p_n}<1$ つまり $p_n > p_{n+1}$ ←

$n=0$	$n=1$
$p_0 < p_1$	$p_1 < p_2$
$n=2$	
$p_2 < p_3$	

$n=3$
$p_3 = p_4$

$n=4$	$n=5$
$p_4 > p_5$	$p_5 > p_6$ $\cdots\cdots$

であるから,

$$p_0 < p_1 < p_2 < p_3 = p_4 > p_5 > p_6 > \cdots\cdots$$

したがって, p_n を最大にする n の値は **3 または 4**

検討 **2** 差分 $f(n)-f(n-1)$ によるアプローチは, 確率が一番有名で, これは思いつく人が多いでしょう。次に有名なのが, **理解** のところで ● 例 ● として扱った, 数列の和の最大・最小なのですが, これは意外と出来ない人が多いですね。ぜひマスターしてください。

で, 他にも使えて, たとえば次の京大の過去問です。

---

n は 2 以上の整数であり, $\dfrac{1}{2}<a_j<1$ $(j=1,\ 2,\ \cdots\cdots,\ n)$ であるとき, 不等式

$$(1-a_1)(1-a_2)\cdots\cdots(1-a_n) > 1-\left(a_1+\frac{a_2}{2}+\cdots\cdots+\frac{a_n}{2^{n-1}}\right)$$

が成立することを示せ。 (京大・理系・11)

たぶん, ほとんどの受験生は「数学的帰納法」で証明すると思いますし, 実際, 証明できます。でも, コレを「差分」で考えてみましょう。

和ではないですが, 証明したい不等式の (左辺) − (右辺) を S_n とおくと,

$$S_n = (1-a_1)(1-a_2)\cdots\cdots(1-a_n)-1+\left(a_1+\frac{a_2}{2}+\cdots\cdots+\frac{a_n}{2^{n-1}}\right)$$

となります。n を $n+1$ にすると，

$$S_{n+1} = \underwavy{(1-a_1)(1-a_2)\cdots\cdots(1-a_n)}(1-\boxed{a_{n+1}})$$
$$-1 + \left(a_1 + \frac{a_2}{2} + \cdots\cdots + \frac{a_n}{2^{n-1}} + \frac{a_{n+1}}{2^n}\right)$$

となりますから，ここで「差分」$S_{n+1} - S_n$ を考えますと，

$$S_{n+1} - S_n = \underwavy{\cancel{(1-a_1)(1-a_2)\cdots\cdots(1-a_n)\cdot 1}} - (1-a_1)(1-a_2)\cdots\cdots(1-a_n)\boxed{a_{n+1}}$$
$$-\cancel{1} + \left(a_1 + \frac{a_2}{2} + \cancel{\cdots\cdots + \frac{a_n}{2^n}} + \frac{a_{n+1}}{2^n}\right)$$
$$-\underwavy{\cancel{(1-a_1)(1-a_2)\cdots\cdots(1-a_n)}} + \cancel{1} - \left(a_1 + \frac{a_2}{2} + \cancel{\cdots\cdots + \frac{a_n}{2^{n-1}}}\right)$$

$$= -(1-a_1)(1-a_2)\cdots\cdots(1-a_n)\,a_{n+1} + \frac{a_{n+1}}{2^n}$$

a_{n+1} でくくる

$$= a_{n+1}\left\{\frac{1}{2^n} - (1-a_1)(1-a_2)\cdots\cdots(1-a_n)\right\}$$

$$> a_{n+1}\left(\frac{1}{2^n} - \underbrace{\frac{1}{2}\cdot\frac{1}{2}\cdots\cdots\frac{1}{2}}_{n\,\text{個}}\right)$$

$$\left(\begin{array}{l} \because \quad a_{n+1} > 0 \text{ と} \\ \dfrac{1}{2} < a_j < 1 \text{ より,} \\ \quad 0 < 1 - a_j < \dfrac{1}{2} \\ \quad (j = 1, 2, \cdots\cdots, n) \end{array}\right)$$

$$= 0$$

よって，

$$S_{n+1} > S_n$$

ですから，これをくり返し用いると，

$$S_n > S_{n-1} > \cdots\cdots > S_2 \quad \cdots\cdots ⓐ$$

一方，

$$S_2 = (1-a_1)(1-a_2) - 1 + \left(a_1 + \frac{a_2}{2}\right) = a_2\left(a_1 - \frac{1}{2}\right) > 0$$

ですから，これとⓐより，

$$S_n > 0 \quad (n = 2, 3, \cdots\cdots)$$

すなわち，2以上の整数 n に対して，

$$(1-a_1)(1-a_2)\cdots\cdots(1-a_n) > 1 - \left(a_1 + \frac{a_2}{2} + \cdots\cdots + \frac{a_n}{2^{n-1}}\right)$$

が成り立ちます。

　数学的帰納法の解答の方が素直で自然な発想だと思いますので，あくまで，参考ということにしておきますね。数列の調べ方のひとつとして「n 番目と $n-1$ 番目の差（差分）をとる」という考え方を知っておいてくだ

さい。解答も上に書いたこととほぼ同じになりますので省略します。

類題 18　　　　　　　　　　解答 ⇨ P.449　★★☆　🕐 25分

N 色 ($N \geqq 3$) の絵の具のセットがある。1 つの立方体の面を各面独立に，各色を確率 $\dfrac{1}{N}$ で選んで塗る。このとき，塗られた結果が，使用された色の数が 3 以内で，かつ，同色の面が隣り合うことになっていない確率 $P(N)$ を求めよ。また，N の異なる値 a, b に対して，$P(a)$ と $P(b)$ の大きさを比較せよ。　　　　（京大・理文共通・89前）

Column 🖊 **受験計画の立て方2（己を知る）**

「受験計画の立て方1」（P.84）でお話ししましたが，僕が受験したころの京大工学部はセンター試験と2次試験のウェイトが実質五分五分です。

これもお話ししましたが，僕はガンダムが作りたかったので，コンピュータや工作に興味があって，高校の勉強で好きなものはありませんでした。数学や物理の勉強がもっと進めばロボットとつながってくるんですが，そのころはそういうこともあまりわかっていませんでしたから。ですから僕にとってはどの科目を勉強するのも苦痛だったんです。

ということで，僕のとった戦略は「アベレージヒッター」です。センターと2次が実質五分五分，センターの社会と2次の化学が同点ですから，「全教科同じように点数を上げていく」んです。現代文の小説と古文だけはセンター試験と意見が合わなかったんで（笑）ダメでしたが，他はほぼ同じ偏差値でした。

一方，うちの弟は京大の理学部なのですが，センターは足切り用でした。800点満点で600点を超えればOK。そこで点数はリセットされて，2次だけの勝負になります。それならあんまりセンターをがんばる必要はないですよね。また，彼は現在，生物の学者さん（京大iPS研准教授）でして，高校生のころから生物はメチャクチャ出来ました。ですから，他の科目は「大きくコケなければ大丈夫」ですので，数学は易しい問題がキチンと出来て，あと標準的な問題をいくつか解ければ合格に届きます。

同じ京大の理系でも学部・学科によって戦略は違いますし，個々人の特性によっても戦略は違ってきます。自分の特性を活かした計画を立ててください。

テーマ 19 確 率 ⑤

例題 19 ★★☆ ⏺ 20分

　　四角形 ABCD を底面とする四角錐 OABCD を考える。点 P は時刻 0 では頂点 O にあり，1 秒ごとに次の規則に従ってこの四角錐の 5 つの頂点のいずれかに移動する。

　　規則：点 P のあった頂点と 1 つの辺によって結ばれる頂点の 1 つに，等しい確率で移動する。

　このとき，n 秒後に点 P が頂点 O にある確率を求めよ。

（京大・文系・07）

 理解　　1 ～ 5 回くらいの移動なら根性で調べ上げればイケますが，一般の n 回の移動を考えるのはちょっと不可能です。

　確率や場合の数で，n の入ったものは数列の一種と見なせますが，数列には

 | 数列（確率・場合の数を含む）へのアプローチ | ➡ | **1** 一般項を直接考える
2 漸化式を立てる |

という 2 通りのアプローチがあります。他の大学であれば **2** でアプローチすべき問題では，誘導として，

　　　　　　　　「p_{n+1} を p_n の式で表せ」

という設問がつくことが多いですが，京大ではあまりつきません。受験生が自分で思いつくことが要求されているのです。2 つしかないので，

　　　　とりあえず **1** で考えてみて，ダメだったら **2** で考える

くらいのスタンスでよいのですが，

 | ● 遷移的な構造をしているもの
● 再帰的な構造をしているもの | ➡ | 漸化式を立てる |

という見方もあります。「遷移的な構造をしているもの」とはいくつかの

状態を行ったり来たりするような構造をもつもの，「再帰的な構造をしているもの」とは何回かすると最初の状態に戻るような構造をもつものという意味です。

本問は遷移的（O, A, B, C, Dを行ったり来たりする）であり，再帰的（Oに移動すると最初の状態に戻る）です。そのうちのある状態である（Oにある）確率を問われているので，これは漸化式によるアプローチを思いつかないといけません。点 P が n 秒後に頂点 O, A, B, C, D にある確率を，それぞれ p_n, a_n, b_n, c_n, d_n とおいて，漸化式を立ててみましょう。

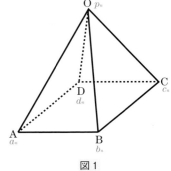

図1

図2 のような図を，状態遷移図といい，状態と状態の間の関係を表すときに使います。点 P が $n+1$ 秒後に頂点 O にあるのは，n 秒後に頂点 A, B, C, D のいずれかにあり，各々 $\dfrac{1}{3}$ の確率で頂点 O へ移動するときだから，

$$p_{n+1} = a_n \times \dfrac{1}{3} + b_n \times \dfrac{1}{3}$$
$$+ c_n \times \dfrac{1}{3} + d_n \times \dfrac{1}{3}$$

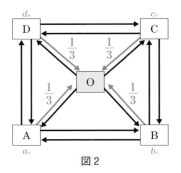

図2

点 P が $n+1$ 秒後に頂点 A にあるのは，図3 より，n 秒後に頂点 O, B, D のいずれかにあって，次に頂点 A へ移動するときなのですが，B→A, D→A は確率 $\dfrac{1}{3}$，O→A は $\dfrac{1}{4}$ であることに注意しましょう。

$$a_{n+1} = p_n \times \dfrac{1}{4} + b_n \times \dfrac{1}{3} + d_n \times \dfrac{1}{3}$$

点 P が $n+1$ 秒後に頂点 B, C, D にある場合も同様に考えればよいですよね。念のため頂点 B の場合の状態遷移図を図4 にかいておきます。上の 2 式も合わせて，

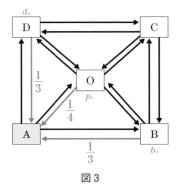

図3

$$
\begin{cases}
p_{n+1} = \dfrac{1}{3}(a_n + b_n + c_n + d_n) \quad \cdots\cdots ⓐ \\[2mm]
a_{n+1} = \dfrac{1}{4}p_n + \dfrac{1}{3}(b_n + d_n) \quad \cdots\cdots ⓑ \\[2mm]
b_{n+1} = \dfrac{1}{4}p_n + \dfrac{1}{3}(c_n + a_n) \quad \cdots\cdots ⓒ \\[2mm]
c_{n+1} = \dfrac{1}{4}p_n + \dfrac{1}{3}(b_n + d_n) \quad \cdots\cdots ⓓ \\[2mm]
d_{n+1} = \dfrac{1}{4}p_n + \dfrac{1}{3}(c_n + a_n) \quad \cdots\cdots ⓔ
\end{cases}
$$

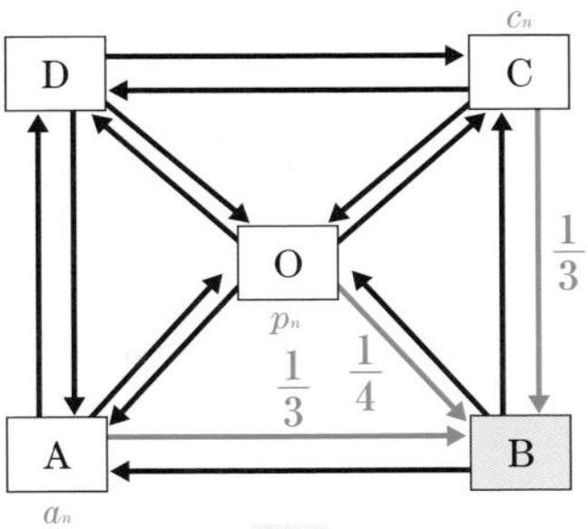

図4

計画 　漸化式は立ちましたが，さて，これを解くのは大変そうです。どうしましょうか。さっき「頂点 B，C，D にある場合も同様」といいましたが，これで何か思いつくことはありませんか？

「対称性から～である」と書かれた解答を見たことがあると思います。本問では直感的に「n 秒後に頂点 A，B，C，D にいる確率は等しい」，つまり「$a_n = b_n = c_n = d_n$ になっているだろう」と思いませんか？　頂点 O は最初に点 P があるところで，1 つだけ 4 つの辺がくっついている頂点だから，ちょっと特殊な頂点です。しかし，頂点 A，B，C，D はすべて最初に P はいなくて，最初にある頂点 O から 1 回で移動でき，3 つの辺がくっついています。4 頂点ともまったく同じ条件だから，そりゃあ結果の確率も等しくなるでしょう。実際，

　ⓑ，ⓓから，$a_{n+1} = c_{n+1} = \dfrac{1}{4}p_n + \dfrac{1}{3}(b_n + d_n)$　……ⓕ

　ⓒ，ⓔから，$b_{n+1} = d_{n+1} = \dfrac{1}{4}p_n + \dfrac{1}{3}(a_n + c_n)$　……ⓖ

また，$a_n = b_n = c_n = d_n$ なら，ⓕ，ⓖも一致して，

$$a_{n+1} = b_{n+1} = c_{n+1} = d_{n+1}$$

1 秒後に頂点 A，B，C，D に点 P がある確率はいずれも $\dfrac{1}{4}$ であるから，

$$a_1 = b_1 = c_1 = d_1 = \dfrac{1}{4}$$

よって，

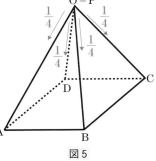

図5

$$a_2 = b_2 = c_2 = d_2$$
$$a_3 = b_3 = c_3 = d_3$$
$$\vdots$$
$$a_n = b_n = c_n = d_n$$

これを一言でまとめて，

「（頂点 A，B，C，D の条件に関する）対称性から $a_n = b_n = c_n = d_n$」

のように表現するわけです。すると ⓐ～ⓔ は，

$$\begin{cases} p_{n+1} = \dfrac{4}{3}\, a_n & \cdots\cdots ⓐ' \\[3mm] a_{n+1} = \dfrac{1}{4}\, p_n + \dfrac{2}{3}\, a_n & \cdots\cdots ⓑ' \end{cases}$$

となります。

条件の対称性に注意して文字を減らす

ようにしましょう。

これくらいの連立漸化式なら解ける人もいると思うのですが，もうひとつポイントを。

漸化式の確率への応用では $P(\text{全事象}) = 1$ を忘れないこと

> 全事象の起こる確率です。

n 秒後，点 P は頂点 O，A，B，C，D のいずれかにあるので，

$$p_n + a_n + b_n + c_n + d_n = 1$$

これを使うと，$a_n + b_n + c_n + d_n = 1 - p_n$ であり，ⓐは，

$$p_{n+1} = \frac{1}{3}\,(1 - p_n) \quad \cdots\cdots ⓗ$$

これはカンタンに解けますね。

また，ⓑ+ⓒ+ⓓ+ⓔをすると，a_n，b_n，c_n，d_n の対称な式が作れて，

$$a_{n+1} + b_{n+1} + c_{n+1} + d_{n+1} = p_n + \frac{2}{3}\,(a_n + b_n + c_n + d_n)$$

よって，

$$1 - p_{n+1} = p_n + \frac{2}{3}\,(1 - p_n) \quad \cdots\cdots ⓘ$$

$$\therefore \quad p_{n+1} = \frac{1}{3} - \frac{1}{3}\, p_n$$

のようにしてⓗと同じ式が得られます。

結局，本問では「n 秒後に点 P が頂点 O にある確率」を求めたいので，

「n 秒後に頂点 O にある」と「n 秒後に O 以外の頂点にある」

という 2 つの状態を考えればよく，「頂点 O にある」ときは，次には必ず

（つまり確率 1 で）O 以外の頂点に移動し，「O 以外の頂点にある」とき
は，頂点 A, B, C, D のいずれであっても，$\dfrac{1}{3}$ の確率で頂点 O に，$\dfrac{2}{3}$ の
確率で O 以外の頂点に移動します（**図 6**）。

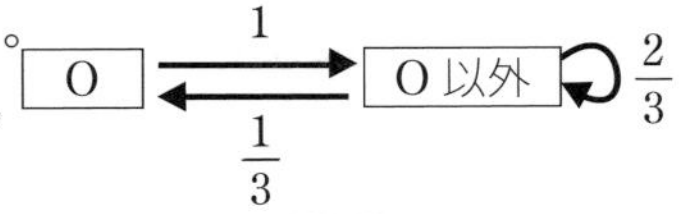

点 P が $n+1$ 秒後に頂点 O にあるのは，
図 7 のように n 秒後に O 以外の頂点にあ
って，次に頂点 O に移動するときで，こ
の確率は $\dfrac{1}{3}$ だから，

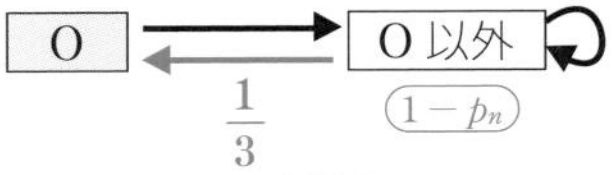

$$p_{n+1} = (1 - p_n) \times \dfrac{1}{3}$$

これでⓗが得られます。

点 P が $n+1$ 秒後に頂点 O 以外にある
のは，**図 8** から，

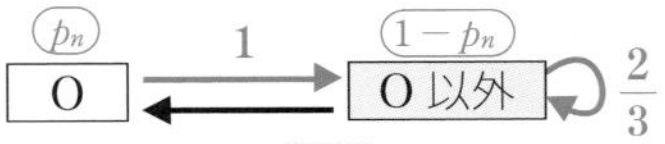

$$1 - p_{n+1} = p_n \times 1 + (1 - p_n) \times \dfrac{2}{3}$$

これでⓘが得られます。

漸化式の確率への応用に慣れていると，a_n, b_n, c_n, d_n はおかず，問わ
れている内容や条件の対称性，$P(\text{全事象}) = 1$ などから，

　　　「n 秒後に頂点 O にある」と「n 秒後に O 以外の頂点にある」

と 2 つの状態だけを考えて，「p_n だけをおけばいけそうだな」，とわかる
のですが，どうだったでしょうか。はじめからわかった人には長い説明で
失礼しました。わからなかった人はこれが到達目標です。

ただ，「O 以外の頂点にある」ことをひとまとめにしてよいのかどうか
不安になったり，状態と状態の間の確率がよくわからなくなったり，とい
うことはよくあるので，迷ったら，いったん今のように a_n, b_n, c_n, d_n と
おいて式を立て，式を見ながら考えればよいでしょう。

実行

　　n 秒後に点 P が頂点 O にある確率を p_n とすると，$p_0 = 1$ である。
　　$n+1$ 秒後に点 P が頂点 O にあるのは，
　　　n 秒後に点 P が O 以外の頂点にあって，
　　　その 1 秒後に O に移動するとき
　　であるから，

> はじめ（0 秒後）点 P は
> 頂点 O にあるので確率は
> 1 ですね。あとの ✚ **補足**
> で。

$$p_{n+1} = (1 - p_n) \times \frac{1}{3}$$

$$\therefore \quad p_{n+1} - \frac{1}{4} = -\frac{1}{3}\left(p_n - \frac{1}{4}\right)$$

$$
\begin{array}{l}
p_{n+1} = -\dfrac{1}{3}p_n + \dfrac{1}{3} \\
\underline{-\;)\quad \alpha\;\; = -\dfrac{1}{3}\alpha + \dfrac{1}{3}} \quad \therefore \quad \alpha = \dfrac{1}{4} \\
p_{n+1} - \alpha = -\dfrac{1}{3}(p_n - \alpha)
\end{array}
$$
という，いつもの変形です。

よって，数列 $\left\{p_n - \dfrac{1}{4}\right\}$ は，

初項 $p_0 - \dfrac{1}{4} = \dfrac{3}{4}$，公比 $-\dfrac{1}{3}$ の等比数列

であるから，

$$p_n - \frac{1}{4} = \frac{3}{4}\left(-\frac{1}{3}\right)^n \quad \therefore \quad p_n = \frac{1}{4} + \frac{3}{4}\left(-\frac{1}{3}\right)^n$$

✚ 補足

　$p_0 = 1$ からスタートしましたが大丈夫でしたか？　ふつう，「数列の初項」は「1番目」だから p_1 ですよね。しかし，0秒の状態（初期状態）を考えると，移動がまったく行われていないので，点 P が頂点 O にある確率は1，頂点 A，B，C，D にある確率は0です。このように初期状態の方が扱いやすいことがあるので，

漸化式を確率に応用するとき，

p_0 を初項にすることがある

のです。

　公比は $-\dfrac{1}{3}$ です。初項が $p_1 - \dfrac{1}{4}$ なら，$p_n - \dfrac{1}{4}$ までは $-\dfrac{1}{3}$ を $n-1$ 回

掛けるので，初項が $p_0 - \dfrac{1}{4}$ の場合は，

$$p_0 - \frac{1}{4}, \;\; p_1 - \frac{1}{4}, \;\; p_2 - \frac{1}{4}, \;\; \cdots\cdots, \;\; p_n - \frac{1}{4}$$

$$\times\left(-\frac{1}{3}\right) \times\left(-\frac{1}{3}\right) \times\left(-\frac{1}{3}\right) \cdots \times\left(-\frac{1}{3}\right)$$

$$\underbrace{\qquad\qquad}_{n-1\,\text{個}}$$

$$\underbrace{\qquad\qquad\qquad\qquad}_{n\,\text{個}}$$

のように $-\dfrac{1}{3}$ を n 回掛けます。すなわち，

$$p_n - \frac{1}{4} = \left(p_0 - \frac{1}{4}\right)\left(-\frac{1}{3}\right)^n$$

ちなみに，点 P は 1 秒後に O 以外のどこかに移動しているので，

$$p_1 = 0$$

よって，数列 $\left\{ p_n - \dfrac{1}{4} \right\}$ を，

初項 $p_1 - \dfrac{1}{4} = -\dfrac{1}{4}$，公比 $-\dfrac{1}{3}$ の等比数列

と考えて，

$$p_n - \frac{1}{4} = -\frac{1}{4}\left(-\frac{1}{3}\right)^{n-1} \qquad \therefore \quad p_n = \frac{1}{4} - \frac{1}{4}\left(-\frac{1}{3}\right)^{n-1}$$

でも OK です。えっ，答えが違うって？　答えの方を変形すると，

$$p_n = \frac{1}{4} + \frac{3}{4}\underbrace{\left(-\frac{1}{3}\right)^{n}}_{} = \frac{1}{4} + \frac{3}{4}\underbrace{\left(-\frac{1}{3}\right)\left(-\frac{1}{3}\right)^{n-1}}_{} = \frac{1}{4} - \frac{1}{4}\left(-\frac{1}{3}\right)^{n-1}$$

n 乗を ――――――→ 1 乗と $n-1$ 乗に分ける

となって一致します。これがパッと理解できなかった人は，指数計算が身についていませんよ。数列では等比数列を扱うことが多いので，ちゃんと手を動かして練習して，体にしみこませておきましょう。

類題 19　　　　　　　　　　　　　　解答 ⇨ P.453 ｜★★☆｜ ⏰ 30分

xy 平面上の 6 個の点 $(0, 0)$, $(0, 1)$, $(1, 0)$, $(1, 1)$, $(2, 0)$, $(2, 1)$ が図のように長さ 1 の線分で結ばれている。動点 X は，これらの点の上を次の規則に従って 1 秒ごとに移動する。

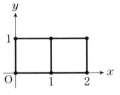

　　規則：動点 X は，そのときに位置する点から出る長さ 1 の線分によって結ばれる図の点のいずれかに，等しい確率で移動する。

例えば，X が $(2, 0)$ にいるときは，$(1, 0)$, $(2, 1)$ のいずれかに $\dfrac{1}{2}$ の確率で移動する。また X が $(1, 1)$ にいるときは，$(0, 1)$, $(1, 0)$, $(2, 1)$ のいずれかに $\dfrac{1}{3}$ の確率で移動する。

　時刻 0 で動点 X が O $= (0, 0)$ から出発するとき，n 秒後に X の x 座標が 0 である確率を求めよ。ただし，n は 0 以上の整数とする。

（京大・理系・16）

テーマ 20 確 率 ⑥

例題 20   ★★★ ⏱ 30分

先頭車両から順に 1 から n までの番号のついた n 両編成の列車がある。ただし $n \geqq 2$ とする。各車両を赤色，青色，黄色のいずれか一色で塗るとき，隣り合った車両の少なくとも一方が赤色となるような色の塗り方は何通りか。　　　　　　　　　　　　（京大・理系・05前）

理解　例によって 1 両目から順に樹形図をかいてみると，

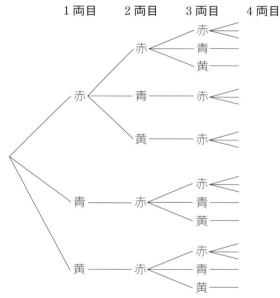

直接求めるのは難しそうですね。

「少なくとも」があるから，全事象を考えて，否定を

「赤色ナシ，つまり青色と黄色だけで塗る」

と考えた人は間違いです。日本語だけで考えて，上のような樹形図をかく作業をサボるとこういうミスをしてしまいます。問題文の方も，単に「少なくとも」ではなくて，「隣り合った車両の少なくとも一方が」となって

いるので，自分に都合のよいように解釈してはいけません。赤色を使っていても，

これも全事象に含まれますよね。否定も難しそうです。

　もう一度樹形図を見てみましょう。かいているときに気づいたと思いますが，同じ形がくり返し出てきましたよね。

です。赤が出ると，次は赤，青，黄のどれでもよい最初の状態に戻るので，再帰的(さいき)ですね。もしくは，n両目の色によって$n+1$両目の色が決定され，赤，青，黄を行ったり来たりするので，遷移的(せんい)でもあり，

漸化式を立てよう

という発想になります。

　くり返しますが，京大では漸化式を立てて解く問題であっても，「漸化式を立てる」という設問はあまりつけません。今やった作業を自分でやって，漸化式を立てることに気づかないといけないのです。くれぐれも「例題19，類題19と漸化式だったから，これも漸化式だろう」というような，本番で使えない発想はやめてくださいね。

 n両目の色によって，$n+1$両目に色を塗る条件が異なるので，題意をみたすn両編成の列車の塗り方のうち，

n両目の車両の色が赤色であるものをr_n通り

青色であるものをb_n通り

黄色であるものをy_n通り

としましょう。すると，n両目と$n+1$両目の色の関係は，

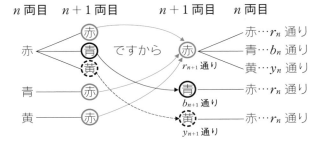

よって，

$$\begin{cases} r_{n+1} = r_n + b_n + y_n & \cdots\cdots ⓐ \\ b_{n+1} = r_n & \cdots\cdots ⓑ \\ y_{n+1} = r_n & \cdots\cdots ⓒ \end{cases}$$

となり，3つの数列の連立漸化式になります。ふつうは解くのが大変ですが，ⓑ，ⓒがシンプルなので大丈夫です。ⓐで n を $n+1$ にして，

$$r_{n+2} = r_{n+1} + b_{n+1} + y_{n+1}$$

ここへⓑ，ⓒを代入すると，

$$r_{n+2} = r_{n+1} + r_n + r_n \qquad \therefore \quad r_{n+2} - r_{n+1} - 2r_n = 0 \quad \cdots\cdots ⓓ$$

という $\{r_n\}$ の3項間漸化式が得られます。

今回求めたいのは題意をみたす n 両の塗り方すべてですから，$r_n + b_n + y_n$ です。ⓓを解いて r_n を求めて，ⓑ，ⓒから b_n，y_n を求めてもよいですが，ⓐを利用すると，

$$r_n + b_n + y_n = r_{n+1}$$

だから，r_n だけ求まれば，r_{n+1} にして，これに代入すれば OK です。

さて，遷移的な構造をもつ問題で漸化式を立てるときは，今やったように，

遷移的な構造をもつ
問題の漸化式の立て方 ➡ n 番目の状態で場合分けをして，$n+1$ 番目の状態との関係を考える

ということになりますが，再帰的な構造をもつ問題には，「n 番目の状態で場合分け」が難しい問題があります。このようなときは，

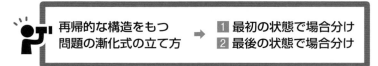

再帰的な構造をもつ
問題の漸化式の立て方 ➡ 1 最初の状態で場合分け
2 最後の状態で場合分け

のいずれかの方針でアプローチします。

本問でやってみましょう。題意をみたす n 両編成の列車の塗り方を a_n 通りとして，1両目を赤色で塗った場合，

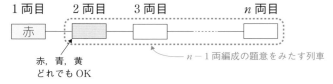

1両目　　2両目　　3両目　　　　　　n 両目

赤，青，黄
どれでも OK

$n-1$ 両編成の題意をみたす列車

2両目は赤色でも青色でも黄色でもどれでも構わないので，2両目からn両目までを$n-1$両編成の列車と見れば，塗り方はa_{n-1}通りです。

1両目を青色で塗った場合，

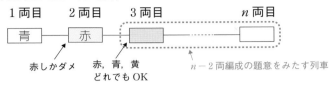

2両目は赤色しかダメで，2両目が赤色なので，3両目は何でもいけます。3両目からn両目までを$n-2$両編成の列車と見れば，この部分の塗り方はa_{n-2}通りです。

1両目を黄色で塗った場合は，

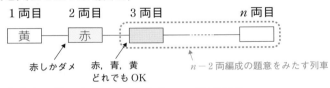

1両目を青色で塗った場合と同様でa_{n-2}通りです。

a_{n-1}，a_{n-2}はちょっと見にくいので，$n+2$両編成の題意をみたす列車の塗り方を考えることにすると，

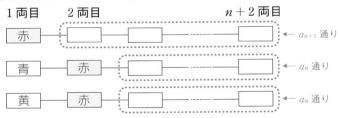

だから，

$$a_{n+2} = a_{n+1} + a_n + a_n \qquad \therefore \quad a_{n+2} - a_{n+1} - 2a_n = 0$$

再帰的な構造と見ても漸化式が立ちました。

まず，その問題で扱う素材を調べてみて，遷移的，再帰的になっている場合に漸化式を思いつく。次に，遷移的な構造になっていれば，n番目と$n+1$番目の状態を場合分けしてその間の関係を調べる。再帰的な構造になっていれば，最初か最後の状態で場合分けしてみる。そういう 理解，

計画 のプロセスを大切にしてください。

せっかくなので，解答は2通りやっておきます。

実行

〈解答1 —— 遷移的な構造と見て〉

題意をみたすn両編成の列車の塗り方のうち, n両目が赤色, 青色, 黄色であるものが, それぞれr_n, b_n, y_n通りあるとする。$n+1$両編成の列車の塗り方を考えたとき, $n+1$両目の塗り方はn両目の色によって右の図のようになるから,

$$\begin{cases} r_{n+1} = r_n + b_n + y_n & \cdots\cdots① \\ b_{n+1} = r_n & \cdots\cdots② \\ y_{n+1} = r_n & \cdots\cdots③ \end{cases}$$

①より,
$$r_{n+2} = r_{n+1} + b_{n+1} + y_{n+1}$$

であるから, ②, ③を代入して,
$$r_{n+2} = r_{n+1} + 2r_n$$

これより,
$$\begin{cases} r_{n+2} + r_{n+1} = 2(r_{n+1} + r_n) & \cdots\cdots④ \\ r_{n+2} - 2r_{n+1} = -(r_{n+1} - 2r_n) & \cdots\cdots⑤ \end{cases}$$

一方, 右の図より,
$$r_2 = 3, \ b_2 = 1, \ y_2 = 1$$

であるから, ①より,
$$r_3 = r_2 + b_2 + y_2 = 5$$

④より,
$$\begin{aligned} r_{n+1} + r_n &= (r_3 + r_2) \cdot 2^{n-2} \\ &= (5 + 3) \cdot 2^{n-2} \\ &= 2^{n+1} \quad \cdots\cdots⑥ \end{aligned}$$

⑤より,
$$\begin{aligned} r_{n+1} - 2r_n &= (r_3 - 2r_2) \cdot (-1)^{n-2} \\ &= (5 - 2 \cdot 3) \cdot (-1)^{n-2} \\ &= (-1)^{n-1} \quad \cdots\cdots⑦ \end{aligned}$$

であるから, ⑥-⑦より,
$$3r_n = 2^{n+1} - (-1)^{n-1} \qquad \therefore \quad r_n = \frac{1}{3}\{2^{n+1} - (-1)^{n-1}\}$$

したがって, 求める塗り方は,
$$r_n + b_n + y_n = r_{n+1} \quad (\because \ ①より)$$
$$= \frac{1}{3}\{2^{n+2} - (-1)^n\} \quad (通り)$$

右の図（吹き出し）:

	n両目	$n+1$両目
	赤 →	赤／青／黄
	青 →	赤
	黄 →	赤

	1両目	2両目
	赤 →	赤／青／黄
	青 →	赤
	黄 →	赤

> 3項間漸化式の解法は大丈夫ですか？
> $r_{n+2} - r_{n+1} - 2r_n = 0$より,
> $x^2 - x - 2 = 0$として,
> $$(x+1)(x-2) = 0$$
> $$x = -1, 2$$
> これを利用して, 漸化式を
> $$r_{n+2} - (-1+2)r_{n+1} + (-1) \cdot 2r_n = 0$$
> と見て変形しています。

> ④より, 初項$r_3 + r_2$, 公比2の等比数列です。初項が$r_2 + r_1$ではなく, $r_3 + r_2$なので, 2^{n-1}ではなく, 2^{n-2}になります。

> ⑤より, 初項$r_3 - 2r_2$, 公比-1の等比数列

〈解答2 ── 再帰的な構造と見て〉

題意をみたす n 両編成の列車の塗り方が a_n 通りあるとすると，下の図より，

$$a_2 = 5, \quad a_3 = 11$$

$n+2$ 両編成の列車の塗り方は，

　　1両目を赤色に塗り（1通り），
　　　　後の $n+1$ 両を塗る（a_{n+1} 通り）

または，

　　1両目を青色または黄色に塗り（2通り），
　　　2両目を赤色に塗り（1通り），
　　　　後の n 両を塗る（a_n 通り）

のいずれかであるから，

$$a_{n+2} = a_{n+1} + 2a_n$$

これより，

> $a_{n+2} - a_{n+1} - 2a_n = 0$ より，
> $x^2 - x - 2 = 0$ として，
> $(x+1)(x-2) = 0$ ∴ $x = -1, 2$

$$\begin{cases} a_{n+2} + a_{n+1} = 2(a_{n+1} + a_n) & \cdots\cdots① \\ a_{n+2} - 2a_{n+1} = -(a_{n+1} - 2a_n) & \cdots\cdots② \end{cases}$$

①より，

$$\begin{aligned} a_{n+1} + a_n &= (a_3 + a_2) \cdot 2^{n-2} \\ &= (11 + 5) \cdot 2^{n-2} \\ &= 2^{n+2} \qquad\qquad \cdots\cdots③ \end{aligned}$$

②より，

$$\begin{aligned} a_{n+1} - 2a_n &= (a_3 - 2a_2) \cdot (-1)^{n-2} \\ &= (11 - 2\cdot5) \cdot (-1)^{n-2} \\ &= (-1)^{n-2} \qquad\qquad \cdots\cdots④ \end{aligned}$$

よって，③−④より，

$$3a_n = 2^{n+2} - (-1)^{n-2}$$

であるから，求める塗り方は，

$$a_n = \frac{1}{3}\{2^{n+2} - (-1)^{n-2}\} \quad (通り)$$

1両目　2両目　3両目

$a_2 = 5$

$a_3 = 11$

類題 20　　　　　　　　　　　　解答 ⇨ P.457　★★☆　🕐 15分

　1歩で1段または2段のいずれかで階段を昇るとき，1歩で2段昇ることは連続しないものとする。15段の階段を昇る昇り方は何通りあるか。

（京大・理系・07）

第 **5** 章

図　　形

プロローグ

　高校数学では図形について，幾何，三角比，座標，ベクトルの 4 つを習います。京大の（じつは阪大もそうなんですが）図形問題の特徴は，

　　　　　　　　　　道具を見せないこと

です。その問題で与えられた図形の特徴や目的に応じて，上の 4 つのどれで解くのかを選ぶ力，これをひとつの数学の力と考えておられるようです。**理解**，**計画** の力ですね。数学が得意な人はこれを無意識にやっているそうなんですが，得意でなくても大丈夫。

　図形問題では，次の 4 つの視点で順に問題を見ていけばよいのです。

　簡単な問題で試してみましょう。

・**例**・

　三角形 ABC の辺 BC の中点を M とするとき，
　　　$AB^2 + AC^2 = 2(AM^2 + BM^2)$　〈中線定理〉
が成り立つことを示せ。

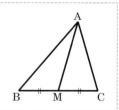

154　第 5 章　図　　形

1 幾　何

　現在の高校数学では，幾何はそれほど詳しく習わないのでニガテな人が多いんですね。僕もニガテです（笑）。大昔の高校数学ではかなり詳しく幾何をやっていたようで，大学の機械設計の授業で，「君たちは幾何をやってないから，機械がすぐ止まる」と先生が嘆いておられました。機械の動きは軌跡だから，数式的にでなく，幾何的にわかっていないとダメなんですね。

　さて，そんな現状ですから，実際の入試でも「幾何でしか解けない問題」はめったにありません。ただ，幾何的な考察をするとラクになる問題もあり，京大は別解の多い大学でもあるので，そのひとつとして幾何は重要な視点です。

　本問では「辺の長さの2乗」がたくさん出てくるので，三平方の定理の利用を考えましょう。三平方の定理を利用するには直角三角形が必要だから，A から辺 BC に垂線 AH を下ろしてみます。

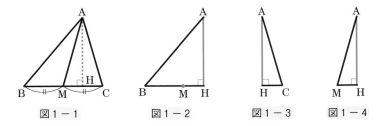

図1−1　　　図1−2　　　図1−3　　　図1−4

　上のような3つの直角三角形ができました。上の図は AB > AC かつ ∠C < 90° の場合で描いていますが，AB < AC の場合でも B と C を入れかえれば同じになりますし，∠C ≧ 90° の場合でも同様にできます。

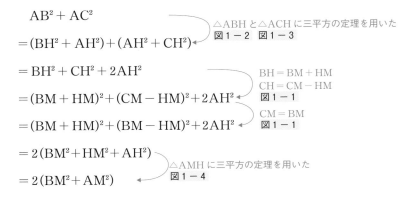

$$AB^2 + AC^2$$

$$= (BH^2 + AH^2) + (AH^2 + CH^2)$$

$$= BH^2 + CH^2 + 2AH^2$$

$$= (BM + HM)^2 + (CM - HM)^2 + 2AH^2$$

$$= (BM + HM)^2 + (BM - HM)^2 + 2AH^2$$

$$= 2(BM^2 + HM^2 + AH^2)$$

$$= 2(BM^2 + AM^2)$$

△ABH と△ACH に三平方の定理を用いた
図1−2　図1−3

BH = BM + HM
CH = CM − HM
図1−1

CM = BM
図1−1

△AMH に三平方の定理を用いた
図1−4

このように幾何で考える場合，補助線が急所になってくることが多いです。補助線はいくらでも引けますが，その中から，

(幾何)　**必要な補助線を選び，図形を抜き出す**

ことが重要なのです。問題集や参考書では図が 1 〜 2 枚にまとめられていることが多いのですが，あれ，解答を理解するのに苦労したことはありませんか？　僕たち教師が板書するときは，色チョークを使って注目する補助線や図形を浮かび上がらせます。しかし，あなたが試験中に使えるのは黒鉛筆だけなので，図は真っ黒です。したがって，前ページの 図 1 − 1 だけでなく，図 1 − 2 ，図 1 − 3 ，図 1 − 4 のように，

図を何枚もかく

のです。このように注目する図形を別にかいて，必要な情報を転記することを「抜き書き」とよんでおられる先生もおられます。図形問題で図をかく労を惜しんではいけません。

2 三 角 比

三角比で考える原則は，

(三角比)　**三角形を探せ**

です。与えられた図形を三角形に分割して，正弦定理や余弦定理などの利用を考えます。絶対的なものではありませんが，一応

角度がたくさんわかっているときは正弦定理

長さがたくさんわかっているときは余弦定理

という原則があります。

　本問で証明したい式は，**AB**，**AC**，**AM**，**BM** という長さに関するものなので，△**ABM** が目に入り，余弦定理の利用が考えられます（**図 2 − 1**）。余弦定理を利用するには角度が 1 か所必要なので，どこか角度を θ とおきましょう。どこがよいでしょうか？

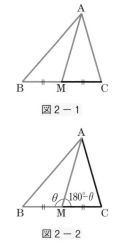

図 2 − 1

図 2 − 2

　いろいろ考えられるのですが，$\angle\mathrm{AMB} = \theta$ とおくと，$\angle\mathrm{AMC} = 180° - \theta$ となり，△**ACM** でも使えるのでおトクです（**図 2 − 2**）。

　で，△**ABM** に余弦定理を用いて（**図 2 − 3**），

$$\mathrm{AB}^2 = \mathrm{AM}^2 + \mathrm{BM}^2 - 2\mathrm{AM}\cdot\mathrm{BM}\cos\theta \quad \cdots\cdots①$$

また，△**ACM** にも余弦定理が使えますね（**図 2 − 4**）。

$$\mathrm{AC}^2 = \mathrm{AM}^2 + \mathrm{CM}^2 - 2\mathrm{AM}\cdot\mathrm{CM}\cos(180° - \theta)$$

となり，CM＝BM と $\cos(180°-\theta)=-\cos\theta$ から，
$$AC^2 = AM^2 + BM^2 + 2AM \cdot BM \cos\theta \quad \cdots\cdots ②$$
となります。

①＋②により，$\cos\theta$ を消去すると，
$$AB^2 + AC^2 = 2(AM^2 + BM^2)$$
となり，証明できました。

これは簡単なので，こんなに図を何枚もかかなくてよいですが，入試レベルの問題では，幾何と同様に，三角比で考えるときもいろいろ図を描いてください。

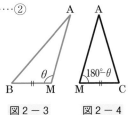

図 2 - 3　　図 2 - 4

3 座　標

僕の主観ですが，京大の平面図形問題は座標を導入すると解ける，もしくは方針が立つことが多いように思います。座標は図形問題を計算問題に変えてくれるので，図形がニガテな者にとってはありがたい道具です。でも，座標のおき方を失敗すると計算が膨大になり，結局ゴールにたどりつけないということになりかねません。

座標をおくポイントは，文字をなるべく少なくするために，

座標
● **直角の利用**　➡ 原点にして，直交する 2 直線を座標軸にする
● **対称性の利用**　➡ 対称軸が座標軸になるようにする
● **座標軸の利用**　➡ 点や線分をなるべく座標軸にのせる

本問なら，辺 BC を x 軸にしましょうか。そうすると，B，C，M の y 座標が 0 になります。

次に y 軸ですが，B を通す，M を通す，A を通す，C を通すの 4 通りが考えられます。どれでもよいのですが，ここは「対称性の利用」で，Mを通しましょう。すると M は原点で，C の座標を $(c, 0)$ $(c>0)$ とおくと，B は $(-c, 0)$ です。B，C，M の 3 点をおいた段階で，まだ 1 文字しか使っていません。いい感じです。

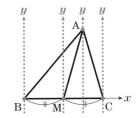

最後の A は仕方がないので，2 文字使って，A(a, b) としましょう。これで合計 3 文字です。では，やってみましょう。

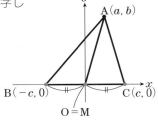

$$AB^2 + AC^2$$
$$= \{(a - (-c))^2 + b^2\} + \{(a - c)^2 + b^2\}$$
$$= (a^2 + 2ac + c^2) + b^2 + (a^2 - 2ac + c^2) + b^2$$
$$= 2(a^2 + b^2 + c^2)$$
$$= 2(AM^2 + BM^2)$$

$AM^2 = a^2 + b^2,\ BM^2 = c^2$

本問では，座標を適切におきさえすれば，この解法がいちばん簡単です
ね。

4 ベクトル

最後にベクトルです。ベクトルで問題を解くときに最も重要なことは，
一般的には，

（ベクトル）　**1 次独立なベクトルですべてを表す**

ことです。しかし，他大学と違って，京大ではこれだけでなく，

● 1 次独立なベクトルの利用を徹底しないといけない問題

● 1 次独立を使わず，対称性をうまく利用する問題

といったものがあります。このあたりは**第 6 章**「**ベクトル**」で詳しく扱う
ことにして，本問では「1 次独立なベクトルですべてを表す」でいきます。

平面の 1 次独立なベクトルとは，s, t を実数としたとき，

$$s\vec{a} + t\vec{b} = \vec{0} \iff s = t = 0$$

という性質をもつベクトル $\vec{a}$ と $\vec{b}$ の組のことで，平
面ベクトルでは，これと同値な条件が，

$$\vec{a} \neq \vec{0},\ \vec{b} \neq \vec{0},\ \vec{a} \nparallel \vec{b}$$

です。これは図形的にいうと，$\vec{a}$ と $\vec{b}$ が三角形を作っ
ていることになります。

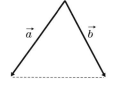

本問では，A を始点にして，$\overrightarrow{AB}$ と $\overrightarrow{AC}$ で考えるのが自然でしょうか。
やってみましょう。

$AB^2 + AC^2 = |\overrightarrow{AB}|^2 + |\overrightarrow{AC}|^2$ だから，左辺は $\overrightarrow{AB}$，$\overrightarrow{AC}$ ですぐに表せ
るので，右辺の方からいきます。

$$2(\text{AM}^2 + \text{BM}^2)$$
$$= 2(|\overrightarrow{\text{AM}}|^2 + |\overrightarrow{\text{BM}}|^2)$$
$$= 2(|\overrightarrow{\text{AM}}|^2 + |\overrightarrow{\text{AM}} - \overrightarrow{\text{AB}}|^2)$$

$\overrightarrow{\text{BM}} = \overrightarrow{\text{AM}} - \overrightarrow{\text{AB}}$ で, 始点を A にした

$$= 2\left(\left|\frac{\overrightarrow{\text{AB}} + \overrightarrow{\text{AC}}}{2}\right|^2 + \left|\frac{\overrightarrow{\text{AB}} + \overrightarrow{\text{AC}}}{2} - \overrightarrow{\text{AB}}\right|^2\right)$$

$\overrightarrow{\text{AM}} = \dfrac{\overrightarrow{\text{AB}} + \overrightarrow{\text{AC}}}{2}$ で, すべて $\overrightarrow{\text{AB}}$, $\overrightarrow{\text{AC}}$ で表した

$$= 2 \cdot \frac{1}{4}(|\overrightarrow{\text{AB}} + \overrightarrow{\text{AC}}|^2 + |\overrightarrow{\text{AC}} - \overrightarrow{\text{AB}}|^2)$$
$$= \frac{1}{2}\{(|\overrightarrow{\text{AB}}|^2 + 2\overrightarrow{\text{AB}} \cdot \overrightarrow{\text{AC}} + |\overrightarrow{\text{AC}}|^2)$$
$$+ (|\overrightarrow{\text{AC}}|^2 - 2\overrightarrow{\text{AB}} \cdot \overrightarrow{\text{AC}} + |\overrightarrow{\text{AB}}|^2)\}$$
$$= \frac{1}{2} \cdot 2(|\overrightarrow{\text{AB}}|^2 + |\overrightarrow{\text{AC}}|^2)$$
$$= \text{AB}^2 + \text{AC}^2$$

できました。

　じつは M を始点にして, $\overrightarrow{\text{MA}}$ と $\overrightarrow{\text{MB}}$ で考えても解けます。試してみてください。

　以上が 4 つの視点です。幾何のところでもいいましたが, 京大は図形問題に限らず別解の多い大学です。ふだんの勉強のときから, いったん解けた問題であっても,「ほかに解き方はないだろうか」と考えることは, 数学の力を伸ばす有益な方法です。ただ, 僕らは「受験数学」の力を伸ばしたいので, 解き出す前の段階で,「この問題にはこのような解き方と, このような解き方が考えられ, この場合はこっちの方がよさそうだ」と判断する練習をしておきましょう。図形は 4 つの視点が決まっているので, 練習しやすいと思います。

　では, いよいよ京大の図形問題にチャレンジしていきましょう！

例 題 21　　　　　　　　　　　★☆☆　🕐 20分

　　AB＝AC である二等辺三角形 ABC を考える。辺 AB の中点を M とし，辺 AB を延長した直線上に点 N を，AN：NB＝2：1 となるようにとる。このとき∠BCM＝∠BCN となることを示せ。ただし，点 N は辺 AB 上にはないものとする。　　　　　（京大・理文共通・08）

理解　　まず図をかいてみましょう。**図1** のような感じでしょうか。赤の角度が等しいことを示したいのです。

　これだけでもよいのですが，AB＝AC や，AM，MB，BN の長さに関係があることがわかりにくいので，長さをおいてみましょうか。AB＝$2a$ とすると **図2** のようになります。

　　　　証明問題は結果からお迎えするので，赤線部分に注目すると，

　　　　BC が∠MCN の二等分線

であればよいことに気づきませんか？

　さらに，MB：BN＝a：$2a$＝1：2 であるから，

目標　CM：CN＝1：2

がいえればよさそうです。

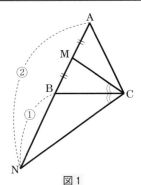

図1

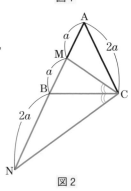

図2

計画　　CM と CN の長さ（の比）がほしいので，「三角比」でいくなら，CM の入った三角形と CN の入った三角形を探します。さらに共通な部分があることが望ましいから，**図3** を見ると，やはり△ACM と△ACN でしょうか。

　∠A が共通になり，余弦定理で CM，CN が出せそうです。

　ところで，「幾何」が得意な人はもう見えたのではないでしょうか？

そうなんです，**図4**のように△ANC の左右を
ひっくり返すと，

$$AM : AC = a : 2a = 1 : 2$$
$$AC : AN = 2a : 4a = 1 : 2$$

ですよね。∠A は共通なので，

$$△ACM ∽ △ANC で相似比は 1 : 2$$

　この相似比から，CM : CN = 1 : 2 がいえま
す。せっかくだから，「三角比」はやめて，「幾
何」でいきましょう。

　このように，「三角比」の視
点で見ているときであっても，
「幾何」の視点で見直してみる
と別の発見があったりします。
ある視点で見ているときでも，
他の視点からも少し見てみる
ようにすると，数学が得意な人
がいう「複数の視点をもつ」と
いう状態に近づけると思います。

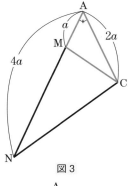

図3

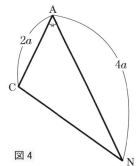

図4

 「角の二等分線」に気づかず，CM : CN = 1 : 2 が思いつかな
ければどうしましょう。∠BCM = ∠BCN を直接示すには……。

　「ベクトル」の視点から見てみましょう。ベ
クトルで「角度」といえば「内積」です。∠BCM
と∠BCN だから，始点は C がよいでしょうか。

$$\cos ∠BCM = \frac{\overrightarrow{CB} \cdot \overrightarrow{CM}}{|\overrightarrow{CB}||\overrightarrow{CM}|}$$

$$\cos ∠BCN = \frac{\overrightarrow{CB} \cdot \overrightarrow{CN}}{|\overrightarrow{CB}||\overrightarrow{CN}|}$$

を調べることになります。M は線分 AB の中
点，N は線分 AB を 2 : 1 に外分する点であり，

　　1次独立なベクトルですべてを表す

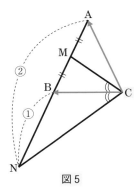

図5

原則で，$\overrightarrow{CM}$，$\overrightarrow{CN}$ を $\overrightarrow{CA}$ と $\overrightarrow{CB}$ を用いて表すと，

$$\overrightarrow{CM} = \frac{\overrightarrow{CA} + \overrightarrow{CB}}{2}, \quad \overrightarrow{CN} = \frac{-\overrightarrow{CA} + 2\overrightarrow{CB}}{2 - 1} = -\overrightarrow{CA} + 2\overrightarrow{CB}$$

これで，$\overrightarrow{\mathrm{CB}} \cdot \overrightarrow{\mathrm{CM}}$，$\overrightarrow{\mathrm{CB}} \cdot \overrightarrow{\mathrm{CN}}$，$|\overrightarrow{\mathrm{CB}}|$，$|\overrightarrow{\mathrm{CM}}|$，$|\overrightarrow{\mathrm{CN}}|$ を求めるのですが，……そうなんです。そのためには $|\overrightarrow{\mathrm{CA}}|$，$|\overrightarrow{\mathrm{CB}}|$，$\overrightarrow{\mathrm{CA}} \cdot \overrightarrow{\mathrm{CB}}$ が必要で，さらにそのためには △ABC の寸法が必要なのです。

 計画　そこで，**図6** のように AB = AC = a，BC = b とおくと，
$$|\overrightarrow{\mathrm{CA}}| = a, \quad |\overrightarrow{\mathrm{CB}}| = b$$

余弦定理より，$\cos\angle\mathrm{ACB} = \dfrac{a^2 + b^2 - a^2}{2ab} = \dfrac{b}{2a}$

よって，
$$\overrightarrow{\mathrm{CA}} \cdot \overrightarrow{\mathrm{CB}} = |\overrightarrow{\mathrm{CA}}||\overrightarrow{\mathrm{CB}}|\cos\angle\mathrm{ACB}$$
$$= a \cdot b \cdot \frac{b}{2a} = \frac{1}{2}b^2$$

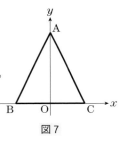

図6

「幾何」に比べると計算はかなり大変そうですが，何とかなりそうです。くれぐれも計算ミスに注意を。

理解　さて，残った視点の「座標」ですが，正直にいうと，はじめてこの問題を解いたとき，僕はこれでやりました。一瞬です。

二等辺三角形は A を通る中線に関して対称で，これを y 軸に，辺 BC を x 軸に重ね，**図7** のようにおくと文字が少なくてすみそうです。

● 対称性の利用　● 座標軸の利用
です。

図7

辺 AB の中点 M が登場するので，A$(0, a)$，B$(b, 0)$ ではなく，
$$\mathrm{A}(0, 2a), \ \mathrm{B}(-2b, 0) \quad (a > 0, \ b > 0)$$
とすると，**図8** のように，
$$\mathrm{C}(2b, 0), \ \mathrm{M}(-b, a), \ \mathrm{N}(-4b, -2a)$$
です。

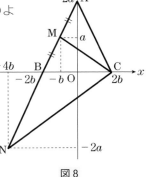

図8

∠BCM，∠BCN を調べるために直線 CM，直線 CN の傾きを求めると，

$$(\text{直線 CM の傾き}) = \frac{0 - a}{2b - (-b)} = -\frac{a}{3b}$$

$$(\text{直線 CN の傾き}) = \frac{0 - (-2a)}{2b - (-4b)} = \frac{a}{3b}$$

$$（直線 CN の傾き）＝－（直線 CM の傾き）$$

これで∠BCM＝∠BCN がいえます。

実行

〈解答 1 ——幾何〉

　△ACM と△ANC について，∠A は共通であり，
　　　AM：AC＝1：2，AC：AN＝1：2
より，
　　　AM：AC＝AC：AN
であるから，
　　　△ACM∽△ANC
　相似比は，1：2 であるから，
　　　CM：CN＝1：2
　一方，
　　　MB：BN＝1：2
であるから，
　　　CM：CN＝MB：BN
　よって，CB は∠MCN の二等分線であるから，
　　　∠BCM＝∠BCN
である。

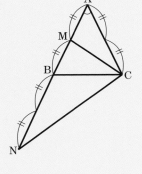

〈解答 2 ——ベクトル〉

　AB＝AC＝a，BC＝b とし，$\overrightarrow{\text{CA}}=\vec{a}$，
$\overrightarrow{\text{CB}}=\vec{b}$ とすると，
　　　$|\vec{a}|=|\overrightarrow{\text{CA}}|=a$，$|\vec{b}|=|\overrightarrow{\text{CB}}|=b$

であり，余弦定理により，

$$\cos\angle\text{ACB}=\frac{a^2+b^2-a^2}{2ab}=\frac{b}{2a}$$

であるから，

$$\vec{a}\cdot\vec{b}=|\vec{a}||\vec{b}|\cos\angle\text{ACB}=a\cdot b\cdot\frac{b}{2a}$$

$$=\frac{1}{2}b^2$$

　M は辺 AB の中点，N は辺 AB を 2：1
に外分する点であるから，

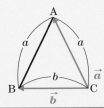

△ABC は二等辺三角形なので，A から辺 BC に垂線 AH を下ろして，

$$\cos\angle\text{ACB}=\frac{\text{CH}}{\text{AC}}$$

$$=\frac{\frac{b}{2}}{a}=\frac{b}{2a}$$

でも OK です。

$$\overrightarrow{\text{CM}} = \frac{\overrightarrow{\text{CA}} + \overrightarrow{\text{CB}}}{2} = \frac{1}{2}(\vec{a} + \vec{b})$$

$$\overrightarrow{\text{CN}} = \frac{-\overrightarrow{\text{CA}} + 2\overrightarrow{\text{CB}}}{2 - 1} = -\vec{a} + 2\vec{b}$$

よって,

$$|\overrightarrow{\text{CM}}|^2 = \frac{1}{4}|\vec{a} + \vec{b}|^2$$

$$= \frac{1}{4}(|\vec{a}|^2 + 2\vec{a} \cdot \vec{b} + |\vec{b}|^2)$$

$$= \frac{1}{4}\left(a^2 + 2 \cdot \frac{1}{2}b^2 + b^2\right)$$

$$= \frac{1}{4}(a^2 + 2b^2)$$

$$|\overrightarrow{\text{CN}}|^2 = |-\vec{a} + 2\vec{b}|^2 = |\vec{a}|^2 - 4\vec{a} \cdot \vec{b} + 4|\vec{b}|^2$$

$$= a^2 - 4 \cdot \frac{1}{2}b^2 + 4b^2$$

$$= a^2 + 2b^2$$

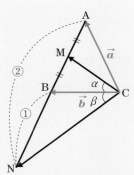

じつは角度までもちこまなくても, この段階で $|\overrightarrow{\text{CM}}|^2 : |\overrightarrow{\text{CN}}|^2 = 1 : 4$ ですから,
$$\text{CM} : \text{CN} = 1 : 2$$
$$= \text{BM} : \text{BN}$$
がいえます。

$$\overrightarrow{\text{CM}} \cdot \overrightarrow{\text{CB}} = \frac{1}{2}(\vec{a} + \vec{b}) \cdot \vec{b} = \frac{1}{2}(\vec{a} \cdot \vec{b} + |\vec{b}|^2) = \frac{1}{2}\left(\frac{1}{2}b^2 + b^2\right) = \frac{3}{4}b^2$$

$$\overrightarrow{\text{CN}} \cdot \overrightarrow{\text{CB}} = (-\vec{a} + 2\vec{b}) \cdot \vec{b} = -\vec{a} \cdot \vec{b} + 2|\vec{b}|^2 = -\frac{1}{2}b^2 + 2b^2 = \frac{3}{2}b^2$$

$\overrightarrow{\text{CM}}$ と $\overrightarrow{\text{CB}}$ のなす角を α, $\overrightarrow{\text{CN}}$ と $\overrightarrow{\text{CB}}$ のなす角を β とすると,

$$\cos\alpha = \frac{\overrightarrow{\text{CM}} \cdot \overrightarrow{\text{CB}}}{|\overrightarrow{\text{CM}}||\overrightarrow{\text{CB}}|} = \frac{\dfrac{3}{4}b^2}{\dfrac{1}{2}\sqrt{a^2 + 2b^2} \cdot b} = \frac{3b}{2\sqrt{a^2 + 2b^2}}$$

$$\cos\beta = \frac{\overrightarrow{\text{CN}} \cdot \overrightarrow{\text{CB}}}{|\overrightarrow{\text{CN}}||\overrightarrow{\text{CB}}|} = \frac{\dfrac{3}{2}b^2}{\sqrt{a^2 + 2b^2} \cdot b} = \frac{3b}{2\sqrt{a^2 + 2b^2}}$$

したがって,

$$\cos\alpha = \cos\beta$$

であり, $0° \leqq \alpha \leqq 180°$, $0° \leqq \beta \leqq 180°$ より,

$$\alpha = \beta \quad つまり \quad \angle \text{BCM} = \angle \text{BCN}$$

である。

ベクトルのなす角 θ は $0° \leqq \theta \leqq 180°$ で考えるんでしたね。

α と β の範囲の確認が必要。
$\cos 60° = \cos 300°\left(= \dfrac{1}{2}\right)$ のとき, もちろん $60° \neq 300°$ ですが, $0°\sim180°$ ならこういうことは起こらず
$$\cos\alpha = \cos\beta \iff \alpha = \beta$$

〈解答3——座標〉

xy 平面において，$a > 0$，$b > 0$ として，

$$\mathrm{A}(0,\ 2a),\ \mathrm{B}(-2b,\ 0),\ \mathrm{C}(2b,\ 0)$$

のように点 A，B，C をとることができる。

このとき，

$$\mathrm{M}(-b,\ a),\ \mathrm{N}(-4b,\ -2a)$$

であるから，直線 CM，CN の傾きをそれぞれ m_1，m_2 とすると，

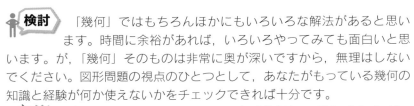

$$m_1 = \frac{0-a}{2b-(-b)} = -\frac{a}{3b}$$

$$m_2 = \frac{0-(-2a)}{2b-(-4b)} = \frac{a}{3b}$$

よって，

$$m_2 = -m_1$$

であるから，直線 CM と直線 CN は x 軸（直線 BC）に関して対称である。したがって，$\angle \mathrm{BCM} = \angle \mathrm{BCN}$ である。

検討　「幾何」ではもちろんほかにもいろいろな解法があると思います。時間に余裕があれば，いろいろやってみても面白いと思います。が，「幾何」そのものは非常に奥が深いですから，無理はしないでください。図形問題の視点のひとつとして，あなたがもっている幾何の知識と経験が何か使えないかをチェックできれば十分です。

実行　解答1では，CM：CN＝1：2 を「幾何」で示しましたが，**理解**でいったように，「三角比」の視点から余弦定理で CM と CN の長さを計算してもよいですし，「ベクトル」の視点から内積で CM と CN の長さを計算しても構いません。試験は時間との勝負でもあります。多少ヘタでもイケそうなら，突っ走って最後まで答えを出すことも重要です。

類題 21　　　　　　　　　解答 ⇨ P.462 | ★☆☆ | ⏱ 25分

　　次の2つの条件を同時に満たす四角形のうち面積が最小のものの面積を求めよ。
(a)　少なくとも2つの内角は90°である。
(b)　半径1の円が内接する。ただし，円が四角形に内接するとは，円が四角形の4つの辺すべてに接することをいう。

(京大・理文共通・15)

22 図 形 ②

| ★☆☆ | ⏱ 25分

x を正の実数とする。座標平面上の 3 点 A$(0, 1)$，B$(0, 2)$，P(x, x) をとり，△APB を考える。x の値が変化するとき，∠APB の最大値を求めよ。 （京大・理系・10）

理解 問題の設定は「座標」ですが，座標は「直交」を除いて角度がニガテです。2 直線の傾きを m_1，m_2 として，2 直線が直交するとき $m_1 m_2 = -1$ ですが，本問のような変化する∠APB を扱うのは難しいです。

では，他の視点「三角比」，「ベクトル」の助けを借りましょう。

座標平面上の角度 ➡
1 tan の加法定理
2 ベクトルの内積
3 三角形の面積から sin

3 はほとんど使いませんが，1，2 は絶対に出てこないといけない手法です。とくに 1 は教科書にも載っているのですが，マスターできていない人も多く，実際の京大の入試でも 2 でやろうとした人が少なからずいたそうです。もしくは，1 の公式（？）を丸暗記していて，絶対値をつけてしまっているとか……。あなたは大丈夫ですか？

2 でやってみると，

$$\overrightarrow{PA} = (-x, 1 - x)$$
$$\overrightarrow{PB} = (-x, 2 - x)$$

であるから，$\overrightarrow{PA}$ と $\overrightarrow{PB}$ のなす角を $\theta\ (0 \leqq \theta \leqq \pi)$ とすると，

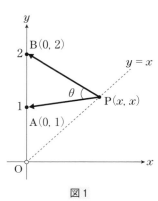

図1

$$\cos\theta = \frac{\overrightarrow{\mathrm{PA}} \cdot \overrightarrow{\mathrm{PB}}}{|\overrightarrow{\mathrm{PA}}||\overrightarrow{\mathrm{PB}}|}$$

$$= \frac{(-x)(-x)+(1-x)(2-x)}{\sqrt{x^2+(1-x)^2}\sqrt{x^2+(2-x)^2}}$$

$$= \frac{2x^2-3x+2}{\sqrt{(2x^2-2x+1)(2x^2-4x+4)}}$$

$0 \leqq \theta \leqq \pi$ において $\cos\theta$ は減少関数だから，$\angle\mathrm{APB}=\theta$ の最大値を求めるには，$\cos\theta$ の最小値を求めればよいですが，この分数関数の微分はツライですよ〜。この時点で，「ちょっとこの方針はヤバそうだな，ほかに方法はないかな」と思わないといけません。できそうにない計算に突っ走って，途中の計算をいくらぐちゃぐちゃ書いていても評価してもらえません。

もちろん，**2** でうまくいく問題もあります。本問だと計算が大変なことになって，正解までにはたどりつけないだろうなぁ，というだけです。座標平面上で角度を扱うひとつの方針として，頭に入れておかないといけないものではあります。

次に，**1** ですが，問題集や参考書にこんな公式（？）が載っていることがあります。

2 直線 $y = m_1 x + n_1$，$y = m_2 x + n_2$

のなす角を $\theta \left(0 < \theta < \dfrac{\pi}{2}\right)$ とすると，

$$\tan\theta = \left| \frac{m_1 - m_2}{1 + m_1 m_2} \right|$$

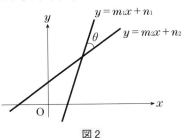

図2

これは覚えてはいけませんよ。というか，覚えなくてもすぐ作れます。また，実際の入試では絶対値は不要であることがほとんどです。詳しくはあとの **+補足** でお話ししましょう。覚えないといけないことがあるとすれば，

直線 $y = mx + n$ と x 軸のなす角を x 軸の正方向から反時計まわりに測って，$\theta \left(-\dfrac{\pi}{2} < \theta < \dfrac{\pi}{2}\right)$ とすると，

$$\tan\theta = m$$

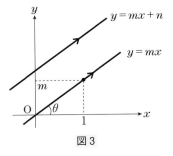

図3

という関係式と，tan の加法定理くらいです。

まず，このことは**図3**のように $y = mx + n$ と平行な直線 $y = mx$ を考えれば，tan の定義からあたり前ですよね。

次に，tan の加法定理ですが，これも sin と cos の加法定理がちゃんと覚えられていれば，すぐに作ることができます。$\tan \theta = \dfrac{\sin \theta}{\cos \theta}$ だから，

$$\tan(\alpha + \beta) = \frac{\sin(\alpha + \beta)}{\cos(\alpha + \beta)} = \frac{\sin \alpha \cos \beta + \cos \alpha \sin \beta}{\cos \alpha \cos \beta - \sin \alpha \sin \beta}$$

これでも計算できますが，「tan の加法定理」なら，$\tan \alpha$ と $\tan \beta$ の式にしたいですよね。だから，分子・分母を $\cos \alpha \cos \beta$ で割るのです。

$$\tan(\alpha + \beta) = \frac{\dfrac{\sin \alpha \cos \beta}{\cos \alpha \cos \beta} + \dfrac{\cos \alpha \sin \beta}{\cos \alpha \cos \beta}}{\dfrac{\cos \alpha \cos \beta}{\cos \alpha \cos \beta} - \dfrac{\sin \alpha \sin \beta}{\cos \alpha \cos \beta}} = \frac{\tan \alpha + \tan \beta}{1 - \tan \alpha \tan \beta}$$

5，6回作ったら覚えてしまうと思います。丸暗記はやめておきましょうね。

では，**1 tan の加法定理**でやってみましょう。

直線 AP，BP の傾きをそれぞれ m_1，m_2，x 軸の正方向から測った角をそれぞれ α，β とすると，**図4**より，

$$\tan \alpha = m_1 = \frac{x - 1}{x - 0} = \frac{x - 1}{x}$$

$$\tan \beta = m_2 = \frac{x - 2}{x - 0} = \frac{x - 2}{x}$$

で，$\angle APB = \theta$ とおくと，

$$\theta = \alpha - \beta \quad \cdots\cdots ⓐ$$

ですね。「$\theta = \alpha + \beta$ では？」と思っていませんか？

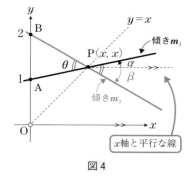

図4

正の角度ばかりを扱うときはよいですが，負の角度を扱うときは注意してください。角度は反時計まわりに測りますよね。たとえば，**図4**なら $\alpha = 15°$，$\beta = -30°$ ぐらいでしょうか。すると，

$$\theta = \alpha - \beta = 15° - (-30°) = 15° + 30° = 45°$$

です。**角度にも向きがあることに注意しましょう。**

以上より，

$$\tan\theta = \tan(\alpha-\beta) = \frac{\tan\alpha-\tan\beta}{1+\tan\alpha\tan\beta}$$

上で証明した $\tan(\alpha+\beta)$ で $\beta \to -\beta$ としたもの。$\tan(-\beta)=-\tan\beta$ ですね。

$$= \frac{\dfrac{x-1}{x}-\dfrac{x-2}{x}}{1+\dfrac{x-1}{x}\cdot\dfrac{x-2}{x}} = \frac{x\{(x-1)-(x-2)\}}{x^2+(x-1)(x-2)}$$

分子・分母に x^2 を掛けた

$$= \frac{x}{2x^2-3x+2} \quad\cdots\cdots\text{ⓑ}$$

この分数関数なら何とかなりそうです。

計画 まず，α, β, θ をおいたので，$x>0$ の範囲で x を変化させて，ⓐの $\theta=\alpha-\beta$ をチェックしましょう。

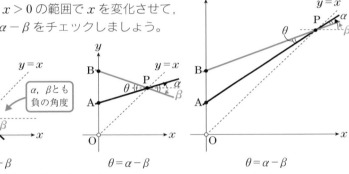

$\theta=\alpha-\beta$ $\qquad\qquad$ $\theta=\alpha-\beta$ $\qquad\qquad$ $\theta=\alpha-\beta$

α, β とも負の角度

$\alpha=-30°$, $\beta=-45°$ で，$\theta=\alpha-\beta=(-30°)-(-45°)=15°$ のようなイメージ。

図5

大丈夫そうです。実際，$x>0$ より，

$m_1=\tan\alpha$, $m_2=\tan\beta$ です。

$$m_1 = \frac{x-1}{x} > \frac{x-2}{x} = m_2 \qquad\therefore\quad \tan\alpha>\tan\beta$$

いま，$-\dfrac{\pi}{2}<\alpha<\dfrac{\pi}{2}$，$-\dfrac{\pi}{2}<\beta<\dfrac{\pi}{2}$ で考えていて，$\tan\theta$ は $-\dfrac{\pi}{2}<\theta<\dfrac{\pi}{2}$ において増加関数であるから，

$$\alpha>\beta \qquad\therefore\quad -\frac{\pi}{2}<\beta<\alpha<\frac{\pi}{2}$$

式でも $\theta=\alpha-\beta$ としてよいことが確認できました。

次にⓑですが，理系は数学Ⅲの微分ができるので，それでも OK です。ただし，数学Ⅱでも解決できます。変数を分母に集めるために，分子・分

母を x で割ると,

$$\tan\theta = \cfrac{1}{2x-3+\cfrac{2}{x}} = \cfrac{1}{2\left(x+\cfrac{1}{x}\right)-3}$$

この形はどうですか？　$x>0$ でないと使えませんが,

が利用できそうです。例題12 の ➕補足 で一度出しましたが, 確認しておきますね。

◆ 相加平均と相乗平均の大小関係
$a \geqq 0$, $b \geqq 0$ のとき,
$$\frac{a+b}{2} \geqq \sqrt{ab}$$
等号が成立するのは $a=b$ のとき。

🏃 実行

　$x>0$ より, 直線 AP, BP は傾きが定義できるから, これをそれぞれ m_1, m_2 とする。また, x 軸となす角を, x 軸の正の方向から測って, それぞれ α, β $\left(-\dfrac{\pi}{2}<\alpha<\dfrac{\pi}{2}, -\dfrac{\pi}{2}<\beta<\dfrac{\pi}{2}\right)$ と

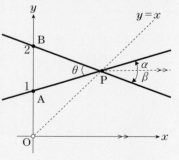

おくと,

$$m_1 = \tan\alpha = \frac{x-1}{x}$$

$$m_2 = \tan\beta = \frac{x-2}{x}$$

$x>0$ より, $\tan\alpha > \tan\beta$ であるから,

$$-\frac{\pi}{2} < \beta < \alpha < \frac{\pi}{2}$$

ゆえに, $\angle \mathrm{APB} = \theta$ とおくと,

$$\theta = \alpha - \beta \quad (0<\theta<\pi) \quad ①$$ ➕補足 へ

ところで,

$$m_1 m_2 - (-1) = \frac{x-1}{x} \cdot \frac{x-2}{x} + 1 = \frac{2x^2 - 3x + 2}{x^2}$$

$$= \frac{2\left(x - \dfrac{3}{4}\right)^2 + \dfrac{7}{8}}{x^2} > 0$$

より，$m_1 m_2 \neq -1$ であるから，$\theta \neq \dfrac{\pi}{2}$ ②　←[＋補足へ]

よって，$\tan\theta$ が存在して，

$$\tan\theta = \tan(\alpha - \beta) = \frac{\tan\alpha - \tan\beta}{1 + \tan\alpha \tan\beta}$$

$$= \frac{\dfrac{x-1}{x} - \dfrac{x-2}{x}}{1 + \dfrac{x-1}{x} \cdot \dfrac{x-2}{x}} = \frac{x}{2x^2 - 3x + 2} = \frac{1}{2\left(x + \dfrac{1}{x}\right) - 3}$$

ここで，$x > 0$ であるから，(相加平均) ≧ (相乗平均) より，

$$x + \frac{1}{x} \geqq 2\sqrt{x \cdot \frac{1}{x}} = 2 \qquad \therefore \quad 2\left(x + \frac{1}{x}\right) - 3 \geqq 1$$

であり，等号が成立するのは $x = 1$ のとき。これより，

$$0 < \tan\theta \leqq 1$$

$0 < \theta < \dfrac{\pi}{2}$ であるから，∠APB $= \theta$ が最大となるのは，$\tan\theta$ が最大値 1 ③　←[＋補足へ]
をとるときである。したがって，

∠APB の最大値は $\dfrac{\pi}{4}$ である。

[＋補足]　～～部を確認しましょう。sin や cos に比べて，tan はちょっとやっかいなところがあります。まず最初，$\theta = \alpha - \beta$ とおいたところでは，

θ が最大になるのは，

α が最大 $\left(\dfrac{\pi}{2}\right)$，$\beta$ が最小 $\left(-\dfrac{\pi}{2}\right)$ のときで，$\theta = \alpha - \beta = \pi$

θ が最小になるのは，$\alpha = \beta$ のときで，$\theta = 0$

実際には等号が成り立たないので，

$$0 < \theta < \pi \text{ ①}$$

しかし，これでは $\tan\theta$ をとるとアブナイところがあります。そうです，$\theta = \dfrac{\pi}{2}$ のとき $\tan\theta$ は定義されないのです。そこで，$\theta \neq \dfrac{\pi}{2}$ つまり

$m_1 m_2 \neq -1$ を確認するために，
$$m_1 m_2 - (-1) = \cdots\cdots > 0$$
を示したわけです。これで，

$$\underset{\textcircled{2}}{\underline{\theta \neq \dfrac{\pi}{2}}}$$

となるので，安心して $\tan\theta$ が求められます。

この段階で，

$$0 < \theta < \pi,\ \theta \neq \dfrac{\pi}{2}$$

なのですが，この範囲では，

「θ 最大」 $\iff$ 「$\tan\theta$ 最大」 ……(*)

は成立しません。右のグラフのように，$\theta_2 > \theta_1$ なのに，$\tan\theta_2 < \tan\theta_1$ になってしまいます。

本問では，幸い $\tan\theta > 0$ がすぐにいえるので，

$$\underset{\textcircled{3}}{\underline{0 < \theta < \dfrac{\pi}{2}}}$$

となり，(*)が成り立ちます。ほとんどの入試問題では，このタイプの問題は鋭角になってくれて(*)が成り立ちますが，図形的に自明でない場合や，ちょっと不安なときは，[分実行] のように式で示すのが無難でしょう。

さて，[理解] のところで紹介した，<u>覚えてはいけない公式</u>

$$\tan\theta = \left| \dfrac{m_1 - m_2}{1 + m_1 m_2} \right|$$

ですが，この絶対値はナゼつくのでしょうか？

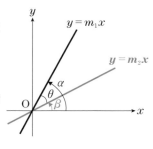

簡単のため，$y = m_1 x$ と $y = m_2 x$ で考えます。それぞれ x 軸の正方向から測った角を α，β とおくと，

$$m_1 = \tan\alpha,\ m_2 = \tan\beta$$

で，右の図のような場合，2 直線のなす角を θ とすると，

$$\theta = \alpha - \beta$$

だから，

$$\tan\theta = \tan(\alpha - \beta) = \dfrac{\tan\alpha - \tan\beta}{1 + \tan\alpha \tan\beta} = \dfrac{m_1 - m_2}{1 + m_1 m_2}$$

これは OK ですよね。

ところが，下の図のような場合はどうでしょう。

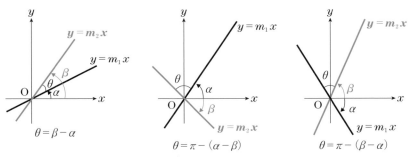

2直線のなす角は $0 \leqq \theta \leqq \dfrac{\pi}{2}$ $\left(\theta = \dfrac{\pi}{2}\right.$ のときは $\tan\theta$ が存在しないので，

別に考えないといけません$\Big)$で考えるので，このような4つの場合分けが

必要になるのです。ところが，これらはすべて，

$$\tan\theta = |\tan(\alpha - \beta)|$$

で，一発解決するんですね～。時間があったらチェックしてみてください。
最初に思いついた人はスゴイです。

しかし!! 実際の入試では本問のように，

● ∠APB を調べさせる

（この場合，2直線のなす角ではないので，$0 \leqq \angle APB \leqq \pi$ で考えな
いといけない。）

● α と β の大小関係が自明

ということがほとんどです。無意味な絶対値をつけていると，採点する先
生に「コイツわかってないな」という印象を与えてしまうので，注意しま
しょう。

類題 **22** 　　　　　　　　　　解答 ⇨ P.468 ★★☆ ⏱25分

単位円 $C : x^2 + y^2 = 1$ 上の点 P をとり，定点 A$(-2,\ 0)$ から P へ
線分を引き，その線分の P の側の延長線上に点 Q を $\overline{\text{AP}} \cdot \overline{\text{PQ}} = 3$ と
なるようにとる。ただし，$\overline{\text{AP}}$ は線分 AP の長さを表す。

(1) $s = \overline{\text{AP}}$, $t = \overline{\text{OQ}}$ とおいて，t を s で表せ。ただし，O$(0,\ 0)$ は原
点である。

(2) 点 P が円 C 上を動くとき，点 Q の描く軌跡を求めよ。

（京大・理文共通・97前）

円周率が 3.05 より大きいことを証明せよ。

（東大・理科・03前）

2003年の大学入試の問題の中で，この東大の問題はインパクトがありました。

ゆとり教育により，小学校で円周率を「約3」と習うことになってからの出題で，文部科学省に対するイヤがらせ……，いやいや，問題提起をするかのような問題です。東大の問題にはときおりこのようなメッセージ性のある問題があり，入試関係者の間で話題になります。

解答はいろいろ考えられるのですが，そうですねぇ，「円周率 π って，何と円周の率か？」ということを思い出してもらうと糸口が見つかります。そうです，

$$（円の直径）:（円の周）＝1:\pi$$

なんですよね。やはり数学において定義は重要です。

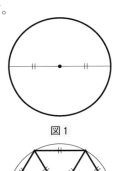

図1

直径2の円に **図2** のように正六角形を内接させると，

$$（円の周）＞（正六角形の周）$$

より，

$$2\pi＞6$$
$$\pi＞3$$

おしい！　もう少し細かくすればイケそうですね。

正十二角形にして，**図3** の赤い二等辺三角形に着目すると，**図4** のようになり，正十二角形の1辺の長さは $2\sin15°$ です。そして，正六角形のときと同様に，

$$（円の周）＞（正十二角形の周）$$

より，

$$2\pi＞12×2\sin15°$$
$$\pi＞12\sin15°$$

あとは，$\sin15°$ を $\sin15°＝\sin(45°-30°)$ などで計算して，$\sqrt{2}＝1.414\cdots\cdots$，$\sqrt{3}＝1.732\cdots\cdots$ を利用すれば示すことができます。

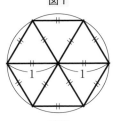

図2

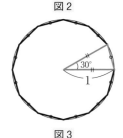

図3

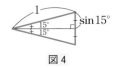

図4

さて，じつは，この入試問題は別のインパクトを入試関係者に与えたんですね～。それは何かといいますと，

大学入試史上，最短問題文

ということなんです。大昔にはひょっとすると何かとてつもないのがあるかもしれませんが，ここ何十年かでは最短だったそうです。3.05 を何文字と数えるのかわかりませんが，仮に「3」と「.」と「0」と「5」の4文字として，最後の「。」も含めると 21 文字です。

　これに闘志が燃え上がったのか，2006年後期の京大の問題は，

> tan 1° は有理数か。（京大・理文共通・06後）

　t, a, n, 1, ° を5文字としても合計 11 文字!!　　しかも最後が字数の多くなる「～を示せ」や「～を証明せよ」でなくて，「～か」。難関大の入試レベルの問題で，これより短いものを作るのは……。大学の先生方，楽しみにしております。

　ところで，これはどう解くのでしょう。tan 1° の値は知りませんよね。

知っている値というと，$\tan 30° = \dfrac{1}{\sqrt{3}}$, $\tan 45° = 1$, $\tan 60° = \sqrt{3}$, ……などです。では，tan 1° と tan 30° をどう結びつけるか……。そうですね，tan の加法定理でイケそうです。

$$\tan 2° = \tan(1° + 1°) = \frac{\tan 1° + \tan 1°}{1 - \tan 1° \tan 1°}$$

$$\tan 3° = \tan(2° + 1°) = \frac{\tan 2° + \tan 1°}{1 - \tan 2° \tan 1°}$$

$$\vdots$$

> tan 1°（有理数）の和，差，積，商で表せるから，tan 2° も有理数。

だから，tan 1° が有理数だとすると，tan 2° も有理数，tan 3° も有理数……，と順々に進んでいって，tan 30° も有理数となります。しかし，

$\tan 30° = \dfrac{1}{\sqrt{3}} = \dfrac{\sqrt{3}}{3}$ は無理数であり，これは矛盾です。

　問題文は短いですが，どちらもナカナカの難しさですね。

図　形 ③

例題 23　　　　　　　　　　★★☆ ⏰ 25分

　　円に内接する四角形 ABPC は次の条件(イ), (ロ)を満たすとする。
(イ)　三角形 ABC は正三角形である。
(ロ)　AP と BC の交点は線分 BC を $p : 1-p\ (0<p<1)$ の比に内分する。
　　このときベクトル $\overrightarrow{AP}$ を $\overrightarrow{AB}$, $\overrightarrow{AC}$, p を用いて表せ。

（京大・理文共通・00前）

🧑理解　設定は「ベクトル」ですので，
　　　　　まずは，

1次独立なベクトルですべてを表す
です。本問だと問題文で $\overrightarrow{AB}$ と $\overrightarrow{AC}$ がご指名
ですが，京大なので裏切られるかもしれませ
んよ。

　　AP と BC の交点を Q とおくと，条件(ロ)
より，

$$\overrightarrow{AQ} = (1-p)\overrightarrow{AB} + p\overrightarrow{AC} \quad\cdots\cdots\text{ⓐ}$$

と $\overrightarrow{AQ}$ が $\overrightarrow{AB}$ と $\overrightarrow{AC}$ で表せることはすぐにわ
かります。P は直線 AQ 上にあるから，t を
実数として，

$$\overrightarrow{AP} = t\overrightarrow{AQ} \quad\cdots\cdots\text{ⓑ}$$

とおけるので，ⓐ, ⓑより，

$$\overrightarrow{AP} = t\{(1-p)\overrightarrow{AB} + p\overrightarrow{AC}\} \quad\cdots\cdots\text{ⓒ}$$

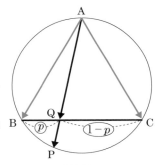

図1－1

📐計画　p は使ってよい文字なので，あ
　　　　　とは t を求めればよいわけですが，
さて，どうしましょう？　「P が直線 AQ 上
にある」ということ以外の P の条件は……，
そうです，**P が円上にある**ということです。

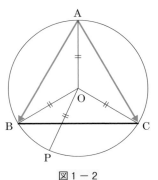

図1－2

円の中心を O とすると，これは正三角形 ABC の重心だから，

$$\overrightarrow{AO} = \frac{\overrightarrow{AB} + \overrightarrow{AC}}{3} \quad \cdots\cdots\text{ⓓ}$$

で，円の半径を r とおくと，$|\overrightarrow{OP}| = r$ から，

$$|\overrightarrow{AP} - \overrightarrow{AO}|^2 = r^2$$

> 始点を A にかえました。

ここへ ⓒ，ⓓ を代入すれば，

$$\left| t\{(1-p)\overrightarrow{AB} + p\overrightarrow{AC}\} - \frac{\overrightarrow{AB} + \overrightarrow{AC}}{3} \right|^2 = r^2$$

あとは $\overrightarrow{AB}$ と $\overrightarrow{AC}$ の内積の計算になるので，$|\overrightarrow{AB}|$，$|\overrightarrow{AC}|$，$\overrightarrow{AB} \cdot \overrightarrow{AC}$ を用意しておけばいけそうです。

ところで，本問では半径 r を 1 や 2 に決めてしまってよいのですが，わかりますか？いわゆる，

　　「$r=1$ として一般性を失わない」
というヤツです。

本問の場合，ⓐ までは問題文に指定されたものしか使っていないので，ⓑ の t だけが問題です。つまり，

　　$AQ : AP = 1 : t$

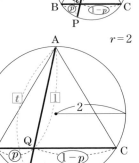

図1－3

であるから，AQ と AP の長さの比がわかればよいのです。円はすべて相似，正三角形もすべて相似であり，$r=1$ であっても，$r=2$ であっても，AQ と AP の比は同じです。だから，なるべく計算が楽な値に決めてしまえばよいのです。

「どんなときに"一般性を失わない"んですか？」と，すぐパターン化したがる人がいますが，これは問題の設定によります。また，そういう思考することを止めるような数学への取り組み方は，京大受験生としてダメですよ。

　　　　一般的に文字をおくべきか，値を定めても影響がないのか
を，その都度考えてみることです。そんなに時間のかかることではないですから。

👤 **理解**　さて，前ページの「ベクトル」の設定の問題を「ベクトル」で考えるのは，次の章の**ベクトル**でやる内容なのですが，解けそうなので，こちらでも解答してみたいと思います。

　が，ここで視点を切りかえてみましょう。前ページの **計画** でもいいましたが，

$$AQ : AP = 1 : t$$

が知りたいんですよね。**図2－1** を見て何か思いつきませんか？　「幾何」で。

　そうです！　方べきの定理が使えそうですね。正三角形 ABC の 1 辺の長さを 1 として一般性を失いません。このとき $BQ = p$，$CQ = 1 - p$ で，

$$AQ \cdot PQ = BQ \cdot CQ = p(1 - p) \quad \cdots\cdots \text{⑤}$$

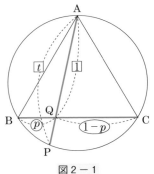

図2－1

🙂 **計画**　とすると，もうひとつ AQ か PQ に関する式があれば，

$$t = \frac{AP}{AQ}$$ が求まりそうです。どうですか？　長さや角度を書き

込んでいくと **図2－2** のようになるので，△ABQ に余弦定理を使えば，

$$AQ = (p \text{ の式}) \quad \cdots\cdots \text{⑥}$$

が出せそうです。これで，⑤と⑥から t の値が求まります。

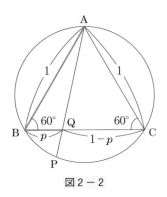

図2－2

実行

〈解答1——ベクトル〉

AP と BC の交点を Q とすると，BQ：QC＝$p：1-p$ より，

$$\overrightarrow{AQ} = (1-p)\overrightarrow{AB} + p\overrightarrow{AC} \quad \cdots\cdots ①$$

また，P は AQ 上にあるから，t を実数として，

$$\overrightarrow{AP} = t\overrightarrow{AQ} \quad \cdots\cdots ②$$

とおけるので，①，②より，

$$\overrightarrow{AP} = t\{(1-p)\overrightarrow{AB} + p\overrightarrow{AC}\} \quad \cdots\cdots ③$$

ここで，円の中心を O とおくと，△ABC が正三角形であることから，O は△ABC の重心である。よって，

$$\overrightarrow{AO} = \frac{1}{3}(\overrightarrow{AB} + \overrightarrow{AC})$$

であるから，

始点を A にかえて $\overrightarrow{AB}$ と $\overrightarrow{AC}$ で表します。

内積の計算は大丈夫？
➕補足 へ

$$\overrightarrow{OP} = \overrightarrow{AP} - \overrightarrow{AO}$$

$$= \left\{t(1-p) - \frac{1}{3}\right\}\overrightarrow{AB} + \left(tp - \frac{1}{3}\right)\overrightarrow{AC}$$

$$\therefore \ |\overrightarrow{OP}|^2 = \left\{t(1-p) - \frac{1}{3}\right\}^2|\overrightarrow{AB}|^2$$

$$+ 2\left\{t(1-p) - \frac{1}{3}\right\}\left(tp - \frac{1}{3}\right)\overrightarrow{AB}\cdot\overrightarrow{AC} + \left(tp - \frac{1}{3}\right)^2|\overrightarrow{AC}|^2 \quad \cdots\cdots ④$$

ここで，円の半径を 1 としても一般性を失わないから，右の図より，

$$|\overrightarrow{AB}| = |\overrightarrow{AC}| = \sqrt{3}$$

$$\overrightarrow{AB}\cdot\overrightarrow{AC} = \sqrt{3}\cdot\sqrt{3}\cdot\cos 60° = \frac{3}{2}$$

$$|\overrightarrow{OP}| = 1$$

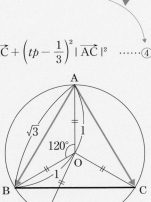

これを④に代入して，

$$1 = 3\left\{t^2(1-p)^2 - \frac{2}{3}t(1-p) + \frac{1}{9}\right\}$$

$$+ 2\cdot\frac{3}{2}\left\{t^2(1-p)p - \frac{1}{3}t + \frac{1}{9}\right\}$$

$$+ 3\left(t^2p^2 - \frac{2}{3}tp + \frac{1}{9}\right)$$

$$(1-p+p^2)t^2 - t = 0$$

P ≠ A より，$t \neq 0$ であるから，両辺を t で割って，

$$(1-p+p^2)t - 1 = 0 \qquad \therefore \ t = \frac{1}{1-p+p^2}$$

したがって、③より、

$$\overrightarrow{\mathrm{AP}} = \frac{(1-p)\overrightarrow{\mathrm{AB}} + p\overrightarrow{\mathrm{AC}}}{1-p+p^2}$$

〈解答2——幾何・三角比〉

△ABC の1辺の長さを1として一般性を失わない。

AP と BC の交点を Q とすると、BQ $= p$, CQ $= 1-p$ であるから、

$$\overrightarrow{\mathrm{AQ}} = (1-p)\overrightarrow{\mathrm{AB}} + p\overrightarrow{\mathrm{AC}} \quad \cdots\cdots①$$

であり、方べきの定理により、

$$\mathrm{AQ}\cdot\mathrm{PQ} = \mathrm{BQ}\cdot\mathrm{CQ}$$
$$= p(1-p) \quad \cdots\cdots②$$

一方、△ABQ に余弦定理を用いると、

$$\mathrm{AQ}^2 = 1^2 + p^2 - 2\cdot1\cdot p\cos60°$$
$$= p^2 - p + 1 \quad \cdots\cdots③$$

②、③より、

$$\frac{\mathrm{AP}}{\mathrm{AQ}} = \frac{\mathrm{AQ}+\mathrm{PQ}}{\mathrm{AQ}} = 1 + \frac{\mathrm{PQ}}{\mathrm{AQ}}$$

$$= 1 + \frac{\mathrm{AQ}\cdot\mathrm{PQ}}{\mathrm{AQ}^2} = 1 + \frac{p(1-p)}{p^2-p+1}$$

$$= \frac{1}{p^2-p+1}$$

であるから、これと①より、

$$\overrightarrow{\mathrm{AP}} = \frac{\mathrm{AP}}{\mathrm{AQ}}\overrightarrow{\mathrm{AQ}} = \frac{1}{p^2-p+1}\{(1-p)\overrightarrow{\mathrm{AB}} + p\overrightarrow{\mathrm{AC}}\}$$

➕補足 幾何・三角比を利用すると、かなり計算が少なくてすみますね。でも、ベクトルでキチンと計算を合わせることも重要です。とくに内積の計算は合いましたか？ これは、

$$|\alpha\vec{a} + \beta\vec{b}|^2 = \alpha^2|\vec{a}|^2 + 2\alpha\beta\vec{a}\cdot\vec{b} + \beta^2|\vec{b}|^2 \quad \cdots\cdots(*)$$

という公式（？）があり、〈解答1〉の④の計算は、これで

$$\alpha = t(1-p) - \frac{1}{3}, \quad \beta = tp - \frac{1}{3}, \quad \vec{a} = \overrightarrow{\mathrm{AB}}, \quad \vec{b} = \overrightarrow{\mathrm{AC}}$$

としたものになるんですが、(*) を丸暗記して当てはめていたのではダメ。

まず、内積の定義は、$\vec{a}$ と $\vec{b}$ のなす角を θ $(0° \leqq \theta \leqq 180°)$ として、

$$\vec{a}\cdot\vec{b} = |\vec{a}||\vec{b}|\cos\theta$$

は大丈夫ですね。では、$\vec{a}$ と $\vec{a}$ の内積は？ 定義にもとづくと、

$$\vec{a}\cdot\vec{a} = |\vec{a}||\vec{a}|\cos0° = |\vec{a}|^2$$

そうです、

$$|\vec{a}|^2 = \vec{a} \cdot \vec{a}$$

ベクトルの絶対値の2乗は，同じベクトルの内積なんです。だから，さきほどの覚えてはいけない公式（？）の(*)も，

$$|\alpha\vec{a} + \beta\vec{b}|^2 \xrightarrow{\text{定義}}$$
$$= (\alpha\vec{a} + \beta\vec{b}) \cdot (\alpha\vec{a} + \beta\vec{b}) \xrightarrow{\text{分配}}$$
$$= \alpha\vec{a} \cdot (\alpha\vec{a} + \beta\vec{b}) + \beta\vec{b} \cdot (\alpha\vec{a} + \beta\vec{b})$$
$$= \alpha^2\vec{a} \cdot \vec{a} + \alpha\beta\vec{a} \cdot \vec{b} + \alpha\beta\vec{b} \cdot \vec{a} + \beta^2\vec{b} \cdot \vec{b}$$
$$= \alpha^2|\vec{a}|^2 + 2\alpha\beta\vec{a} \cdot \vec{b} + \beta^2|\vec{b}|^2 \xleftarrow{\text{定義}}$$

$$(\alpha a + \beta b)^2$$
$$\Big\| \Big\|$$
$$\alpha^2 a^2 + 2\alpha\beta ab + \beta^2 b^2$$

となっているのです。

しかし，毎回毎回こんなにていねいに計算していられません。そこで，右の赤で書かれたふつうの文字の展開式と見比べてください。ほぼ同じ形をしていますね。つまり，ベクトルの内積の計算では，ふつうの文字のように計算して，$a^2 \to |\vec{a}|^2$，$ab \to \vec{a} \cdot \vec{b}$ のようにすればOKです。

こんなことをいうと，「先生，3乗はどうなるんですか？」と質問する人がいるんですが……，あり得ませんよ。ベクトルの内積は2つのベクトルの間で定義されるので，「ベクトル3つの内積」なんてありませんから。

〈解答1〉の④の計算は少々ハードですが，これくらいはビシッと合わせられるように計算練習をしておいてください。

ちなみに，④のはじめの式 $\overrightarrow{OP} = \overrightarrow{AP} - \overrightarrow{AO}$ で，絶対値をとって2乗すると，

$$|\overrightarrow{OP}|^2 = |\overrightarrow{AP}|^2 - 2\overrightarrow{AO} \cdot \overrightarrow{AP} + |\overrightarrow{AO}|^2$$

となり，$|\overrightarrow{OP}| = |\overrightarrow{AO}| = r$ なので，

$$|\overrightarrow{AP}|^2 - 2\overrightarrow{AO} \cdot \overrightarrow{AP} = 0$$

となります。これでやると，t がまとまって計算しやすいです。

類題 23　　　　　　　　　　解答 ⇨ P.472 ★★☆ ⏰ 25分

　鋭角三角形 ABC を考え，その面積を S とする。$0 < t < 1$ をみたす実数 t に対し，線分 AC を $t : 1-t$ に内分する点を Q，線分 BQ を $t : 1-t$ に内分する点を P とする。実数 t がこの範囲を動くときに点 P の描く曲線と，線分 BC によって囲まれる部分の面積を，S を用いて表せ。
（京大・理系・19）

例 題 24 ★★★ ⏱ 30分

　△ABC は鋭角三角形とする。このとき，各面すべてが△ABC と合同な四面体が存在することを示せ。　　　　　（京大・理系・99後）

理解　京大では立体図形はベクトルで処理する問題が多いのですが，それは**第6章**「ベクトル」で扱うことにして，ここではそれ以外のタイプを扱いましょう。

　立体図形はニガテな人が多い分野ですが，ひとつの原因は，図をあまりかいていないからです。問題集や参考書はキレイな図を 1 〜 2 枚かいて，ビシッと解答してあるので，自分もそうしないといけないと思ってしまうのかもしれません。が，平面図形同様，**理解**，**計画** のところで，

図を何枚もかく

ことが重要です。

　ただ，立体図形を何枚もかくのはツライですし，それこそ空間把握能力が求められてきます。空間把握能力は，あれば素晴らしいですが，大学入試レベルではそれほど必要ありません。立体図形を「理解」するポイントは，

立体（っぽい）図を 1 枚かいたら，

あとはまっすぐ見た図（平面図）を何枚もかく

　だいたい立体を平面（紙）に描いた段階で，かなりの情報が失われていますから。1 枚かいた立体（っぽい）図から，平面図に直しながら情報を読み取っていくんです。平面図としては，次のようなものが考えられます。

- 立体の表面の図
- 真上から見た図，真横から見た図 ◀ ［ある面への の正射影］
- 座標軸があるなら，x 軸，y 軸，z 軸方向から見た図 ◀ ［yz, zx, xy 平面への正射影］
- 面対称であれば，その対称面の切り口の図 ◀ ［東大はコレがお好きです。「面対称な図形は対称面で切れ」という標語があるそうです。］

これらの情報をもとに「計画」に移るわけですが，これは例によって4つです。「幾何」と「三角比」は基本的に平面図形用なので，

- 立体の表面だけ見ればよい問題
- 正射影や対称面など平面図形で考えられる問題 ➡ 「幾何」，「三角比」

これがダメなら立体のまま扱うことになるから，

- 座標が入れられそう　➡　「座標」
- どれもダメ　　　　　➡　「ベクトル」

という手順で考えていくと，どこかで突破口が見つかると思います。もちろん京大なので，1つだけでなく，2つ，3つと解法があるかもしれませんが。

では本問ですが，**図1** のような鋭角三角形 ABC があるときに，**図2** のような四面体 ABCD ができることを示せということです。四面体の各面が ━━━━, ━○━, ━✕━ の3辺でできていますよね。

表面は同じ形の三角形で，真上から見た図は **図1** の三角形です。真横から見た図はパッとはかけないですね。面対称でもありませんし。

そうすると，平面図形にもちこんで，「幾何」，「三角比」というのはちょっと無理っぽいので，「座標」をおいてみましょうか。まず△ABC を xy 平面におきましょう。「なるべく文字を少なく」だから，A, B を x 軸，C を y 軸で，

A$(a, 0)$, B$(b, 0)$, C$(0, c)$　……ⓐ

でどうでしょう。

△ABC は鋭角三角形であり，**図4** や **図5**

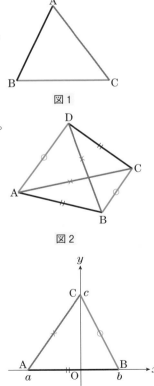

図1

図2

図3

のようになると，∠A，∠B が鈍角となりアウトなので，

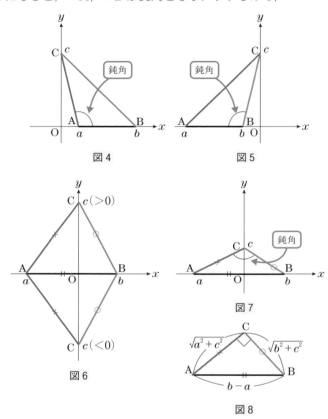

図4

図5

図6

図7

図8

$a < 0$, $b > 0$ ……ⓑ

　これで∠A，∠B は鋭角です。また，**図6** のように $c > 0$ でも $c < 0$ でも同じ形の△ABC が作れるので，

$c > 0$ ……ⓒ

にしておきましょう。しかし，**図3** のようになればよいですが，**図7** のようになると，∠C は鈍角になってしまいます。

　∠C が鋭角であるためには，他に条件が必要そうですね。

　∠C が 90° のときは **図8** のような状態なので，三平方の定理により，

$AB^2 = BC^2 + CA^2$

　∠C が鋭角になるには，AB がこれより短ければよく，

$AB^2 < BC^2 + CA^2$

より，
$$(b-a)^2 < (\sqrt{b^2+c^2})^2 + (\sqrt{a^2+c^2})^2$$
$$b^2 - 2ab + a^2 < (b^2 + c^2) + (a^2 + c^2)$$
$$c^2 + ab > 0 \quad \cdots\cdots ⓓ$$

ⓐ，ⓑ，ⓒ，ⓓで鋭角三角形 ABC が xy 平面におけました。

計画 四面体の A，B，C 以外の頂点を D とすると，
図 9 のように，

$$\mathrm{DA}=\mathrm{BC}, \quad \mathrm{DB}=\mathrm{CA}, \quad \mathrm{DC}=\mathrm{AB} \quad \cdots\cdots (*)$$

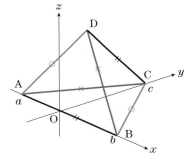

図9

このような「四面体 ABCD が存在
することを示せ」とは，何を示せばよ
いのでしょうか？

京大にはちょくちょく「存在するこ
とを示せ」という出題があります。一
般の数学で「存在証明」というのは難
問が多いそうなんですが，受験数学では，

存在を示す ≒ 求める

であることが多いです。本問でいうと，

D の存在を示す ≒ D を求める

となり，「D が求まったんだから，D はあります」という感じです。

D(x, y, z) とおくと，$(*)$ から，

$$(x-a)^2 + y^2 + z^2 = b^2 + c^2, \quad (x-b)^2 + y^2 + z^2 = a^2 + c^2,$$

$$x^2 + (y-c)^2 + z^2 = (b-a)^2$$

となります。ここから D を求める，すなわち x, y, z の値を求めればよい
のです。3 文字で 3 式なので解けるはずです。x, y, z の値が求まれば，
四面体 ABCD が存在することになりますが，1 つだけ四面体ができない
場合があります。

$$z = 0$$

のときです。このときは A，B，C と同じく D も xy 平面上にあることに
なり，立体でなくなってしまいます。よって，証明の目標は，

目標
x, y, z を求めて，$z \ne 0$ を示す

ということになりそうです。

🏃 実行

xyz 空間で,

    A$(a, 0, 0)$, B$(b, 0, 0)$, C$(0, c, 0)$

とおくと, $\angle$A, $\angle$B が鋭角であることと,
x 軸に関する対称性から,

    $a < 0$, $b > 0$, $c > 0$ ……①

で考えればよい。

    さらに $\angle$C が鋭角であることから,
AB$^2 <$ BC$^2 +$ CA^2 より,

    $(b-a)^2 < (\sqrt{b^2+c^2})^2 + (\sqrt{a^2+c^2})^2$

    $c^2 + ab > 0$ ……②

である。

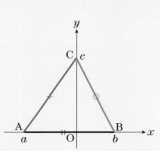

    D(x, y, z) とおくと,

    DA $=$ BC, DB $=$ CA, DC $=$ AB ……(*)

は,

$$\begin{cases} (x-a)^2 + y^2 + z^2 = b^2 + c^2 & \cdots\cdots③ \\ (x-b)^2 + y^2 + z^2 = a^2 + c^2 & \cdots\cdots④ \\ x^2 + (y-c)^2 + z^2 = (b-a)^2 & \cdots\cdots⑤ \end{cases}$$

となる。③$-$④により, y, z を消去して,

    $(-2ax + a^2) - (-2bx + b^2) = b^2 - a^2$

    $2(b-a)x = 2(b^2 - a^2)$

    ①より, $a \neq b$ であるから, $\div 2(a-b)$

    $x = a + b$ ……⑥

> a は負, b は正なので, $a \neq b$ です。

    ⑥を③, ⑤に代入して,

$$\begin{cases} b^2 + y^2 + z^2 = b^2 + c^2 \\ (a+b)^2 + (y-c)^2 + z^2 = (b-a)^2 \end{cases}$$

$\therefore$ $\begin{cases} y^2 + z^2 = c^2 & \cdots\cdots⑦ \\ y^2 + z^2 - 2cy = -4ab - c^2 & \cdots\cdots⑧ \end{cases}$

⑦, ⑧により, $y^2 + z^2$ を消去して,

    $2cy = 4ab + 2c^2$

    ①より, $c \neq 0$ であるから, $\div 2c$

    $y = \dfrac{2ab}{c} + c$

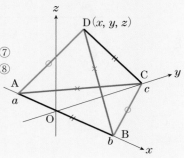

よって，⑦より，

$$z^2 = c^2 - y^2 = c^2 - \left(\frac{4a^2b^2}{c^2} + 4ab + c^2\right) = -\frac{4ab(ab+c^2)}{c^2}$$

であり，①，②より，

$$z^2 = -\frac{4ab}{c^2}(ab+c^2) > 0$$

したがって，(*)をみたす xy 平面(平面ABC)上にない点 D が存在するから，各面がすべて△ABC と合同な四面体が存在する。

検討 本問のように各面が同じ三角形になっている四面体を「等面四面体」とよぶのですが，ちょっと小ネタがありまして，

等面四面体は直方体を削ることにより得られる

ついでに，各面が正三角形の等面四面体は，正四面体だから，

正四面体は立方体を削ることにより得られる

東大の問題に詳しい先生によると，「東大受験生の常識」だそうです。

直方体の頂点を**図10**のように結ぶと，等面四面体になっているのがわかりますか？ 直方体の向かい合う面は合同な長方形だから，**図11**のようにその対角線の長さは等しいですよね。だから**図12**のような状態になっているわけです。

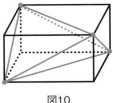

図10

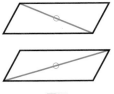

図11

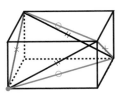

図12

理解 この知識があれば，題意をみたす四面体が存在することを示すには，このような直方体が存在することを示せばよいことになります。ちょっと気をつけないといけませんが，

直方体がある $\xrightarrow{\text{削れば}}$ 等面四面体がある

は上の**図10 ～ 図12**でいえますが，

等面四面体がある $\longrightarrow$ （外ワクの）直方体がある

は自明とはいえません。変な形の等面四面体だと，こういう直方体が作れないかもしれないので……。京大はこのあたりの論理関係には厳しいので注意しましょう。

本問では，
$$\mathrm{DA} = \mathrm{BC} = a, \ \mathrm{DB} = \mathrm{CA} = b,$$
$$\mathrm{DC} = \mathrm{AB} = c$$

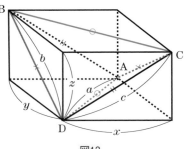

とおいて，**図13** のような直方体が存在すれば，条件をみたす四面体が得られるので，この直方体が存在することをいいたいと思います。

図13

計画　**図13** のように直方体の寸法を x, y, z とおくと，三平方の定理から，x, y, z についての条件が，

$$x^2 + y^2 = a^2 \quad \cdots\cdots\textcircled{a} \qquad y^2 + z^2 = b^2 \quad \cdots\cdots\textcircled{b} \qquad z^2 + x^2 = c^2 \quad \cdots\cdots\textcircled{c}$$

となります。

直方体が存在することをいうには，ⓐ，ⓑ，ⓒを同時にみたす x, y, z が存在することをいえばよいので，証明の目標は，

> **目標**
> x, y, z の連立方程式ⓐ，ⓑ，ⓒの解を求める

となります。

ⓐ，ⓑ，ⓒは，x, y, z が順番に入れかわっている式で，「循環系」とよばれたりするもので，

循環系　➡　① 全部足す　② 2式ずつ引く

というのがあるんでしたね。ⓐ＋ⓑ＋ⓒで，

$$2(x^2 + y^2 + z^2) = a^2 + b^2 + c^2$$

$$x^2 + y^2 + z^2 = \frac{1}{2}(a^2 + b^2 + c^2) \quad \cdots\cdots\textcircled{d}$$

だから，たとえばⓓ－ⓑにより y^2 と z^2 が消去できて，

$$x^2 = \frac{1}{2}(a^2 + b^2 + c^2) - b^2 = \frac{1}{2}(c^2 + a^2 - b^2)$$

$$\therefore \quad x = \sqrt{\frac{c^2 + a^2 - b^2}{2}}$$

x の値が求まりました……, って本当に!?　$\sqrt{}$ の中が 0 やマイナスなら, $x = 0$ で直方体がツブれてしまったり, x が虚数になったりしてしまいますよ!!　$\sqrt{}$ の中がプラス, すなわち

$\qquad c^2 + a^2 > b^2$　……ⓔ

ならOKです。$c^2 + a^2 = b^2$ のとき, ∠B $= 90°$ だから, ∠B が鋭角であることからⓔはいえます。

同様に, ∠A, ∠C が鋭角であることから, $b^2 + c^2 > a^2$, $a^2 + b^2 > c^2$ がいえ, y と z の値も求めることができそうです。

$c^2 + a^2 = b^2$　　$c^2 + a^2 > b^2$

図14

実行

$\qquad$ BC $= a$, CA $= b$, AB $= c$

とおいて,

$\qquad x^2 + y^2 = a^2$　……①　$y^2 + z^2 = b^2$　……②　$z^2 + x^2 = c^2$　……③

となる正の実数 x, y, z を考える。$\dfrac{①+②+③}{2}$ より,

$$x^2 + y^2 + z^2 = \frac{1}{2}(a^2 + b^2 + c^2)　……④$$

であるから, ④$-$②, ④$-$③, ④$-$①より,

$$x^2 = \frac{1}{2}(c^2 + a^2 - b^2),\ y^2 = \frac{1}{2}(a^2 + b^2 - c^2),\ z^2 = \frac{1}{2}(b^2 + c^2 - a^2)$$

ここで, △ABC が鋭角三角形であることから,

$\qquad c^2 + a^2 > b^2$, $a^2 + b^2 > c^2$, $b^2 + c^2 > a^2$

が成り立つので,

$$x = \sqrt{\frac{c^2 + a^2 - b^2}{2}},$$

$$y = \sqrt{\frac{a^2 + b^2 - c^2}{2}},$$

$$z = \sqrt{\frac{b^2 + c^2 - a^2}{2}}$$

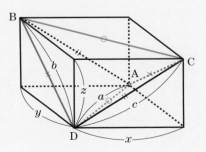

よって，①，②，③を同時にみたす正の実数 x, y, z が存在する。

このとき，頂点 D を共有する 3 辺の長さが x, y, z である直方体が存在する。図のように A, B, C をとると，
$$DA = BC = a, \quad DB = CA = b, \quad DC = AB = c$$
となるから，各面が△ABC と合同な四面体 ABCD が存在する。

類題 24　　　　　　　　　解答 ⇨ P.479　★☆☆　⏱ 20分

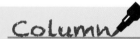

辺の長さが AB $= 3$，AC $= 4$，BC $= 5$，AD $= 6$，BD $= 7$，CD $= 8$ である四面体 ABCD の体積を求めよ。　　　　　　　（京大・文系・03後）

Column　僕が精密工学科を選んだ理由

　それはただひとつ

　　　　　　　ガンダムを作るため

です。小学校 5 年生のときに放映された『機動戦士ガンダム』を見て，

　　　　「オレは将来ガンダムを作るんだ！」

と決心したんです。

　浪人生のころ，うちは京都新聞をとっていたのですが，そこに京大の先生のインタビュー記事が週イチで載っていて，いろんな先生方が出ておられた中に，応用人工知能論講座の沖野教郎教授のお話が出ていたんです。詳しい内容は忘れてしまいましたが，そのときに「面白いことをやっている先生やなぁ，この先生のとこで研究したいなぁ」と思ったんです。この沖野先生の研究室（「沖野研」と先生の名前をつけてよぶことが多いです）には，精密工学科と数理工学科から入れたんです。さらに精密工学科にはロボティクス講座の杉江研もあったので，そのどちらかに入りたいと思って精密工学科に決めました。

　ありがたいことに沖野研に入ることができて，4 回生，修士，あと 2 年間研究生として合計 5 年間勉強させていただきました。残念ながらガンダムは作れませんでしたが（そもそも兵器だし（笑）），沖野研で勉強させていただいたひとつひとつの知識，研究に対する考え方，研究者としての心がまえは僕の一生の財産になっています。

　あなたにも，京大で，そんな出会いがあることを祈っています。

👯 他大学 との 比較

　半径 r の球面上に4点 A, B, C, D がある。四面体 ABCD の各辺の長さは，

$$AB = \sqrt{3}, \quad AC = AD = BC = BD = CD = 2$$

を満たしている。このとき r の値を求めよ。　　（東大・理文共通・01）

👯 他大学 との 比較

　空間内の4点 A, B, C, D が

$$AB = 1, \quad AC = 2, \quad AD = 3, \quad \angle BAC = \angle CAD = 60°, \quad \angle DAB = 90°$$

を満たしている。この4点から等距離にある点を E とする。線分 AE の長さを求めよ。

（阪大・理系・05）

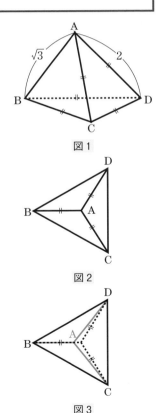

図1

図2

図3

　上の東大と阪大の問題を見てください。

　どちらも四面体の外接球の半径を求める問題ですが，いかがですか？

　東大の四面体には対称面があるのですが，わかりますか？　「わからない」という人は，図1のような立体（っぽい）図だけを考えていませんか？　ダメですよ～。たとえば真上から見てみましょう。AB＝2なら正四面体だから，真上から見ると図2のような正三角形 BCD の真ん中（重心，外心，内心，……）に A がきます。いま AB＝$\sqrt{3}$＜2 で，これよりちょっと短いので，A が B に近くなって，図3のような状態です。

　図3でいうと，直線 AB で切ればよさそうです。図4のように辺 CD の中点を M として，平面 ABM で切ると，図5のような △ABM が出てきます。これはどんな三角形ですか？　図6，図7からわかるように，AM，BM は1辺の長さが2の正三角形 ACD，BCD の中線だから，

$$AM = BM = \sqrt{3}$$

さすが東大！　ウマイですね〜。$AB = AM = BM = \sqrt{3}$ の正三角形 ABM がかくれていました。

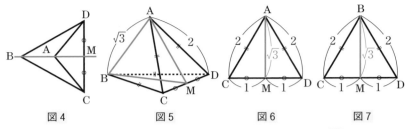

図4　　　　　　図5　　　　　　図6　　　　　　図7

ところで，この東大の四面体に限らず，一般の四面体で

外接球の中心は

底面の三角形の外心の真上にある

というのは知っていましたか？　底面を△BCD，外接球の中心を E とすると，半径より EB = EC = ED です。さらに，E から底面 BCD に垂線 EH を下ろすと，**図8** のように 3 つの直角三角形△EBH，△ECH，△EDH は合同だから，

　　　BH = CH = DH

です。よって，**図9** のように H は△BCD の外心になります。

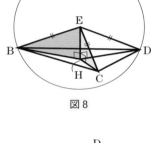

図8

東大の四面体は，底面を△BCD とすると，これは正三角形なので，外心 H は重心に一致します。**図10**のようになっていて，

BH : HM = 2 : 1 より，$BH = \dfrac{2\sqrt{3}}{3}$，$HM = \dfrac{\sqrt{3}}{3}$

です。さらに，上で気づいたように，対称面

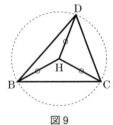

図9

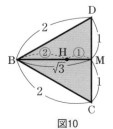

図10

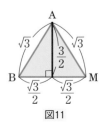

図11

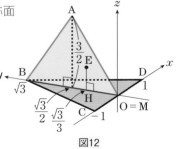

図12

の△ABM も正三角形で，**図11** のようになり，合わせると **図12** のような状態だから，座標軸をこのようにおいてはどうでしょうか。

$$A\left(0, \frac{\sqrt{3}}{2}, \frac{3}{2}\right), B(0, \sqrt{3}, 0), C(-1, 0, 0), D(1, 0, 0)$$

で四面体 ABCD がおけて，外接球の中心 E は△BCD の重心 $\left(0, \frac{\sqrt{3}}{3}, 0\right)$ の真上だから，

$$E\left(0, \frac{\sqrt{3}}{3}, z\right) \quad (z > 0)$$

とおけます。この設定で EB＝EC＝ED はつねに成立しているので，あとは EA＝EB(＝EC＝ED)から z の値を求めて，$r(＝EB)$ の値を求めれば OK です。ちなみに，

$$z = \frac{1}{3}, \quad r = \frac{\sqrt{13}}{3}$$

ですので，もう一度自分で組み立ててみてください。

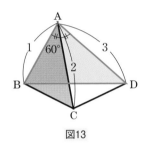

図13

さて，阪大の問題ですが，∠DAB＝90°であり，AB＝1，AD＝3 だから，**図13** の直角三角形 ABD の面を座標空間の xy 平面において，**図14** のように，

A(0, 0, 0), B(1, 0, 0), D(0, 3, 0)

とできます。

次に，C の座標なのですが，AB＝1，AC＝2，∠BAC＝60°より，∠ABC＝90°だから，**図14** のように，

(C の x 座標)＝(B の x 座標)＝1

また，AC＝2，∠CAD＝60°なので，**図15** のように，C から y 軸に垂線を下ろすと，

(C の y 座標)＝1

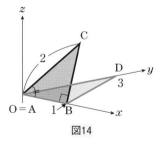

図14

もわかります。あとは z 座標だから，

C(1, 1, c) $(c > 0)$

とおくと，AC＝2 より，$c = \sqrt{2}$ となり，C(1, 1, $\sqrt{2}$) と定まります。

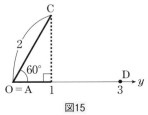

図15

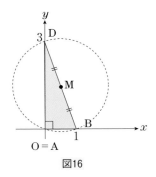

図16

　次に，外接球の中心 E ですが，これは先ほども言いましたように，底面の△ABD の外心の真上です。△ABD は∠A＝90°の直角三角形なので，外心は……，そうです！　斜辺 BD が外接円の直径だから，外心はその中点 $M\left(\dfrac{1}{2}, \dfrac{3}{2}, 0\right)$ です。よって，

$$E\left(\frac{1}{2}, \frac{3}{2}, z\right) \quad (z \geqq 0)$$

とおいて，EA＝EC から z の値を求めて，半径 AE を求めれば OK です。ちなみに，

$$z = 0, \quad AE = \frac{\sqrt{10}}{2}$$

ですので，もう一度自分で組み立ててみてください。

　類題 24 を含め，これら 3 問はどれも座標をおいて四面体を扱いますが，
- **東大**は，お得意の対称面からのスタート
- **京大**は，3：4：5 から直角の発見
- **阪大**は，∠DAB＝90°を見せた上で C や E をどうウマく求めるか

と，それぞれの大学の特徴が出ていて，面白いと思いませんか？

例題 25 ★★★ ⏱ 25分

空間内に四面体 ABCD を考える。このとき，4 つの頂点 A，B，C，D を同時に通る球面が存在することを示せ。 （京大・理系・11）

👤**理解** 前ページまでの 👥**他大学との比較** の東大や阪大の問題と比較してどうですか？ 同じ外接球を素材にしているのですが，同じ素材を扱ったとしても，

　　東大は，「〜を求めよ」（求値問題）
　　京大は，「〜を示せ」 （証明問題）

にしてくるといわれています。「論証の京大」といわれるゆえんですね。

これはなかなか難しい問題ですが，東大・阪大の問題のところで言った，

四面体の外接球の中心は，底面の三角形の外心の真上にある

という知識があれば，かなり話を進める
ことができます。たとえば，△BCD を
底面と見て，△BCD の外心を O，O を
通り，平面 BCD に垂直な直線を l とし
ます。l 上に点 E をとれば，**図1** のよ
うに，

　　△OEB ≡ △OEC ≡ △OED

となり，

　　EB = EC = ED　……ⓐ

はクリアされるから，あとは，

　　　　　= EA

だけです。

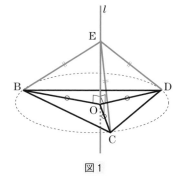

図1

👤**計画** E を中心として，4 つの頂点 A，B，C，D を同時に通る球面が
存在するには，

　　EA = EB = EC = ED

が成り立てばよいです。E を l 上にとるとⓐが成り立つので，あとは，

$$EA = EB \quad \cdots\cdots \textcircled{b} \quad (EA = EC, \ EA = ED \ \text{でも OK})$$
が成り立つような E が存在することを示す。すなわち，

目標 ⓑをみたし，l 上にある E を求める

ということになります。

　ⓑをみたす点 E は，平面図形なら線分 AB の垂直二等分線上にあります（**図2**）。いまは空間図形だから，線分 AB の垂直二等分面上にあることになります（**図3**）。

　この垂直二等分面を α とすると，直線 l と平面 α が交点をもてば，それが E で，ⓐ，ⓑをみたします。

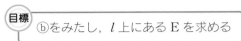

図2　　　　　　　　　　図3

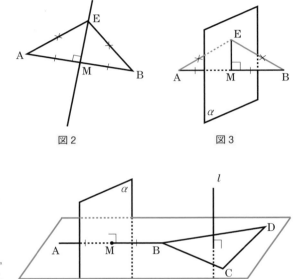

目標 l と α の交点を求める

図4

になりました。直線と平面が共有点をもたないのは，平行なときです。α は線分 AB の垂直二等分面だから，これが平面 BCD に垂直な直線 l と平行になるのは，**図4** のように A，B，C，D が同一平面上にあるときだけですが，いま，A，B，C，D は四面体を作っているので，これはあり得ないですね。

　というわけで，l と α は必ず交点をもち，それを E とすれば，ⓐ，ⓑをみたし，EA = EB = EC = ED で題意が成立します。

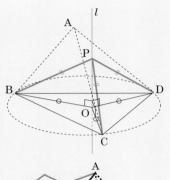

　△BCD の外心を O, O を通り平面
BCD と垂直な直線を l とする。l 上の
任意の点 P に対して,
　　　PB = PC = PD　……①
が成り立つ。

　一方，辺 AB の中点を M とし，M
を通り辺 AB に垂直な平面を α とする
と，α 上の任意の点 Q に対して,
　　　QA = QB　　……②
が成り立つ。

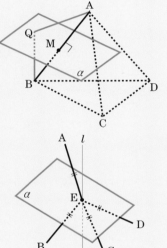

　ここで，A は平面 BCD 上にはない
から，α と l が平行となることはない。
よって，α と l はただ 1 点で交わるか
ら，この交点を E とすると,

　　　①より，EB = EC = ED
　　　②より，EA = EB

が成り立つ。したがって,

　　　EA = EB = EC = ED

が成り立つから，E を中心として，4
つの頂点 A, B, C, D を同時に通る球
面が存在する。

目標　EA = EB　……ⓑをみたし，l 上にある E を求める

までできたら，座標をおく手もあります。
　B, C, D がある平面を xy 平面とし，O を原
点，l を z 軸とすると
　　　E(0, 0, p)
のようにおくことができます。
△BCD の外接円の半径を R とおくと
　　　OB = OC = OD = R

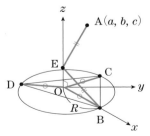

ですから、たとえば B を x 軸上にして、

   B$(R, 0, 0)$

です。EB＝EC＝ED は成り立ちますから、C と D の座標は不要ですね。

　次に、A の座標は一般的に、

   A(a, b, c)　　$(c \neq 0)$ ◀━━

頂点 A が xy 平面上にない場合にしましょう。
$c = 0$ のときは四面体 ABCD がつぶれるのでダメです。

としましょうか。すると⑤より、

   $a^2 + b^2 + (c - p)^2 = R^2 + p^2$

   $a^2 + b^2 + c^2 - 2pc + p^2 = R^2 + p^2$

$c \neq 0$ より、

$$p = \frac{a^2 + b^2 + c^2 - R^2}{2c}$$ ◀━━ 「E の存在を示す」＝「p を求める」です。

　△BCD の外接円の半径 R と、A の座標 (a, b, c) に対し、p をこのように定めて、点 E$(0, 0, p)$ をとると、

   EA＝EB＝EC＝ED

が成り立ち、E を中心として 4 つの頂点 A, B, C, D を同時に通る球面が存在することになります。

＋補足　本問は途中から座標にももちこみますが、かなりの部分を立体のまま幾何で考えていかないといけないので、難しい問題です。京大ではたまにあることなので勉強しておいてほしいのですが、実際の試験では時間の関係もあり、パスする人が多いです。本問も2011年の最も難しい問題なので、解けなくても受かります。でも、今後、立体のまま幾何で考える易しい問題が出るかもしれないので、勉強はパスしちゃダメですよ。

類題 25　　　　　　　　　　解答 ⇨ P.481 ｜★☆☆｜🕐 25分

　正四面体 OABC において、点 P, Q, R をそれぞれ辺 OA, OB, OC 上にとる。ただし P, Q, R は四面体 OABC の頂点とは異なるとする。△PQR が正三角形ならば、3 辺 PQ, QR, RP はそれぞれ 3 辺 AB, BC, CA に平行であることを証明せよ。

（京大・理文共通・12）

第 6 章

ベクトル

プロローグ

第5章「図形」でお話ししたように，ベクトルは図形問題を考える4つの視点のうちのひとつですが，京大ではその中でも最頻出の分野です。とくに，

立体図形を扱うとき，ベクトルが多い

です。あ，京大なので，見た目ベクトルで，解法は違うってことはよくあるから，注意してください。

それから，京大だから，当然，

証明問題であることが多い

ので，自分で問題集などをやるときには，そのあたりをがんばっておいてください。

さて，ベクトルで最も重要なことは，**第5章「図形」**でもお話ししたように，

1次独立なベクトルですべてを表す

ということなのですが，京大ではとくにコレが重要です。また出てきますが，1次独立を強烈に意識していないと切り口の見えてこない問題もあります。

一方で，1次独立なベクトルにこだわらず，

対称性をウマく利用する

問題もあるので，タチが悪いです。

かなり古い問題ですが，次の問題を考えてみましょう。

・ 例 ・

平面上に6つの定点 A_1, A_2, A_3, A_4, A_5, A_6 があって，どの3点も一直線上にはない。この6点のうちから3点を任意に選ぶ。選んだ3点を頂点とする三角形の重心と，残りの3点を頂点とする三角形の重心とを通る直線は，3点の選び方に無関係な一定の点を通ることを示せ。

（京大・文系・79）

（注）　2つの重心が一致した場合の扱いが書かれていないのですが，ここではその場合，その一致した点をその「一定の点」とみなすことにします。

たとえば3点として A_1，A_2，A_3 を選び，$\triangle A_1 A_2 A_3$ の重心を G_1，$\triangle A_4 A_5 A_6$ の重心を G_2 とし，題意の定点を P とすると，**図1** のようになります。

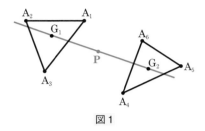

図1

　点が多いので，どこかに原点 O をおいて，位置ベクトルで考えましょう。すると，

$$\overrightarrow{OG_1} = \frac{\overrightarrow{OA_1} + \overrightarrow{OA_2} + \overrightarrow{OA_3}}{3}$$

$$\overrightarrow{OG_2} = \frac{\overrightarrow{OA_4} + \overrightarrow{OA_5} + \overrightarrow{OA_6}}{3}$$

だから，直線 $G_1 G_2$ 上の点 P は，t を実数として，

$$\overrightarrow{OP} = (1-t)\overrightarrow{OG_1} + t\overrightarrow{OG_2}$$

＋補足
P が線分 $G_1 G_2$ を内分しているときは，
$\quad G_1 P : G_2 P = t : 1-t$
としてコレでよいですが，外分だったら？　外分でも同じ式で大丈夫です。詳しくは **例題 26** で解説します。

$$= \frac{1-t}{3}(\overrightarrow{OA_1} + \overrightarrow{OA_2} + \overrightarrow{OA_3}) + \frac{t}{3}(\overrightarrow{OA_4} + \overrightarrow{OA_5} + \overrightarrow{OA_6}) \quad \cdots\cdots ⓐ$$

と表せます。

　じゃあ，3点として A_1, A_3, A_5 を選び，$\triangle A_1 A_3 A_5$ の重心を G_3，$\triangle A_2 A_4 A_6$ の重心を G_4 とすると，s を実数として，上と同様に，

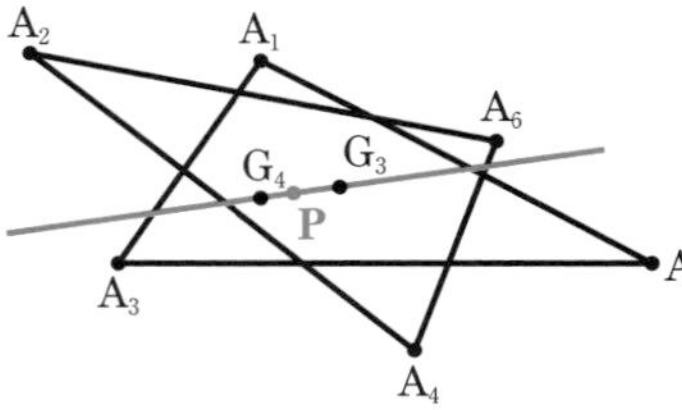

$$\overrightarrow{OP} = (1-s)\overrightarrow{OG_3} + s\overrightarrow{OG_4}$$

$$= \frac{1-s}{3}(\overrightarrow{OA_1} + \overrightarrow{OA_3} + \overrightarrow{OA_5}) + \frac{s}{3}(\overrightarrow{OA_2} + \overrightarrow{OA_4} + \overrightarrow{OA_6}) \quad \cdots\cdots ⓑ$$

図2

と表せます。

　ⓐ，ⓑから $\overrightarrow{OP}$ を消去して，

$$\frac{1-t}{3}(\overrightarrow{OA_1} + \overrightarrow{OA_2} + \overrightarrow{OA_3}) + \frac{t}{3}(\overrightarrow{OA_4} + \overrightarrow{OA_5} + \overrightarrow{OA_6})$$

$$= \frac{1-s}{3}(\overrightarrow{OA_1} + \overrightarrow{OA_3} + \overrightarrow{OA_5}) + \frac{s}{3}(\overrightarrow{OA_2} + \overrightarrow{OA_4} + \overrightarrow{OA_6})$$

両辺の $\overrightarrow{OA_1}$, $\overrightarrow{OA_2}$, $\cdots\cdots$ $\overrightarrow{OA_6}$ の係数を比較して，

$$\underbrace{\frac{1-t}{3}=\frac{1-s}{3}}_{\overrightarrow{\mathrm{OA_1}}\text{の係数}},\underbrace{\frac{1-t}{3}=\frac{s}{3}}_{\overrightarrow{\mathrm{OA_2}}\text{の係数}},\underbrace{\frac{1-t}{3}=\frac{1-s}{3}}_{\overrightarrow{\mathrm{OA_3}}\text{の係数}},\underbrace{\frac{t}{3}=\frac{s}{3}}_{\overrightarrow{\mathrm{OA_4}}\text{の係数}},\underbrace{\frac{t}{3}=\frac{1-s}{3}}_{\overrightarrow{\mathrm{OA_5}}\text{の係数}},\underbrace{\frac{t}{3}=\frac{s}{3}}_{\overrightarrow{\mathrm{OA_6}}\text{の係数}}$$

$$\therefore \quad t=s=\frac{1}{2}$$

としたら ⟩ 間違い！⟨ です。京大だと確実に 0 点です。さて，どこが間違いでしょうか？

‿‿‿‿ 部の，6 本のベクトルの係数を比較したところが間違いです。十分条件としては OK なんですが，必要十分条件になってないですよ。

係数比較して必要十分条件になるのは，

平面なら 2 本，空間なら 3 本

ですよ。しかも，その 2 本とか 3 本にも条件があります。平面であれば，

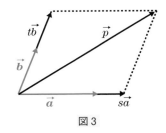

◆ 平面ベクトルの表示の一意性

$\vec{a} \neq \vec{0}$, $\vec{b} \neq \vec{0}$, $\vec{a} \not\!/\!/ \vec{b}$ のとき，

任意のベクトル $\vec{p}$ は，

$\vec{p} = s\vec{a} + t\vec{b}$ （s, t は実数）

の形にただ 1 通りに表すことができる。

図 3

という定理があります。図 3 から直感的にわかると思いますが，イメージとしては座標平面と同じです。座標平面では x 軸と y 軸の 2 つの軸ですべての点が表せますよね。その x 軸，y 軸にあたるのが，$\vec{a} \neq \vec{0}$, $\vec{b} \neq \vec{0}$, $\vec{a} \not\!/\!/ \vec{b}$ をみたす 2 本のベクトル $\vec{a}$, $\vec{b}$ です。

すると，次の定理が成り立ちます。

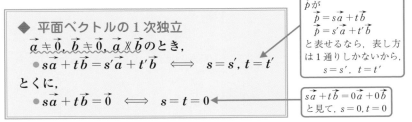

◆ 平面ベクトルの 1 次独立

$\vec{a} \neq \vec{0}$, $\vec{b} \neq \vec{0}$, $\vec{a} \not\!/\!/ \vec{b}$ のとき，

• $s\vec{a} + t\vec{b} = s'\vec{a} + t'\vec{b}$ ⟺ $s = s'$, $t = t'$

とくに，

• $s\vec{a} + t\vec{b} = \vec{0}$ ⟺ $s = t = 0$

$\vec{p}$ が
$\vec{p} = s\vec{a} + t\vec{b}$
$\vec{p} = s'\vec{a} + t'\vec{b}$
と表せるなら，表し方は 1 通りしかないから，
$s = s'$, $t = t'$

$s\vec{a} + t\vec{b} = 0\vec{a} + 0\vec{b}$
と見て，$s = 0, t = 0$

いいですか～，係数比較して必要十分条件になっているのは，

$\vec{a} \neq \vec{0}$, $\vec{b} \neq \vec{0}$, $\vec{a} \not\!/\!/ \vec{b}$ をみたす 2 本のベクトル

のときだけですよ～。

ちなみに，空間では3本で，「$\vec{a} \neq \vec{0}$, $\vec{b} \neq \vec{0}$, $\vec{c} \neq \vec{0}$, $\vec{a} \not\parallel \vec{b}$, $\vec{b} \not\parallel \vec{c}$, $\vec{c} \not\parallel \vec{a}$ をみたす……」では条件不足で，非平行条件でなく，「$\vec{a}$, $\vec{b}$, $\vec{c}$ が同一平面上にない」という条件がつきます。学校の教科書はウマくまとめてあって，次のように書かれています。

これもダメなんですね！

◆ **空間ベクトルの表示の一意性と1次独立**

　4点 O, A, B, C が同一平面上にないとし，$\overrightarrow{OA} = \vec{a}$, $\overrightarrow{OB} = \vec{b}$, $\overrightarrow{OC} = \vec{c}$ とすると，任意のベクトル $\vec{p}$ は，
$$\vec{p} = s\vec{a} + t\vec{b} + u\vec{c} \quad (s, t, u \text{ は実数})$$
の形にただ1通りに表すことができる。
　よって，
$$s\vec{a} + t\vec{b} + u\vec{c} = s'\vec{a} + t'\vec{b} + u'\vec{c}$$
$$\iff s = s', t = t', u = u'$$

すなわち，O, A, B, C が四面体を作れるということです。

　では問題に戻りましょう。6本のベクトルで係数比較すると必要十分条件でなくなるので，

対称性をウマく利用

しましょう。先ほどの計算の結果出てきた $t = s = \dfrac{1}{2}$ を

　ⓐに代入すると，
$$\overrightarrow{OP} = \frac{\overrightarrow{OG_1} + \overrightarrow{OG_2}}{2}$$
$$= \frac{1}{6}(\overrightarrow{OA_1} + \overrightarrow{OA_2} + \overrightarrow{OA_3} + \overrightarrow{OA_4} + \overrightarrow{OA_5} + \overrightarrow{OA_6})$$

　ⓑに代入すると，
$$\overrightarrow{OP} = \frac{\overrightarrow{OG_3} + \overrightarrow{OG_4}}{2}$$
$$= \frac{1}{6}(\overrightarrow{OA_1} + \overrightarrow{OA_2} + \overrightarrow{OA_3} + \overrightarrow{OA_4} + \overrightarrow{OA_5} + \overrightarrow{OA_6})$$

となります。何か気がつきますか？　そうですね，どのように3点を選んでも，

2つの重心の中点の位置ベクトルは

$$\frac{1}{6}(\overrightarrow{OA_1} + \overrightarrow{OA_2} + \overrightarrow{OA_3} + \overrightarrow{OA_4} + \overrightarrow{OA_5} + \overrightarrow{OA_6}) \text{ になる}$$

ようです。よって，次のように解答します。

A_1〜A_6 から選んだ 3 点を B_1, B_2, B_3 とし，残りの 3 点を B_4, B_5, B_6 とする。

　$\triangle B_1B_2B_3$，$\triangle B_4B_5B_6$ の重心をそれぞれ G_1，G_2，線分 G_1G_2 の中点を M とすると，

$$\overrightarrow{OM} = \frac{\overrightarrow{OG_1} + \overrightarrow{OG_2}}{2}$$

$$= \frac{1}{2}\left(\frac{\overrightarrow{OB_1} + \overrightarrow{OB_2} + \overrightarrow{OB_3}}{3} + \frac{\overrightarrow{OB_4} + \overrightarrow{OB_5} + \overrightarrow{OB_6}}{3} \right)$$

$$= \frac{1}{6}(\overrightarrow{OB_1} + \overrightarrow{OB_2} + \overrightarrow{OB_3} + \overrightarrow{OB_4} + \overrightarrow{OB_5} + \overrightarrow{OB_6})$$

$$= \frac{1}{6}(\overrightarrow{OA_1} + \overrightarrow{OA_2} + \overrightarrow{OA_3} + \overrightarrow{OA_4} + \overrightarrow{OA_5} + \overrightarrow{OA_6})$$

> 6 点 B_1〜B_6 の集合は，6 点 A_1〜A_6 の集合に一致します。

　よって，M は 3 点の選び方に無関係な定点であり，直線 G_1G_2 はこの点を通るから，題意が成り立つ。

　最近の京大では，このタイプの問題はありませんが，

　　　　　　　ベクトルの 1 次独立の理解ができているかどうか

を調べる問題で，京大の特徴が出ている問題のひとつです。

　では，ベクトルに対する心構えができたところで，京大の問題にトライしましょう。

Column　執筆中

　本書の初版を執筆している間に，1 か月ほど入院していました。大学生のときに左ヒザの前十字靱帯（じんたい）を切ってしまい，人工靱帯による再建手術を受けたのですが，それが 20 年たってまた切れてしまい，再々建手術になったのです。手術からしばらくたって，病院のベッドで原稿を書いていると，急にめまいがしました。

　それが 2011 年 3 月 11 日でした。遠く離れている京都ですら感じられる揺れだったんですから，その場所におられた方々の恐怖は想像すらできません。被害を受けられた方々に心よりお見舞申し上げます。

　東北地方の人で京大志望の人は少ないですが，もしこの本を手に取って，今ここを読んでおられるなら，がんばってください。応援しています。がんばっている人に，がんばれと言うのはよくないという意見もあるのですが，他に言葉が見つかりません。

　また，被害を受けなかった人も，そういう厳しい環境でがんばっている人がいることを肝に銘（めい）じ，今，自分が努力できる環境にいることに感謝して，がんばってください。応援しています。

例題 26 　　　　　　　　　　　　★★☆ ⏱ 25分

　四面体 OABC において，三角形 ABC の重心を G とし，線分 OG を $t : 1-t(0 < t < 1)$ に内分する点を P とする。また，直線 AP と面 OBC との交点を A′，直線 BP と面 OCA との交点を B′，直線 CP と面 OAB との交点を C′ とする。このとき，三角形 A′B′C′ は三角形 ABC と相似であることを示し，相似比を t で表せ。

（京大・理文共通・05後）

👤 理解　　「ベクトル」の設定ではありませんが，一般の四面体に関する問題で，「重心」，「$t : 1-t$」，「相似」など，ベクトルが得意とする素材が入っているので，ここは「ベクトル」でいきましょう。京大の図形問題では道具の選択も重要なポイントです。「ベクトルの章だから，ベクトル」って発想はダメですからね。

　四面体 OABC だから，主役の1次独立なベクトルは，O を始点として $\overrightarrow{OA}$，$\overrightarrow{OB}$，$\overrightarrow{OC}$ にしましょうか。

　$\overrightarrow{OA}$，$\overrightarrow{OB}$，$\overrightarrow{OC}$ ですべてを表すです。順にいきましょう。図1 のようになっているので，

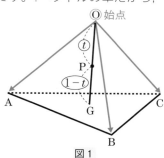

図1

● △ABC の重心 G

➡ $\overrightarrow{OG} = \dfrac{\overrightarrow{OA} + \overrightarrow{OB} + \overrightarrow{OC}}{3}$　……ⓐ

● 線分 OG を $t : 1-t$ に内分する点 P

➡ $\overrightarrow{OP} = t\overrightarrow{OG}$

　　$= \dfrac{t}{3}(\overrightarrow{OA} + \overrightarrow{OB} + \overrightarrow{OC})$　……ⓑ

（∵ ⓐより）

となります。直線 AP と面 OBC の交点が A′ だから，図2 のようになっていて，

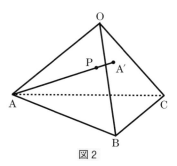

図2

● A′は直線 AP 上にある　➡　⑦

● A′は平面 OBC 上にある　➡　④

さあ，⑦のところの式は作れますか？

　Pのように線分 OG の「内分点」になっているとすぐに式が作れるけれど，A′のように線分 AP の「外分点」になっているとわからなくなるという人がいますが，大丈夫ですか？　僕もそうだったんですが，内分点の位置ベクトルの公式 $\vec{p} = \dfrac{n\vec{a} + m\vec{b}}{m + n}$ を覚えて，「$m:n$ のかわりに $t:1-t$ とおく」と習ったので，内分はいいんですけど，外分は……。

　これも丸暗記が原因です。内分点の位置ベクトルの公式はどうやって作るのでしょう。作り方がわかっていれば，内分でも外分でも同じ式になることがわかるハズです。座標の内分点の公式

$$\left(\frac{nx_1 + mx_2}{m + n},\ \frac{ny_1 + my_2}{m + n} \right)$$

をベクトルにおきかえただけではダメですよ。

　直線 AB 上に点 P があることをベクトルで表してみましょう。

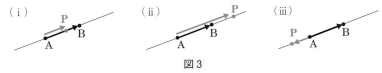

（i）　　　　　　　　（ii）　　　　　　　　（iii）

図3

　図3 のいずれの状態であっても，

$$\overrightarrow{AP} = t\overrightarrow{AB} \quad \cdots\cdots(*)$$

と表すことができますね。(i)では $0 < t < 1$，(ii)では $t > 1$，(iii)では $t < 0$ で P＝A のとき $t = 0$，P＝B のとき $t = 1$ です。

　しかし，いつも始点が A でよいとは限りません。たとえば $\overrightarrow{OP}$ として表したいこともあるでしょう。そこで，(*)の左辺の始点を O に変更すると，

$$\overrightarrow{OP} - \overrightarrow{OA} = t\overrightarrow{AB}$$
$$\overrightarrow{OP} = \overrightarrow{OA} + t\overrightarrow{AB} \quad \cdots\cdots(*)'$$

$\overrightarrow{OA}$ を移項

となります。これは，図4 のように「O から P へ行くには，O から A へ行って，$\overrightarrow{AB}$ の t 倍進む」ということですね。

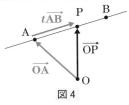

図4

　次に (*)′の右辺の $\overrightarrow{AB}$ の始点も O に変更すると，

$$\overrightarrow{OP} = \overrightarrow{OA} + t(\overrightarrow{OB} - \overrightarrow{OA})$$
$$= (1 - t)\overrightarrow{OA} + t\overrightarrow{OB} \quad \cdots\cdots(*)''$$

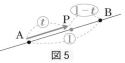

図5

出てきました！ 「$t : 1-t$ に内分」と覚えた式ですが，(*)を変形した式なので，内分だけでなく，**図3** の(i)，(ii)，(iii)すべての状態が表せています。$0 < t < 1$ の場合がとくに **図5** のように $t : 1-t$ に内分の状態になっているだけで，t が実数全体をとり得るなら，内分でも外分でも直線 AB 上の点ならどこでもこの式で表せているのです。

最後に (*)″ で，$1-t = s$ とおくと，

$$\overrightarrow{\mathrm{OP}} = s\overrightarrow{\mathrm{OA}} + t\overrightarrow{\mathrm{OB}} \quad (s + t = 1)$$

という式になります。以上をまとめると，次のようになります。

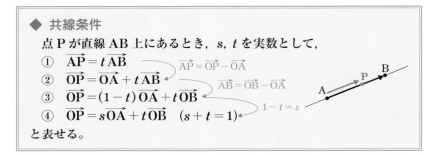

◆ 共線条件

　点 P が直線 AB 上にあるとき，s, t を実数として，

① $\overrightarrow{\mathrm{AP}} = t\overrightarrow{\mathrm{AB}}$

② $\overrightarrow{\mathrm{OP}} = \overrightarrow{\mathrm{OA}} + t\overrightarrow{\mathrm{AB}}$

③ $\overrightarrow{\mathrm{OP}} = (1-t)\overrightarrow{\mathrm{OA}} + t\overrightarrow{\mathrm{OB}}$

④ $\overrightarrow{\mathrm{OP}} = s\overrightarrow{\mathrm{OA}} + t\overrightarrow{\mathrm{OB}} \quad (s + t = 1)$

と表せる。

同様に，ある平面上に点があることを表す方法は次のようになります。

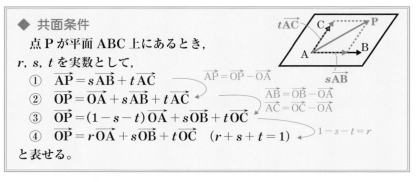

◆ 共面条件

　点 P が平面 ABC 上にあるとき，

r, s, t を実数として，

① $\overrightarrow{\mathrm{AP}} = s\overrightarrow{\mathrm{AB}} + t\overrightarrow{\mathrm{AC}}$

② $\overrightarrow{\mathrm{OP}} = \overrightarrow{\mathrm{OA}} + s\overrightarrow{\mathrm{AB}} + t\overrightarrow{\mathrm{AC}}$

③ $\overrightarrow{\mathrm{OP}} = (1-s-t)\overrightarrow{\mathrm{OA}} + s\overrightarrow{\mathrm{OB}} + t\overrightarrow{\mathrm{OC}}$

④ $\overrightarrow{\mathrm{OP}} = r\overrightarrow{\mathrm{OA}} + s\overrightarrow{\mathrm{OB}} + t\overrightarrow{\mathrm{OC}} \quad (r + s + t = 1)$

と表せる。

　共線条件，共面条件とも丸暗記するようなものではありません。①はほぼ自明でしょうから，あとは問題の設定に合わせて使いやすい形に変形するのです。よく使うのは，①，③でしょう。②は成分が入ってきたときに利用することが多いです。④は③とほぼ同じ形だから，なくても困りません。ただ，けっこうキレイな式であり，覚えやすいとは思います。

　話を元に戻します。再び **図2** で A′ について，

- A′ は直線 AP 上にある

$$\Rightarrow \quad \overrightarrow{AA'} = s\overrightarrow{AP}$$

$$\therefore \quad \overrightarrow{OA'} = (1-s)\overrightarrow{OA} + s\overrightarrow{OP}$$

A と P は決まった点なので，$\overrightarrow{AP}$ を基準に $\overrightarrow{AA'}$ を表します。

$$\overrightarrow{AA'} = \overrightarrow{OA'} - \overrightarrow{OA}$$
$$\overrightarrow{AP} = \overrightarrow{OP} - \overrightarrow{OA}$$

$$= (1-s)\overrightarrow{OA} + \frac{st}{3}(\overrightarrow{OA} + \overrightarrow{OB} + \overrightarrow{OC}) \quad \cdots\cdots ⓒ \ (\because \ ⓑ より)$$

- A′ は平面 OBC 上にある

$$\Rightarrow \quad \overrightarrow{OA'} = x\overrightarrow{OB} + y\overrightarrow{OC} \quad \cdots\cdots ⓓ$$

$\overrightarrow{OA}$，$\overrightarrow{OB}$，$\overrightarrow{OC}$ ですべてを表します。

とできます。$\overrightarrow{OA'}$ について，1 次独立なベクトル $\overrightarrow{OA}$，$\overrightarrow{OB}$，$\overrightarrow{OC}$ で ⓒ，ⓓの 2 通りに表せたから，係数比較できて，

$$\underset{\overrightarrow{OA}\ の係数}{1 - s + \frac{st}{3} = 0}, \quad \underset{\overrightarrow{OB}\ の係数}{\frac{st}{3} = x}, \quad \underset{\overrightarrow{OC}\ の係数}{\frac{st}{3} = y}$$

4 文字 3 式ですが，t は問題文で与えられていた文字（すなわち定数）なので使ってよく，s，x，y の 3 文字で 3 式です。これを解いて，s，x，y が t で表せます。B′，C′ については「同様に」でよいでしょう。

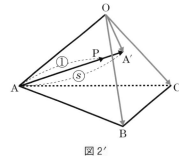

図 2′

🖐️ 計画　$\overrightarrow{OA'}$，$\overrightarrow{OB'}$，$\overrightarrow{OC'}$ が $\overrightarrow{OA}$，$\overrightarrow{OB}$，$\overrightarrow{OC}$ と t で表せそうです。△ABC ∽ △A′B′C′ が証明の目標ですから，これをベクトルで表現すると，図 6 より，

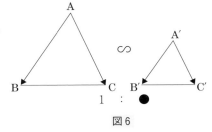

図 6

目標　$\overrightarrow{A'B'} = ●\overrightarrow{AB}$，$\overrightarrow{A'C'} = ●\overrightarrow{AC}$ と表せる

相似比 1：●

でしょうか。

$\overrightarrow{OA'}$，$\overrightarrow{OB'}$，$\overrightarrow{OC'}$ を求めるところまでは始点を O として，1 次独立なベクトル $\overrightarrow{OA}$，$\overrightarrow{OB}$，$\overrightarrow{OC}$ ですべてを表していきます。最後に相似を示すところ，相似比を求めるところは始点を A にして，$\overrightarrow{AB}$，$\overrightarrow{AC}$ で表すことになりそうです。

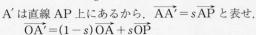

実行

G は△ABC の重心であるから,

$$\overrightarrow{OG} = \frac{1}{3}(\overrightarrow{OA} + \overrightarrow{OB} + \overrightarrow{OC})$$

であり, $OP : PG = t : 1-t$ より,

$$\overrightarrow{OP} = t\overrightarrow{OG} = \frac{t}{3}(\overrightarrow{OA} + \overrightarrow{OB} + \overrightarrow{OC})$$

A′ は直線 AP 上にあるから, $\overrightarrow{AA'} = s\overrightarrow{AP}$ と表せ,

$$\overrightarrow{OA'} = (1-s)\overrightarrow{OA} + s\overrightarrow{OP}$$

$$= (1-s)\overrightarrow{OA} + \frac{st}{3}(\overrightarrow{OA} + \overrightarrow{OB} + \overrightarrow{OC})$$

$$= \left(1 - s + \frac{st}{3}\right)\overrightarrow{OA} + \frac{st}{3}\overrightarrow{OB} + \frac{st}{3}\overrightarrow{OC} \quad \cdots\cdots①$$

また, A′ は平面 OBC 上にあるから,

$$\overrightarrow{OA'} = x\overrightarrow{OB} + y\overrightarrow{OC} \qquad\qquad \cdots\cdots②$$

と表せる。

4 点 O, A, B, C は同じ平面上にないから, ①, ②より,

$$\begin{cases} 1 - s + \dfrac{st}{3} = 0 \\[2mm] \dfrac{st}{3} = x \\[2mm] \dfrac{st}{3} = y \end{cases} \quad \therefore \quad \begin{cases} s = \dfrac{3}{3-t} \\[2mm] x = \dfrac{t}{3-t} \\[2mm] y = \dfrac{t}{3-t} \end{cases} \left(\begin{matrix} 0 < t < 1 \text{より,} \\ 3 - t \neq 0 \end{matrix} \right)$$

よって, ②より,

$$\overrightarrow{OA'} = \frac{t}{3-t}(\overrightarrow{OB} + \overrightarrow{OC})$$

同様にして,

$$\overrightarrow{OB'} = \frac{t}{3-t}(\overrightarrow{OC} + \overrightarrow{OA}), \quad \overrightarrow{OC'} = \frac{t}{3-t}(\overrightarrow{OA} + \overrightarrow{OB})$$

したがって,

$$\overrightarrow{A'B'} = \overrightarrow{OB'} - \overrightarrow{OA'} = \frac{t}{3-t}(\overrightarrow{OA} - \overrightarrow{OB})$$

$$= \frac{t}{3-t}\overrightarrow{BA}$$

$$= -\frac{t}{3-t}\overrightarrow{AB} \quad \cdots\cdots③$$

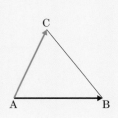

同様に,

$$\overrightarrow{A'C'} = -\frac{t}{3-t}\overrightarrow{AC}$$

であり，2辺の長さの比とその間の角が等しいから，

$$\triangle A'B'C' \backsim \triangle ABC$$

また，$0 < t < 1$ より，相似比は，

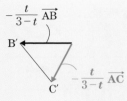

$$|\overrightarrow{A'B'}| : |\overrightarrow{AB}|$$

$$= \left| -\frac{t}{3-t}\overrightarrow{AB} \right| : |\overrightarrow{AB}|$$

$$= \left| -\frac{t}{3-t} \right| : 1 = \frac{t}{3-t} : 1 = \boldsymbol{t} : \boldsymbol{3-t}$$

検討 最後の $\triangle A'B'C' \backsim \triangle ABC$ は，$\overrightarrow{A'B'}$，$\overrightarrow{A'C'}$ を，A を始点にして $\overrightarrow{AB}$ と $\overrightarrow{AC}$ で表しましたが，③の途中で，

$$\overrightarrow{A'B'} = \frac{t}{3-t}\overrightarrow{BA}$$

となるので，

対称性をウマく利用する

する方針で，次のように解答してもよいでしょう。

〈 $\overrightarrow{A'B'} = \cdots\cdots = \dfrac{t}{3-t}\overrightarrow{BA}$ のあとの部分的な別解〉

同様に

$$\overrightarrow{B'C'} = \frac{t}{3-t}\overrightarrow{CB}, \quad \overrightarrow{C'A'} = \frac{t}{3-t}\overrightarrow{AC}$$

であるから

$$\frac{|\overrightarrow{A'B'}|}{|\overrightarrow{AB}|} = \frac{|\overrightarrow{B'C'}|}{|\overrightarrow{BC}|} = \frac{|\overrightarrow{C'A'}|}{|\overrightarrow{CA}|} = \frac{t}{3-t}$$

よって，3辺の長さの比が等しいから $\triangle A'B'C' \backsim \triangle ABC$ であり，相似比は，$\boldsymbol{t : 3-t}$

類題 26 　　　　　　解答 ⇨ P.486 ★★☆ ⏱ 25分

正三角形 ABC の辺 AB 上に点 P_1，P_2 が，辺 BC 上に点 Q_1，Q_2 が，辺 CA 上に点 R_1，R_2 があり，どの点も頂点には一致していないとする。このとき三角形 $P_1Q_1R_1$ の重心と三角形 $P_2Q_2R_2$ の重心が一致すれば，$P_1P_2 = Q_1Q_2 = R_1R_2$ が成り立つことを示せ。

（京大・理系・03後）

ベクトル②

例題 27

★★☆ 🕐 30分

　四面体 OABC は次の 2 つの条件

(i)　OA⊥BC，OB⊥AC，OC⊥AB

(ii)　4 つの面の面積がすべて等しい

をみたしている。このとき，この四面体は正四面体であることを示せ。

(京大・理系・03前)

👤**理解**　　条件(i)の各条件は，空間で
　　　　　離れた辺が直交していること
を表しているので，平面図形で考えたり，
座標をおいたりするのは難しそうです。
やはりベクトルでしょう。始点を O と
して，

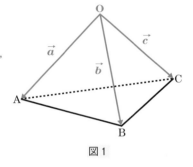

図 1

　　　1 次独立なベクトル
　　　$\overrightarrow{OA} = \vec{a}$，$\overrightarrow{OB} = \vec{b}$，$\overrightarrow{OC} = \vec{c}$
　　　ですべてを表す

という方針でいってみます。

　　OA⊥BC より，

　　　　$\overrightarrow{OA} \cdot \overrightarrow{BC} = 0$

　　　∴　$\overrightarrow{OA} \cdot (\overrightarrow{OC} - \overrightarrow{OB}) = 0$

　　　∴　$\vec{a} \cdot (\vec{c} - \vec{b}) = 0$

　　　∴　$\vec{a} \cdot \vec{b} = \vec{a} \cdot \vec{c}$

であるから，同様に，

　　　　OB⊥AC より，$\vec{b} \cdot \vec{a} = \vec{b} \cdot \vec{c}$

　　　　OC⊥AB より，$\vec{c} \cdot \vec{a} = \vec{c} \cdot \vec{b}$

となり，まとめて，

　　　　条件(i)　➡　$\vec{a} \cdot \vec{b} = \vec{b} \cdot \vec{c} = \vec{c} \cdot \vec{a}$　……ⓐ

　　次に，条件(ii)ですが，ベクトルで三角形の面積を求める公式

$$\triangle ABC = \frac{1}{2}\sqrt{|\overrightarrow{AB}|^2|\overrightarrow{AC}|^2 - (\overrightarrow{AB}\cdot\overrightarrow{AC})^2} \leftarrow$$

は覚えていますか？　たまに
覚えていないという人もいる
のですが，ベクトルで面積と
いえば，まずコレですから，
覚えておくようにしましょう。
すると，条件(ii)は，

＋補足

証明は，

$$\triangle ABC = \frac{1}{2}AB\cdot AC\sin A$$
$$= \frac{1}{2}|\overrightarrow{AB}||\overrightarrow{AC}|\sqrt{1-\cos^2 A}$$
$$= \frac{1}{2}\sqrt{|\overrightarrow{AB}|^2|\overrightarrow{AC}|^2(1-\cos^2 A)}$$
$$= \frac{1}{2}\sqrt{|\overrightarrow{AB}|^2|\overrightarrow{AC}|^2 - (|\overrightarrow{AB}||\overrightarrow{AC}|\cos A)^2}$$
$$= \frac{1}{2}\sqrt{|\overrightarrow{AB}|^2|\overrightarrow{AC}|^2 - (\overrightarrow{AB}\cdot\overrightarrow{AC})^2}$$

$$\triangle OAB = \triangle OBC$$
$$= \triangle OCA = \triangle ABC$$

ということだから，

$$\frac{1}{2}\sqrt{|\vec{a}|^2|\vec{b}|^2 - (\vec{a}\cdot\vec{b})^2} = \frac{1}{2}\sqrt{|\vec{b}|^2|\vec{c}|^2 - (\vec{b}\cdot\vec{c})^2}$$
$$= \frac{1}{2}\sqrt{|\vec{c}|^2|\vec{a}|^2 - (\vec{c}\cdot\vec{a})^2} = \frac{1}{2}\sqrt{|\overrightarrow{AB}|^2|\overrightarrow{AC}|^2 - (\overrightarrow{AB}\cdot\overrightarrow{AC})^2}$$

よって，

条件(ii) ➡ $|\vec{a}|^2|\vec{b}|^2 - (\vec{a}\cdot\vec{b})^2 = |\vec{b}|^2|\vec{c}|^2 - (\vec{b}\cdot\vec{c})^2$
$$= |\vec{c}|^2|\vec{a}|^2 - (\vec{c}\cdot\vec{a})^2 = |\overrightarrow{AB}|^2|\overrightarrow{AC}|^2 - (\overrightarrow{AB}\cdot\overrightarrow{AC})^2$$

$$\cdots\cdots\textcircled{b}$$

～～部を $\vec{a}$, $\vec{b}$, $\vec{c}$ に直すと，

$$|\vec{b}-\vec{a}|^2|\vec{c}-\vec{a}|^2 - \{(\vec{b}-\vec{a})\cdot(\vec{c}-\vec{a})\}^2$$

となって，かなりエグい式が出てきそうなので，とりあえず保留しておき
ましょう。

　これで与えられた条件がベクトルで表せました。

計画　　ⓑの～～部以外の式から，
$$|\vec{a}|^2|\vec{b}|^2 - (\vec{a}\cdot\vec{b})^2$$
$$= |\vec{b}|^2|\vec{c}|^2 - (\vec{b}\cdot\vec{c})^2$$
$$= |\vec{c}|^2|\vec{a}|^2 - (\vec{c}\cdot\vec{a})^2$$
であり，ⓐより……部が等しいから，
$$|\vec{a}|^2|\vec{b}|^2 = |\vec{b}|^2|\vec{c}|^2 = |\vec{c}|^2|\vec{a}|^2$$
左側の等式から，
$$|\vec{a}|^2|\vec{b}|^2 = |\vec{b}|^2|\vec{c}|^2$$
$|\vec{b}|\neq 0$ だから，
$$|\vec{a}|^2 = |\vec{c}|^2 \quad\therefore\ |\vec{a}| = |\vec{c}|$$

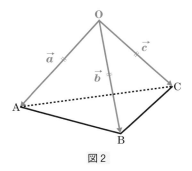

図2

右側の等式から同様に$|\vec{b}| = |\vec{a}|$だから,

$$|\vec{a}| = |\vec{b}| = |\vec{c}| \qquad \therefore \quad OA = OB = OC$$

おっ！　いいのが出てきました。これで△OAB，△OBC，△OCA は
すべて二等辺三角形であることがすぐにいえます。

　「よ～し，じゃあ AB の長さを

$$|\overrightarrow{AB}|^2 = |\overrightarrow{OB} - \overrightarrow{OA}|^2 = |\vec{b} - \vec{a}|^2 = |\vec{b}|^2 - 2\vec{a} \cdot \vec{b} + |\vec{a}|^2$$

　と計算して，AB ＝ OA とかを示せば正四面体っていえるな」
と思っていませんか？

1 次独立なベクトルですべてを表す

という方針でやっているので，それでも OK なのですが，京大なので，

対称性をウマく利用する

という視点も,つねにもっていないといけません。何か思いつきませんか？

　いま，O を始点にして，

$$\overrightarrow{OA} = \vec{a}, \quad \overrightarrow{OB} = \vec{b}, \quad \overrightarrow{OC} = \vec{c}$$

とおくと，条件(ⅰ), (ⅱ)から,

$$OA = OB = OC \quad \cdots\cdots ⓒ$$

がいえたんですよね（**図 3**）。条件(ⅰ), (ⅱ)は 4 つの頂点 O，A，B，C に関
して対称だから，たとえば A を始点にして，

$$\overrightarrow{AO} = \vec{a'}, \quad \overrightarrow{AB} = \vec{b'}, \quad \overrightarrow{AC} = \vec{c'}$$

とおくと，条件(ⅰ), (ⅱ)から，同様にして，

$$AO = AB = AC \quad \cdots\cdots ⓓ$$

がいえます（**図 4**）。

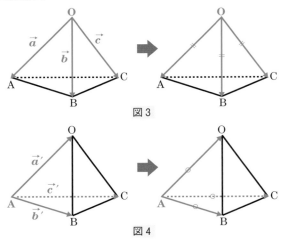

図 3

図 4

ⓒ，ⓓで，OA が共通だから，
$$OA = OB = OC = AB = AC \quad \cdots\cdots ⓔ$$
がいえたことになります（図5）。

残るは BC なので，始点を B にすれば，
$$BO = BC = BA$$
がいえて，ⓔと合わせて，
$$OA = OB = OC = AB = BC = CA$$
これでめでたく正四面体になりました。

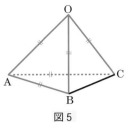

図5

実行

O を始点として $\overrightarrow{OA} = \vec{a}$，$\overrightarrow{OB} = \vec{b}$，
$\overrightarrow{OC} = \vec{c}$ とおくと，OA⊥BC のとき，
$$
\begin{aligned}
\overrightarrow{OA} \cdot \overrightarrow{BC} &= \vec{a} \cdot (\vec{c} - \vec{b}) \\
&= \vec{a} \cdot \vec{c} - \vec{a} \cdot \vec{b} = 0
\end{aligned}
$$
$$\therefore \quad \vec{a} \cdot \vec{b} = \vec{a} \cdot \vec{c}$$
同様に，OB⊥AC，OC⊥AB のとき，
$$\vec{b} \cdot \vec{a} = \vec{b} \cdot \vec{c}, \quad \vec{c} \cdot \vec{a} = \vec{c} \cdot \vec{b}$$
条件(ⅰ)より，
$$\vec{a} \cdot \vec{b} = \vec{b} \cdot \vec{c} = \vec{c} \cdot \vec{a} \quad \cdots\cdots ①$$
また，条件(ⅱ)より，△OAB＝△OBC＝△OCA であるから，
$$
\begin{aligned}
\frac{1}{2}\sqrt{|\vec{a}|^2|\vec{b}|^2 - (\vec{a} \cdot \vec{b})^2} &= \frac{1}{2}\sqrt{|\vec{b}|^2|\vec{c}|^2 - (\vec{b} \cdot \vec{c})^2} \\
&= \frac{1}{2}\sqrt{|\vec{c}|^2|\vec{a}|^2 - (\vec{c} \cdot \vec{a})^2}
\end{aligned}
$$

これと①より，
$$|\vec{a}|^2|\vec{b}|^2 = |\vec{b}|^2|\vec{c}|^2 = |\vec{c}|^2|\vec{a}|^2$$
$|\vec{a}| \neq 0$，$|\vec{b}| \neq 0$，$|\vec{c}| \neq 0$ であるから，
$$|\vec{a}| = |\vec{b}| = |\vec{c}| \quad \therefore \quad OA = OB = OC \quad \cdots\cdots ②$$
条件(ⅰ),(ⅱ)は4つの頂点 O，A，B，C について対称であるから，同様にして，
$$始点を A とすると，\quad AO = AB = AC \quad \cdots\cdots ③$$
$$始点を B とすると，\quad BO = BA = BC \quad \cdots\cdots ④$$
がいえる。

②，③，④より，
$$OA = OB = OC = AB = BC = CA$$
であるから，四面体 OABC の各面は合同な正三角形である。したがって，
四面体 OABC は正四面体である。

検討　条件(i)は「ベクトル」で扱うしかなさそうですが，条件(ii)はどうでしょう。

$$\angle \text{AOB} = \alpha, \quad \angle \text{BOC} = \beta, \quad \angle \text{COA} = \gamma$$

として，$\triangle \text{OAB} = \triangle \text{OBC} = \triangle \text{OCA}$ から，

$$\frac{1}{2}\text{OA}\cdot\text{OB}\sin\alpha = \frac{1}{2}\text{OB}\cdot\text{OC}\sin\beta = \frac{1}{2}\text{OC}\cdot\text{OA}\sin\gamma \quad \cdots\cdots ㋐$$

というように，「三角比」を利用する方針は思いつきませんでしたか？
すると①は，

$$\text{OA}\cdot\text{OB}\cos\alpha = \text{OB}\cdot\text{OC}\cos\beta = \text{OC}\cdot\text{OA}\cos\gamma \quad \cdots\cdots ㋑$$

となるから，$㋐^2 + ㋑^2$ をすると，

$$\text{OA}^2\cdot\text{OB}^2(\sin^2\alpha + \cos^2\alpha) = \text{OB}^2\cdot\text{OC}^2(\sin^2\beta + \cos^2\beta)$$
$$= \text{OC}^2\cdot\text{OA}^2(\sin^2\gamma + \cos^2\gamma)$$

$$\text{OA}^2\cdot\text{OB}^2 = \text{OB}^2\cdot\text{OC}^2 = \text{OC}^2\cdot\text{OA}^2$$

$\text{OA} \neq 0, \ \text{OB} \neq 0, \ \text{OC} \neq 0$ より，

$$\text{OA} = \text{OB} = \text{OC}$$

これで②が出てくるので，あとは同じです。

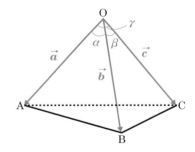

類題 27

解答　⇨　P.488　★★☆　🕐 25分

　四面体 OABC が次の条件を満たすならば，それは正四面体であることを示せ。

　　条件：頂点 A, B, C からそれぞれの対面を含む平面へ下ろした垂線は対面の重心を通る。

　ただし，四面体のある頂点の対面とは，その頂点を除く他の3つの頂点がなす三角形のことをいう。　　　　　（京大・文系・16）

テーマ 28 ベクトル③

例題 28 ★★★ ⏱ 25分

空間の1点Oを通る4直線で，どの3直線も同一平面上にないようなものを考える。このとき，4直線のいずれともO以外の点で交わる平面で，4つの交点が平行四辺形の頂点になるようなものが存在することを示せ。
(京大・理系・08)

理解 じつは気がつけばあっけないのですが，何をどうしてよいのかよくわからない問題で，実際の京大の入試でも白紙の人が多かったそうです。

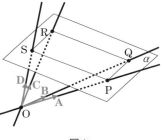

図1のように，4直線OA，OB，OC，ODと平面αの4つの交点をP，Q，R，Sとして，四角形PQRSを平行四辺形にすることができることを示せというんですが，さて……。

図1

何度もいっていますが，ベクトルで最も重要なことは，

1次独立なベクトルですべてを表す

ことです。京大では，ここを突いた問題があり，僕が高校生のときに通っていた塾の先生（京大理学部数学科卒でした）は，

「平面で3本，空間で4本ベクトルがあったら，1本はダミー。

平面なら2本，空間なら3本のベクトルで，残り1本をおけ」

とおっしゃっていました。ほかの大学ではあまり使えないアドバイスかもしれませんが，京大の問題，とくに本問では，これがものすごく大きな一歩になります。

4つの直線OA，OB，OC，ODは，どの3直線も同一平面上にないので，$\overrightarrow{OA}$，$\overrightarrow{OB}$，$\overrightarrow{OC}$，$\overrightarrow{OD}$から，どの3つのベクトルを組合せても1次独立なベクトルのセットができます。たとえば，$\overrightarrow{OA}$，$\overrightarrow{OB}$，$\overrightarrow{OC}$にしましょうか。すると，残りの$\overrightarrow{OD}$は$\overrightarrow{OA}$，$\overrightarrow{OB}$，$\overrightarrow{OC}$を使って，

$$\overrightarrow{OD} = s\overrightarrow{OA} + t\overrightarrow{OB} + u\overrightarrow{OC} \quad \cdots\cdots ⓐ$$

と表せます。

　一方，四角形 PQRS が平行四辺形となる条件をベクトルで表すと，

目標 $\overrightarrow{PQ} = \overrightarrow{SR}$ 　……ⓑ

です。ⓐは始点が O なので，これも始点を O に変形しましょう。

　　$\overrightarrow{OQ} - \overrightarrow{OP} = \overrightarrow{OR} - \overrightarrow{OS}$ 　……ⓑ′

　このような点 P, Q, R, S が，それぞれ直線 OA, OB, OC, OD 上にとれれば OK なのですが……。

　ⓐ, ⓑ′ を少し整理してみましょう。**図1** では，P が OA, Q が OB, R が OC, S が OD 上にあるとしているので，上と下で対応させます。

　ⓐより，$s\overrightarrow{OA} + t\overrightarrow{OB} + u\overrightarrow{OC} - \overrightarrow{OD} = \vec{0}$
　ⓑ′より，$\overrightarrow{OP} - \overrightarrow{OQ} + \overrightarrow{OR} - \overrightarrow{OS} = \vec{0}$

　どうですか？　そうです！

　　$\overrightarrow{OP} = s\overrightarrow{OA}, \quad \overrightarrow{OQ} = -t\overrightarrow{OB}, \quad \overrightarrow{OR} = u\overrightarrow{OC}, \quad \overrightarrow{OS} = \overrightarrow{OD}$ 　……ⓒ

とおくとよいのです!!　$\overrightarrow{OD}$ はⓐのように表せて，s, t, u はただ 1 通りに決まる実数の定数です。そこでⓒのようにおくとⓑが得られ，平行四辺形 PQRS が作れました。

計画　ところで，ⓑの
$$\overrightarrow{PQ} = \overrightarrow{SR}$$
が成立すれば，P, Q, R, S は必ず平行四辺形をなすでしょうか？
$$\overrightarrow{PQ} = \overrightarrow{SR} = \vec{0} \quad ……ⓓ$$
だとダメですね。それと **図2** のような状態でも平行四辺形になりません。チェックしましょう。

　まず，**図2** のようなことは起こりません。起こるとすると **図2′** のような状態だから，4 直線 OA, OB, OC, OD が同一平面上にあることになり，条件に反します。

　また，ⓓもあり得ません。$\overrightarrow{PQ} = \vec{0}$ のとき P = Q ですが，P は直線 OA 上，Q は直線 OB 上にあるので，**図3** のように 2 直線 OA と OB が一致してしまいます。

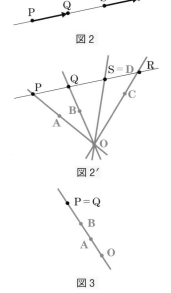

図2

図2′

図3

あと，問題文でひっかかるのが，「4直線のいずれともO以外の点で交わる平面で……」のところです。$D \neq O$より$S \neq O$はよいとして，$P \neq O$，$Q \neq O$，$R \neq O$を示さないといけません。ⓒより，$s \neq 0$，$t \neq 0$，$u \neq 0$を示したいのです。ここで，

否定命題の証明　➡　背理法

というのを思い出してください。たとえば，$s = 0$と仮定しましょう。すると@は，

$$\overrightarrow{OD} = t\overrightarrow{OB} + u\overrightarrow{OC}$$

となります。これは「平面OBCに点Dがある」ことを意味します。つまり，3直線OB，OC，ODが**図4**のように同一平面上にある

ことになり，与えられた条件に反します。ということで，$s \neq 0$，同様に$t \neq 0$，$u \neq 0$がいえます。これでイケそうです。

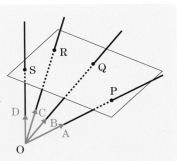

図4

実行

　4つの直線上のそれぞれに，Oとは異なる点A，B，C，Dをとる。O，A，B，Cは同一平面上にないから，$\overrightarrow{OD}$は，

$$\overrightarrow{OD} = s\overrightarrow{OA} + t\overrightarrow{OB} + u\overrightarrow{OC} \quad \cdots\cdots①$$

の形に（ただ1通りに）表すことができる。

　ここで$s = 0$と仮定すると，①は，

$$\overrightarrow{OD} = t\overrightarrow{OB} + u\overrightarrow{OC}$$

となる。このとき，Dは平面OBC上の点であるから，直線OB，OC，ODが同一平面上にないという条件に反する。

　よって，$s \neq 0$であり，同様に$t \neq 0$，$u \neq 0$である。

　次に，直線OA，OB，OC，OD上に点P，Q，R，Sを

$$s\overrightarrow{OA} = \overrightarrow{OP}, \ t\overrightarrow{OB} = -\overrightarrow{OQ}, \ u\overrightarrow{OC} = \overrightarrow{OR}, \ \overrightarrow{OD} = \overrightarrow{OS}$$

をみたすようにとると，①より，

$$\overrightarrow{OS} = \overrightarrow{OP} - \overrightarrow{OQ} + \overrightarrow{OR} \quad \therefore \ \overrightarrow{PQ} = \overrightarrow{SR} \quad \cdots\cdots②$$

　4直線OA，OB，OC，ODはどの3直線も同一平面上になく，$s \neq 0$，$t \neq 0$，$u \neq 0$であるから，O，P，Q，R，Sは互いに異なる。よって，$\overrightarrow{PQ} \neq \vec{0}$，$\overrightarrow{SR} \neq \vec{0}$であり，P，Q，R，Sのどの3点も同一直線上にはない。

よって，②より，4点P, Q, R, Sは平行四辺形の4つの頂点であり，平行四辺形PQRSのある平面上にOはない。したがって，題意が成り立つ。

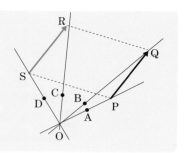

＋補足 ①に気がつくことが最大の急所です。

1次独立なベクトルですべてを表す

ということがしっかり身についていないと解けない問題です。

　次に，証明の目標である②と①をにらめっこして，P, Q, R, Sのおき方に気がつけば，ヤマ場は越えています。

　②が出たあと，P, Q, R, Sが平行四辺形をなさない可能性をひとつずつツブしていかないといけないのは京大らしいですね。最後まで油断せずに「②からすぐに四角形PQRSが平行四辺形といえるだろうか？　例外はないだろうか？」とひとつひとつチェックしながら論を進めていきましょう。

類題 28　　　　　　　　　解答 ⇨ P.497　★★☆　🕐 25分

　四角形 ABCD を底面とする四角錐 OABCD は
$\overrightarrow{OA} + \overrightarrow{OC} = \overrightarrow{OB} + \overrightarrow{OD}$ を満たしており，0と異なる4つの実数 p, q, r, s に対して4点P, Q, R, Sを

$$\overrightarrow{OP} = p\overrightarrow{OA}, \quad \overrightarrow{OQ} = q\overrightarrow{OB}, \quad \overrightarrow{OR} = r\overrightarrow{OC}, \quad \overrightarrow{OS} = s\overrightarrow{OD}$$

によって定める。このときP, Q, R, Sが同一平面上にあれば

$$\frac{1}{p} + \frac{1}{r} = \frac{1}{q} + \frac{1}{s}$$ が成立することを示せ。　　　（京大・文系・02前）

ベクトル④

k を正の実数とする。座標空間において，原点 O を中心とする半径 1 の球面上の 4 点 A, B, C, D が次の関係式を満たしている。

$$\overrightarrow{OA} \cdot \overrightarrow{OB} = \overrightarrow{OC} \cdot \overrightarrow{OD} = \frac{1}{2},$$

$$\overrightarrow{OA} \cdot \overrightarrow{OC} = \overrightarrow{OB} \cdot \overrightarrow{OC} = -\frac{\sqrt{6}}{4},$$

$$\overrightarrow{OA} \cdot \overrightarrow{OD} = \overrightarrow{OB} \cdot \overrightarrow{OD} = k,$$

このとき，k の値を求めよ。ただし，座標空間の点 X，Y に対して，$\overrightarrow{OX} \cdot \overrightarrow{OY}$ は，$\overrightarrow{OX}$ と $\overrightarrow{OY}$ の内積を表す。 （京大・理文共通・20）

🙋 **理解** 　与えられた条件で，式になっていないのが

$$|\overrightarrow{OA}| = |\overrightarrow{OB}| = |\overrightarrow{OC}| = |\overrightarrow{OD}| = 1 \quad \cdots\cdots\text{ⓐ}$$

ですよね。与えられた式を順に

$$\overrightarrow{OA} \cdot \overrightarrow{OB} = \overrightarrow{OC} \cdot \overrightarrow{OD} = \frac{1}{2} \quad \cdots\cdots\text{ⓑ}$$

$$\overrightarrow{OA} \cdot \overrightarrow{OC} = \overrightarrow{OB} \cdot \overrightarrow{OC} = -\frac{\sqrt{6}}{4} \quad \cdots\cdots\text{ⓒ}$$

$$\overrightarrow{OA} \cdot \overrightarrow{OD} = \overrightarrow{OB} \cdot \overrightarrow{OD} = k \quad \cdots\cdots\text{ⓓ}$$

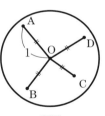

図1

としましょうか。

ⓐ，ⓑから∠AOB や∠COD が求められますよね。やってみますと

$$\cos \angle AOB = \frac{\overrightarrow{OA} \cdot \overrightarrow{OB}}{|\overrightarrow{OA}||\overrightarrow{OB}|} = \frac{1}{2}, \quad \cos \angle COD = \frac{\overrightarrow{OC} \cdot \overrightarrow{OD}}{|\overrightarrow{OC}||\overrightarrow{OD}|} = \frac{1}{2}$$

ですので

$$\angle AOB = \angle COD = 60°$$

お！　△OAB と△OCD は正三角形ですね（**図2**）。

同じようにⓐ，ⓒから∠AOC，∠BOC が求められそうなんですが，残念ながら，

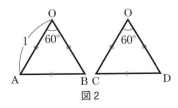

図2

$$\cos \angle \text{AOC} = \frac{\overrightarrow{\text{OA}} \cdot \overrightarrow{\text{OC}}}{|\overrightarrow{\text{OA}}||\overrightarrow{\text{OC}}|} = -\frac{\sqrt{6}}{4}$$

$$\cos \angle \text{BOC} = \frac{\overrightarrow{\text{OB}} \cdot \overrightarrow{\text{OC}}}{|\overrightarrow{\text{OB}}||\overrightarrow{\text{OC}}|} = -\frac{\sqrt{6}}{4}$$

が求められるだけで，∠AOC，∠BOC の具体的な角度はわかりません。

しかし，$\cos \angle \text{AOC} = \cos \angle \text{BOC}$（$<0$）なので，

$$\angle \text{AOC} = \angle \text{BOC}（鈍角）$$

ですから，

△OAC と △OBC は
合同な二等辺三角形

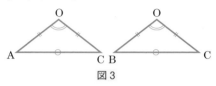

図3

ということまではわかります
（**図3**）。そうしますと，**図4**
のようになるわけですが，

立体では，まっすぐ見た図をかく

でしたよね。△OAB をま上から見てみましょう。**図4** の矢印方向です。ⓐ，ⓒから同様に△OAD と △OBD も合同な二等辺三角形とわかりますので，**図5** のようになり，

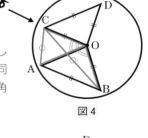

図4

C，D は線分 AB の
垂直二等分面上にある？

みたいです。もう一度立体っぽくかくと，**図6** のようになっていると思われます。

本当かどうか確かめてみましょう。

$$\text{CM} \perp \text{AB}, \quad \text{DM} \perp \text{AB}$$

を示したいので，

$$\overrightarrow{\text{CM}} \cdot \overrightarrow{\text{AB}} = 0, \quad \overrightarrow{\text{DM}} \cdot \overrightarrow{\text{AB}} = 0$$

であれば OK ですね。

$$\overrightarrow{\text{OM}} = \frac{\overrightarrow{\text{OA}} + \overrightarrow{\text{OB}}}{2}$$

より，

$$\overrightarrow{\text{CM}} = \overrightarrow{\text{OM}} - \overrightarrow{\text{OC}} = \frac{1}{2}(\overrightarrow{\text{OA}} + \overrightarrow{\text{OB}}) - \overrightarrow{\text{OC}}$$

ですから，

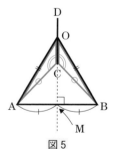

図5

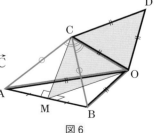

図6

$$\overrightarrow{\mathrm{CM}}\cdot\overrightarrow{\mathrm{AB}}=\left\{\frac{1}{2}(\overrightarrow{\mathrm{OA}}+\overrightarrow{\mathrm{OB}})-\overrightarrow{\mathrm{OC}}\right\}\cdot(\overrightarrow{\mathrm{OB}}-\overrightarrow{\mathrm{OA}})$$

$$=\frac{1}{2}(|\overrightarrow{\mathrm{OB}}|^2-|\overrightarrow{\mathrm{OA}}|^2)-(\overrightarrow{\mathrm{OB}}\cdot\overrightarrow{\mathrm{OC}}-\overrightarrow{\mathrm{OA}}\cdot\overrightarrow{\mathrm{OC}})$$

$$=\frac{1}{2}(1-1)-\left(-\frac{\sqrt{6}}{4}+\frac{\sqrt{6}}{4}\right)\quad(\because \text{ ⓐ, ⓒ})$$

$$=0$$

あ！　出ました。ⓑより A≠B ですから，$\overrightarrow{\mathrm{AB}}\neq\vec{0}$ です。また，OM は 1

辺の長さが 1 の正三角形 OAB の中線ですから OM$=\dfrac{\sqrt{3}}{2}$ です。よって，

M≠C で，$\overrightarrow{\mathrm{CM}}\neq\vec{0}$ です。ということで，
$$\overrightarrow{\mathrm{CM}}\perp\overrightarrow{\mathrm{AB}}$$
ですね。同時に
$$\overrightarrow{\mathrm{DM}}\perp\overrightarrow{\mathrm{AB}}$$
も示せそうです。

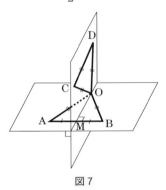

　そうしますと，2 つの正三角形 OAB と
OCD が，O を共有していて，**図 7** のよう
に 2 つの直交している平面内にそれぞれあ
るということになりますね。じゃあ，

線分 AB の垂直二等分面上に

4 点 O，M，C，D がある

ことがわかりましたので，この平面内での位置関係

図 7

を考えてみましょうか。**図 8** のように，長さはけっ
こうわかっていますので，角度を調べてみましょう。

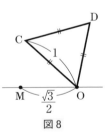

　D の条件式ⓓには，求めたい k が入っていますの
で，D はあとまわしにして，C から攻めます。
∠COM を求めるには，

図 8

$$\cos\angle\mathrm{COM}=\frac{\overrightarrow{\mathrm{OC}}\cdot\overrightarrow{\mathrm{OM}}}{|\overrightarrow{\mathrm{OC}}||\overrightarrow{\mathrm{OM}}|}=\frac{\overrightarrow{\mathrm{OC}}\cdot\overrightarrow{\mathrm{OM}}}{1\cdot\dfrac{\sqrt{3}}{2}}$$

ですから，$\overrightarrow{\mathrm{OC}}\cdot\overrightarrow{\mathrm{OM}}$ を求めてみましょう。

$$\overrightarrow{\mathrm{OC}}\cdot\overrightarrow{\mathrm{OM}}=\overrightarrow{\mathrm{OC}}\cdot\frac{\overrightarrow{\mathrm{OA}}+\overrightarrow{\mathrm{OB}}}{2}=\frac{1}{2}(\overrightarrow{\mathrm{OA}}\cdot\overrightarrow{\mathrm{OC}}+\overrightarrow{\mathrm{OB}}\cdot\overrightarrow{\mathrm{OC}})$$

$$=\frac{1}{2}\left(-\frac{\sqrt{6}}{4}-\frac{\sqrt{6}}{4}\right)=-\frac{\sqrt{6}}{4}\quad(\because \text{ ⓒより})\quad\cdots\cdots\text{ⓔ}$$

ですから,

$$\cos\angle\mathrm{COM} = \frac{-\dfrac{\sqrt{6}}{4}}{1\cdot\dfrac{\sqrt{3}}{2}} = -\frac{\sqrt{2}}{2}$$

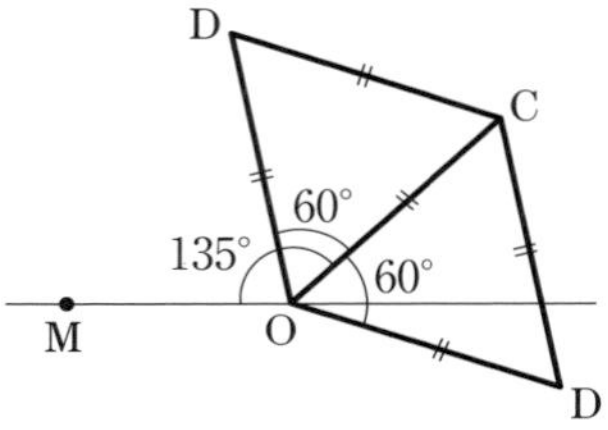

お！　キレイな値が出ました。

$$\angle\mathrm{COM} = 135°$$

ですね。

そうしますと，図8 をかき直して，図9 のようになりますね。

$$\angle\mathrm{DOM} = 135°\pm60° = 75° \quad または \quad 195°$$

です。

図9

> コレはちょっとマズいところが……。詳しくは解答でお話しします。

$$\overrightarrow{\mathrm{OD}}\cdot\overrightarrow{\mathrm{OM}} = |\overrightarrow{\mathrm{OD}}||\overrightarrow{\mathrm{OM}}|\cos(135°\pm60°)$$

$$= 1\cdot\frac{\sqrt{3}}{2}\cos75° \quad または \quad 1\cdot\frac{\sqrt{3}}{2}\cos195° \quad\cdots\cdots ⓕ$$

で，$\cos75°$，$\cos195°$は知りませんが。$\cos(135°\pm60°)$ は加法定理で計算できますね。また，ⓔの $\overrightarrow{\mathrm{OC}}\cdot\overrightarrow{\mathrm{OM}}$ を求めるときⓒを利用したので，思いついていると思いますが，ⓕの左辺 $\overrightarrow{\mathrm{OD}}\cdot\overrightarrow{\mathrm{OM}}$ ではⓓが使えて，

$$\overrightarrow{\mathrm{OD}}\cdot\overrightarrow{\mathrm{OM}} = \overrightarrow{\mathrm{OD}}\cdot\frac{\overrightarrow{\mathrm{OA}}+\overrightarrow{\mathrm{OB}}}{2} = \frac{1}{2}(\overrightarrow{\mathrm{OA}}\cdot\overrightarrow{\mathrm{OD}}+\overrightarrow{\mathrm{OB}}\cdot\overrightarrow{\mathrm{OD}}) = \frac{1}{2}(k+k) = k$$

となります。ⓕより

$$k = \frac{\sqrt{3}}{2}\cos(135°\pm60°)$$

ですね！

計画　まず，

$$\angle\mathrm{AOB} = \angle\mathrm{COD} = 60°$$

を示して，△OAB と△OCD が正三角形であることを説明しましょう。

次に，辺 AB の中点を M として

$$\overrightarrow{\mathrm{CM}}\perp\overrightarrow{\mathrm{AB}}, \quad \overrightarrow{\mathrm{DM}}\perp\overrightarrow{\mathrm{AB}}$$

を示して，O, M, C, D が，線分 AB の垂直二等分面上にあることを述べます。

そして $\overrightarrow{\mathrm{OC}}\cdot\overrightarrow{\mathrm{OM}}$ を求めて

$$\angle\mathrm{COM} = 135° \longrightarrow \angle\mathrm{DOM} = 135°\pm60°$$

ともっていきます。

一方で，

$$\overrightarrow{OD} \cdot \overrightarrow{OM} = \cdots\cdots = k$$

となりますから，

$$k = \overrightarrow{OD} \cdot \overrightarrow{OM} = 1 \cdot \frac{\sqrt{3}}{2} \cos(135° \pm 60°)$$

で k の値を求めることができますね。

🏃 実行

$$|\overrightarrow{OA}| = |\overrightarrow{OB}| = |\overrightarrow{OC}| = |\overrightarrow{OD}| = 1 \quad \cdots\cdots ①$$

$$\overrightarrow{OA} \cdot \overrightarrow{OB} = \overrightarrow{OC} \cdot \overrightarrow{OD} = \frac{1}{2} \quad \cdots\cdots ②$$

$$\overrightarrow{OA} \cdot \overrightarrow{OC} = \overrightarrow{OB} \cdot \overrightarrow{OC} = -\frac{\sqrt{6}}{4} \quad \cdots\cdots ③$$

$$\overrightarrow{OA} \cdot \overrightarrow{OD} = \overrightarrow{OB} \cdot \overrightarrow{OD} = k \quad \cdots\cdots ④$$

①，②より，

$$\cos\angle AOB = \frac{\overrightarrow{OA} \cdot \overrightarrow{OB}}{|\overrightarrow{OA}||\overrightarrow{OB}|} = \frac{\dfrac{1}{2}}{1 \cdot 1} = \frac{1}{2} \qquad \therefore \quad \angle AOB = 60°$$

であるから，△OAB は 1 辺の長さが 1 の正三角形であり，同様に，
△OCD も 1 辺の長さが 1 の正三角形である。

ここで，辺 AB の中点を M とすると，

$$\overrightarrow{OM} = \frac{\overrightarrow{OA} + \overrightarrow{OB}}{2}$$

であり，

$$\cos\angle COD = \frac{\overrightarrow{OC} \cdot \overrightarrow{OD}}{|\overrightarrow{OC}||\overrightarrow{OD}|} = \frac{\dfrac{1}{2}}{1 \cdot 1}$$

は，まったく同じ式ですので，「同様に」としました。

$$\overrightarrow{CM} = \overrightarrow{OM} - \overrightarrow{OC} = \frac{1}{2}(\overrightarrow{OA} + \overrightarrow{OB}) - \overrightarrow{OC}$$

$$\overrightarrow{DM} = \overrightarrow{OM} - \overrightarrow{OD} = \frac{1}{2}(\overrightarrow{OA} + \overrightarrow{OB}) - \overrightarrow{OD}$$

である。よって，①，③，④より，

$$\overrightarrow{OA} \cdot \overrightarrow{OC} = \overrightarrow{OB} \cdot \overrightarrow{OC}\left(= -\frac{\sqrt{6}}{4}\right)$$
と $\overrightarrow{OA} \cdot \overrightarrow{OD} = \overrightarrow{OB} \cdot \overrightarrow{OD} (= k)$
は値が異なりますので，一応両方とも計算を書きました。

$$\overrightarrow{CM} \cdot \overrightarrow{AB} = \left\{\frac{1}{2}(\overrightarrow{OA} + \overrightarrow{OB}) - \overrightarrow{OC}\right\} \cdot (\overrightarrow{OB} - \overrightarrow{OA})$$

$$= \frac{1}{2}(|\overrightarrow{OB}|^2 - |\overrightarrow{OA}|^2) - (\overrightarrow{OB} \cdot \overrightarrow{OC} - \overrightarrow{OA} \cdot \overrightarrow{OC})$$

$$= 0$$

$$\overrightarrow{DM} \cdot \overrightarrow{AB} = \left\{\frac{1}{2}(\overrightarrow{OA} + \overrightarrow{OB}) - \overrightarrow{OD}\right\} \cdot (\overrightarrow{OB} - \overrightarrow{OA})$$

$$= \frac{1}{2}(|\overrightarrow{OB}|^2 - |\overrightarrow{OA}|^2) - (\overrightarrow{OB} \cdot \overrightarrow{OD} - \overrightarrow{OA} \cdot \overrightarrow{OD})$$

$$= 0$$

である。さらに，AB = 1 より $\overrightarrow{AB} \neq \vec{0}$ であり，OC = OD = 1，$OM = \dfrac{\sqrt{3}}{2}$

より $\overrightarrow{CM} \neq \vec{0}$，$\overrightarrow{DM} \neq \vec{0}$ であるから，
$$\overrightarrow{CM} \perp \overrightarrow{AB}, \quad \overrightarrow{DM} \perp \overrightarrow{AB}$$
である。ゆえに，4点 O, M, C, D は
線分 AB の垂直二等分面上にある。

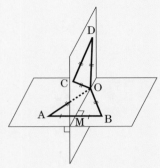

次に，③より，
$$\overrightarrow{OC} \cdot \overrightarrow{OM} = \overrightarrow{OC} \cdot \frac{\overrightarrow{OA} + \overrightarrow{OB}}{2}$$
$$= \frac{1}{2}(\overrightarrow{OA} \cdot \overrightarrow{OC} + \overrightarrow{OB} \cdot \overrightarrow{OC})$$
$$= -\frac{\sqrt{6}}{4}$$
であるから，

$$\cos \angle COM = \frac{\overrightarrow{OC} \cdot \overrightarrow{OM}}{|\overrightarrow{OC}||\overrightarrow{OM}|} = \frac{-\dfrac{\sqrt{6}}{4}}{1 \cdot \dfrac{\sqrt{3}}{2}} = -\frac{\sqrt{2}}{2} \quad \therefore \angle COM = 135°$$

である。さらに $\angle COD = 60°$ より，
$$\angle DOM = 135° - 60° \quad \text{または} \quad 360° - (135° + 60°)$$
$$= 75° \quad \text{または} \quad 165°$$
である。

> $135° + 60° = 195°$ は $180°$ を超えていますので，「ベクトルのなす角」としてはマズいです。$360° - 195°$ に変更します。

一方，④より，
$$\overrightarrow{OD} \cdot \overrightarrow{OM} = \overrightarrow{OD} \cdot \frac{\overrightarrow{OA} + \overrightarrow{OB}}{2}$$
$$= \frac{1}{2}(\overrightarrow{OA} \cdot \overrightarrow{OD} + \overrightarrow{OB} \cdot \overrightarrow{OD})$$
$$= k$$

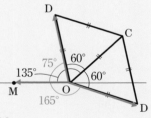

であるから，
$$k = \overrightarrow{OD} \cdot \overrightarrow{OM} = |\overrightarrow{OD}||\overrightarrow{OM}| \cos \angle DOM$$
$$= 1 \cdot \frac{\sqrt{3}}{2} \cos 75° \quad \text{または} \quad 1 \cdot \frac{\sqrt{3}}{2} \cos 165°$$

$k > 0$ であり，$\cos 75° > 0$，$\cos 165° < 0$ であるから，

$$k = \frac{\sqrt{3}}{2} \cos 75° = \frac{\sqrt{3}}{2} \cos(45° + 30°)$$

$$= \frac{\sqrt{3}}{2}(\cos 45° \cos 30° - \sin 45° \sin 30°)$$

$$= \frac{\sqrt{3}}{2}\left(\frac{\sqrt{2}}{2} \cdot \frac{\sqrt{3}}{2} - \frac{\sqrt{2}}{2} \cdot \frac{1}{2}\right) = \frac{3\sqrt{2} - \sqrt{6}}{8}$$

類 題 29　　　　　　　　　　　　解答 ⇨ P.500　★☆☆　🕐 25分

点 O を中心とする円に内接する△ABC の 3 辺 AB, BC, CA をそれぞれ 2：3 に内分する点を P, Q, R とする。△PQR の外心が点 O と一致するとき，△ABC はどのような三角形か。（京大・理系・07）

Column  ミスを減らす

　大学入試では合格ラインに何十人もの人がひしめきあっています。「不合格で得点開示したら 2 点差だった」なんて話はゴロゴロあります。
　　　　わずか 1 点が人生を左右する。それが受験です。
　人間ですから必ずミスはありますが，ミスを減らす努力は必要です。
　まず，ミスを集めることです。ミスは一人ひとり，ミスしやすいところがあります。それをひとくくりに「ミスが多い」では注意のしようがありません。たとえばノートの真ん中に線を引いて，左にミスしたところを，右に正しいものを書いていきます。しばらく集めていると，「部分積分をよくミスするな」とか「分数の足し算がよく間違える」とか自分のクセが見えてきます。
　次に対策を考えます。理解不足の知識があれば，勉強のやり直しです。計算などの作業でミスが出やすいところは，ていねいに書くことです。計算練習が必要ならやっておきましょう。
　ミスを集めるだけでも効果はあります。自分がミスしやすい所が出てきたら，
　　　「おっ，ここはよくミスるから注意せねば」
と意識できます。それだけでミスはかなり減るはずです。
　そうそう，解き方が思いつくと安心するのか，解答作成段階で計算ミスや論証ミスをする人がいます。
　　　解き方が思いついたら，もう一度集中し直して，解答作成に入ることで，この種のミスは減ります。

例 題 30 ★★☆ 🕐 25分

xyz 空間で O$(0, 0, 0)$，A$(3, 0, 0)$，B$(3, 2, 0)$，C$(0, 2, 0)$，
D$(0, 0, 4)$，E$(3, 0, 4)$，F$(3, 2, 4)$，G$(0, 2, 4)$ を頂点とする直方体
OABC−DEFG を考える。辺 AE を $s : 1-s$ に内分する点を P，辺
CG を $t : 1-t$ に内分する点を Q とおく。ただし $0 < s < 1$，$0 < t < 1$
とする。D を通り，O，P，Q を含む平面に垂直な直線が線分 AC（両
端を含む）と交わるような s，t のみたす条件を求めよ。

（京大・理系・09）

👤 **理解** まず直方体をかいて，
P，Q をかきこむと，**図 1**
のようになります。それで，問題文
の通りに「D を通り，O，P，Q を
含む平面に垂直な直線」の式を求め
ようとすると，「？」となるようで，
実際の京大の入試でも出来は悪かっ
たそうです。

まず，平面 OPQ と垂直なベクト
ルを $\vec{n}$ とすると，**類 題 27** でもやっ
たように，平面 OPQ 上の 1 次独立
なベクトル $\overrightarrow{\text{OP}}$，$\overrightarrow{\text{OQ}}$ を使って，
$$\overrightarrow{\text{OP}} \cdot \vec{n} = 0 \text{ かつ } \overrightarrow{\text{OQ}} \cdot \vec{n} = 0$$
で求めることができます。

すると，D を通り $\vec{n}$ と平行な直線
上の点を R とすると，**図 2** より，
$$\overrightarrow{\text{DR}} = k\vec{n}$$
と表せます。この R が，

線分 AC : $\dfrac{x}{3} + \dfrac{y}{2} = 1$，$z = 0$ （$x \geqq 0$，$y \geqq 0$）

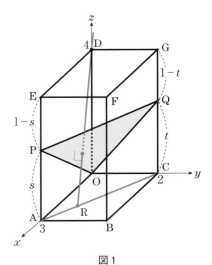

図 1

にあればよいので（**図3**），Rの座標について考えます。

 そこで始点をOにして，
$$\overrightarrow{\mathrm{OR}} - \overrightarrow{\mathrm{OD}} = k\vec{n}$$
$$\therefore \quad \overrightarrow{\mathrm{OR}} = \overrightarrow{\mathrm{OD}} + k\vec{n}$$

これからRの x, y, z 座標がわかるので，線分ACの方程式に代入して，s, t のみたす条件を求めればイケそうです。

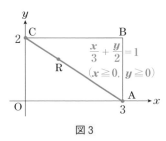

図2

 上は問題文の順番通りに式を作っていったのですが，**図2** を見て他の式の作り方を思いつきませんか？つまり，いまは，

① 「Dを通り平面OPQに垂直な直線上の点」としてRを表し

図3

② Rが線分AC上

という順序で式を作っていったのですが，順序を入れかえて，

① 「線分AC上の点」としてRを表し

↓

② DRが平面OPQと垂直

という順序でも式が作れます。

このように，問題の条件が壊れない範囲で問題を大きくとらえ直すと，違った方針が見つかることがあります。いまの場合は，

　　　　　　条件を使う順序を入れかえてみる

でした。

 Rが線分AC上の点だから，
$$\overrightarrow{\mathrm{OR}} = (1-u)\overrightarrow{\mathrm{OA}} + u\overrightarrow{\mathrm{OC}} \quad (0 \le u \le 1)$$
と表せます。次に，DR⊥平面OPQなので，
$$\overrightarrow{\mathrm{DR}} = \overrightarrow{\mathrm{OR}} - \overrightarrow{\mathrm{OD}}$$
で $\overrightarrow{\mathrm{DR}}$ を求めて，
$$\overrightarrow{\mathrm{DR}} \cdot \overrightarrow{\mathrm{OP}} = 0 \quad \text{かつ} \quad \overrightarrow{\mathrm{DR}} \cdot \overrightarrow{\mathrm{OQ}} = 0$$
から s, t のみたす条件を求めれば，こちらもイケそうです。

〈解答1〉

$\overrightarrow{AP} = s\overrightarrow{AE}$, $\overrightarrow{CQ} = t\overrightarrow{CG}$ より,

$$\overrightarrow{OP} = \overrightarrow{OA} + s\overrightarrow{AE} = \begin{pmatrix} 3 \\ 0 \\ 0 \end{pmatrix} + s\begin{pmatrix} 0 \\ 0 \\ 4 \end{pmatrix} = \begin{pmatrix} 3 \\ 0 \\ 4s \end{pmatrix}$$

$$\overrightarrow{OQ} = \overrightarrow{OC} + t\overrightarrow{CG} = \begin{pmatrix} 0 \\ 2 \\ 0 \end{pmatrix} + t\begin{pmatrix} 0 \\ 0 \\ 4 \end{pmatrix} = \begin{pmatrix} 0 \\ 2 \\ 4t \end{pmatrix}$$

> $\overrightarrow{AP} = \overrightarrow{OP} - \overrightarrow{OA}$ で 始点を O にします。
> $\overrightarrow{OP} = (1-s)\overrightarrow{OA} + s\overrightarrow{OE}$ でも よいのですが, s がバラバラ になって, また計算し直さな いといけないので, 成分の場 合はこちらがよいですね。

> 類題 **23** と同じく, ベクトルの 成分をタテに表しています。

平面 OPQ と垂直なベクトルの1つを $\vec{n} = (a, b, c)$ とおくと,
$\vec{n} \perp \overrightarrow{OP}$ かつ $\vec{n} \perp \overrightarrow{OQ}$ より,

$$\begin{cases} \vec{n} \cdot \overrightarrow{OP} = 3a + 4cs = 0 \\ \vec{n} \cdot \overrightarrow{OQ} = 2b + 4ct = 0 \end{cases}$$

$$\therefore \begin{cases} a = -\dfrac{4}{3}cs \\ b = -2ct \end{cases}$$

であるから,

$$\vec{n} = \left(-\frac{4}{3}cs, -2ct, c \right)$$

$$= -\frac{c}{3}(4s, 6t, -3)$$

よって, 平面 OPQ と垂直なベ
クトルとして,

$$\vec{n}' = (4s, 6t, -3)$$

をとることができるから, D を通
り平面 OPQ に垂直な直線上の点
R は,

$$\overrightarrow{DR} = k\vec{n}'$$

と表せる。これより,

$$\overrightarrow{OR} = \overrightarrow{OD} + k\vec{n}'$$

$$= \begin{pmatrix} 0 \\ 0 \\ 4 \end{pmatrix} + k\begin{pmatrix} 4s \\ 6t \\ -3 \end{pmatrix} = \begin{pmatrix} 4sk \\ 6tk \\ 4-3k \end{pmatrix}$$

> $\vec{n}$ のままでもよいのですが,
> $\vec{n} = -\dfrac{c}{3}\vec{n}'$ より, $\vec{n} \parallel \vec{n}'$
> なので, 値のキレイな $\vec{n}'$ を使います。

R が,

線分 AC : $\dfrac{x}{3} + \dfrac{y}{2} = 1$, $z = 0$, $x \geqq 0$, $y \geqq 0$

上にある条件は,

$$\frac{1}{3}\cdot 4sk+\frac{1}{2}\cdot 6tk=1,\ 4-3k=0,$$

$$4sk\geqq 0,\ 6tk\geqq 0$$

$k=\dfrac{4}{3}$ であるから，求める $s,\ t$ の条件は，

$$\frac{16}{9}s+4t=1,\ \frac{16}{3}s\geqq 0,\ 8t\geqq 0$$

$0<s<1,\ 0<t<1$ に注意して，右の図より，

$$\mathbf{16s+36t=9},\ \mathbf{0<s<\frac{9}{16}},\ \mathbf{0<t<\frac{1}{4}}$$

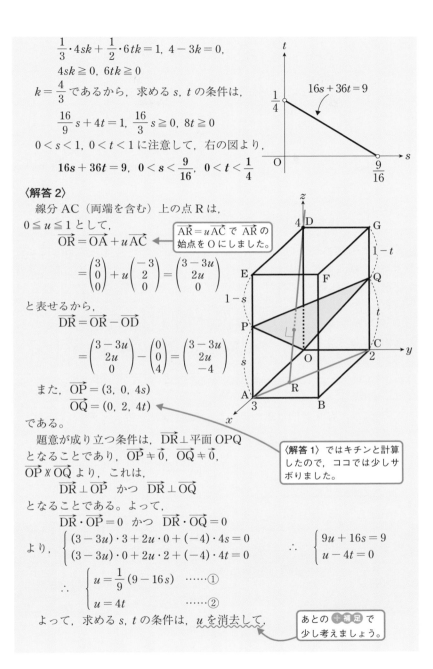

〈解答2〉

　線分 AC（両端を含む）上の点 R は，

$0\leqq u\leqq 1$ として，

$$\overrightarrow{\mathrm{OR}}=\overrightarrow{\mathrm{OA}}+u\overrightarrow{\mathrm{AC}}$$

> $\overrightarrow{\mathrm{AR}}=u\overrightarrow{\mathrm{AC}}$ で $\overrightarrow{\mathrm{AR}}$ の始点を O にしました。

$$=\begin{pmatrix}3\\0\\0\end{pmatrix}+u\begin{pmatrix}-3\\2\\0\end{pmatrix}=\begin{pmatrix}3-3u\\2u\\0\end{pmatrix}$$

と表せるから，

$$\overrightarrow{\mathrm{DR}}=\overrightarrow{\mathrm{OR}}-\overrightarrow{\mathrm{OD}}$$

$$=\begin{pmatrix}3-3u\\2u\\0\end{pmatrix}-\begin{pmatrix}0\\0\\4\end{pmatrix}=\begin{pmatrix}3-3u\\2u\\-4\end{pmatrix}$$

また，$\overrightarrow{\mathrm{OP}}=(3,\ 0,\ 4s)$

$\overrightarrow{\mathrm{OQ}}=(0,\ 2,\ 4t)$

である。

> 〈解答1〉ではキチンと計算したので，ココでは少しサボりました。

　題意が成り立つ条件は，$\overrightarrow{\mathrm{DR}}\perp$ 平面 OPQ となることであり，$\overrightarrow{\mathrm{OP}}\neq\vec{0},\ \overrightarrow{\mathrm{OQ}}\neq\vec{0}$，$\overrightarrow{\mathrm{OP}}\nparallel\overrightarrow{\mathrm{OQ}}$ より，これは，

$$\overrightarrow{\mathrm{DR}}\perp\overrightarrow{\mathrm{OP}}\ \text{かつ}\ \overrightarrow{\mathrm{DR}}\perp\overrightarrow{\mathrm{OQ}}$$

となることである。よって，

$$\overrightarrow{\mathrm{DR}}\cdot\overrightarrow{\mathrm{OP}}=0\ \text{かつ}\ \overrightarrow{\mathrm{DR}}\cdot\overrightarrow{\mathrm{OQ}}=0$$

より，$\begin{cases}(3-3u)\cdot 3+2u\cdot 0+(-4)\cdot 4s=0\\(3-3u)\cdot 0+2u\cdot 2+(-4)\cdot 4t=0\end{cases}$ $\quad\therefore\begin{cases}9u+16s=9\\u-4t=0\end{cases}$

$$\therefore\ \begin{cases}u=\dfrac{1}{9}(9-16s)\quad\cdots\cdots①\\u=4t\qquad\qquad\cdots\cdots②\end{cases}$$

よって，求める $s,\ t$ の条件は，u を消去して，

> あとの ＋補足 で少し考えましょう。

$$\frac{1}{9}(9-16s)=4t \qquad \therefore \quad 16s+36t=9$$

であり，$0 \le u \le 1$ より，

$$0 \le \frac{1}{9}(9-16s) \le 1, \quad 0 \le 4t \le 1$$

$$\therefore \quad 0 \le s \le \frac{9}{16}, \quad 0 \le t \le \frac{1}{4}$$

ただし，$0 < s < 1$，$0 < t < 1$ であるから，
右の図より，求める s, t の条件は，

$$16s + 36t = 9, \quad 0 < s < \frac{9}{16}, \quad 0 < t < \frac{1}{4}$$

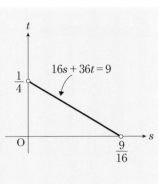

＋補足　〈解答2〉で①，②が出たあと，s, t の条件を求めるのに u を消去しました。「何となく」やって答えを出せた人もいると思うのですが，なぜ消去したらよいのかわかりますか？

いま，

　　　D を通り平面 OPQ に垂直な直線と線分 AC が交わる条件

を求めたいので，

　　　交点 R が存在する条件

を求めればよいです。$\overrightarrow{OR}$ は u で表されているので，具体的には，

　　　$u \, (0 \le u \le 1)$ が存在する条件

を求めます。「**存在証明≒求める**」だったから，①，②を u に関する連立方程式と見て，

　　　u に関する連立方程式①，②が解をもつ条件

を求めればよいことになり，これが，

　　　<u>u を消去すること</u>　……(*)

です。

なぜ，u を消去することが，連立方程式が解をもつ条件になるのでしょうか？　①，②を少し簡単にして調べてみましょう。

$$\begin{cases} u = \dfrac{1}{9}(9-16s) & \cdots\cdots① \\ u = 4t & \cdots\cdots② \end{cases} \qquad \begin{cases} u = 1 & \cdots\cdots①' \\ u = 2 & \cdots\cdots②' \end{cases}$$

$$\begin{cases} u = a & \cdots\cdots②'' \\ u = 2 & \cdots\cdots②'' \end{cases} \qquad \begin{cases} u = a & \cdots\cdots①''' \\ u = b & \cdots\cdots②''' \end{cases}$$

①，②は変わった連立方程式です。文字が u の1個だけに対し式が2

つあります。式の方が多いんです。

　たとえば，連立方程式①′，②′は解をもちますか？　「連立」だから，「①′かつ②′」つまり「u は 1 であって，2 でもある」のです。ムリですよね，解ナシです。

　では，連立方程式①″，②″が解をもつ条件は？　そうです，

　　　$a = 2$　……(*)″

ですね。解は $u = 2$ です。

　ではでは，連立方程式①‴，②‴が解をもつ条件は？　そうです，

　　　$a = b$　……(*)‴

です。

　(*)″，(*)‴は，形式的には，

　　　①″と②″から u を消去，①‴と②‴から u を消去

しているのですが，これが連立方程式が解をもつ条件を求めたことになるんですね。だから，①，②から，

　　　<u>u を消去すること</u>　……(*)

で，s，t の条件を求めることができたんです。

　ちなみに，

$$\begin{cases} u^2 = a \\ u^2 = b \end{cases}$$

ならどうですか？　そうです，この連立方程式が解をもつ条件は

　　　$a = b$ かつ <u>$a \geqq 0$</u>　（$a \geqq 0$ のかわりに $b \geqq 0$ でも OK）

です。

　これはちょっと難しい話だったかもしれません。しかし，じつは軌跡を求めるときにパラメータを消去したりするのも，これと同じく，「連立方程式の解の存在条件」なんです。1 回で理解できなくても大丈夫なので，何回か復習したり，他の問題を解く中で同じ考え方が出てきたときに復習したりして，徐々に脳ミソにしみこませていってください。

類題 30　　　　　　　　　解答 ⇨ P.503　★☆☆　🕐 20分

　点 O を原点とする座標空間の 3 点を A(0, 1, 2)，B(2, 3, 0)，P(5 + t, 9 + 2t, 5 + 3t) とする。線分 OP と線分 AB が交点を持つような実数 t が存在することを示せ。またそのとき，交点の座標を求めよ。

（京大・理系・06前）

テーマ 31 空間の直線・平面の方程式

　僕が受験生だったころは「ベクトル」とは別に「空間座標」という分野があったのですが，その後のカリキュラムの変更で，「空間ベクトルの一部」という扱いとなり，そこで習っていた「空間の直線の方程式」や「平面の方程式」は「範囲外」となりました。しかし，京大はずっと出題範囲に含めていたため，「京大固有分野」とよばれてきました。ところが今の課程から，「発展的な内容」として一部の教科書に載るようになりましたので，「京大固有分野」ではなくなりました。それでも習っていない人が多いと思いますので，まずは公式を導いて，少し例題をやってみましょう。まず，球面の方程式だけは教科書に普通に載っています。

◆　**球面の方程式**
　　点 (a, b, c) を中心とする半径 r の球面の方程式は，
　　$$(x - a)^2 + (y - b)^2 + (z - c)^2 = r^2$$

　どうしてこれだけ載ってるんでしょうね。これだけではあまり使いみちがないので，京大の先生方は直線と平面も追加されていたのでしょう。
　空間の直線，平面の方程式はどちらも教科書にベクトル方程式として載っているものに，成分を入れて整理するだけです。だから基本的にはベクトルでも解くことは可能です。わからなくなったら多少回り道になっても，ベクトルだけでがんばれますから。ただ，これを知っていないと困るのは，

- ●問題文に方程式が書かれていて，意味がわからない
- ●「〜の方程式を求めよ」と方程式の形で答えることを要求される

場合です。だから，

- ●方程式が与えられたときに，その意味がわかる
- ●方程式が作れる

という2点をクリアすれば，あとは空間ベクトルの成分を利用する問題と同じです。ただし，

- ●点と平面の距離の公式

というのがあるのですが，これはベクトルよりもかなり便利なので，知っておいた方がトクです。

l 上の任意の点 $\mathrm{P}(x,\ y,\ z)$ に対して，t を実数として，

$$\overrightarrow{\mathrm{AP}}=t\,\vec{l}\quad\cdots\cdots②$$

が成り立ちます。$\overrightarrow{\mathrm{AP}}=\overrightarrow{\mathrm{OP}}-\overrightarrow{\mathrm{OA}}$ だから，

$$\overrightarrow{\mathrm{OP}}=\overrightarrow{\mathrm{OA}}+t\,\vec{l}$$

これは平面でも空間でも同じ式ですよね。で，これに成分を入れると，

$$\begin{pmatrix}x\\y\\z\end{pmatrix}=\begin{pmatrix}x_0\\y_0\\z_0\end{pmatrix}+t\begin{pmatrix}a\\b\\c\end{pmatrix}$$

$$\therefore\quad\begin{cases}x=x_0+at\\y=y_0+bt\quad\cdots\cdots③\\z=z_0+ct\end{cases}$$

ここから t を消去すると，$a\neq0$，$b\neq0$，$c\neq0$ つまり $abc\neq0$ のときは，

$$\frac{x-x_0}{a}=\frac{y-y_0}{b}=\frac{z-z_0}{c}=t\quad\cdots\cdots④$$

となり①が得られます。

じつは，問題文で①が与えられたときは，④のように $=t$ とおいて，③
の形にして使います。だから，ベクトルで②の形から考えはじめて③の形
にしてもまったく同じです。新しくできないといけないこととしては，

● ①の形が与えられたときに，

$\begin{cases}$点 $\mathrm{A}(x_0,\ y_0,\ z_0)$ を通っている$\\\vec{l}=(a,\ b,\ c)$ が方向ベクトル$\end{cases}$

> 平面上の直線と同じで，
> 通る点と方向ベクトル
> がポイントです。

ということが読み取れること

● ①の形が与えられたときに，$=t$ とおいて③の形にできること

● 「直線の方程式を求めよ」といわれたときに，通る点と方向ベクトル
を求めて，①の形にできること

です。

● 例1 ●

次の2点 A, B を通る直線の方程式を求めよ。

(1) A$(-1, 0, 4)$, B$(1, 2, 3)$

(2) A$(-1, 0, 4)$, B$(1, 2, 4)$

(3) A$(-1, 0, 4)$, B$(1, 0, 4)$

● 解答 ●

(1) 方向ベクトルは $\overrightarrow{AB} = (2, 2, -1)$ で，A$(-1, 0, 4)$ を通るから，

$$\frac{x-(-1)}{2} = \frac{y-0}{2} = \frac{z-4}{-1} \qquad \therefore \quad \frac{x+1}{2} = \frac{y}{2} = 4-z$$

「A を通る」ではなく，「B を通る」としても OK で，

$$\frac{x-1}{2} = \frac{y-2}{2} = 3-z$$

も正解になります。

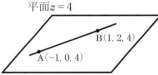

(2) 方向ベクトルは $\overrightarrow{AB} = (2, 2, 0)$ で，A$(-1, 0, 4)$ を通るから，

$$\frac{x-(-1)}{2} = \frac{y-0}{2} = \frac{z-4}{0}$$

としてはダメです。分母に 0 はダメです。

これは A, B の z 座標が等しいことが原因です。この場合は，

$$\frac{x-(-1)}{2} = \frac{y-0}{2}, \quad z=4 \qquad \therefore \quad x+1=y, \; z=4$$

のように書きます。

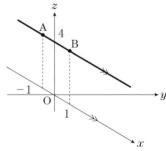

平面 $z=4$

(3) 方向ベクトルは $\overrightarrow{AB} = (2, 0, 0)$ で，x 軸と平行になっています。

分母が 0 となることをさけて

$$y=0, \; z=4$$

と書きます。x は任意の実数です。

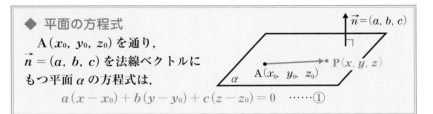

◆ 平面の方程式

$A(x_0, y_0, z_0)$ を通り，
$\vec{n} = (a, b, c)$ を法線ベクトルに
もつ平面 α の方程式は，

$$a(x - x_0) + b(y - y_0) + c(z - z_0) = 0 \quad \cdots\cdots ①$$

α 上の任意の点 $P(x, y, z)$ に対して，

$$\vec{n} \cdot \overrightarrow{AP} = 0$$

が成り立ちます。$\vec{n} = (a, b, c)$，$\overrightarrow{AP} = (x - x_0, y - y_0, z - z_0)$ だから，

$$a(x - x_0) + b(y - y_0) + c(z - z_0) = 0$$

で，①が得られます。そのまんまですね。

法線ベクトルが与えられず，「3点 A, B, C を通る平面を求めよ」と問われることがあります。この場合，$\vec{n} \perp \overrightarrow{AB}$，$\vec{n} \perp \overrightarrow{AC}$ から $\vec{n}$ を求めてもよいのですが，①を展開して，

$$ax + by + cz - (ax_0 + by_0 + cz_0) = 0$$

とし，〜〜〜部を d におきかえた式

$$ax + by + cz + d = 0 \quad \cdots\cdots ①'$$

を使います。求める平面 α を①′のようにおいて，A, B, C の座標を代入して a, b, c, d を求めるのです。注意しないといけないこととしては，a, b, c, d の4文字に対して，3つしか式がないので，a, b, c, d の値は確定せず，比しか求まりません。それで大丈夫です。

$$x + 2y + 3z + 4 = 0 \quad \overset{\times 2}{\underset{\div 2}{と}} \quad 2x + 4y + 6z + 8 = 0$$

は同じですよね。あとでやってみましょう。

新しくできないといけないことは，次の2つです。

● ①(や①′)の形が与えられたとき，

  - 点 $A(x_0, y_0, z_0)$ を通っている
  - $\vec{n} = (a, b, c)$ が法線ベクトル

  通る点と法線ベクトルがポイントです。

  ということが読み取れること

● 「平面の方程式を求めよ」といわれたときに，

  ・通る点と法線ベクトルを求めて，①の形にできること

  ・3点が与えられたとき，①′ の形で求められること

●例2●

次の各平面の方程式を求めよ。

(1) 点$(1, 2, 3)$ を通り，平面 $\pi : x + 3y - 5z + 1 = 0$ に平行な平面

(2) 3点 A$(4, 0, -1)$，B$(0, 1, 1)$，C$(2, -1, -1)$ を通る平面

(3) 3点 A$(2, 0, 0)$，B$(0, 3, 0)$，C$(0, 0, 4)$ を通る平面

●解答●

(1) 平面 π の法線ベクトルのひとつは $(1, 3, -5)$

よって，求める平面は，点$(1, 2, 3)$
を通り，$(1, 3, -5)$ を法線ベクトル
にもつから，

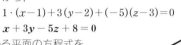

$$1 \cdot (x-1) + 3(y-2) + (-5)(z-3) = 0$$
$$\boldsymbol{x + 3y - 5z + 8 = 0}$$

(2) 求める平面の方程式を

$$ax + by + cz + d = 0 \quad \cdots\cdots ①$$

とおいて，A，B，C の座標を代入すると，

$$\begin{cases} 4a \quad\quad\ -c+d=0 & \cdots\cdots② \\ \quad\ b+c+d=0 & \cdots\cdots③ \\ 2a-b-c+d=0 & \cdots\cdots④ \end{cases} \quad \therefore \quad \begin{cases} a=-d \\ b=2d \\ c=-3d \end{cases}$$

> ④＋③より，
> $$2a + 2d = 0$$
> $$\therefore \quad a = -d$$
> ②へ代入して，
> $$-4d - c + d = 0$$
> $$\therefore \quad c = -3d$$
> ③へ代入して，
> $$b - 3d + d = 0$$
> $$\therefore \quad b = 2d$$

よって，①は，

$$d(-x + 2y - 3z + 1) = 0$$

となり，$d \neq 0$（$d = 0$ とすると $a = b = c = 0$ となって
しまう）であるから，

$$-x + 2y - 3z + 1 = 0$$
$$\therefore \quad \boldsymbol{x - 2y + 3z - 1 = 0}$$

> a, b, c, d の4文字に対して，3つ
> しか式がないので，このように
> $a : b : c : d = -1 : 2 : -3 : 1$ しか
> 求まりませんが，これでOKです。

(3) 求める平面の方程式を

$$ax + by + cz + d = 0 \quad \cdots\cdots ①$$

とおいて，A，B，C の座標を代入すると，

$$\begin{cases} 2a \quad\quad\quad\ +d=0 \\ \quad\ 3b \quad\ +d=0 \\ \quad\quad\ 4c+d=0 \end{cases} \quad \therefore \quad \begin{cases} a = -\dfrac{1}{2}d \\ b = -\dfrac{1}{3}d \\ c = -\dfrac{1}{4}d \end{cases}$$

①に代入して，$d \neq 0$ より，

$$-\frac{x}{2} - \frac{y}{3} - \frac{z}{4} + 1 = 0 \quad \therefore \quad \boldsymbol{\frac{x}{2} + \frac{y}{3} + \frac{z}{4} = 1}$$

最後の(3)のタイプは公式化しておいてもよいかもしれません。

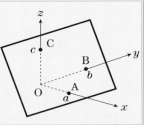

◆ **平面の方程式**

　各座標軸と原点以外の点

$$\mathrm{A}(a, 0, 0),\ \mathrm{B}(0, b, 0),\ \mathrm{C}(0, 0, c)$$

で交わる平面の方程式は,

$$\frac{x}{a} + \frac{y}{b} + \frac{z}{c} = 1$$

では，最後に，平面の方程式を知っているとおトクな話を。

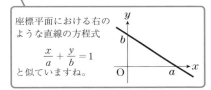

座標平面における右のような直線の方程式

$$\frac{x}{a} + \frac{y}{b} = 1$$

と似ていますね。

◆ **点と平面の距離**

　点 $\mathrm{A}(x_1, y_1, z_1)$ と

平面 $\alpha : ax + by + cz + d = 0$ の距離 l は,

$$l = \frac{|ax_1 + by_1 + cz_1 + d|}{\sqrt{a^2 + b^2 + c^2}}$$

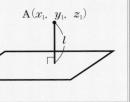

座標平面における点と直線の距離の公式

$$\frac{|ax_1 + by_1 + c|}{\sqrt{a^2 + b^2}}$$

と似ていますね。

(x_1, y_1)

$ax + by + c = 0$

　座標平面における点と直線の距離の公式と似ているので，覚えるのは簡単だと思います。

　証明は A を α 上にない点として，A から α に下ろした垂線の足を H とし，α の法線ベクトルのひとつを $\vec{n} = (a, b, c)$ として，$\overrightarrow{\mathrm{AH}} /\!/ \vec{n}$ と，H が α 上にあることを利用します。まずは $\overrightarrow{\mathrm{AH}} /\!/ \vec{n}$ より，t を実数として，

$$\overrightarrow{\mathrm{AH}} = t\vec{n}$$

$$\therefore\quad \overrightarrow{\mathrm{OH}} = \overrightarrow{\mathrm{OA}} + t\vec{n}$$

$$= (x_1 + at,\ y_1 + bt,\ z_1 + ct)$$

とできます。よって，H の座標は，

H$(x_1 + at,\ y_1 + bt,\ z_1 + ct)$ であり，H は

平面 $\alpha : ax + by + cz + d = 0$ 上にあるから，

$$a(x_1 + at) + b(y_1 + bt) + c(z_1 + ct) + d = 0$$

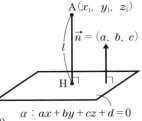

$$t = -\frac{ax_1 + by_1 + cz_1 + d}{a^2 + b^2 + c^2}$$

したがって，

$$l = |\overrightarrow{AH}| = |t||\overrightarrow{n}| = \left| \frac{ax_1 + by_1 + cz_1 + d}{a^2 + b^2 + c^2} \right| \times \sqrt{a^2 + b^2 + c^2}$$

$$= \frac{|ax_1 + by_1 + cz_1 + d|}{\sqrt{a^2 + b^2 + c^2}}$$

例題 31 ★★☆ ⏱ 25分

xyz 空間で，原点 O を中心とする半径 $\sqrt{6}$ の球面 S と3点$(4, 0, 0)$，$(0, 4, 0)$，$(0, 0, 4)$ を通る平面 α が共有点をもつことを示し，点 (x, y, z) がその共有点全体の集合を動くとき，積 xyz がとり得る値の範囲を求めよ。 （京大・理系・11）

 理解　球面 S の方程式は，

$$x^2 + y^2 + z^2 = 6 \quad \cdots\cdots ⓐ$$

平面 α の方程式は，

$$\frac{x}{4} + \frac{y}{4} + \frac{z}{4} = 1 \quad \cdots\cdots ⓑ$$

「共有点をもつことを示し」と要求されているから，「何か1文字消去して……」と考えて，たとえばⓑから，$z = 4 - (x+y)$ なので，

$$x^2 + y^2 + \{4 - (x+y)\}^2 = 6$$
$$2x^2 + 2xy + 2y^2 - 8x - 8y + 10 = 0$$
$$x^2 + xy + y^2 - 4x - 4y + 5 = 0$$

となって……，どうにもなりません。

立体図形を扱うときは，

それと類似の平面図形の扱い方を参考にする

とよいです。いまは，

球と平面

だから，類似の平面図形というと，

円と直線

です。「円と直線が共有点をもつ」こと
を示すなら，

　(円の中心と直線の距離)≦(円の半径)

を示せばよいですね。すると，

　(球の中心と平面の距離)≦(球の半径)

を示せば OK です。

　球の中心 $O(0, 0, 0)$ と平面 α：
$x + y + z - 4 = 0$ ◀ⓑで分母を払いました。
の距離を d とすると，

$$d = \frac{|0+0+0-4|}{\sqrt{1^2+1^2+1^2}} = \frac{4}{\sqrt{3}}$$

$d \leq r$ のとき，共有点をもちます。

球の半径を r とすると，$r = \sqrt{6}$ で，

$$r^2 - d^2 = 6 - \frac{16}{3} = \frac{2}{3} > 0 \qquad \therefore \quad d < r$$

平面 $ax + by + cz + d = 0$ と点 (x_1, y_1, z_1) の距離
$$\frac{|ax_1 + by_1 + cz_1 + d|}{\sqrt{a^2+b^2+c^2}}$$

だから，OK です。

　さて，後半はどうしましょう。点 (x, y, z) は，

$$x^2 + y^2 + z^2 = 6 \quad \cdots\cdots ⓐ$$
$$x + y + z = 4 \quad \cdots\cdots ⓑ$$

をみたしていて，xyz のとり得る値の範囲であるから，やはり対称式には気づかないといけません。

 計画

対称式 ➡ 基本対称式 ➡ 方程式

という発想の流れは大丈夫ですか？　本問は 3 文字なので，

$$(x + y + z)^2 = x^2 + y^2 + z^2 + 2(xy + yz + zx)$$

を利用して，ⓐ，ⓑより，

$$2(xy + yz + zx) = (x + y + z)^2 - (x^2 + y^2 + z^2)$$
$$= 4^2 - 6$$
$$= 10$$
$$\therefore \quad xy + yz + zx = 5$$

$xyz = k$ とおくと，x, y, z は t の 3 次方程式

$$t^3 - 4t^2 + 5t - k = 0$$

の3解です。これが重複をこめて3つの実数解をもてばよいので，

$$t^3 - 4t^2 + 5t = k$$

より，$Y = t^3 - 4t^2 + 5t$ のグラフと直線 $Y = k$ が3点を共有する k の値の範囲を求めればよいですね。 **類 題 ⑦** でこのタイプで係数に文字が入った複雑なものをやりました。あれは極値がない場合の重解，虚数解の扱いが微妙で，グラフの利用はあきらめましたが，本問は，

$$Y' = 3t^2 - 8t + 5 = (t-1)(3t-5)$$

で極値があるから，安心です。

🏃実行

球面 $S : x^2 + y^2 + z^2 = 6$ ……①

平面 $\alpha : \dfrac{x}{4} + \dfrac{y}{4} + \dfrac{z}{4} = 1$ ∴ $x + y + z = 4$ ……②

S の中心 O と平面 α との距離を d，S の半径を r とすると，

$$d = \frac{|-4|}{\sqrt{1^2 + 1^2 + 1^2}} = \frac{4}{\sqrt{3}}, \quad r = \sqrt{6}$$

であり，

$$r^2 - d^2 = 6 - \frac{16}{3} = \frac{2}{3} > 0 \quad \therefore \quad d < r$$

であるから，S と α は共有点をもつ。

共有点 (x, y, z) は，①，②をみたすから，

$$xy + yz + zx = \frac{1}{2}\{(x+y+z)^2 - (x^2+y^2+z^2)\} = 5 \quad \cdots\cdots③$$

であり，

$$xyz = k \quad \cdots\cdots④$$

とおくと，②，③，④より，x, y, z は t の3次方程式

$$t^3 - 4t^2 + 5t - k = 0 \quad \therefore \quad t^3 - 4t^2 + 5t = k \quad \cdots\cdots⑤$$

の3つの実数解である。よって，⑤の3つの解がすべて実数となるような k の値の範囲を求めればよい。

⑤の左辺を $f(t)$ とおくと，⑤は $f(t) = k$ であるから，⑤の実数解は tY 平面上の $Y = f(t)$ のグラフと直線 $Y = k$ の共有点の t 座標である。

$$f'(t) = 3t^2 - 8t + 5 = (t-1)(3t-5)$$

であるから，$f(t)$ の増減表は次のようになる。

t	$\cdots$	1	$\cdots$	$\dfrac{5}{3}$	$\cdots$
$f'(t)$	$+$	0	$-$	0	$+$
$f(t)$	$\nearrow$	2	$\searrow$	$\dfrac{50}{27}$	$\nearrow$

よって，$Y=f(t)$ のグラフは右の
ようになるから，求める k の値の範囲
は，

$$\frac{50}{27} \leqq k \leqq 2$$

したがって，積 xyz がとり得る値の
範囲は，

$$\frac{50}{27} \leqq xyz \leqq 2$$

類題 31　解答 ⇨ P.505　★★☆　⏱ 25分

座標空間に 4 点 $A(2, 1, 0)$，$B(1, 0, 1)$，$C(0, 1, 2)$，$D(1, 3, 7)$
がある。3 点 A，B，C を通る平面に関して点 D と対称な点を E と
するとき，点 E の座標を求めよ。　　　　　　　　（京大・文系・06前）

第7章

極限・微分

プロローグ

　京大は他大学に比べて数学Ⅲの微分・積分の出題は少なめです。ほかの大学の理系学部だと半分くらい，阪大では5問中，融合問題を含めれば4問がこの分野がらみということも珍しくありません。それに対して京大では1〜2問です。

　「じゃあ，あんまり勉強しなくてもいいや」というのは早計です。京大の数学Ⅲの微分・積分の問題は難しいものが少なく，標準〜やや易の問題が多いので確実に得点しないといけません。また，この分野では計算問題が多くなるので，答えの数値が合っていないと大幅に減点されてしまいます。大学受験は同じような実力をもった人どうしの勝負ですから，

計算を間違えたら落ちる

と肝に銘じておいてください。理解，計画が終わって実行に入ったら，「もう解けそうだ〜」などと油断せず，「絶対にこの計算を合わせるぞ！」と気合いを入れ直しましょう。それだけでも計算ミスはかなり減ります。

　ここでは極限と微分を扱いますが，京大の出題全体としてはそれほど多くありません。とくに微分だけの問題というのは少なく，またテーマとしては，テーマ6の「方程式①」でやった

グラフの共有点 ⟵⟶ 方程式の実数解

同じく検討で扱った

$$\text{文字定数} \Rightarrow \begin{cases} \boxed{1}\ \text{入れっぱなし} \\ \boxed{2}\ \text{完全に分離} \\ \boxed{3}\ 1\ \text{次式で分離} \end{cases}$$

や，テーマ9の「不等式①」でやった

絶対不等式 ⟶ 最大・最小で考える

というものが中心です。考え方は同じなので，あとは数学Ⅲの微分計算と，増減表を書くために導関数の符号を調べる作業が確実にできるようにしておいてください。

　次に極限ですが，「数列の極限」と「関数の極限」があり，前者は自然数 n を ∞ にする場合だけを扱うのに対し，後者は実数 x を ∞，$-\infty$，0 などにする場合を扱います。ただ，$n \to \infty$ の場合と $x \to \infty$ の場合は同じ

ようなものであり，$n \to \infty$ のとき $\dfrac{1}{n} \to +0$ だから，$x \to +0$ と同じように扱うこともあるので，完全に別のものというわけではないです。

◆ 数列の極限

① $\displaystyle \lim_{n \to \infty} \frac{1}{n} = 0$

② $\displaystyle \lim_{n \to \infty} r^n = \begin{cases} \infty & (r > 1 \text{ のとき}) \\ 1 & (r = 1 \text{ のとき}) \\ 0 & (-1 < r < 1 \text{ のとき}) \end{cases}$

$r \leqq -1$ のとき $\{r^n\}$ は振動

◆ 関数の極限

③ $\displaystyle \lim_{x \to \infty} \frac{1}{x} = 0$

④ $\displaystyle \lim_{x \to \infty} a^x = \begin{cases} \infty & (a > 1 \text{ のとき}) \\ 0 & (0 < a < 1 \text{ のとき}) \end{cases}$

⑤ $\displaystyle \lim_{x \to 0} \frac{\sin x}{x} = 1$

⑥ $\displaystyle \lim_{x \to 0} (1 + x)^{\frac{1}{x}} = e$

基本公式は上のようになりますが，①と③の公式は同じようなもので，②と④も似ています。②と④の違いは**テーマ32**で扱いましょう。⑤も，

$$\lim_{n \to \infty} n \sin \frac{1}{n} = \lim_{n \to \infty} \frac{\sin \dfrac{1}{n}}{\dfrac{1}{n}} = \lim_{x \to +0} \frac{\sin x}{x} = 1 \quad \left(\frac{1}{n} = x \text{ とした} \right)$$

のように n を使って出題されることもあり，⑥も同様です。

⑤は証明できますか？　まず $x > 0$ の場合を考えます。$x \to +0$ を考えるので，$0 < x < \dfrac{\pi}{2}$ で考えてよいですね。このとき右の図のような扇形 OAB と △OAB，△OAT を考えると，面積の大小関係は，

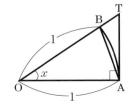

$$\triangle \mathrm{OAB} < 扇形\,\mathrm{OAB} < \triangle \mathrm{OAT}$$

となります。これから，

$$\frac{1}{2} \cdot 1 \cdot 1 \cdot \sin x < \frac{1}{2} \cdot 1^2 \cdot x < \frac{1}{2} \cdot 1 \cdot \tan x$$

$$\underline{\sin x} < \underline{x} < \underline{\frac{\sin x}{\cos x}}$$

よって，

$$\cos x < \frac{\sin x}{x} < 1$$

で，$\displaystyle\lim_{x \to +0} \cos x = 1$ だから，はさみうちの原理から，

$$\lim_{x \to +0} \frac{\sin x}{x} = 1$$

がいえます。

$x < 0$ のときは，同様に $-\dfrac{\pi}{2} < x < 0$ で考えて，$x = -\theta$ とおくと，

$$\lim_{x \to -0} \frac{\sin x}{x} = \lim_{\theta \to +0} \frac{\sin (-\theta)}{-\theta} = \lim_{\theta \to +0} \frac{\sin \theta}{\theta} = 1$$

です。これで⑤が示せます。

また，⑤から派生する公式として，次のようなものがあります。

---

⑦ $\displaystyle\lim_{x \to 0} \frac{\tan x}{x} = 1$

$\displaystyle\lim_{x \to 0} \frac{\tan x}{x} = \lim_{x \to 0} \frac{\sin x}{x} \cdot \frac{1}{\cos x} = 1 \cdot \frac{1}{1} = 1$

⑧ $\displaystyle\lim_{x \to 0} \frac{1 - \cos x}{x^2} = \frac{1}{2}$

$\displaystyle\lim_{x \to 0} \frac{1 - \cos x}{x^2} = \lim_{x \to 0} \frac{1 - \cos^2 x}{x^2 (1 + \cos x)}$

$= \displaystyle\lim_{x \to 0} \left(\frac{\sin x}{x}\right)^2 \cdot \frac{1}{1 + \cos x} = 1^2 \cdot \frac{1}{1 + 1} = \frac{1}{2}$

例によって例のごとく，⑤は覚えていないと間に合いませんが，⑦，⑧はすぐに導けるので，丸暗記は不要です。

では，⑥はどうですか？　これは $x \to 0$ のとき $1 + x$ は 1 に近づき，$\dfrac{1}{x}$ は $+\infty$ か $-\infty$ になるので，$(1 + x)^{\frac{1}{x}} \to 1$ とカン違いする人がいますが，

$$x = 0.1 \quad のとき，\ 1.1^{10} \quad = 2.59374\cdots\cdots$$

$$x = 0.01 \quad のとき，\ 1.01^{100} \quad = 2.70481\cdots\cdots$$

$$x = 0.001\,のとき，\ 1.001^{1000} = 2.71692\cdots\cdots$$

であり，1 には近づきませんよ。$2.71828\cdots\cdots$ という無理数に近づき，こ

れを e で表しているのです。たまに「なぜ e になるんですか？」という質問を受けるのですが，逆で，⑥で定まる極限値を e と定めたんです。

⑥　$\displaystyle\lim_{x \to 0}(1+x)^{\frac{1}{x}}=e$　が e の定義

なんです。このように定めると，$(e^x)'=e^x$ という関係が成り立つのであって，2^x や 3^x ではこうはなりません。これは覚えないと仕方がありません。

また，⑥から派生する公式があって，

⑨　$\displaystyle\lim_{x \to 0}\frac{\log(1+x)}{x}=1$　

$$\lim_{x \to 0}\frac{\log(1+x)}{x}=\lim_{x \to 0}\frac{1}{x}\log(1+x)$$
$$=\lim_{x \to 0}\log(1+x)^{\frac{1}{x}}=\log e=1$$

⑩　$\displaystyle\lim_{x \to 0}\frac{e^x-1}{x}=1$　

$e^x-1=t$ とおくと $e^x=1+t$ であるから，$x=\log(1+t)$ で

$$\lim_{x \to 0}\frac{e^x-1}{x}=\lim_{t \to 0}\frac{t}{\log(1+t)}=\lim_{t \to 0}\frac{1}{\dfrac{\log(1+t)}{t}}=\frac{1}{1}=1$$

これも導けるようにしておけば OK です。

ところで，

$$\lim_{x \to \infty}\frac{\sin x}{x}=?$$

は求められますか？　$\displaystyle\lim_{x \to 0}\frac{\sin x}{x}=1$ とカン違いして「1」と答える人がいるんですが，よく見てください。$x \to 0$ ではなく，$x \to \infty$ になっていますよ。

京大ではそれほど複雑な極限計算は出題されていないので，あまり心配しなくても大丈夫だと思いますが，実際の入試では僕たちが問題集で練習するよりも複雑な式の極限を考えることがあります。そのとき，$\infty-\infty$ や $\dfrac{\infty}{\infty}$，$\dfrac{0}{0}$，$0\times\infty$，1^∞ などの不定形になっている式ばかりではありません。$\displaystyle\lim_{x \to 0}\cos x=1$ などのように，そのまま x に 0 を代入してもよいものもあります。だから，たとえば $x \to 0$ なら，とりあえず x に 0 を代入してみて，

どの部分が不定形になっていて，変形が必要で，

どの部分はそのまま代入してもよいのか

という判断が必要です。

で，上の式ですが，分母の x は ∞ になるのに対して，分子の $\sin x$ は $-1 \leqq \sin x \leqq 1$ だから，全体としては分母が勝って，0 になると思いますよね。もちろんこれは直感的な話で，これでは解答にはならないから，た

とえば，
$$-1 \leqq \sin x \leqq 1$$
の両辺を x で割ります。$x \to \infty$ なので $x > 0$ で考えればよいですよね。
$$-\frac{1}{x} \leqq \frac{\sin x}{x} \leqq \frac{1}{x}$$
$\lim\limits_{x \to \infty}\left(-\dfrac{1}{x}\right) = 0$，$\lim\limits_{x \to \infty}\dfrac{1}{x} = 0$ だから，はさみうちの原理により，
$$\lim_{x \to \infty}\frac{\sin x}{x} = 0$$
です。式の形と，x がどこに近づく場合を考えているのか，に注意しましょう。

Column  何完？

　京大に限りませんが，

　　　「〇〇大学に受かるには何問完答しないといけませんか？」
という質問を受けることがあります。僕の答えは，

　　　「そんなんわからへん」
です。

　問題の難易度を毎年毎年ビタッとそろえているのは東大くらいではないでしょうか。とくに最近の京大では，後期入試がなくなったり，理系を甲乙に分けたり，やめたりと，いろいろな要因があって難易度はバラバラです。

　また，数学が得意で数学でかせぐ人，理科でかせぐから数学は落とさなければ大丈夫という人，共通テストの持ち点の多い人，少ない人，バラバラです。一律に「何完」というのはナンセンスです。

　京大の受験生の層は毎年ほぼ一定のはずです。ある年は急にアホばっかりが受験したり，ある年は超人ばっかりが受験したり，なんてことはありません。受験では一部の超人を除けば，基本的にどんぐりの背比べですから，

　　　みんなが解ける問題をちゃんと解いて，
　　　みんなが解けない問題を捨てる
そして，

　　　自分がその時間内に取れる最大の点を取る
ことが合格の条件です。

　前に「合格最低点を調べろ」と言っておいて矛盾するようですが，京大の合格最低点もかなり変動します。入念に下調べをしておいて，本番では「今年は難しいから，解ける問題をしっかり解こう」とか「今年は易しいからちょっとペースを上げないと」などの判断が必要です。

テーマ 32 極 限 ①

例題 32 ★☆☆ ⏰ 20分

a を実数として，数列 $\{x_n\}$，$\{y_n\}$ を次の式で定める。

$$\begin{cases} x_0 = 1 \\ y_0 = 0 \end{cases} \quad \begin{cases} x_n = ax_{n-1} + (1-a)y_{n-1} \\ y_n = (1-a)x_{n-1} + ay_{n-1} \end{cases} \quad (n = 1, 2, 3, \cdots\cdots)$$

このとき数列 $\{x_n\}$ が収束するための a の必要十分条件を求めよ。

（注）　原題は行列（範囲外）で定義されていたので，表現をかえてあります。

（京大・理系・06後）

 理解
$$\begin{cases} x_n = \quad a \quad x_{n-1} + (1-a)y_{n-1} \quad \cdots\cdots\text{ⓐ} \\ y_n = (1-a)x_{n-1} + \quad a \quad y_{n-1} \quad \cdots\cdots\text{ⓑ} \end{cases}$$

としましょう。これは連立漸化式の中では簡単な方で，「係数交換型」とよぶ先生もいらっしゃいます。x_{n-1} と y_{n-1} の係数がひっくり返っているので，こんな名前がついています。

$$x_n = \boxed{a} \leftarrow x_{n-1} + \boxed{(1-a)} y_{n-1} \quad \cdots\cdots\text{ⓐ}$$
$$y_n = \boxed{(1-a)} x_{n-1} + \boxed{a} \quad y_{n-1} \quad \cdots\cdots\text{ⓑ}$$

　これは，ⓐ＋ⓑとⓐ－ⓑをすると，数列 $\{x_n + y_n\}$ と $\{x_n - y_n\}$ についての漸化式が得られ，等比数列になります。

　まず，ⓐ－ⓑをすると，

$$x_n - y_n = (2a - 1)(x_{n-1} - y_{n-1})$$

だから，$\{x_n - y_n\}$ は初項 $x_0 - y_0 = 1$，公比 $2a - 1$ の等比数列です。

　次に，ⓐ＋ⓑをすると，

$$x_n + y_n = x_{n-1} + y_{n-1}$$

だから，$\{x_n + y_n\}$ は初項 $x_0 + y_0 = 1$，「公比 1 の等比数列」……でもよいのですが，公比が 1 ということは初項からず〜っと同じ値なわけですから，「定数列」とよぶ方が一般的でしょうか。

これで,

$$x_n - y_n = (x_0 - y_0)(2a-1)^n = (2a-1)^n \quad \cdots\cdots ⓒ$$
$$x_n + y_n = (x_0 + y_0) \cdot 1^n \quad\quad = 1 \quad\quad\quad \cdots\cdots ⓓ$$

だから, $\dfrac{ⓒ + ⓓ}{2}$ で,

> $x_1 - y_1$ スタートなら $n-1$ 乗ですが,
> $x_0 - y_0$ スタートなので n 乗です。

$$x_n = \frac{1}{2}(2a-1)^n + \frac{1}{2}$$

あとは, 数列 $\{x_n\}$ が収束するための必要十分条件です。

計画 京大では, 極限の問題であっても,「求めよ」ではなく, 本問のように「収束する（必要十分）条件を求めよ」としてくる場合がよくあります。京大らしいですね。

本問では $n \to \infty$ で, x_n の式で n がからんでいるのは $(2a-1)^n$ の部分だから, これは「無限等比数列の極限」になります。これとカン違いしやすいのが「指数関数の極限」で, 収束条件がごちゃごちゃになりやすいのが「無限等比級数」です。ここで確認しておきましょう。

まず,「無限等比数列」,「指数関数の極限」は,

◆ 無限等比数列

$$\lim_{n\to\infty} r^n = \begin{cases} \infty & (r > 1 \text{ のとき}) \\ 1 & (r = 1 \text{ のとき}) \\ 0 & (-1 < r < 1 \text{ のとき}) \end{cases}$$

$r \leqq -1$ のとき $\{r^n\}$ は振動

◆ 指数関数の極限

$$\lim_{x\to\infty} a^x = \begin{cases} \infty & (a > 1 \text{ のとき}) \\ 0 & (0 < a < 1 \text{ のとき}) \end{cases}$$

どちらも ●$^\infty$ の形なのですが, 指数関数では $a = 1$ や $a \leqq 0$ は考えません。大丈夫ですか？

無限等比数列の n は自然数だから, $r \leqq 0$ であっても OK です。たとえば, $r = -2$ なら,

$$(-2)^1 = -2, \quad (-2)^2 = 4, \quad (-2)^3 = -8, \quad \cdots\cdots$$

のように値が定まります。

しかし，指数関数の x は実数であり，$a \leqq 0$ はダメです。たとえば，$a = -2$，$x = \dfrac{1}{2}$ として，$a^{\frac{1}{2}} = \sqrt{a}$ を勝手に $a < 0$ の場合に拡張して使うと，

$$(-2)^{\frac{1}{2}} = \sqrt{-2} = \sqrt{2}\,i$$

となり虚数になってしまいます。高校数学では，実数値を入れたときに実数値を出す「実数関数」しか扱いません（大学に入ると，複素数に拡張された「複素関数」を扱います）。したがって，$a < 0$ はマズいんです。$a = 0$ は何乗しても 0，$a = 1$ は何乗しても 1 だから，$a = 0, 1$ もはずして，

指数関数では，$a > 0$，$a \neq 1$ で考える

んですね。

ただし，問題で与えられた数式の形によっては，$a = 0$ や $a = 1$ の場合について，

$1^x = 1$ や $0^x = 0$ （0^0 は高校では未定義なので除外して考えます）

を使って計算することもあります。

次に，「無限等比数列」と「無限等比級数」は，

◆ **無限等比数列の収束条件**

数列 $\{r^n\}$ が収束するための必要十分条件は，

$$-1 < r \leqq 1$$

◆ **無限等比級数の収束条件**

無限等比級数

$$a + ar + ar^2 + \cdots\cdots$$
$$+ ar^{n-1} + \cdots\cdots$$

が収束するための必要十分条件は，

$$-1 < r < 1 \text{ または } a = 0$$

で，その和は，

$-1 < r < 1$ のとき，$\dfrac{a}{1-r}$

$a = 0$ のとき，0

無限等比数列の方は，∞ と振動の場合がダメなので，

$$\lim_{n \to \infty} r^n = 1 \text{ となる } r = 1$$
$$\lim_{n \to \infty} r^n = 0 \text{ となる } -1 < r < 1$$

を合わせて，収束する条件は，

$$-1 < r \leqq 1 \quad \boxed{r = 1 \text{ のときも収束します。}}$$

一方，無限等比級数の方は，部分和を S_n とすると，

- $a = 0$ のとき　$S_n = 0$　∴　$\displaystyle\lim_{n \to \infty} S_n = 0$（収束）

- $a \neq 0$，$r = 1$ のとき　$S_n = na$　∴　数列 $\{S_n\}$ は発散

- $a \neq 0$，$r \neq 1$ のとき　$S_n = \dfrac{a(1 - r^n)}{1 - r}$ ← $\boxed{r = 1 \text{ のときはこの公式が使えません。}}$

これが収束するのは $\lim_{n \to \infty} r^n$ が収束する場合で，$r \neq 1$ を考慮して，

$-1 < r < 1$ ◁──[$r = 1$ のときは収束しません。]

以上から，収束する条件は，

$a = 0$ または $-1 < r < 1$

無lím等比数列では収束条件に $r = 1$ が入り，無限等比級数では入らないことに気をつけましょう。

実行

$$\begin{cases} x_n = \quad a \quad x_{n-1} + (1-a)y_{n-1} \quad \cdots\cdots① \\ y_n = (1-a)x_{n-1} + \quad a \quad y_{n-1} \quad \cdots\cdots② \end{cases}$$

とする。

①＋②より，

$$x_n + y_n = x_{n-1} + y_{n-1}$$

であるから，数列 $\{x_n + y_n\}$ は初項 $x_0 + y_0 = 1$ の定数列で，

$$x_n + y_n = 1 \qquad\qquad \cdots\cdots③$$

また，①－②より，

$$x_n - y_n = (2a-1)(x_{n-1} - y_{n-1})$$

であるから，数列 $\{x_n - y_n\}$ は初項 $x_0 - y_0 = 1$，公比 $2a-1$ の等比数列で，

$$x_n - y_n = (2a-1)^n \qquad \cdots\cdots④$$

$\dfrac{③＋④}{2}$ より，

$$x_n = \frac{1}{2} + \frac{1}{2}(2a-1)^n$$

であるから，数列 $\{x_n\}$ が収束するための必要十分条件は，

$$-1 < 2a-1 \leqq 1 \qquad \therefore \quad 0 < a \leqq 1$$

類題 **32**   解答 ⇨ P.508 | ★★☆ | ⏱ **25分**

x, y を相異なる正の実数とする。数列 $\{a_n\}$ を

$$a_1 = 0, \quad a_{n+1} = xa_n + y^{n+1} \qquad (n = 1, 2, 3, \cdots\cdots)$$

によって定めるとき，$\lim_{n \to \infty} a_n$ が有限の値に収束するような座標平面

上の点 (x, y) の範囲を図示せよ。

（京大・理系・07）

極 限 ②

数列 $\{a_n\}$ の初項 a_1 から第 n 項 a_n までの和を S_n と表す。この数列が

$$a_1 = 1, \quad \lim_{n \to \infty} S_n = 1, \quad n(n-2)a_{n+1} = S_n \quad (n \geq 1)$$

を満たすとき，一般項 a_n を求めよ。 　　　　　　　（京大・理系・02前）

 $\lim_{n \to \infty} S_n = 1$ は S_n の式がわからないと使えないので，まずは

$$n(n-2)a_{n+1} = S_n \quad \cdots\cdots ⓐ$$

を何とかすることになります。すぐに思いつくのは，

> 〈数列の和と一般項〉
> $$a_n = \begin{cases} S_n - S_{n-1} & (n \geq 2) \\ S_1 & (n=1) \end{cases} \quad \cdots\cdots(*)$$

証明は 例 題 10
検討 にあります。

でしょう。ⓐで，n を $n-1$ にして，

$$(n-1)(n-3)a_n = S_{n-1} \quad \cdots\cdots ⓑ$$

ⓐ－ⓑより，

$$n(n-2)a_{n+1} - (n-1)(n-3)a_n = S_n - S_{n-1}$$

$(*)$より，$S_n - S_{n-1} = a_n$ だから，

$$n(n-2)a_{n+1} - (n^2 - 4n + 3)a_n = a_n$$
$$n(n-2)a_{n+1} = (n^2 - 4n + 4)a_n$$
$$n(n-2)a_{n+1} = (n-2)^2 a_n \quad \cdots\cdots ⓒ$$

$S_n - S_{n-1} = a_n$ は $n \geq 2$ でしか使えないので，$n = 1$ は場合分けしないといけないとして，ⓒから $n = 2$ も場合分けしないといけなさそうです。$n \neq 2$ つまり $n \geq 3$ の場合，両辺を $n-2$ で割って，

$$na_{n+1} = (n-2)a_n \qquad \therefore \quad a_{n+1} = \frac{n-2}{n} a_n \quad \cdots\cdots ⓓ$$

数列 $\{a_n\}$ の 2 項間漸化式が得られました。

計画 さて、ⓓから、「$n \geqq 3$ のとき、公比

$\dfrac{n-2}{n}$ の等比数列だから、$a_n = \left(\dfrac{n-2}{n}\right)^{n-3} a_3$ だ！」

としてしまう人がいるのですが……、アウトです。
ⓓで $n = 3, 4, 5, 6$ を代入すると、右のようになります。全然、等比ではありませんね。

「階比数列」と呼ぶ先生もおられますが、

$$\frac{a_{n+1}}{a_n} = \frac{n-2}{n}$$

だから、階差数列のようにズラッと並べれば OK です。

$n=3$	$a_4 = \dfrac{1}{3} a_3$
$n=4$	$a_5 = \dfrac{2}{4} a_4$
$n=5$	$a_6 = \dfrac{3}{5} a_5$
$n=6$	$a_7 = \dfrac{4}{6} a_6$

〈階差数列の場合〉　　　　　〈階比（？）数列の場合〉

$$a_{n+1} - a_n = b_n \qquad\qquad \frac{a_{n+1}}{a_n} = c_n$$

$n \geqq 2$ のとき、　　　　　$n \geqq 2$ のとき、

$$
\begin{aligned}
a_2 - a_1 &= b_1 \\
a_3 - a_2 &= b_2 \\
a_4 - a_3 &= b_3 \\
&\vdots \\
+)\quad a_n - a_{n-1} &= b_{n-1}
\end{aligned}
$$

全部足す → $a_n - a_1 = \displaystyle\sum_{k=1}^{n-1} b_k$

$\therefore\quad a_n = a_1 + \displaystyle\sum_{k=1}^{n-1} b_k$　a_1 を移項

$$
\begin{aligned}
\frac{a_2}{a_1} &= c_1 \\
\frac{a_3}{a_2} &= c_2 \\
\frac{a_4}{a_3} &= c_3 \\
&\vdots \\
\frac{a_n}{a_{n-1}} &= c_{n-1}
\end{aligned}
$$

全部掛ける

$$\frac{a_n}{a_{n-1}} \times \cdots\cdots \times \frac{a_4}{a_3} \times \frac{a_3}{a_2} \times \frac{a_2}{a_1}$$

$$= c_1 c_2 c_3 \cdots\cdots c_{n-1} \qquad \times a_1$$

$$\therefore\quad a_n = c_1 c_2 c_3 \cdots\cdots c_{n-1} \times a_1$$

本問ではⓐ₃からのスタートなので、

$$\frac{a_n}{a_{n-1}} \times \cdots\cdots \times \frac{a_7}{a_6} \times \frac{a_6}{a_5} \times \frac{a_5}{a_4} \times \frac{a_4}{\textcircled{a_3}} = \frac{n-3}{n-1} \times \cdots\cdots \times \frac{4}{6} \times \frac{3}{5} \times \frac{2}{4} \times \frac{1}{3}$$

$\times a_3$

より、

$$a_n = \frac{n-3}{n-1} \times \frac{n-4}{n-2} \times \frac{n-5}{n-3} \times \frac{n-6}{n-4} \times \cdots\cdots \times \frac{4}{6} \times \frac{3}{5} \times \frac{2}{4} \times \frac{1}{3} \times \textcircled{a_3}$$

$$\therefore \quad a_n = \frac{2}{n-1} \cdot \frac{1}{n-2} \cdot a_3 = \frac{2a_3}{(n-1)(n-2)} \quad (n \geq 5)$$

a_n と a_3 の間に $\dfrac{2}{n-1}$ と $\dfrac{1}{n-2}$ の 2 個がはさまりましたから, この式は

$n \geq 5$ で成立していますね。これに $n = 4$ を代入すると $a_4 = \dfrac{2a_3}{3 \cdot 2}$, $n = 3$

を代入すると $a_3 = \dfrac{2a_3}{2 \cdot 1}$ となり, これは $n = 3, 4$ のときも成立するので,

$$a_n = \frac{2a_3}{(n-1)(n-2)} \quad (n \geq 3) \quad \cdots\cdots ⓔ$$

となります。あとは, a_3 が定まれば $a_n\,(n \geq 3)$ が求められます。

$a_1 = 1$ だから, ⓐで $n = 1, 2$ として順に a_2, a_3 を求めてみましょう。

$n = 1$ として,

$$1 \cdot (-1) a_2 = S_1$$

$S_1 = a_1 = 1$ だから,

$$-a_2 = 1 \quad \therefore \quad a_2 = -1$$

次に, ⓐで $n = 2$ として, $2 \cdot 0 \cdot a_3 = S_2$

$S_2 = a_1 + a_2 = 1 + (-1) = 0$ なので, $2 \cdot 0 \cdot a_3 = 0$

で, 式としては成立しますが, a_3 は求まりません。さあ, どうしましょう。

もちろん, 残った条件

$$\lim_{n \to \infty} S_n = 1 \quad \cdots\cdots ⓕ$$

の利用です。でも, ここで $S_n = \displaystyle\sum_{k=1}^{n} a_k$ などと計算してはいけませんよ。

計算は可能なのですが, せっかくだから, ⓔから $a_{n+1} = \dfrac{2a_3}{n(n-1)} \,(n \geq 2)$

として, ⓐで,

$$S_n = n(n-2) a_{n+1} = n(n-2) \times \frac{2a_3}{n(n-1)} = \frac{n-2}{n-1} \cdot 2a_3$$

といきましょう。$n = 1$ が抜けていますが, $n \to \infty$ を考えるので大丈夫です。

あとは, $\dfrac{n-2}{n-1}$ は $\dfrac{\infty}{\infty}$ の形の不定形なので, 分母の主要項 n で分子・

分母を割って,

$$S_n = \frac{1 - \dfrac{2}{n}}{1 - \dfrac{1}{n}} \cdot 2a_3 \qquad \therefore \quad \lim_{n \to \infty} S_n = \frac{1 - 0}{1 - 0} \cdot 2a_3 = 2a_3 \quad \cdots\cdots ⓖ$$

とすれば，f から a_3 が定まります。

　では，解答は，まず，a で $n=1$ として a_2 を求めておきましょうか。

　次に，b→c→d→e として，a_n $(n \geqq 3)$ を a_3 で表して，f，g で a_3 を求めて，a_n $(n \geqq 3)$ を求めます。

実行

$$n(n-2)a_{n+1}=S_n \quad \cdots\cdots ①$$

①で $n=1$ とすると，$S_1=a_1=1$ より，

$$1 \cdot (-1) \cdot a_2 = 1 \quad \therefore \quad a_2 = -1 \quad \cdots\cdots ②$$

$n \geqq 2$ のとき，①で n を $n-1$ とすると，

$$(n-1)(n-3)a_n = S_{n-1} \quad\quad \cdots\cdots ③$$

①－③より，

$$n(n-2)a_{n+1}-(n-1)(n-3)a_n = S_n - S_{n-1}$$

$S_n - S_{n-1} = a_n$ であるから，

$$n(n-2)a_{n+1}-(n^2-4n+3)a_n = a_n$$

$$n(n-2)a_{n+1}=(n-2)^2 a_n$$

よって，$n \geqq 3$ のとき，

$$\frac{a_{n+1}}{a_n} = \frac{n-2}{n}$$

であるから，$n \geqq 5$ のとき，

$$a_n = \frac{a_n}{a_{n-1}} \times \frac{a_{n-1}}{a_{n-2}} \times \frac{a_{n-2}}{a_{n-3}} \times \cdots\cdots \times \frac{a_6}{a_5} \times \frac{a_5}{a_4} \times \frac{a_4}{a_3} \times a_3$$

$$= \frac{n-3}{n-1} \times \frac{n-4}{n-2} \times \frac{n-5}{n-3} \times \cdots\cdots \times \frac{3}{5} \times \frac{2}{4} \times \frac{1}{3} \times a_3$$

$$= \frac{2a_3}{(n-1)(n-2)}$$

これは $n=3, 4$ のときも成り立つから，

$$a_n = \frac{2a_3}{(n-1)(n-2)} \quad (n \geqq 3) \quad \cdots\cdots ④$$

①，④より，$n \geqq 2$ のとき，

$$S_n = n(n-2) \cdot \frac{2a_3}{n(n-1)} = \frac{n-2}{n-1} \cdot 2a_3$$

よって，

$$\lim_{n\to\infty} S_n = \lim_{n\to\infty} \frac{1-\dfrac{2}{n}}{1-\dfrac{1}{n}} \cdot 2a_3 = 2a_3$$

与えられた条件より，$\lim\limits_{n\to\infty} S_n = 1$であるから，

$$2a_3 = 1 \quad \therefore \quad a_3 = \frac{1}{2} \quad \cdots\cdots ⑤$$

したがって，②，④，⑤より，求める一般項a_nは，

$$a_1 = 1, \ a_2 = -1, \ a_n = \frac{1}{(n-1)(n-2)} \quad (n \geq 3)$$

検討　いまの解答では，

$$\frac{a_{n+1}}{a_n} = \frac{n-2}{n} \quad (n \geq 3)$$

をズラッと並べて処理しましたが，「階比（？）数列」（正式な名称ではないようなので（？）です）には次のような解法もあります。

a_{n+1}とa_nの添字のnと$n+1$は，n⑨，$n+1$㋐です。$\dfrac{n-2}{n}$のnと$n-2$は，n㋐，$n-2$⑨です。㋐と㋐，⑨と⑨がペアになるように分母を払うと，

$$\underset{㋐}{n}\,\underset{㋐}{a_{n+1}} = (\underset{⑨}{n-2})\underset{⑨}{a_n}$$

しかし，$\underset{\sim}{n}$と$\underset{\sim}{n+1}$は $+1$ なのに，$\underset{\sim}{n-2}$と$\underset{\sim}{n}$は $+2$ です。$n-2$とnの間の$n-1$が飛んでいるので，$n-1$を両辺に掛けて補ってあげると，

$$n a_{n+1} = (n-2) a_n$$

両辺に
$\times (n-1)$

$$\therefore \quad n(n-1)a_{n+1} = (n-1)(n-2)a_n$$

$(n-1)(n-2)a_n = b_n$ とおくと，$n(n-1)a_{n+1} = b_{n+1}$ だから，

$$b_{n+1} = b_n$$

これは定数列なので

$$b_n = b_3$$

つまり，

$$(n-1)(n-2)a_n = 2 \cdot 1 \cdot a_3 \quad \therefore \quad a_n = \frac{2a_3}{(n-1)(n-2)}$$

気づけばズラッと並べるより速いので，階比（？）数列を見たらちょっと考えてみてください。くれぐれも等比にしないでくださいよ。

また，数列の和と一般項の式

$$a_n = S_n - S_{n-1}$$

ですが，これは上の解答でやったように，

$$S_n \text{ を消去して, } a_n \text{ の式を作る}$$

以外に,

$$a_n \text{ を消去して, } S_n \text{ の式を作る}$$

という使い方もあります。

$$n(n-2)a_{n+1} = S_n \quad \cdots\cdots①$$

に, $a_{n+1} = S_{n+1} - S_n$ を代入して, a_{n+1} を消去すると,

$$n(n-2)(S_{n+1} - S_n) = S_n$$
$$n(n-2)S_{n+1} = (n^2 - 2n + 1)S_n$$
$$n(n-2)S_{n+1} = (n-1)^2 S_n$$

だから, $n \geq 3$ のとき,

$$\frac{n}{n-1}S_{n+1} = \frac{n-1}{n-2}S_n \quad \leftarrow \boxed{\begin{array}{l} T_n = \dfrac{n-1}{n-2}S_n \text{ とおくと,} \\ \quad T_{n+1} = T_n \quad (n \geq 3) \\ \text{よって, } T_n = T_3 \end{array}}$$

よって, 数列 $\left\{\dfrac{n-1}{n-2}S_n\right\}$ $(n \geq 3)$ は定数列なので,

$$\frac{n-1}{n-2}S_n = \frac{2}{1}S_3$$

$S_3 = a_1 + a_2 + a_3$ で, $a_1 = 1$, $a_2 = -1$ だから, $S_3 = a_3$ となり,

$$\frac{n-1}{n-2}S_n = 2a_3 \qquad \therefore \quad S_n = \frac{n-2}{n-1} \cdot 2a_3$$

これで S_n が求まりました。あとは解答と同じです。

本問では「S_n 消去」,「a_n 消去」のどちらの方針でもあまり差はありませんが, 問題によってはこちらの「a_n を消去して, S_n の式を作る」方がうまくいく場合もあるので, 覚えておいてください。

和と一般項　→　1 S_n を消去して, a_n の式を作る
　　　　　　　2 a_n を消去して, S_n の式を作る

類題 33　　　　　　　　　　　　　解答 ⇨ P.511 ｜★★☆｜ 🕐 25分

(1) n を 2 以上の自然数とするとき, 関数
$$f_n(\theta) = (1 + \cos\theta)\sin^{n-1}\theta$$
の $0 \leq \theta \leq \dfrac{\pi}{2}$ における最大値 M_n を求めよ。

(2) $\displaystyle\lim_{n \to \infty}(M_n)^n$ を求めよ。

（京大・理系・16）

例 題 34

★★☆ | ⏱ 30分

数列 $\{a_n\}$, $\{b_n\}$ を

$a_1 = 3$, $b_1 = 2$

$a_{n+1} = a_n{}^2 + 2b_n{}^2$, $b_{n+1} = 2a_nb_n$ $(n \geqq 1)$

で定める。

(1) $a_n{}^2 - 2b_n{}^2$ を求めよ。

(2) $\displaystyle\lim_{n\to\infty}\frac{a_n}{b_n}$ を求めよ。

(京大・理系・02後)

 理解　$\{a_n\}$, $\{b_n\}$ の漸化式が与えられているから, $a_n{}^2 - 2b_n{}^2$ も漸化

式が立ちそうです。$c_n = a_n{}^2 - 2b_n{}^2$ とすると,

$c_{n+1} = a_{n+1}{}^2 - 2b_{n+1}{}^2$

$\qquad = (a_n{}^2 + 2b_n{}^2)^2 - 2(2a_nb_n)^2$　← 与えられた漸化式を代入

$\qquad = a_n{}^4 - 4a_n{}^2b_n{}^2 + 4b_n{}^4$

$\qquad = (a_n{}^2 - 2b_n{}^2)^2$

$\qquad = c_n{}^2$

お, 出ましたね。$n = 1, 2, 3, \cdots\cdots$ を代入してみると,

$c_2 = c_1{}^2$

$c_3 = c_2{}^2 = (c_1{}^2)^2 = c_1{}^4$

$c_4 = c_3{}^2 = (c_1{}^4)^2 = c_1{}^8$

$c_5 = c_4{}^2 = (c_1{}^8)^2 = c_1{}^{16}$

$\qquad\vdots$

となるので, これをくり返し用いると,

$c_n = c_1{}^{2^{n-1}}$

$c_1 = a_1{}^2 - 2b_1{}^2 = 1$ だから,

$c_n = 1$

> **＋補足**
>
> $\log$ をとってもよいです。まず, 真数条件
> をチェック。$c_1 = a_1{}^2 - 2b_1{}^2 = 1$ と,
> $c_{n+1} = c_n{}^2$ より, $c_2 > 0$, $c_3 > 0$, $\cdots\cdots$, $c_n > 0$
> です。すると,
> $\log c_{n+1} = \log c_n{}^2 = 2\log c_n$
> $\{\log c_n\}$ は公比 2 の等比数列なので
> $\qquad \log c_n = 2^{n-1}\log c_1 = \log c_1{}^{2^{n-1}}$
> $\qquad \therefore\quad c_n = c_1{}^{2^{n-1}}$

計画　さて，(1)はイケたので，次は(2)です。漸化式を見ると，とにかく一般項を求めようとする人が多いですが，ダメですよ～。

本問も一般項を求めることは可能ですが，$\lim\limits_{n\to\infty}\dfrac{a_n}{b_n}$ を求めたいだけなので，かなりのムダです。

(1)より，

$$a_n{}^2 - 2b_n{}^2 = c_n = 1$$

がわかっているので，これを利用するのでしょう。$\dfrac{a_n}{b_n}$ を作るには両辺を $b_n{}^2$ で割って，

$$\left(\frac{a_n}{b_n}\right)^2 - 2 = \frac{1}{b_n{}^2} \qquad \therefore \quad \left(\frac{a_n}{b_n}\right)^2 = 2 + \frac{1}{b_n{}^2} \quad \cdots\cdots ⓐ$$

おっと，割り算をするなら "$b_n \neq 0$" を示しておかないといけませんね。$\left(\dfrac{a_n}{b_n}\right)^2$ の 2 乗もはずしたいです。与えられた条件を見ると，$a_1 = 3 > 0$，$b_1 = 2 > 0$ だから，順に，

$$a_2 = a_1{}^2 + 2b_1{}^2 > 0, \; \underline{b_2 = 2a_1 b_1 > 0}$$
$$a_3 = a_2{}^2 + 2b_2{}^2 > 0, \; \underline{b_3 = 2a_2 b_2 > 0}$$
$$a_4 = a_3{}^2 + 2b_3{}^2 > 0, \; \underline{b_4 = 2a_3 b_3 > 0}$$
$$\vdots \qquad\qquad \vdots$$

がいえますね。

帰納的に $a_n > 0$，$b_n > 0$ がいえるので，ⓐは，

$$\frac{a_n}{b_n} = \sqrt{2 + \frac{1}{b_n{}^2}} \quad \cdots\cdots ⓐ'$$

となります。したがって，$\lim\limits_{n\to\infty}\dfrac{a_n}{b_n}$ を求めるには $\lim\limits_{n\to\infty} b_n{}^2$ を求めればよいのですが……。上の ～～ 部や ……… 部を見ると，直観的に $a_n \to \infty$，$b_n \to \infty$ になりそうなことはわかりますよね。$a_1 = 3$，$b_1 = 2$ で 2 乗して足したり掛けたりしていくんですから。数式をいじくり回すだけでなく，こういう数式のもつ「大雑把な性質」を感じることも大切です。あとはこれをどう論理的に説明するか，です。もう一度，上の ～～ 部の b_2，b_3，b_4 の式を見てください。自分で書いていれば気がついたと思うのですが，a_1，a_2，a_3 がなければ……

$$b_2 = 2a_1 b_1$$
$$b_3 = 2a_2 b_2$$
$$b_4 = 2a_3 b_3$$

公比 2 の等比数列なんですよね。

そう思って，今度は $\underset{\cdots\cdots}{\text{_____}}$ 部の a_2, a_3, a_4 の式を見ていくと……，何に気づくでしょう。

$$a_1 < a_2 < a_3 < a_4 < \cdots\cdots$$

でもよいですし，

$$a_n \text{ は自然数}$$

でもよいです。何にせよ，

$a_1 \geqq 1$
$a_2 \geqq 1$　に気づくと，
$a_3 \geqq 1$
$\vdots$

$b_2 = 2a_1 b_1 \geqq 2b_1$
$b_3 = 2a_2 b_2 \geqq 2b_2$
$b_4 = 2a_3 b_3 \geqq 2b_3$
$\vdots$
$b_{n+1} = 2a_n b_n \geqq 2b_n$

> $a_1 \geqq 1$ の両辺に $2b_1(>0)$ を掛けて，$2a_1 b_1 \geqq 2b_1$ です。

だから，

$$b_n \geqq 2b_{n-1} \geqq 2^2 b_{n-2} \geqq 2^3 b_{n-3} \geqq \cdots\cdots \geqq 2^{n-1} b_1 = 2^n$$

> $b_{n-1} \geqq 2b_{n-2}$ の両辺に $\times 2$

> $b_{n-2} \geqq 2b_{n-3}$ の両辺に $\times 2^2$

これで，$\displaystyle\lim_{n\to\infty} b_n = \infty$ がいえるので，ⓐ′ から $\displaystyle\lim_{n\to\infty} \dfrac{a_n}{b_n}$ が求められます。

実行

$$\begin{cases} a_{n+1} = a_n^2 + 2b_n^2 & \cdots\cdots① \\ b_{n+1} = 2a_n b_n & \cdots\cdots② \end{cases}$$

(1)　①，②より，

$$\begin{aligned} a_{n+1}^2 - 2b_{n+1}^2 &= (a_n^2 + 2b_n^2)^2 - 2(2a_n b_n)^2 \\ &= a_n^4 - 4a_n^2 b_n^2 + 4b_n^4 \\ &= (a_n^2 - 2b_n^2)^2 \end{aligned}$$

> 簡単な式なので，c_n とおきかえずに書きました。

であるから，これをくり返し用いると，

$$a_n^2 - 2b_n^2 = (a_1^2 - 2b_1^2)^{2^{n-1}} = 1^{2^{n-1}} = 1$$

(2)　$a_1 = 3$, $b_1 = 2$ と①，②より，帰納的に a_n, b_n は自然数である。よって，

$$a_n \geqq 1, \ b_n \geqq 1$$

> もっと詳しくやると，$a_n \geqq 3$, $b_n \geqq 2$ です。逆に b_n については，$b_n > 0$ でも解答できます。

であるから，②より，

$$b_{n+1} \geqq 2b_n$$

これをくり返し用いて，

$$b_n \geqq 2^{n-1} b_1 = 2^n$$

$\displaystyle\lim_{n\to\infty} 2^n = \infty$ であるから，

$$\lim_{n\to\infty} b_n = \infty$$

一方，(1)の結果と $\dfrac{a_n}{b_n}>0$ より，

$$\frac{a_n{}^2}{b_n{}^2}-2=\frac{1}{b_n{}^2} \qquad \therefore \quad \frac{a_n}{b_n}=\sqrt{2+\frac{1}{b_n{}^2}}$$

であるから，

$$\lim_{n\to\infty}\frac{a_n}{b_n}=\lim_{n\to\infty}\sqrt{2+\frac{1}{b_n{}^2}}=\sqrt{2}$$

検討 **計画** でもチラッといいましたが，一般項 a_n, b_n を求めることもできます。やはり(1)の，

$$a_n{}^2-2b_n{}^2=1$$

がヒントなのですが，これは，

$$(a_n+\sqrt{2}b_n)(a_n-\sqrt{2}b_n)=1 \quad \cdots\cdots③$$

と因数分解できるので，この $a_n+\sqrt{2}b_n$ と $a_n-\sqrt{2}b_n$ がアヤシイです。試しに，$d_n=a_n+\sqrt{2}b_n$ とおくと，

$$\begin{aligned}
d_{n+1}&=a_{n+1}+\sqrt{2}b_{n+1}\\
&=(a_n{}^2+2b_n{}^2)+2\sqrt{2}a_nb_n \quad (\because \quad ①, ②より)\\
&=(a_n+\sqrt{2}b_n)^2\\
&=d_n{}^2
\end{aligned}$$

となります。解答でやったのと同様に，

$$d_n=d_1{}^{2^{n-1}}$$

だから，

$3+2\sqrt{2}=(\sqrt{2}+1)^2$ に気づくと	指数部分の計算は，$2\times 2^{n-1}=2^{1+(n-1)}=2^n$

$$a_n+\sqrt{2}b_n=(a_1+\sqrt{2}b_1)^{2^{n-1}}=(3+2\sqrt{2})^{2^{n-1}}=\{(\sqrt{2}+1)^2\}^{2^{n-1}}=(\sqrt{2}+1)^{2^n}$$
$$\cdots\cdots④$$

これと③より，

有理化

$$a_n-\sqrt{2}b_n=\frac{1}{a_n+\sqrt{2}b_n}=\frac{1}{(\sqrt{2}+1)^{2^n}}=\left(\frac{1}{\sqrt{2}+1}\right)^{2^n}=(\sqrt{2}-1)^{2^n} \quad \cdots\cdots⑤$$

$\dfrac{④+⑤}{2}$, $\dfrac{④-⑤}{2\sqrt{2}}$ をすると，

$$\begin{cases}
a_n=\dfrac{1}{2}\{(\sqrt{2}+1)^{2^n}+(\sqrt{2}-1)^{2^n}\}\\[2mm]
b_n=\dfrac{1}{2\sqrt{2}}\{(\sqrt{2}+1)^{2^n}-(\sqrt{2}-1)^{2^n}\}
\end{cases}$$

と a_n, b_n が求まります。これから，

$$\lim_{n\to\infty}\frac{a_n}{b_n}=\lim_{n\to\infty}\frac{2\sqrt{2}}{2}\cdot\frac{(\sqrt{2}+1)^{2^n}+(\sqrt{2}-1)^{2^n}}{(\sqrt{2}+1)^{2^n}-(\sqrt{2}-1)^{2^n}}$$

$$=\lim_{n\to\infty}\sqrt{2}\cdot\frac{1+\left(\dfrac{\sqrt{2}-1}{\sqrt{2}+1}\right)^{2^n}}{1-\left(\dfrac{\sqrt{2}-1}{\sqrt{2}+1}\right)^{2^n}}$$

$$=\sqrt{2}$$

> $\sqrt{2}+1>1$ だから，$(\sqrt{2}+1)^{2^n}\to\infty$
> $0<\sqrt{2}-1<1$ だから，$(\sqrt{2}-1)^{2^n}\to 0$
> $\dfrac{\infty}{\infty}$ の形の不定形なので，分子・分母を $(\sqrt{2}+1)^{2^n}$ で割ります。

としても答えは出せます。

類題 34　　　　　　　　　　　解答 ⇨ P.516 ｜★★☆｜ 🕐 25分

$\{a_n\}$ を正の数からなる数列とし，p を正の実数とする。このとき

$$a_{n+1}>\frac{1}{2}a_n-p$$

をみたす番号 n が存在することを証明せよ。　　（京大・理系・03後）

Column　問題の "見切り"

　　「難しい問題に手を出して，時間不足で易しい問題を落とした」
なんて受験生がいます。前にも言いましたが，
　　みんなが解ける問題を解いて，みんなが解けない問題を捨てる
のが合格の条件ですから，これでは受かりません。またまた，高校のときに通っていた塾の先生のお話なのですが，
　　「京大数学では最初の 15 分は解答を書くな」
と言われました。別に 15 分遅れてスタートして自分を追いこむとか，そんな作戦じゃないですよ。
　　「最初に全問ちょっとずつさわってみて，各問の難易を見切るんや」
と言われました。
　　本書でいう「理解」と「計画」ですね。復習のやり方でお話しした**下書き**による復習は，これのためでもあります。京大のような誘導のない問題を解くときにはとくにですが，難易のわからない問題で最初ちょっと何かを思いついたからといって飛びつくと，あとでえらいことになってしまうことがあります。
　　ふだんの予復習のときに，「ちょっとさわってみて，問題の難易を見切る」練習もしておいてください。そして本番では易しい問題から手をつけていきましょう。

例 題 **35**　　　　　　　　　　　　　★★☆　⏱ 25分

(1)　$x \geqq 0$ のとき，不等式 $e^x \geqq 1 + \dfrac{1}{2}x^2$ が成立することを示せ。

(2)　自然数 n に対して関数 $f_n(x) = n^2(x-1)e^{-nx}$ の $x \geqq 0$ における最大値を M_n とする。このとき $\displaystyle\sum_{n=1}^{\infty} M_n$ を求めよ。（京大・理系・00後）

🙋‍♂️ 理解　　京大では「微分だけ」という問題は少なく，本問の(2)のように何か別の問題を解くときの一部であることがほとんどです。「微分だけ」の問題としては**第2章「方程式・不等式」**の**テーマ6**でやった，

　　　　グラフの共有点 ⟶ 方程式の実数解で考える

問題が多いです。これは 類 題 **35** でやりましょう。

　さて，本問ですが，(1)は不等式の証明で，

　　　　　　不等式 $A \geqq B$ の証明 ➡ $A - B \geqq 0$ を示す

ですから，$f(x) = (左辺) - (右辺)$ として，微分してみましょう。

$$f(x) = e^x - \left(1 + \dfrac{1}{2}x^2\right)$$

$$f'(x) = e^x - x$$

　$f'(x)$ の正負はわかりますか？　じつ
は曲線 $y = e^x$ の点 $(0, 1)$ における接線
の方程式が $y = x + 1$ なので，$y = e^x$ と
$y = x$ のグラフの上下関係は右の図のよ
うになっています。このグラフをかいて，
$e^x > x$ つまり $f'(x) > 0$ であると解答し
ても OK です。

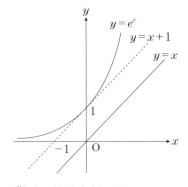

　しかし，このように簡単に $f'(x)$ の符
号がわからない場合はどうしましょう？

　　　　　$f'(x)$の符号がわからなければ，$f''(x)$の符号を調べる

です。$f''(x)$ の符号を調べるというと，たまに「凹凸を調べてどうするんですか？」と質問されることがあるのですが，そうではありません。

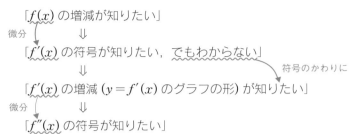

「$f(x)$ の増減が知りたい」

微分 ⟹

「$f'(x)$ の符号が知りたい，でもわからない」

⟹

符号のかわりに

「$f'(x)$ の増減（$y=f'(x)$ のグラフの形）が知りたい」

微分 ⟹

「$f''(x)$ の符号が知りたい」

という発想です。だから，何でもかんでも $f''(x)$ を求めるのか，というとそうではなくて，あくまで「$f'(x)$ の符号を調べるため」なのです。たとえば，

$$f(x) = \frac{\sin x}{x} \ (0 < x < 2\pi) \text{ の増減を調べるには}$$

⟹

$$f'(x) = \frac{x\cos x - \sin x}{x^2} \text{ の符号が知りたいけれどわからない，そこで}$$

✗ ↙

$$f''(x) = \frac{(2 - x^2)\sin x - 2x\cos x}{x^3}$$

よけいわかりにくい!!

↘ ○

$g(x) = x\cos x - \sin x$ とおくと

$$f'(x) = \frac{g(x)}{x^2}$$

であり，$x^2 > 0$ であるから，$g(x)$ の符号がわかればよい。よって，

$$g'(x) = -x\sin x$$

このように，$f'(x)$ で正負が自明のところは，はずして考えればよいことになります。

本問に戻ると，

$$f''(x) = e^x - 1$$

で，$x \geqq 0$ において $e^x \geqq 1$ だから，$f''(x) \geqq 0$（等号は $x = 0$ のときのみ成立）。これで $f'(x)$ が単調に増加することがわかります。

さらに，$f'(0) = e^0 - 0 = 1$ より，$x \geqq 0$ において $f'(x) \geqq 1 > 0$ となり，$f(x)$ も単調に増加していることがわかります。

さらにさらに，$f(0) = e^0 - (1+0) = 0$ だか

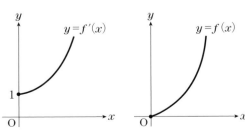

ら，$x \geqq 0$ において，$f(x) \geqq 0$ です。

次に，(2)ですが，

$$f_n(x) = n^2(x-1)e^{-nx}$$
$$f_n{}'(x) = \underbrace{n^2 e^{-nx}}_{\oplus}\{(n+1) - nx\}$$

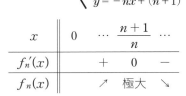

より，$f_n(x)$ の $x \geqq 0$ における増減は右
の表のようになり，最大値 M_n は，

$$M_n = f_n\left(\frac{n+1}{n}\right) = ne^{-(n+1)}$$

で，$\displaystyle\sum_{n=1}^{\infty} M_n$ を求めよ，という問題です。

x	0	$\cdots$	$\dfrac{n+1}{n}$	$\cdots$
$f_n{}'(x)$		$+$	0	$-$
$f_n(x)$		$\nearrow$	極大	$\searrow$

- $a_1 + a_2 + a_3 + \cdots\cdots + a_n + \cdots\cdots$

- $\displaystyle\sum_{n=1}^{\infty} a_n$

- $\displaystyle\lim_{n\to\infty}(a_1 + a_2 + a_3 + \cdots\cdots + a_n)$

- $\displaystyle\lim_{n\to\infty}\sum_{k=1}^{n} a_k$

はすべて同じ意味で，「無限級数」とよばれるものです。直観的には「数列を無限に足していく」というイメージですが，実際に「無限に足す」ということはできないので，キチンとした定義が必要です。

◆ 初項から第 n 項までの和

上の無限級数について，

$$S_n = \sum_{k=1}^{n} a_k = a_1 + a_2 + a_3 + \cdots\cdots + a_n$$

を部分和といい，部分和の作る無限数列 $\{S_n\}$ が収束して，その極限値が S であるとき，すなわち $\displaystyle\lim_{n\to\infty} S_n = S$ のとき，この無限級数は収束するといい，S をこの無限級数の和という。

でしたね。よって，無限級数を求める問題では，

Step1　部分和を求める
Step2　部分和の極限を求める

という手順が基本になります。ただ，特殊な無限級数があって，

- $a + ar + ar^2 + \cdots\cdots + ar^{n-1} + \cdots\cdots = \dfrac{a}{1-r}$　$(-1 < r < 1$ のとき$)$

- $\displaystyle\lim_{n\to\infty}\sum_{k=1}^{n}\frac{1}{n}f\left(\frac{k}{n}\right) = \int_0^1 f(x)dx$

の2つです。これは大丈夫ですか？

　上は「無限等比級数」です。初項 a，公比 r（$\neq 1$）の等比数列の初項から第 n 項までの和は $\dfrac{a(1-r^n)}{1-r}$ であり，$-1 < r < 1$ のとき $\lim\limits_{n\to\infty} r^n = 0$ だから，$\lim\limits_{n\to\infty} \dfrac{a(1-r^n)}{1-r} = \dfrac{a}{1-r}$ となりますね。**例 題 32** でやりましたが，ついでに確認です。ちょっと例外的ですが，初項 a が 0 のときも収束して，和は 0 なので，

◆ **無限等比級数の収束条件**

　　初項 a，公比 r として，

　　　　$a = 0$ または $-1 < r < 1$

　下は「区分求積法」の公式です。数学Ⅲの積分を習っていない人は習ってからでよいのですが，習っている人は，これも無限級数の仲間だと認識できていたでしょうか。ちょっとイジワルをして，教科書に載っている形とは $\dfrac{1}{n}$ の場所をずらしたのですが，もちろん同じ式です。「求積」という言葉がついているので，面積を求めると思っている人もいるようですが，式を見ればわかるように「無限級数の特殊な形は積分で計算できる」という公式です。あたり前ですが，学校の教科書は順序よく説明できるように配列されています。この公式も積分を使うので，当然，積分を習った後に登場します。しかし，入試で出会うときは，たとえば，

$$\lim_{n\to\infty}\left(\frac{1}{n+1} + \frac{1}{n+2} + \frac{1}{n+3} + \cdots\cdots + \frac{1}{n+n}\right)$$

のように，無限級数の顔をしていたりするんです。ところが変形すると，

$$\lim_{n\to\infty}\sum_{k=1}^{n}\frac{1}{n+k}$$

$\qquad\qquad\qquad\qquad\qquad\qquad \dfrac{n}{n}$ を掛けた

$$=\lim_{n\to\infty}\sum_{k=1}^{n}\frac{1}{n}\cdot\frac{n}{n+k}$$

$\qquad\qquad\qquad\qquad\qquad$ 分子・分母を n で割った

$$=\lim_{n\to\infty}\sum_{k=1}^{n}\frac{1}{n}\cdot\frac{1}{1+\dfrac{k}{n}}$$

$\qquad\qquad\qquad\qquad\qquad$ 公式

$$=\int_{0}^{1}\frac{1}{1+x}\,dx$$

となるのです。学校で習う順序と，受験数学対策としての知識の整理の仕

方は異なります。受験勉強というのは，ちょっと特殊かもしれませんが，ある種の方向から数学の知識を再整理して，理解を深めているといえます。

ということで，まとめると，

まず，特殊な**2**，**3**をチェックして，違うなら基本の**1**へいくという手順でしょうか。これでダメなら「はさみうちの原理」を利用することが多いですが，その場合は，「はさむ」ための不等式が誘導されるのがふつうです。

計画 本問に戻ると，

$$\sum_{n=1}^{\infty} M_n = \sum_{n=1}^{\infty} n e^{-(n+1)} = 1 \cdot e^{-2} + 2 \cdot e^{-3} + 3 \cdot e^{-4} + \cdots\cdots + n e^{-(n+1)} + \cdots\cdots$$

だから，いわゆる「(等差)×(等比)の和」ですね。部分和を S_n とおくと，等比数列の和の公式を導くときに用いる方法，$S_n - S_n \times$(公比) を行います。今回，公比は e^{-1} なので，

$$
\begin{aligned}
S_n &= 1 \cdot e^{-2} + 2 \cdot e^{-3} + 3 \cdot e^{-4} + \cdots\cdots + n e^{-(n+1)} \\
-)\quad e^{-1}S_n &= \phantom{1 \cdot e^{-2} +} 1 \cdot e^{-3} + 2 \cdot e^{-4} + \cdots\cdots + (n-1)e^{-(n+1)} + n e^{-(n+2)} \\
\hline
(1-e^{-1})S_n &= \underline{e^{-2} + e^{-3} + e^{-4} + \cdots\cdots + e^{-(n+1)}} - n e^{-(n+2)}
\end{aligned}
$$

初項 e^{-2}，公比 e^{-1}，項数 n の等比数列の和

$$= \frac{e^{-2}\{1-(e^{-1})^n\}}{1-e^{-1}} - n e^{-(n+2)}$$

より，

$$
S_n = \frac{\left(\dfrac{1}{e}\right)^2}{\left(1-\dfrac{1}{e}\right)^2}\left\{1-\left(\dfrac{1}{e}\right)^n\right\} - \frac{n\left(\dfrac{1}{e}\right)^{n+2}}{1-\dfrac{1}{e}}
$$

分子・分母に e^2 を掛けた

分子・分母に e^2 を掛けた

$$
= \frac{1}{(e-1)^2}\left\{1-\left(\dfrac{1}{e}\right)^n\right\} - \frac{1}{e(e-1)} \cdot \frac{n}{e^n}
$$

n が入っているのは，$\left(\dfrac{1}{e}\right)^n$ と $\dfrac{n}{e^n}$ の 2 か所で，$0 < \dfrac{1}{e} < 1$ だから

$\displaystyle \lim_{n \to \infty} \left(\frac{1}{e} \right)^n = 0$ はよいとして，$\displaystyle \lim_{n \to \infty} \frac{n}{e^n}$ は $\dfrac{\infty}{\infty}$ の形の不定形です。$\displaystyle \lim_{n \to \infty} n \left(\frac{1}{e} \right)^n$

と見て，

$$\lim_{n \to \infty} n \left(\frac{1}{e} \right)^n = \infty \cdot 0 = 0$$

と考える人がいますが，$\infty \cdot 0$ の形も不定形なのでダメです。たとえば，

$\displaystyle \lim_{n \to \infty} n \times \frac{1}{n}$ は $\infty \times 0$ の形をしていますが，極限を考える以前に $n \times \dfrac{1}{n} = 1$

であり，

$$\lim_{n \to \infty} n \times \frac{1}{n} = \lim_{n \to \infty} 1 = 1$$

で，0 にはなりません。

やはり(1)の利用しかないでしょう。$x \geqq 0$ のとき，

$$e^x \geqq 1 + \frac{1}{2} x^2$$

だから，$x = n$ として，

$$e^n \geqq 1 + \frac{1}{2} n^2 \quad \cdots\cdots \text{ⓐ}$$

両辺とも正なので，逆数をとると不等号もひっくり返って，

$$\frac{1}{e^n} \leqq \frac{1}{1 + \dfrac{1}{2} n^2}$$

$n \, (> 0)$ を掛けて，

$$\frac{n}{e^n} \leqq \frac{n}{1 + \dfrac{1}{2} n^2}$$

右辺は $\dfrac{\infty}{\infty}$ の形の不定形だから，分母の主要項 n^2 で分子・分母を割って，

$$\frac{n}{1 + \dfrac{1}{2} n^2} = \frac{\dfrac{1}{n}}{\dfrac{1}{n^2} + \dfrac{1}{2}} \quad \to \quad \frac{0}{0 + \dfrac{1}{2}} = 0 \quad (n \to \infty)$$

$\dfrac{n}{e^n} > 0$ だから，これとはさめば OK です。

(1)
$$f(x) = e^x - \left(1 + \frac{1}{2}x^2\right)$$

とおくと,
$$f'(x) = e^x - x \qquad f''(x) = e^x - 1$$

$x \geqq 0$ において, $f''(x) \geqq 0$ (等号成立は $x = 0$ のときのみ) であるから, $f'(x)$ は単調に増加する。さらに, $f'(0) = 1$ であるから, $x \geqq 0$ において $f'(x) > 0$ である。

よって, $x \geqq 0$ において $f(x)$ は単調に増加し, $f(0) = 0$ であるから,

$$x \geqq 0 \text{ のとき, } f(x) \geqq 0 \quad \text{すなわち} \quad e^x \geqq 1 + \frac{1}{2}x^2$$

が成立する。

(2)
$$f_n(x) = n^2(x-1)e^{-nx}$$
$$f_n'(x) = n^2 e^{-nx}\{(n+1) - nx\}$$

より, $f_n(x)$ の $x \geqq 0$ における増減は右の表のようになり, $f_n(x)$ は

x	0	$\cdots$	$\dfrac{n+1}{n}$	$\cdots$
$f_n'(x)$		$+$	0	$-$
$f_n(x)$		↗	極大	↘

$x = \dfrac{n+1}{n}$ のとき最大となるから,

$$M_n = f_n\left(\frac{n+1}{n}\right) = ne^{-(n+1)}$$

無限級数 $\displaystyle\sum_{n=1}^{\infty} M_n$ の部分和を S_n とおくと, $S_n = \displaystyle\sum_{k=1}^{n} M_k = \sum_{k=1}^{n} ke^{-(k+1)}$ であるから,

$$S_n = 1 \cdot e^{-2} + 2 \cdot e^{-3} + 3 \cdot e^{-4} + \cdots\cdots + ne^{-(n+1)}$$
$$-)\ e^{-1}S_n = \qquad 1 \cdot e^{-3} + 2 \cdot e^{-4} + \cdots\cdots + (n-1)e^{-(n+1)} + ne^{-(n+2)}$$
$$\overline{(1-e^{-1})S_n = e^{-2} + e^{-3} + e^{-4} + \cdots\cdots + e^{-(n+1)} - ne^{-(n+2)}}$$
$$= \frac{e^{-2}\{1 - (e^{-1})^n\}}{1 - e^{-1}} - ne^{-(n+2)}$$

より,

$$S_n = \frac{1}{(e-1)^2}\left\{1 - \left(\frac{1}{e}\right)^n\right\} - \frac{1}{e(e-1)} \cdot \frac{n}{e^n}$$

ここで, $n > 0$ であるから, (1)の結果より,

$$e^n \geqq 1 + \frac{1}{2}n^2 \quad \cdots\cdots ①$$

よって,

$$0 < \frac{n}{e^n} \leqq \frac{n}{1 + \dfrac{1}{2}n^2}$$

$$\lim_{n \to \infty} \frac{n}{1 + \frac{1}{2}n^2} = \lim_{n \to \infty} \frac{\frac{1}{n}}{\frac{1}{n^2} + \frac{1}{2}} = 0 \text{ であるから, はさみうちの原理により,}$$

$$\lim_{n \to \infty} \frac{n}{e^n} = 0$$

また, $0 < \dfrac{1}{e} < 1$ より, $\lim\limits_{n \to \infty}\left(\dfrac{1}{e}\right)^n = 0$ であるから,

$$\sum_{n=1}^{\infty} M_n = \lim_{n \to \infty} \sum_{k=1}^{n} M_k = \lim_{n \to \infty} S_n$$

$$= \lim_{n \to \infty} \left\{ \frac{1}{(e-1)^2} \left(1 - \left(\frac{1}{e}\right)^n \right) - \frac{1}{e(e-1)} \cdot \frac{n}{e^n} \right\}$$

$$= \frac{1}{(e-1)^2}$$

検討 🧍 **計画** の段階で気がついていたかもしれませんが, 解答の①

の右辺で, n が十分大きいとき, $\dfrac{1}{2}n^2$ に比べて 1 はメチャクチ

ャ小さいですよね。そのあたりから $1 + \dfrac{1}{2}n^2 > \dfrac{1}{2}n^2$ に気づいたら

$$e^n \geqq 1 + \frac{1}{2}n^2 > \frac{1}{2}n^2$$

として,

$$0 < \frac{n}{e^n} < \frac{n}{\frac{1}{2}n^2} = \frac{2}{n} \to 0 \quad (n \to \infty)$$

とはさんだ方がラクです。

類題 35　　　　　　　　　　　　　解答 ⇨ P.519 ｜ ★★☆ ｜ ⏰ 25分

(1)　a を実数とするとき, $(a, 0)$ を通り, $y = e^x + 1$ に接する直線が
　　ただ 1 つ存在することを示せ。

(2)　$a_1 = 1$ として, $n = 1, 2, \cdots$ について, $(a_n, 0)$ を通り, $y = e^x + 1$
　　に接する直線の接点の x 座標を a_{n+1} とする。このとき,
　　$\lim\limits_{n \to \infty}(a_{n+1} - a_n)$ を求めよ。　　　　　　　　　（京大・理系・15）

第 8 章

積　分

プロローグ

第7章「極限・微分」でもいいましたが，
計算を間違えたら落ちる
と肝に銘じておいてください。京大は他の大学に比べて，計算についてはややラクな方ですが，こと積分に関しては本気です。なぜかはわかりませんが，かなりの計算力を要する問題が出ます。

　高校数学では小中学校のときと比べてあまり計算練習をしません。必要がないわけではなく，学習しなければならない内容が多いので，計算練習の時間がとれないのです。だから計算力が必要とされる分野では，自分で練習をして，鍛えておかないといけません。余談ですが，共通テスト対策でセンター試験の過去問をやったとき，数学Ⅰ・Ａに比べて数学Ⅱ・Ｂの方が点が取れないという人は，計算力不足の可能性があります。数学Ⅰ・Ａの計算は中学校の延長程度ですが，数学Ⅱ・Ｂは指数・対数・三角関数，微分・積分，ベクトルなど，高校ではじめて習う計算手法が多いです。それをとくに練習もしていないのですから，遅かったり間違えたりするのはあたり前です。時間がかかる，または，よく間違える分野については計算練習をしましょう。

　積分については，学校の教科書ではまず基本公式を一通り習い，次に置換積分，部分積分と進みます。最後に少し特殊な積分をいくつか習って終わりになります。しかし，ここまででは不十分です。というのは，入試では置換積分なのか，部分積分なのか，それとも何らかの式変形をするのかは教えてくれないのです。「〜の面積を求めよ」であって，「〜の面積を部分積分で求めよ」とは書いていないのです。たとえば，

$$\int xe^x dx \qquad \int xe^{x^2} dx$$

はどうですか？　左は部分積分ですが，右は置換積分，もしくは暗算でも出せます。積分は，和については一般に，

$$\int \{f(x)+g(x)\}\,dx = \int f(x)\,dx + \int g(x)\,dx$$

と分けることができますが，積については一般的な式はないんですよね。だから，
積分では，「積をどう処理するか」がポイント
です。なんせ「積を分ける」っていうくらいですから（ウソです）。

　積分をすべてまとめると，本1冊分になってしまいますので（笑），ここでは「積の形の処理」にしぼってお話しします。

積分で積の形を処理する方法は，基本的に次の3つです。以下，不定積分の計算結果で出てくる C は積分定数とします。

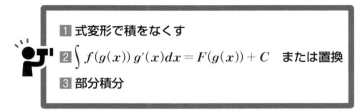

- ● 例 ●

(1) $\displaystyle\int\cos^2 x dx$　　(2) $\displaystyle\int\cos^3 x dx$　　(3) $\displaystyle\int x e^{x^2} dx$　　(4) $\displaystyle\int x e^x dx$

でやってみましょう。

■ 式変形で積をなくす

　僕らが三角関数ですぐに積分できるのは，

$$\int\sin x dx=-\cos x+C \quad \int\cos x dx=\sin x+C \quad \int\frac{1}{\cos^2 x}dx=\tan x+C$$

の3つだけです。最後の式は $\tan x$ の微分の逆で，すぐに作れますが，忘れやすいので気をつけましょう。これを除くと，要は「$\sin x$ と $\cos x$ の1次式」しか積分できないんですよね。すると，(1)，(2)はこのままではできません。

　そこで，2倍角の公式

$$\cos 2x=2\cos^2 x-1$$

を使って，2次式（積）を1次式に変えるんでしたね。

(1) $\displaystyle\int\cos^2 x dx=\frac{1}{2}\int(1+\cos 2x)dx=\frac{1}{2}\left(x+\frac{1}{2}\sin 2x\right)+C$

　このような式変形で積をなくすのは，三角関数や分数関数に多いですね。

(1)′ $\displaystyle\int\frac{1}{x(x+1)}dx=\int\left(\frac{1}{x}-\frac{1}{x+1}\right)dx=\log|x|-\log|x+1|+C$

$$=\log\left|\frac{x}{x+1}\right|+C$$

などの部分分数分解もそうです。

　それでは(2)はどうしましょう。「3倍角の公式だな」と思った人は，もちろんできるんですが，それではアマチュアクラスですよ〜。

$\boxed{2}\ \displaystyle\int f(g(x))\,g'(x)dx = F(g(x)) + C$ **または置換**

$t = \sin x$ などと置換をしないといけない積分の式には「合図」があるんですが，知っていますか？ $t = \sin x$ の両辺を x で微分すると，

$$\frac{dt}{dx} = \cos x \qquad \therefore \quad \underline{\cos x\,dx = dt}$$

だから，dx を dt にかえるためには，$\cos x$ がついていないといけないんですね。$\sin x$ でぶわ～っと式ができていて，最後にひとつ $\cos x$ が余っていたら，つまり，

$$\int \underset{\substack{\sin x\text{ の式}\quad\text{合図}}}{\underline{f(\sin x)\cos x}}dx$$

という形をしていたら，$t = \sin x$ と置換です。$f(t)$ の原始関数のひとつを $F(t)$ とすると，

$$\int f(\sin x)\cos x\,dx = \int f(t)dt = F(t) + C = F(\sin x) + C$$

となりますから，$F(t)$ が簡単に求められる場合は暗算で導けます。では，

(2) $\displaystyle\int \cos^3 x\,dx = \int \underset{\substack{\sin x\text{ の式}\quad\text{合図}}}{\underline{(1 - \sin^2 x)\cos x}}dx$

です。$f(t) = 1 - t^2$ だから，$F(t) = t - \dfrac{1}{3}t^3$

は暗算できますよね。すると，

$$= \sin x - \frac{1}{3}\sin^3 x + C$$

です。わかりにくい人は，$t = \sin x$ で置換すれば右のようにできますが，できれば暗算したいですね。

> $t = \sin x$ とおくと，
> $$\frac{dt}{dx} = \cos x \quad \therefore \quad \cos x\,dx = dt$$
> よって，
> $$\int (1 - \sin^2 x)\cos x\,dx$$
> $$= \int (1 - t^2)dt$$
> $$= t - \frac{1}{3}t^3 + C$$
> $$= \sin x - \frac{1}{3}\sin^3 x + C$$

このタイプとしては，

① $\displaystyle\int f(\sin x)\underline{\cos x}\,dx = F(\sin x) + C$　　　　または $t = \sin x$ と置換

② $\displaystyle\int f(\cos x)\underline{\sin x}\,dx = -F(\cos x) + C$　　　　または $t = \cos x$ と置換

③ $\displaystyle\int f(\tan x)\underline{\frac{1}{\cos^2 x}}\,dx = F(\tan x) + C$　　　　または $t = \tan x$ と置換

④ $\displaystyle\int f(\log x)\underline{\frac{1}{x}}\,dx = F(\log x) + C$　　　　　　または $t = \log x$ と置換

があります。たとえば，④の例として，

(2)′ $\displaystyle\int \frac{\log x}{x}\,dx = \int \underbrace{(\log x)}_{\substack{\log \text{の式}\\ \text{合図}}}\frac{1}{x}\,dx = \frac{1}{2}(\log x)^2 + C$

> $t = \log x$ とおくと，
> $$\frac{dt}{dx} = \frac{1}{x} \quad \therefore \quad \frac{1}{x}\,dx = dt$$
> よって，
> $$\int (\log x)\frac{1}{x}\,dx = \int t\,dt$$
> $$= \frac{1}{2}t^2 + C = \frac{1}{2}(\log x)^2 + C$$

なども頻出の形なので，暗算でいきたいところ
です。

さて，この形は教科書では，置換積分のところに，

$\displaystyle\int f(g(x))g'(x)dx$ のとき $t = g(x)$ とおくと，$\dfrac{dt}{dx} = g'(x)$ より，

$\displaystyle\int f(g(x))g'(x)dx = \int f(t)dt = F(t) + C = F(g(x)) + C$

と載っているタイプです。$g(x)$ が $\sin x,\ \cos x,\ \tan x,\ \log x$ の場合は，$g'(x)$
がそれぞれ $\cos x,\ -\sin x,\ \dfrac{1}{\cos^2 x},\ \dfrac{1}{x}$ となることから，上のようなパターン化が可能です。

一方，$f(x)$ がよく知っている関数になっているパターンとしては，

⑤ $\displaystyle\int \{g(x)\}^{a}g'(x)dx = \frac{1}{a+1}\{g(x)\}^{a+1} + C \quad (a \neq -1)$

⑥ $\displaystyle\int \frac{g'(x)}{g(x)}\,dx = \log|g(x)| + C$

⑦ $\displaystyle\int g'(x)e^{g(x)}dx = e^{g(x)} + C$

> または
> $t = g(x)$
> と置換

右辺を微分して左辺の被積分関数になるかどうか確認してみてください。

先ほどのタイプもそうですが，積分が不安なときは，微分でチェックしましょう。(3)はこの⑦のタイプで，

(3) $\displaystyle\int \underset{(x^2)'=2x\ \text{合図}}{x}e^{x^2}dx = \int \frac{1}{2}(x^2)'e^{x^2}dx = \frac{1}{2}e^{x^2} + C$

> $t = x^2$ とおくと，
> $$\frac{dt}{dx} = 2x \quad \therefore \quad x\,dx = \frac{1}{2}dt$$
> よって，
> $$\int xe^{x^2}dx = \int e^t \cdot \frac{1}{2}dt$$
> $$= \frac{1}{2}e^t + C = \frac{1}{2}e^{x^2} + C$$

です。

⑥は有名でしょう。

(3)′ $\displaystyle\int \frac{2x+1}{x^2+x}\,dx = \int \frac{(x^2+x)'}{x^2+x}\,dx$
$= \log|x^2 + x| + C$

> $t = x^2 + x$ とおくと，
> $$\frac{dt}{dx} = 2x+1 \quad \therefore \quad (2x+1)dx = dt$$
> よって，
> $$\int \frac{2x+1}{x^2+x}\,dx = \int \frac{dt}{t} = \log|t| + C$$
> $$= \log|x^2 + x| + C$$

のように使えますよね。分数関数の積分では，必ずチェックしないといけない形です。

3 部分積分

　積の形の積分といえば，パッと思いつくのは部分積分ではないでしょうか。しかし，1 や 2 の形は部分積分では処理できないことが多いので，見抜けるようにしておきましょう。で，1 でも 2 でもなければ部分積分です。

　部分積分の公式は，積の微分法の公式

$$(f(x)g(x))' = f'(x)g(x) + f(x)g'(x)$$

の両辺を積分して，

$$f(x)g(x) = \int f'(x)g(x)dx + \int f(x)g'(x)dx$$

＿＿部を移項して，左右を逆にして，

$$\int f'(x)g(x)dx = f(x)g(x) - \int f(x)g'(x)dx$$

と作ります。

　そもそも部分積分は，「積分」にはなってなくて，＿＿部の積分を＿＿部の積分に入れかえるだけの式です。だから，＿＿部の積分よりも＿＿部の積分の方がカンタンになっていないと意味がありません。そこで，

　　x^n や $\log x$ のような微分するとカンタンになるものを $g(x)$ にする

という原則があります。

　それから，やはり微分と積分がごちゃごちゃする式なので，どうしても計算ミスが起こりやすいです。何を $f'(x)$, $g(x)$ に選んだのか，$f(x)$, $g'(x)$ は間違いないか，神経を張りつめて計算を進めないといけません。そこで，

のようなメモをしておくなど，頭の負担を減らす工夫をしておくとよいです。(4)ならば，

といった感じです。

テーマ 36 面 積 ①

例 題 36 ★☆☆ ⏱ 25分

　　関数 $y = f(x)$ のグラフは，座標平面で原点に関して点対称である。

さらにこのグラフの $x \leqq 0$ の部分は，軸が y 軸に平行で，点 $\left(-\dfrac{1}{2},\ \dfrac{1}{4} \right)$

を頂点とし，原点を通る放物線と一致している。このとき $x = -1$ に

おけるこの関数のグラフの接線とこの関数のグラフによって囲まれる

図形の面積を求めよ。　　　　　　　　　　　　　　（京大・理文共通・06前）

👤**理解**　　京大は理文共通の問題が 1 ～ 2 題あるためか，面積も数学 Ⅱ
　　　　　の範囲のものがちょくちょくあります。理系の人は数学 Ⅲ の積
分がヘビーなので，数学 Ⅱ の積分をおろそかにしがちですが，大丈夫です
か？　センター試験の数学 Ⅱ でも面積は必ず出題されていたので，ここで
確認しておきましょう。

　まずは関数を確定しないと計算ができません。

　　「軸が y 軸に平行で，点 $\left(-\dfrac{1}{2},\ \dfrac{1}{4} \right)$ を頂点」

とする放物線は，

$$y = a\left(x + \frac{1}{2} \right)^2 + \frac{1}{4} \quad (a \neq 0)$$

とおけます。さらに，

　　　　　　「原点を通る」

ので，$(x,\ y) = (0,\ 0)$ を代入して，

$$0 = \frac{1}{4} a + \frac{1}{4} \quad \therefore \quad a = -1$$

よって，

$$y = -\left(x + \frac{1}{2} \right)^2 + \frac{1}{4}$$

$y = f(x)$ のグラフの $x \leqq 0$ の部分はこれに一致し，$x \geqq 0$ の部分は，

　　　　　　　　「原点に関して対称」

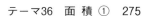

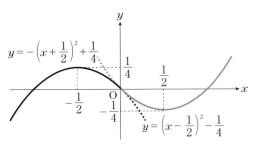

$$y = -\left(x + \frac{1}{2}\right)^2 + \frac{1}{4}$$

$$y = \left(x - \frac{1}{2}\right)^2 - \frac{1}{4}$$

だから，頂点が $\left(\dfrac{1}{2},\, -\dfrac{1}{4}\right)$，$x^2$ の係数が 1 となり，

$$y = \left(x - \frac{1}{2}\right)^2 - \frac{1}{4}$$

これで $f(x)$ が確定しました。

$$f(x) = \begin{cases} -\left(x + \dfrac{1}{2}\right)^2 + \dfrac{1}{4} = -x^2 - x & (x \leqq 0) \\[3mm] \left(x - \dfrac{1}{2}\right)^2 - \dfrac{1}{4} = \quad x^2 - x & (x \geqq 0) \end{cases}$$

> $x = 0$ のところは 2 つ
> のグラフのつなぎ目で，
> 微分できるか未確認な
> のではずしました。

　次に，曲線 $y = f(x)$ の $x = -1$ における接線ですが，$x < 0$ において
$f'(x) = -2x - 1$ だから，$f'(-1) = -2(-1) - 1 = 1$ と，
$f(-1) = -(-1)^2 - (-1) = 0$ より，

$$y = x + 1$$

　これは，曲線 $y = f(x)$ の $x \leqq 0$
の部分とは接していますが，$x \geqq 0$
の部分とはどうなっているんでし
ょう。y を消去して，

$$x^2 - x = x + 1$$
$$x^2 - 2x - 1 = 0$$

$x \geqq 0$ より $x = 1 + \sqrt{2}$ だから，
$x = 1 + \sqrt{2}$ で交わります。

　以上から，右の図のような位置
関係になり，斜線部分の面積を求
めることになります。

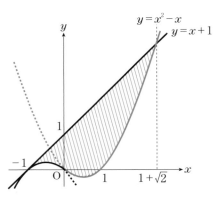

計画 さて，数学Ⅱの積分で面積を求める問題では，おもな素材は放物線なので，次の図形と積分の公式のセットは重要です。

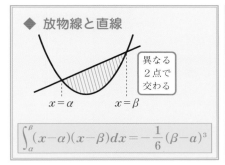

◆ 放物線と直線

異なる2点で交わる

$x=\alpha$　$x=\beta$

$$\int_{\alpha}^{\beta}(x-\alpha)(x-\beta)dx=-\frac{1}{6}(\beta-\alpha)^3$$

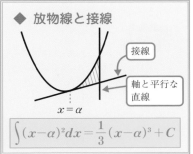

◆ 放物線と接線

接線

軸と平行な直線

$x=\alpha$

$$\int(x-\alpha)^2dx=\frac{1}{3}(x-\alpha)^3+C$$

この2つの図形は，▢の公式を利用して積分計算をラクにすることができるので，うまく使いたいところです。

本問ならば，たとえば下の図のように，

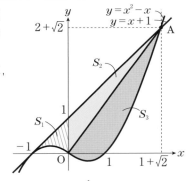

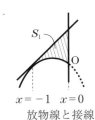

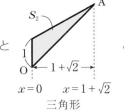

と

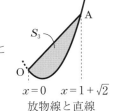

と

放物線と接線　　　　三角形　　　　放物線と直線

に分けて計算すると，先ほどの積分の公式が利用できます。ただ，

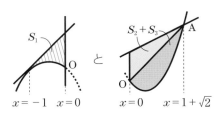

のように分けて，右側の部分はふつうに積分しても，積分区間の片方が $x=0$ だから，大した計算ではありません。$x=1+\sqrt{2}$ を代入する段階でちょっと工夫した方がベターです。これは 📢検討 でやることにしましょう。

🏃実行

$y=f(x)$ のグラフの $x\leqq0$ の部分は，軸が y 軸に平行で点 $\left(-\dfrac{1}{2},\ \dfrac{1}{4}\right)$ を頂点とするから，

$$y=a\left(x+\frac{1}{2}\right)^2+\frac{1}{4}\quad(a\neq0)$$

とおけて，これが原点を通ることから，

$$0=\frac{1}{4}a+\frac{1}{4}\qquad\therefore\quad a=-1$$

よって，$y=f(x)$ のグラフの $x\leqq0$ の部分は，

$$y=-\left(x+\frac{1}{2}\right)^2+\frac{1}{4}\qquad\therefore\quad y=-x^2-x$$

$x\geqq0$ の部分は，原点に関して点対称であることから，

$$y=\left(x-\frac{1}{2}\right)^2-\frac{1}{4}\qquad\therefore\quad y=x^2-x$$

以上より，

$$f(x)=\begin{cases}-x^2-x & (x\leqq0)\\ x^2-x & (x\geqq0)\end{cases}$$

次に，$f(-1)=0$ であり，$x<0$ において $f'(x)=-2x-1$ より $f'(-1)=1$ であるから，曲線 $y=f(x)$ の $x=-1$ における接線の方程式は，

$$y=x+1$$

この接線と曲線 $y=f(x)$ の $x\geqq0$ の部分の交点の x 座標は，

$$x+1=x^2-x$$
$$x^2-2x-1=0$$

$x\geqq0$ より，

$$x=1+\sqrt{2}$$

であるから，題意の図形は上の図の斜線部分のようになる。

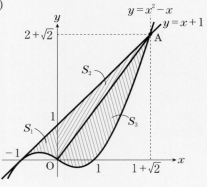

図のように点 A と，面積 S_1, S_2, S_3 をおくと，

$$S_1 = \int_{-1}^{0} \{(x+1)-(-x^2-x)\}dx$$

$$= \int_{-1}^{0} (x^2+2x+1)dx$$

$$= \int_{-1}^{0} (x+1)^2 dx$$

$$= \left[\frac{1}{3}(x+1)^3\right]_{-1}^{0} \qquad \int(x-\alpha)^2 dx = \frac{1}{3}(x-\alpha)^3 + C$$

$$= \frac{1}{3}$$

> $(x+1)-(-x^2-x)=0$
> つまり，$x+1=-x^2-x$ とする
> と，これは直線 $y=x+1$ と
> 曲線 $y=-x^2-x$ の接点の x 座
> 標 $x=-1$ を求める式なので，
> $(x+1)^2$ の形に変形できるのです。

$$S_2 = \frac{1}{2} \cdot 1 \cdot (1+\sqrt{2}) = \frac{1}{2}(1+\sqrt{2})$$

であり，

$$直線 OA : y = \frac{2+\sqrt{2}}{1+\sqrt{2}} x = \sqrt{2}x$$

> $2+\sqrt{2}=\sqrt{2}(\sqrt{2}+1)$ なので約分
> しましたが，気づかなければ
> 分母の有理化でも OK です。

であるから，

$$S_3 = \int_{0}^{1+\sqrt{2}} \{\sqrt{2}x-(x^2-x)\}dx$$

$$= \int_{0}^{1+\sqrt{2}} \{-x^2+(1+\sqrt{2})x\}dx$$

$$= -\int_{0}^{1+\sqrt{2}} x\{x-(1+\sqrt{2})\}dx$$

$$= -\left(-\frac{1}{6}\right)\{(1+\sqrt{2})-0\}^3$$

$$= \frac{1}{6}(1+3\sqrt{2}+3\cdot 2+2\sqrt{2})$$

$$= \frac{1}{6}(7+5\sqrt{2})$$

> $\sqrt{2}x-(x^2-x)=0$
> つまり，$\sqrt{2}x=x^2-x$ とすると，
> これは直線 $y=\sqrt{2}x$ と曲線
> $y=x^2-x$ の交点の x 座標
> $x=0, 1+\sqrt{2}$ を求める式なので，
> $x\{x-(1+\sqrt{2})\}$ の形に変形でき
> るのです。

> 積分区間の一方が $x=0$ なので，
> そのまま積分してもそれほど大変で
> はありませんが，練習のため
> $$\int_{\alpha}^{\beta}(x-\alpha)(x-\beta)dx = -\frac{1}{6}(\beta-\alpha)^3$$
> を使いますね。

以上より，求める面積は，

$$S_1+S_2+S_3 = \frac{1}{3}+\frac{1}{2}(1+\sqrt{2})+\frac{1}{6}(7+5\sqrt{2}) = 2+\frac{4}{3}\sqrt{2}$$

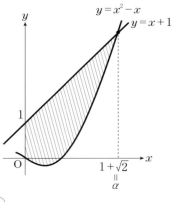

検討 **計画** でもいいましたが，S_2 と S_3 はまとめて，$S_2 + S_3$ として求めてもよいです。$\alpha = 1 + \sqrt{2}$ とすると，

$$S_2 + S_3 = \int_0^{\alpha} \{(x+1) - (x^2 - x)\}\, dx$$

$$= \int_0^{\alpha} (-x^2 + 2x + 1)\, dx$$

$$= \left[-\frac{1}{3}x^3 + x^2 + x \right]_0^{\alpha}$$

$$= -\frac{1}{3}\alpha^3 + \alpha^2 + \alpha \quad \cdots\cdots①$$

積分区間の片方が $x = 0$ なので，ここまでの計算はラクです。ここへ $\alpha = 1 + \sqrt{2}$ を直接代入してもよいのですが，ちょっと工夫します。α は，$x + 1 = x^2 - x$ つまり $x^2 - 2x - 1 = 0$ の解なので，

$$\alpha^2 - 2\alpha - 1 = 0 \quad \cdots\cdots②$$

をみたしています。そこで，①の α を x にした式を②の左辺の α を x にした式で割ると，右の割り算により商は $-\dfrac{1}{3}x + \dfrac{1}{3}$，余りは $\dfrac{4}{3}x + \dfrac{1}{3}$ であるから，

$$-\frac{1}{3}x^3 + x^2 + x = (x^2 - 2x - 1)\left(-\frac{1}{3}x + \frac{1}{3}\right) + \frac{4}{3}x + \frac{1}{3}$$

よって，

$$S_2 + S_3 = -\frac{1}{3}\alpha^3 + \alpha^2 + \alpha$$

$$= (\alpha^2 - 2\alpha - 1)\left(-\frac{1}{3}\alpha + \frac{1}{3}\right) + \frac{4}{3}\alpha + \frac{1}{3}$$

$$= \frac{4}{3}\alpha + \frac{1}{3} \quad (\because \ ②より)$$

$$= \frac{4}{3}(1 + \sqrt{2}) + \frac{1}{3} = \frac{5}{3} + \frac{4}{3}\sqrt{2}$$

となり,

$$S_1 + S_2 + S_3 = \frac{1}{3} + \left(\frac{5}{3} + \frac{4}{3}\sqrt{2}\right) = 2 + \frac{4}{3}\sqrt{2}$$

今回の α は比較的計算しやすい形なので,直接代入しても計算を合わせられると思いますが,

という手法も大切です。面積・体積などの求値問題は,答えが合ってナンボです。

解答 ⇨ P.524 ★☆☆ ● 25分

類題 36

xy 平面上で,$y = x$ のグラフと $y = \left| \dfrac{3}{4}x^2 - 3 \right| - 2$ のグラフによって囲まれる図形の面積を求めよ。 （京大・理系・11）

37 面 積 ②

例 題 37　　　　　　　　　　　　　★★☆ ⏱ 25分

> $a>0$ とし，$x>0$ で定義された関数
> $$f(x)=\left(\frac{e}{x^{\alpha}}-1\right)\frac{\log x}{x}$$
> を考える。$y=f(x)$ のグラフより下側で x 軸より上側の部分の面積
> を a であらわせ。ただし，e は自然対数の底である。
>
> （京大・理系・04前）

 理解　「え～っと，積の微分法で，

$$f'(x)=\left(\frac{e}{x^{\alpha}}-1\right)'\frac{\log x}{x}+\left(\frac{e}{x^{\alpha}}-1\right)\left(\frac{\log x}{x}\right)'$$

$$=-\frac{e\alpha}{x^{\alpha+1}}\cdot\frac{\log x}{x}+\left(\frac{e}{x^{\alpha}}-1\right)\frac{1-\log x}{x^{2}}$$

になるから……，どうしよう!?」と考えた人はアウトです。

　面積や体積を求める問題で，その図形の形状を調べようとする人がいま
す。気持ちはわかります。しかし，三角形や台形，円錐などの有名な形が
出てくれば確かに計算できますが，それ以外はどうにもなりません。とく
に数学Ⅲの積分を利用して面積や体積を求める問題では，その図形の正確
な形は不要です。

　面積であればグラフの上下関係，体積であれば断面積がわかればOK
　たとえば，下の2つの図の斜線部分の面積 S は，

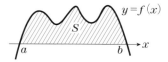
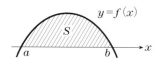

いずれにしても

$$S=\int_{a}^{b}f(x)dx$$

であって，$f(x)$ の増減や，ましてやグラフの凹凸なんて情報は必要あり

ません。x 軸より上か下かだけがわかれば十分
です。

本問の $f(x)$ では $x > 0$ の範囲で考えればよく，

$$\frac{e}{x^{\alpha}} - 1 = \frac{e - x^{\alpha}}{x^{\alpha}} \text{ は } \begin{cases} 0 < x < e^{\frac{1}{\alpha}} \text{ のとき} \oplus \\ x > e^{\frac{1}{\alpha}} \text{ のとき} \ominus \end{cases}$$

$$\log x \qquad \text{ は } \begin{cases} 0 < x < 1 \text{ のとき} \ominus \\ x > 1 \text{ のとき} \oplus \end{cases}$$

$\frac{1}{\alpha} > 0$ より，$e^{\frac{1}{\alpha}} > e^0 = 1$ であるから，

x	(0)	$\cdots$	1	$\cdots$	$e^{\frac{1}{\alpha}}$	$\cdots$
$\frac{e}{x^{\alpha}} - 1$		$+$		$+$	0	$-$
$\log x$		$-$	0	$+$		$+$
$f(x)$		$-$	0	$+$	0	$-$

となります。よって，題意の部分は右の
図の斜線部分のようになります。

 計画 ということで，求める面積を S とすると，

$$S = \int_1^{e^{\frac{1}{\alpha}}} f(x)dx = \int_1^{e^{\frac{1}{\alpha}}} \left(\frac{e}{x^{\alpha}} - 1\right)\frac{\log x}{x} dx$$

という定積分を計算することになります。

$\displaystyle\int \frac{\log x}{x} dx$ は $\displaystyle\int f(\log x)\frac{1}{x} dx$ の形で，$f(t)$ は t の 1 乗つまり $f(t) = t$

です。この原始関数のひとつを $F(t)$ とすると，$F(t) = \frac{1}{2}t^2 + C$ だから，

$$\int \frac{\log x}{x} dx = \frac{1}{2}(\log x)^2 + C$$

と，すぐに積分できます。よって，被積
分関数を展開して，

$$S = \int_1^{e^{\frac{1}{\alpha}}} \left(\frac{e}{x^{\alpha}} \cdot \frac{\log x}{x} - \frac{\log x}{x}\right)dx$$

$$= \int_1^{e^{\frac{1}{\alpha}}} \left(ex^{-\alpha-1}\log x - \frac{\log x}{x}\right)dx$$

> $t = \log x$ とおくと，
> $\frac{dt}{dx} = \frac{1}{x} \quad \therefore \quad \frac{1}{x} dx = dt$
> よって，
> $\displaystyle\int \frac{\log x}{x} dx = \int t dt$
> $\qquad = \frac{1}{2}t^2 + C$
> $\qquad = \frac{1}{2}(\log x)^2 + C$
> でもよいです。

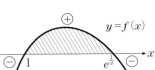

としましょうか。次は〜〜〜部ですが，これは $\displaystyle\int f(\log x)\dfrac{1}{x}dx$ の形ではなく，$x^{-\alpha-1}$ と $\log x$ という異なる種類の関数の積だから，部分積分をやってみましょう。もちろん $\log x$ が微分される方で，

$$\underset{\underset{\text{微分}}{\underset{\downarrow}{\frac{1}{x}}}}{\underset{\text{(微分)}}{\log x}}$$

$$\underset{\underset{\text{積分}}{\underset{\downarrow}{-\frac{1}{\alpha}x^{-\alpha}}}}{\int \underset{}{x^{-\alpha-1}}\log x\,dx} = -\frac{1}{\alpha}x^{-\alpha}\log x - \int\left(-\frac{1}{\alpha}x^{-\alpha}\right)\frac{1}{x}dx$$

$$= -\frac{1}{\alpha}x^{-\alpha}\log x + \frac{1}{\alpha}\int x^{-\alpha-1}dx$$

$$= -\frac{1}{\alpha}x^{-\alpha}\log x + \frac{1}{\alpha}\left(-\frac{1}{\alpha}\right)x^{-\alpha} + C$$

$x^{-\alpha-1} = \dfrac{1}{x}$ つまり $\alpha = 0$ となると，$x^{-\alpha-1}$ の積分は $-\dfrac{1}{\alpha}x^{-\alpha}$ ではなく，$\log x$ になってしまうのですが，与えられた条件に「$\alpha > 0$」があるので大丈夫です。これでイケそうです。

🏃実行

$$f(x) = \left(\frac{e}{x^{\alpha}} - 1\right)\frac{\log x}{x} = \frac{e - x^{\alpha}}{x^{\alpha}}\cdot\frac{\log x}{x}$$

$\alpha > 0$ より，$e^{\frac{1}{\alpha}} > 1$ であるから，$x > 0$ の範囲における $f(x)$ の符号は次の表のようになる。

x	(0)	$\cdots$	1	$\cdots$	$e^{\frac{1}{\alpha}}$	$\cdots$
$e - x^{\alpha}$		$+$		$+$	0	$-$
$\log x$		$-$	0	$+$		$+$
$f(x)$		$-$	0	$+$	0	$-$

よって，求める面積を S とおくと，

$$S = \int_{1}^{e^{\frac{1}{\alpha}}} f(x)dx = \int_{1}^{e^{\frac{1}{\alpha}}}\left(\frac{e}{x^{\alpha}} - 1\right)\frac{\log x}{x}dx = \int_{1}^{e^{\frac{1}{\alpha}}}\left(e\,x^{-\alpha-1}\log x - \frac{\log x}{x}\right)dx$$

ここで，

$$\int x^{-\alpha-1}\log x\,dx = -\frac{1}{\alpha}x^{-\alpha}\log x + \frac{1}{\alpha}\int x^{-\alpha-1}dx$$

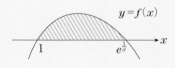
定数 e をはずして積分しています。

$$= -\frac{1}{\alpha}x^{-\alpha}\log x - \frac{1}{\alpha^{2}}x^{-\alpha} + C \quad (C \text{ は積分定数})$$

であるから，

$$\int_1^{e^{\frac{1}{\alpha}}} x^{-\alpha-1} \log x \, dx = \left[-\frac{1}{\alpha} x^{-\alpha} \log x - \frac{1}{\alpha^2} x^{-\alpha} \right]_1^{e^{\frac{1}{\alpha}}}$$

$$= \left(-\frac{1}{\alpha} e^{-1} \frac{1}{\alpha} - \frac{1}{\alpha^2} e^{-1} \right) - \left(0 - \frac{1}{\alpha^2} \right)$$

$$= \frac{1}{\alpha^2} \left(1 - \frac{2}{e} \right)$$

> 部分積分の定積分では，積分したり，値を代入したりと作業がバラバラになるので，ちょっと複雑な計算のときは，いったん不定積分を求めてから値を代入すると計算ミスが少ないです。

また，

$$\int_1^{e^{\frac{1}{\alpha}}} \frac{\log x}{x} \, dx = \left[\frac{1}{2} (\log x)^2 \right]_1^{e^{\frac{1}{\alpha}}} = \frac{1}{2} \left(\frac{1}{\alpha} \right)^2 = \frac{1}{2\alpha^2}$$

であるから，　e を戻すのを忘れない。

$$S = e \cdot \frac{1}{\alpha^2} \left(1 - \frac{2}{e} \right) - \frac{1}{2\alpha^2} = \frac{2e - 5}{2\alpha^2}$$

検討 のところで $\displaystyle\int \frac{\log x}{x} \, dx$ のところは $t = \log x$ とおいても

よいといいましたが，じつはこの置き換えで $\displaystyle\int \frac{e}{x^\alpha} \cdot \frac{\log x}{x} \, dx$ の

部分も置換して，まとめて部分積分できます。

$t = \log x$ とおくと $x = e^t$ であり，

$$\frac{dt}{dx} = \frac{1}{x} \qquad\qquad \begin{array}{c|c} x & 1 \to e^{\frac{1}{\alpha}} \\ \hline t & 0 \to \dfrac{1}{\alpha} \end{array}$$

$$\therefore \quad \frac{1}{x} \, dx = dt$$

だから，

$$S = \int_1^{e^{\frac{1}{\alpha}}} \left(\frac{e}{x^\alpha} - 1 \right) \frac{\log x}{x} \, dx = \int_0^{\frac{1}{\alpha}} \left(\frac{e}{e^{\alpha t}} - 1 \right) t \, dt = \int_0^{\frac{1}{\alpha}} \left(e^{-\alpha t + 1} - 1 \right) t \, dt$$

不定積分を先にすませると，

$$\int (e^{-\alpha t + 1} - 1) t \, dt = -\left(\frac{1}{\alpha} e^{-\alpha t + 1} + t \right) t + \int \left(\frac{1}{\alpha} e^{-\alpha t + 1} + t \right) dt$$

$\underbrace{-\frac{1}{\alpha} e^{-\alpha t + 1} - t}_{\text{積分}} \qquad \underset{1}{\overset{\text{微分}}{\downarrow}}$

$$= -\left(\frac{1}{\alpha} e^{-\alpha t + 1} + t \right) t - \frac{1}{\alpha^2} e^{-\alpha t + 1} + \frac{1}{2} t^2 + C$$

$$= -\frac{\alpha t + 1}{\alpha^2} e^{-\alpha t + 1} - \frac{1}{2} t^2 + C$$

であり，

$$S = \left[-\frac{at+1}{\alpha^2} e^{-\alpha t + 1} - \frac{1}{2} t^2 \right]_0^{\frac{1}{\alpha}} = \left(-\frac{1+1}{\alpha^2} e^0 - \frac{1}{2} \cdot \frac{1}{\alpha^2} \right) - \left(-\frac{1}{\alpha^2} e \right)$$

$$= \frac{2e-5}{2\alpha^2}$$

となります。

$$\int f(\log x) \frac{1}{x} dx \text{ の形で,}$$

$f(t)$ がカンタンなら暗算, 難しければ $t = \log x$ と置換

ですね。

類 題 **37**　　　　　　　　　　　　解答　⇨　P.528　|　★★☆　|　🕐 **25分**

　　a を正の実数とする。座標平面において曲線 $y = \sin x$ $(0 \leqq x \leqq \pi)$ と

x 軸とで囲まれた図形の面積を S とし, 曲線 $y = \sin x$ $\left(0 \leqq x \leqq \frac{\pi}{2} \right)$,

曲線 $y = a \cos x$ $\left(0 \leqq x \leqq \frac{\pi}{2} \right)$ および x 軸で囲まれた図形の面積を T

とする。このとき $S : T = 3 : 1$ となるような a の値を求めよ。

（京大・理系・10）

体 積 ①

例 題 38 　　　　　　　　　　　　　　　　★★★　⏱ 35分

　　座標空間において，平面 $z=1$ 上に 1 辺の長さが 1 の正三角形 ABC
がある。点 A，B，C から平面 $z=0$ に下ろした垂線の足をそれぞれ
D，E，F とする。動点 P は A から B の方向へ出発し，一定の速さ
で△ABC の周を 1 周する。動点 Q は同時に E から F の方向へ出発
し，P と同じ一定の速さで△DEF の周を 1 周する。線分 PQ が通過
してできる曲面と△ABC，△DEF によって囲まれる立体を V とす
る。
(1)　平面 $z=a$ （$0\leqq a\leqq 1$）による V の切り口はどのような図形か。
(2)　V の体積を求めよ。　　　　　　　　　　　（京大・理文共通・86）

👤**理解**　　非回転体の体積です。古い問題でごめんなさい。最近の京大
　　　　　　は回転体が多くて……。しかも，なかなかハードな問題です。
がんばりましょう。

　体積の問題では，「形がわか
らなくて難しいです」という人
がいますが，それはおかしいで
す。体積は**図 1** のような場合，

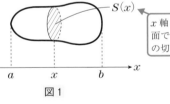

$S(x)$

x 軸と垂直な平
面で切ったとき
の切り口の面積。

a　　x　　　b　　x

図 1

$$V = \int_a^b S(x)dx$$

で求められるわけだから，

　　　　　　　　立体の形がよくわからなくても，

　　　　　　　切り口の面積がわかれば体積は求められる

　そのための誘導が(1)ですよね。

　逆に形がわかったとして，僕たちが体積を求められるものといえば，円
柱，三角柱などの●●柱とか，円錐，三角錐などの●●錐とか，球くらい
で，そんなのは積分なしで求められますから。

　では，立体だから，立体（っぽい）図を 1 枚かいたら，あとは真上，真
横などから見た平面図をかきましょう。A，B，C は平面 $z=1$，D，E，F

は平面 $z=0$ 上にあるので，z 座標は決まっていますが，x, y 座標は決まっていません。切り口の形を調べたり，体積を求めたりしたいだけなので，計算がやりやすそうなところにすればよいのです。D を原点として，辺 DA が z 軸，辺 DE が x 軸と一致するようにおいてみましょうか。

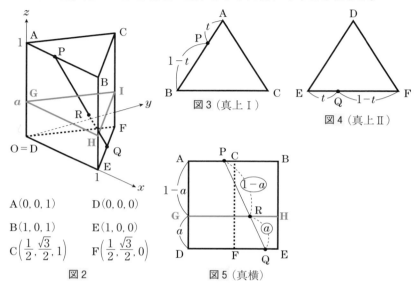

図3（真上Ⅰ）

図4（真上Ⅱ）

A$(0, 0, 1)$ D$(0, 0, 0)$

B$(1, 0, 1)$ E$(1, 0, 0)$

C$\left(\dfrac{1}{2}, \dfrac{\sqrt{3}}{2}, 1\right)$ F$\left(\dfrac{1}{2}, \dfrac{\sqrt{3}}{2}, 0\right)$

図2

図5（真横）

P が辺 AB 上, Q が辺 EF 上にある場合をかきましたが，△ABC, △DEF とも正三角形なので，図形に対称性があり，

　　　P が辺 BC 上，Q が辺 FD 上にある場合

　　　P が辺 CA 上，Q が辺 DE 上にある場合

は，120° ずつ回転すればよいはずです。

また，AP $=$ EQ $=t$　$(0 \leqq t \leqq 1)$ としてみました。AB $=$ EF $=1$ だから，PB $=$ QF $=1-t$ になります。このとき，線分 PQ と平面 $z=a$ の交点を R とし，図2 のように点 G，H，I をおくと，図5 からわかるように，

　　　PR : RQ $=$ AG : GD $=1-a : a$

サイクロイドなんかもそうですが，運動（？）する点を調べる場合は，ベクトルが使いやすいです。

動点 ➡ ベクトルで把握する

もともと物理屋さんが運動を表現するために作ったのがベクトルだから，

そりゃあそうですよね。ベクトルで表すと，

$\qquad$ AP $= t$，AB $= 1$ より，$\overrightarrow{\text{AP}} = t\overrightarrow{\text{AB}}$　……ⓐ

$\qquad$ EQ $= t$，EF $= 1$ より，$\overrightarrow{\text{EQ}} = t\overrightarrow{\text{EF}}$　……ⓑ

$\qquad$ PR : RQ $= 1 - a : a$ より，$\overrightarrow{\text{OR}} = a\overrightarrow{\text{OP}} + (1 - a)\overrightarrow{\text{OQ}}$　……ⓒ

となります。ベクトルでは，

1 次独立なベクトルですべてを表す

ことが重要でしたね。空間なので 3 本ですが，どうしましょう。

$\quad$ $\overrightarrow{\text{AB}}$，$\overrightarrow{\text{EF}}$ が入っていると，ⓐ，ⓑがそのまま使えてよさそうですね。

$\quad$ $\triangle$ABC と $\triangle$DEF と $\triangle$GHI は，真上から見ると一致するので，

$\qquad$ $\overrightarrow{\text{AB}} = \overrightarrow{\text{DE}} = \overrightarrow{\text{GH}}$，$\overrightarrow{\text{BC}} = \overrightarrow{\text{EF}} = \overrightarrow{\text{HI}}$

だから，

$\qquad$ $\overrightarrow{\text{AB}} = \overrightarrow{\text{DE}} = \overrightarrow{\text{GH}} = \overrightarrow{\text{OX}}$

$\qquad$ $\overrightarrow{\text{BC}} = \overrightarrow{\text{EF}} = \overrightarrow{\text{HI}} = \overrightarrow{\text{OY}}$

とおいて，これで xy 平面と平行な面は準
備 OK だから，あとは z 軸方向のベクト
ルとして $\overrightarrow{\text{OA}}$ を加えて，

$\qquad$ $\overrightarrow{\text{OX}}$，$\overrightarrow{\text{OY}}$，$\overrightarrow{\text{OA}}$

ですべて表してみましょうか。

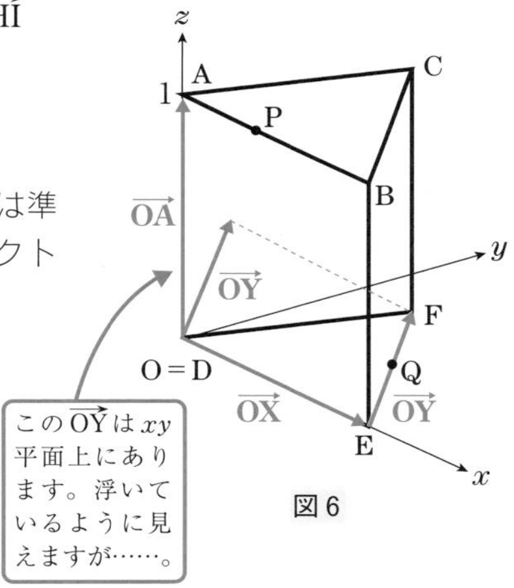

$\quad$ ⓐから，$\overrightarrow{\text{AP}} = t\overrightarrow{\text{AB}} = t\overrightarrow{\text{OX}}$ だから，

$\qquad$ $\overrightarrow{\text{OP}} = \overrightarrow{\text{OA}} + \overrightarrow{\text{AP}} = \overrightarrow{\text{OA}} + t\overrightarrow{\text{OX}}$

$\quad$ ⓑから，$\overrightarrow{\text{EQ}} = t\overrightarrow{\text{EF}} = t\overrightarrow{\text{OY}}$ だから，

$\qquad$ $\overrightarrow{\text{OQ}} = \overrightarrow{\text{OE}} + \overrightarrow{\text{EQ}} = \overrightarrow{\text{OX}} + t\overrightarrow{\text{OY}}$

$\quad$ よって，ⓒから，

$\qquad$ $\overrightarrow{\text{OR}} = a\overrightarrow{\text{OP}} + (1 - a)\overrightarrow{\text{OQ}}$

$\qquad\qquad$ $= a(\overrightarrow{\text{OA}} + t\overrightarrow{\text{OX}}) + (1 - a)(\overrightarrow{\text{OX}} + t\overrightarrow{\text{OY}})$

$\quad$ いつもなら，この式を $\overrightarrow{\text{OA}}$，$\overrightarrow{\text{OX}}$，$\overrightarrow{\text{OY}}$ で整理するところですが，今回は，

t **が変化したときの，R の動きを調べたいので，t で整理**

しましょう。

$\qquad$ $\overrightarrow{\text{OR}} = \{a\overrightarrow{\text{OA}} + (1 - a)\overrightarrow{\text{OX}}\} + t\{a\overrightarrow{\text{OX}} + (1 - a)\overrightarrow{\text{OY}}\}$　……ⓓ

$\qquad\qquad$ $\underbrace{\qquad\qquad\qquad}_{t\text{ がついていない}}$ $\qquad\underbrace{\qquad\qquad\qquad}_{t\text{ がついている}}$

$\quad$ R がどのように動くかわかりますか？　わかりにくい人は，

$a\overrightarrow{\text{OA}} + (1 - a)\overrightarrow{\text{OX}} = \vec{u}$，$a\overrightarrow{\text{OX}} + (1 - a)\overrightarrow{\text{OY}} = \vec{v}$

とでもおいてみましょう。すると，

$\qquad$ $\overrightarrow{\text{OR}} = \vec{u} + t\vec{v}$　$(0 \leqq t \leqq 1)$

だから，O から R へ行くベクトルは，まず O から $\vec{u}$ だけ進んで，次に $\vec{v}$

図6

このベクトル $\overrightarrow{\text{OY}}$ は xy 平面上にあります。浮いているように見えますが……。

の t 倍だけ進みます。$0 \leqq t \leqq 1$ なので，

　　　　R は線分上を動く

ことがわかりますね。

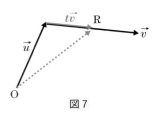

図7

　じゃあ，端を押さえればよく，ⓓで，$t=0$ のとき $R=R_1$ とすると，

$$\overrightarrow{OR_1}=a\overrightarrow{OA}+(1-a)\overrightarrow{OX} \quad \cdots\cdots ⓔ$$

$t=1$ のとき $R=R_2$ とすると，

$$\overrightarrow{OR_2}=\{a\overrightarrow{OA}+(1-a)\overrightarrow{OX}\}+\{a\overrightarrow{OX}+(1-a)\overrightarrow{OY}\}$$
$$=a\overrightarrow{OA}+\overrightarrow{OX}+(1-a)\overrightarrow{OY} \quad \cdots\cdots ⓕ$$

　図8 のように，$a\overrightarrow{OA}=\overrightarrow{OG}$ なので，ⓔより，

$$\overrightarrow{OR_1}=\overrightarrow{OG}+(1-a)\overrightarrow{OX}$$

$\overrightarrow{OG}$ を左辺に移項すると，

$$\overrightarrow{OR_1}-\overrightarrow{OG}=(1-a)\overrightarrow{OX}$$

　R_1 は平面 $z=a$，つまり平面 GHI 上にあるので，左辺の引き算を計算して，始点を G にしましょう。また，$\overrightarrow{OX}=\overrightarrow{GH}$ だったので，

$$\overrightarrow{GR_1}=(1-a)\overrightarrow{GH}$$

つまり，$t=0$ のとき，**図9** のようになっていて，R_1 は辺 GH を $1-a:a$ に内分する点にあります。GH $=1$ だから，

　　GR$_1=1-a$, R$_1$H$=a$

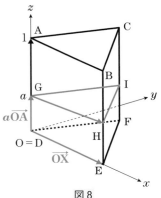

図8

　同様に，ⓕより，

$$\overrightarrow{OR_2}=\overrightarrow{OG}+\overrightarrow{OX}+(1-a)\overrightarrow{OY}$$
$$\overrightarrow{GR_2}=\overrightarrow{GH}+(1-a)\overrightarrow{HI}$$

$\overrightarrow{OG}$ を左辺へ移項して，
$\overrightarrow{OR_2}-\overrightarrow{OG}=\overrightarrow{GR_2}$
$\overrightarrow{OX}=\overrightarrow{GH}$
$\overrightarrow{OY}=\overrightarrow{HI}$
を用いた。

　$t=1$ のときは **図10** のようになっていて，R_2 は辺 HI を $1-a:a$ に内分する点で，

　　HR$_2=1-a$, R$_2$I$=a$

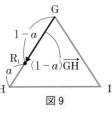

図9

　「ややこしいなあ」と思った人もいるかもしれません。ベクトルのまま考えたので，ベクトルがニガテな人にはイメージがつかみにくかったですよね。じつは「**R が線分上を動く**」ことがわかれば，$t=0$，$t=1$ のときは幾何でやった方がわかりやすいです。

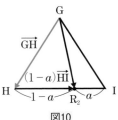

図10

$t=0$ のとき
P は A, Q は E にあるから,
面 ABED を考えて,

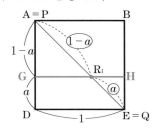

$\mathrm{GR_1 : R_1H = AR_1 : R_1E} = 1-a : a$

図11

$t=1$ のとき
P は B, Q は F にあるから,
面 BCFE を考えて,

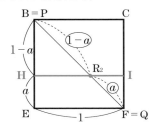

$\mathrm{HR_2 : R_2I = BR_2 : R_2F} = 1-a : a$

図12

第 5 章「図形」でやった

ですね。このようにベクトルで考えていても,わかりにくければ幾何を考えてみるなど,視点をいろいろ変えてみることが京大では重要です。

計画 ということで,P が辺 AB 上,Q が辺 EF 上を動くとき,R は平面 GHI 上の線分 $\mathrm{R_1R_2}$ 上を動くことがわかりました。

(1)で求める図形は,これを 120°,240° 回転させて,右の **図13** のような正三角形 $\mathrm{R_1R_2R_3}$ です。

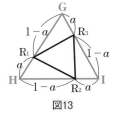

図13

座標は使わなかったですね。$\overrightarrow{\mathrm{OX}}$, $\overrightarrow{\mathrm{OY}}$, $\overrightarrow{\mathrm{OA}}$ でいきましょう。R が線分上を動くことを説明したら,$\mathrm{R_1}$, $\mathrm{R_2}$ の位置は幾何で説明しましょうか。で,「対称性から正三角形 $\mathrm{R_1R_2R_3}$」として一丁あがりです。

(2)の体積は,この正三角形 $\mathrm{R_1R_2R_3}$ の面積が a で表せるので,これを $S(a)$ として,$\displaystyle\int_0^1 S(a)\,da$ を求めれば OK です。

(1) D を原点 O としてよい。平面 $z = a$ と線分 PQ, 辺 AD, 辺 BE, 辺 CF の交点をそれぞれ R, G, H, I とし,

$$\overrightarrow{AB} = \overrightarrow{DE} = \overrightarrow{GH} = \overrightarrow{OX}$$
$$\overrightarrow{BC} = \overrightarrow{EF} = \overrightarrow{HI} = \overrightarrow{OY}$$

とおく。

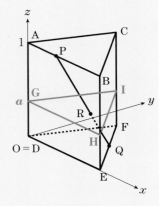

点 P が辺 AB 上, 点 Q が辺 EF 上を動くとき,

$$\overrightarrow{AP} = t\overrightarrow{OX}, \quad \overrightarrow{EQ} = t\overrightarrow{OY} \quad (0 \leq t \leq 1)$$

とおけるから,

$$\overrightarrow{OP} = \overrightarrow{OA} + \overrightarrow{AP} = \overrightarrow{OA} + t\overrightarrow{OX}$$
$$\overrightarrow{OQ} = \overrightarrow{OE} + \overrightarrow{EQ} = \overrightarrow{OX} + t\overrightarrow{OY}$$

AD $= 1$, DG $= a$ より,

$$\text{PR} : \text{RQ} = \text{AG} : \text{DG} = 1 - a : a$$

であるから,

$$\overrightarrow{OR} = a\overrightarrow{OP} + (1-a)\overrightarrow{OQ}$$
$$= a(\overrightarrow{OA} + t\overrightarrow{OX})$$
$$\qquad + (1-a)(\overrightarrow{OX} + t\overrightarrow{OY})$$
$$= \{a\overrightarrow{OA} + (1-a)\overrightarrow{OX}\}$$
$$\qquad + t\{a\overrightarrow{OX} + (1-a)\overrightarrow{OY}\}$$

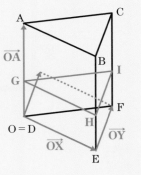

よって, t が $0 \leq t \leq 1$ の範囲を変化するとき, 点 R はある線分上を動く。

$t = 0$ のときの点 R を R_1 とおくと, P $=$ A, Q $=$ E であるから,

$$\text{GR}_1 : \text{R}_1\text{H} = \text{AR}_1 : \text{R}_1\text{E} = 1 - a : a$$

$t = 1$ のときの点 R を R_2 とおくと, P $=$ B, Q $=$ F であるから,

$$\text{HR}_2 : \text{R}_2\text{I} = \text{BR}_2 : \text{R}_2\text{F} = 1 - a : a$$

以上より, t が $0 \leq t \leq 1$ の範囲を変化するとき, 点 R は線分 R_1R_2 上を動く。

辺 IG を $1 - a : a$ に内分する点を R_3 とおくと, 対称性から, 点 P が BC, CA 上を動くとき, 点 R は線分 R_2R_3, R_3R_1 上を動く。△GHI は 1 辺の長さが 1 の正三角形であるから, 余弦定理により,

$$R_1R_2{}^2 = R_2R_3{}^2 = R_3R_1{}^2$$
$$= a^2 + (1-a)^2 - 2a(1-a)\cos 60° = 3a^2 - 3a + 1$$

したがって, 平面 $z = a$ による V の切り口は,

1 辺の長さが $\sqrt{3a^2 - 3a + 1}$ の正三角形

(2) (1)の切り口の面積を $S(a)$ とすると,

$$S(a) = \frac{1}{2} (\sqrt{3a^2 - 3a + 1})^2 \sin 60° = \frac{\sqrt{3}}{4} (3a^2 - 3a + 1)$$

であるから, V の体積は,

$$\int_0^1 S(a)da = \frac{\sqrt{3}}{4} \int_0^1 (3a^2 - 3a + 1)da = \frac{\sqrt{3}}{4} \left[a^3 - \frac{3}{2} a^2 + a \right]_0^1$$

$$= \frac{\sqrt{3}}{4} \left(1 - \frac{3}{2} + 1 \right) = \frac{\sqrt{3}}{8}$$

検討 「座標」は使わなかったのですが, 計画 のように A, B, C, D, E, F をおくと,

$$\overrightarrow{OA} = (0, 0, 1), \quad \overrightarrow{OX} = (1, 0, 0), \quad \overrightarrow{OY} = \left(\frac{1}{2}, \frac{\sqrt{3}}{2}, 0 \right)$$

ですから,

$$\overrightarrow{OR} = \{a\overrightarrow{OA} + (1-a)\overrightarrow{OX}\} + t\{a\overrightarrow{OX} + (1-a)\overrightarrow{OY}\}$$

に代入して $\overrightarrow{OR}$ の成分を調べてもイケます。

1986年は難問がそろった年で,「1完（完答したのが1問）で医学部に合格した人がいる」とか,「農学部のあるクラスは全員0完だった」とかいうウワサが流れていました。英語や理科ができたのかもしれないのでうのみにはできませんが, それくらい難しかった年の1問です。

しかし,「切り口の面積がわかれば体積は求められる」など, ひとつひとつのアプローチは基本的で重要なものばかりで, 難しいものはありません。京大らしい問題だと思います。よく復習しておいてください。

類題 38　　　　　　　　　　　解答 ⇨ P.532 ★★☆ ⏱ 25分

次の式で与えられる底面の半径が2, 高さが1の円柱 C を考える。

$$C = \{(x, y, z) \mid x^2 + y^2 \le 4, \ 0 \le z \le 1\}$$

xy 平面上の直線 $y = 1$ を含み, xy 平面と45°の角をなす平面のうち, 点 $(0, 2, 1)$ を通るものを H とする。円柱 C を平面 H で2つに分けるとき, 点 $(0, 2, 0)$ を含む方の体積を求めよ。

（京大・理系・08）

例 題 39 ★★★ ⏱ 35分

x, y, z を座標とする空間において，xz 平面内の曲線
$$z = \sqrt{\log(1+x)} \quad (0 \leq x \leq 1)$$
を z 軸のまわりに 1 回転させるとき，この曲線が通過した部分よりなる図形を S とする，この S をさらに x 軸のまわりに 1 回転させるとき，S が通過した部分よりなる立体を V とする。このとき，V の体積を求めよ。

(京大・理系・20)

👤**理解** 回転体 S を，さらに x 軸のまわりに 1 回転させた立体です。

「回転体の回転体」で，近年の京大の回転体の体積の問題としては，トップクラスの難問です。阪大では何回か出題があるんですけどね。これも **例題38** と同様，解けなくても合格できると思うのですが，

立体の形がよくわからなくても

切り口の面積がわかれば体積は求められる

という考え方が試されている問題ですので，がんばって勉強したいと思います。

類題38 の 👤**検討** でやりましたが，本問は

方程式（不等式）を立てて，切り口を考える

とわかりやすいです。「空間図形の方程式」って，教科書では球や，簡単な平面くらいしかやらないんですけど，**テーマ31** でお話ししたように，京大では一般の平面や直線の方程式も要求されますし，阪大をはじめあちこちの大学で，「回転体の方程式」を立てた方がよい問題が出題されているんです。本問でマスターしてしまいましょう。といっても，ビビる必要はなくて，「回転体の体積」を求める手順と，途中までは同じなんです。

$z = \sqrt{\log(1+x)}$ $(0 \leq x \leq 1)$ が単調に増加することは，微分しなくてもわかりますよね。$x = 0$ のとき $z = 0$ で，$x = 1$ のとき $z = \sqrt{\log 2}$ です。あと，**類題38** で出てきた，「重ねてから切るな，切ってから重ねろ」の親戚なのですが，回転体には

回してから切るな，切ってから回せ

という格言があります。1回転目でできる立体 S が **図2** のようになることはイメージできますので，あまりありがたみはありませんが，2回転目を見ていてください。

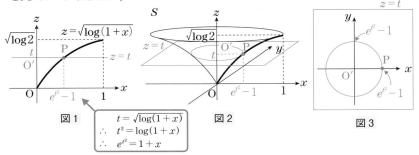

図1　　　$t=\sqrt{\log(1+x)}$
$\therefore\quad t^2=\log(1+x)$
$\therefore\quad e^{t^2}=1+x$

図2　　図3

　回転する前に，$z=\sqrt{\log(1+x)}$ を平面 $z=t$ $(0\leqq t\leqq\sqrt{\log 2})$ で切ると，「点」が出てきますよね。この点を P とすると，P の座標は

$$t=\sqrt{\log(1+x)}$$

2乗 ($t\geqq 0$ なので大丈夫)

$$\therefore\quad t^2=\log(1+x)$$

$$\therefore\quad e^{t^2}=1+x$$

$\log$ をはずす　　$\boxed{a^r=R\Longleftrightarrow r=\log_a R}$　でしたね

$$\therefore\quad x=e^{t^2}-1\quad\text{より}\quad\mathrm{P}(e^{t^2}-1,\ 0,\ t)$$

となります。同じく z 軸を平面 $z=t$ で切ったら点が出てきますよね。この点を O' とすると $\mathrm{O}'(0,\ 0,\ t)$ で，

　　　　平面 $z=t$ 上で，点 P は O' を中心に1回転して，円を描く

ことになります。「点」が回るので「円」ができるのはわかりますから，**図2** がなくても **図1** ⟶ **図3** と把握できますよね。これが

　　　　　　　回してから切るな，切ってから回せ

です。

　さて，回転体の体積ですと，ここから切り口の面積を求めるのですが，「回転体の方程式」では，切り口の図形の方程式を立てます。今回は **図3** のような，$\mathrm{O}'(0,\ 0,\ t)$ を中心とし，平面 $z=t$ 上にある，半径 $e^{t^2}-1$ の円ですから，

$$x^2+y^2=(e^{t^2}-1)^2,\quad z=t$$

となります。この2式から t を消去すると，x，y，z の関係式

$$x^2+y^2=(e^{z^2}-1)^2\quad\cdots\cdots\text{ⓐ}$$

が得られますね。これが図形 S の方程式になります。t で媒介変数表示されているときに，「t を消去して軌跡を求める」というのと同じことで，そう言われればあたり前に思えませんか？

ということで，

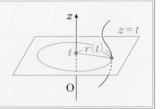

◆ **回転体の方程式（z 軸まわり）**
Step1 平面 $z = t$ で切った切り口の
円の半径 $r(t)$ を求める。
Step2 $x^2 + y^2 = \{r(t)\}^2,\ z = t$ から
t を消去する。

とまとめることができます。回転体に限らず，他の空間図形であっても，平面 $z = t$ による切り口の図形の方程式が求められるなら，t を消去すれば方程式が得られます。でも，今のところ，大学入試で出題されているのは回転体ですので，まずはコレをマスターしておいてください。

さて，図形 S の方程式ⓐが得られました。コレ，ありがたいんですよ～。だって，2 回転目の切り口の方程式がすぐわかるんですもの。2 回転目は図形 S を x 軸のまわりに 1 回転させるんで，x 軸に垂直な平面 $x = u$ $(0 \le u \le 1)$ で切りたいじゃないですか。そうしたら，ⓐで $\underset{\sim}{x = u}$ とすればいいだけなんです！

$$\underset{\sim}{u^2} + y^2 = (e^{z^2} - 1)^2 \quad \cdots\cdots ⓑ$$

です。どんな図形かはさっぱりわかりませんが（笑），とにかく y と z の関係式が得られました。これを回します。

「え，どんな形かわからへん!?」と思った人は落ち着いてください。

　　　　　　回してから切るな，切ってから回せ（何回言うねん（笑））

ですよ。x 軸を平面 $x = u$ で切った点を $\mathrm{O}''(u,\ 0,\ 0)$ とすると

　　O'' を中心に 1 回転する

んですから，出てくるのは

　　円（正確には同心円にはさまれた部分）

です。ですから必要なのは

　　半径＝（O'' との距離）

だけです。曲線ⓑ上の点 $(u,\ y,\ z)$ を Q としましょう。そうしますと，$\mathrm{O}''(u,\ 0,\ 0)$ と Q の距離（の 2 乗）は，

$$\mathrm{O}''\mathrm{Q}^2 = \underset{\sim}{y^2} + z^2 \quad \text{ⓑより } y^2 \text{ 消去}$$
$$= (e^{z^2} - 1)^2 + z^2 - u^2$$

です。ⓑで y^2 を消去できて，u は定数ですので，z の関数として表せました。$z^2 \ge 0$ より $e^{z^2} \ge 1$ ですから，$(e^{z^2} - 1)^2$ は $0 \le z \le \sqrt{\log 2}$ で単調に増加します。z^2 も単調に増加しますから，これは z の増加関数です。

z のとり得る値の範囲は，最初の $z=\sqrt{\log(1+x)}$ のグラフにもどってもらうと，**図4**より

$$\sqrt{\log(1+u)}\leqq z\leqq\sqrt{\log2}$$

ですから，$O''Q^2$ が最大となるのは $z=\sqrt{\log2}$ のときで，このときの Q を Q_1 とすると，

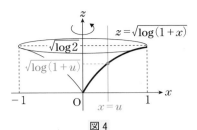
図4

$$O''Q_1{}^2=(e^{\overbrace{\log2}^{2}}-1)^2+\log2-u^2=1+\log2-u^2$$

$O''Q^2$ が最小になるのは $z=\sqrt{\log(1+u)}$ のときで，このときの Q を Q_2 とすると，

> $e^{\log a}=a$ です。
> 「？」と思った人は第3章の<プロローグ> **4** 対数の定義を復習しましょう。

$$O''Q_2{}^2=(e^{\overbrace{\log(1+u)}^{1+u}}-1)^2+\log(1+u)-u^2=\log(1+u)$$

となります。ですから，切り口の面積は，

$$\pi O''Q_1{}^2-\pi O''Q_2{}^2=\pi\{1+\log2-u^2-\log(1+u)\}$$

となり，V の体積はこれを $-1\leqq u\leqq1$ で積分すればOKです。

計画 さて，後半の2回転目はほとんど図ナシでいきましたので，ツラかったかもしれません（笑）。もう一度整理しましょう。

図2 のような図形 S が得られたところはOKですよね。正確な形はわかりませんがだいたいの形はわかります。これを平面 $x=u$ $(0\leqq u\leqq1)$ で切るんですから，**図5** の赤い線のような曲線が出てきますよね。これも正確な形はわかりませんが，zx 平面に関して対称となっていることくらいはわかりますね。切り口を表す方程式も

$$u^2+y^2=(e^{z^2}-1)^2 \quad\cdots\cdots\text{ⓑ}$$

でしたから，y を $-y$ に変えても成り立っています。

この曲線ⓑ上の点を Q として，$O''(u,\ 0,\ 0)$ との距離を考えると，

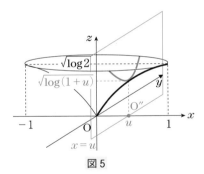
図5

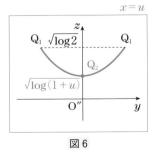
図6

　　　　最大となるのは $z=\sqrt{\log 2}$ のときで $Q=Q_1$

　　　　最小となるのは $z=\sqrt{\log(1+u)}$ のときで，$Q=Q_2$

でしたから，**図6** のようになります。

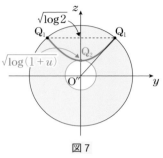

図6のように，Q_1 は2点あります。

　この曲線を平面 $x=u$ で，O'' を中心に1回転したものが切り口になりますので，**図7** の網掛部のような「同心円ではさまれた部分」ということになります。面積は

$$\pi O''Q_1{}^2 - \pi O''Q_2{}^2$$

ですよね。

　点でも曲線でも三角形や四角形でも，ある点を中心に回せば円ができます。ということで

図7

　　　　　回してから切るな，切ってから回せ（しつこい）

でした。

実行

　　　　$z=\sqrt{\log(1+x)}$　$(0\leqq x\leqq 1)$　……①

は単調に増加し，

　　　　$z=t$　$(0\leqq t\leqq\sqrt{\log 2})$

とすると，

　　　　$t=\sqrt{\log(1+x)}$　$\therefore$　$t^2=\log(1+x)$

　　　　$\therefore$　$e^{t^2}=1+x$　$\therefore$　$x=e^{t^2}-1$

である。よって，図形 S を

平面 $z=t$ $(0\leqq t\leqq\sqrt{\log 2})$ で切ったときの切り口は，

　　　　点 $O'(0,0,t)$ を中心とする半径 $e^{t^2}-1$ の円（ただし，$t=0$ のときは点 $(0,0,0)$）

であり，この円の方程式は，

　　　　$x^2+y^2=(e^{t^2}-1)^2$　かつ　$z=t$　$(0\leqq t\leqq\sqrt{\log 2})$

である。したがって，S の方程式は，

　　　　$x^2+y^2=(e^{z^2}-1)^2$　$(0\leqq z\leqq\sqrt{\log 2})$　……②

である。

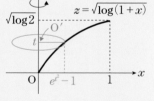

S は xz 平面，yz 平面に関して対称であるから，
②で $x = u$ $(0 \leqq u \leqq 1)$ とすると，

$$u^2 + y^2 = (e^{z^2} - 1)^2 \qquad \therefore \quad y^2 = (e^{z^2} - 1)^2 - u^2$$

【理解】，【計画】ではこの式のまま $O''Q$ の距離を考えましたが，$y = (z$ の式$)$ に直せるので，解答はそちらでやってみました。

このような実数 y が存在する条件は，$z \geqq 0$，$u \geqq 0$ に注意して，

$$(e^{z^2} - 1)^2 \geqq u^2 \quad \therefore \quad e^{z^2} - 1 \geqq u \quad \therefore \quad e^{z^2} \geqq u + 1$$

$$\therefore \quad z^2 \geqq \log(u+1) \qquad \therefore \quad z \geqq \sqrt{\log(u+1)}$$

のときである。よって，S の平面 $x = u$ $(0 \leqq u \leqq 1)$ における切り口は，

そのかわり，z の範囲を式で説明しました。

曲線　$y = \pm\sqrt{(e^{z^2}-1)^2 - u^2}$

$$(\sqrt{\log(1+u)} \leqq z \leqq \sqrt{\log 2}) \qquad \cdots\cdots ③$$

である。

立体 V を平面 $x = u$ $(0 \leqq u \leqq 1)$ で切った切り口は，
点 $O''(u, 0, 0)$ のまわりに曲線③を1回転したものであり，$y = \sqrt{(e^{z^2}-1)^2 - u^2}$ は
$\sqrt{\log(1+u)} \leqq z \leqq \sqrt{\log 2}$ において0以上で，単調増加するから，右の図の網掛部のようになる。図のように点 A，B をおき，この面積を $T(u)$ とおくと，

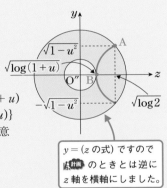

$y = (z$ の式$)$ ですので【計画】のときとは逆に z 軸を横軸にしました。

$$T(u) = \pi O''A^2 - \pi O''B^2$$
$$= \pi\{(1-u^2) + \log 2\} - \pi\log(1+u)$$
$$= \pi\{(1+\log 2) - u^2 - \log(1+u)\}$$

したがって，yz 平面に関する対称性に注意して，求める V の体積は，

$$2\int_0^1 T(u)\,du$$

$$= 2\pi\int_0^1 \{(1+\log 2) - u^2 - \log(1+u)\}\,du$$

$$= 2\pi\left[(1+\log 2)u - \frac{1}{3}u^3 - (1+u)\log(1+u) + u\right]_0^1$$

$$= 2\pi\left\{(1+\log 2) - \frac{1}{3} - 2\log 2 + 1\right\}$$

$$= 2\pi\left(\frac{5}{3} - \log 2\right)$$

xyz 空間において，平面 $y = z$ の中で

$$|x| \le \frac{e^y + e^{-y}}{2} - 1,\ 0 \le y \le \log a$$

で与えられる図形 D を考える．ただし a は 1 より大きい定数とする．この図形 D を y 軸のまわりに 1 回転させてできる立体の体積を求めよ。

（京大・理系・16）

Column　裏 技 ？

「包絡線」や「ロピタルの定理」はご存知ですか？　知らなくて構いません．高校数学の範囲では習いませんから。こういう大学で習う範囲の定理や公式を知っている学生さんに，「入試で使ってよいですか？」と聞かれることがあります。

ダメでしょう。ちょっと考えてみてください。大学入試の問題は高校で習う数学の範囲で解けるように作られているんです。採点基準もそう作られているはずです。それを裏技的な知識で解くっていうのはどうでしょう？　サッカーで突然ボールをつかんで走り出したような感じではないでしょうか。

ただ逆に，数学が好きな人が大学の範囲まで勉強していたって，文句を言われるのはヘンですよね。また，一回大学を出て再受験って人もおられますから，そういう人たちは高校の範囲がどこまでで，どこからは大学の範囲なのか，区別はつかないですよね。

京大の先生方にうかがったところ，

　　　　　　数学的に合っていれば，すべて○

だそうです。素晴らしい！　でも，

　　　　　　大学の範囲の知識を使った解答は，
　　　　　　採点基準も大学の範囲に従ったものにする

とも言っておられました。相手はプロの数学者ですので，こちらがちゃんと理解しているのか，生半可な知識をふりまわしているのかはカンタンに見抜かれてしまいます。ですから，

　　　　　　なるべく高校の数学の範囲で解答をキチンと書く。
　　　　　　他に思いつかないとき，時間がないときは減点覚悟で使う。

というスタンスがよいのではないでしょうか。

ある京大の先生がおっしゃっていた，「裏技？　そんなん使える問題を出す方が悪いねん！」っていうお答えが京大らしくて，個人的には好きです。

テーマ 40　曲線の長さ

例 題 40 　　　　　　　　　　　　★★☆　🕐 30分

(1) $x \geqq 0$ で定義された関数 $f(x) = \log(x + \sqrt{1 + x^2})$ について，導関数 $f'(x)$ を求めよ。

(2) 極方程式 $r = \theta$ $(\theta \geqq 0)$ で定義される曲線の，$0 \leqq \theta \leqq \pi$ の部分の長さを求めよ。 （京大・理系・02前）

　　(1)は微分だけです。結果は，$f'(x) = \dfrac{1}{\sqrt{1 + x^2}}$ になります。つまり，

$$\log(x + \sqrt{1 + x^2}) \underset{積分}{\overset{微分}{\rightleftarrows}} \frac{1}{\sqrt{1 + x^2}}$$

だから，たぶん(2)で曲線の長さを求める積分でこれを利用するんだと思われます。

次に(2)ですが，極座標と直交座標の関係は

$$\begin{cases} x = r\cos\theta \\ y = r\sin\theta \end{cases}$$

でしたね。本問は $r = \theta$ なので，

$$\begin{cases} x = \theta\cos\theta \\ y = \theta\sin\theta \end{cases}$$

とできるから，媒介変数表示された曲線です。曲線の長さは次の2つでしたよね。

◆ 曲線の長さ

① 曲線 $x=f(t)$, $y=g(t)$ $(\alpha \le t \le \beta)$
の長さ L

$$L = \int_\alpha^\beta \sqrt{\left(\frac{dx}{dt}\right)^2 + \left(\frac{dy}{dt}\right)^2}\, dt$$

$$= \int_\alpha^\beta \sqrt{\{f'(t)\}^2 + \{g'(t)\}^2}\, dt$$

② 曲線 $y=f(x)$ $(a \le x \le b)$ の長さ L

$$L = \int_a^b \sqrt{1 + \left(\frac{dy}{dx}\right)^2}\, dx$$

$$= \int_a^b \sqrt{1 + \{f'(x)\}^2}\, dx$$

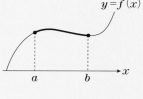

公式①を使えばよいですね。

 $\qquad \dfrac{dx}{d\theta} = 1 \cdot \cos\theta + \theta(-\sin\theta) = \cos\theta - \theta\sin\theta$

$$\frac{dy}{d\theta} = 1 \cdot \sin\theta + \theta\cos\theta = \sin\theta + \theta\cos\theta$$

だから,

$$\left(\frac{dx}{d\theta}\right)^2 + \left(\frac{dy}{d\theta}\right)^2 = (\cos\theta - \theta\sin\theta)^2 + (\sin\theta + \theta\cos\theta)^2$$

$$= (\cos^2\theta - 2\theta\cos\theta\sin\theta + \theta^2\sin^2\theta)$$
$$\qquad + (\sin^2\theta + 2\theta\sin\theta\cos\theta + \theta^2\cos^2\theta)$$

$$= 1 + \theta^2$$

求める長さを L とすると,

$$L = \int_0^\pi \sqrt{\left(\frac{dx}{d\theta}\right)^2 + \left(\frac{dy}{d\theta}\right)^2}\, d\theta = \int_0^\pi \sqrt{1 + \theta^2}\, d\theta$$

これは $\theta = \tan t$ のように置換して積分することもできるのですが,
$\theta = \pi$ のときの t の値が不明で, 被積分関数もそこそこ手間のかかる形に
なります。ここは(1)の利用でしょう。

L を求める式の $\sqrt{1 + \theta^2}$ と, (1)の $f'(x) = \dfrac{1}{\sqrt{1 + x^2}}$ の関係は……, そう
微分です!

$$(\sqrt{1+\theta^2})' = \left((1+\theta^2)^{\frac{1}{2}}\right)' = \frac{1}{2}(1+\theta^2)^{-\frac{1}{2}}(1+\theta^2)'$$

$$= \frac{1}{2}\cdot\frac{1}{\sqrt{1+\theta^2}}\cdot 2\theta = \frac{\theta}{\sqrt{1+\theta^2}} \quad\cdots\cdots ⓐ$$

　積分計算で微分が出てくるものといえば，部分積分しかありません。$\sqrt{1+\theta^2}$ を微分したいので，

$$L = \int_0^\pi \underset{\underset{\theta}{\text{積分}}}{1}\cdot \underset{\underset{\frac{\theta}{\sqrt{1+\theta^2}}}{\text{微分}}}{\sqrt{1+\theta^2}}\, d\theta$$

として部分積分しましょう。こうなります。

$$= \left[\theta\sqrt{1+\theta^2}\right]_0^\pi - \int_0^\pi \frac{\theta^2}{\sqrt{1+\theta^2}}\, d\theta$$

　もう一息です。$\dfrac{\theta^2}{\sqrt{1+\theta^2}}$ を，$f'(\theta) = \dfrac{1}{\sqrt{1+\theta^2}}$ にするには……，そう，分子を $\theta^2 = (1+\theta^2)-1$ と見ると，コレ割り算できますね。

$$\int_0^\pi \frac{\theta^2}{\sqrt{1+\theta^2}}\, d\theta = \int_0^\pi \frac{(1+\theta^2)-1}{\sqrt{1+\theta^2}}\, d\theta = \int_0^\pi \left(\underset{L\text{再登場}}{\sqrt{1+\theta^2}} - \underset{\underset{(\text{積分すると}f(\theta))}{\underset{f'(\theta)}{\parallel}}}{\frac{1}{\sqrt{1+\theta^2}}}\right)d\theta$$

　これでイケますね。やはり京大の積分計算は本気です。

実行

部は　計画　のⓐと同じ微分です。

(1) $\qquad f(x) = \log(x+\sqrt{1+x^2})$

$$f'(x) = \frac{(x+\sqrt{1+x^2})'}{x+\sqrt{1+x^2}} = \frac{1}{x+\sqrt{1+x^2}}\left(1+\frac{x}{\sqrt{1+x^2}}\right)$$

$$= \frac{1}{x+\sqrt{1+x^2}}\cdot\frac{\sqrt{1+x^2}+x}{\sqrt{1+x^2}} = \frac{1}{\sqrt{1+x^2}}$$

(2) 　極を原点，始線を x 軸の正の部分とする xy 座標をとると，極方程式 $r=\theta$ で定義される曲線上の点 $(x,\, y)$ は，

$$x = \theta\cos\theta, \quad y = \theta\sin\theta$$

と表せる。よって，

$$\frac{dx}{d\theta} = \cos\theta - \theta\sin\theta, \quad \frac{dy}{d\theta} = \sin\theta + \theta\cos\theta$$

$$\therefore \left(\frac{dx}{d\theta}\right)^2 + \left(\frac{dy}{d\theta}\right)^2 = 1+\theta^2$$

であるから，求める長さを L とすると，

$$L = \int_0^\pi \sqrt{\left(\frac{dx}{d\theta}\right)^2 + \left(\frac{dy}{d\theta}\right)^2}\, d\theta = \int_0^\pi \sqrt{1+\theta^2}\, d\theta$$

$$= \left[\theta\sqrt{1+\theta^2}\right]_0^\pi - \int_0^\pi \theta \cdot \frac{\theta}{\sqrt{1+\theta^2}}\, d\theta$$

$$= \pi\sqrt{1+\pi^2} - \int_0^\pi \frac{(1+\theta^2)-1}{\sqrt{1+\theta^2}}\, d\theta$$

$$= \pi\sqrt{1+\pi^2} - \int_0^\pi \left(\sqrt{1+\theta^2} - \frac{1}{\sqrt{1+\theta^2}}\right) d\theta$$

$$= \pi\sqrt{1+\pi^2} - L + \int_0^\pi f'(\theta)d\theta$$

$\int_0^\pi 1 \cdot \sqrt{1+\theta^2}\, d\theta$ と見て部分積分

分子を $\theta^2 = (1+\theta^2)-1$ と見て割り算

したがって，(1)の結果より，

$L =$ の形で整理

$$L = \frac{1}{2}\left\{\pi\sqrt{1+\pi^2} + \left[f(\theta)\right]_0^\pi\right\}$$

$$= \frac{1}{2}\{\pi\sqrt{1+\pi^2} + \log(\pi+\sqrt{1+\pi^2})\}$$

類題 40　　　　　　　　　　解答 ⇨ P.540 ｜★★☆｜🕐 **30分**

曲線 $y = \log x$ 上の点 $\mathrm{A}(t, \log t)$ における法線上に，点 B を $\mathrm{AB}=1$ となるようにとる。ただし B の x 座標は t より大きいとする。

(1)　点 B の座標 $(u(t), v(t))$ の座標を求めよ。また $\left(\dfrac{du}{dt}, \dfrac{dv}{dt}\right)$ を求めよ。

(2)　実数 r は $0 < r < 1$ を満たすとし，t が r から 1 まで動くときに点 A と点 B が描く曲線の長さをそれぞれ $L_1(r)$, $L_2(r)$ とする。このとき，極限 $\displaystyle\lim_{r \to +0}(L_1(r) - L_2(r))$ を求めよ。

（京大・理系・18）

定積分で表された関数①

閉区間 $\left[-\dfrac{\pi}{2},\ \dfrac{\pi}{2}\right]$ で定義された関数 $f(x)$ が

$$f(x)+\int_{-\frac{\pi}{2}}^{\frac{\pi}{2}}\sin(x-y)f(y)dy=x+1\quad\left(-\dfrac{\pi}{2}\leqq x\leqq\dfrac{\pi}{2}\right)$$

を満たしている。$f(x)$ を求めよ。　　　　　　　（京大・理系・02後）

👤理解　　定積分で表された関数の中で、「積分方程式」とよばれるタイプの問題です。方程式に積分が入っているから積分方程式、微分が入っていれば微分方程式です。微分方程式は昔は高校の教科書に載っていたのですが、しばらくカリキュラムからはずされていて、今のカリキュラムで「発展的な内容」として復活しました。これは**テーマ45**で扱いましょう。

さて、話を戻して積分方程式には3つのタイプがあります。x の関数 $f(x)$ に対して、

$\displaystyle\int_a^b f(t)dt$ タイプ　　　$\displaystyle\int_a^x f(t)dt$ タイプ　　　「$f(x)$ が整式」タイプ

の3つです。はじめの2つのタイプは問題集などでおなじみのものです。

1つめの $\displaystyle\int_a^b f(t)dt$ タイプは積分区間が定数 a, b になっているもので、積分区間が定数だから、この定積分 $\displaystyle\int_a^b f(t)dt$ も定数になります。そこで、

$$\int_a^b f(t)dt=k\,(\text{定数})$$

のように、1文字でおき直すのがポイントです。

2つめの $\displaystyle\int_a^x f(t)dt$ タイプは積分区間に変数 x が入ったもので、$\displaystyle\int_a^x f(t)dt$ は一般に x の式になるので、上のように $=k$(定数) とはおけません。そこで、2つの公式

ⓐ $\dfrac{d}{dx}\displaystyle\int_a^x f(t)dt = f(x)$

ⓑ $\displaystyle\int_a^a f(t)dt = 0$

> $f(t)$ の原始関数の 1 つを $F(t)$ とすると,
> $$\dfrac{d}{dx}\int_a^x f(t)dt = \left(\Big[F(t)\Big]_a^x\right)'$$
> $$= (F(x)-F(a))'$$
> $$= f(x)-0 = f(x)$$
> $$\int_a^a f(t)dt = \Big[F(t)\Big]_a^a$$
> $$= F(a)-F(a) = 0$$
> 積分 $f \circlearrowright F$ 微分

を使います。$\displaystyle\int_a^x f(t)dt$ を x で微分すると $f(x)$ に戻るというのがⓐ，

$\displaystyle\int_a^x f(t)dt$ で $x=a$ とすると 0 になるというのがⓑです。

　3 つめの「$f(x)$ が整式」タイプは，文系の人はひっかからないのですが，理系の人はけっこうひっかかります。「関数 $f(x)$」と「整式 $f(x)$」または「多項式 $f(x)$」では，全然意味が違いますよね。「関数 $f(x)$」であれば $f(x)$ は分数関数かもしれないし，三角関数かもしれないということですが，「整式 $f(x)$」であれば，

$$f(x) = a_n x^n + a_{n-1}x^{n-1} + a_{n-2}x^{n-2} + \cdots\cdots$$

の形だけです。すると，

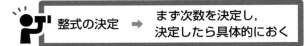

> 整式の決定 ➡ まず次数を決定し，決定したら具体的におく

という方針が使えます。問題文を読むとき，僕らはどうしても式や図に目がいってしまって，日本語を読み飛ばしてしまうことがあります。積分方程式では $f(x)$ が「関数」なのか「整式」なのかは重要な情報です。読み飛ばしのないようにしましょう。

　以上をまとめると，

> 積分方程式
> - $\displaystyle\int_a^b f(t)dt$ タイプ ➡ $= k$（定数）とおく
> - $\displaystyle\int_a^x f(t)dt$ タイプ ➡ ⓐ $\dfrac{d}{dx}\displaystyle\int_a^x f(t)dt = f(x)$
>   ⓑ $\displaystyle\int_a^a f(t)dt = 0$
> - 「$f(x)$ が整式」タイプ ➡ まず次数を決定し，決定したら具体的におく

では，本問ですが，$\displaystyle\int_{-\frac{\pi}{2}}^{\frac{\pi}{2}}$ なので，$\displaystyle\int_a^b f(t)dt$ タイプ，すなわち $=k$ とおくタイプです。しかし，

$$\int_{-\frac{\pi}{2}}^{\frac{\pi}{2}} \sin(x-y)f(y)dy = k\,(\text{定数})$$

とおいてはいけません！ この定積分は $\displaystyle\int \cdots dy$ だから，y の部分は積分されて，$\dfrac{\pi}{2}$ や $-\dfrac{\pi}{2}$ を代入すると定数になりますが，x は残ってしまいます。

$$x \text{ を} \int \cdots dy \text{ の外へ出さないといけない}$$

んです。加法定理を用いて，

$$\int_{-\frac{\pi}{2}}^{\frac{\pi}{2}} \sin(x-y)f(y)dy = \int_{-\frac{\pi}{2}}^{\frac{\pi}{2}} (\sin x \cos y - \cos x \sin y)f(y)dy$$

$$= \sin x \int_{-\frac{\pi}{2}}^{\frac{\pi}{2}} f(y)\cos y\,dy - \cos x \int_{-\frac{\pi}{2}}^{\frac{\pi}{2}} f(y)\sin y\,dy$$

これで，$\displaystyle\int \cdots dy$ の被積分関数は y だけの式になりました。定積分を文字でおき直すことができるようになりました。

計画 〜〜〜部を A，......部を B とおくと，

$$A = \int_{-\frac{\pi}{2}}^{\frac{\pi}{2}} f(y)\cos y\,dy, \quad B = \int_{-\frac{\pi}{2}}^{\frac{\pi}{2}} f(y)\sin y\,dy \quad \cdots\cdots ⓒ$$

だから，

$$\int_{-\frac{\pi}{2}}^{\frac{\pi}{2}} \sin(x-y)f(y)dy = A\sin x - B\cos x$$

となります。すると，与式は，

$$f(x) + A\sin x - B\cos x = x+1$$
$$\therefore \quad f(x) = -A\sin x + B\cos x + x + 1 \quad \cdots\cdots ⓓ$$

となり，あとは A, B を求めれば $f(x)$ が求まります。

すると，ⓓをⓒに代入して，定積分を計算すると A, B の連立方程式が出てきて，それを解けばよさそうです。しかし，なかなかたくさんの定積分になりそうです。せっかく積分区間が $\displaystyle\int_{-\frac{\pi}{2}}^{\frac{\pi}{2}}$ であるので，偶関数・奇関数をうまく使っていきましょう。

$$f(x) = -\int_{-\frac{\pi}{2}}^{\frac{\pi}{2}} \sin(x-y)f(y)dy + x + 1$$

$$= -\sin x \int_{-\frac{\pi}{2}}^{\frac{\pi}{2}} f(y)\cos y dy + \cos x \int_{-\frac{\pi}{2}}^{\frac{\pi}{2}} f(y)\sin y dy + x + 1$$

であり，$\displaystyle\int_{-\frac{\pi}{2}}^{\frac{\pi}{2}} f(y)\cos y dy$，$\displaystyle\int_{-\frac{\pi}{2}}^{\frac{\pi}{2}} f(y)\sin y dy$は定数であるから，

$$A = \int_{-\frac{\pi}{2}}^{\frac{\pi}{2}} f(y)\cos y dy \quad \cdots\cdots ①$$

$$B = \int_{-\frac{\pi}{2}}^{\frac{\pi}{2}} f(y)\sin y dy \quad \cdots\cdots ②$$

とおくと，

$$f(x) = -A\sin x + B\cos x + x + 1 \quad \cdots\cdots ③$$

③を①，②に代入すると，

$$A = \int_{-\frac{\pi}{2}}^{\frac{\pi}{2}} (-A\sin y + B\cos y + y + 1)\cos y dy$$

$$= -A\int_{-\frac{\pi}{2}}^{\frac{\pi}{2}} \sin y \cos y dy + B\int_{-\frac{\pi}{2}}^{\frac{\pi}{2}} \cos^2 y dy + \int_{-\frac{\pi}{2}}^{\frac{\pi}{2}} y\cos y dy$$

$$+ \int_{-\frac{\pi}{2}}^{\frac{\pi}{2}} \cos y dy \quad \cdots\cdots ④$$

$$B = \int_{-\frac{\pi}{2}}^{\frac{\pi}{2}} (-A\sin y + B\cos y + y + 1)\sin y dy$$

$$= -A\int_{-\frac{\pi}{2}}^{\frac{\pi}{2}} \sin^2 y dy + B\int_{-\frac{\pi}{2}}^{\frac{\pi}{2}} \sin y \cos y dy + \int_{-\frac{\pi}{2}}^{\frac{\pi}{2}} y\sin y dy$$

$$+ \int_{-\frac{\pi}{2}}^{\frac{\pi}{2}} \sin y dy \quad \cdots\cdots ⑤$$

ここで，$\sin y \cos y$，$y\cos y$，$\sin y$は奇関数であるから，

$$\int_{-\frac{\pi}{2}}^{\frac{\pi}{2}} \sin y \cos y dy = 0$$

$$\int_{-\frac{\pi}{2}}^{\frac{\pi}{2}} y\cos y dy = 0$$

$$\int_{-\frac{\pi}{2}}^{\frac{\pi}{2}} \sin y dy = 0$$

- $\sin(-y)\cos(-y) = -\sin y \cos y$
- $(-y)\cos(-y) = -y\cos y$
- $\sin(-y) = -\sin y$

また，$\cos^2 y$，$\sin^2 y$，$y\sin y$，$\cos y$は偶関数であるから，

- $\cos^2(-y) = \cos^2 y$
- $\sin^2(-y) = (-\sin y)^2 = \sin^2 y$
- $(-y)\sin(-y) = -y(-\sin y)$
  $\qquad\qquad = y\sin y$
- $\cos(-y) = \cos y$

$$\int_{-\frac{\pi}{2}}^{\frac{\pi}{2}} \cos^2 y\, dy = 2\int_0^{\frac{\pi}{2}} \frac{1+\cos 2y}{2}\, dy = \left[y + \frac{1}{2}\sin 2y\right]_0^{\frac{\pi}{2}} = \frac{\pi}{2}$$

$$\int_{-\frac{\pi}{2}}^{\frac{\pi}{2}} \sin^2 y\, dy = 2\int_0^{\frac{\pi}{2}} \frac{1-\cos 2y}{2}\, dy = \left[y - \frac{1}{2}\sin 2y\right]_0^{\frac{\pi}{2}} = \frac{\pi}{2}$$

$$\int_{-\frac{\pi}{2}}^{\frac{\pi}{2}} y\sin y\, dy = 2\int_0^{\frac{\pi}{2}} y\sin y\, dy$$

$$= 2\left\{\left[-y\cos y\right]_0^{\frac{\pi}{2}} + \int_0^{\frac{\pi}{2}} \cos y\, dy\right\}$$

$$= 2\left[\sin y\right]_0^{\frac{\pi}{2}}$$

$$= 2$$

微分 $\underset{1}{\overset{y\sin y}{\frown}} \underset{-\cos y}{\overset{}{\frown}}$ 積分

$$\int_{-\frac{\pi}{2}}^{\frac{\pi}{2}} \cos y\, dy = 2\int_0^{\frac{\pi}{2}} \cos y\, dy = 2\left[\sin y\right]_0^{\frac{\pi}{2}} = 2$$

したがって，④，⑤より，

$$\begin{cases} A = \dfrac{\pi}{2}B + 2 \\[2mm] B = -\dfrac{\pi}{2}A + 2 \end{cases} \qquad \therefore \quad \begin{cases} A = \dfrac{4(\pi+2)}{\pi^2+4} \\[2mm] B = -\dfrac{4(\pi-2)}{\pi^2+4} \end{cases}$$

であるから，③より，

$$f(x) = -\frac{4(\pi+2)}{\pi^2+4}\sin x - \frac{4(\pi-2)}{\pi^2+4}\cos x + x + 1$$

類題 **41**　　　　　　　　　　解答 ⇨ P.545 | ★★☆ | ⏱30分

関数 $f_n(x)$, $(n = 1, 2, 3, \cdots\cdots)$ は，
$$f_1(x) = 4x^2 + 1$$

$$f_n(x) = \int_0^1 (3x^2 t f_{n-1}{}'(t) + 3f_{n-1}(t))\, dt \quad (n = 2, 3, 4, \cdots\cdots)$$

で帰納的に定義されている。この $f_n(x)$ を求めよ。

（京大・理系・98後）

42 定積分で表された関数②

整式 $f(x)$ と実数 C が

$$\int_0^x f(y)dy + \int_0^1 (x+y)^2 f(y)dy = x^2 + C$$

をみたすとき，この $f(x)$ と C を求めよ。 （京大・文系・09）

🙋 **理解**　テーマ40でまとめた積分方程式の $\int_a^b f(t)dt$ タイプと

$\int_a^x f(t)dt$ タイプのミックスです。$\int_0^1 (x+y)^2 f(y)dy$ は積分変数 y 以外の

文字 x が入っているので，

$$\int_0^1 (x+y)^2 f(y)dy = \int_0^1 (x^2 + 2xy + y^2)f(y)dy$$

$$= x^2 \int_0^1 f(y)dy + 2x\int_0^1 yf(y)dy + \int_0^1 y^2 f(y)dy$$

と外へ出すんでしたね。すると与式は，

$$\underline{\int_0^x f(y)dy} + x^2 \underline{\int_0^1 f(y)dy} + 2x\underline{\int_0^1 yf(y)dy} + \underline{\int_0^1 y^2 f(y)dy} = x^2 + C$$

$$\cdots\cdots\text{ⓐ}$$

となり，〰〰部は定数だから，文字でおきかえられます。

その前に，〰〰部は $\int_a^x f(t)dt$ タイプで，

$$\int_a^a f(t)dt = 0$$

が使えるので，ⓐで $x = 0$ とすると，

$$0 + 0 \cdot \int_0^1 f(y)dy + 2\cdot 0 \cdot \int_0^1 yf(y)dy + \int_0^1 y^2 f(y)dy = 0 + C$$

$$\therefore \int_0^1 y^2 f(y)dy = C \quad \cdots\cdots\text{ⓑ}$$

が得られます。よって，ⓐは，

$$\int_0^x f(y)dy + x^2 \int_0^1 f(y)dy + 2x \int_0^1 yf(y)dy = x^2 \quad \cdots\cdots ⓐ'$$

となります。

計画
$$a = \int_0^1 f(y)dy, \quad b = \int_0^1 yf(y)dy \quad \cdots\cdots ⓒ$$

とおくと，ⓐ' は，

$$\int_0^x f(y)dy + ax^2 + 2bx = x^2$$

$$\therefore \quad \int_0^x f(y)dy = (1-a)x^2 - 2bx \quad \cdots\cdots ⓐ''$$

となります。$\int_a^x f(t)dt$　タイプのもうひとつの公式

$$\frac{d}{dx}\int_a^x f(t)dt = f(x)$$

が使えるので，ⓐ'' の両辺を x で微分すると，

$$f(x) = 2(1-a)x - 2b \quad \cdots\cdots ⓓ$$

　これとⓒから，a, b の連立方程式が得られ，a, b が定まるので，$f(x)$ が求められます。また，ⓑから C も求められますね。

　ところで，**テーマ41**で積分方程式に関して注意したことは覚えていましたか？　本問の $f(x)$ は，

整式 $f(x)$

ですよ～！　ⓐ'' あたりで気づいたかもしれませんが，問題文を読んだ段階で気づいていないといけません。ⓐから，

$$\underbrace{\int_0^x f(y)dy}_{x\,\text{の式}} + x^2 \underbrace{\int_0^1 f(y)dy}_{\text{定数}} + 2x \underbrace{\int_0^1 yf(y)dy}_{\text{定数}} + \underbrace{\int_0^1 y^2 f(y)dy}_{\text{定数}} = x^2 + C$$

だから，$\int_0^x f(y)dy$ は x の2次以下の整式です。わかりにくい人はⓐ'' を見てください。

$$\int_0^x f(y)dy = (1-a)x^2 - 2bx \quad \cdots\cdots ⓐ''$$

　$a = 1$ の場合，x^2 の項がなくなるので，$\int_0^x f(y)dy$ は「2次」ではなくて，「2次以下」です。すると，これを微分した $\dfrac{d}{dx}\int_0^x f(y)dy = f(x)$ は1次

以下だから，

$$f(x) = Ax + B$$

とおくことができます。

　ということで，ⓐの段階でこのようにおいてしまって，ⓐに代入して x の恒等式にもちこむ解答もできます。どちらも重要な処理を含んでいるから，2 通りやってみましょう。

整式 $f(x)$ と関数 $f(x)$ は大違い

であることを肝に銘じておいてください。

🏃 実行

〈解答1〉

　与式より，

$$\int_0^x f(y)dy + x^2 \int_0^1 f(y)dy + 2x \int_0^1 yf(y)dy + \int_0^1 y^2 f(y)dy = x^2 + C$$

であるから，$x = 0$ とすると，

$$\int_0^1 y^2 f(y)dy = C \quad \cdots\cdots ①$$

　よって，

$$\int_0^x f(y)dy + x^2 \int_0^1 f(y)dy + 2x \int_0^1 yf(y)dy = x^2 \quad \cdots\cdots ②$$

であり，$\displaystyle\int_0^1 f(y)dy$，$\displaystyle\int_0^1 yf(y)dy$ は定数であるから，

$$a = \int_0^1 f(y)dy \quad \cdots\cdots ③, \quad b = \int_0^1 yf(y)dy \quad \cdots\cdots ④$$

とおくと，②より，

$$\int_0^x f(y)dy + ax^2 + 2bx = x^2$$

$$\therefore \int_0^x f(y)dy = (1-a)x^2 - 2bx$$

両辺を x で微分して，

$$f(x) = 2(1-a)x - 2b \quad \cdots\cdots ⑤$$

③，④，⑤より，

$$a = \int_0^1 \{2(1-a)y - 2b\}dy \qquad b = \int_0^1 \{2(1-a)y^2 - 2by\}dy$$

$$\quad = \Big[(1-a)y^2 - 2by\Big]_0^1 \qquad\quad = \Big[\frac{2}{3}(1-a)y^3 - by^2\Big]_0^1$$

$$\quad = (1-a) - 2b \qquad\qquad\qquad = \frac{2}{3}(1-a) - b$$

であるから，

$$\begin{cases} a+b=\dfrac{1}{2} \\ a+3b=1 \end{cases} \quad \therefore \quad \begin{cases} a=\dfrac{1}{4} \\ b=\dfrac{1}{4} \end{cases}$$

よって，⑤より，

$$f(x)=\dfrac{3}{2}x-\dfrac{1}{2}$$

であり，①より，

$$C=\int_0^1 \left(\dfrac{3}{2}y^3-\dfrac{1}{2}y^2\right)dy=\left[\dfrac{3}{8}y^4-\dfrac{1}{6}y^3\right]_0^1=\dfrac{3}{8}-\dfrac{1}{6}=\dfrac{5}{24}$$

〈解答2〉

与式より，

$$\int_0^x f(y)dy+x^2\int_0^1 f(y)dy+2x\int_0^1 yf(y)dy+\int_0^1 y^2f(y)dy=x^2+C$$

$$\cdots\cdots①$$

であり，$\displaystyle\int_0^1 f(y)dy,\ \int_0^1 yf(y)dy,\ \int_0^1 y^2f(y)dy$ は定数であるから，両辺の次

数に着目すると，$\displaystyle\int_0^x f(y)dy$ は x の2次以下の整式である。よって，$f(x)$

は x の1次以下の整式であるから，

$$f(x)=Ax+B$$

とおける。

このとき，

$$\int_0^x f(y)dy=\int_0^x (Ay+B)dy=\left[\dfrac{1}{2}Ay^2+By\right]_0^x=\dfrac{1}{2}Ax^2+Bx$$

$$\int_0^1 f(y)dy=\int_0^1 (Ay+B)dy=\left[\dfrac{1}{2}Ay^2+By\right]_0^1=\dfrac{1}{2}A+B$$

$$\int_0^1 yf(y)dy=\int_0^1 (Ay^2+By)dy=\left[\dfrac{1}{3}Ay^3+\dfrac{1}{2}By^2\right]_0^1=\dfrac{1}{3}A+\dfrac{1}{2}B$$

$$\int_0^1 y^2f(y)dy=\int_0^1 (Ay^3+By^2)dy=\left[\dfrac{1}{4}Ay^4+\dfrac{1}{3}By^3\right]_0^1=\dfrac{1}{4}A+\dfrac{1}{3}B$$

であるから，①は，

$$\left(\dfrac{1}{2}Ax^2+Bx\right)+x^2\left(\dfrac{1}{2}A+B\right)+2x\left(\dfrac{1}{3}A+\dfrac{1}{2}B\right)+\left(\dfrac{1}{4}A+\dfrac{1}{3}B\right)=x^2+C$$

$$(A+B)x^2+\left(\dfrac{2}{3}A+2B\right)x+\left(\dfrac{1}{4}A+\dfrac{1}{3}B\right)=x^2+C$$

これが任意の x に対して成り立つことから，両辺の係数を比較して，

$$\begin{cases} A+B=1 \\ \dfrac{2}{3}A+2B=0 \\ \dfrac{1}{4}A+\dfrac{1}{3}B=C \end{cases} \quad \therefore \quad \begin{cases} A=\dfrac{3}{2} \\ B=-\dfrac{1}{2} \\ C=\dfrac{5}{24} \end{cases}$$

したがって，

$$f(x)=\dfrac{3}{2}x-\dfrac{1}{2}, \quad C=\dfrac{5}{24}$$

類題 **42**　　　　　　　　　　解答 ⇨ P.549　★☆☆　🕐 **20分**

$0<\alpha<\dfrac{\pi}{2}$ として，関数 F を

$$F(\theta)=\int_0^\theta x\cos(x+\alpha)dx$$

で定める。θ が $\left[0, \dfrac{\pi}{2}\right]$ の範囲を動くとき，F の最大値を求めよ。

（京大・理系・06前）

定積分と極限①

★★★ 30分

n を自然数とする。xy 平面内の，原点を中心とする半径 n の円の，内部と周をあわせたものを C_n であらわす。次の条件(∗)を満たす1辺の長さが1の正方形の数を $N(n)$ とする。

(∗) 正方形の4頂点はすべて C_n に含まれ，4頂点の x および y 座標はすべて整数である。

このとき，$\displaystyle \lim_{n\to\infty} \frac{N(n)}{n^2} = \pi$ を証明せよ。

（京大・理系・04後）

理解 ちょっと読んだだけでは様子がわからないのではないでしょうか。例によって，n に具体的な値を入れて考えてみましょう。

$n=5$ とすると，C_5 は，

円：$x^2 + y^2 = 5^2$

の周および内部で，(∗)をみたす1辺の長さ1の正方形は右の図の □ になります。

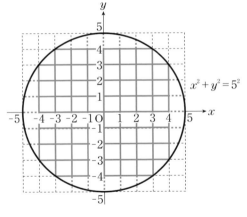

$x^2 + y^2 = 5^2$

すぐに気づくのは，x 軸，y 軸に関する対称性です。$x \geqq 0$，$y \geqq 0$ の部分で考えて，4倍すればOKですね。

$x^2 + y^2 = 5^2$ の $x \geqq 0$，$y \geqq 0$ の部分は，

$$y = \sqrt{5^2 - x^2}$$

したがって，

$x=1$ のとき，

$y=\sqrt{24}=4.\cdots$ だから，

$0\leqq x\leqq 1$ の範囲にある正方形は 4 個。

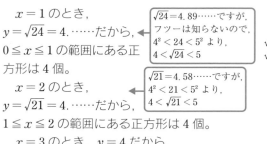

$\sqrt{24}=4.89\cdots$ ですが，フツーは知らないので，$4^2<24<5^2$ より，$4<\sqrt{24}<5$

$x=2$ のとき，

$y=\sqrt{21}=4.\cdots$ だから，

$\sqrt{21}=4.58\cdots$ ですが，$4^2<21<5^2$ より，$4<\sqrt{21}<5$

$1\leqq x\leqq 2$ の範囲にある正方形は 4 個。

$x=3$ のとき，$y=4$ だから，

$2\leqq x\leqq 3$ の範囲にある正方形は 4 個。

$x=4$ のとき，$y=3$ だから，

$3\leqq x\leqq 4$ の範囲にある正方形は 3 個。

$x=5$ のとき，$y=0$ だから，

$4\leqq x\leqq 5$ の範囲には正方形はありません。

ということで，全部で，

$$N(5)=(\underset{0\leqq x\leqq 1}{4}+\underset{1\leqq x\leqq 2}{4}+\underset{2\leqq x\leqq 3}{4}+\underset{3\leqq x\leqq 4}{3}+\underset{4\leqq x\leqq 5}{0})\times\underset{\substack{x\text{軸}, y\text{軸に}\\\text{関して対称}}}{4}=60$$

です。

しかし，このままでは一般の $N(n)$ には拡張できません。

$2\leqq x\leqq 3$ の $y=4$ $\longrightarrow$ 4 個

$3\leqq x\leqq 4$ の $y=3$ $\longrightarrow$ 3 個

の対応はよいですが，

$0\leqq x\leqq 1$ の $y=\sqrt{24}=4.\cdots$ $\longrightarrow$ 4 個

$1\leqq x\leqq 2$ の $y=\sqrt{21}=4.\cdots$ $\longrightarrow$ 4 個

をどうしましょう。4 の後ろの $\cdots$ がジャマです。$4.\cdots$ の 4 だけ，つまり $\sqrt{24}$ や $\sqrt{21}$ の「整数部分」だけを取り出したいのですが $\cdots$，そうです！

◆ ガウス記号

x を超えない最大の整数を $[x]$ とすると，

$$[x]\leqq x<[x]+1 \quad\cdots\cdots ⓐ$$
$$\therefore \quad x-1<[x]\leqq x \quad\cdots\cdots ⓑ$$

➕補足

ⓐを $[x]$ について整理するとⓑです。

整数の目盛り

を利用すれば，

$$[\sqrt{24}]=[4.\cdots]=4, \quad [\sqrt{21}]=[4.\cdots]=4$$

とできます。よって，

$$N(5)=(\underset{0\le x\le 1}{[\sqrt{24}]}+\underset{1\le x\le 2}{[\sqrt{21}]}+\underset{2\le x\le 3}{[\sqrt{16}]}+\underset{3\le x\le 4}{[\sqrt{9}]}+\underset{4\le x\le 5}{[\sqrt{0}]})\times 4$$

と書き直せます。

　すると，$k=1,\ 2,\ 3,\ \cdots\cdots,\ n$ に対して，
$x=k$ のとき $y=\sqrt{n^2-k^2}$ だから，
$k-1\le x\le k$ の範囲にある正方形は，
$[\sqrt{n^2-k^2}]$ 個
です。したがって，

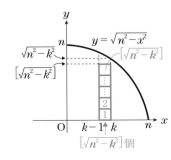

$$N(n)=([\sqrt{n^2-1^2}]+[\sqrt{n^2-2^2}]+$$
$$\cdots\cdots+[\sqrt{n^2-n^2}])\times 4$$
$$=4\sum_{k=1}^{n}[\sqrt{n^2-k^2}]$$

　これで $N(n)$ が表せました。

 　　しかし，ガウス記号がついたままでは Σ 計算ができません。

　　　　どうしましょう？　大丈夫です。本問は $\displaystyle\lim_{n\to\infty}\dfrac{N(n)}{n^2}$ を求める

（$=\pi$ を示す）問題なので，$N(n)$ そのものは不要です。ガウス記号に関する不等式ⓑから，$N(n)$ についての不等式が作れるので，「はさみうちの原理」が使えそうです。

　このように，ある式に対して不等式を作ることを「評価する」といういい方をすることがありますが，

極限の計算では正確な式がわからなくても，

評価ができれば（不等式が作れれば）OK

という考え方はとても重要です。正確な式を作るのが困難なときは，うまく不等式が作れないかどうかを考えてみてください。

　ⓑを使うと，
$$\sqrt{n^2-k^2}-1<[\sqrt{n^2-k^2}]\le\sqrt{n^2-k^2}$$

だから，$\displaystyle\sum_{k=1}^{n}$ をつけて，

$$\sum_{k=1}^{n}(\sqrt{n^2-k^2}-1)<\sum_{k=1}^{n}[\sqrt{n^2-k^2}]\le\sum_{k=1}^{n}\sqrt{n^2-k^2}$$

$$\therefore\quad 4\sum_{k=1}^{n}(\sqrt{n^2-k^2})-4n<N(n)\le 4\sum_{k=1}^{n}\sqrt{n^2-k^2}$$

> $\times 4$

> 左端の式の $\displaystyle\sum_{k=1}^{n}1=n$ は計算してしまいました。

辺々を n^2 で割って，

$$4 \cdot \frac{1}{n^2} \sum_{k=1}^{n} \sqrt{n^2 - k^2} - \frac{4}{n} < \frac{N(n)}{n^2} \leqq 4 \cdot \frac{1}{n^2} \sum_{k=1}^{n} \sqrt{n^2 - k^2}$$

$\displaystyle \lim_{n \to \infty} \frac{4}{n} = 0$ はよいとして，$\displaystyle \lim_{n \to \infty} \frac{1}{n^2} \sum_{k=1}^{n} \sqrt{n^2 - k^2}$ はどうしましょうか？

$\displaystyle \lim \sum$ は無限級数です。無限級数は**テーマ32**でまとめましたね。基本は，

まず部分和を求めて，次に極限計算

なのですが，特殊な形として，

◆ 無限等比級数の和	◆ 区分求積法と定積分
$a + ar + ar^2 + \cdots\cdots$ $= \dfrac{a}{1-r} \quad (-1 < r < 1)$	$\displaystyle \lim_{n \to \infty} \frac{1}{n} \sum_{k=1}^{n} f\left(\frac{k}{n}\right) = \int_0^1 f(x)\,dx$

がありました。〰️部は，区分求積法が使えますね。

$$\lim_{n \to \infty} \frac{1}{n^2} \sum_{k=1}^{n} \sqrt{n^2 - k^2}$$

$\dfrac{1}{n^2} = \dfrac{1}{n} \times \dfrac{1}{n}$ の $\dfrac{1}{n}$ をひとつ Σ の中に入れて，

$$= \lim_{n \to \infty} \frac{1}{n} \sum_{k=1}^{n} \frac{\sqrt{n^2 - k^2}}{n}$$

$\lim$ と Σ の間を $\dfrac{1}{n}$ にした

$$= \lim_{n \to \infty} \frac{1}{n} \sum_{k=1}^{n} \sqrt{1 - \left(\frac{k}{n}\right)^2}$$

Σ の中を $\dfrac{k}{n}$ の式にした

$$= \int_0^1 \sqrt{1 - x^2}\,dx$$

区分求積法の公式

この定積分は，$x = \sin\theta$ の置換ではなく，

半円 $y = \sqrt{1 - x^2} \iff x^2 + y^2 = 1, \ y \geqq 0$ の面積を利用するんでしたね。

🏃 実行

x 軸，y 軸に関する対称性から，条件(*)をみたす1辺の長さが1の正方形のうち，$x \geqq 0$, $y \geqq 0$ の範囲にあるものを考えて4倍すればよい。

実数 x に対して，x を超えない最大の整数を $[x]$ で表すことにすると，$k-1 \leqq x \leqq k$ $(k = 1, 2, 3, \cdots\cdots, n)$ の範囲にある正方形の個数は $[\sqrt{n^2 - k^2}]$ 個である。よって，

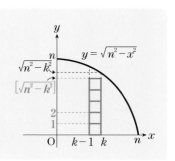

$$N(n)=4\sum_{k=1}^{n}\left[\sqrt{n^2-k^2}\right]$$

一方，$x-1<[x]\leqq x$ より，

$$\sqrt{n^2-k^2}-1<\left[\sqrt{n^2-k^2}\right]\leqq\sqrt{n^2-k^2}$$

であるから，

$$\sum_{k=1}^{n}(\sqrt{n^2-k^2}-1)<\sum_{k=1}^{n}\left[\sqrt{n^2-k^2}\right]\leqq\sum_{k=1}^{n}\sqrt{n^2-k^2}$$

ゆえに，

$$4\sum_{k=1}^{n}\sqrt{n^2-k^2}-4n<N(n)\leqq4\sum_{k=1}^{n}\sqrt{n^2-k^2}$$

であるから，

$$4\cdot\frac{1}{n^2}\sum_{k=1}^{n}\sqrt{n^2-k^2}-\frac{4}{n}<\frac{N(n)}{n^2}\leqq4\cdot\frac{1}{n^2}\sum_{k=1}^{n}\sqrt{n^2-k^2}\quad\cdots\cdots①$$

ここで

$$\lim_{n\to\infty}4\cdot\frac{1}{n^2}\sum_{k=1}^{n}\sqrt{n^2-k^2}=4\cdot\lim_{n\to\infty}\frac{1}{n}\sum_{k=1}^{n}\sqrt{1-\left(\frac{k}{n}\right)^2}$$

$$=4\int_{0}^{1}\sqrt{1-x^2}\,dx$$

$$=4\cdot\frac{\pi}{4}\quad(\because\quad\text{右の図より})$$

$$=\pi$$

であるから，

$$\lim_{n\to\infty}\left(4\cdot\frac{1}{n^2}\sum_{k=1}^{n}\sqrt{n^2-k^2}-\frac{4}{n}\right)=\pi-0=\pi$$

したがって，①にはさみうちの原理を用いて，

$$\lim_{n\to\infty}\frac{N(n)}{n^2}=\pi$$

類題 43   解答 ⇨ P.551 ★★☆ 🕐25分

n 個のボールを $2n$ 個の箱へ投げ入れる。各ボールはいずれかの箱に入るものとし，どの箱に入る確率も等しいとする。どの箱にも 1 個以下のボールしか入っていない確率を p_n とする。このとき，極限値 $\displaystyle\lim_{n\to\infty}\frac{\log p_n}{n}$ を求めよ。

（京大・理系・10）

定積分と極限②

次の極限値を求めよ。

$$\lim_{n \to \infty} \int_0^{n\pi} e^{-x} |\sin nx| \, dx$$

(注)　n は自然数とします。　　　　　　　（京大・理系・01前）

👤**理解**　　京大では極限などの問題文で n を用いたとき，「n は自然数である」と書いていないことが何度かありました。一般的には「n は実数」と解釈して解答すべきなのですが，そうするとものすごく手間がかかってしまう問題もありました。

本問も n を実数として解けなくもないのですが，けっこう大変です。ここは京大の先生を信じて，n は自然数と解釈します。

$$\lim_{n \to \infty} \int_0^{\pi} e^{-x} |\sin \underset{\sim}{n}x| \, dx$$

$$\lim_{n \to \infty} \int_0^{\underset{\sim}{n}\pi} e^{-x} |\sin x| \, dx$$

は有名問題で，問題集を探せばどちらかは載っていると思います。本問はこのミックスですね。

さて，絶対値記号のついた定積分なので，絶対値記号をはずさないといけません。$n=3$ でやってみると，$y=|\sin 3x|$ の積分区間である $0 \leqq x \leqq 3\pi$ におけるグラフは次のようになります。

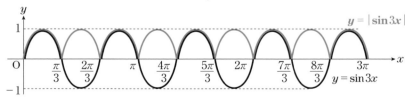

$|\sin 3x|$ は周期 $\dfrac{\pi}{3}$ なので，積分を $\dfrac{\pi}{3}$ ごとに分けましょうか。すると絶対値記号がはずせます。$n=3$ だと，本問の積分は，

$$\int_0^{3\pi} e^{-x}|\sin 3x|\,dx = \int_0^{\frac{\pi}{3}} e^{-x}|\sin 3x|\,dx + \int_{\frac{\pi}{3}}^{\frac{2}{3}\pi} e^{-x}|\sin 3x|\,dx + \cdots\cdots$$
$$+ \int_{\frac{8}{3}\pi}^{3\pi} e^{-x}|\sin 3x|\,dx$$
$$= \int_0^{\frac{\pi}{3}} e^{-x}\sin 3x\,dx + \int_{\frac{\pi}{3}}^{\frac{2}{3}\pi} e^{-x}(-\sin 3x)\,dx + \cdots\cdots$$
$$+ \int_{\frac{8}{3}\pi}^{3\pi} e^{-x}\sin 3x\,dx$$

だから，一般化すると，

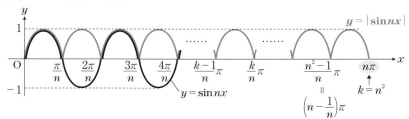

$$I_k = \int_{\frac{k-1}{n}\pi}^{\frac{k}{n}\pi} e^{-x}|\sin nx|\,dx \quad (k = 1,\ 2,\ 3,\ \cdots\cdots,\ n^2) \quad \cdots\cdots ⓐ$$

とおいて，

$$\int_0^{n\pi} e^{-x}|\sin nx|\,dx = I_1 + I_2 + I_3 + \cdots\cdots + I_{n^2} \qquad \cdots\cdots ⓑ$$

です。絶対値記号は，

$$I_k = \begin{cases} \displaystyle\int_{\frac{k-1}{n}\pi}^{\frac{k}{n}\pi} e^{-x}\sin nx\,dx & (k\text{ が奇数}) \\[3mm] \displaystyle\int_{\frac{k-1}{n}\pi}^{\frac{k}{n}\pi} e^{-x}(-\sin nx)\,dx & (k\text{ が偶数}) \end{cases} \qquad \cdots\cdots ⓐ'$$

とはずれます。このままでも何とかなりますが，偶奇で＋－が入れ替わるので，

$$(-1)^{k-1} = \begin{cases} 1 & (k\text{ が奇数}) \\ -1 & (k\text{ が偶数}) \end{cases}$$

を使うと，うまくまとめられます。

$$I_k = (-1)^{k-1} \int_{\frac{k-1}{n}\pi}^{\frac{k}{n}\pi} e^{-x}\sin nx\,dx \quad \cdots\cdots ⓐ''$$

ですね。

計画 $\displaystyle\int e^{-x}\sin nx\,dx$

は計算できますか？ （指数関数）×（三角関数）の積分で，学校の教科書では部分積分を2回くり返して計算する方法が載っています。これも大切な方法なんですが，部分積分2回というのはなかなか計算が複雑になります。そこで積分せずに，微分の方からお迎えにいく解法を使います。

微分すると $e^{-x}\sin nx$ が出てくる関数として，

$$e^{-x}\sin nx,\quad e^{-x}\cos nx$$

は思いつくと思います。これらを微分すると，

$$(e^{-x}\sin nx)' = -e^{-x}\sin nx + ne^{-x}\cos nx \quad\cdots\cdots\text{㊐}$$

$$(e^{-x}\cos nx)' = -e^{-x}\cos nx - ne^{-x}\sin nx \quad\cdots\cdots\text{㋑}$$

両辺を積分すると，C_1, C_2 を積分定数として，

$$e^{-x}\sin nx = -\int e^{-x}\sin nx\,dx + n\int e^{-x}\cos nx\,dx + C_1 \quad\cdots\cdots\text{㊐}'$$

$$e^{-x}\cos nx = -\int e^{-x}\cos nx\,dx - n\int e^{-x}\sin nx\,dx + C_2 \quad\cdots\cdots\text{㋑}'$$

となりますね。〜〜部がほしくて，〜〜部がいらないので，㊐$'$＋㋑$'\times n$ をして〜〜部を消去すると，

$$e^{-x}\sin nx + ne^{-x}\cos nx = -(1+n^2)\int e^{-x}\sin nx\,dx + C_1 + nC_2$$

$$\therefore\ \int e^{-x}\sin nx\,dx$$

$$= -\frac{1}{n^2+1}e^{-x}(\sin nx + n\cos nx) + C \quad\left(C = \frac{C_1+nC_2}{n^2+1}\right) \quad\cdots\cdots\text{㋒}$$

部分積分2回よりはずいぶんラクではないですか。C_1, C_2 は結局消えてしまうので，解答を書くときは㊐$'$＋㋑$'\times n$ ではなく，㊐＋㋑$\times n$ として，

$$(e^{-x}\sin nx + ne^{-x}\cos nx)' = -(1+n^2)e^{-x}\sin nx$$

$$-\frac{1}{n^2+1}\{e^{-x}(\sin nx + n\cos nx)\}' = e^{-x}\sin nx$$

この両辺を積分して㋒にします。

値を代入すると，

$$x = \frac{k}{n}\pi\ \text{のとき，}\ \sin nx = \sin k\pi = 0,\ \cos nx = \cos k\pi$$

$$x = \frac{k-1}{n}\pi\ \text{のとき，}\ \sin nx = \sin(k-1)\pi = 0,\ \cos nx = \cos(k-1)\pi$$

となり，$\sin nx$ は 0 になりますが，$\cos nx$ はどうですか？　これも，

$$\cos k\pi = \begin{cases} 1 & (k \text{ が偶数}) \\ -1 & (k \text{ が奇数}) \end{cases}$$

だから，ⓐ′からⓐ″にするとき
と同じく，

$$\cos k\pi = (-1)^k$$

とまとめられます。

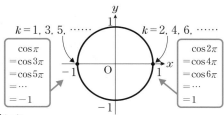

これで I_k が求められます。ⓐ″から，

$$I_k = (-1)^{k-1} \int_{\frac{k-1}{n}\pi}^{\frac{k}{n}\pi} e^{-x} \sin nx\,dx \quad \text{Ⓤです}$$

$$= (-1)^{k-1} \left(-\frac{1}{n^2+1} \right) \left[e^{-x}(\sin nx + n\cos nx) \right]_{\frac{k-1}{n}\pi}^{\frac{k}{n}\pi}$$

$\sin k\pi = 0$
$\sin(k-1)\pi = 0$

$$= \frac{(-1)^k}{n^2+1} \left\{ e^{-\frac{k}{n}\pi} \cdot n \cdot \cos k\pi - e^{-\frac{k-1}{n}\pi} \cdot n \cdot \cos(k-1)\pi \right\}$$

$\cos k\pi$
$= (-1)^k$

$$= \frac{(-1)^k}{n^2+1} \left\{ e^{-\frac{k}{n}\pi} \cdot n \cdot (-1)^k - e^{-\frac{k}{n}\pi + \frac{\pi}{n}} \cdot n \cdot (-1)^{k-1} \right\}$$

$\cos(k-1)\pi$
$= (-1)^{k-1}$

$$= \frac{(-1)^k}{n^2+1} \cdot e^{-\frac{k}{n}\pi} \cdot n \cdot (-1)^k \cdot \left(1 + e^{\frac{\pi}{n}} \right)$$

$e^{-\frac{k}{n}\pi} \cdot n \cdot (-1)^k$
でくくることができる

$$= \frac{n}{n^2+1} \left(1 + e^{\frac{\pi}{n}} \right) e^{-\frac{k}{n}\pi}$$

$(-1)^k(-1)^k = \{(-1)(-1)\}^k = 1^k = 1$

定数　　　　　　　　　$k = 1, 2, 3, \cdots\cdots$ のとき，$e^{-\frac{\pi}{n}}, \; e^{-\frac{2}{n}\pi}, \; e^{-\frac{3}{n}\pi}, \; \cdots\cdots$

$\times e^{-\frac{\pi}{n}}$　$\times e^{-\frac{\pi}{n}}$

よって，$I_1, I_2, I_3, \cdots\cdots$ は等比数列だから，ⓑより，

$$\lim_{n\to\infty} \int_0^{n\pi} e^{-x} |\sin nx|\,dx = \lim_{n\to\infty} (I_1 + I_2 + I_3 + \cdots\cdots + I_{n^2})$$

は無限等比級数っぽいですが，$n \to \infty$ のとき，公比 $e^{-\frac{\pi}{n}}$ が変化するので，

> ◆ 無限等比級数の和
>
> $$a + ar + ar^2 + \cdots\cdots + ar^{n-1} + \cdots\cdots$$
>
> $$= \frac{a}{1-r} \quad (-1 < r < 1)$$

の公式はちょっとキケンです。基本に戻って，

　　　　　　　　　部分和を求めて，次に極限計算

でいきましょう。

$k = 1, 2, 3, \cdots\cdots, n^2$ に対して,

$$I_k = \int_{\frac{k-1}{n}\pi}^{\frac{k}{n}\pi} e^{-x} |\sin nx| \, dx$$

とおくと, $\dfrac{k-1}{n}\pi \leqq x \leqq \dfrac{k}{n}\pi$ のとき,

$$|\sin nx| = \begin{cases} \sin nx & (k \text{ が奇数}) \\ -\sin nx & (k \text{ が偶数}) \end{cases}$$

であるから,

$$I_k = (-1)^{k-1} \int_{\frac{k-1}{n}\pi}^{\frac{k}{n}\pi} e^{-x} \sin nx \, dx$$

ここで,

$$(e^{-x} \sin nx)' = -e^{-x} \sin nx + n e^{-x} \cos nx \quad \cdots\cdots①$$
$$(e^{-x} \cos nx)' = -e^{-x} \cos nx - n e^{-x} \sin nx \quad \cdots\cdots②$$

であるから, ①+②×n より,

$$(e^{-x} \sin nx + n e^{-x} \cos nx)' = -(n^2 + 1) e^{-x} \sin nx$$

よって,

$$\int e^{-x} \sin nx \, dx = -\frac{1}{n^2 + 1} e^{-x} (\sin nx + n \cos nx) + C$$

$$(C \text{ は積分定数})$$

であるから,

$$\begin{aligned}
I_k &= (-1)^{k-1} \left(-\frac{1}{n^2+1} \right) \left[e^{-x} (\sin nx + n \cos nx) \right]_{\frac{k-1}{n}\pi}^{\frac{k}{n}\pi} \\
&= \frac{(-1)^k}{n^2+1} \left\{ e^{-\frac{k}{n}\pi} \cdot n \cdot (-1)^k - e^{-\frac{k-1}{n}\pi} \cdot n \cdot (-1)^{k-1} \right\} \\
&= \frac{n}{n^2+1} \left(1 + e^{\frac{\pi}{n}} \right) e^{-\frac{k}{n}\pi}
\end{aligned}$$

ゆえに, 数列 $\{I_k\}$ は初項 $I_1 = \dfrac{n}{n^2+1} \left(1 + e^{\frac{\pi}{n}} \right) e^{-\frac{\pi}{n}}$, 公比 $e^{-\frac{\pi}{n}}$ の等比数列

であるから,

$$\begin{aligned}
\sum_{k=1}^{n^2} I_k &= \frac{n}{n^2+1} \left(1 + e^{\frac{\pi}{n}} \right) e^{-\frac{\pi}{n}} \cdot \frac{1 - (e^{-\frac{\pi}{n}})^{n^2}}{1 - e^{-\frac{\pi}{n}}} \qquad \begin{array}{l}\text{部の分子・分母に}\\ e^{\frac{\pi}{n}} \text{を掛けた}\end{array} \\
&= \frac{n}{n^2+1} \left(1 + e^{\frac{\pi}{n}} \right) (1 - e^{-n\pi}) \frac{1}{e^{\frac{\pi}{n}} - 1}
\end{aligned}$$

したがって,

$$\lim_{n\to\infty}\int_0^{n\pi} e^{-x}|\sin nx|\,dx = \lim_{n\to\infty}\sum_{k=1}^{n^2} I_k$$

$n \to \infty$ のとき,
- $e^{\frac{\pi}{n}} \to e^0 = 1$
- $e^{-n\pi} = \left(\dfrac{1}{e^\pi}\right)^n \to 0$

なので, ⬭ が $\dfrac{0}{0}$ 不定形。

$$= \lim_{n\to\infty}\frac{\boxed{\dfrac{1}{n}}}{1+\dfrac{1}{n^2}}\left(1+e^{\frac{\pi}{n}}\right)(1-e^{-n\pi})\frac{1}{\boxed{e^{\frac{\pi}{n}}-1}}$$

$$= \lim_{n\to\infty}\frac{1}{1+\dfrac{1}{n^2}}\left(1+e^{\frac{\pi}{n}}\right)(1-e^{-n\pi})\frac{\dfrac{\pi}{n}}{e^{\frac{\pi}{n}}-1}\times\frac{1}{\pi}$$

$$= \frac{1}{1+0}(1+1)(1-0)\cdot 1\cdot\frac{1}{\pi} \qquad \boxed{\lim_{x\to 0}\frac{e^x-1}{x}=1}$$

$$= \frac{2}{\pi}$$

検討 　　かなりの計算量でした。実際の京大の入試では, この方針で やって, 途中で計算をミスしてしまった人がかなり多かったよ うなので, 最後の答えまでキッチリ合っていた人は, 他の受験生に差をつけられたはずです。

ただ, もっとうまい解法もあります。テーマ42でも言いましたが,

　　　　　極限の計算では正確な式がわからなくても,

　　　　　　　評価ができれば（不等式が作れれば）OK

というものです。本問を考えているときに「うわ～, 計算できそうだけど, 大変そうだなぁ」とか,「こんなの計算ムリ！」とか思ったなら, そのときにコレを思い出しましたか？

そう思って,

$$I_k = \int_{\frac{k-1}{n}\pi}^{\frac{k}{n}\pi} e^{-x}|\sin nx|\,dx$$

を見ると, $|\sin nx|$ の部分は **理解** で見たように周期 $\dfrac{\pi}{n}$ の周期関数ですが, e^{-x} の部分はグラフを考えると右のようになっています。

$$\frac{k-1}{n}\pi \le x \le \frac{k}{n}\pi \text{ において, } e^{-\frac{k-1}{n}\pi} \ge e^{-x} \ge e^{-\frac{k}{n}\pi}$$

という不等式が得られるので, $|\sin nx|$ を掛けて,

$$e^{-\frac{k-1}{n}\pi}|\sin nx| \ge e^{-x}|\sin nx| \ge e^{-\frac{k}{n}\pi}|\sin nx|$$

これを $\dfrac{k-1}{n}\pi \leqq x \leqq \dfrac{k}{n}\pi$ で積分すると，$e^{-\frac{k-1}{n}\pi}$，$e^{-\frac{k}{n}\pi}$ は積分変数 x を含まない定数なので，

$$e^{-\frac{k-1}{n}\pi}\int_{\frac{k-1}{n}\pi}^{\frac{k}{n}\pi}|\sin nx|\,dx \geqq I_k \geqq e^{-\frac{k}{n}\pi}\int_{\frac{k-1}{n}\pi}^{\frac{k}{n}\pi}|\sin nx|\,dx$$

とはさめます。$|\sin nx|$ は周期 $\dfrac{\pi}{n}$ の周期関数だから，

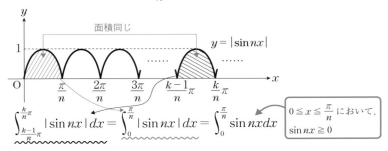

$$\int_{\frac{k-1}{n}\pi}^{\frac{k}{n}\pi}|\sin nx|\,dx = \int_{0}^{\frac{\pi}{n}}|\sin nx|\,dx = \int_{0}^{\frac{\pi}{n}}\sin nx\,dx$$

として計算できます。

ちょっと高度な発想で，ノーヒントではなかなか思いつかないかもしれませんが，

極限だから，不等式でもよい

という視点は重要なので，こちらも解答を作ってみますね。勉強しておいてください。

〈別解〉

$k = 1,\ 2,\ 3,\ \cdots\cdots,\ n^2$ に対して，

$$I_k = \int_{\frac{k-1}{n}\pi}^{\frac{k}{n}\pi}e^{-x}|\sin nx|\,dx$$

とおく。$\dfrac{k-1}{n}\pi \leqq x \leqq \dfrac{k}{n}\pi$ において，$e^{-\frac{k-1}{n}\pi} \geqq e^{-x} \geqq e^{-\frac{k}{n}\pi}$ であるから，

$$e^{-\frac{k}{n}\pi}|\sin nx| \leqq e^{-x}|\sin nx| \leqq e^{-\frac{k-1}{n}\pi}|\sin nx| \qquad \text{区間} \left[\dfrac{k-1}{n}\pi,\ \dfrac{k}{n}\pi\right]$$
で積分

よって，

$$e^{-\frac{k}{n}\pi}\int_{\frac{k-1}{n}\pi}^{\frac{k}{n}\pi}|\sin nx|\,dx \leqq I_k \leqq e^{-\frac{k-1}{n}\pi}\int_{\frac{k-1}{n}\pi}^{\frac{k}{n}\pi}|\sin nx|\,dx \qquad \cdots\cdots①$$

ここで，$|\sin nx|$ は周期 $\dfrac{\pi}{n}$ の周期関数であるから，

$$\int_{\frac{k-1}{n}\pi}^{\frac{k}{n}\pi} |\sin nx|\, dx = \int_0^{\frac{\pi}{n}} |\sin nx|\, dx = \int_0^{\frac{\pi}{n}} \sin nx\, dx = \left[-\frac{1}{n}\cos nx \right]_0^{\frac{\pi}{n}}$$

$$= -\frac{1}{n}(\cos\pi - \cos 0) = -\frac{1}{n}(-1-1) = \frac{2}{n}$$

ゆえに①は,

$$\frac{2}{n}e^{-\frac{k}{n}\pi} \leq I_k \leq \frac{2}{n}e^{-\frac{k-1}{n}\pi}$$

$k = 1, 2, \cdots\cdots, n^2$
でΣをとる

となるから,

$$\frac{2}{n}\sum_{k=1}^{n^2} e^{-\frac{k}{n}\pi} \leq \sum_{k=1}^{n^2} I_k \leq \frac{2}{n}\sum_{k=1}^{n^2} e^{-\frac{k-1}{n}\pi} \quad \cdots\cdots ②$$

ここで,

初項 $e^{-\frac{\pi}{n}}$, 公比 $e^{-\frac{\pi}{n}}$,
項数 n^2 の等比数列の和。

$$\frac{2}{n}\sum_{k=1}^{n^2} e^{-\frac{k}{n}\pi} = \frac{2}{n}e^{-\frac{\pi}{n}}\frac{1-\left(e^{-\frac{\pi}{n}}\right)^{n^2}}{1-e^{-\frac{\pi}{n}}}$$

$\sim\sim$部の分子・分母に
$e^{\frac{\pi}{n}}$を掛けた

$$= \frac{2}{n}\cdot\frac{1}{e^{\frac{\pi}{n}}-1}(1-e^{-n\pi})$$

$$= 2(1-e^{-n\pi})\times\frac{\dfrac{\pi}{n}}{e^{\frac{\pi}{n}}-1}\times\frac{1}{\pi}$$

$$\to 2(1-0)\times 1\times\frac{1}{\pi} = \frac{2}{\pi} \quad (n\to\infty)$$

であり,

$$\frac{2}{n}\sum_{k=1}^{n^2} e^{-\frac{k-1}{n}\pi} = \frac{2}{n}\sum_{k=1}^{n^2} e^{-\frac{k}{n}\pi+\frac{\pi}{n}} = e^{\frac{\pi}{n}}\times\frac{2}{n}\sum_{k=1}^{n^2} e^{-\frac{k}{n}\pi}$$

$e^{\frac{\pi}{n}}$をくくり出すと,
上と同じ式になります。

$$\to e^0\times\frac{2}{\pi} = \frac{2}{\pi} \quad (n\to\infty)$$

であるから,②にはさみうちの原理を用いて,

$$\lim_{n\to\infty}\int_0^{n\pi} e^{-x}|\sin nx|\, dx = \lim_{n\to\infty}\sum_{k=1}^{n^2} I_k = \frac{2}{\pi}$$

| 類 題 44 | | |

解答 ⇨ P.554 | ★★☆ | 🕐 30分

$x \geq 0$ に対して,関数 $f(x)$ を次のように定義する。

$$f(x) = \begin{cases} x & (0 \leq x \leq 1 \text{ のとき}) \\ 0 & (x > 1 \text{ のとき}) \end{cases}$$

このとき,$\displaystyle\lim_{n\to+\infty} n\int_0^1 f(4nx(1-x))\, dx$ を求めよ。

(注) n は自然数とします。

(京大・理系・04後)

45 微分方程式

　積分の入った等式が「積分方程式」で，これは**テーマ41, 42**でやりました。微分の入った等式が「微分方程式」です。昔は高校の教科書に載っていたのが，しばらくはずされていて，今のカリキュラムで「発展的な内容」として復活しました。しかし京大はずっと試験範囲に入れていて，教科書に載らなかった時代，こういう分野は「京大固有分野」とよばれていました。ただし，京大固有分野といっても，「水出し・水入れ問題」が頻出で，それ以外はあまり出題されていません。微積分の最後にコレをマスターして締めくくりましょう。

◆ **変数分離形の微分方程式**

$$\dfrac{dy}{dx} = p(x)\,q(y)$$

　の形の微分方程式を，**変数分離形**という。

　ある微分方程式をみたす関数を，その微分方程式の**解**といい，すべての解を求めることを**微分方程式を解く**という。

　微分方程式を解くと，いくつかの任意の定数を含んだ解が得られる。その定数に特定の値を与えると（初期条件），関数が1つに定まる。

　変数分離形は，次の手順で解く。

Step1 （形式的に）xとyを分離する

$$\dfrac{1}{q(y)}\,dy = p(x)dx$$

Step2 両辺に$\displaystyle\int$ をつける

$$\int \dfrac{1}{q(y)}\,dy = \int p(x)dx$$

Step3 積分して，yについて解く

Step4 初期条件などから積分定数を求める

$$\dfrac{dy}{dx} = \underbrace{p(x)}_{x \text{ の式}} \cdot \underbrace{q(y)}_{y \text{ の式}}$$

と変数xとyが分離できる形。

厳密には，$q(y)=0$の場合を分けないといけませんが，高校数学の範囲(?)では無視してよいです。

$\dfrac{dy}{dx}$ は $\dfrac{d}{dx}y$で，「yをxで微分する」という意味であって，dyとdxに分けてはいけないという意見もありますが，形式的にこのように書くこともあります。ちゃんとやると，

$$\dfrac{1}{q(y)} \cdot \dfrac{dy}{dx} = p(x)$$

として，両辺をxで積分し，

$$\int \dfrac{1}{q(y)} \cdot \dfrac{dy}{dx}\,dx = \int p(x)dx$$

左辺に置換積分の公式を用いて，

$$\int \dfrac{1}{q(y)}\,dy = \int p(x)dx$$

となります。

微分方程式だけで本が一冊書けるぐらいの内容があるのですが，それは大学に入ってから勉強するとして，ここでマスターしないといけないのは「変数分離形」とよばれる形の微分方程式の解法です。

簡単な問題でやってみましょう。

● 例 ●

次の微分方程式を解け。

(1) $\dfrac{dy}{dx} = \dfrac{y}{x}$ （$x = 1$ のとき $y = 1$）

(2) $\dfrac{dy}{dx} = xy$ （$x = 0$ のとき $y = 1$）

● 解答 ●

(1) $\dfrac{1}{y} dy = \dfrac{1}{x} dx$ より，　← **Step1** x と y を分離

　　　　　　　　　　　　　　　　Step2 $\int$ をつける

$$\int \dfrac{1}{y} dy = \int \dfrac{1}{x} dx$$

　　　　　　　　　　　　Step3 積分して y について解く

$\therefore \ \log|y| = \log|x| + C$

（C は定数）

（右辺）$= \log|x| + \log e^C = \log e^C |x|$ より
$|y| = e^C |x|$

よって，$y = \pm e^C x$

$x = 1$ のとき $y = 1$ であるから，$\pm e^C = 1$　← **Step4** 初期条件「$x = 1$ のとき $y = 1$」から C を求める

したがって，

$$\boldsymbol{y = x}$$

(2) $\dfrac{1}{y} dy = x dx$ より，　← **Step1** x と y を分離

$$\int \dfrac{1}{y} dy = \int x dx$$　← **Step2** $\int$ をつける

$\therefore \ \log|y| = \dfrac{1}{2}x^2 + C$　← **Step3** 積分して y について解く

（右辺）$= \log e^{\frac{1}{2}x^2 + c}$ より
$|y| = e^{\frac{1}{2}x^2 + c}$

（C は定数）

よって，$y = \pm e^{\frac{1}{2}x^2 + C} = \pm e^C \cdot e^{\frac{1}{2}x^2}$

$x = 0$ のとき $y = 1$ であるから，$\pm e^C = 1$　← **Step4** 初期条件「$x = 0$ のとき $y = 1$」から C を求める

したがって，

$$\boldsymbol{y = e^{\frac{1}{2}x^2}}$$

こんな感じです。厳密な話は大学の数学の範囲になるので，ここではとりあえず問題を解く技術として，上の手順を習得しておいてください。では，京大の問題です。

$H > 0$, $R > 0$ とする。空間内において，原点 O と点 $P(R, 0, H)$ を結ぶ線分を，z 軸のまわりに回転させてできる容器がある。この容器に水をみたし，原点から水面までの高さが h のとき単位時間あたりの排水量が，$\sqrt{h}$ となるように，水を排出する。すなわち，時刻 t までに排出された水の総量を $V(t)$ とおくとき，$\dfrac{dV}{dt} = \sqrt{h}$ が成り立つ。このときすべての水を排出するのに要する時間を求めよ。

（京大・理系・06後）

理解　「水出し・水入れ」とか「水の問題」などとよばれる問題で，京大が好きなネタです。じつは僕が 1 浪目の 1988 年に出題されたんですが，全然解けなかったんですよ。で，2 浪目の 1989 年にまた出題されまして，「デジャブーか？」と思いました。今度は解けて，合格しましたけど，こんなマイナーなネタを 2 年連続って……と驚きました。

「水出し・水入れ」の何が難しいかというと，扱う変数が複数あることです。本問はやや変則で，「排出された水の総量を $V(t)$」としていますが，一般的には「容器の中の水の量を V」とすることが多いので，いったんこちらでまとめてみます。

水の量 V，水面の面積 S，深さ h としたとき，これらはすべて時刻 t によって変化するので，t で微分できます。それぞれ意味があって，

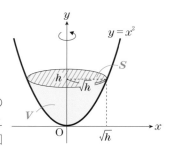

$\dfrac{dV}{dt}$ …単位時間あたりの流入量

　$\left(-\dfrac{dV}{dt}$ は単位時間あたりの流出量$\right)$

$\dfrac{dS}{dt}$ …水面の広がる速度

$\dfrac{dh}{dt}$ …水面の上昇速度

となります。

また，図形的な関係から，V と S は h の関数になっていることが一般的です。たとえば，容器が放物線 $y = x^2$ を y 軸まわりに回

転したものであれば，深さが h のとき，

$$S = \pi(\sqrt{h})^2 = \pi h \qquad \therefore \quad \frac{dS}{dh} = \pi$$

また，深さが y のとき，$S = \pi(\sqrt{y})^2 = \pi y$ ですから，

$$V = \int_0^h S\,dy = \int_0^h \pi y\,dy = \left[\frac{\pi}{2}y^2\right]_0^h = \frac{\pi}{2}h^2 \quad \therefore \quad \frac{dV}{dh} = \pi h$$

そうそう，$\dfrac{dV}{dh}$ はテーマ 40, 41の「定積分で表された関数」で出てきた公式

$$\frac{d}{dx}\int_a^x f(t)\,dt = f(x)$$

を思い出してもらうと，～～部を h で微分して，

$$\frac{dV}{dh} = S = \pi h$$

ともできますね。断面積 $\overset{\text{積分}}{\underset{\text{微分}}{\rightleftarrows}}$ 体積 という関係です。

このように，数学ではちょっと珍しいくらい変数が多く，微分も t と h の 2 通りにできるので，難しく感じるようです。だから，まずは情報を整理しましょう。

	水の量 V	水面の面積 S	深さ h
t で微分	流入量 $\dfrac{dV}{dt}$	水面の広がる速度 $\dfrac{dS}{dt}$	水面の上昇速度 $\dfrac{dh}{dt}$
h で微分	$\dfrac{dV}{dh} = S$	$\dfrac{dS}{dh}$	

上の 8 つの量のうち，何がわかっていて，何を求めたいのかを整理します。そして，これらを結びつけるのが，合成関数の微分法の公式

$$\frac{dV}{dt} = \frac{dV}{dh}\cdot\frac{dh}{dt} \qquad \frac{dS}{dt} = \frac{dS}{dh}\cdot\frac{dh}{dt}$$

の 2 つです。これで微分方程式が作れます。なお，～～部は上の表の $\dfrac{dV}{dh} = S$ を使って，

$$\frac{dV}{dt} = S\cdot\frac{dh}{dt}$$

ともできます。

では，本問ですが，本問では水の排出量を V としていて，$\dfrac{dV}{dt} = \sqrt{h}$ です。容器の中に残っている水の量を W とすると，

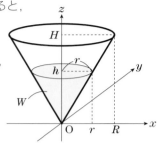

$$\frac{dW}{dt} = -\sqrt{h}$$

はパッとわかりますか？　ていねいにやると，

はじめの水の量が $\dfrac{1}{3} \times \pi R^2 \times H$ だから，

$$W = \frac{1}{3}\pi R^2 H - V$$

両辺を t で微分すると，$\dfrac{1}{3}\pi R^2 H$ は一定なので，

$$\frac{dW}{dt} = -\frac{dV}{dt}$$

よって，$\dfrac{dV}{dt} = \sqrt{h}$ より，

$$\frac{dW}{dt} = -\sqrt{h} \quad \cdots\cdots ⓐ$$

あと，原点から水面までの高さが h のときの水面の面積を S とすると，

$$\frac{dW}{dh} = S = \pi\left(\frac{h}{H}R\right)^2$$

ですが，これはパッとわかりますか？
ていねいにやると，水面の高さが h のとき
の水面の半径を r とすると，相似から，

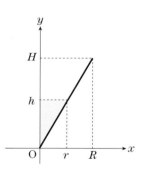

$$H : R = h : r \qquad \therefore \quad r = \frac{h}{H}R$$

よって，

$$W = \frac{1}{3} \times \pi r^2 \times h = \frac{\pi}{3} \cdot \frac{R^2}{H^2} h^3$$

両辺を h で微分して，

$$\frac{dW}{dh} = \frac{\pi R^2}{H^2} h^2 \quad \cdots\cdots ⓑ$$

となります。
すると，合成関数の微分法の公式

$$\frac{dW}{dt} = \frac{dW}{dh} \cdot \frac{dh}{dt}$$

に@，⑥を代入して，

$$-\sqrt{h} = \frac{\pi R^2}{H^2} h^2 \cdot \frac{dh}{dt} \qquad \therefore \quad \frac{dh}{dt} = -\frac{H^2}{\pi R^2} h^{-\frac{3}{2}}$$

$-\dfrac{H^2}{\pi R^2}$ は定数だから，変数分離形の微分方程式が得られました。

計画 では，変数分離形の処理をしましょう。

$$h^{\frac{3}{2}} dh = -\frac{H^2}{\pi R^2} dt \quad \longleftarrow \quad \boxed{\text{Step 1}} \quad \textbf{h と t を分離}\left(\begin{array}{l} t \text{ は } dt \text{ だけで} \\ t \text{ の式はない。} \end{array}\right)$$

$$\int h^{\frac{3}{2}} dh = -\frac{H^2}{\pi R^2} \int dt \quad \longleftarrow \quad \boxed{\text{Step 2}} \quad \int \textbf{をつける}$$

$$\frac{2}{5} h^{\frac{5}{2}} = -\frac{H^2}{\pi R^2} t + C \quad \longleftarrow \quad \boxed{\text{Step 3}} \quad \textbf{積分}$$

$t = 0$ のとき，$h = H$ だから，

$$\frac{2}{5} H^{\frac{5}{2}} = C \quad \longleftarrow \quad \boxed{\text{Step 4}} \quad \textbf{初期条件から } C \textbf{ を求める}$$

これで h と t の関係式が得られます。

$$\frac{2}{5} h^{\frac{5}{2}} = -\frac{H^2}{\pi R^2} t + \frac{2}{5} H^{\frac{5}{2}}$$

「すべての水を排出するのに要する時間を求めよ」ということなので，$h = 0$ となるときの t の値を求めれば OK ですね。

実行

　時刻 t のときの水面の高さを h，水面の面積を S，半径を r，容器の中の水の量を W とする。

$$\frac{dV}{dt} = \sqrt{h} \quad \text{より，}$$

$$\frac{dW}{dt} = -\frac{dV}{dt} = -\sqrt{h} \quad \cdots\cdots ①$$

また，

$$H : R = h : r \quad \therefore \quad r = \frac{h}{H} R$$

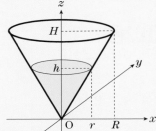

であるから，

$$\frac{dW}{dh} = S = \pi r^2 = \frac{\pi R^2}{H^2} h^2 \quad \cdots\cdots ②$$

ここで，$\dfrac{dW}{dt} = \dfrac{dW}{dh} \cdot \dfrac{dh}{dt}$ が成り立つから，①，②を代入して，

$$-\sqrt{h} = \frac{\pi R^2}{H^2} h^2 \cdot \frac{dh}{dt} \qquad \therefore \quad h^{\frac{3}{2}} \frac{dh}{dt} = -\frac{H^2}{\pi R^2}$$

よって，

$$\int h^{\frac{3}{2}} dh = -\frac{H^2}{\pi R^2} \int dt \qquad \therefore \quad \frac{2}{5} h^{\frac{5}{2}} = -\frac{H^2}{\pi R^2} t + C \quad （Cは積分定数）$$

$t = 0$ のとき $h = H$ より，$C = \dfrac{2}{5} H^{\frac{5}{2}}$ であるから，

$$\frac{2}{5} h^{\frac{5}{2}} = -\frac{H^2}{\pi R^2} t + \frac{2}{5} H^{\frac{5}{2}}$$

すべての水を排出すると，$h = 0$ であるから，

$$-\frac{H^2}{\pi R^2} t + \frac{2}{5} H^{\frac{5}{2}} = 0 \qquad \therefore \quad t = \frac{2}{5} \pi R^2 \sqrt{H}$$

より，求める時間は，$\dfrac{2}{5} \pi R^2 \sqrt{H}$

類 題 **45**　　　　　　　　　　　　　解答 ⇨ P.557　★★★　⏱ **30分**

　深さ h の容器がある．底は半径 $a\,(>0)$ の円板，側面は $x = f(y)$，$0 \leqq y \leqq h$ のグラフを y 軸のまわりに回転したものである．ただし $f(y)$ は正の連続関数で $f(0) = a$ とする．この容器に単位時間当たり V（一定）の割合で水を入れたとき，T 時間後に一杯になり，しかも $t\,(<T)$ 時間後の水面の面積は $Vt + \pi a^2$ であった．

　関数 $f(y)$ を決定し，T を求めよ．　　　　　　　　（京大・理系・95前）

第9章 複素数平面

プロローグ

　高校数学の内容は，文部科学省によって約10年ごとに見直されます。新課程・旧課程なんていう言葉を聞いたことがあると思います。英語や国語ではあまり変化がないと思うのですが（あるのかな？），数学や理科などは毎回大騒ぎです。ある分野がゴソッとなくなったり，逆にまったく新しい分野が入ってきたりするんです。

　この「複素数平面」は出入りのはげしい分野です。虚数単位 i の計算部分はず～っと高校数学の範囲なのですが，x 軸・y 軸をそれぞれ実軸・虚軸として複素数を平面上の点として表す「複素数平面」は出たり入ったり，数学 B だったり，数学 III だったりしています。具体的には，

　　　旧々課程（1997～2005年）　数学 B の選択（文系もアリ，センターもアリ）
　　　旧課程　（2006～2014年）　ナシ
　　　現課程　（2015年～）　　　数学 III

と移り変わってきました。

　僕は1989年京大入学なのですが（受験は1987，1988，1989年の3回（笑）），このころの課程には「複素数平面」は入っていなかったので，僕は習っていませんし，受験でも使っていません。大学で習うのですが，大学受験に出てくるような平面上の図形を扱ったりするものとはちょっと違うんですよね。だから，予備校講師になってから，はじめて勉強した感じです。

　はじめは悩みましたよ～。他の分野と違って高校3年，浪人2年の蓄積もなければ，塾講師，予備校講師としての蓄積もありませんから，勉強すればするほど，どんどんパターンが増えていく感じで。しかも，ある問題集に載っている問題とよく似た問題なのに，他の問題集では全然違う解き方をしていたりしていて，？？？でした。

　で，気づいたんですが，じつは「複素数平面」って4つの分野が合体しているんです。それがごちゃごちゃになっているから，知識が混乱するし，理解や計画もやりにくい。さらにタチの悪いことに，1つの問題が複数のアプローチで解けちゃったりするんです。問題集ですと，問題の配列やページの都合でその全部が載せられなかったりする。それが「似たような問題なのに，問題集によって解法が違う」ように見える原因のひとつです。

　ここで，「複素数平面」への4つのアプローチをまとめて，1つの問題が複数のアプローチで解けることを，簡単な問題で確認してみましょう。

複素数平面への
アプローチ　→
1 $z = x + yi$ (x, y は実数) とおく
2 共役複素数 $\overline{z}$ を利用する
3 極形式 $z = r(\cos\theta + i\sin\theta)$ で表す
4 図形的に考える

です。やってみるのは次の問題です。

● 例 ●

z は虚数であり，$z + \dfrac{1}{z}$ は実数であるとする。このとき $|z|$ を求めよ。

1 $z = x + yi$ (x, y は実数) とおく

　複素数の問題を解くアプローチの中で，基本中の基本ですよね。最終目標はたいがい，

◆ 複素数の相等
　a, b, c, d を実数とするとき，
　　　$a + bi = c + di \iff a = c,\ b = d$
とくに，　$a + bi = 0 \iff a = b = 0$

にもちこむことです。とにかく式を，
$$(実部) + (虚部)i\ の形に整理$$
して，そこから考えます。

　この問題では「z は虚数」ですから，
$$z = x + yi \quad (x,\ y\ は実数で，\ y \ne 0)$$
とおけます。このとき，

$$z + \frac{1}{z} = x + yi + \frac{1}{x + yi}$$

$\times \dfrac{x - yi}{x - yi}$ で分母の実数化

$$= x + yi + \frac{x - yi}{x^2 - y^2 i^2}$$

(実部)＋(虚部)i の形

$$= \left(x + \frac{x}{x^2 + y^2}\right) + \left(y - \frac{y}{x^2 + y^2}\right)i$$

$$= \frac{x(x^2 + y^2 + 1)}{x^2 + y^2} + \frac{y(x^2 + y^2 - 1)}{x^2 + y^2}i$$

となり，これが実数となりますから，(虚部) $= 0$ より

$$\frac{y(x^2+y^2-1)}{x^2+y^2} = 0 \qquad \therefore \quad y = 0 \ \text{または} \ x^2+y^2 = 1$$

です。z が虚数なので $y \neq 0$ でしたから，これが成り立つとき，

$$x^2 + y^2 = 1$$

です。よって

$$|z| = \sqrt{x^2+y^2} = 1$$

　問題集や参考書では，複素数平面上の軌跡の問題を，よく，次の **2** **共役複素数 $\overline{z}$ を利用する**解法で解いているのですが，個人的にはこの **1** **$z = x + yi$ とおく**解法の方がよいように思います。$\overline{z}$ を利用できた方がカッコいいのですが，計算に慣れていない人が多く，模試などでも変形をミスっている答案をたくさん見ます。たとえば，

　　「z が $z\overline{z} + 2iz - 2i\overline{z} = 0$ をみたすときの点 $\mathrm{P}(z)$ の軌跡を求めよ」

という問題を解き比べてみますと，

2 **$\overline{z}$ を利用する**

$z\overline{z} + 2iz - 2i\overline{z} = 0$ （z でくくる）

$z(\overline{z} + 2i) - 2i\overline{z} = 0$ （$\overline{z} + 2i$ を作る）

$z(\overline{z} + 2i) - 2i(\overline{z} + 2i) + 2i \cdot 2i = 0$

$(z - 2i)(\overline{z} + 2i) + 4i^2 = 0$ （$\overline{z} + 2i$ でくくる）

$(z - 2i)(\overline{z} - \overline{2i}) = 4$ （$2i = -\overline{2i}$）

$(z - 2i)(\overline{z - 2i}) = 4$ （$\overline{\alpha \pm \beta} = \overline{\alpha} \pm \overline{\beta}$）

$|z - 2i|^2 = 4$ （$\alpha\overline{\alpha} = |\alpha|^2$）

$|z - 2i| = 2$

よって，

　　点 $2i$ を中心とする半径 2 の円

1 **$z = x + yi$ とおく**

$(x + yi)(x - yi) + 2i(x + yi)$
$\qquad\qquad - 2i(x - yi) = 0$

$x^2 - y^2 i^2 + 2yi^2 + 2yi^2 = 0$

$x^2 + y^2 - 4y = 0$

$x^2 + (y - 2)^2 = 4$

よって，

　　点 $(0, 2)$ を中心とする半径 2
　　の円

すなわち，

　　点 $2i$ を中心とする半径 2 の円

という感じです。こんなショボい問題なのに，左の解答は変形方針が高度ですし，いろいろな知識も使っています。それに対して右の解答は数学 II の範囲だけで解けています。

　これがこの章のはじめに言った，「似たような問題（というか同じ問題）なのに問題集によって解法が違う」ってやつです。複素数平面の分野を難しく感じさせている原因のひとつです。

　ただし，複雑な問題では，最初から $z = x + yi$ とおいてしまうとすさまじい計算になってしまうこともあり，$\overline{z}$ を利用して式をある程度整えてから $z = x + yi$ とおいた方がよいこともあります。$\overline{z}$ が不要なわけでは

ありませんし，$\bar{z}$ の方がスッキリ解ける問題もあります。こちらもしっかりマスターしましょう。

2 共役複素数 $\bar{z}$ を利用する

このアプローチが有効なのは

> ◆ 複素数の絶対値と共役複素数の関係
> $$|z|^2 = z\bar{z}$$

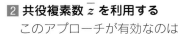

> $z = x + yi$ （x, y は実数）
> とおくと
> $$\begin{aligned} z\bar{z} &= (x+yi)(x-yi) \\ &= x^2 - y^2 i^2 \\ &= x^2 + y^2 \\ &= |z|^2 \end{aligned}$$

を利用する，絶対値を含む式を扱う問題と，

> ◆ 実数条件，純虚数条件
> ● z が実数 $\iff z = \bar{z}$
> ● z が純虚数 $\iff z + \bar{z} = 0$ かつ $z \neq 0$

> $z = x + yi$ （x, y は実数）
> とおくと $\bar{z} = x - yi$ で，
> （z の実部）$= \dfrac{z + \bar{z}}{2}$
> （z の虚部）$= \dfrac{z - \bar{z}}{2i}$
> ですので，これが成り立ちます。

を利用する「実数である」，「純虚数である」を扱う問題のときでしょう。前ページの軌跡の問題の左の解答は上の $|z|^2 = z\bar{z}$ を使ったものでした。

いまやっている ● 例 ● は「実数条件」を用います。

$z + \dfrac{1}{z}$ が実数ですから，

> BAR は加減乗除すべてちぎったりつないだりできます。
> 具体的な数値で確認してみてください。他に
> $$\overline{\alpha\beta} = \bar{\alpha}\,\bar{\beta}$$
> もあります。

$$z + \frac{1}{z} = \overline{\left(z + \frac{1}{z}\right)}$$

$$\overline{\alpha \pm \beta} = \bar{\alpha} \pm \bar{\beta}$$
$$\overline{\left(\frac{\alpha}{\beta}\right)} = \frac{\bar{\alpha}}{\bar{\beta}}$$
$$\overline{1} = 1$$

$$z + \frac{1}{z} = \bar{z} + \frac{1}{\bar{z}}$$

> 「$\bar{z}$」は「ゼットバー」と読みます。共役複素数を考えるとき「¯ をとる」ではさびしいので，「BAR をとる」と書きますね。この本だけの表現です。答案には書かないように。

$$z - \bar{z} + \frac{1}{z} - \frac{1}{\bar{z}} = 0$$

$$z - \bar{z} + \frac{\bar{z} - z}{z\bar{z}} = 0 \qquad 通分$$

$z - \bar{z}$ でくくる，$z\bar{z} = |z|^2$

$$(z - \bar{z})\left(1 - \frac{1}{|z|^2}\right) = 0$$

> 「$z = \bar{z} \Leftrightarrow z$ が実数」でしたよね。

となりますが，z は虚数ですので $z \neq \bar{z}$ です。よって

$$1 - \frac{1}{|z|^2} = 0 \qquad \therefore \quad |z|^2 = 1 \qquad \therefore \quad |z| = 1$$

3 極形式 $z = r(\cos\theta + i\sin\theta)$ で表す

極形式を利用する最大のメリットは積や商で,

◆ **極形式と乗法・除法**

0 でない複素数 z_1, z_2 **が**

$$z_1 = r_1(\cos\theta_1 + i\sin\theta_1),\ z_2 = r_2(\cos\theta_2 + i\sin\theta_2)$$

と表せるとき,

$$z_1 z_2 = r_1 r_2\{\cos(\theta_1 + \theta_2) + i\sin(\theta_1 + \theta_2)\}$$

$$\frac{z_1}{z_2} = \frac{r_1}{r_2}\{\cos(\theta_1 - \theta_2) + i\sin(\theta_1 - \theta_2)\}$$

が成り立つことでしょう。証明は加法定理を用いた計算でやりますが,これは図形的な意味の方が重要です。

$z_1 z_2$ の式を見ますと,テキトーに変形してあるわけではなくて,ちゃんと極形式に戻っていて,

$z_1 z_2$ の絶対値が $r_1 r_2$,偏角が $\theta_1 + \theta_2$

になっていることがわかります。

z_1 の絶対値は r_1,偏角は θ_1

z_2 の絶対値は r_2,偏角は θ_2

ですから,

「z_1 に z_2 を掛けた」

ときの図形的な意味を考えると,z_1 の表す点を P,$z_1 z_2$ の表す点を Q として,

「$\overrightarrow{\mathrm{OQ}}$ は $\overrightarrow{\mathrm{OP}}$ を

$\theta_2\ (= \arg z_2)$ だけ回転し,

$r_2\ (= |z_2|)$ 倍に拡大したもの」

となります。

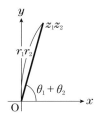

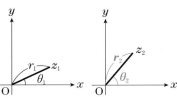

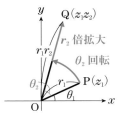

極形式はこのように,積・商の計算と,複素数平面上での図形的な意味をつなぐ表現になっているんですね。まとめると,

$$\times z\ (z \neq 0)\ \text{は}\ \arg z\ \text{回転,}\ |z|\ \text{倍拡大}$$

です。

> $0 < |z| < 1$ のときは
> "拡大"ではなく"縮小"のように思いますが
> たとえば $|z| = \frac{1}{2}$ のとき
> 「$\frac{1}{2}$ 倍に拡大」と言います。

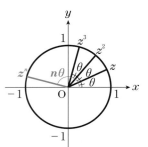

　ここから，ド・モアブルの定理が図形的に導けて，$z = \cos\theta + i\sin\theta$ とすると $\arg z = \theta$，$|z| = 1$ ですから，

　　z^n は θ 回転を n 回，1 倍拡大を n 回

を意味していて，右の図のようになっています。

　これは n が正の整数のときだけでなく，負の整数のときも成り立ち，次のようになります。

◆ **ド・モアブルの定理**

　n **が整数のとき，**

　　$(\cos\theta + i\sin\theta)^n = \cos n\theta + i\sin n\theta$

また，積や商の絶対値について，

◆ **積・商と絶対値**

　$|z_1 z_2| = |z_1||z_2|$，　$\left|\dfrac{z_1}{z_2}\right| = \dfrac{|z_1|}{|z_2|}$

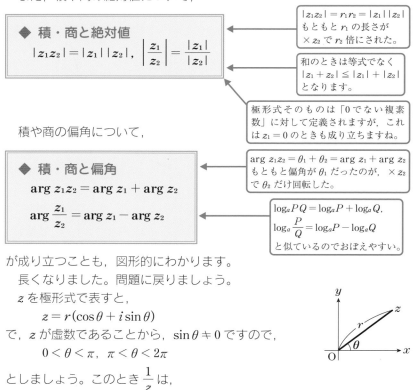

$|z_1 z_2| = r_1 r_2 = |z_1||z_2|$
もともと r_1 の長さが
$\times z_2$ で r_2 倍にされた。

和のときは等式でなく
$|z_1 + z_2| \leqq |z_1| + |z_2|$
となります。

極形式そのものは「0 でない複素数」に対して定義されますが，これは $z_1 = 0$ のときも成り立ちますね。

積や商の偏角について，

◆ **積・商と偏角**

　$\arg z_1 z_2 = \arg z_1 + \arg z_2$

　$\arg \dfrac{z_1}{z_2} = \arg z_1 - \arg z_2$

$\arg z_1 z_2 = \theta_1 + \theta_2 = \arg z_1 + \arg z_2$
もともと偏角が θ_1 だったのが，$\times z_2$
で θ_2 だけ回転した。

$\log_a PQ = \log_a P + \log_a Q$，
$\log_a \dfrac{P}{Q} = \log_a P - \log_a Q$
と似ているのでおぼえやすい。

が成り立つことも，図形的にわかります。

　長くなりました。問題に戻りましょう。

　z を極形式で表すと，

　　$z = r(\cos\theta + i\sin\theta)$

で，z が虚数であることから，$\sin\theta \neq 0$ ですので，

　　$0 < \theta < \pi,\ \pi < \theta < 2\pi$

としましょう。このとき $\dfrac{1}{z}$ は，

$$\frac{1}{z} = \frac{1}{r(\cos\theta + i\sin\theta)}$$
$$= \frac{\cos\theta - i\sin\theta}{r(\cos^2\theta + \sin^2\theta)}$$
$$= \frac{1}{r}(\cos\theta - i\sin\theta)$$

$\times \dfrac{\cos\theta - i\sin\theta}{\cos\theta - i\sin\theta}$ で分母の実数化

となります。あ，そうそう，これは「$\dfrac{1}{z} = 1 \div z$」

と見ると「$\times z$」が「θ 回転，r 倍」ですから，

「$\div z$」は「$-\theta$ 回転，$\dfrac{1}{r}$ 倍」となり，

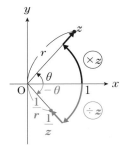

$$\frac{1}{z} = \frac{1}{r}\{\cos(-\theta) + i\sin(-\theta)\}$$
$$= \frac{1}{r}(\cos\theta - i\sin\theta)$$

と求めることもできます。

　よって，

$$z + \frac{1}{z} = r(\cos\theta + i\sin\theta) + \frac{1}{r}(\cos\theta - i\sin\theta)$$
$$= \left(r + \frac{1}{r}\right)\cos\theta + i\left(r - \frac{1}{r}\right)\sin\theta$$

(実部)＋(虚部)i
の形に整理

となり，これが実数ですから，(虚部)＝0 で

$$\left(r - \frac{1}{r}\right)\sin\theta = 0$$

$0 < \theta < \pi$，$\pi < \theta < 2\pi$ より $\sin\theta \neq 0$ ですから，

$$r - \frac{1}{r} = 0 \qquad \therefore \quad r^2 = 1 \qquad \therefore \quad |z| = r = 1$$

極形式でも求めることができましたね。

4 図形的に考える

　さて，最後の大物です。複素数平面の分野の図形に関する公式や定理は
たくさんあるように見えるのですが，じつは2つのことしか使っていません。
それは複素数の計算と，複素数平面上での図形の動きの2つの関係です。

　①複素数の和・差・実数倍　⟺　ベクトルの和・差・実数倍
　②複素数の積・商・n 乗　⟺　回転＋拡大（縮小）

②の関係を担当している表現が極形式なわけです。**3** $z = r(\cos\theta + i\sin\theta)$ **で表す**で説明しましたよね。①の関係を担当している表現が $z = x + yi$ です。

　　複素数の和では，実部と実部，虚部と虚部を足しますよね。

　　ベクトルの和では，x 成分と x 成分，y 成分と y 成分を足しますから，同じ構造になっているわけです。差や実数倍でも同じです。

ベクトル
A$(x_1,\ y_1)$, B$(x_2,\ y_2)$
として

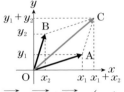

$$\overrightarrow{\mathrm{OC}} = \overrightarrow{\mathrm{OA}} + \overrightarrow{\mathrm{OB}} = (x_1 + x_2,\ y_1 + y_2)$$

複素数平面
A$(\alpha = x_1 + y_1 i)$, B$(\beta = x_2 + y_2 i)$,
C(γ) として

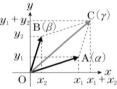

$$\gamma = \alpha + \beta = (x_1 + x_2) + (y_1 + y_2)i$$

ですから，2 点間の距離や，内分・外分の公式，三角形の重心の式などが，

ベクトル　　$|\overrightarrow{\mathrm{AB}}| = |\overrightarrow{\mathrm{OB}} - \overrightarrow{\mathrm{OA}}|$　　$\dfrac{n\overrightarrow{\mathrm{OA}} + m\overrightarrow{\mathrm{OB}}}{m + n}$　　$\dfrac{\overrightarrow{\mathrm{OA}} + \overrightarrow{\mathrm{OB}} + \overrightarrow{\mathrm{OC}}}{3}$

複素数平面　　$\mathrm{AB} = |\beta - \alpha|$　　$\dfrac{n\alpha + m\beta}{m + n}$　　$\dfrac{\alpha + \beta + r}{3}$

このように似ているわけです。

　　では，問題を考えてみましょう。

　　$z,\ \dfrac{1}{z}$ が複素数平面上で表す点をそれぞれを P，Q としましょう。

3 $z = r(\cos\theta + i\sin\theta)$ **で表す**のところでも説明しましたが，$\dfrac{1}{z}$ は $1 \div z$ と考えると割り算ですので，回転のイメージでとらえましょう。

　　z が θ 回転 r 倍

なら

　　　　$\dfrac{1}{z}$ は $-\theta$ 回転 $\dfrac{1}{r}$ 倍

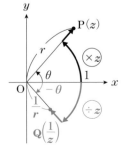

です。

z は虚数ですから，P は実軸上にはありません。ですから，P と Q は実軸に関して反対側にあり，$\overrightarrow{\mathrm{OP}}$ と $\overrightarrow{\mathrm{OQ}}$ が x 軸の正方向となす角は等しく，さらに，

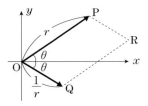

$$\mathrm{OP} = r, \quad \mathrm{OQ} = \frac{1}{r}$$

となっています。

一方，$z + \dfrac{1}{z}$ は足し算ですので，ベクトルのイメージでとらえて，

$$\overrightarrow{\mathrm{OR}} = \overrightarrow{\mathrm{OP}} + \overrightarrow{\mathrm{OQ}}$$

とすると，「$z + \dfrac{1}{z}$ が実数」とは，「R が実軸上」ということです。

この 2 つの図形的な性質から，

平行四辺形 OPRQ は対角線 OR が実軸上

ということになります。平行四辺形ですので，∠PRO＝∠QOR です。また，∠POR＝∠QOR ですので，∠PRO＝∠POR となり，OP＝PR です。さらに平行四辺形であることから OQ＝PR ですので，

$$\mathrm{OP} = \mathrm{OQ} \quad \longleftarrow \boxed{\text{要は菱形です。}}$$

です。よって

$$r = \frac{1}{r} \qquad \therefore \quad r^2 = 1 \qquad \therefore \quad |z| = r = 1$$

となります。

簡単な問題でしたが，4 つのアプローチすべてで解けましたね。いつも 4 つとも解けるわけではありませんが，1 つの問題を 4 つの視点から見てみると，1 つくらいはいい切り口が見つかると思います。

最後に，定理を1つ証明してみます。

◆ 垂直条件
$\mathrm{A}(\alpha)$, $\mathrm{B}(\beta)$, $\mathrm{C}(\gamma)$ を相異なる点とするとき

$$\mathrm{AB} \perp \mathrm{AC} \iff \frac{\gamma - \alpha}{\beta - \alpha} \text{ が純虚数}$$
$$\iff (\gamma - \alpha)(\overline{\beta} - \overline{\alpha}) + (\overline{\gamma} - \overline{\alpha})(\beta - \alpha) = 0 \cdots\cdots(*)$$

これは $(*)$ の式を除いて教科書で太字になっているのですが，これを丸暗記，しかも $(*)$ の式まで丸暗記している人がいて，記憶力に驚かされます。覚えられればそれでいいのですが，"1分以内に導ける公式は覚えない"の原則で，導いてみましょう。さきほども言いましたが，

①和・差・実数倍 ⟷ ベクトル
②積・商・n 乗 ⟷ 回転＋拡大

の2つですべて組み立てられますから。

まず，垂直ですので，"$90°$ 回転"を考えますが，複素数の積による回転は原点を中心にしか回転できませんので，A を原点 O に移動します。ベクトルのイメージですね。

$\mathrm{A} \longrightarrow \mathrm{O}$ すなわち $\alpha \longrightarrow 0$
にする和・差・実数倍を考えて，「$-\alpha$ すればよい」ことに気づきます。これにともなって，

$\mathrm{B} \longrightarrow \mathrm{B}'$, $\mathrm{C} \longrightarrow \mathrm{C}'$
と平行移動したとすると，

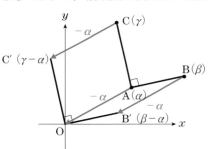

$$\mathrm{A}(\alpha) \underset{-\alpha}{\longrightarrow} \mathrm{O}(0), \ \mathrm{B}(\beta) \underset{-\alpha}{\longrightarrow} \mathrm{B}'(\beta - \alpha), \ \mathrm{C}(\gamma) \underset{-\alpha}{\longrightarrow} \mathrm{C}'(\gamma - \alpha)$$

となります。

$\angle \mathrm{BAC} = 90°$ より $\angle \mathrm{B'OC'} = 90°$ ですので，
「C′ は B′ を O を中心として $90°$ 回転したもの」
ということになるのですが，AB ＝ AC つまり OB′ ＝ OC′ とは限りません。また，時計まわりの回転と反時計まわりの回転の2つの可能性があります。ですから，正確には，

「C′はB′をOを中心として±90°回転してr倍$(r>0)$したもの」
と考えて,

$$\gamma - \alpha = (\beta - \alpha) \times r\left\{\cos\left(\pm\frac{\pi}{2}\right) + i\sin\left(\pm\frac{\pi}{2}\right)\right\}$$

$$\underset{\Vert}{\overrightarrow{OC} - \overrightarrow{OA}} \quad \underset{\Vert}{\overrightarrow{OB} - \overrightarrow{OA}}$$
$$\overrightarrow{AC} \quad \text{は} \quad \overrightarrow{AB} \text{を} \quad r\text{倍} \qquad \pm\frac{\pi}{2}\text{回転}$$

> 慣れてきたら,このように
> ベクトルを回転＋拡大
> と読み取れるようになると,
> グンと level up します。

となり,$\cos\left(\pm\dfrac{\pi}{2}\right) = 0$, $\sin\left(\pm\dfrac{\pi}{2}\right) = \pm1$ ですから,

$$\gamma - \alpha = (\beta - \alpha) \times (\pm ri)$$

$$\frac{\gamma - \alpha}{\beta - \alpha} = \pm ri$$

となります。だから,

「$\dfrac{\gamma - \alpha}{\beta - \alpha}$ が純虚数」

となるわけです。さらに,**2 $\overline{z}$ を利用する**の

「z が純虚数」 $\iff$ $z + \overline{z} = 0$ かつ $z \neq 0$

を使いますと,α, β, γ が相異なるという条件のもとで,

$$\frac{\gamma - \alpha}{\beta - \alpha} + \overline{\left(\frac{\gamma - \alpha}{\beta - \alpha}\right)} = 0 \qquad \overline{\left(\frac{\beta}{\alpha}\right)} = \frac{\overline{\beta}}{\overline{\alpha}}, \ \overline{\alpha \pm \beta} = \overline{\alpha} \pm \overline{\beta}$$

$$\frac{\gamma - \alpha}{\beta - \alpha} + \frac{\overline{\gamma} - \overline{\alpha}}{\overline{\beta} - \overline{\alpha}} = 0$$

分母を払った

$$(\gamma - \alpha)(\overline{\beta} - \overline{\alpha}) + (\overline{\gamma} - \overline{\alpha})(\beta - \alpha) = 0$$

となります。

このように,複素数平面上の図形に関する定理や公式は,

①和・差・実数倍 $\iff$ ベクトル
②積・商・n乗 $\iff$ 回転＋拡大

の2つで導くことができます。他のものでもやってみてください。はじめから丸暗記しようとするのではなく,「何回か導いているうちに覚えちゃった」というのが理想です。

テーマ 46 方程式の虚数解

例題 46 ★★☆ ⏱ 25分

> a, b は実数で，$a > 0$ とする。z に関する方程式
> $$z^3 + 3az^2 + bz + 1 = 0 \qquad (*)$$
> は 3 つの相異なる解を持ち，それらは複素数平面上で一辺の長さが $\sqrt{3}a$ の正三角形の頂点となっているとする。このとき，a, b と (*) の 3 つの解を求めよ。
>
> （京大・理系・20）

🙋 **理解** まず，**類題 7** でやりました

2 次方程式
3 次方程式 → **1** グラフ
2 因数分解
3 解と係数の関係

を思い出してください。**1 グラフ**は，グラフと x 軸との交点などを考えるので，実数解に対してしか使えません。また，本問の 3 次方程式はこれといった特徴もなく，**2 因数分解**も無理そうです。すると，**3 解と係数の関係**でしょうか。3 解を α, β, γ とすると，

$$\begin{cases} \alpha + \beta + \gamma = -3a & \cdots\cdots @ \\ \alpha\beta + \beta\gamma + \gamma\alpha = b & \cdots\cdots ⓑ \\ \alpha\beta\gamma = -1 & \cdots\cdots ⓒ \end{cases}$$

となります。複素数平面上で α, β, γ が表す点をそれぞれ A，B，C とすると，△ABC が「1 辺の長さが $\sqrt{3}a$ の正三角形」となるわけですが，これはどうしましょう？ 複素数平面で正三角形や直角二等辺三角形が出ると，「回転」が有名ですので，

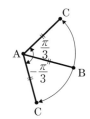

　　積・商・n 乗 ⟺ 回転＋拡大

が頭に浮かんだかもしれません。しかしちょっと待ってください！ もう 1 つ重要なことを忘れています。α, β, γ は単なる複素数ではなく，「3 次方程式 $z^3 + 3az^2 + bz + 1 = 0$ の 3 つの解」なんですよ！ さあ，何か思

い当たることはありませんか？

は思い出しましたか？　　　　　　　　証明は 例題 **7** の 検討 にあります。

 計画　　本問は実数係数の 3 次方程式なので，虚数解 α をもつと，$\overline{\alpha}$ も解にもちます。

　実数係数の 3 次方程式が少なくとも 1 つ実数解をもつのは，グラフから自明にしてよいでしょうから，共役な虚数 α，$\overline{\alpha}$ を解にもつと，残る 1 つの解は実数ということになりますね。

> 自明にせず説明するともう 1 つ別の虚数解 $\beta\,(\neq \alpha,\ \overline{\alpha})$ をもつと，$\overline{\beta}$ も解になります。
> β は虚数ですから，$\overline{\beta} \neq \beta$ です。また，$\overline{\beta} = \alpha$ とすると $\beta = \overline{\alpha}$ となり，不適ですから $\overline{\beta} \neq \alpha$ です。同様に，$\overline{\beta} \neq \overline{\alpha}$ です。よって，3 次方程式が α，$\overline{\alpha}$，β，$\overline{\beta}$ の 4 つの解をもつことになりダメです。

　ということで，3 つの解のパターンとしては
　　（ⅰ）　3 つとも実数
　　（ⅱ）　1 つが実数，残りの 2 つが共役な虚数
のいずれかということになります。しかし，（ⅰ）の場合 A，B，C はすべて実軸上に並ぶことになり，正三角形を成しません。

　ですから，（ⅱ）ということになります。与えられた条件は α，β，γ に関して対称性がありますから，
　　　　α を実数，β と γ を共役な虚数（β の虚部が正）
としましょうか。すると，
　　　　A は実軸上，B と C は実軸対称（B の y 座標が正）
ですから，正三角形 ABC は，

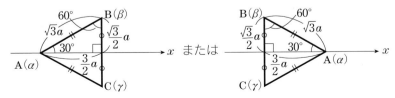

のいずれかの形であることがわかります。

　左の形ですとBはAをx軸方向に$\dfrac{3}{2}a$，y軸方向に$\dfrac{\sqrt{3}}{2}a$だけ平行移動した点ですから，

$$\beta = a + \frac{3}{2}a + \frac{\sqrt{3}}{2}ai$$

となり，同様に，

$$\gamma = a + \frac{3}{2}a - \frac{\sqrt{3}}{2}ai$$

となります。これを，最初に思いついた解と係数の関係の式ⓐ，ⓑ，ⓒに代入すればよさそうです。たとえばⓐに代入すると，

$$a + \left(a + \frac{3}{2}a + \frac{\sqrt{3}}{2}ai \right) + \left(a + \frac{3}{2}a - \frac{\sqrt{3}}{2}ai \right) = -3a$$

$$\therefore \quad 3a + 3a = -3a$$

$$\therefore \quad a = -2a$$

のようになります。共役な複素数を足したり掛けたりしますので，キレイな式が出ますよね。α，a，bの3文字が未知数で，ⓐ，ⓑ，ⓒの3式がありますから，これでイケそうです。

実行

　（＊）は実数係数の3次方程式であるから，これが相異なる3つの解をもつとき，
　　(i)　相異なる3つの実数解をもつ
　　(ii)　実数解を1つ持ち，残りの2つは共役な虚数解
のいずれかである。しかし，(i)のとき，この3つの解は複素数平面上で実軸上にあり，正三角形の頂点とはならない。
　よって，(ii)であり，1つの実数解をα，2つの共役な虚数解をβ，$\overline{\beta}$とすると，解と係数の関係より，

$$\begin{cases} \alpha + \beta + \overline{\beta} = -3a \\ \alpha\beta + \beta\overline{\beta} + \overline{\beta}\alpha = b \\ \alpha\beta\overline{\beta} = -1 \end{cases} \therefore \begin{cases} \alpha + (\beta + \overline{\beta}) = -3a & \cdots\cdots ① \\ \alpha(\beta + \overline{\beta}) + \beta\overline{\beta} = b & \cdots\cdots ② \\ \alpha(\beta\overline{\beta}) = -1 & \cdots\cdots ③ \end{cases}$$

> β，$\overline{\beta}$は共役な虚数なので計算しやすいようにまとめておきます。

次に，α, β, $\overline{\beta}$ が複素数平面上で表す点を，それぞれ A, B, C とすると，α は実数であるから A は実軸上，β, $\overline{\beta}$ は共役な虚数であるから B, C は実軸に関して対称である。よって，β の虚部が正（$\overline{\beta}$ の虚部が負）としてよいから，$\triangle$ABC が 1 辺の長さが $\sqrt{3}a$ の正三角形になるのは，次の(ア)または(イ)のような場合である。

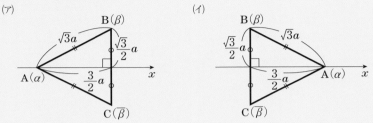

(ア)のとき，

$$\beta = \alpha + \frac{3}{2}a + \frac{\sqrt{3}}{2}ai, \quad \overline{\beta} = \alpha + \frac{3}{2}a - \frac{\sqrt{3}}{2}ai \quad \cdots\cdots④$$

であるから，

$$\beta + \overline{\beta} = 2\alpha + 3a, \quad \beta\overline{\beta} = \left(\alpha + \frac{3}{2}a\right)^2 - \left(\frac{\sqrt{3}}{2}ai\right)^2 = \alpha^2 + 3a\alpha + 3a^2$$

である。よって，①，②，③は次のようになる。

$$\begin{cases} \alpha + (2\alpha + 3a) = -3a \\ \alpha(2\alpha + 3a) + (\alpha^2 + 3a\alpha + 3a^2) = b \\ \alpha(\alpha^2 + 3a\alpha + 3a^2) = -1 \end{cases}$$

$$\therefore \begin{cases} \alpha = -2a & \cdots\cdots①' \\ b = 3(\alpha^2 + 2a\alpha + a^2) & \cdots\cdots②' \\ \alpha(\alpha^2 + 3a\alpha + 3a^2) = -1 & \cdots\cdots③' \end{cases}$$

①'を③'に代入して，

$$-2a(4a^2 - 6a^2 + 3a^2) = -1 \qquad \therefore \quad a^3 = \frac{1}{2}$$

> ちなみに，a が虚数もアリですと，
> $c = \dfrac{1}{\sqrt[3]{2}}$ として
> $a^3 = c^3$
> $(a-c)(a^2 + ca + c^2) = 0$
> $a = c$, $\underset{\text{虚数}}{\underline{\dfrac{-1 \pm \sqrt{3}i}{2}c}}$
> となります。

a は実数であるから，$a = \dfrac{1}{\sqrt[3]{2}} = 2^{-\frac{1}{3}}$ であり

> $\dfrac{1}{\sqrt[3]{2}}$ より，$2^{-\frac{1}{3}}$ と指数表示にした方が計算しやすいです。（※個人の感想です。）

①'より $\alpha = -2 \cdot 2^{-\frac{1}{3}} = -2^{\frac{2}{3}} = -\sqrt[3]{4}$

②'より $b = 3(\alpha + a)^2 = 3(-2a + a)^2 = 3a^2 = 3 \cdot 2^{-\frac{2}{3}} = \dfrac{3}{\sqrt[3]{4}}$

である。また，④より β, γ は，

$$(-2a) + \frac{3}{2}a \pm \frac{\sqrt{3}}{2}ai = \frac{-1 \pm \sqrt{3}i}{2}a = \frac{-1 \pm \sqrt{3}i}{2\sqrt[3]{2}} \quad \text{（複号同順）}$$

(イ)のとき，

$$\beta = a - \frac{3}{2}a + \frac{\sqrt{3}}{2}ai, \quad \overline{\beta} = a - \frac{3}{2}a - \frac{\sqrt{3}}{2}ai$$

であるから，

$$\beta + \overline{\beta} = 2a - 3a$$

である。よって，①より，

$$a + (2a - 3a) = -3a \quad \therefore \quad a = 0$$

であるが，これは③を満たさないから，不適である。

以上より，求める a, b は $\quad (a, b) = \left(\dfrac{1}{\sqrt[3]{2}}, \dfrac{3}{\sqrt[3]{4}} \right)$

$$(*)の3つの解は \quad -\sqrt[3]{4}, \quad \frac{-1 \pm \sqrt{3}i}{2\sqrt[3]{2}}$$

> (イ)のときは，①だけで $a = 0$ が求まり，これは③を満たさず不適となります。$\beta\overline{\beta}$ は使わないので，解答には書いていません。

検討 京大で 2003 年後期に，ほとんど同じ問題がありました。ただ，こちらはなかなかハードな計算でした。本問はコレを少し楽に直したものです。やはり過去問の研究は大切ですね。こんなふうに「少し易しくなって再登場」ということもありますから，難しい問題でもパスするのではなく，考え方や，使っている知識なんかを吸収しておきましょう。

---

a, b を実数とする。3 次方程式
$$x^3 + ax^2 + bx + 1 = 0$$
は 3 つの複素数からなる解 $\alpha_1, \alpha_2, \alpha_3$ をもち，相異なる i, j に対し $|\alpha_i - \alpha_j| = \sqrt{3}$ をみたしている。このような a, b の組をすべて求めよ。

（京大・理文共通・03後）

ちなみに答は $(a, b) = (0, 0), \ (3\sqrt[3]{2}, \ 3\sqrt[3]{4})$ です。

類題 46 解答 ⇨ P.559 ★★★ ⏱ 35分

複素数を係数とする 2 次式 $f(x) = x^2 + ax + b$ に対し，次の条件を考える。
(イ) $f(x^3)$ は $f(x)$ で割り切れる。
(ロ) $f(x)$ の係数 a, b の少なくとも一方は虚数である。
この 2 つの条件(イ)，(ロ)を同時に満たす 2 次式をすべて求めよ。

（京大・理系・16）

極形式とド・モアブルの定理

例 題 47　　　　　　　　　　　★★☆ ⏱ 25分

　0と異なる複素数 α に対して数列 $\{a_n\}$ を $a_n = \alpha^n + \alpha^{-n}$ で定める。
すべての自然数 n について $|a_n| < 2$ が成立しているとする。このとき
(1)　$|\alpha| = 1$ が成立することを示せ。
(2)　$|a_m| > 1$ となる自然数 m が存在することを示せ。

（京大・理系・00後）

 理解　　α の n 乗がありますので，**3** $z = r(\cos\theta + i\sin\theta)$ **で表す**

でしょうか。α は0と異なるので，

$$\alpha = r(\cos\theta + i\sin\theta) \quad (r > 0,\ 0 \le \theta < 2\pi)$$

とおくと，ド・モアブルの定理より，

$$\alpha^n = r^n(\cos n\theta + i\sin n\theta)$$
$$\alpha^{-n} = r^{-n}\{\cos(-n)\theta + i\sin(-n)\theta\}$$
$$= \frac{1}{r^n}(\cos n\theta - i\sin n\theta)$$

> ド・モアブルの定理は n が負の整数のときも使えましたよね。それから
> $$\begin{cases}\cos(-\theta) = \cos\theta \\ \sin(-\theta) = -\sin\theta\end{cases}$$
> を使いました。

よって

$$a_n = \left(r^n + \frac{1}{r^n}\right)\cos n\theta + i\left(r^n - \frac{1}{r^n}\right)\sin n\theta \quad \cdots\cdots ⓐ$$

ですから，

> $z = x + yi$ (x, y は実数) の形に整理して，$|z|^2 = x^2 + y^2$

$$|a_n|^2 = \left(r^n + \frac{1}{r^n}\right)^2 \cos^2 n\theta + \left(r^n - \frac{1}{r^n}\right)^2 \sin^2 n\theta$$

$$= \left(r^{2n} + 2 + \frac{1}{r^{2n}}\right)\cos^2 n\theta + \left(r^{2n} - 2 + \frac{1}{r^{2n}}\right)\sin^2 n\theta$$

$$= r^{2n} + \frac{1}{r^{2n}} + 2(\cos^2 n\theta - \sin^2 n\theta)$$

$$= r^{2n} + \frac{1}{r^{2n}} + 2\cos 2n\theta \quad \cdots\cdots ⓑ$$

$\cos^2 n\theta + \sin^2 n\theta = 1$

2倍角の公式

　(1)の証明の目標は「$|\alpha| = 1$」すなわち「$r = 1$」で，使ってよい条件は
「すべての自然数 n について $|a_n| < 2$ が成立している」です。さあ，どう
しましょう？

前にもお話ししましたが，数式を見るときに，その文字に関する感覚はとても大切です。大きいのか小さいのか，正なのか負なのか，偶数なのか奇数なのか，有理数なのか無理数なのか……。

$r=1$ のとき，ⓑより，

$$|a_n|^2 = 1 + 1 + 2\cos 2n\theta = 2(1 + \cos 2n\theta)$$

ですから，$-1 \leqq \cos 2n\theta \leqq 1$ より，

$$0 \leqq |a_n|^2 \leqq 4 \qquad \therefore \quad 0 \leqq |a_n| \leqq 2$$

で，$|a_n| = 2$ が気になりますが，まあだいたい OK ですよね。

では $r > 1$ のとき，たとえば $r = 2$ のときはどうでしょう？ ⓑより，

$$|a_n|^2 = 2^{2n} + \frac{1}{2^{2n}} + 2\cos 2n\theta$$

ですから，$n \to \infty$ にすると $|a_n|^2 \to \infty$ となり，$|a_n| < 2$ をみたしません。

$0 < r < 1$ のとき，たとえば $r = \dfrac{1}{2}$ のときも，ⓑより，

$$|a_n|^2 = \frac{1}{2^{2n}} + 2^{2n} + 2\cos 2n\theta$$

ですから，同じく $n \to \infty$ のとき $|a_n| < 2$ をみたしません。

$r = 1$ つまり $|\alpha| = 1$ しかダメですね。「$r > 1$, $0 < r < 1$ のときダメ」なわけですから，背理法で示しましょうか。

次に(2)ですが，(1)より $r = 1$ とわかりましたので，ⓐより，

$$a_n = 2\cos n\theta$$

となります。証明の目標は「$|a_m| > 1$」すなわち

$$2|\cos m\theta| > 1 \qquad \therefore \quad |\cos m\theta| > \frac{1}{2} \quad \cdots\cdots ⓒ$$

となる自然数 m が存在することを示すことです。何か思いつきますか？

これも(1)と同じですが，「どうやって解こう？」つまり 🏃計画 から入ると思いつかないかもしれません。イキナリ 🏃計画 から入って思いつけば，それはそれで OK ですが，思いつかないときは 🧍理解 に戻りましょうね。これも θ を具体的に考えてみてください。

たとえば $\theta = \dfrac{\pi}{4}$ でいきましょうか。

$$\cos \theta = \cos \frac{\pi}{4} = \frac{\sqrt{2}}{2} > \frac{1}{2}$$

ですから，$m = 1$ でⓒが成り立ちます（**図1**）。そうです！ もともとの $|\cos\theta|$ が大きければ，$m = 1$ でⓒが成り立っちゃうんです。

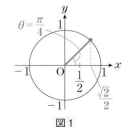

図1

ちゃんとやると,

$$|\cos\theta| > \frac{1}{2} \quad \therefore \quad \cos\theta < -\frac{1}{2}, \ \frac{1}{2} < \cos\theta$$

$$\therefore \quad 0 \leq \theta < \frac{\pi}{3}, \ \frac{2\pi}{3} < \theta < \frac{4\pi}{3}, \ \frac{5\pi}{3} < \theta < 2\pi$$

のときは,$m=1$ でⒸが成り立ちます(図2)。

それでは,これでないとき,つまり

$$|\cos\theta| \leq \frac{1}{2} \quad \therefore \quad -\frac{1}{2} \leq \cos\theta \leq \frac{1}{2}$$

$$\therefore \quad \frac{\pi}{3} \leq \theta \leq \frac{2\pi}{3}, \ \frac{4\pi}{3} \leq \theta \leq \frac{5\pi}{3} \quad \cdots\cdots ⓓ$$

のときはどうでしょう。

じゃあ $\theta = \dfrac{\pi}{2}$ でやってみましょうか。

$m=1$ ではムリです。しかし $m=2$ で

$$\cos 2\theta = \cos 2\cdot\frac{\pi}{2} = \cos\pi = -1$$

となりますから

$$|\cos 2\theta| = 1 > \frac{1}{2}$$

でⒸが成り立ちます(図3)。

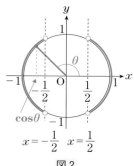

$x = -\dfrac{1}{2}$　$x = \dfrac{1}{2}$

図2

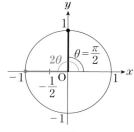

図3

そうです。図4 のように点 $P(\cos\theta, \sin\theta)$ は単位円の周上をまわっていて,$\cos\theta$ は P の x 座標なので,ⓓのときは $m=2$ にしてやればⒸが成り立ちそうです。

ⓓのとき $|\cos\theta| \leq \dfrac{1}{2}$ ですから,

$$\begin{aligned}
|\cos 2\theta| &= |2\cos^2\theta - 1| \quad \substack{-\frac{1}{2}\leq\cos\theta\leq\frac{1}{2}\text{ より} \\ 2\cos^2\theta-1<0\text{ です}} \\
&= 1 - 2\cos^2\theta \\
&\geqq 1 - 2\cdot\frac{1}{4} \quad \substack{\cos^2\theta\leq\frac{1}{4}} \\
&= \frac{1}{2}
\end{aligned}$$

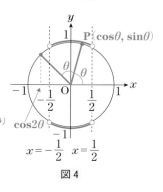

図4

あ,イコールはまずいですね。

$$|\cos\theta| = \frac{1}{2} \quad \therefore \quad \cos\theta = \pm\frac{1}{2} \quad \therefore \quad \theta = \frac{\pi}{3}, \ \frac{2\pi}{3}, \ \frac{4\pi}{3}, \ \frac{5\pi}{3} \quad \cdots\cdots ⓔ$$

は別にしないといけないようです。図4 でははずしておきました。

計画 そうしますと，ⓓのときはやり直して

$$|\cos\theta| < \frac{1}{2} \qquad \therefore \quad -\frac{1}{2} < \cos\theta < \frac{1}{2}$$

$$\frac{\pi}{3} < \theta < \frac{2\pi}{3}, \quad \frac{4\pi}{3} < \theta < \frac{5\pi}{3}$$

のときにして，このとき

$$|\cos 2\theta| = |2\cos^2\theta - 1| = 1 - 2\cos^2\theta$$

$$> 1 - 2\cdot\frac{1}{4} = \frac{1}{2}$$

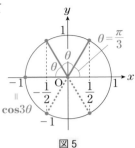

図5

で OK ですね。

　残るⓔの場合は，3回転の 3θ で OK そうですが（**図5**）実はダメです。
$|\cos 3\theta|$ を計算すると，

$$|\cos 3\theta| = |4\cos^3\theta - 3\cos\theta| \qquad \overset{\curvearrowleft}{\cos\theta = \pm\frac{1}{2}\text{ でマイナスもありますので}}$$

$$= |\cos\theta||4\cos^2\theta - 3| \leftarrow \cos\theta\text{ だけ切り離して絶対値記号を分け}$$
ました

$$= \left|\pm\frac{1}{2}\right|\left|4\cdot\frac{1}{4} - 3\right| = \frac{1}{2}\cdot 2 = 1$$

　このとき，

$$|a_3| = |2\cos 3\theta| = 2$$

となりますが，「すべての自然数 n について $|a_n| < 2$ が成立」しています
ので out! です。

　それでは，(1)は背理法で「$0 < r < 1,\ r > 1$ のときダメ！」で示しましょ
う。(2)は $|\cos\theta| > \dfrac{1}{2}\ (m=1),\ |\cos\theta| < \dfrac{1}{2}\ (m=2),\ |\cos\theta| = \dfrac{1}{2}$（ダメ）
に分けて示しましょう。

実行

　α は 0 と異なる複素数であるから，
$$\alpha = r(\cos\theta + i\sin\theta) \quad (r > 0,\ 0 \leqq \theta < 2\pi)$$
とおけて，このとき
$$a_n = \alpha^n + \alpha^{-n}$$
$$= r^n(\cos n\theta + i\sin n\theta) + \frac{1}{r^n}\{\cos(-n\theta) + i\sin(-n\theta)\}$$
$$= \left(r^n + \frac{1}{r^n}\right)\cos n\theta + i\left(r^n - \frac{1}{r^n}\right)\sin n\theta \quad \cdots\cdots\text{①}$$
であるから，

$$|a_n|^2 = \left(r^n + \frac{1}{r^n}\right)^2 \cos^2 n\theta + \left(r^n - \frac{1}{r^n}\right)^2 \sin^2 n\theta$$

$$= \left(r^{2n} + 2 + \frac{1}{r^{2n}}\right)\cos^2 n\theta + \left(r^{2n} - 2 + \frac{1}{r^{2n}}\right)\sin^2 n\theta$$

$$= \left(r^{2n} + \frac{1}{r^{2n}}\right)(\cos^2 n\theta + \sin^2 n\theta) + 2(\cos^2 n\theta - \sin^2 n\theta)$$

$$= \left(r^{2n} + \frac{1}{r^{2n}}\right) + 2\cos 2n\theta \quad \cdots\cdots②$$

(1) 背理法で示す。

$|\alpha| \neq 1$ すなわち $r \neq 1$ と仮定する。

$0 < r < 1$ のとき，$\displaystyle\lim_{n\to\infty} r^{2n} = 0$, $\displaystyle\lim_{n\to\infty}\frac{1}{r^{2n}} = \infty$

$r > 1$ のとき，$\displaystyle\lim_{n\to\infty} r^{2n} = \infty$, $\displaystyle\lim_{n\to\infty}\frac{1}{r^{2n}} = 0$

であり，$-2 \leqq 2\cos 2n\theta \leqq 2$ であるから，②より，

$$\lim_{n\to\infty}|a_n|^2 = \infty$$

となる。これは，すべての自然数 n について $|a_n| < 2$ が成立していることに矛盾する。よって，

$$|\alpha| = 1$$

である。

(2) $\quad |a_m| > 1 \quad \cdots\cdots(*)$

とおく。

(1)の結果より $r = 1$ であるから，①より，

$$a_n = 2\cos n\theta$$

である。

(i) $|\cos\theta| > \dfrac{1}{2}$ のとき，

$$|a_1| = |2\cos\theta| > 1$$

であるから，$m = 1$ のとき $(*)$ をみたす。

(ii) $|\cos\theta| < \dfrac{1}{2}$ のとき，

$$|a_2| = |2\cos 2\theta| = 2|2\cos^2\theta - 1| = 2(1 - 2\cos^2\theta)$$

$$> 2\left(1 - 2\cdot\frac{1}{4}\right) = 1$$

であるから，$m = 2$ のとき $(*)$ をみたす。

(iii) $|\cos\theta| = \dfrac{1}{2}$ のとき,

$$|a_3| = |2\cos 3\theta| = 2|4\cos^3\theta - 3\cos\theta| = 2|\cos\theta||4\cos^2\theta - 3|$$

$$= 2\cdot\dfrac{1}{2}\left|4\cdot\dfrac{1}{4} - 3\right| = 2 \quad\longleftarrow$$

> $|\cos\theta| = \dfrac{1}{2}$ のとき
> $\theta = \dfrac{k\pi}{3}$ $(k = 1,\ 2,\ 4,\ 5)$
> ですから,これより
> $|a_3| = |2\cos 3\theta| = |2\cos k\pi|$
> $\qquad = |\pm 2| = 2$
> としてもよいです。

これは $|a_3| < 2$ をみたさないから不適。
以上より,

$\quad |a_m| > 1$ となる自然数 m が存在する。

 検討　(1)ですが,極形式でおかずにそのまま,$a_n = \alpha^n + \alpha^{-n}$ を $|a_n| < 2$ に入れてしまうと,

$\quad |\alpha^n + \alpha^{-n}| < 2$ ……㋐

となります。ここで,**テーマ9**で扱った

> ◆ **三角不等式**
> **$a,\ b$ を実数とするとき**
> $\quad ||a| - |b|| \leqq |a + b| \leqq |a| + |b|$

を思い出したかもしれません。じつはコレ,$a,\ b$ が虚数のときも使えるんです。

$$\text{和・差・実数倍} \quad\Longleftrightarrow\quad \text{ベクトル}$$

を思い出してもらうと,複素数平面で $a,\ b$ の表す点をそれぞれ A,B として,C を $\overrightarrow{\mathrm{OC}} = \overrightarrow{\mathrm{OA}} + \overrightarrow{\mathrm{OB}}$ をみたす点とすると,右の図のようになっています。上の不等式は,この図でいうと,

$\quad |\mathrm{OA} - \mathrm{AC}| \leqq \mathrm{OC} \leqq \mathrm{OA} + \mathrm{AC}$

となっていて,イコールを除くと「△OAC の成立条件」になっているわけです。イコールのときはちょうど三角形がツブれているんですね。

　これを使うと,㋐の左辺について,

$$\left| |\alpha|^n - \dfrac{1}{|\alpha|^n} \right| \leqq \left| \alpha^n + \dfrac{1}{\alpha^n} \right| \leqq |\alpha|^n + \dfrac{1}{|\alpha|^n}$$

という不等式が得られます。

　ここでもやはり「$|\alpha|$ はどのくらいの値だろう」という数値の感覚が必

要で，$|\alpha|$ が大きいとき，小さいときを考えると

$$|\alpha| > 1 \text{ のとき } \quad \lim_{n \to \infty} |\alpha|^n = \infty, \ \lim_{n \to \infty} \frac{1}{|\alpha|^n} = 0$$

$$0 < |\alpha| < 1 \text{ のとき } \quad \lim_{n \to \infty} |\alpha|^n = 0, \ \lim_{n \to \infty} \frac{1}{|\alpha|^n} = \infty$$

に気づきます。すると，左端の $\left| |\alpha|^n - \dfrac{1}{|\alpha|^n} \right|$ は正の ∞ に発散しますので，これで $|\alpha| \neq 1$ がダメなことがいえそうです。

〈(1)の別解〉

背理法で示す。

$|\alpha| > 1$ と仮定すると，

$$|a_n| = \left| \alpha^n + \frac{1}{\alpha^n} \right| \geqq \left| |\alpha|^n - \frac{1}{|\alpha|^n} \right| = |\alpha|^n - \frac{1}{|\alpha|^n} \to \infty \quad (n \to \infty)$$

$0 < |\alpha| < 1$ と仮定すると，

$$|a_n| = \left| \alpha^n + \frac{1}{\alpha^n} \right| \geqq \left| |\alpha|^n - \frac{1}{|\alpha|^n} \right| = \frac{1}{|\alpha|^n} - |\alpha|^n \to \infty \quad (n \to \infty)$$

よって，いずれの場合も，すべての自然数 n に対して $|a_n| < 2$ が成立するという条件をみたさない。よって，$|\alpha| = 1$ である。

類題 47　解答 ⇨ P.566 | ★★☆ | ⏱ 25分

(1)　n を 2 以上の自然数とする。複素数 z が $z \neq 1$，$z^n = 1$ をみたすとき，

$$1 + 2z + 3z^2 + \cdots\cdots + nz^{n-1}$$

は次の(ア)から(キ)のどれと等しくなるか，根拠を示して 1 つ選べ。

(ア)　0　　(イ)　$n(z+1)$　　(ウ)　$n(z-1)$　　(エ)　$\dfrac{n}{z-1}$

(オ)　$\dfrac{n}{(z-1)^2}$　　(カ)　$-\dfrac{2n}{(z-1)^2}$　　(キ)　$1 - z - n$

(2)　次の等式が成り立つことを示せ。

$$2\sin 40° + 3\sin 80° + \cdots\cdots + 9\sin 320° = -\frac{9}{2\tan 20°}$$

（京大・文系・03後）

$\left(\begin{array}{l}\text{※2003年当時，「複素数平面」は数学 B で，偏角はラジアンでなく}\\\text{度を用いていましたので，原題のままにしてあります。}\end{array}\right)$

テーマ 48 複素数平面上の図形①

例題 48　　★★☆　🕐 25分

　複素数 z の絶対値を $|z|$ で表す。$|(1+i)t+1+\alpha| \leq 1$ を満たす実数 t が存在するような複素数 α の範囲を，複素数平面上で図示せよ。（ただし，i は虚数単位を表す。）　　　　（京大・理系・04後）

 理解　　$|(1+i)t+1+\alpha| \leq 1$　……ⓐ

　絶対値記号がありますので，ちょっとガンバって，**2 $\bar{z}$ を利用する**をやってみましょうか。両辺を2乗して，$|z|^2=z\bar{z}$ を利用します。

$$|(1+i)t+1+\alpha|^2 \leq 1^2$$
$$\{(1+i)t+1+\alpha\}\overline{\{(1+i)t+1+\alpha\}} \leq 1$$
$$\{(1+i)t+1+\alpha\}\{\overline{(1+i)}\,\bar{t}+\bar{1}+\bar{\alpha}\} \leq 1$$
$$\{(1+i)t+1+\alpha\}\{(1-i)t+1+\bar{\alpha}\} \leq 1$$
$$(1+i)(1-i)t^2+\{(1+i)(1+\bar{\alpha})+(1-i)(1+\alpha)\}t$$
$$+(1+\alpha)(1+\bar{\alpha})\} \leq 1$$
$$2t^2+(2+\bar{\alpha}+\alpha+\bar{\alpha}i-\alpha i)t+1+\alpha+\bar{\alpha}+|\alpha|^2 \leq 1$$
$$t^2+\left(1+\frac{\alpha+\bar{\alpha}}{2}-\frac{\alpha-\bar{\alpha}}{2}i\right)t+\frac{\alpha+\bar{\alpha}}{2}+\frac{|\alpha|^2}{2} \leq 0 \quad ……ⓑ$$

右側注記：$|z|^2=z\bar{z}$ / $\overline{\alpha\pm\beta}=\bar{\alpha}\pm\bar{\beta},\ \overline{\alpha\beta}=\bar{\alpha}\bar{\beta}$ / t は実数なので $\bar{t}=t$ / t で整理 / （　）を展開 / ÷2

　あ～，ヒサンなことになりましたね。「これをみたす実数 t が存在」といわれても，「どうしたらいいんだか」って感じです。

　しょうがないので，いちばんの基本である **1 $z=x+yi$ とおく**に戻りましょうか。……いえ，じつはⓑの式にも $z=x+yi$ とおくことを思いつかないといけない着眼点があるんですが，わかりますか？

　$\dfrac{\alpha+\bar{\alpha}}{2}$ と $\dfrac{\alpha-\bar{\alpha}}{2}i$ です。$\alpha=x+yi$　$(x,y$ は実数$)$ とおいてみましょう。すると，$\bar{\alpha}=x-yi$ ですから，

$$\frac{\alpha+\bar{\alpha}}{2}=\frac{1}{2}\{(x+yi)+(x-yi)\}=x=(\alpha の実部)$$
$$-\frac{\alpha-\bar{\alpha}}{2}i=-\frac{1}{2}\{(x+yi)-(x-yi)\}i=-yi^2=y=(\alpha の虚部)$$

（注記）$(\alpha の虚部)=\dfrac{\alpha-\bar{\alpha}}{2i}$ の方が一般的です。

となります。これは気づきたいところです。

じゃあ、あらためて

$$a = x + yi \quad (x, y \text{ は実数})$$

とおいて、ⓐを変形してみましょう。t は実数ですから、そのままでいいですよ。

$$|(1+i)t + 1 + (x + yi)|^2 \leqq 1$$ ← （実部）＋（虚部）i の形に整理

$$|(t + x + 1) + (t + y)i|^2 \leqq 1$$ ← $z = a + bi$ のとき $|z| = \sqrt{a^2 + b^2}$

$$(t + x + 1)^2 + (t + y)^2 \leqq 1$$ ← t について展開

$$\{t^2 + 2(x+1)t + (x+1)^2\} + (t^2 + 2yt + y^2) \leqq 1$$ ← t について整理

$$2t^2 + 2(x + y + 1)t + x^2 + y^2 + 2x \leqq 0 \quad \cdots\cdots ⓒ$$

これは t の2次不等式ですね。これをみたす実数 t が存在するのは、

$$Y = 2t^2 + 2(x + y + 1)t + x^2 + y^2 + 2x$$

のグラフを考えると、下に凸な放物線なので、右の図のように t 軸と共有点をもてばよいです。ですから、t についての2次方程式

$$2t^2 + 2(x + y + 1)t + x^2 + y^2 + 2x = 0$$

の判別式を D として、

$$\frac{D}{4} = (x + y + 1)^2 - 2(x^2 + y^2 + 2x) \geqq 0$$

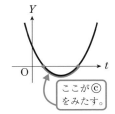

ここがⓒをみたす。

計画 これを展開すると、

$$(x^2 + y^2 + 1 + 2xy + 2x + 2y) - (2x^2 + 2y^2 + 4x) \geqq 0$$

$$x^2 + y^2 - 2xy + 2x - 2y - 1 \leqq 0$$

となります。$x^2 + y^2$ があるので、てっきり円かと思ったら、$-2xy$ がありますね。どうしましょう？

2次の部分 $x^2 + y^2 - 2xy$ だけ見ると、思いつくのは $(x - y)^2$ でしょうか。すると、$2x - 2y$ も $2(x - y)$ と $x - y$ がくくれますから、どうも $x - y$ をひとカタマリに見ればよさそうです。

$$(x - y)^2 + 2(x - y) - 1 \leqq 0$$ ← $u^2 + 2u - 1 \leqq 0$ を解くと、$-1 - \sqrt{2} \leqq u \leqq -1 + \sqrt{2}$

この不等式を解くと

$$-1 - \sqrt{2} \leqq x - y \leqq -1 + \sqrt{2}$$

あ、解けちゃいましたね。これを複素数平面に図示すればおわりです。

$$|(1+i)t+1+\alpha| \le 1 \quad \cdots\cdots ①$$

とおく。

$$\alpha = x + yi \quad (x,\ y\text{ は実数})$$

とおくと，t が実数であることに注意して，①より

$$|(1+i)t+1+(x+yi)|^2 \le 1$$
$$|(t+x+1)+(t+y)i|^2 \le 1$$
$$(t+x+1)^2+(t+y)^2 \le 1$$
$$2t^2 + 2(x+y+1)t + x^2+y^2+2x \le 0 \quad \cdots\cdots ②$$

となる。

②の左辺を $f(t)$ とおくと，$Y = f(t)$ のグラフは下に凸な放物線であるから，$f(t) \le 0$ をみたす実数 t が存在する条件が，$f(t)=0$ の判別式を D として，

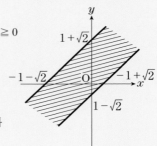

$$\frac{D}{4} = (x+y+1)^2 - 2(x^2+y^2+2x) \ge 0$$
$$x^2+y^2-2xy+2x-2y-1 \le 0$$
$$(x-y)^2 + 2(x-y)-1 \le 0$$
$$-1-\sqrt{2} \le x-y \le -1+\sqrt{2} \quad \substack{y\text{ に}\\ \text{ついて}\\ \text{整理}}$$
$$x+1-\sqrt{2} \le y \le x+1+\sqrt{2}$$

よって，求める α の範囲は，右の図の斜線部分（境界を含む）のようになる。

検討 絶対値記号がありますので，**2** $\overline{z}$ **を利用する**は重要なアプローチですが，行き詰まったら変に粘らず，他のアプローチを試しましょうね。

ところで，本問は**4** **図形的に考える**でもできるんですよ。

「実数 t が存在」する条件を考えるんですから，まずは①を t について整理しましょう。t の前の $1+i$ がジャマですから，くくり出して，

$$\left|(1+i)\left(t+\frac{1+\alpha}{1+i}\right)\right| \le 1 \quad \substack{|\alpha\beta| = |\alpha||\beta|}$$

$$|1+i|\left|t+\frac{1+\alpha}{1+i}\right| \le 1$$

$|1+i| = \sqrt{2}$ ですし，さらに $\dfrac{1+\alpha}{1+i} = \beta$ とおくと，

$$\sqrt{2}\,|t+\beta| \le 1$$

となります。絶対値記号の中身は和よりも差の形の方が意味がわかりやす

いので,

$$|t-(-\beta)| \leqq \frac{1}{\sqrt{2}}$$

としましょう。複素数平面上で t, $-\beta$ が表す点をそれぞれP, Bとおくと, これは

$$BP \leqq \frac{1}{\sqrt{2}}$$

$|\overrightarrow{OP}-\overrightarrow{OB}| \leqq \frac{1}{\sqrt{2}}$

$|\overrightarrow{BP}| \leqq \frac{1}{\sqrt{2}}$

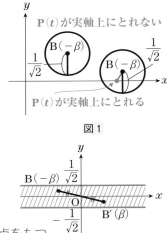

図1

つまり「2点B, Pの距離が $\frac{1}{\sqrt{2}}$ 以下」

ということを意味しますから, このような点Pが実軸上にとれる条件は,

Bを中心とする半径 $\frac{1}{\sqrt{2}}$ の円が実軸と共有点をもつ

ことです（**図1**）。

図2

よって, 点Bの存在範囲は,

$$-\frac{1}{\sqrt{2}} \leqq y \leqq \frac{1}{\sqrt{2}}$$

をみたす領域で, β の表す点をB′とするとBとB′は原点対称ですから, B′の存在範囲も,

$$-\frac{1}{\sqrt{2}} \leqq y \leqq \frac{1}{\sqrt{2}}$$

となります（**図2**）。

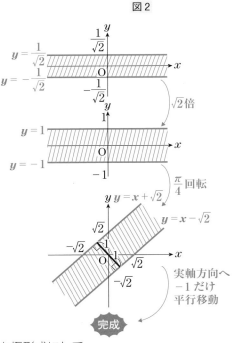

で, α の表す点をAとして, いよいよAの存在範囲なわけですが,

$$\alpha = \beta \times (1+i) - 1$$

ですから,

和 ⬌ ベクトル

積 ⬌ 回転＋拡大

を利用しようと考えると, $1+i$ を極形式にして,

図3

$$\alpha = \beta \times \sqrt{2} \times \left(\cos\frac{\pi}{4} + i\sin\frac{\pi}{4}\right) - 1$$

ですから，B′の存在範囲を $\sqrt{2}$ 倍，$\dfrac{\pi}{4}$ 回転，実軸方向に -1 だけ平行移動
です（図3）。

〈別解〉

与式より，

$$|1+i|\left|t+\frac{\alpha+1}{1+i}\right|\leqq 1$$

であるから，

$$\beta=\frac{\alpha+1}{1+i}\quad\cdots\cdots①$$

とおくと，

$$\sqrt{2}|t+\beta|\leqq 1\qquad\therefore\quad |t-(-\beta)|\leqq\frac{1}{\sqrt{2}}\quad\cdots\cdots②$$

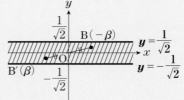

ここで，複素数平面において，t, $-\beta$, β, α の表す点をそれぞれP，B，B′，A とおくと，②より，

$$BP\leqq\frac{1}{\sqrt{2}}$$

である。Pは実軸上の点であるから，このようなPが存在するためのBの範囲は，

$$-\frac{1}{\sqrt{2}}\leqq(-\beta\text{の虚部})\leqq\frac{1}{\sqrt{2}}$$

である。BとB′は原点Oに関して対称であるから，B′の範囲も

$$-\frac{1}{\sqrt{2}}\leqq(\beta\text{の虚部})\leqq\frac{1}{\sqrt{2}}$$

となり，これを図示すると，右上の図の斜線部分（境界を含む）のようになる。

また，①より，

$$\alpha=\beta\times\sqrt{2}\times\left(\cos\frac{\pi}{4}+i\sin\frac{\pi}{4}\right)-1$$

であるから，求めるAの範囲は右上の図の範囲をOを中心として $\sqrt{2}$ 倍，$\dfrac{\pi}{4}$ 回転し，実軸方向に -1 だけ平行移動したものである。したがって，右下の図の斜線部分（境界を含む）のようになる。

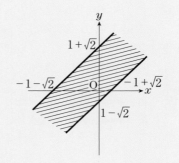

解答 ⇨ P.571 ★★☆ 🕐 25分

w を 0 でない複素数, x, y を $w + \dfrac{1}{w} = x + yi$ を満たす実数とする。

(1) 実数 R は $R > 1$ を満たす定数とする。w が絶対値 R の複素数全体を動くとき, xy 平面上の点 (x, y) の軌跡を求めよ。

(2) 実数 α は $0 < \alpha < \dfrac{\pi}{2}$ を満たす定数とする。w が偏角 α の複素数全体を動くとき, xy 平面上の点 (x, y) の軌跡を求めよ。

(京大・理系・17)

Column 何学部？

　僕ははじめから工学部志望だったのですが（何せガンダムを作るためですから），どの学部にするか悩んでいる人も多いかもしれません。

　僕が卒業論文の発表のときに審査の先生から受けた質問のひとつに「その研究は何に使えますか？」というものがありました。工学部っぽいでしょ。一方，僕の弟は同じ京大の理系ですが，理学部生物系で，彼は「その研究はどこが面白いですか？」と聞かれたそうです。

　理学部は真理の探究というか，究極的には研究している本人が面白いと思うかどうか，が重要になります。一方，工学部ではその研究で何かを作ったり，問題を解決したりすることが重要ですので，そこで価値をはかるという面があります。僕が研究していた人工知能の分野でも，さまざまなモデルがありましたし，それぞれのモデルについていろいろな応用が研究されていました。所属していた研究室の沖野教授には，「理学部の正解はひとつだが，工学部の正解はひとつではない」と教えていただきました。

　でも，京大の化学系はそうでもないようで，工学部化学系の教授が「東大工学部化学系は応用的な研究が主体で，京大工学部化学系は基礎的な研究が主体です。京大工学部化学系と京大理学部化学系の間にほとんど区別はない」とおっしゃってました。

　昔と違って今は各研究室が Web サイトをもっていて，さまざまな情報を発信しておられますから，ぜひのぞいてみてください。自分の興味のある研究をやっている所，知らなかったけど面白そうな研究をやっている所，変な先生がいる所，いろいろあるはずです。教授だけでなく准教授や助教，講師の先生の研究も要チェックです。これから発展していく研究もたくさんありますから。

テーマ 49 複素数平面上の図形②

例題 49

★★☆ ⏱ 20分

複素数 α に対してその共役複素数を $\bar{\alpha}$ で表す。α を実数ではない複素数とする。複素数平面内の円 C が 1, -1, α を通るならば，C は $-\dfrac{1}{\bar{\alpha}}$ も通ることを示せ。

(京大・理系・04前)

👤 **理解**　　1, -1, α が複素数平面上で表す点をそれぞれ A，B，P とおくと，A，B は実軸上にあり，虚軸に関して対称ですから，円 C も虚軸に関して対称となりますよね。だから，中心 C は虚軸上にあり，これを表す複素数は qi（q は実数）のようにおけます（**図1**）。

半径は，
$$\mathrm{AC} = \sqrt{1+q^2}$$
になりますから（**図2**），円 C の方程式は，C 上の点を z として，
$$|z - qi| = \sqrt{1+q^2}$$
となります。絶対値はそのままでは扱いにくいですから，2乗して $|z|^2 = z\bar{z}$ を利用しましょうか。**2 $\bar{z}$ を利用する** の方針ですね。

$$|z - qi|^2 = 1 + q^2$$
$$(z - qi)\overline{(z - qi)} = 1 + q^2$$
$$(z - qi)(\bar{z} + qi) = 1 + q^2$$
$$z\bar{z} - q\bar{z}i + qzi + q^2 = 1 + q^2$$
$$z\bar{z} - q\bar{z}i + qzi - 1 = 0 \quad \cdots\cdots \text{ⓐ}$$

ここで $|z|^2 = z\bar{z}$　　$\overline{\alpha \pm \beta} = \bar{\alpha} \pm \bar{\beta}$, q は実数

これが点 P を通りますから，$z = \alpha$ を代入して，
$$\alpha\bar{\alpha} - q\bar{\alpha}i + q\alpha i - 1 = 0 \quad \cdots\cdots \text{ⓑ}$$

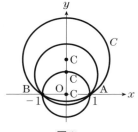

図1

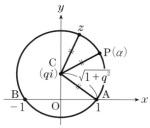

図2

364　第9章　複素数平面

計画 α は実数ではないので, $\alpha \neq \overline{\alpha}$ ですから, ← $\boxed{\alpha \text{ は実数} \iff \alpha = \overline{\alpha}}$

$$q(\overline{\alpha} - \alpha)i = \alpha\overline{\alpha} - 1 \qquad \therefore \quad qi = \frac{\alpha\overline{\alpha} - 1}{\overline{\alpha} - \alpha}$$

のように, $q = (\alpha \text{ の式})$ にできますが, ちょっと複雑なので, 「α と q の関係式」である⑥のまま保留しておきましょうか。

証明の目標は, $-\dfrac{1}{\overline{\alpha}}$ が表す点を Q として,

　　「円 C が点 $Q\left(-\dfrac{1}{\overline{\alpha}}\right)$ を通る」

ですから

> **目標**
> 「ⓐで $z = -\dfrac{1}{\overline{\alpha}}$ として成り立つ」

です。やってみますと, ⓐの左辺で $z = -\dfrac{1}{\overline{\alpha}}$ として

$$\left(-\frac{1}{\overline{\alpha}}\right)\overline{\left(-\frac{1}{\overline{\alpha}}\right)} - q\overline{\left(-\frac{1}{\overline{\alpha}}\right)}i + q\left(-\frac{1}{\overline{\alpha}}\right)i - 1 \quad \leftarrow \boxed{= 0 \text{ が目標}}$$

$$\overline{\left(-\frac{1}{\overline{\alpha}}\right)} = -\frac{1}{\overline{\overline{\alpha}}} = -\frac{1}{\alpha}$$

$$= \left(-\frac{1}{\overline{\alpha}}\right)\left(-\frac{1}{\alpha}\right) - q\left(-\frac{1}{\alpha}\right)i + q\left(-\frac{1}{\overline{\alpha}}\right)i - 1$$

$$= \frac{1}{\alpha\overline{\alpha}} + \frac{qi}{\alpha} - \frac{qi}{\overline{\alpha}} - 1$$

$$= \frac{1 + q\overline{\alpha}i - q\alpha i - \alpha\overline{\alpha}}{\alpha\overline{\alpha}} \quad \text{通分}$$

$$= -\frac{\alpha\overline{\alpha} - q\overline{\alpha}i + q\alpha i - 1}{\alpha\overline{\alpha}} \quad \text{マイナスでくくって}$$

$$= 0 \quad \text{⑥を代入}$$

OK です！

実行

複素数平面上で, 1, -1, α, $-\dfrac{1}{\overline{\alpha}}$ が表す点をそれぞれ A, B, P, Q とする（図3）。2点 A, B は実軸上にあり, 虚軸に関して対称であるから, 円 C も虚軸に関して対称である。よって, 円 C の中心を表す複素数は q を実数として qi と表せて, このとき半径は $\sqrt{1+q^2}$ となるから, その方程式は,

$$|z - qi| = \sqrt{1 + q^2}$$

となる。両辺を2乗して,
$$(z-qi)(\bar{z}+qi)=1+q^2$$
$$z\bar{z}-q\bar{z}i+qzi-1=0 \quad \cdots\cdots ①$$
円 C は点 P を通るから, ①で $z=\alpha$ として
$$\alpha\bar{\alpha}-q\bar{\alpha}i+q\alpha i-1=0 \quad \cdots\cdots ②$$
が成り立つ。

ここで, ①の左辺で $z=-\dfrac{1}{\bar{\alpha}}$ とすると,

$$\left(-\frac{1}{\bar{\alpha}}\right)\overline{\left(-\frac{1}{\bar{\alpha}}\right)}-q\overline{\left(-\frac{1}{\bar{\alpha}}\right)}i+q\left(-\frac{1}{\bar{\alpha}}\right)-1$$

$$=\left(-\frac{1}{\bar{\alpha}}\right)\left(-\frac{1}{\alpha}\right)-q\left(-\frac{1}{\alpha}\right)i+q\left(-\frac{1}{\bar{\alpha}}\right)-1$$

$$=\frac{1+q\bar{\alpha}i-q\alpha i-\alpha\bar{\alpha}}{\alpha\bar{\alpha}}$$

$$=0 \quad (\because ②より)$$

となり, このときも①は成り立つから, 円 C は点 $Q\left(-\dfrac{1}{\bar{\alpha}}\right)$ を通る。

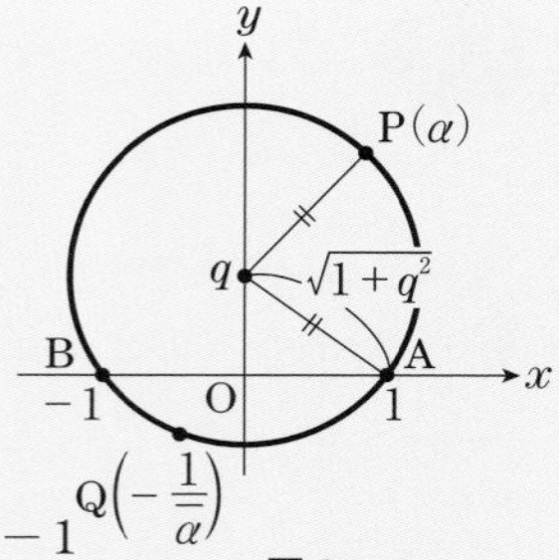

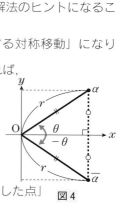

図3

検討 「座標」でよくあるような設定の問題でしたので,「座標」でやるように,

　　円の方程式を立てる→Pを通る条件を求める→Qを通ることを示すの手順でやってみました。素直な発想ではないでしょうか。

　ところで,「$-\dfrac{1}{\bar{\alpha}}$ の意味」は考えてみましたか？ つまり,「PとQの位置関係」です。複素数平面上の図形に関する問題ですので, 式を単に式と見るのではなく, その図形的な意味を考えると, 解法のヒントになることがあります。

　まず, $\alpha \to \bar{\alpha}$ は共役複素数ですから「実軸に関する対称移動」になりますね。次に, $\bar{\alpha}$ は「$1\times\bar{\alpha}$」, $\dfrac{1}{\bar{\alpha}}$ は「$1\div\bar{\alpha}$」と見れば,

積・商 ⟺ 回転＋拡大 が利用できます。
$$\alpha=r(\cos\theta+i\sin\theta)$$
とすると,
$$\bar{\alpha}=r\{\cos(-\theta)+i\sin(-\theta)\}$$
ですから,
　　$\bar{\alpha}$:「点1を原点Oを中心として $-\theta$ 回転 r 倍した点」

図4

$\dfrac{1}{\alpha}$：「点 1 を原点 O を中心として θ 回転 $\dfrac{1}{r}$ 倍した点」

となります（**図5**）。

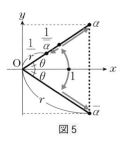

図5

最後に $\dfrac{1}{\alpha} \to -\dfrac{1}{\alpha}$ は「$\times(-1)$」と見て，「ベクトル逆向き」でもよいですし，極形式で

$$-1 = \cos \pi + i \sin \pi$$

ですから，「180° 回転」でもよいです。最終的に

$\mathrm{P}(\alpha)$ と $\mathrm{Q}\left(-\dfrac{1}{\alpha}\right)$ は **図6** のような位置関係ですね。

何か思いつきますか？

　　「O, P, Q が一直線上」

　　「$\mathrm{OP} = r$, $\mathrm{OQ} = \dfrac{1}{r}$ だから $\mathrm{OP} \cdot \mathrm{OQ} = 1$」

は気づきましたか？

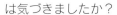

図6

目標は，

　　「A, B, P が通る円周上に，Q がある」

つまり

　　「A, B, P, Q が同一円周上」

ですから……，そうです！「方べきの定理の逆」ですね。$\mathrm{OA} = \mathrm{OB} = 1$ですから，

$$\mathrm{OA} \cdot \mathrm{OB} = \mathrm{OP} \cdot \mathrm{OQ} \quad \to \quad \text{A, B, P, Q が同一円周上}$$

とできます。面白い解法ですので，別解として載せますね。

あ，例によって，**1** $z = x + yi$ **とおく** でも解けます。

$\alpha = p + qi$ （p, q は実数）とおくと，

$$-\frac{1}{\overline{\alpha}} = -\frac{1}{p - qi} = -\frac{p + qi}{p^2 + q^2}$$

ですので，$\mathrm{A}(1, 0)$, $\mathrm{B}(-1, 0)$, $\mathrm{P}(p, q)$ を通る円の方程式を作って，

$\mathrm{Q}\left(-\dfrac{p}{p^2 + q^2}, -\dfrac{q}{p^2 + q^2}\right)$ を通っていることを調べれば OK です。時間があればやってみてください。

〈別解〉

複素数平面上で，1，-1，α，$-\dfrac{1}{\alpha}$ が表す点を，それぞれ A，B，P，Q とする。

α は実数ではないから，
$$\alpha = r(\cos\theta + i\sin\theta) \quad (r>0,\ 0<\theta<\pi,\ \pi<\theta<2\pi)$$
とおけて，このとき，
$$-\dfrac{1}{\overline{\alpha}} = -\dfrac{1}{r(\cos\theta - i\sin\theta)} = -\dfrac{1}{r}(\cos\theta + i\sin\theta)$$
である。よって，P，O，Q はこの順に同一直線上にあり，
$$OP = r,\quad OQ = \dfrac{1}{r}$$
である。

また，$OA = OB = 1$ であるから，
$$OA \cdot OB = OP \cdot OQ$$
が成り立ち，方べきの定理の逆により，
A，B，P，Q は同一円周上にある。すなわち，
円 C が3点 A，B，P を通るならば，
C は点 Q も通る。

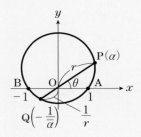

類題 49　　解答 ⇨ P.578　★★☆　🕐 25分

相異なる4つの複素数 z_1，z_2，z_3，z_4 に対して
$$w = \dfrac{(z_1 - z_3)(z_2 - z_4)}{(z_1 - z_4)(z_2 - z_3)}$$
とおく。このとき，以下を証明せよ。

(1) 複素数 z が単位円上にあるための必要十分条件は $\overline{z} = \dfrac{1}{z}$ である。

(2) z_1，z_2，z_3，z_4 が単位円上にあるとき，w は実数である。

(3) z_1，z_2，z_3 が単位円上にあり，w が実数であれば，z_4 は単位円上にある。

（京大・文系・99前）

テーマ
50 複素数平面上の図形③

例題 50 　　　　　　　　　　　　★★☆ 🕐 25分

　複素数平面上で原点を O とし，1 の表す点を A とする。この平面上の点 $P_1(z_1)$, $P_2(z_2)$, $P_3(z_3)$, …… が次の条件(i), (ii), (iii)をみたしているとき，$|z_n|$ の最大値を求めよ。

(i) 　$z_1 = \dfrac{i}{\sqrt{3}}$

(ii) 　$0° < \arg z_{n+1} < \arg z_n < 360°$ $(n \geqq 1)$

(iii) 　線分 AP_n の中点を M_n とするとき，$n \geqq 1$ に対して
　△OP_nP_{n+1} ∽ △OM_nA が成立する。ただし，ここでいう相似は，左辺の三角形と右辺の三角形の頂点が，かかれた順に対応しているものとする。

（京大・文系・02後）

 理解　　まずは $n = 1$ でやってみましょうか。

条件(iii)は $n = 1$ のとき

　「線分 AP_1 の中点を M_1 とするとき
　　△OP_1P_2 ∽ △OM_1A

が成立する（P_1 と M_1，P_2 と A が対応）。」
となりますから，図1 のようになります。

　条件(ii)より　$0° < \arg z_2 < \arg z_1 < 360°$
ですので，赤い点線の三角形はナシです。

　次に「線分 AP_2 の中点を M_2……」と続けていきますが，図が見にくくなるので，本書では，ここでやめますね。自分でやるときは，「n 回目」に一般化できるまで続けてみましょう。

　与えられた条件から，
　　$90° = \arg z_1 > \arg z_2 > \cdots > 0°$

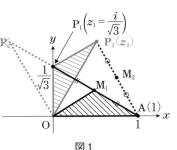

図1

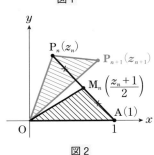

図2

となっていくので，n 回目は **図2** のようになりますね。

計画 すると，**図3**
のような位置
関係なので，z_n と z_{n+1}
の関係は

図3

回転＋拡大 $\Longleftrightarrow$ 積

で実現できそうですね。

図のように，θ と r をおくと

「$\overrightarrow{\mathrm{OP}_{n+1}}$ を θ 回転 r 倍すると $\overrightarrow{\mathrm{OP}_n}$」で $z_n = z_{n+1} \times r(\cos\theta + i\sin\theta)$

「$\overrightarrow{\mathrm{OA}}$ を θ 回転 r 倍すると $\overrightarrow{\mathrm{OM}_n}$」で $\dfrac{z_n + 1}{2} = 1 \times r(\cos\theta + i\sin\theta)$

ですから，$r(\cos\theta + i\sin\theta)$ を消去すると，

$$\frac{z_n}{z_{n+1}} = \frac{z_n + 1}{2} \ (= r(\cos\theta + i\sin\theta))$$

となります。

これを，$z_{n+1} = (z_n \text{ の式})$ に整理すると，

$$z_{n+1} = \frac{2z_n}{z_n + 1}$$

> $a_{n+1} = \dfrac{ra_n}{pa_n + q}$ type
> $\Rightarrow$ 逆数をとる

となりますね。このタイプの漸化式は大丈夫ですか？
逆数をとるんでしたね。

> 逆数をとるとき，
> $z_n \neq 0$, $z_{n+1} \neq 0$ の
> Check が必要ですが，
> $\triangle \mathrm{OP}_n \mathrm{P}_{n+1}$ があるので
> $\mathrm{P}_n \neq \mathrm{O}$, $\mathrm{P}_{n+1} \neq \mathrm{O}$ です
> から大丈夫です。

$$\frac{1}{z_{n+1}} = \frac{z_n + 1}{2z_n} = \frac{1}{2} + \frac{1}{2} \cdot \frac{1}{z_n}$$

$\dfrac{1}{z_n} = w_n$ とおくと

$$w_{n+1} = \frac{1}{2} w_n + \frac{1}{2} \quad \cdots\cdots @$$

となりますから，いつもの

$$x = \frac{1}{2} x + \frac{1}{2} \quad \cdots\cdots ⓑ \qquad \therefore \quad x = 1$$

として，@－ⓑで等比数列にもちこむやつです。一般項が求まりますね。

M_n は線分 AP_n の中点であるから，M_n を表す複素数は $\dfrac{z_n+1}{2}$ である。

与えられた条件より，$0° < \arg z_n \leqq \arg z_1 = 90°$ であるから，$0° < \theta < 90°$，$r > 0$ として，

$$\overrightarrow{OM_n} \text{ は } \overrightarrow{OA} \text{ を } \theta \text{ 回転 } r \text{ 倍したもの}$$

とすると，条件(ii)，(iii)より，

$$\overrightarrow{OP_n} \text{ は } \overrightarrow{OP_{n+1}} \text{ を } \theta \text{ 回転 } r \text{ 倍したもの}$$

であるから，

$$\frac{z_n}{z_{n+1}} = \frac{\dfrac{z_n+1}{2}}{1} \ (= r(\cos\theta + i\sin\theta))$$

$$\frac{1}{z_{n+1}} = \frac{1}{2} \cdot \frac{1}{z_n} + \frac{1}{2}$$

が成り立つ。

ここで，$w_n = \dfrac{1}{z_n}$ とおくと，

$$w_{n+1} = \frac{1}{2} w_n + \frac{1}{2}$$

$$w_{n+1} - 1 = \frac{1}{2}(w_n - 1)$$

であるから，数列 $\{w_n - 1\}$ は，

初項 $w_1 - 1 = \dfrac{1}{z_1} - 1 = \dfrac{\sqrt{3}}{i} - 1 = -(1 + \sqrt{3}i)$，公比 $\dfrac{1}{2}$ の等比数列

である。よって，

$$w_n - 1 = -(1 + \sqrt{3}i)\left(\frac{1}{2}\right)^{n-1}$$

$$w_n = 1 - (1 + \sqrt{3}i)\left(\frac{1}{2}\right)^{n-1}$$

> $|w_n|^2$ を求めたいので $w_n = (実部) + (虚部)i$ の形に

$$= \left\{1 - \left(\frac{1}{2}\right)^{n-1}\right\} - \sqrt{3}\left(\frac{1}{2}\right)^{n-1}i \quad \cdots\cdots ①$$

> $|z_n|$ が最大 $\iff$ $|w_n|$ が最小 ですから，$|z_n|$ に直さなくても $|w_n|$ のままで処理すればOKです

であるから，

$$|w_n|^2 = \left\{1 - \left(\frac{1}{2}\right)^{n-1}\right\}^2 + \left\{-\sqrt{3}\left(\frac{1}{2}\right)^{n-1}\right\}^2$$

$$= 1 - 2\left(\frac{1}{2}\right)^{n-1} + \left\{\left(\frac{1}{2}\right)^{n-1}\right\}^2 + 3\left\{\left(\frac{1}{2}\right)^{n-1}\right\}^2$$

$\left(\frac{1}{2}\right)^{n-1}$ をひとカタ
マリで整理

$$= 4\left\{\left(\frac{1}{2}\right)^{n-1}\right\}^2 - 2\left(\frac{1}{2}\right)^{n-1} + 1$$

$\left(\frac{1}{2}\right)^{n-1} = x$ とおくと

$$= 4\left\{\left(\frac{1}{2}\right)^{n-1} - \frac{1}{4}\right\}^2 + \frac{3}{4}$$

$4x^2 - 2x + 1$ なので
平方完成 $4\left(x - \frac{1}{4}\right)^2 + \frac{3}{4}$

となる。

したがって，$\left(\frac{1}{2}\right)^{n-1} = \frac{1}{4}$ すなわち $n = 3$ のとき，$|w_n|^2 = \dfrac{1}{|z_n|^2}$ は最

小値 $\dfrac{3}{4}$ をとる。このとき $|z_n|$ は最大となるから，

$$|z_n| \text{ の最大値は，} \sqrt{\frac{4}{3}} = \frac{2\sqrt{3}}{3}$$

検討 ①から，$|z_n|^2$ を求めようとすると，

$$z_n = \frac{1}{w_n} = \frac{1}{\left\{1 - \left(\frac{1}{2}\right)^{n-1}\right\} - \sqrt{3}\left(\frac{1}{2}\right)^{n-1}i}$$

分母の実数化

$$= \frac{\left\{1 - \left(\frac{1}{2}\right)^{n-1}\right\} + \sqrt{3}\left(\frac{1}{2}\right)^{n-1}i}{\left\{1 - \left(\frac{1}{2}\right)^{n-1}\right\}^2 + \left\{\sqrt{3}\left(\frac{1}{2}\right)^{n-1}\right\}^2}$$

$$= \frac{\left\{1 - \left(\frac{1}{2}\right)^{n-1}\right\} + \sqrt{3}\left(\frac{1}{2}\right)^{n-1}i}{4\left\{\left(\frac{1}{2}\right)^{n-1}\right\}^2 - 2\left(\frac{1}{2}\right)^{n-1} + 1}$$

実部　　　　　　　　　　　　　　　　　　　虚部

ですから，

$$|z_n|^2 = \left\{\frac{1 - \left(\frac{1}{2}\right)^{n-1}}{4\left\{\left(\frac{1}{2}\right)^{n-1}\right\}^2 - 2\left(\frac{1}{2}\right)^{n-1} + 1}\right\}^2$$

$$+ \left\{\frac{\sqrt{3}\left(\frac{1}{2}\right)^{n-1}}{4\left\{\left(\frac{1}{2}\right)^{n-1}\right\}^2 - 2\left(\frac{1}{2}\right)^{n-1} + 1}\right\}^2 \quad \cdots\cdots ⓐ$$

となって，ものすごい式になりますね。このまま続けて，

$$|z_n|^2 = \frac{4\left\{\left(\frac{1}{2}\right)^{n-1}\right\}^2 - 2\left(\frac{1}{2}\right)^{n-1} + 1}{\left\{4\left\{\left(\frac{1}{2}\right)^{n-1}\right\}^2 - 2\left(\frac{1}{2}\right)^{n-1} + 1\right\}^2}$$

約分できる

$$= \frac{1}{4\left\{\left(\frac{1}{2}\right)^{n-1}\right\}^2 - 2\left(\frac{1}{2}\right)^{n-1} + 1}$$

$\left(\frac{1}{2}\right)^{n-1}$ をひとカタマリと見て
平方完成

$$= \frac{1}{4\left\{\left(\frac{1}{2}\right)^{n-1} - \frac{1}{4}\right\}^2 + \frac{3}{4}}$$

とすることもできるのですが，前ページの解答のように，

$|z_n|$ が最大 $\iff$ $|w_n|$ が最小

に気づきたいところです。最初に思いつかなくてよいのですが，$|z_n|^2$ を計算しようとして，⑤のような式が出てきたときに，「うわ，じゃまくせ！」と思うじゃないですか。そこでそのまま計算ミス覚悟で押し切ろうとするんじゃなく，「何か上手い手はないかな？」と立ち止まって考える習慣をもちましょう。

類題 50

解答 ⇨ P.584　★☆☆　🕐 25分

$0 < \theta < 90$ とし，a は正の数とする。複素数平面上の点 z_0, z_1, z_2, ……をつぎの条件(i), (ii)を満たすように定める。

(i) $z_0 = 0$, $z_1 = a$

(ii) $n \geqq 1$ のとき，点 $z_n - z_{n-1}$ を原点のまわりに $\theta°$ 回転すると点 $z_{n+1} - z_n$ に一致する。

このとき点 $z_n \, (n \geqq 1)$ が点 z_0 と一致するような n が存在するための必要十分条件は，θ が有理数であることを示せ。

（京大・理系・02前）

類題 1

理解　まずは，x に値を入れて具体的に調べていくことにしましょう。$x = 0,\ 1,\ 2,\ 3,\ 4$ でどうでしょう。

$$|f(0)| = |\,0 + 0 + 2\,| = 2$$
$$|f(1)| = |\,1 + 2 + 2\,| = 5$$
$$|f(2)| = |\,8 + 8 + 2\,| = 18$$
$$|f(3)| = |\,27 + 18 + 2\,| = 47$$
$$|f(4)| = |\,64 + 32 + 2\,| = 98$$

ともに素数
ちがう
ちがう
ちがう

おっ，一組見つかりましたね。$|f(n)|$ と $|f(n+1)|$ で $n = 0$ としたものです。他はダメですが，何か気づくことはありませんか？　本に印刷されたものをながめているだけでは気づかないかもしれません。自分の手を動かした人は気づきましたよね？　$|f(n)|$ と $|f(n+1)|$ のペアの片方は，つねに偶数です。もう少し詳しくいうと，

x が偶数のとき $|f(x)|$ は偶数

です。$f(x)$ の式や，上の具体例をよく見ると

ココで $f(x)$ の偶奇が決まる！　$f(x) = x^3 + \underset{\text{偶数}}{2x^2} + \underset{\text{偶数}}{2}$

となっていますから，次のようになります。

$$x\ \text{が偶数} \longrightarrow x^3\ \text{が偶数} \longrightarrow f(x)\ \text{が偶数}$$
$$x\ \text{が奇数} \longrightarrow x^3\ \text{が奇数} \longrightarrow f(x)\ \text{が奇数}$$

計画　そうしますと，$|f(n)|$ と $|f(n+1)|$ のいずれかは偶数ですから，これらがともに素数になるのは

$$|f(n)| = 2 \quad \text{または} \quad |f(n+1)| = 2$$

となる場合を調べればよいことになりますね。$f(n)$ と $f(n+1)$ は，$f(x)$ の x に n と $n+1$ を代入したものなので，$|f(x)| = 2$ となる x を求めて，$n = x$ または $n + 1 = x$ とすれば OK です。たとえば，さきほどの $|f(0)| = 2$ より，このような x として $x = 0$ が見つかり，

$$n = 0 \quad \text{と} \quad n + 1 = 0 \quad \therefore \quad n = 0 \quad \text{と} \quad n = -1$$

となります。

$|f(x)| = 2$ より $f(x) = \pm 2$ で，$f(x) = 2$ は

$$x^3 + 2x^2 + 2 = 2 \qquad \therefore \quad x^2(x+2) = 0 \qquad \therefore \quad x = 0, \ -2$$

と，すぐに解けますね。$f(x) = -2$ の

$$x^3 + 2x^2 + 2 = -2 \qquad \therefore \quad x^3 + 2x^2 + 4 = 0 \quad \cdots\cdots \text{ⓐ}$$

は，どうしましょう？

例 題 7 で扱う

整数係数の n 次方程式　$(n \geqq 1)$

$$a_n x^n + a_{n-1} x^{n-1} + \cdots\cdots + a_2 x^2 + a_1 x + a_0 = 0$$
$$(a_n \neq 0, \ a_0 \neq 0) \quad \cdots\cdots (*)$$

が有理数の解をもてば，それは $x = \dfrac{(a_0 \text{の約数})}{(a_n \text{の約数})}$ と表せる。

をⓐに使うと，

$$x = \frac{(4 \text{の約数})}{(1 \text{の約数})} = \pm 1, \ \pm 2, \ \pm 4$$

となります。これをⓐの左辺に代入しても，どれも $= 0$ にはなりませんから，ⓐは有理数の解をもたないことになります。ただ，$(*)$は有名ですが，教科書等には載っていないので，解答に使うのはちょっと……ですね。

$(*)$の証明を思い出してもらうか，

整数問題 ➡ **1** 約数・倍数　**2** 不等式　**3** 剰余類

を思い出してもらえば，ⓐより，

$$x^2(x+2) = -4$$

という変形が思いつくのではないでしょうか。x が整数のとき，$x + 2$ も整数ですから，これより x^2 は 4 の約数，つまり

$$x = \pm 1, \ \pm 2$$

とわかります。$(*)$の証明は 例 題 7 でやりましょうね。また，

3次方程式 ➡ **1** グラフ　**2** 解と係数の関係　**3** 因数分解

というのが 類 題 7 などで出てきますが，$y = x^3 + 2x^2 + 4$ のグラフを考えて，ⓐが整数解をもたないことを説明してもよいですね。

$$f(x) = x^3 + 2x^2 + 2 = x^3 + 2(x^2 + 1)$$

x が整数のとき，$2(x^2 + 1)$ は偶数であることと，x と x^3 の偶奇が一致することから，

x が偶数のとき　　$|f(x)|$ は偶数

x が奇数のとき　　$|f(x)|$ は奇数

である。

これより，n と $n+1$ は一方が偶数，他方が奇数であるから，$|f(n)|$ と $|f(n+1)|$ も一方が偶数，他方が奇数となる。よって，

「$|f(n)|$ と $|f(n+1)|$ がともに素数となる」　……(*)

とき，$|f(n)|$ と $|f(n+1)|$ のいずれかは偶数の素数，すなわち 2 である。

ここで，$f(x) = 2$ となるのは，

$$x^3 + 2x^2 + 2 = 2 \quad \therefore \quad x^2(x+2) = 0 \quad \therefore \quad x = 0, \ -2$$

のときである。また，$f(x) = -2$ とすると，

$$x^3 + 2x^2 + 2 = -2 \quad \therefore \quad x^2(x+2) = -4 \quad ……①$$

となる。x が整数のとき，$x+2$ も整数であるから，x^2 は 4 の約数である。よって，$x = \pm 1, \ \pm 2$ であるが，これらはいずれも①を満たさない。ゆえに①を満たす整数 x は存在しない。

以上より，$|f(x)| = 2$ となる整数 x は，$x = 0, \ -2$ だけであり，

$|f(1)| \quad = |1 + 2 + 2| \quad = 5$　← $n = 0$

$|f(0)| \qquad\qquad\qquad = ②$　← $n = -1$

$|f(-1)| = |-1 + 2 + 2| = 3$　← $n = -2$

$|f(-2)| \qquad\qquad\quad = ②$　← $n = -3$

$|f(-3)| = |-27 + 18 + 2| = 7$

> $|f(0)| = |f(-2)| = ②$ なので $x = 0, \ -2$ の前後の $x = 1, \ -1, \ -3$ で $|f(1)|, \ |f(-1)|, \ |f(-3)|$ が素数になるか check

であるから，(*) を満たす n は，

$$n = 0, \ -1, \ -2, \ -3$$

検討　$f(x) = -2 \quad \therefore \quad x^3 + 2x^2 + 4 = 0$

が整数解をもたないことを説明するには，**計画** でお話ししましたように，グラフを考えてもよいです。

〈$f(x) = -2$ が整数解をもたないことを示す部分の別解〉

$$g(x) = x^3 + 2x^2 + 4$$

とおくと，

$$g'(x) = 3x^2 + 4x = 3x\left(x + \frac{4}{3}\right)$$

となるから，$g(x)$ の増減表は右のように

x	$\cdots$	$-\dfrac{4}{3}$	$\cdots$	0	$\cdots$
$g'(x)$	$+$	0	$-$	0	$+$
$g(x)$	$\nearrow$	$\dfrac{140}{27}$	$\searrow$	4	$\nearrow$

なる。さらに，
$$g(-2) = (-8) + 8 + 4 = 4 > 0$$
$$g(-3) = (-27) + 18 + 4 = -5 < 0$$
であるから，$y = g(x)$ のグラフは x 軸と
ただ 1 つの共有点をもち，それは x 軸の
$-3 < x < -2$ の部分にある。
　よって，方程式 $g(x) = 0$ は整数解をも
たない。

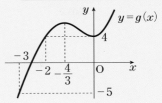
$x = -2$，-3 はカンです（笑）。でも，解答で $f(-3)$ を計算したりしますので，そのあたりで気づいてほしいです。

類題 2

理解　　1，a，b，c の 4 個から相異なる 2 個を取り出して和を作る方法は，${}_4C_2 = 6$ 通りで，6 通りをすべて書き出すと，

$\underline{1+a}, \underline{1+b}, \underline{1+c},$　　←　まず 1 を含むもの
$\underline{a+b}, \underline{a+c},$　　←　$1+a$ 以外で a を含むもの
$\underline{b+c}$　　←　$1+b$，$a+b$ 以外で b を含むもの

　書き出すときに適当に書き出してはいけません。抜け落ちや重複があってはいけないので，右のフキダシのように，

　　　　　　何らかのルールを決めて書き出す

ようにしましょう。これが場合分けや場合の数を考える力につながります。
　さて，「$1+a$ から $b+c$ までのすべての整数値」とありますが，これは？
$1 < a < b < c$ だから，$1+a$ は小さい方から 2 つの数 1 と a の和で，上の
6 つの数の中で最も小さいですよね。逆に，$b+c$ は大きい方から 2 つの
数 b と c の和だから，最も大きいです。では，他の大小関係はわからな
いでしょうか？
　＿＿＿部に注目すると，1 に対して a，b，c を加えていて $a < b < c$ だから，
　　　$1+a < 1+b < 1+c$　……ⓐ
という大小関係がわかります。また，＿＿＿部に注目すると，c に対して 1，
a，b を加えていて，$1 < a < b$ だから，
　　　$1+c < a+c < b+c$　……ⓑ
という大小関係がわかります。すると，ⓐ，ⓑを合わせて，
　　　$1+a < 1+b < 1+c < a+c < b+c$

残ったのは $a+b$ ですが，これは？

$1<a$ より，$1+b<a+b$

$b<c$ より，$\qquad a+b<a+c$

はわかるのですが，

$a+b$ と $1+c$ の大小がわからない

というわけで，

> $1+a<1+b\begin{smallmatrix}<1+c<\\<a+b<\end{smallmatrix}a+c<b+c$
> こんな状態ですね。

(ⅰ)$a+b<1+c$ 　　(ⅱ)$a+b>1+c$ 　　(ⅲ)$a+b=1+c$

と場合分けすることになりそうです。

(ⅰ)の場合を考えてみると，

$1+a<1+b<a+b<1+c<a+c<b+c$

ですが，この 6 つの値が「$1+a$ から $b+c$ までのすべての整数の値」になるとは，どういうことでしょうか？　たとえば $1+a$ が 6 とすると，

$$\underset{\underset{6}{\|}}{1+a}<\underset{\underset{7}{}}{1+b}<\underset{\underset{8}{\|}}{a+b}<\underset{\underset{9}{}}{1+c}<\underset{\underset{10}{\|}}{a+c}<\underset{\underset{11}{\|}}{b+c}$$

ということですね。$1+a=6$ はテキトーな値でウソなので，一般には，

$$1+a\underset{+1}{<}1+b\underset{+1}{<}a+b\underset{+1}{<}1+c\underset{+1}{<}a+c\underset{+1}{<}b+c$$

となっているということです。これで，a，b，c の関係式が得られそうです。

実行

1，a，b，c から相異なる 2 個を取り出して和を作ると，

$1+a$，$1+b$，$1+c$，$a+b$，$a+c$，$b+c$

の 6 通りがある。$1<a<b<c$ より，

$1+a<1+b<1+c<a+b<a+c<b+c$

であり，

$1+b<a+b<a+c$

であるから，次の 3 通りが考えられる。

(ⅰ)$a+b<1+c$ 　　(ⅱ)$a+b>1+c$ 　　(ⅲ)$a+b=1+c$

(ⅰ)のとき

$1+a<1+b<a+b<1+c<a+c<b+c$

であり，これらが $1+a$ から $b+c$ までのすべての整数の値となるから，

$$\begin{cases} (1+a)+1=1+b \\ (1+b)+1=a+b \\ (a+b)+1=1+c \\ (1+c)+1=a+c \\ (a+c)+1=b+c \end{cases} \quad \therefore \quad \begin{cases} b=a+1 \\ a=2 \\ c=a+b \\ a=2 \\ b=a+1 \end{cases}$$

$$\therefore \quad (a,\ b,\ c)=(2,\ 3,\ 5)$$

(ii)のとき

$$1+a<1+b<1+c<a+b<a+c<b+c$$

であるから，

$$\begin{cases} (1+a)+1=1+b \\ (1+b)+1=1+c \\ (1+c)+1=a+b \\ (a+b)+1=a+c \\ (a+c)+1=b+c \end{cases} \quad \therefore \quad \begin{cases} b=a+1 & \cdots\cdots① \\ c=b+1 & \cdots\cdots② \\ a+b-c=2 & \cdots\cdots③ \\ c=b+1 \\ b=a+1 \end{cases}$$

> ①，②より，$c=a+2$ だから，これと①を③に代入して，
> $$a+(a+1)-(a+2)=2$$
> $$a=3$$

$$\therefore \quad (a,\ b,\ c)=(3,\ 4,\ 5)$$

(iii)のとき

$$1+a<1+b<1+c=a+b<a+c<b+c$$

であるから，

$$\begin{cases} (1+a)+1=1+b \\ (1+b)+1=1+c \\ \quad\ \ 1+c=a+b \\ (a+b)+1=a+c \\ (a+c)+1=b+c \end{cases} \quad \therefore \quad \begin{cases} b=a+1 \\ c=b+1 \\ a+b-c=1 & \cdots\cdots④ \\ c=b+1 \\ b=a+1 \end{cases}$$

> (ii)と同様，
> $b=a+1,\ c=a+2$
> を④に代入して，
> $$a+(a+1)-(a+2)=1$$
> $$a=2$$

$$\therefore \quad (a,\ b,\ c)=(2,\ 3,\ 4)$$

以上(i)，(ii)，(iii)より，求める $a,\ b,\ c$ の値は，

$$(a,\ b,\ c)=(2,\ 3,\ 5),\ (3,\ 4,\ 5),\ (2,\ 3,\ 4)$$

検討　「$1+a$ から $b+c$ までのすべての整数の値が得られる」という条件の，別の利用法も考えられます。**理解** で言ったように，和の作り方は $_4C_2$ 通りですから，「整数の値」は最大 6 個です。あ，「最大」というのは重複があると減りますからね。すると，数直線上で，

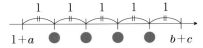

こんなふうになりますから，$b+c$ と $1+a$ の差を考えて，

$$(b+c)-(1+a)\leqq5 \quad \therefore \quad b+c\leqq a+6$$

という不等式が得られます。

$a < b$ ですから，$a + 6 < b + 6$ が成り立つので，

$\underline{b + c} \leqq a + 6 < \underline{b + 6}$

$\therefore$ $\underline{b + c} < \underline{b + 6}$　　　$\therefore$　$c < 6$

一方，$1 < a < b < c$ と a, b, c が整数より $a \geqq 2$，$b \geqq 3$，$c \geqq 4$ で，

$4 \leqq c < 6$　　　$\therefore$　$c = 4, 5$

こんなふうに c の値を求めてしまうことができました。

 3

 理解　　　　$a^3 - b^3 = (a - b)(a^2 + ab + b^2)$

の因数分解は，すぐに思いつくでしょう。$217 = 7 \times 31$ だから，

$(a - b)(a^2 + ab + b^2) = 7 \times 31$

となり，(整数)×(整数)＝(整数) の形で，約数・倍数の関係が利用できそうです。

 計画　　　このままいくと，

$(a - b) \times (a^2 + ab + b^2)$

$(\pm 1)　\times　(\pm 217)$

$(\pm 7)　\times　(\pm 31)$

$(\pm 31)　\times　(\pm 7)$

$(\pm 217) \times　(\pm 1)$　　　（複号同順）……(*)

となり，8 通りを調べないといけません。もう少し絞り込みたいです。

$a^2 + ab + b^2$ ですが，

2 次式の変形は，因数分解 or 平方完成

だから，たとえば a の 2 次式と見て，平方完成すると，

$$a^2 + ab + b^2 = \left(a + \frac{b}{2}\right)^2 + \frac{3}{4}b^2$$

$\left(a + \dfrac{b}{2}\right)^2 \geqq 0$, $\dfrac{3}{4}b^2 \geqq 0$ ですから，

$a^2 + ab + b^2 \geqq 0$　……ⓐ

これで $a^2 + ab + b^2 < 0$ の場合は考えなくてよいので，4 通りを調べればよいことになりました。

もうちょっとがんばりましょうか。$a - b$ と $a^2 + ab + b^2$ の大小はどうですか？　大小の比較だから引き算して，上と同様に a の 2 次式と見て平方完成すると，

$$(a^2 + ab + b^2) - (a - b) = a^2 + (b-1)a + b^2 + b$$

$$= \left(a + \frac{b-1}{2}\right)^2 - \frac{1}{4}(b-1)^2 + b^2 + b$$

$$= \left(a + \frac{b-1}{2}\right)^2 + \frac{3}{4}b^2 + \frac{3}{2}b - \frac{1}{4}$$

さらに，～～部が b の2次式だから，平方完成して，

$$(a^2 + ab + b^2) - (a - b) = \left(a + \frac{b-1}{2}\right)^2 + \frac{3}{4}(b+1)^2 - 1$$

$\left(a + \dfrac{b-1}{2}\right)^2 \geqq 0$, $\dfrac{3}{4}(b+1)^2 \geqq 0$ だから，

$$(a^2 + ab + b^2) - (a - b) \geqq -1 \quad \cdots\cdots ⓑ$$

(∗) のうち，ⓐとⓑをみたすのは，

$$(a - b, \ a^2 + ab + b^2) = (1, \ 217), \ (7, \ 31)$$

の2通りだけです。あとは a, b の2文字で，2つ式があるので，a か b を消去すれば解けそうです。

実行

与式より，

$$(a - b)(a^2 + ab + b^2) = 7 \times 31 \quad \cdots\cdots (∗)$$

また，

$$a^2 + ab + b^2 = \left(a + \frac{b}{2}\right)^2 + \frac{3}{4}b^2 \geqq 0$$

$$(a^2 + ab + b^2) - (a - b) = a^2 + (b-1)a + b^2 + b$$

a で平方完成

$$= \left(a + \frac{b-1}{2}\right)^2 + \frac{3}{4}b^2 + \frac{3}{2}b - \frac{1}{4}$$

b で平方完成

$$= \left(a + \frac{b-1}{2}\right)^2 + \frac{3}{4}(b+1)^2 - 1$$

$$\geqq -1$$

であるから，a, b が整数のとき，(∗) より，

$$(a - b, \ a^2 + ab + b^2) = (1, \ 217), \ (7, \ 31)$$

のいずれかである。

(i) $\begin{cases} a - b = 1 & \cdots\cdots ① \\ a^2 + ab + b^2 = 217 & \cdots\cdots ② \end{cases}$ のとき

① より，$b = a - 1$ であるから，② に代入して，

$$a^2 + a(a-1) + (a-1)^2 = 217 \qquad \therefore \ 3a^2 - 3a - 216 = 0$$

$$\therefore \ a^2 - a - 72 = 0 \qquad \therefore \ (a+8)(a-9) = 0$$

①より，
$$(a, b) = (-8, -9), (9, 8)$$

(ii) $\begin{cases} a - b = 7 & \cdots\cdots③ \\ a^2 + ab + b^2 = 31 & \cdots\cdots④ \end{cases}$ のとき

③より，$b = a - 7$ であるから，④に代入して，
$$a^2 + a(a-7) + (a-7)^2 = 31$$
$$3a^2 - 21a + 18 = 0$$
$$a^2 - 7a + 6 = 0$$
$$(a-1)(a-6) = 0$$

③より，
$$(a, b) = (1, -6), (6, -1)$$

以上(i)，(ii)より，求める整数の組 (a, b) は，
$$\boldsymbol{(a, b) = (-8, -9), (9, 8), (1, -6), (6, -1)}$$

 検討 　上では $a^2 + ab + b^2 \geqq 0$ を平方完成で示しましたが，本問では他の見方もできます。
$$a^3 - b^3 = 217 > 0$$
より，
$$a^3 > b^3 \qquad \therefore \quad a > b$$
がわかります。
　これと
$$(a^2 + ab + b^2) - (a - b) \geqq -1$$
から，
$$(a - b,\ a^2 + ab + b^2) = (1, 217),\ (7, 31)$$
としてもよいですね。

類 題 4

 理解 　(1)は「$\sqrt{2}$ が無理数であること」の証明が，学校の教科書に載っているハズですから，これはできないといけません。**例題 4** の **理解** にありますが，

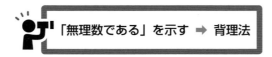

「無理数である」を示す ⟹ 背理法

です。「$\sqrt[3]{2}$ が無理数ではない」つまり「$\sqrt[3]{2}$ が有理数である」と仮定しますので，今度は

「両方素数」とは違う。

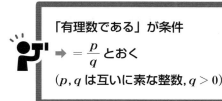

「有理数である」が条件
➡ $= \dfrac{p}{q}$ とおく
（p, q は互いに素な整数, $q > 0$）

➕補足
「p, q が互いに素」とは，
「p, q が 1 以外に正の公約数をもたない」（負も考えるなら ±1 以外に公約数をもたない）ことです。
ここでは「既約分数」という意味で，
$\dfrac{1}{2}$ を表すのに $\dfrac{p}{q} = \dfrac{1}{2}, \dfrac{2}{4}, \dfrac{5}{10}, \cdots\cdots$
といろいろできるところを，
「$p = 1, q = 2$ だけ」にしています。
$q > 0$ も $-\dfrac{1}{2}$ を表すのに
$\dfrac{p}{q} = \dfrac{-1}{2}, \dfrac{1}{-2}$ の 2 通りがあるので，
「$p = -1, q = 2$ だけ」にしています。
これで（分母）$= q \neq 0$ もクリアしています。

です。$\sqrt[3]{2} > 0$ ですから，

$$\sqrt[3]{2} = \dfrac{p}{q} \ (p, q \text{ は互いに素な自然数})$$

とおくところがスタートです。$\sqrt[3]{}$ をはずすため 3 乗して，

$$2 = \dfrac{p^3}{q^3}$$

整数の扱いですので分数をやめて，$\times q^3$ で分母を払うと，

$$2q^3 = p^3 \quad \cdots\cdots ⓐ$$

続きは大丈夫ですか？　この式から「p^3 が偶数」がわかり，

「p^3 が偶数」$\Longleftrightarrow$「p が偶数」

ですから，$p = 2p'$ とおきましょうか。すると ⓐ は

「p^2 が n の倍数」$\Longleftrightarrow$「p が n の倍数」は，n を素因数分解したとき，2 乗が含まれると成り立ちません。たとえば $n = 6 (= 2 \times 3)$ のときは成り立ちますが，$n = 4 (= 2^2)$ のときは，$p = 2, 6, 10 \cdots\cdots$ など成り立ちません。

$$2q^3 = 8p'^3 \qquad \therefore \quad q^3 = 4p'^3$$

となりますから，

「q^3 が偶数」$\Longleftrightarrow$「q が偶数」

ですので，同様に $q = 2q'$ とおくと……

おいちゃダメですよ。もう矛盾しています。

「p が偶数，q が偶数」が「p, q が互いに素」に矛盾

です。これで(1)は OK ですね。

次に(2)についてです。詳しくは**テーマ8**で出てくるのですが，整式の割り算については次の 3 つのアプローチがあります。

整式の
割り算

$\boxed{1}$ 実際に割る
$\boxed{2}$ $\begin{cases} A(x) = B(x)Q(x) + R(x) \quad \cdots\cdots(*) \\ (R(x) \text{の次数}) < (B(x) \text{の次数}) \text{または } R(x) \text{ は } 0 \end{cases}$
の式を立てて，
$B(x) = 0$ となる x の値を代入する

> 数 0 は次数を
> 考えません。

$\boxed{3}$ $A(x)$ から $B(x)$ をくくり出して，
$(*)$ の形を作る

$P(x)$ は具体的な式ではありませんから，$\boxed{1}$, $\boxed{3}$ は無理です。$\boxed{2}$ でしょう。$P(x)$ を $x^3 - 2$ で割ったときを考えますので，商を $Q(x)$ とし，余りは 2 次以下ですから，$ax^2 + bx + c$ とでもおきましょうか。すると，

$$P(x) = (x^3 - 2)Q(x) + ax^2 + bx + c \quad \cdots\cdots ⓐ$$

となります。$P(x)$ は係数が有理数で，$x^3 - 2$ も係数は有理数ですから商の $Q(x)$ や余りの $ax^2 + bx + c$ も係数は有理数です。つまり，a, b, c は有理数です。

条件は，「$P(\sqrt[3]{2}) = 0$ をみたす」ですから，$x = \sqrt[3]{2}$ を代入しますよね。すると $x^3 - 2$ の部分が 0 になって，

$$P(\sqrt[3]{2}) = (2 - 2)Q(\sqrt[3]{2}) + a(\sqrt[3]{2})^2 + b\sqrt[3]{2} + c$$

$P(\sqrt[3]{2}) = 0$ より

$$a(\sqrt[3]{2})^2 + b\sqrt[3]{2} + c = 0$$

見にくいので，$\alpha = \sqrt[3]{2}$ とおきましょうか。

$$a\alpha^2 + b\alpha + c = 0 \quad \cdots\cdots ⓑ$$

こんな式が得られました。

 さて，証明の目標は，

「$P(x)$ は $x^3 - 2$ で割り切れる」

ですから，ⓐより，

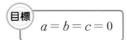

です。ⓑからこれがいいたいわけです。

384

お！　例題 4 と似ていますね。(1)で証明するように $\alpha = \sqrt[3]{2}$ は無理数で，証明はしませんが $\alpha^2 = (\sqrt[3]{2})^2$ も無理数です。$\alpha \to \sqrt{2}$ で $\alpha^2 \to \sqrt{3}$ ならまったく同じですね。しかし，例題 4 と違うのは，$\alpha = \sqrt[3]{2}$ は 2 乗しても有理数にならないことです。$\alpha^3 = (\sqrt[3]{2})^3 = 2$ が有理数ですので，3 乗しないといけません。たとえば，$a\alpha^2$ を孤立させて，両辺を 3 乗すると，

$$(-a\alpha^2)^3 = (b\alpha + c)^3$$
$$-a^3\underset{\substack{\| \\ (\sqrt[3]{2})^6}}{\alpha^6} = b^3\underset{\substack{\| \\ (\sqrt[3]{2})^3}}{\alpha^3} + 3b^2c\alpha^2 + 3bc^2\alpha + c^3 \qquad \Big\}\text{展開}$$

$$3b^2c\alpha^2 + 3bc^2\alpha + (c^3 + 2b^3 + 4a^3) = 0 \quad \cdots\cdots\text{ⓒ}$$

あれ？　α, α^2 と 2 つの無理数が残ってしまいましたね。

じゃあ，$b\alpha$ を孤立させて両辺を 3 乗してみましょうか。

$$(-b\alpha)^3 = (a\alpha^2 + c)^3$$
$$-b^3\underset{\substack{\| \\ (\sqrt[3]{2})^3 \\ \| \\ 2}}{\alpha^3} = a^3\underset{\substack{\| \\ (\sqrt[3]{2})^6 \\ \| \\ 4}}{\alpha^6} + 3a^2c\underset{\substack{\| \\ \alpha^3 \cdot \alpha \\ \| \\ 2\alpha}}{\alpha^4} + 3ac^2\alpha^2 + c^3 \quad \cdots\cdots\text{ⓓ}$$

あれ？　これも α, α^2 と 2 つの無理数が残ってダメですね。

ほかに α^2 の作り方はありませんか？　たとえば ⓑ $\times \alpha$ ができます。

$$a\alpha^3 + b\alpha^2 + c\alpha = 0$$
$$b\alpha^2 + c\alpha + 2a = 0 \quad \cdots\cdots\text{ⓔ}$$

これも α, α^2 が残るのですが，これくらいシンプルだと，「（無理数）を α か α^2 の一方だけにする」方法が思いつきませんか？　そうです。ⓑ と ⓔ を連立して，α^2（または α）を消去すればいいんです。ⓑ $\times b$ － ⓔ $\times a$ より，

$$b(a\alpha^2 + \quad b\alpha + \quad c\,) = 0$$
$$-\,)\ a(b\alpha^2 + \quad c\alpha + \quad 2a) = 0$$
$$\overline{\qquad\qquad (b^2 - ac)\alpha + (bc - 2a^2) = 0}$$

> ⓒやⓓからもできますが，ⓔの方がシンプルでよいですね。

a, b, c は有理数，α は無理数ですから，

$$b^2 - ac = 0 \ \text{かつ}\ bc - 2a^2 = 0$$
$$b^2 = ac \quad \cdots\cdots\text{ⓕ}\ \text{かつ}\ 2a^2 = bc \quad \cdots\cdots\text{ⓖ}$$

式が 2 つ出てきましたから，何か消去しましょうか。a, b は 2 次，c だけが 1 次ですから，c を消去してみましょう。

> p, q は有理数，α は無理数のとき
> $$p + q\alpha = 0$$
> 　　ならば $p = q = 0$
> を利用しています。ふつうは自明にしますが，(1)がありますので，一応解答では背理法で示しましょうか。

ⓕで $a \neq 0$ として　$c = \dfrac{b^2}{a}$

> $a = 0$ のときⓕから $b = 0$ で ⓑより $c = 0$ となり 目標 クリア

ⓖで $b \neq 0$ として　$c = \dfrac{2a^2}{b}$

> $b = 0$ のときⓖから $a = 0$ で ⓑより $c = 0$ となり 目標 クリア

ですから

$$\frac{b^2}{a} = \frac{2a^2}{b} \qquad \therefore \quad 2a^3 = b^3$$

目標は $a = b = c = 0$ ですから，これは「ダメ」といいたいのですが，どうですか？　ここで(1)が使えますね！　$\div a^3$ をして

$$\left(\frac{b}{a}\right)^3 = 2 \qquad \therefore \quad \frac{b}{a} = \sqrt[3]{2}$$

$\dfrac{b}{a}$ は有理数，$\sqrt[3]{2}$ は無理数ですから「ダメ」ですよね。

実行

(1)　$\sqrt[3]{2}$ が無理数ではない。すなわち有理数であると仮定すると，$\sqrt[3]{2} > 0$ より，

$$\sqrt[3]{2} = \frac{p}{q} \quad (p,\ q \text{ は互いに素な自然数})$$

とおける。両辺を3乗すると，

$$2 = \frac{p^3}{q^3} \qquad \therefore \quad p^3 = 2q^3 \quad \cdots\cdots ①$$

> ここからの矛盾の導き方はほかにもあります。検討でお話ししましょう。

よって，p^3 が偶数であるから，p も偶数であり，

$$p = 2p' \ (p' \text{ は自然数})$$

とおける。これを①に代入すると，

$$8p'^3 = 2q^3 \qquad \therefore \quad q^3 = 4p'^3$$

よって，q^3 が偶数であるから，q も偶数である。これは p と q が互いに素であることに矛盾する。

したがって，$\sqrt[3]{2}$ は無理数である。

(2)　$\alpha = \sqrt[3]{2}$ とし，$P(x)$ を3次式 $x^3 - 2$ で割ったときの商を $Q(x)$，余りを $ax^2 + bx + c$ とおくと，

$$P(x) = (x^3 - 2)Q(x) + ax^2 + bx + c$$

であり，$P(x),\ x^3 - 2$ の係数が有理数であるから，$a,\ b,\ c$ も有理数である。

$P(\alpha) = 0,\ \alpha^3 = 2$ より，

$$a\alpha^2 + b\alpha + c = 0 \quad \cdots\cdots ②$$

であり，両辺に α を掛けて，

$$b\alpha^2 + c\alpha + 2a = 0 \quad \cdots\cdots ③$$

である。②×b － ③×a より，

$$(b^2 - ac)\alpha + (bc - 2a^2) = 0$$

である。

ここで，$b^2 - ac \neq 0$ と仮定すると，

$$\alpha = -\frac{bc - 2a^2}{b^2 - ac}$$

とできて，$-\dfrac{bc-2a^2}{b^2-ac}$ は有理数であるから，これは α が無理数である

ことに矛盾する。よって，

$$b^2 - ac = 0 \quad \cdots\cdots④ \quad かつ \quad bc - 2a^2 = 0 \quad \cdots\cdots⑤$$

である。

　$a \neq 0$ と仮定すると，④より，

$$c = \frac{b^2}{a}$$

であり，これを⑤に代入すると，

$$b\frac{b^2}{a} - 2a^2 = 0 \quad \therefore \left(\frac{b}{a}\right)^3 = 2 \quad \therefore \frac{b}{a} = \sqrt[3]{2}$$

となる。$\dfrac{b}{a}$ は有理数であるから，これは $\sqrt[3]{2}$ が無理数であることに矛盾

する。よって，

$$a = 0$$

であるから，④より $b = 0$，②より $c = 0$ である。

　したがって，$a = b = c = 0$，すなわち，$P(x)$ を $x^3 - 2$ で割った余り

は 0 であるから，

$$P(x) は x^3 - 2 で割り切れる。$$

検討　本番の京大の入試では，(1)はできたけど(2)がまったくという

人が多かったそうです。**例 題 4** を解いたことがあれば，解け

たと思うのですが……。

　それから(1)の①からの矛盾の導き方ですが，ほかに，①の両辺に素因数

2 がいくつ現れるかに着目して

　　「p^3 を素因数分解したとき，2 の指数は 3 の倍数となり，

　　$2q^3$ を素因数分解したとき，2 の指数は 3 で割って 1 余る数

　　となり矛盾」

ともっていくこともできますし，例の「整数問題で約数・倍数の関係を利

用するときは，割り算の形がわかりやすい」を使って，①を

$$\frac{p^3}{q} = 2q^2$$

と変形し，「$2q^2$ は整数であるから，$\dfrac{p^3}{q}$ も整数であり，さらに p と

$q \ (q > 0)$ が互いに素であるから，$q = 1$ である」と説明して，

$$p^3 = 2$$

とすれば，$p=1$ は不適ですし，$p \geqq 2$ ならば $p^3 \geqq 8$ となりこれも不適ですから，「矛盾」ともっていけます。

理解 まず，次の公式が頭に浮かびます。

> n が自然数のとき，
> $$a^n - b^n = (a-b)(a^{n-1} + a^{n-2}b + a^{n-3}b^2 + \cdots + ab^{n-2} + b^{n-1})$$
> $$a^2 - b^2 = (a-b)(a+b)$$
> $$a^3 - b^3 = (a-b)(a^2 + ab + b^2)$$

は知っていますよね。これらの一般形です。証明は右辺を展開するだけで，

$$(a-b)(a^{n-1} + a^{n-2}b + a^{n-3}b^2 + \cdots + ab^{n-2} + b^{n-1})$$
$$= (a^n + a^{n-1}b + a^{n-2}b^2 + \cdots + a^2b^{n-2} + ab^{n-1}) \leftarrow \boxed{\times a \text{ の方}}$$
$$\quad - (a^{n-1}b + a^{n-2}b^2 + \cdots + a^2b^{n-2} + ab^{n-1} + b^n) \leftarrow \boxed{\times b \text{ の方}}$$
$$= a^n - b^n$$

ちなみに，

> n が正の奇数のとき，
> $$a^n + b^n = (a+b)(a^{n-1} - a^{n-2}b + a^{n-3}b^2 - \cdots - ab^{n-2} + b^{n-1})$$

という公式もあります。これは，

$$a^3 + b^3 = (a+b)(a^2 - ab + b^2)$$

の一般形で，$n=3$ 以外はあまり用がありませんが，たとえば，

$$a^5 + b^5 = (a+b)(a^4 - a^3b + a^2b^2 - ab^3 + b^4)$$

のようになります。証明は上の公式で，b を $-b$ として，

$$a^n - (-b)^n = \{a - (-b)\}\{a^{n-1} + a^{n-2}(-b) + a^{n-3}(-b)^2 + \cdots$$
$$\qquad\qquad\qquad\qquad + a(-b)^{n-2} + (-b)^{n-1}\}$$

n は奇数だから，

$$a^n + b^n = (a+b)(a^{n-1} - a^{n-2}b + a^{n-3}b^2 - \cdots - ab^{n-2} + b^{n-1})$$

となります。

で，本問では，

$$a^p - b^p = d \quad \cdots\cdots ⓐ$$
$$(a-b)(a^{p-1} + a^{p-2}b + \cdots + ab^{p-2} + b^{p-1}) = d$$

と変形できて，(整数)×(整数)＝(整数) の形です。さらに d が素数だから，

> まず「約数・倍数の関係の利用」です。

$$(a-b,\ a^{p-1}+a^{p-2}b+\cdots\cdots+ab^{p-2}+b^{p-1})$$
$$=(1,\ d),\ (d,\ 1),\ (-1,\ -d),\ (-d,\ -1)$$

「約数・倍数」の次は「不等式の利用」です。

の4通りです。

　次に……そろそろ定番になってきたでしょうか……不等式を考えます。まず，$a>b$より，$a-b>0$であり，$a,\ b$は整数だから，

$$a-b \geqq 1$$

　さらに，$a>b \geqq 1$より，

$p>2$は問題文で与えられた条件です。

$$a^{p-1}+a^{p-2}b+\cdots\cdots+ab^{p-2}+b^{p-1}$$
$$>\underbrace{1\ +\ 1\ +\cdots\cdots+\ 1\ +\ 1}_{p\,\text{個}}=p>2>1$$

だから，

$$\begin{cases} a-b=1 & \cdots\cdots ⓑ \\ a^{p-1}+a^{p-2}b+\cdots\cdots+ab^{p-2}+b^{p-1}=d & \cdots\cdots ⓒ \end{cases}$$

しかあり得ません。

　せっかくⓑのようなシンプルな等式が得られたから，文字消去してみましょうか。$b=a-1$としてbを消去しようとすると，$(a-1)^{\bullet}$の展開をしなければならず，マイナスがうるさそうです。$a=b+1$として，aを消去しましょうか。しかし，これもⓒに代入すると，

$$(b+1)^{p-1}+(b+1)^{p-2}b+\cdots\cdots+(b+1)b^{p-2}+b^{p-1}=d$$

となり，やはり大変です。どうしましょう？

　計算がキチンと合わせられることは大切ですが，やみくもに計算に突っ走るようでは，京大受験生失格です。このように大変そうな計算が出てきたときは，

　　　　　　　他に使える条件はないか，

　　　　　　問題文，下書き，自分の解答を見直してみる

ことです。どうですか？　$a=b+1$をⓒに代入するよりは，ⓐに代入した方がよさそうでしょう。すると，

$$(b+1)^p-b^p=d \quad \cdots\cdots ⓓ$$

となるので，二項定理が使えそうです。

　ここで，二項定理を確認しましょう。「覚えられない」という人がいますが，覚えるような式ではないですよ。また，模範解答としてはΣで表現されることが多いですが，慣れていないと見にくいし，書きにくいですから，「書き下す」（予備校講師はこのように言う人が多いですね）方がよいでしょう。

◆ 二項定理

$$(a+b)^n = {}_nC_0a^n + {}_nC_1a^{n-1}b + {}_nC_2a^{n-2}b^2 + \cdots\cdots + {}_nC_{n-1}ab^{n-1} + {}_nC_nb^n$$

覚えるような式ではないといったのは，たとえば，

$$(a+b)^3 = a^3 + 3\underset{\sim}{a^2b} + 3ab^2 + b^3$$

の a^2b の係数が，なぜ 3 になるのかがわかっていれば，それと同じように考えればよいからです。

$$(a+b)^3 = \underset{①}{(a+b)} \times \underset{②}{(a+b)} \times \underset{③}{(a+b)}$$

として，$(a+b)^3$ を展開すると，①，②，③のカッコから a，b どちらか一方が 1 つずつ出てきて，掛けられるわけです。樹形図にすると，次のようになります。

①のカッコ　②のカッコ　③のカッコ

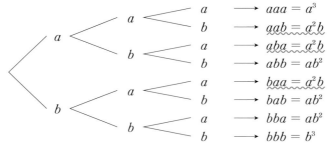

$\underset{\sim}{a^2b}$ が 3 つ出てくるから係数が 3 なわけですが，これは，

「①，②，③の 3 個のカッコから，b が出るカッコを 1 個選ぶ」

と考えることができて，

$${}_3C_1 = 3\,(通り)$$

となります。「a の出るカッコを 2 個選ぶ」として，${}_3C_2 = 3$ でも同じことですが，二項定理の公式自体は b で考えています。だから，

a^3 の係数は，3 個のカッコから，b の出るカッコ 0 個を選ぶ　${}_3C_0 = 1$

a^2b の係数は，　　　　　〃　　　　　　1 個　〃　　${}_3C_1 = 3$

ab^2 の係数は，　　　　　〃　　　　　　2 個　〃　　${}_3C_2 = 3$

b^3 の係数は，　　　　　〃　　　　　　3 個　〃　　${}_3C_3 = 1$

となるわけで，これを一般の n でやったのが二項定理です。

さて，話を元に戻しましょう。ⓓを二項定理で展開します。

$$({}_p\mathrm{C}_0 b^p + {}_p\mathrm{C}_1 b^{p-1} + {}_p\mathrm{C}_2 b^{p-2} + \cdots\cdots + {}_p\mathrm{C}_{p-1}b + {}_p\mathrm{C}_p) - b^p = d$$

$$\underset{1}{\underline{\qquad}} \qquad\qquad\qquad\qquad\qquad\qquad \underset{1}{\underline{\qquad}} \quad \underset{}{\cancel{}}$$

$${}_p\mathrm{C}_1 b^{p-1} + {}_p\mathrm{C}_2 b^{p-2} + \cdots\cdots + {}_p\mathrm{C}_{p-1}b + 1 = d \quad \cdots\cdots ⓓ'$$

一方，証明の目標は，

> **目標** 「d を $2p$ で割ると余りが 1」$\Longleftrightarrow$「$d-1$ が $2p$ で割り切れる」

どうですか？　ⓓ' の左辺の 1 を右辺に移項して，

$${}_p\mathrm{C}_1 b^{p-1} + {}_p\mathrm{C}_2 b^{p-2} + \cdots\cdots + {}_p\mathrm{C}_{p-1}b = d-1$$

> またまた「約数・倍数の関係の利用」です。

として，**例題5** の ➕補足 で紹介した定理

p が素数のとき，${}_p\mathrm{C}_k \ (k=1,\ 2,\ \cdots\cdots,\ p-1)$ は p を約数にもつ

を思い出してもらうと，〜〜部が p を約数にもつから，

> ➕補足 証明必要

　　　　「$d-1$ が p で割り切れる」……Ⓐ

ことがわかります。

計画　とすると，あとは，

　　　　　　「$d-1$ が 2 で割り切れる」$\Longleftrightarrow$「d は奇数」　……Ⓑ

が言えればよいのですが，どうでしょう？　d は素数であり，2 以外の素数はすべて奇数だから，「d が 2 にならない」ことがわかればよいのですが，ここまでの式で使えそうなものはないでしょうか？

　ⓓ' が使えそうです。$b \geqq 1$ だから，

> またまた「不等式の利用」です。

$$d = {}_p\mathrm{C}_1 b^{p-1} + {}_p\mathrm{C}_2 b^{p-2} + \cdots\cdots + {}_p\mathrm{C}_{p-1}b + 1$$

$$\geqq \underbrace{1 \quad + \quad 1 \quad + \cdots\cdots + \quad 1}_{p-1\ 個} + 1 = p > 2$$

> $p > 2$ は問題文で与えられた条件です。

よって，d は 2 より大きい素数だから，奇数です。

ⓓ' からⒶとⒷがいえるので，**目標** が達成できそうです。

実行

　　　$a^p - b^p = d \quad \cdots\cdots ①$

より，

　　　$(a-b)(a^{p-1} + a^{p-2}b + \cdots\cdots + ab^{p-2} + b^{p-1}) = d$

また，$a > b \geqq 1$ から，

　　　$a^{p-1} + a^{p-2}b + \cdots\cdots + ab^{p-2} + b^{p-1}$

　　$> 1 \quad + \quad 1 \quad + \cdots\cdots + \quad 1 \quad + \quad 1 \ = p > 2 > 1$

よって, a, b が整数であることと, d が素数であることから,

$$\begin{cases} a-b=1 & \cdots\cdots② \\ a^{p-1}+a^{p-2}b+\cdots\cdots+ab^{p-2}+b^{p-1}=d \end{cases}$$

①, ②より, a を消去すると,

$$(b+1)^p-b^p=d$$
$${}_pC_1b^{p-1}+{}_pC_2b^{p-2}+\cdots\cdots+{}_pC_{p-1}b+1=d \quad\cdots\cdots③$$

ここで, $k=1, 2, 3, \cdots\cdots, p-1$ のとき, ${}_pC_k$ は整数であり,

$${}_pC_k=\frac{p(p-1)(p-2)\cdots\cdots(p-k+1)}{k(k-1)(k-2)\cdots\cdots\cdot3\cdot2\cdot1}$$

> これくらいの証明
> をつけましょう。

の分子は素数 p を素因数にもち, 分母は p より小さい自然数の積であるから, p を素因数にもたない。よって, ${}_pC_k$ は p を約数にもつ。

③より,

$$d-1={}_pC_1b^{p-1}+{}_pC_2b^{p-2}+\cdots\cdots+{}_pC_{p-1}b$$

であるから,

「$d-1$ は p で割り切れる」 $\cdots\cdots$Ⓐ

また, ③より,

$$\begin{aligned} d&={}_pC_1b^{p-1}+{}_pC_2b^{p-2}+\cdots\cdots+{}_pC_{p-1}b+1 \\ &\geqq\quad 1\quad+\quad 1\quad+\cdots\cdots+\quad 1\quad+1=p>2 \end{aligned}$$

よって, d は素数であるから, d は奇数すなわち

「$d-1$ は 2 で割り切れる」 $\cdots\cdots$Ⓑ

ⒶかつⒷと, 2 と p が互いに素であることから,

$$d-1 \text{ は } 2p \text{ で割り切れる。}$$

すなわち

$$d \text{ を } 2p \text{ で割った余りは } 1 \text{ である。}$$

> ＋補足
> この一文は必要です。
> たとえば, 12 は 2 でも 4 で
> も割り切れますが, $2\times4=8$
> では割り切れません。
> 「2 と p が互いに素」だから,
> $2p$ で割り切れるのです。

 検討

①, ②からでも, Ⓑをいうことが可能です。

②より $a-b=1$ だから, a と b は一方が偶数で他方は奇数です。よって, a^p と b^p も一方が偶数で他方は奇数だから, ①より,

$$d=a^p-b^p$$

は奇数です。

受験数学ではそれほど頻出ではないですが, 数学一般においては,

$$偶奇に着目する$$

というのは重要な視点のひとつなんだそうですよ。そうそう, 2016 年に京大でこんな問題が出たんです。

素数 p, q を用いて
$$p^q + q^p$$
と表される素数をすべて求めよ。　　　　　　　　　（京大・理系・16）

で，例によって，p, q に 2, 3, 5, 7, ……と素数を入れていってもらえ
ればよいのですが，**偶奇に着目して**，「p, q ともに奇数」だとすると p^q,
q^p も奇数ですから，$p^q + q^p$ は偶数ですよね。つまり

　　　(奇数)$^{(奇数)}$ + (奇数)$^{(奇数)}$ = (偶数)

偶数の素数は 2 しかなく，するとコレは $p = q = 1$ しかダメなのですが，
1 は素数ではありません。ですから，p, q の一方は偶数で，かつ素数です
から，2 に決まってしまいます。$p = 2$ とすると，

　　　「q と $2^q + q^2$ がともに素数となる q の値を求める」

という問題になります。（$q = 2$ としても同様）**例題** **1** と激似ですよね。
同様にやってみてください。答えは，$(p, q) = (2, 3)$, $(3, 2)$ より 17 です。

理解　　線分 L は
$$L : y = 2x \quad (0 \leq x \leq 1)$$
と表せます。L と曲線 $y = x^2 + ax + b$ の共有
点の問題だから，

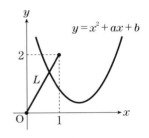

　　グラフの共有点 ⟶ **方程式の実数解**
により，

　　　方程式 $x^2 + ax + b = 2x$ 　　∴　 $x^2 + (a-2)x + b = 0$ 　……①

の実数解を考えることになります。x に $0 \leq x \leq 1$ と範囲があって，問題
文に「共有点をもつような」とあり，共有点は 1 点でも 2 点でもよいので，

　　　「方程式①が $0 \leq x \leq 1$ の範囲に少なくとも 1 つ実数解をもつ」

ような a, b の条件を求めればよいです。

計画　　2 次方程式がある範囲に解をもつ条件を求める問題を「2 次方
　　　　程式の解の配置問題」とよんだりしますが，これは大丈夫です
よね。

> 2次方程式の
> 解の配置問題
>
> →
>
> 条件をみたすグラフをかいて
> ● 判別式の符号
> ● 軸の位置
> ● 境界の点の y 座標の符号
> を調べる

　さらに,「少なくとも1つ解をもつ」だと,場合分けをしないといけないのですが,これはいろいろできて,

　　● 解が1つと2つで場合分けする

　　● 軸の位置で場合分けする

　　● 境界の点の正負で場合分けする

また,

　　● 否定を考える(その範囲に解をもたない条件を考える)

という方針もできます。京大で解法が指定されることはないでしょうから,どれでも好きな方針でよいので,自力で組み立てられるようにしておきましょう。ここでは僕の好みで,境界の点の正負で場合分けしてみます。

実行

　　　曲線 : $y = x^2 + ax + b$

　　　線分 $L : y = 2x$ $(0 \leqq x \leqq 1)$

が共有点をもつための条件は,

　　　$x^2 + ax + b = 2x$　　∴　$x^2 + (a-2)x + b = 0$　……①

とおくと,

　　　「方程式①が $0 \leqq x \leqq 1$ に少なくとも1つ実数解をもつ」　……(*)

ことである。そこで,

　　　$f(x) = x^2 + (a-2)x + b$

とおいて,$y = f(x)$ のグラフを考える。

(i) $f(0)f(1) = b(a+b-1) \leqq 0$ すなわち

$$\begin{cases} b \geqq 0 \\ b \leqq -a+1 \end{cases} \quad \text{または} \quad \begin{cases} b \leqq 0 \\ b \geqq -a+1 \end{cases}$$

> $b(a+b-1) \leqq 0$ となるのは,
> $\oplus \times \ominus$
> $\ominus \times \oplus$ のいずれかです。
> あ,$= 0$ を忘れずに。

のとき,(*) は成り立つ。

> これだけで,ほかに条件は不要です。

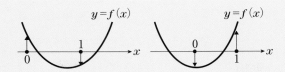

(ii) $f(0)f(1) > 0$ のとき，(∗) が成り立つ条件は，

$$\begin{cases} f(0) = b > 0 \\ f(1) = a+b-1 > 0 \\ \text{軸}：0 < -\dfrac{a-2}{2} < 1 \\ (\text{判別式}) = (a-2)^2 - 4b \geqq 0 \end{cases}$$

$f(0)=0$, $f(1)=0$ の場合は(i)で処理してあります。

$0 \leqq -\dfrac{a-2}{2} \leqq 1$ とイコールを入れても答えは合いますが，たとえば軸が $x=0$ の場合，右のようになるから，$f(0) > 0$ に反します。

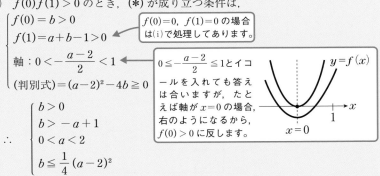

$$\therefore \quad \begin{cases} b > 0 \\ b > -a+1 \\ 0 < a < 2 \\ b \leqq \dfrac{1}{4}(a-2)^2 \end{cases}$$

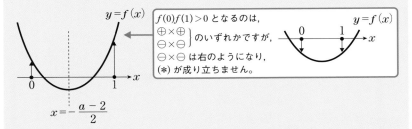

$f(0)f(1) > 0$ となるのは，$\begin{matrix}\oplus \times \oplus \\ \ominus \times \ominus\end{matrix}\Big\}$ のいずれかですが，$\ominus \times \ominus$ は右のようになり，(∗) が成り立ちません。

以上(i)，(ii)より，求める実数の組 (a, b) の集合は下の図の斜線部（境界を含む）のようになる。

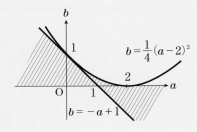

(*)を軸の位置で場合分けしますと次のようになります。

(i) $-\dfrac{a-2}{2} \leqq 0$ のとき　(ii) $0 < -\dfrac{a-2}{2} < 1$ のとき　(iii) $1 \leqq -\dfrac{a-2}{2}$ のとき

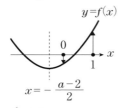 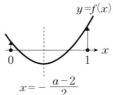 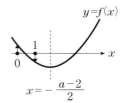

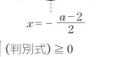

$x = -\dfrac{a-2}{2}$

$x = -\dfrac{a-2}{2}$

$x = -\dfrac{a-2}{2}$

$\begin{cases} f(0) \leqq 0 \\ f(1) \geqq 0 \end{cases}$

$\begin{cases} (判別式) \geqq 0 \\ (f(0) \geqq 0 \ または \ f(1) \geqq 0) \end{cases}$

$\begin{cases} f(0) \geqq 0 \\ f(1) \leqq 0 \end{cases}$

「少なくとも1つ」なので
どちらか一方だけでも
OK です。

類 題 7

 理解　2次方程式，3次方程式には次の3つのアプローチがあります。

2次方程式
3次方程式 →

1 グラフ
2 解と係数の関係
3 因数分解 $\left(\begin{array}{l} 2次方程式は解の公式 \\ 3次方程式は因数定理 \end{array} \right.$ も利用できる $\Big)$

　本問の3次方程式 $x^3 - px + q = 0$, $x^3 - 2px^2 + p^2x - q^2 = 0$ はどちらも因数分解して解を求めることができないので，**3** は無理そうです。あ，係数に文字が入っていると因数分解を考えない人もいますが，

$$(x - p)(x^2 + \bullet x + \blacksquare) = 0$$

のように変形して，$x = p$ と2次方程式 $x^2 + \bullet x + \blacksquare = 0$ の解に分けて考えることができる場合もあります。このタイプの式は **1** や **2** では扱いにくいことが多いので，「因数分解できないか？」は必ずチェックしてください。
　では **1** はどうでしょう。

$$f(x) = x^3 - px + q \quad とおくと \quad f'(x) = 3x^2 - p$$

だから，$f'(x)$ の正負と $y = f(x)$ のグラフの関係は次のようになります。

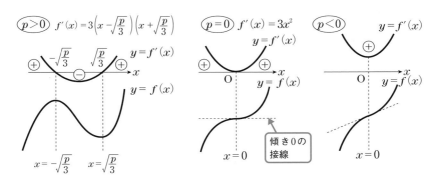

$p > 0$ のとき，「$f(x) = 0$ の解がすべて実数」となるのはどんな場合でしょう？

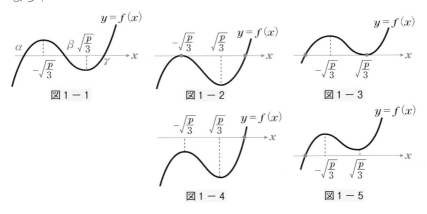

図1−1

図1−2

図1−3

図1−4

図1−5

図1−1 の状態であれば，相異なる3つの実数解 α, β, γ をもつことはわかりますよね。では，図1−2 の状態は？　これは図1−1 の α と β がだんだん近づいていって，$\alpha = \beta$ になった状態で，二重解になっています。実際，

$$f\left(-\sqrt{\frac{p}{3}}\right) = \frac{2\sqrt{3}}{9} p\sqrt{p} + q = 0$$

$$\therefore \quad q = -\frac{2\sqrt{3}}{9} p\sqrt{p}$$

のとき，

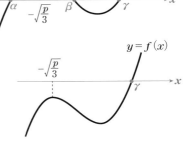

$$f(x) = x^3 - px - \frac{2\sqrt{3}}{9} p\sqrt{p}$$

$$= \left(x + \sqrt{\frac{p}{3}}\right)^2 \left(x - 2\sqrt{\frac{p}{3}}\right)$$

となり，$f(x) = 0$ の解は，

$$x = -\sqrt{\frac{p}{3}} \ (二重解), \ 2\sqrt{\frac{p}{3}}$$

すべて実数です。図 1 − 3 は $\beta = \gamma$ となった状態です。

　図 1 − 4 の状態は α と β が x 軸上からなくなってしまいます。このとき α，β は虚数になっているのですが，残念ながら，xy 平面は実数のことしか表せないので，虚数解は表現できません。ちょっと確かめてみましょう。

$$f\left(-\sqrt{\frac{p}{3}}\right) = \frac{2\sqrt{3}}{9} p\sqrt{p} + q < 0 \qquad \therefore \quad q < -\frac{2\sqrt{3}}{9} p\sqrt{p}$$

だから，たとえば $q = -6p\sqrt{p}$ の場合を考えてみると，

$$f(x) = x^3 - px - 6p\sqrt{p} = (x - 2\sqrt{p})(x^2 + 2\sqrt{p}\,x + 3p)$$

となり，$x^2 + 2\sqrt{p}\,x + 3p = 0$ は，

$$(判別式) = (2\sqrt{p})^2 - 4 \cdot 3p = -8p < 0$$
$$(\because \quad p > 0)$$

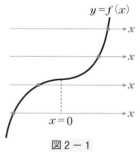

より虚数解をもちます。図 1 − 5 も同様です。

　では，$p = 0$ のとき，「$f(x) = 0$ の解がすべて実数」となるのはどんな場合でしょう？

　図 2 − 1 のように，$y = f(x)$ のグラフは x 軸と 1 点だけで交わるから，実数解が 1 個あることはわかります。ところで，

図 2 − 1

> ◆ 代数学の基本定理
> n 次方程式は複素数の範囲で，重複を込めて n 個の解をもつ。

は知っていますか？　証明は高校の範囲をこえますが，内容は自明にしてよいでしょう。

「じゃあ，$p=0$ のときは，実数解 1 個と虚数解 2 個だ！」
と決めつけるのは早合点です。じつは**図 2 - 2**
のようになるとき，つまり，

$$f(0)=q=0$$

のときは，これと $p=0$ より，

$$f(x)=x^3$$

です。よって，$f(x)=0$ は実数解 $x=0$（三
重解）だけをもち，虚数解をもちません。

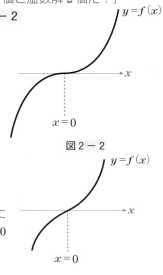

図 2 - 2

ところが，$p<0$ のときは，$q=0$ であって
も虚数解をもちます。たとえば，$p=-2$，
$q=0$ とすると，

$$f(x)=x^3+2x=x(x^2+2)$$

だから，$y=f(x)$ のグラフは**図 3** のように
なり，**図 2 - 2** と似ていますが，$f(x)=0$
の解は，

$$x=0,\ \pm\sqrt{2}\,i$$

です。

図 3

計画　どうも **1** の「グラフによるアプローチ」は，虚数解をもつ，
もたないの議論が難しそうです。そこで，**2** の「解と係数の関
係」でアプローチしてみましょう。

$x^3-px+q=0$ の 3 つの実数解を α，β，γ とおくと，解と係数の関係
により，

$$\begin{cases} \alpha+\beta+\gamma=0 & \cdots\cdots\text{ⓐ} \\ \alpha\beta+\beta\gamma+\gamma\alpha=-p & \cdots\cdots\text{ⓑ} \\ \alpha\beta\gamma=-q & \cdots\cdots\text{ⓒ} \end{cases}$$

> 忘れてしまったら，α，β，γ が 3 解のとき，
> $(x-\alpha)(x-\beta)(x-\gamma)=0$
> より，
> $x^3-(\alpha+\beta+\gamma)x^2+(\alpha\beta+\beta\gamma+\gamma\alpha)x-\alpha\beta\gamma=0$
> だから，これと係数比較すれば大丈夫です。

このとき，$x^3-2px^2+p^2x-q^2=0$ はⓑ，ⓒで p，q を消去すると，

$$x^3+2(\alpha\beta+\beta\gamma+\gamma\alpha)x^2+(\alpha\beta+\beta\gamma+\gamma\alpha)^2x-\alpha^2\beta^2\gamma^2=0$$

となります。……部と～～部はそこそこシンプルですが，～～部は展開で
きるので，少し整理してみましょう。

$$\begin{aligned}(\alpha\beta+\beta\gamma+\gamma\alpha)^2&=(\alpha\beta)^2+(\beta\gamma)^2+(\gamma\alpha)^2+2\alpha\beta\cdot\beta\gamma+2\beta\gamma\cdot\gamma\alpha+2\gamma\alpha\cdot\alpha\beta\\&=\alpha^2\beta^2+\beta^2\gamma^2+\gamma^2\alpha^2+2\alpha\beta\gamma(\alpha+\beta+\gamma)\\&=\alpha^2\beta^2+\beta^2\gamma^2+\gamma^2\alpha^2 \quad\leftarrow\text{ⓐを使った}\end{aligned}$$

おっ，ちょっとキレイな形が出てきましたよ。

$$x^3+2(\alpha\beta+\beta\gamma+\gamma\alpha)x^2+(\alpha^2\beta^2+\beta^2\gamma^2+\gamma^2\alpha^2)x-\alpha^2\beta^2\gamma^2=0$$

……部が$-(\alpha^2+\beta^2+\gamma^2)$になれば，

$$x^3-(\alpha^2+\beta^2+\gamma^2)x^2+(\alpha^2\beta^2+\beta^2\gamma^2+\gamma^2\alpha^2)x-\alpha^2\beta^2\gamma^2=0$$

$$(x-\alpha^2)(x-\beta^2)(x-\gamma^2)=0$$

と因数分解できて，$x=\alpha^2$，β^2，γ^2 の実数解だけになります!! 実際，一般に，

$$(\alpha+\beta+\gamma)^2=\alpha^2+\beta^2+\gamma^2+2\alpha\beta+2\beta\gamma+2\gamma\alpha$$

が成り立つので，ⓐより，

$$0=(\alpha^2+\beta^2+\gamma^2)+2(\alpha\beta+\beta\gamma+\gamma\alpha)$$

$$\therefore\quad 2(\alpha\beta+\beta\gamma+\gamma\alpha)=-(\alpha^2+\beta^2+\gamma^2)$$

となり，イケます。

> 〜〜と〜〜から最終的な式の形を予想し，逆算して考えています。

実行

$$x^3-px+q=0 \qquad \cdots\cdots①$$
$$x^3-2px^2+p^2x-q^2=0 \qquad \cdots\cdots②$$

①の解がすべて実数のとき，これを α，β，γ とおくと，

$$\alpha+\beta+\gamma=0 \qquad \cdots\cdots③$$
$$\alpha\beta+\beta\gamma+\gamma\alpha=-p \qquad \cdots\cdots④$$
$$\alpha\beta\gamma=-q \qquad \cdots\cdots⑤$$

このとき，

$$\begin{aligned}
-2p&=2(\alpha\beta+\beta\gamma+\gamma\alpha) &&(\because\ ④より)\\
&=(\alpha+\beta+\gamma)^2-(\alpha^2+\beta^2+\gamma^2)\\
&=-(\alpha^2+\beta^2+\gamma^2) &&(\because\ ③より)\\
p^2&=(\alpha\beta+\beta\gamma+\gamma\alpha)^2 &&(\because\ ④より)\\
&=\alpha^2\beta^2+\beta^2\gamma^2+\gamma^2\alpha^2+2\alpha\beta\gamma(\alpha+\beta+\gamma)\\
&=\alpha^2\beta^2+\beta^2\gamma^2+\gamma^2\alpha^2 &&(\because\ ③より)
\end{aligned}$$

であるから，これらと⑤より，②は，

$$x^3-(\alpha^2+\beta^2+\gamma^2)x^2+(\alpha^2\beta^2+\beta^2\gamma^2+\gamma^2\alpha^2)x-\alpha^2\beta^2\gamma^2=0$$
$$(x-\alpha^2)(x-\beta^2)(x-\gamma^2)=0$$
$$x=\alpha^2,\ \beta^2,\ \gamma^2$$

α，β，γ は実数であるから，α^2，β^2，γ^2 も実数である。よって，方程式①の解がすべて実数なら，方程式②の解もすべて実数である。

類 題 8

 理解

$$A(x) = B(x)Q(x) + R(x)$$
$$(R(x) \text{の次数}) < (B(x) \text{の次数}) \text{ または } R(x) \text{は } 0 \qquad \cdots\cdots (*)$$

として,

 整式の割り算 ⇒

1 実際に割る

2 $(*)$ の式を立てて，
$B(x) = 0$ となる x の値を代入

3 $A(x)$ から $B(x)$ をくくり出して，
$(*)$ の形を作る

でした。

　100 乗があるので 1 は難しいです。3 だと，たとえば $(x^2 + 1)^{100}$ は，

$$(x^2 + 1)^{100} = \{(x^2 + x + 1) - x\}^{100}$$
$$= {}_{100}C_0\,(x^2 + x + 1)^{100} - {}_{100}C_1\,(x^2 + x + 1)^{99}x + \cdots\cdots$$
$$\qquad\qquad - {}_{100}C_{99}\,(x^2 + x + 1)x^{99} + {}_{100}C_{100}x^{100}$$
$$= (x^2 + x + 1) \times (x \text{ の整式}) + x^{100}$$

と $x^2 + x + 1$ でくくれますが，x^{100} は 100 次式，$x^2 + x + 1$ は 2 次式なので，x^{100} は $x^2 + x + 1$ でまだ割れます。つまり，x^{100} は余りではありません。3 の方針もちょっと厳しそうですね。

　すると，2 の方針で，2 次式 $x^2 + x + 1$ で割るから，余りを $ax + b$，商を $Q(x)$ とおいて，

$$(x^{100} + 1)^{100} + (x^2 + 1)^{100} + 1 = (x^2 + x + 1)Q(x) + ax + b$$

　$x^2 + x + 1 = 0$ となる x の値を代入します。$x^2 + x + 1 = 0$ となる x の値は……，そう，ω です！　具体的には，解の公式を使って $x^2 + x + 1 = 0$ を解くと，

$$x = \frac{-1 \pm \sqrt{3}i}{2}$$

の 2 つがあるのですが，どちらを ω にしても構いません。

$$\omega = \frac{-1+\sqrt{3}i}{2} \quad \text{なら} \quad \overline{\omega} = \frac{-1-\sqrt{3}i}{2}$$

$$\omega = \frac{-1-\sqrt{3}i}{2} \quad \text{なら} \quad \overline{\omega} = \frac{-1+\sqrt{3}i}{2}$$

$\overline{\alpha}$ は α の共役複素数を表します。

です。ω を利用する問題では，この値を使うことはあまりありません。ω は $x^2+x+1=0$ の解だから，

$$\omega^2+\omega+1=0 \quad \cdots\cdots \text{ⓐ}$$

このとき，

$$\omega^3-1=(\omega-1)(\omega^2+\omega+1)=0 \qquad \therefore \quad \omega^3=1 \quad \cdots\cdots \text{ⓑ}$$

のⓐ，ⓑが成り立つから，これを利用して式を簡単にしていきます。基本は「次数を下げる方向に変形」です。

$$\omega^2 = -(\omega+1), \quad \omega^3 = 1$$

②次 ⟶ ①次　　③次 → 定数

$\overline{\omega}$ も $x^2+x+1=0$ の解だから，同じく，

$$(\overline{\omega})^2=-(\overline{\omega}+1), \quad (\overline{\omega})^3=1$$

が使えます。解答では「同様に」でよいですね。

計画　　与式を x^2+x+1 で割った商を $Q(x)$，余りを $ax+b$ とおくと，

$$(x^{100}+1)^{100}+(x^2+1)^{100}+1=(x^2+x+1)Q(x)+ax+b$$

だから，これに $x=\omega$，$\overline{\omega}$ を代入して，a, b の連立方程式を解けばよさそうです。

ところで，左辺を $f(x)$ とおくと，

$$f(x)=(x^{100}+1)^{100}+(x^2+1)^{100}+1$$

$x=\omega$ を代入すると，

$$\begin{aligned}
f(\omega) &= (\omega^{100}+1)^{100}+(\omega^2+1)^{100}+1 \\
&= (\omega+1)^{100}+(\omega^2+1)^{100}+1 \\
&= (-\omega^2)^{100}+(-\omega)^{100}+1 \\
&= \omega^{200}+\omega^{100}+1 \\
&= (\omega^{100})^2+\omega^{100}+1 \\
&= \omega^2+\omega+1 \\
&= 0
\end{aligned}$$

$\omega^{100}=\omega^{99}\cdot\omega=(\omega^3)^{33}\cdot\omega=1^{33}\cdot\omega$ ⓑより

ⓐより，$\omega+1=-\omega^2$，$\omega^2+1=-\omega$

$\omega^{100}=\omega$

おや？　$f(x)$ は $x-\omega$ で割り切れますね。同様に，
$$f(\overline{\omega})=0$$
が示せるので $f(x)$ は $x-\overline{\omega}$ でも割り切れます。$\omega \neq \overline{\omega}$ ですから，$f(x)$ は，
$$(x-\omega)(x-\overline{\omega})=x^2+x+1$$
で割り切れます。

余り $ax+b$ や，商 $Q(x)$ をおかなくてもよいですね。与式を $f(x)$ とおいて，$f(\omega)=0$ と $f(\overline{\omega})=0$ を示して，「割り切れる」と答えましょう。

> $x^2+x+1=0$ の 2 解が ω, $\overline{\omega}$ だから，
> $x^2+x+1=(x-\omega)(x-\overline{\omega})$ と因数分解されます。

実行

$$f(x)=(x^{100}+1)^{100}+(x^2+1)^{100}+1$$
とおく。また，
$$x^2+x+1=0$$
2 つの虚数解をもち，これらは共役な複素数である。よって，これを ω, $\overline{\omega}$ とおくと，
$$\omega^2+\omega+1=0,\ (\overline{\omega})^2+\overline{\omega}+1=0\quad \cdots\cdots①$$
が成り立ち，$x^3-1=(x-1)(x^2+x+1)$ より，$x^2+x+1=0$ のとき $x^3-1=0$ であるから，
$$\omega^3=1,\ (\overline{\omega})^3=1\quad \cdots\cdots②$$
が成り立つ。

②より，
$$\omega^{100}=(\omega^3)^{33}\cdot\omega=1^{33}\cdot\omega=\omega\quad\cdots\cdots③$$
であるから，
$$\begin{aligned}
f(\omega)&=(\omega^{100}+1)^{100}+(\omega^2+1)^{100}+1\\
&=(\omega+1)^{100}+(\omega^2+1)^{100}+1\quad(\because\ ③より)\\
&=(-\omega^2)^{100}+(-\omega)^{100}+1\quad(\because\ ①より)\\
&=\omega^{200}+\omega^{100}+1\\
&=\omega^2+\omega+1\quad(\because\ ③より)\\
&=0\quad(\because\ ①より)
\end{aligned}$$
同様にして，
$$f(\overline{\omega})=0$$
であり，$\omega\neq\overline{\omega}$ であるから，因数定理により，$f(x)$ は
$$(x-\omega)(x-\overline{\omega})=x^2+x+1\ \text{で割り切れる。}$$

差をとる

不等式 $A \geqq B$ の証明 $\Rightarrow A - B = \cdots\cdots \geqq 0$

平方完成，因数分解，有名不等式など

だから，とりあえずやってみると，

$$(左辺)-(右辺)=(|a|+|b|+|c|)^2-2(a^2+b^2+c^2)$$
$$=(|a|^2+|b|^2+|c|^2+2|a||b|+2|b||c|+2|c||a|)$$
$$-2(a^2+b^2+c^2)$$
$$=(a^2+b^2+c^2+2|ab|+2|bc|+2|ca|)$$
$$-2(a^2+b^2+c^2)$$
$$=2(|ab|+|bc|+|ca|)-(a^2+b^2+c^2) \quad \cdots\cdots ⓐ$$

条件として $a+b+c=0$ があり，

条件に等式があれば，文字消去

なので，$c=-(a+b)$ として c を消去しましょうか。

$$ⓐ=2\{|ab|+|-b(a+b)|+|-a(a+b)|\}-\{a^2+b^2+(-(a+b))^2\}$$
$$=2\{|ab|+|b(a+b)|+|a(a+b)|\}-2(a^2+ab+b^2) \quad \cdots\cdots ⓐ'$$

絶対値があるので，三角不等式

$$|a+b| \leqq |a|+|b| \quad (等号成立は ab \geqq 0 のとき)$$

でしょうか。～～部に使うと，

$$ⓐ' \geqq 2\{|ab|+|b(a+b)+a(a+b)|\}-2(a^2+ab+b^2) \quad \cdots\cdots ⓑ$$
$$=2\{|ab|+|(a+b)^2|\}-2(a^2+ab+b^2) \quad\quad\quad\boxed{x^2 \geqq 0 だから，}$$
$$\quad\quad\quad\quad\quad\quad\quad\quad\quad\quad\quad\quad\quad\quad\quad\quad |x^2|=x^2 です。$$
$$=2\{|ab|+(a+b)^2\}-2(a^2+ab+b^2)$$
$$=2\{|ab|+(a^2+2ab+b^2)\}-2(a^2+ab+b^2)$$
$$=2(|ab|+ab)$$
$$\geqq 0 \quad \cdots\cdots ⓒ \quad\quad \boxed{\begin{array}{l}-|x| \leqq x \leqq |x| より，\\ |x|+x \geqq 0 \\ (等号成立は x \leqq 0 のとき)\end{array}}$$

イケました。ただし，これで不等式の証明はできたのですが，等号成立
条件も答えないといけないので，もう少し詳しく調べます。

ⓑの等号成立は，$b(a+b) \times a(a+b) \geqq 0$ つまり

$$ab(a+b)^2 \geqq 0\cdots\cdots ⓓ \quad のとき$$

ⓒの等号成立は，$ab \leqq 0\cdots\cdots ⓔ \quad$ のとき

です。

「$(a+b)^2 \geqq 0$ だから，ⓓより $ab \geqq 0$　でもⓔより $ab \leqq 0$ だから，$ab = 0$ だ」と思ったあなた！　残念！　〜〜〜部にミスがあります。たとえば，$(a+b)^2 = 0$ だと，$ab < 0$ であってもⓓは成り立ってしまいます。

$$(a+b)^2 \geqq 0 \iff (a+b)^2 > 0 \text{ または } (a+b)^2 = 0$$

だから，

$\geqq$ は，複雑なときは $>$ と $=$ に分けて考える

方が安全です。

- $a = 0$ または $b = 0$ のとき，ⓓ，ⓔとも成立
- $a + b = 0$ ($c = 0$) のとき，ⓓは成立し，$a = -b$ より $ab = -b^2 \leqq 0$ となり，ⓔも成立
- $a \neq 0$ かつ $b \neq 0$ かつ $a + b \neq 0$ のとき，

$$\left. \begin{array}{l} (a+b)^2 > 0 \text{ よりⓓは } ab > 0 \\ \text{一方ⓔは } ab < 0 \end{array} \right\} \text{これらを同時にみたす } a, b \text{ はない}$$

ということで，等号成立は，

$$a = 0 \text{ または } b = 0 \text{ または } a + b = 0 \ (c = 0)$$

計画　さて，上のようにも解答できるのですが，$a + b = 0$ のとき，$a + b + c = 0$ より $c = 0$ になっていることからも気づくように，本問は a, b, c について対称性があります。

対称性はキープ or くずす

で，c を消去してくずす方をやったのですが，キープの方でやるとどうでしょうか。

$$(\text{左辺}) - (\text{右辺}) = 2(|ab| + |bc| + |ca|) - (a^2 + b^2 + c^2) \quad \cdots\cdots ⓐ$$

に対し，$a + b + c = 0$ が与えられているから，対称性をキープしようとすると，

$$(a+b+c)^2 = 0 \quad \therefore \quad a^2 + b^2 + c^2 + 2(ab + bc + ca) = 0$$

が思いつきます。すると，

$$ⓐ = 2(|ab| + |bc| + |ca|) + 2(ab + bc + ca)$$
$$= 2\{(|ab| + ab) + (|bc| + bc) + (|ca| + ca)\}$$
$$\geqq 0$$

不等式が1回ですみますし，等号成立条件も「$ab \leqq 0$ かつ $bc \leqq 0$ かつ $ca \leqq 0$」と対称性がありわかりやすいので，こちらで解答することにしましょう。

$$a + b + c = 0 \quad \cdots\cdots ①$$

であるから，両辺を2乗して，

$$a^2 + b^2 + c^2 + 2(ab + bc + ca) = 0 \quad \cdots\cdots ②$$

よって，

$$(|a| + |b| + |c|)^2 - 2(a^2 + b^2 + c^2)$$
$$= (a^2 + b^2 + c^2 + 2|ab| + 2|bc| + 2|ca|) - 2(a^2 + b^2 + c^2)$$
$$= 2(|ab| + |bc| + |ca|) - (a^2 + b^2 + c^2)$$
$$= 2(|ab| + |bc| + |ca|) + 2(ab + bc + ca) \quad (\because \ ②より)$$
$$= 2\{(|ab| + ab) + (|bc| + bc) + (|ca| + ca)\}$$
$$\geqq 0$$

であるから，

$$(|a| + |b| + |c|)^2 \geqq 2(a^2 + b^2 + c^2) \quad \cdots\cdots (*)$$

等号が成立するのは，

$$ab \leqq 0 \ かつ \ bc \leqq 0 \ かつ \ ca \leqq 0 \quad \cdots\cdots ③$$

のときである。

$a = 0$ のとき，$ab = 0$，$ca = 0$ である。また，①より $b + c = 0$ であるから，$bc = -b^2 \leqq 0$ となり，③は成立する。

$b = 0$ のとき，$c = 0$ のときも同様に③は成立する。

$a \neq 0$ かつ $b \neq 0$ かつ $c \neq 0$ のとき，③は ◀

> 「$a = 0$ または $b = 0$ または $c = 0$」は調べたので，残りは
> 「$a = 0$ または $b = 0$ または $c = 0$」の否定
> つまり，
> 「$a \neq 0$ かつ $b \neq 0$ かつ $c \neq 0$」
> です。

$$ab < 0 \ かつ \ bc < 0 \ かつ \ ca < 0$$

となる。$ab < 0$ より，

(i) $\quad a > 0$ かつ $b < 0$

(ii) $\quad a < 0$ かつ $b > 0$

のいずれかであるが，(i)のとき，

$$bc < 0 \ より，\ c > 0$$
$$ca < 0 \ より，\ c < 0$$

となり，これをみたす a，b，c はない。(ii)のときも同様である。

以上より，(*)の等号が成立するのは，

$$a，b，c \ のうち少なくとも1つが0の場合 \quad \cdots\cdots ③'$$

である。

➕補足 　等号成立条件を③で答えとしても間違いではないのですが，よりシンプルに表現できるので，やはり③′までもっていかないと減点されるでしょう。最終的な答えを出したときに，

よりシンプルな表現はないか

と，ちょっと考えてみてください。あ，そうそう，等号成立条件を求めるトコロで

> ③より　$(abc)^2 = (ab)(bc)(ca) \le 0$
> 一方　　$(abc)^2 \ge 0$
> であるから，
> 　　$0 \le (abc)^2 \le 0$　∴　$(abc)^2 = 0$　∴　$abc = 0$

> 「0 以上 0 以下」だから「0 しかない」ですよね。

とやるカッコイイ解答もあります。なかなか思いつかないですが，こんなのを「へえ〜」と思うことも大切です。

> これで，「a, b, c のうち少なくとも 1 つが 0」です。

類題 10

🧍理解　「n に関する証明だから帰納法だ！」と思って，何も考えずに，数学的帰納法で証明しようとして，ワケがわからなくなったった人が多かった問題です。"M についての数学的帰納法"をやろうとすると，すぐに無理だとわかります。だって，たとえば $M = 3$ で成立を仮定すると，

$$\sum_{n=1}^{3} a_n \le 2^{N+1} - N - 5 \qquad \therefore \quad a_1 + a_2 + a_3 \le \underline{2^{N+1} - N - 5}$$

ですよね。これを用いて $M = 4$ を示そうとするわけですが，

$$\sum_{n=1}^{4} a_n \le 2^{N+1} - N - 5 \qquad \therefore \quad a_1 + a_2 + a_3 + \boxed{a_4} \le \underline{2^{N+1} - N - 5}$$

となり，左辺は $\boxed{a_4}$ だけ増えるのに，右辺はそのままなんですよね。で，「？」となるわけです。

　で，「M」以外に「N」もありますから，"N についての数学的帰納法"も考えてみましょうか。こっちはもっと「？」ですよね。初項 $a_1 = 2^N - 3$ が変化しますから，数列 $\{a_n\}$ そのものが変わってしまいます。

さあ，失敗例はこれくらいにして，

n が出てきたら，具体的な値を入れて実験

をやってみましょうか。

$$a_n \text{ が偶数のとき} \quad a_{n+1} = \frac{a_n}{2} \qquad \cdots\cdots ⓐ$$

$$a_n \text{ が奇数のとき} \quad a_{n+1} = \frac{a_n - 1}{2} \qquad \cdots\cdots ⓑ$$

とします。N は 2 以上の自然数ですから，とりあえず $N = 2$ でやってみましょうか。そうしますと

$$a_1 = 2^2 - 3 = 1 \quad （奇数）$$

ですから，

$$ⓑより \quad a_2 = \frac{a_1 - 1}{2} = \frac{1 - 1}{2} = 0 \quad （偶数）$$

$$ⓐより \quad a_3 = \frac{a_2}{2} = \frac{0}{2} = 0 \quad （偶数）$$

$$ⓐより \quad a_4 = \frac{a_3}{2} = \frac{0}{2} = 0 \quad （偶数）$$

$$\vdots$$

このあとは，0，0，0，0，……と 0 が続きますね。

次は N を少し大きくして，$N = 5$ でやってみましょうか。

$$a_1 = 2^5 - 3 = 29 \quad （奇数）$$

ですから，

$$ⓑより \quad a_2 = \frac{a_1 - 1}{2} = \frac{29 - 1}{2} = 14 \quad （偶数）$$

$$ⓐより \quad a_3 = \frac{a_2}{2} = \frac{14}{2} = 7 \quad （奇数）$$

$$ⓑより \quad a_4 = \frac{a_3 - 1}{2} = \frac{7 - 1}{2} = 3 \quad （奇数）$$

$$ⓑより \quad a_5 = \frac{a_4 - 1}{2} = \frac{3 - 1}{2} = 1 \quad （奇数）$$

$$ⓑより \quad a_6 = \frac{a_5 - 1}{2} = \frac{1 - 1}{2} = 0 \quad （偶数）$$

お，また 0 が出てきました。このあとはⓐの利用で 0 が続きますね。この数列 $\{a_n\}$ って，

減少していって，どこかで 0 になって，そのあとはすべて 0 が続く

なんじゃないですか？　だとすると，さっき "M についての数学的帰納法"
で「？」と思ったことも，納得できますよね。つまり，証明の (目標) である

$$\sum_{n=1}^{M} a_n \leqq 2^{N+1} - N - 5$$

の左辺が，途中で増えなくなるんですね。$a_n > 0$ である最後の n を■と
すると

$$\sum_{n=1}^{M} a_n = a_1 + a_2 + \cdots\cdots + a_■ + \overset{0}{\underset{}{(a_{■+1})}} + \overset{0}{\underset{}{(a_{■+2})}} + \cdots\cdots + \overset{0}{\underset{}{(a_M)}}$$

$$= a_1 + a_2 + \cdots\cdots + a_■$$

$$= \sum_{n=1}^{■} a_n$$

となりますから，M がいくら大きくなっても $\sum_{n=1}^{M} a_n$ は $\sum_{n=1}^{■} a_n$ に等しくなり
ます。お，これは $M \geqq ■$ のときです。$M < ■$ のときは

$$\sum_{n=1}^{M} a_n = a_1 + a_2 + \cdots\cdots + a_M$$

$$< a_1 + a_2 + \cdots\cdots + a_M + \overset{+}{(a_{M+1})} + \cdots\cdots + \overset{+}{(a_■)}$$

$$= \sum_{n=1}^{■} a_n$$

となりますね。ですから，$a_n > 0$ である最後の n を■として

$$M \geqq ■ \text{のとき}\quad \sum_{n=1}^{M} a_n = \sum_{n=1}^{■} a_n$$

$$M < ■ \text{のとき}\quad \sum_{n=1}^{M} a_n < \sum_{n=1}^{■} a_n$$

ですから，まとめて，

$$\sum_{n=1}^{M} a_n \leqq \sum_{n=1}^{■} a_n \quad \cdots\cdots ⓒ$$

となります。

$$a_{■+1} = a_{■+2} = \cdots\cdots = 0 \text{ なので,}$$

$$\sum_{n=1}^{M} a_n \text{ の最大値は,}\quad a_1 + a_2 + \cdots\cdots + a_■$$

ということですね。

では，■を考えてみましょう。
$$a_1 = 2^N - 3 \quad （奇数）$$
ですから，まずは

ⓑより $\quad a_2 = \dfrac{a_1 - 1}{2} = \dfrac{(2^N - 3) - 1}{2} = 2^{N-1} - 2 \quad （偶数）$

となります。 でやりましたように，$N = 2$ のときに，これは 0 になり，あとは 0 が続きます。

$N \geqq 3$ にしましょう。そうすると，a_2 は 0 ではない偶数で，

ⓐより $\quad a_3 = \dfrac{a_2}{2} = \dfrac{2^{N-1} - 2}{2} = 2^{N-2} - 1 \quad （奇数）$

となり，続いて

ⓑより $\quad a_4 = \dfrac{a_3 - 1}{2} = \dfrac{(2^{N-2} - 1) - 1}{2} = 2^{N-3} - 1$

となります。$N = 3$ のとき，これは 0 になりますが，$N \geqq 4$ のとき，これは奇数で，作業が続きます。

$N \geqq 4$ にしましょう。そうしますと，a_4 は奇数で

ⓑより $\quad a_5 = \dfrac{a_4 - 1}{2} = \dfrac{(2^{N-3} - 1) - 1}{2} = 2^{N-4} - 1$

となり，$N = 4$ のとき，これは 0 で，$N \geqq 5$ のとき，これは奇数です。

だいたいわかりましたね。$N = 2$ のときは $a_2 = 0$ で特殊ですが，

$\qquad N = 3$ のとき $\quad a_4$ ではじめて 0

$\qquad N = 4$ のとき $\quad a_5$ ではじめて 0

ですから，一般化すると，$N \geqq 3$ のとき

$$a_{N+1} ではじめて 0$$

みたいです。整理すると，

$$a_1 = 2^N - 3 \quad （奇数） \quad \text{ⓑ}$$
$$a_2 = 2^{N-1} - 2 \quad （偶数） \quad \text{ⓐ}$$
$$a_3 = 2^{N-2} - 1 \quad （奇数） \quad \text{ⓑ}$$
$$a_4 = 2^{N-3} - 1 \quad （奇数） \quad \text{ⓑ}$$
$$\vdots$$
$$a_N = 2^{N-(N-1)} - 1 (= 2^1 - 1 = 1) \quad （奇数） \quad \text{ⓑ}$$
$$a_{N+1} = 2^{N-N} - 1 = 2^0 - 1 = 0 \quad （偶数） \quad \text{ⓑ}$$

となります。

計画 $\quad a_n = 2^{N-(n-1)} - 1 \quad (n = 3, 4, 5, \cdots\cdots, N+1)$

410

□の部分をまとめると，このようになります。同じ作業のくり返しですので，解答には「これをくり返すと」とか「同様にして」と書いても大丈夫だと思うのですが，一応，数学的帰納法で書いておきましょうか。

　そうしますと，ⓒの式から，

$$\sum_{n=1}^{M} a_n \leqq \sum_{n=1}^{N} a_n$$
$$= (2^N - ③) + (2^{N-1} - ②) + (2^{N-2} - \underline{1}) + (2^{N-3} - \underline{1}) + \cdots\cdots$$
$$\cdots\cdots + (2^2 - \underline{1}) + (2^1 - \underline{1})$$

となります。＿＿部は初項 2^1，公比 2，項数 N の等比数列です。＿＿部以外は，③と②があり，残りの＿部はすべて 1 で $N-2$ 個ありますから，

$$\sum_{n=1}^{M} a_n \leqq \frac{2^1(2^N - 1)}{2 - 1} - \overset{\overset{3+2}{=}}{⑤} - \underline{(N - 2)}$$
$$= (2^{N+1} - 2) - 5 - N + 2$$
$$= 2^{N+1} - N - 5$$

お！　証明の ⓘ標 の右辺が出てきましたよ！　OK ですね。

介 実行

$$a_n \text{ が偶数のとき} \quad a_{n+1} = \frac{a_n}{2} \quad \cdots\cdots①$$

$$a_n \text{ が奇数のとき} \quad a_{n+1} = \frac{a_n - 1}{2} \quad \cdots\cdots②$$

とする。条件(i)より，

$$a_1 = 2^N - 3 \quad\quad\quad\quad\quad \cdots\cdots③$$

であり，N は 2 以上の自然数であるから，これは奇数である。よって，②より，

$$a_2 = \frac{a_1 - 1}{2} = \frac{(2^N - 3) - 1}{2} = 2^{N-1} - 2 \quad \cdots\cdots④$$

　これは偶数であるから，①より，

$$a_3 = \frac{a_2}{2} = \frac{2^{N-1} - 2}{2} = 2^{N-2} - 1 \quad \cdots\cdots⑤$$

　$N = 2$ のとき，これは 0 であり，$N \geqq 3$ のとき，これは奇数である。
　ここで，$N \geqq 3$ のとき，$n = 3, 4, \cdots\cdots, N + 1$ に対して，

$$a_n = 2^{N-(n-1)} - 1 \quad \cdots\cdots(*)$$

が成り立つことを，数学的帰納法により示す。
〔Ⅰ〕　$n = 3$ のとき，⑤より $(*)$ は成り立つ。

〔Ⅱ〕 $n = k (k = 3, 4, 5, \cdots\cdots, N)$ のとき (*) が成り立つと仮定すると,

$$a_k = 2^{N-(k-1)} - 1$$

である。$N - (k-1) \geqq 1$ より, a_k は奇数であるから, ②より,

$$a_{k+1} = \frac{a_k - 1}{2} = \frac{(2^{N-(k-1)} - 1) - 1}{2} = 2^{N-k} - 1$$

となる。よって, $n = k + 1$ のときも (*) は成り立つ。

以上〔Ⅰ〕, 〔Ⅱ〕より, $n = 3, 4, 5, \cdots\cdots, N+1$ に対して(*)は成り立つから, これと③, ④より,

$$\begin{cases} a_1 = 2^N - 3 \\ a_2 = 2^{N-1} - 2 \\ a_n = 2^{N-(n-1)} - 1 \quad (n = 3, 4, 5, \cdots\cdots, N+1) \end{cases}$$

であり, $a_1, a_2, a_3, \cdots, a_N > 0$,

$$a_{N+1} = 2^0 - 1 = 0 \quad (\text{偶数})$$

である。よって, ①より,

$$a_n = 0 \quad (n = N+2, N+3, N+4, \cdots\cdots)$$

である。

よって, N を2以上の自然数とするとき, どのような自然数 M に対しても,

$$\sum_{n=1}^{M} a_n \leqq \sum_{n=1}^{N} a_n$$

が成り立ち, $N = 2$ のとき,

> $N = 2$ のとき, $\sim\sim$部が
> なくなってしまうので,
> $N = 2$ と $N \geqq 3$ に分け
> ました。

$$\sum_{n=1}^{N} a_n = \sum_{n=1}^{2} a_n = (2^N - 3) + (2^{N-1} - 2) = (2^2 - 3) + (2^1 - 2) = 1$$

$$2^{N+1} - N - 5 = 2^3 - 2 - 5 = 1$$

$$\therefore \quad \sum_{n=1}^{N} a_n = 2^{N+1} - N - 5$$

$N \geqq 3$ のとき,

$$\sum_{n=1}^{N} a_n = (2^N - 3) + (2^{N-1} - 2) + \sum_{n=3}^{N} (2^{N-(n-1)} - 1)$$

$$= (2^N + 2^{N-1} + 2^{N-2} + \cdots\cdots + 2^1) - 5 - (N - 2)$$

$$= \frac{2^1(2^N - 1)}{2 - 1} - 5 - (N - 2)$$

$$= 2^{N+1} - N - 5$$

であるから,

$$\sum_{n=1}^{M} a_n \leqq 2^{N+1} - N - 5$$

が成り立つ。

まずは，

n が出てきたら，具体的な値を入れて実験

です。$n \geqq 3$ だから，$n = 3$ で実験しましょう。a_1，a_2，a_3 に対して，

$$a_1 \leqq \frac{a_2 + a_3}{2} \quad \cdots\cdots \text{ⓐ}$$

> 「a_1 は他の2個の相加平均 $\dfrac{a_2 + a_3}{2}$ より大きくない」
> だから，「小さい」or「等しい」です。

$$a_2 \leqq \frac{a_3 + a_1}{2} \quad \cdots\cdots \text{ⓑ}$$

$$a_3 \leqq \frac{a_1 + a_2}{2} \quad \cdots\cdots \text{ⓒ}$$

対称性があるので，

対称性はキープ or くずす

でキープしようとすると，たとえばⓐ，ⓑ，ⓒの辺々を足すことが思いつくのですが，

$$a_1 + a_2 + a_3 \leqq \frac{a_2 + a_3}{2} + \frac{a_3 + a_1}{2} + \frac{a_1 + a_2}{2}$$

$$\therefore \quad a_1 + a_2 + a_3 \leqq a_1 + a_2 + a_3 \quad \cdots\cdots (*)$$

> じつは無意味ではありません。[検討]でお話ししましょう。

となり無意味です。では，くずしましょうか。

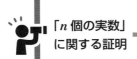

だから，大小関係を設定してみましょう。ⓐ，ⓑ，ⓒは a_1，a_2，a_3 に関して対称性があるので，

$$a_1 \geqq a_2 \geqq a_3 \quad \cdots\cdots \text{ⓓ}$$

としても大丈夫ですね。

すると，たとえばⓐの右辺で a_2，a_3 を消去すると，

$$a_1 \leqq \frac{a_2 + a_3}{2} \leqq \frac{a_1 + a_1}{2} = a_1 \qquad \boxed{a_2 \leqq a_1, \ a_3 \leqq a_1}$$

ん～，$a_1 \leqq a_1$ で，無意味でしたねぇ。では，今度は a_2 だけ消去して，a_3 を残しましょうか。対称性をくずす方針で，ⓓのように設定しているから，残すとすれば端の a_1 と a_3 です。

$$a_1 \leqq \dfrac{a_2 + a_3}{2} \leqq \dfrac{a_1 + a_3}{2} \quad \boxed{a_2 \leqq a_1}$$

$$2a_1 \leqq a_1 + a_3 \quad \times 2$$

$$a_1 \leqq a_3 \quad \cdots\cdots ⓔ$$

面白い不等式が出ました。ⓓで「a_1 がいちばん大きい」と設定したのに，ⓔのような「a_3 の方が a_1 より大きい」という式が出てきました。ⓓ，ⓔをつなげると，

$$\underset{ⓓ}{\underline{a_1 \geqq a_2 \geqq a_3}} \underset{ⓔ}{\underline{\geqq a_1}}$$

a_2 と a_3 はともに「a_1 以上，a_1 以下」だから，

$$a_2 = a_1, \ a_3 = a_1 \ \text{つまり} \ a_1 = a_2 = a_3$$

いまⓐとⓔだけでこの結果を導きましたが，このときⓑ，ⓒが成り立つのは自明ですね。

計画　　$a_1 \geqq a_2 \geqq a_3 \geqq \cdots\cdots \geqq a_n \quad \cdots\cdots ①$

と大小関係を設定して，a_1 について題意の式を作ります。

$$a_1 \leqq \dfrac{a_2 + a_3 + \cdots\cdots + a_{n-1} + a_n}{n-1}$$

最後の a_n を残して，

$$a_1 \leqq \dfrac{a_2 + a_3 + \cdots\cdots + a_{n-1} + a_n}{n-1}$$

$$\boxed{a_1 \text{ が } n-2 \text{ 個}}$$

$$\leqq \dfrac{a_1 + a_1 + \cdots\cdots + a_1 + a_n}{n-1} \quad \boxed{a_2 \leqq a_1, \ a_3 \leqq a_1, \ \cdots\cdots, \ a_{n-1} \leqq a_1}$$

$$= \dfrac{(n-2)a_1 + a_n}{n-1} \quad \times (n-1)$$

$$\therefore \quad (n-1)a_1 \leqq (n-2)a_1 + a_n$$

$$\therefore \quad a_1 \leqq a_n$$

これと①から，a_1 でサンドイッチです。

$$ⓐ_1 \geqq a_2 \geqq a_3 \geqq \cdots\cdots \geqq a_n \geqq ⓐ_1$$

これは a_1 についての条件だけで導いたものなので，他の $a_2, a_3, \cdots\cdots, a_n$ についても条件をみたしていることをチェックして終了です。

$$a_1 \geqq a_2 \geqq a_3 \geqq \cdots\cdots \geqq a_n \quad \cdots\cdots ①$$

とおいて一般性を失わない。

条件より，a_1 について，

$$a_1 \leqq \frac{a_2 + a_3 + \cdots\cdots + a_{n-1} + a_n}{n-1}$$

が成り立つ。このとき①より，

$$(n-1)a_1 \leqq \underset{\sim\sim\sim\sim\sim\sim\sim\sim\sim\sim\sim\sim\sim\sim}{a_2 + a_3 + \cdots\cdots + a_{n-1} + a_n} \leqq \underline{(n-2)a_1 + a_n}$$

$$\therefore \quad a_1 \leqq a_n$$

これと①より，

$$a_1 \geqq a_2 \geqq a_3 \geqq \cdots\cdots \geqq a_n \geqq a_1$$

すなわち，

$$a_1 = a_2 = a_3 = \cdots\cdots = a_n$$

> より正確には，
> 「他の $n-1$ 個の相加平均に等しい」
> わけですね。

このとき，各 a_i は他の $n-1$ 個の相加平均より大きくはない。

したがって，求める a_1, a_2, $\cdots\cdots$, a_n の組は，

$$\boldsymbol{a_1 = a_2 = a_3 = \cdots\cdots = a_n = k} \quad （\boldsymbol{k} \text{は任意の実数})$$

検討 じつは「対称性をキープ」でも解答できます。**理解** の(*)で，

$$a_1 + a_2 + a_3 \leqq a_1 + a_2 + a_3$$

というのがでてきましたよね。これ，等号が成立しないといけませんよね。すると，次の@，ⓑ，ⓒの等号がすべて成立，つまり@'，ⓑ'，ⓒ' が成立しないといけないですよね。

$$\begin{cases} a_1 \leqq \dfrac{a_2 + a_3}{2} & \cdots\cdots ⓐ \\[2mm] a_2 \leqq \dfrac{a_3 + a_1}{2} & \cdots\cdots ⓑ \\[2mm] a_3 \leqq \dfrac{a_1 + a_2}{2} & \cdots\cdots ⓒ \end{cases} \qquad \begin{cases} a_1 = \dfrac{a_2 + a_3}{2} & \cdots\cdots ⓐ' \\[2mm] a_2 = \dfrac{a_3 + a_1}{2} & \cdots\cdots ⓑ' \\[2mm] a_3 = \dfrac{a_1 + a_2}{2} & \cdots\cdots ⓒ' \end{cases}$$

ⓐ'，ⓑ'，ⓒ'は a_1, a_2, a_3 が順番に入れ替わっている式で，「循環系」などとよばれています。

というのがありまして，$\boxed{1}$ は，
$$a_1 + a_2 + a_3 = a_1 + a_2 + a_3$$
になってしまうので，$\boxed{2}$ をやると，

ⓐ′−ⓑ′より，$a_1 - a_2 = \dfrac{1}{2}(a_2 - a_1)$ $\quad \therefore \quad a_1 = a_2$

ⓑ′−ⓒ′より，$a_2 - a_3 = \dfrac{1}{2}(a_3 - a_2)$ $\quad \therefore \quad a_2 = a_3$ $\quad\Biggr\}\ a_1 = a_2 = a_3$

ⓒ′−ⓐ′より，$a_3 - a_1 = \dfrac{1}{2}(a_1 - a_3)$ $\quad \therefore \quad a_3 = a_1$

これを n でやればよいので，1 組だけこの計算をやって，あとは「同様に……」でしょうか。じつは，この問題，僕が 2 浪目で受けたときの問題で，僕はこれで解答しました。でも「対称性をキープ」しようとするなら，ⓐ，ⓑ，ⓒで分母を払って，

$$\begin{cases} 2a_1 \leqq a_2 + a_3 \\ 2a_2 \leqq a_3 + a_1 \\ 2a_3 \leqq a_1 + a_2 \end{cases}$$

何か気づきません？ 両辺に $+a_1$，$+a_2$，$+a_3$ をすると，
$S = a_1 + a_2 + a_3$ として，

$$\begin{cases} 3a_1 \leqq S \\[2mm] 3a_2 \leqq S \\[2mm] 3a_3 \leqq S \end{cases} \text{つまり} \quad \begin{cases} a_1 \leqq \dfrac{S}{3} \\[2mm] a_2 \leqq \dfrac{S}{3} \\[2mm] a_3 \leqq \dfrac{S}{3} \end{cases}$$

これくらいキレイにしてからやると，解答をスッキリまとめられるんです。僕は試験中には思いつかなかったですが……。

〈別解〉
$$S_n = a_1 + a_2 + \cdots\cdots + a_n$$
とおくと，条件より，
$$a_i \leqq \frac{S_n - a_i}{n-1} \quad \therefore \quad (n-1)a_i \leqq S_n - a_i \quad \therefore \quad a_i \leqq \frac{S_n}{n}$$
であるから，

$$a_1 \leqq \frac{S_n}{n} \quad \cdots\cdots ①$$

$$a_2 \leqq \frac{S_n}{n} \quad \cdots\cdots ②$$

$$\vdots$$

$$a_n \leqq \frac{S_n}{n} \quad \cdots\cdots ⓝ$$

> 背理法で
> 書いてみました。

①～ⓝのうち，１つでも等号が成り立たないと仮定すると，①～ⓝの辺々を加えて，

$$a_1 + a_2 + \cdots\cdots + a_n < S_n$$

> $a_1 + a_2 + \cdots\cdots + a_n = S_n$
> ですからオカシイです。

となり矛盾。よって，

$$a_1 = a_2 = \cdots\cdots = a_n \left(= \frac{S_n}{n} \right)$$

であり，このとき①～ⓝはすべて成り立つ。

以上より，求める a_1，a_2，$\cdots\cdots$，a_n の組は，

$$a_1 = a_2 = \cdots\cdots = a_n = k \quad (\textbf{\textit{k}} \textbf{ は任意の実数})$$

類 題 12

 理解

---

3 $\sin\theta$ と $\cos\theta$ の対称式 ➡ $t = \sin\theta + \cos\theta$ とおく

でしょう。$\sin x$ と $\cos x$ の和を，

$$t = \sin x + \cos x$$

とおくと，２乗して，

$$t^2 = \sin^2 x + 2\sin x \cos x + \cos^2 x$$

$$= 1 + 2\sin x \cos x$$

$$\therefore \quad \sin x \cos x = \frac{1}{2}(t^2 - 1)$$

積も t で表せます。よって，

$$\sin^3 x + \cos^3 x = (\sin x + \cos x)^3 - 3\sin x \cos x (\sin x + \cos x)$$

または

> $a^3 + b^3 \begin{cases} (a+b)^3 - 3ab(a+b) \\ (a+b)(a^2 - ab + b^2) \end{cases}$

$$\sin^3 x + \cos^3 x = (\sin x + \cos x)(\sin^2 x - \sin x \cos x + \cos^2 x)$$

どちらも，t の式で表せるので，与式は t の方程式に直せます。

$$\sin^3 x + \cos^3 x = (\sin x + \cos x)^3 - 3\sin x \cos x (\sin x + \cos x)$$

$$= t^3 - \frac{3}{2}(t^2 - 1)\,t$$

$$= -\frac{1}{2}t^3 + \frac{3}{2}t$$

以上より，与えられた x の方程式

$$2\sqrt{2}\,(\sin^3 x + \cos^3 x) + 3\sin x \cos x = 0 \quad \cdots\cdots ⓐ$$

は，

$$2\sqrt{2}\left(-\frac{1}{2}t^3 + \frac{3}{2}t\right) + 3\cdot\frac{1}{2}(t^2 - 1) = 0$$

$$2\sqrt{2}\,t^3 - 3t^2 - 6\sqrt{2}\,t + 3 = 0 \quad\longleftarrow \underbrace{\qquad}_{\times(-2)} \quad \cdots\cdots ⓑ$$

と，t の 3 次方程式になりました。

計画 ⓑの方程式を因数定理を用いて因数分解しようとしても……，うまくいきません。係数が整数の方程式だったら，有名な

整数係数の n 次方程式

$$P(x) = a_n x^n + a_{n-1} x^{n-1} + \cdots\cdots + a_1 x + a_0 \quad (a_n \neq 0,\ a_0 \neq 0)$$

について，$P(x) = 0$ が有理数の解をもてば，

$$x = \frac{(a_0 \text{の約数})}{(a_n \text{の約数})}$$

が使えますが，$\sqrt{2}$ が入っているので使えません。

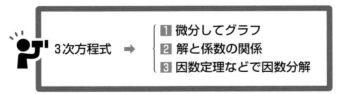

なので，ここは微分でしょうか。

$$f(t) = 2\sqrt{2}\,t^3 - 3t^2 - 6\sqrt{2}\,t + 3$$

として，

$$f'(t) = 6\sqrt{2}\,t^2 - 6t - 6\sqrt{2} = 6(\sqrt{2}\,t + 1)(t - \sqrt{2})$$

これは符号の判定が可能なので，$y = f(t)$ のグラフがかけそうです。

ところで,

　　文字をおきかえたら，値の範囲をチェック

です。

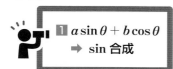

だから,

$$t = \sin x + \cos x$$
$$= \sqrt{2} \sin\left(x + \frac{\pi}{4}\right)$$

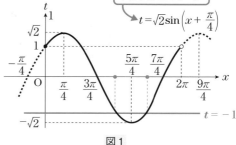

図1

であり，$0 \leqq x < 2\pi$ において，上のようなグラフになります。したがって,

$$-\sqrt{2} \leqq t \leqq \sqrt{2}$$

なのですが，今回はもう少し詳しく調べないといけません。

　たとえば,

$$t = 2, \quad -1$$

のとき，答えは何個ですか？

　　「$-\sqrt{2} \leqq t \leqq \sqrt{2}$ だから $t = 2$ はアウトで，$t = -1$ の 1 個」

はダメです。問題は x の方程式ⓐをみたす x の個数を問うているのであって，方程式ⓑをみたす t の個数を問うているわけではありません！

　図1 のグラフで $t = -1$ の直線と $t = \sqrt{2} \sin\left(x + \frac{\pi}{4}\right)$ のグラフの交点を

見ると，$t = -1$ のとき x は 2 個あることがわかります。

　　　　文字をおきかえて方程式の解を考えるときは,

　　　　元の文字と新しい文字の対応関係に注意

　このタイプの問題では，$y = f(t)$ のグラフと 図1 のグラフの 2 枚を考えることになるのですが，図1 のグラフを時計まわりに 90° 回転させてかくと，2 枚のグラフの対応がよくわかります。解答でやってみます。

実行

$$2\sqrt{2}\,(\sin^3 x + \cos^3 x) + 3\sin x \cos x = 0 \quad \cdots\cdots①$$

$t = \sin x + \cos x$ とおくと,

$$t^2 = 1 + 2\sin x \cos x \qquad \therefore \quad \sin x \cos x = \frac{1}{2}(t^2 - 1)$$

であるから,

$$\sin^3 x + \cos^3 x = (\sin x + \cos x)(\sin^2 x - \sin x \cos x + \cos^2 x)$$

$$= t\left\{1 - \frac{1}{2}(t^2 - 1)\right\} = -\frac{1}{2}t^3 + \frac{3}{2}t$$

よって，①は，

$$2\sqrt{2}\left(-\frac{1}{2}t^3 + \frac{3}{2}t\right) + \frac{3}{2}(t^2 - 1) = 0$$

$$2\sqrt{2}t^3 - 3t^2 - 6\sqrt{2}t + 3 = 0$$

となるから，$f(t) = 2\sqrt{2}t^3 - 3t^2 - 6\sqrt{2}t + 3$ とおくと，

$$f'(t) = 6\sqrt{2}t^2 - 6t - 6\sqrt{2} = 6(\sqrt{2}t + 1)(t - \sqrt{2})$$

一方，$t = \sin x + \cos x = \sqrt{2}\sin\left(x + \dfrac{\pi}{4}\right)$ であるから，$0 \leqq x < 2\pi$ のとき，

$$-\sqrt{2} \leqq t \leqq \sqrt{2}$$

である。

ゆえに，$f(t)$ の増減は下の表のようになり，$y = f(t)$ のグラフは右のようになる。

t	$-\sqrt{2}$	$\cdots$	$-\dfrac{1}{\sqrt{2}}$	$\cdots$	$\sqrt{2}$
$f'(t)$		$+$	0	$-$	0
$f(t)$	1	$\nearrow$	$\dfrac{13}{2}$	$\searrow$	-7

したがって，$f(t) = 0\ (-\sqrt{2} \leqq t \leqq \sqrt{2})$ をみたす t の値はただ 1 つだけあり，これを α とすると，$0 < \alpha < \sqrt{2}$ である。また，$\alpha = \sqrt{2}\sin\left(x + \dfrac{\pi}{4}\right)\ (0 \leqq x < 2\pi)$ をみたす x は 2 個ある。よって，$0 \leqq x < 2\pi$ のとき方程式①をみたす x の個数は 2 である。

$y = f(t)$

$\dfrac{13}{2}$

3

1 α $\sqrt{2}$

$-\sqrt{2}$ $-\dfrac{1}{\sqrt{2}}$ O t

-7

$-\sqrt{2}$ O α 1 $\sqrt{2}$ t

$\dfrac{\pi}{4}$

$t = \sqrt{2}\sin\left(x + \dfrac{\pi}{4}\right)$

$\dfrac{5\pi}{4}$

2π

x

図1のグラフを時計まわりに90°回転させました。

類 題 13

理解 　まず条件(i)より，半径1の円に内接する四角形 ABCD をテキト～にかきますと，**図1** のようになります。次に条件(ii)の ∠ABC＝∠DAB＝α をかき込むとこれは **図2** のような AD＝BC という等脚台形ですね。証明すると，

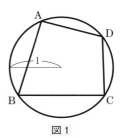

図1

　「円に内接する四角形なので，

　　　∠BCD＝π－∠BAD＝π－α

　よって，

　　　∠BCD＋∠ABC＝$(\pi-\alpha)+\alpha=\pi$

であるから，AB∥CD……」となります。

　この証明部分を解答に書くかどうかは悩ましいところですが，僕は浪人中に，予備校の先生から

　　　「大学入試においては，中学数学の範囲で

　　　　証明できるものは自明としてよい」

と習いました。これについて，大学の先生方の見解をうかがう機会がなかったので，絶対的な基準ではありませんが，ひとつの目安になるかと思います。

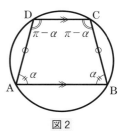

図2

　少し話がそれますが，入試において，大学の先生方は

　　　「あなたがちゃんとわかっているかどうか」

　　　「その大学で学ぶに値するかどうか」

を見ておられるだけです。大学の先生方が「わかっている」と判断されれば，その答案は○です。逆に，ちゃんとわかっていない定理や公式をやみくもに使って，答えの値だけが合っていても，「わかっていない」と判断されれば，その答案は×です。ですから，たとえ中学数学の範囲であっても，「この出題をされた先生は，この部分の証明を要求されているな」と感じれば，自明にせず，ちゃんと書くべきです。

　　　　　　試験は出題者と受験生の1度きりの会話

です。相手の言葉をよく聞いて，答案であなたの真の姿を表現するつもりで解答を書きましょうね。

話を元に戻します。この等脚台形 ABCD は角度は決まっているのですが，形そのものは確定していません。$\alpha = \dfrac{\pi}{3}$ くらいで，自分で図をかいてみてください。図3 のように変化することがわかりますよね。で，こんな変化をするときに，

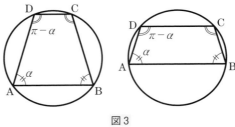

図3

$$k = \mathrm{AB} \cdot \mathrm{BC} \cdot \mathrm{CD} \cdot \mathrm{DA}$$

の最大値 k を求めろ，といっているわけです。

では，k を何か文字で表さないと計算できません。一般の入試問題でしたら，この「変数を設定する部分」は，問題で与えられていることが多いのですが，京大などの難関大では，この作業は受験生にまかされることが多いです。そういう問題では，まず，このように，

自分で図形を変化させてみること

が重要です。こうしてやって，「あ，ここを x とおけばいいな」とか考えるわけです。そんなに難しいことではありません。さて，

図形問題の変数 ➡ 長さ or 角度

です。「長さ」だとどうですか？　図3 をかいているときに気づいたかと思いますが，どこか1辺，たとえば AB の長さを決めると，$\angle \mathrm{ABC} = \angle \mathrm{DAB} = \alpha$ から，図4 のように C，D の位置が決まりますね。ですから，

$$\mathrm{AB} = x$$

とおいて，残りの BC，CD，DA の長さを x で表し，k を x の式で表すことを考えましょうか。

僕らは正弦定理や余弦定理など，三角形についての道具をいろいろもっていますので，

三角形を探す（作る）

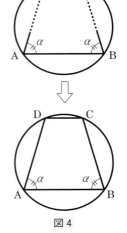

図4

ことが大切です。本問ですと，対角線 AC（または BD）を引くと，**図5**のように △ABC と △ACD の 2 個の三角形ができます。ここで，条件(i)を見ますと，この半径 1 の円は △ABC と △ACD の外接円になっています。三角形の外接円とくれば「正弦定理」ですよね。△ABC で正弦定理を用いると，

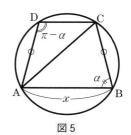

図5

$$\frac{AC}{\sin\alpha} = 2 \cdot 1$$

$$\therefore \quad AC = 2\sin\alpha \quad \cdots\cdots ⓐ$$

となります。

　さて，そうしますと，**図6**のようになり，BC，CD，DA がほしいですね。

$$BC = DA = y, \quad CD = z$$

とおいて，何か思いつきますか？

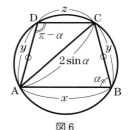

図6

第5章　図形で，

(∗) 長さがたくさんわかっている ➡ 余弦定理
角度がたくさんわかっている ➡ 正弦定理

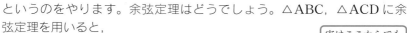

というのをやります。余弦定理はどうでしょう。△ABC，△ACD に余弦定理を用いると，

$$\begin{cases} (2\sin\alpha)^2 = x^2 + y^2 - 2xy\cos\alpha \\ (2\sin\alpha)^2 = z^2 + y^2 - 2zy\cos(\pi-\alpha) \end{cases} \cdots\cdots ⓑ$$

実はここからでも解けます。 🔍検討 でやります。

うわぁ，ですね。$y\,(= BC = DA)$，$z\,(= CD)$ を x の式で表すのはツラそうです。どうしましょうか？

　(∗)の段階，もしくはⓐの段階で思いついたかもしれません。もしくは，ここまでやってみて

図形問題の変数 ➡ 長さ or 角度

を思い出してもらうと，何か思いつくのではないでしょうか。

正弦定理はどうでしょう。そのために
は，今は角度が α しかありません
から，どこかの角を変数にしましょう。

$$\angle \mathrm{CAB} = \theta$$

としてみましょうか。まず，

$$\angle \mathrm{CAD} = \angle \mathrm{DAB} - \angle \mathrm{CAB}$$
$$= \alpha - \theta$$

ですね。次に，$\triangle \mathrm{ABC}$ の内角に着目
すると，

$$\angle \mathrm{ACB} = \pi - (\alpha + \theta)$$

となります。これで

角度がたくさんわかっている ➡ 正弦定理

がイケそうですね。

正弦定理はどうだろう ⟶ 角度をおいてみよう

の順で説明しましたが，逆に

角度をおいたらどうだろう ⟶ 正弦定理でイケそう

の発想の順でもよいですね。自分が無意識に思いついたことを，ちゃんと
意識化して，次も思いつけるようにしていきましょうね。

さて，$\triangle \mathrm{ABC}$ に正弦定理を用いると，外接円の半径は 1 ですから，

$$\frac{\mathrm{AB}}{\sin(\pi - (\alpha + \theta))} = \frac{\mathrm{BC}}{\sin \theta} = 2 \cdot 1$$

$$\therefore \quad \mathrm{AB} = 2\sin(\alpha + \theta), \quad \mathrm{BC} = 2\sin\theta \;\; \leftarrow$$

$\sin(\pi - x) = \sin x$

となり，AB，BC が θ で表せます。DA ＝ BC ですから，あとは CD が
ほしいので，$\triangle \mathrm{ACD}$ に正弦定理を用いましょうか。

$$\frac{\mathrm{CD}}{\sin(\alpha - \theta)} = 2 \cdot 1 \qquad \therefore \quad \mathrm{CD} = 2\sin(\alpha - \theta)$$

できました。これで

$$k = \mathrm{AB} \cdot \mathrm{BC} \cdot \mathrm{CD} \cdot \mathrm{DA}$$
$$= 2\sin(\alpha + \theta) \cdot 2\sin\theta \cdot 2\sin(\alpha - \theta) \cdot 2\sin\theta$$
$$= 16\sin^2\theta \sin(\alpha + \theta)\sin(\alpha - \theta)$$

と，k が θ で表せました。

計画 θ が変化するときの k の最大値が求めたいんですよね。そう
しますと，

$$k = 16\sin^2\theta \underline{\sin(\alpha + \theta)\sin(\alpha - \theta)}$$

〜〜〜部が問題ですね。変数 θ が 2 か所に分かれて，$\alpha+\theta$ と $\alpha-\theta$ ですから，バラバラな動きをします。こんなときは，

積和，和積の公式で，

2 か所に分かれている変数を 1 か所にまとめる

でしたね。積和の公式を使いましょう。

$$\sin\alpha\sin\beta = -\frac{1}{2}\{\cos(\alpha+\beta)-\cos(\alpha-\beta)\}$$

導き方は 例題 13 でやりましたね。丸暗記はダメですよ。そうしますと

$$k = 16\sin^2\theta\left(-\frac{1}{2}\right)\{\cos((\alpha+\theta)+(\alpha-\theta))-\cos((\alpha+\theta)-(\alpha-\theta))\}$$

$$= -8\sin^2\theta\,(\cos 2\alpha - \underline{\cos 2\theta})$$

となり，〜〜〜部の 2 か所に分かれていた θ が 1 か所に集まりました。あとは 例題 12 でもやりましたが，

- $\underline{\cos 2\theta} = 1 - 2\sin^2\theta$ で $\sin\theta$ の式にする
- $\underline{\sin^2\theta} = \dfrac{1-\cos 2\theta}{2}$ で $\cos 2\theta$ の式にする

の 2 通り，または数学Ⅲの微分が考えられますね。

　さて，このような

変数を自分でおく問題

では，あたり前ですが，

自分のおいた変数の変域を調べる

ことが重要です。やはり

自分で図形を変化させて

調べていきます。何でも "自分で" ですね（笑）。
図 8 から，

θ をめっちゃ小さくすると　$\theta \fallingdotseq 0$

θ をめっちゃ大きくすると　$\theta \fallingdotseq \alpha$

です。$\theta = 0$ や $\theta = \alpha$ では四角形 ABCD ができなくなってしまいますから

$$0 < \theta < \alpha$$

ですね。これでイケそうです。

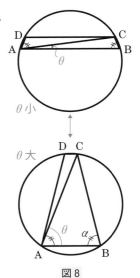

図 8

四角形 ABCD は円に内接するから

$$\angle \mathrm{DCB} = \pi - \angle \mathrm{DAB} = \pi - \alpha$$

$$\angle \mathrm{CDA} = \pi - \angle \mathrm{ABC} = \pi - \alpha$$

である。よって，

$$\angle \mathrm{BAC} = \theta \quad (0 < \theta < \alpha)$$

とおくと，

$$\angle \mathrm{CAD} = \alpha - \theta$$

$$\angle \mathrm{ACB} = \pi - (\alpha + \theta)$$

である。

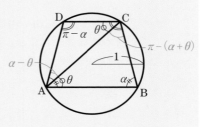

$\triangle \mathrm{ABC}$ と $\triangle \mathrm{ACD}$ の外接円の半径は 1 であるから，これらに正弦定理を用いると，

$$\frac{\mathrm{AB}}{\sin(\pi - (\alpha + \theta))} = \frac{\mathrm{BC}}{\sin\theta} = 2 \cdot 1 \qquad \frac{\mathrm{CD}}{\sin(\alpha - \theta)} = \frac{\mathrm{DA}}{\sin\theta} = 2 \cdot 1$$

$$\therefore \quad \mathrm{AB} = 2\sin(\alpha + \theta), \ \ \mathrm{BC} = \mathrm{DA} = 2\sin\theta, \ \ \mathrm{CD} = 2\sin(\alpha - \theta)$$

である。よって，

$$k = \mathrm{AB} \cdot \mathrm{BC} \cdot \mathrm{CD} \cdot \mathrm{DA}$$

$$= 16\sin^2\theta \sin(\alpha + \theta)\sin(\alpha - \theta)$$

$$= 16\sin^2\theta \left(-\frac{1}{2}\right)\{\cos((\alpha + \theta) + (\alpha - \theta)) - \cos((\alpha + \theta) - (\alpha - \theta))\}$$

$$= -8 \cdot \frac{1 - \cos 2\theta}{2}(\cos 2\alpha - \cos 2\theta) \qquad \text{←} \quad \cos 2\theta \text{ の式にしました。}$$

$$= -4(\cos 2\theta - 1)(\cos 2\theta - \cos 2\alpha)$$

である。

ここで，$t = \cos 2\theta$ とすると，$\qquad$ $\cos 2\theta$ の 2 次式なので，$t = \cos 2\theta$ とおく

$$0 < \theta < \alpha \left(< \frac{\pi}{2}\right)$$

より，

$$\cos 2\alpha < t < 1$$

であり

$$k = -4(t - 1)(t - \cos 2\alpha) \qquad \text{展開}$$

$$= -4\{t^2 - (1 + \cos 2\alpha)t + \cos 2\alpha\} \qquad \text{平方完成}$$

$$= -4\left(t - \frac{1 + \cos 2\alpha}{2}\right)^2 + \underset{\sim}{(1 + \cos 2\alpha)^2 - 4\cos 2\alpha} \qquad \text{展開整理すると}$$
$$\qquad\qquad\qquad\qquad\qquad\qquad\qquad\qquad 1 - 2\cos 2\alpha$$
$$\qquad\qquad\qquad\qquad\qquad\qquad\qquad\qquad + \cos^2 2\alpha$$

$$= -4\left(t - \frac{1 + \cos 2\alpha}{2}\right)^2 + \underset{\sim}{(1 - \cos 2\alpha)^2}$$
$$\qquad\qquad\qquad\qquad\qquad\qquad \cos 2\alpha = 1 - 2\sin^2\alpha$$

$$= -4\left(t - \frac{1 + \cos 2\alpha}{2}\right)^2 + 4\sin^4\alpha$$

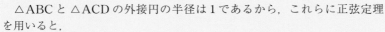

である。よって，k は $t = \dfrac{1 + \cos 2\alpha}{2}$ で最

大となり，このときの k の値は

$$k = 4\sin^4 \alpha$$

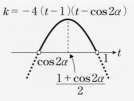

$$k = -4(t-1)(t - \cos 2\alpha)$$

 検討　さて，**理解** の⑥に戻るのですが，⑥を整理すると，

$$\begin{cases} x^2 - 2xy\cos\alpha + (y^2 - 4\sin^2\alpha) = 0 & \cdots\cdots ⓐ \\ z^2 + 2zy\cos\alpha + (y^2 - 4\sin^2\alpha) = 0 & \cdots\cdots ⓘ \end{cases}$$

となります。「y，z を x の式で表すのはツラそう」といったのですが，ⓐ
を x の 2 次方程式，ⓘを z の 2 次方程式と見ると，

x，z を y の式で表す

ことはできそうです。ⓐより

$$\begin{aligned} x &= y\cos\alpha \pm \sqrt{y^2\cos^2\alpha - (y^2 - 4\sin^2\alpha)} \\ &= y\cos\alpha \pm \sqrt{-y^2\sin^2\alpha + 4\sin^2\alpha} \\ &= y\cos\alpha \pm \sqrt{4 - y^2}\,\sin\alpha \quad \cdots\cdots ⓤ \end{aligned}$$

$\cos^2\alpha - 1 = -\sin^2\alpha$

$0 < \alpha < \dfrac{\pi}{2}$ より $\sin\alpha > 0$

おっと，x が 2 通り出てしまいましたね。

　図に戻ってみましょう。こういう図形の問題を解いていて，計算の段階
に入ったとき，計算に集中するあまり，その図形的な条件や特徴を忘れて
しまう人がいます。そうなると，ほぼ自明なことに悩んだり，あたり前の
変形に気づかなかったりします。計算と図形を行ったり来たりしながら，
進んでいきましょうね。

　台形に対して，右の **図 9** のような補助線を

よく引きますよね。$0 < \alpha < \dfrac{\pi}{2}$ より，

$$\mathrm{AH} = \mathrm{BI} = y\cos\alpha$$

で，

$$x = \mathrm{AH} + \mathrm{HI} + \mathrm{IB} = z + 2y\cos\alpha \quad \cdots\cdots ⓥ$$

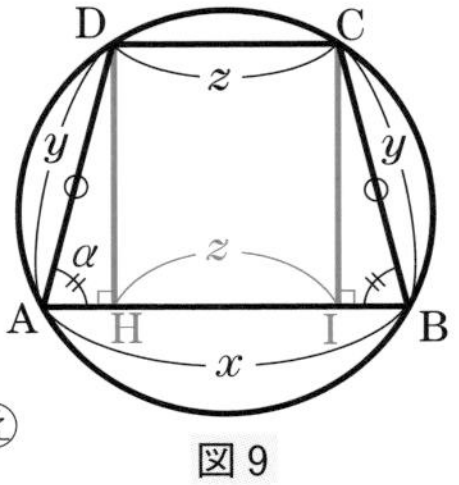

$z > 0$ より，

$$x > 2y\cos\alpha \,(> y\cos\alpha)$$

ですから，ⓤの 2 通りのうち，

$$x = y\cos\alpha \oplus \sqrt{4 - y^2}\,\sin\alpha \quad \cdots\cdots ⓤ'$$

の方ですね。また，ⓥとⓤ' から

$$z = x - 2y\cos\alpha = -y\cos\alpha + \sqrt{4 - y^2}\,\sin\alpha$$

図 9

となります。

　そうしますと，k は y の式で表せて，

$$k = \text{AB} \cdot \text{BC} \cdot \text{CD} \cdot \text{DA}$$
$$= x \cdot y \cdot z \cdot y$$
$$= y^2(y\cos\alpha + \sqrt{4 - y^2}\sin\alpha)(-y\cos\alpha + \sqrt{4 - y^2}\sin\alpha)$$
$$= y^2\{(4 - y^2)\sin^2\alpha - y^2\cos^2\alpha\} \quad \leftarrow (A+B)(A-B) = A^2 - B^2$$
$$= y^2(4\sin^2\alpha - y^2) \quad \leftarrow \sin^2\alpha + \cos^2\alpha = 1$$
$$= -(y^2 - 2\sin^2\alpha)^2 + 4\sin^4\alpha \quad \leftarrow y^2 \text{ の 2 次式と見て平方完成}$$

となります。y の式で表すと，キレイになりましたね。

どの文字に着目するか

によって，同じ式でも見え方が違ってきます。

　y の値の範囲は，**図10** より，

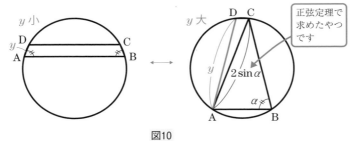

図10

　　$0 < y < 2\sin\alpha$

ですから，k は $y = \sqrt{2}\sin\alpha$ で最大となり，最大値は，

　　$k = 4\sin^4\alpha$

　OK ですね！

類 題 14

👤（**理解**）　数学Ⅲの「複素数平面」を既習の人は，「ド・モアブルの定理」が利用できますので 🧍（**検討**）を見てください。本書は現役生の学習進度を考慮して数学Ⅲの内容はなるべく後回しにしていますので，ここではド・モアブルの定理を使わずにやってみたいと思います。

　$(1 + i)^n$ で $n = 2$ や $n = 3$ は，数学Ⅱで複素数を習ったとき，最初の方で計算練習としてやりますよね。

$$(1+i)^2 = 1 + 2i + i^2 = 1 + 2i + (-1) = 2i$$

これで気づくと思いますが，$n=4$ や $n=8$ がキレイになりそうです。

$$(1+i)^4 = \{(1+i)^2\}^2 = (2i)^2 = -4$$

$$(1+i)^8 = \{(1+i)^4\}^2 = (-4)^2 = 16$$

$(1-i)^n$ も同じで

$$(1-i)^2 = 1 - 2i + i^2 = 1 - 2i + (-1) = -2i$$

$$(1-i)^4 = \{(1-i)^2\}^2 = (-2i)^2 = -4$$

$$(1-i)^8 = \{(1-i)^4\}^2 = (-4)^2 = 16$$

> 「4 周期」でもキレイな式になるのですが，正負の入れ替わりが発生するので，ここでは「8 周期」でやってみます。

そうしますと，「8 周期で，何かキレイな式になりそう」と思いつきます。そこで，

$$a_n = (1+i)^n + (1-i)^n$$

とおいて，n を 8 だけ進めた a_{n+8} を調べると，

$$
\begin{aligned}
a_{n+8} &= (1+i)^{n+8} + (1-i)^{n+8} \\
&= (1+i)^n (1+i)^8 + (1-i)^n (1-i)^8 \\
&= 16(1+i)^n + 16(1-i)^n \\
&= 16\{(1+i)^n + (1-i)^n\} \\
&= 16 a_n
\end{aligned}
$$

n 乗と 8 乗に分ける

$(1+i)^8 = (1-i)^8 = 16$

ということで，n が 8 増えると ×16 になります。

そうしますと，$a_1 \sim a_8$ を調べれば，数列 $\{a_n\}$ 全体の動きがわかりますね。

$a_1 = (1+i)^1 + (1-i)^1 = 2$

$a_2 = (1+i)^2 + (1-i)^2 = 2i + (-2i) = 0$

$a_3 = (1+i)^3 + (1-i)^3 = (1+i)^2(1+i) + (1-i)^2(1-i) = 2i(1+i) + (-2i)(1-i) = -4$

$a_4 = (1+i)^4 + (1-i)^4 = \{(1+i)^2\}^2 + \{(1-i)^2\}^2 = (-4) + (-4) = -8$

$a_5 = (1+i)^5 + (1-i)^5 = (1+i)^4(1+i) + (1-i)^4(1-i) = \underset{\substack{\| \\ a_1}}{(-4)\{(1+i) + (1-i)\}} = -8$

$a_6 = (1+i)^6 + (1-i)^6 = (1+i)^4(1+i)^2 + (1-i)^4(1-i)^2 = \underset{\substack{\| \\ a_2}}{(-4)\{(1+i)^2 + (1-i)^2\}} = 0$

$a_7 = (1+i)^7 + (1-i)^7 = (1+i)^4(1+i)^3 + (1-i)^4(1-i)^3 = \underset{\substack{\| \\ a_3}}{(-4)\{(1+i)^3 + (1-i)^3\}} = 16$

$a_8 = (1+i)^8 + (1-i)^8 = \{(1+i)^4\}^2 + \{(1-i)^4\}^2 = 16 + 16 = 32$

ですから，

$k=1$	$k=2$	$k=3$	……	k
$a_1 = 2$	$a_9 = 32$	$a_{17} = 512$	……	$a_{8k-7} = 2\cdot 16^{k-1}$
$a_2 = 0$	$a_{10} = 0$	$a_{18} = 0$		$a_{8k-6} = 0$
$a_3 = -4$	$a_{11} = -64$	$a_{19} = -1024$	……	$a_{8k-5} = -4\cdot 16^{k-1}$
$a_4 = -8$	$a_{12} = -128$	$a_{20} = -2048$	……	$a_{8k-4} = -8\cdot 16^{k-1}$
$a_5 = -8$	$a_{13} = -128$	$a_{21} = -2048$	……	$a_{8k-3} = -8\cdot 16^{k-1}$
$a_6 = 0$	$a_{14} = 0$	$a_{22} = 0$		$a_{8k-2} = 0$
$a_7 = 16$	$a_{15} = 256$	$a_{23} = 4096$	……	$a_{8k-1} = 16\cdot 16^{k-1}$
$a_8 = 32$	$a_{16} = 512$	$a_{24} = 8192$	……	$a_{8k} = 32\cdot 16^{k-1}$

$\times 16$　　$\times 16$　　$\times 16$ …… $\times 16$

$\times 16$ が $k-1$ 個

となります。

　本問は「$a_n > 10^{10}$ をみたす最小の n」を求めるのが目的ですから，

$$a_{8k-6} \le 0, \ a_{8k-5} \le 0, \ \cdots\cdots, \ a_{8k-2} < 0$$

は調べなくていいですね。

$$a_{8k-7} = 2\cdot 16^{k-1} = 2\cdot (2^4)^{k-1} = 2^{1+4(k-1)} = 2^{4k-3}$$
$$a_{8k-1} = 16\cdot 16^{k-1} = 16^k = 2^{4k}$$
$$a_{8k} \ = 32\cdot 16^{k-1} = 2\cdot 16\cdot 16^{k-1} = 2\cdot 16^k = 2^{4k+1}$$

の 3 つを調べればよいです。ですから，まずは

$$2^{\bullet} > 10^{10} \quad \cdots\cdots ⓐ$$

となる●を求めましょう。

> 100 億ですね

 計画　10^{10} は，10000000000 ですから，これは問い方を変えると

（0 が10個）

　　「$2^{\bullet}$ がはじめて 11 桁以上の整数となる●を求めよ」

となります。ⓐの両辺の常用対数をとるヤツです。

$$\log_{10}2^{\bullet} > \log_{10}10^{10}$$
$$\therefore \quad \bullet \log_{10}2 > 10$$
$$\therefore \quad \bullet > \frac{10}{\log_{10}2} \quad \cdots\cdots ⓐ'$$

（$\div \log_{10}2\,(>0)$）

例題 14 でお話ししましたが，普通の問題では $\log_{10}2$ の値を

$$\log_{10}2 = 0.3010 \quad \cdots\cdots ⓑ$$

という与え方をしてくるところ，京大では 2005 年以降

$$0.301 < \log_{10}2 < 0.3011 \quad \cdots\cdots ⓒ$$

と不等式で与えてるんですね。本問の 2019 年は常用対数表が与えられて
いて，それを使うんです。教科書の巻末などに付いている常用対数表の

「2.00」のところを見ていただくと,「0.3010」と書いてあると思います。

「あ,じゃあⓑと一緒じゃん!」と思ったかもしれません。たしかに,常用対数表や三角比の表って,そういうふうに使いますし,正直,僕も「それでいいんちゃうの」と思うのですが……常用対数表や三角比の表って,載っている桁数の一つ下の桁を四捨五入しているんです。京大の問題冊子についていた常用対数表にも,その注がついていました。そうですね,たとえば tan60° を調べてみてください。実際の値は

$$\tan 60° = \sqrt{3} = 1.7320508\cdots\cdots$$

と無理数なので,ず〜っと続くんですよね。ところが,だいたいの三角比の表は,小数第4位までになっていて,小数第5位を四捨五入して,

$$\tan 60° = \sqrt{3} = 1.732\overset{1}{0}508\cdots\cdots \quad として「1.7321」$$

という値が載っていると思います。ですから,逆に,このような三角比の表に「1.7321」と載っているということは,

$$1.73205 \leqq \tan 60° < 1.73215$$

であることが保証されているだけで,

$$\tan 60° = 1.7321 \quad ではない!$$

んですね。実際,$\tan 60° = \sqrt{3}$ ですから。

さきほどもいいましたが,普通,常用対数表や三角比の表は,「$\log_{10} 2 = 0.3010$」,「$\tan 60° = 1.7321$」と使うことが一般的なんですよ。でも,この値は四捨五入された値であって,そこで保証されているのは,

$$0.30095 \leqq \log_{10} 2 < 0.30105 \quad \cdots\cdots ⓓ$$
$$1.73205 \leqq \tan 60° < 1.73215$$

までだということです。京大は 2005 年以降ず〜っと,$\log_{10} 2$ の値を不等式で与えてきています。本問も問題で与えられた表に「四捨五入した」と明記されていましたので,その指示に従いましょう。「問題に従って解く」のは基本中の基本です。ということで,ⓓより,

$$\frac{10}{0.30095} \geqq \frac{10}{\log_{10} 2} > \frac{10}{0.30105}$$
$$\| \qquad\qquad\qquad \|$$
$$33 + \frac{6865}{30095} \qquad\qquad 33 + \frac{6535}{30105}$$

となりますので,ⓐ′をみたす最小の整数●は

$$● = 34$$

です。$4k - 3,\ 4k,\ 4k + 1\ (k = 1, 2, 3, \cdots\cdots)$ で,最初に 34 以上となるのは,

k	1	2	3	……	8	9

$4k-3$	1	5	9	……	29	33
$4k$	4	8	12	……	32	㊱
$4k+1$	5	9	13	……	33	37

㋙ですね。つまり $a_{8k-1}=2^{4k}$ で $k=9$ のときですから，

$$a_{8\cdot9-1}=a_{71}=2^{4\cdot9}=2^{36}$$

ということになります。では，解答を作ってみましょう。

実行

n を正の整数として，

$$a_n=(1+i)^n+(1-i)^n$$

とおくと，

$a_1=(1+i)+(1-i)=2$

$a_2=(1+i)^2+(1-i)^2=2i+(-2i)=0$

$a_3=(1+i)^3+(1-i)^3=2i(1+i)+(-2i)(1-i)=-4$

$a_4=(1+i)^4+(1-i)^4=(2i)^2+(-2i)^2=(-4)+(-4)=-8$

$a_5=(1+i)^5+(1-i)^5=(-4)(1+i)+(-4)(1-i)=-8$

$a_6=(1+i)^6+(1-i)^6=(-4)2i+(-4)(-2i)=0$

$a_7=(1+i)^7+(1-i)^7=(-4)(-2+2i)+(-4)(-2-2i)=16$

$a_8=(1+i)^8+(1-i)^8=16+16=32$

であり，

$a_{n+8}=(1+i)^{n+8}+(1-i)^{n+8}=(1+i)^n(1+i)^8+(1-i)^n(1-i)^8$

$\qquad=16\{(1+i)^n+(1-i)^n\}=2^4a_n$

であるから，k を正の整数として，

$a_{8k-7}=2(2^4)^{k-1}=2^{4k-3}$

$a_{8k-6}=0$

$a_{8k-5}=-4(2^4)^{k-1}=-2^{4k-2}$

$a_{8k-4}=-8(2^4)^{k-1}=-2^{4k-1}$

$a_{8k-3}=-8(2^4)^{k-1}=-2^{4k-1}$ ……(＊)

$a_{8k-2}=0$

$a_{8k-1}=16(2^4)^{k-1}=2^{4k}$

$a_{8k}=32(2^4)^{k-1}=2^{4k+1}$

である。

検討 で
ド・モアブルの定理
でやっています。

$$a_n > 10^{10} \quad \cdots\cdots ①$$

をみたす最小の正の整数 n を求めるので，$a_n > 0$ となる場合，すなわち，

$$a_{8k-7} = 2^{4k-3}, \quad a_{8k-1} = 2^{4k}, \quad a_{8k} = 2^{4k+1}$$

のみを調べればよい。

ここで，

$$2^N > 10^{10} \quad \cdots\cdots ②$$

をみたす最小の正の整数 N を求める。②の両辺の常用対数をとると，

$$N\log_{10}2 > 10$$

であり，$\log_{10}2 > 0$ であるから，

$$N > \frac{10}{\log_{10}2} \quad \cdots\cdots ②'$$

一方，常用対数表より，

$$0.30095 \leqq \log_{10}2 < 0.30105$$

であるから，

$$\frac{10}{0.30105} < \frac{10}{\log_{10}2} \leqq \frac{10}{0.30095}$$

$$\therefore \quad 33 + \frac{1307}{6021} < \frac{10}{\log_{10}2} \leqq 33 + \frac{1373}{6019}$$

である。よって，②′ すなわち②をみたす最小の整数 N は，

$$N = 34$$

である。

次に，①をみたす最小の整数 n を求める。

$$2^{4k-3}, \quad 2^{4k}, \quad 2^{4k+1} \quad (k = 1, 2, 3, \cdots\cdots)$$

のうち，最初に 2^{34} 以上となるのは，2^{4k} で $k = 9$ のときの

$$2^{4k} = 2^{36}$$

である。このとき，

$$a_n = a_{8k-1} = a_{8\cdot9-1} = a_{71}$$

であるから，求める n の値は，

$$\boldsymbol{n = 71}$$

〈a_n の一般項を求める部分の別解〉

$$(1+i)^n = \left\{\sqrt{2}\left(\cos\frac{\pi}{4} + i\sin\frac{\pi}{4}\right)\right\}^n = (\sqrt{2})^n\left(\cos\frac{n\pi}{4} + i\sin\frac{n\pi}{4}\right)$$

$$(1-i)^n = \overline{(1+i)}^{\,n} = \overline{(1+i)^n} = (\sqrt{2})^n\left(\cos\frac{n\pi}{4} - i\sin\frac{n\pi}{4}\right)$$

であるから,

$$a_n = (1+i)^n + (1-i)^n = 2(\sqrt{2})^n\cos\frac{n\pi}{4}$$

よって, k を正の整数として,

$$a_{8k-7} = 2(\sqrt{2})^{8k-7} \cdot \frac{\sqrt{2}}{2} = (\sqrt{2})^{8k-6} = 2^{4k-3}$$

$$a_{8k-6} = 2(\sqrt{2})^{8k-6} \cdot 0 = 0$$

$$a_{8k-5} = 2(\sqrt{2})^{8k-5} \cdot \left(-\frac{\sqrt{2}}{2}\right) = -(\sqrt{2})^{8k-4} = -2^{4k-2}$$

$$a_{8k-4} = 2(\sqrt{2})^{8k-4} \cdot (-1) = -(\sqrt{2})^{8k-2} = -2^{4k-1}$$

$$a_{8k-3} = 2(\sqrt{2})^{8k-3} \cdot \left(-\frac{\sqrt{2}}{2}\right) = -(\sqrt{2})^{8k-2} = -2^{4k-1}$$

$$a_{8k-2} = 2(\sqrt{2})^{8k-2} \cdot 0 = 0$$

$$a_{8k-1} = 2(\sqrt{2})^{8k-1} \cdot \frac{\sqrt{2}}{2} = (\sqrt{2})^{8k} = 2^{4k}$$

$$a_{8k} = 2(\sqrt{2})^{8k} \cdot 1 = 2 \cdot 2^{4k} = 2^{4k+1}$$

これで, 解答の (∗) が得られました。ド・モアブルを使うと $\cos\dfrac{n\pi}{4}$ が
見えるので,「8周期で何かキレイな式になりそう」と気づきやすくなり
ますね。でも, どっちにしても8通りに分けて一般項を求めないといけな
いので, 記述量は多いですね。

類 題 15

理解　「$X_0 = 0$」とか「k の値はただ 1 つ」とか，何だか難しそうですね。実際，まあまあ難しいです（笑）。n に具体的な値を入れて，実験してみましょう。

$n = 3$ でいきましょうか。

さいころの目が「$\leqq 4$」ということは「1, 2, 3, 4 の目が出る」

「$\geqq 5$」ということは「5, 6 の目が出る」

ということですから，

「1, 2, 3, 4 の目が出る」　……○

「5, 6 の目が出る」　　　……×

と表しましょう。$n = 3$ で実験するので，○×を 3 個並べます。$2^3 = 8$ 通りですね。それから，「$X_0 = 0 (\leqq 4)$」ですので，「0 回目を○」とするようです。

「$X_{k-1} \leqq 4$ かつ $X_k \geqq 5$ となるような k の値はただ 1 つである」というのは，「 ○ → × になるところが 1 か所だけ」ということですから，この $n = 3$ の場合ですと，「6 通り」ということになりますね。あ，$k = 1$ のときは「$X_0 \leqq 4$ かつ $X_1 \geqq 5$」ですので，「0 回目と 1 回目が ○ → × 」もカウントされますよ。

　どうですか？　何か規則性は見つかりますか？　OK の場合だけ並べ直してみましょうか。それから，この問題の設定が飲み込めてきましたから，$n = 4$ や $n = 5$ で OK の場合を書き出してみましょうか。

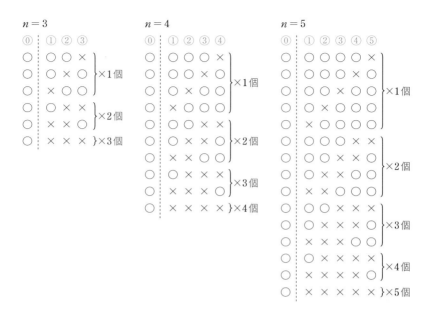

　さあ，どうですか？　あ！　ちゃんと自分の手を動かしましたか？　このページをぼーっと眺めているだけではダメですよ。そんな了見では，数学が出来るようにはなりません！　ちゃんと手を動かすと気づくと思いますが，

上の $n = 3$, 4, 5 の例で，×の個数が同じグループ内では，×× … × のカタマリが，右端からスタートして，順に左へ移動していますね。

となっていれば OK ですよね！

計画　○が起こる確率は 1〜4 の目が出るから $\dfrac{4}{6} = \dfrac{2}{3}$，×が起こる確率は 5, 6 の目が出るから $\dfrac{2}{6} = \dfrac{1}{3}$ です。そうしますと，たとえば上の $n = 4$ の場合，

並べ方は 4 通り　　並べ方は 3 通り　　並べ方は 2 通り

各々の確率は $\dfrac{1}{3}\left(\dfrac{2}{3}\right)^3$　各々の確率は$\left(\dfrac{1}{3}\right)^2\left(\dfrac{2}{3}\right)^2$　各々の確率は$\left(\dfrac{1}{3}\right)^3\dfrac{2}{3}$　　確率は$\left(\dfrac{1}{3}\right)^4$

となりますね。じゃあ,

$\qquad p_i = (\times$の個数が i 個で条件を満たす確率$)$　$(i = 1, 2, 3, \cdots\cdots, n)$

とでもおきましょうか。$n = 4$ の場合ですと,

$$p_1 = 4\cdot\dfrac{1}{3}\left(\dfrac{2}{3}\right)^3,\ p_2 = 3\left(\dfrac{1}{3}\right)^2\left(\dfrac{2}{3}\right)^2,\ p_3 = 2\left(\dfrac{1}{3}\right)^3\dfrac{2}{3},\ p_4 = \left(\dfrac{1}{3}\right)^4 \qquad\cdots\cdots\text{ⓐ}$$

となり, 求める確率は

$$p_1 + p_2 + p_3 + p_4 = 4\cdot\dfrac{1}{3}\left(\dfrac{2}{3}\right)^3 + 3\left(\dfrac{1}{3}\right)^2\left(\dfrac{2}{3}\right)^2 + 2\left(\dfrac{1}{3}\right)^3\dfrac{2}{3} + \left(\dfrac{1}{3}\right)^4 \qquad\cdots\cdots\text{ⓑ}$$

となりますね。次はコレを一般化, n の式にしましょう。×の個数が i となるとき, ○の個数は $n - i$ 個ですから, 上の例の「各々の確率」にあたるものは $\left(\dfrac{1}{3}\right)^i\left(\dfrac{2}{3}\right)^{n-i}$ です。$\overline{\times\times\cdots\times}$ と○の並べ方は, $\overline{\times\times\cdots\times}$ を左端から順に右へ移動させていくと, 右のように, $\overline{\times\times\cdots\times}$ の先頭が①回目〜$\boxed{n-i+1}$ 回目まで移動しますので, $n - i + 1$ 通りです。

せっかく上で具体例を調べていますから, この一般化が本当に合っているかどうか, ここで check しておきましょう。$n = 4$, $i = 3$ のとき $4 - 3 + 1 = 2$ であり, ×3 個○1 個のときは, たしかに 2 通りですね。間違えた式で計算を続けても 0 点ですから, check ができそうなところがあれば, 軽く check してから進みましょう。これも 「検討」 の一つです。

ということで,

$$p_i = (n - i + 1)\left(\dfrac{1}{3}\right)^i\left(\dfrac{2}{3}\right)^{n-i} \quad (i = 1, 2, 3, \cdots\cdots, n)$$

となりました。ⓐとも合いますね。求める確率は，コレで $i=1\sim n$ として加えれば OK です。

$$\sum_{i=1}^{n} p_i = \sum_{i=1}^{n} (n-i+1)\left(\frac{1}{3}\right)^i \left(\frac{2}{3}\right)^{n-i}$$

一般化した式で見ると難しく見えますが，ⓑで気づいていると思います。

$$\Sigma\,(等差)\times(等比)$$

の type の和ですね。和を S とすると，「等比」の部分の公比を r として

$$S-rS$$

を計算します。大丈夫ですか？　センター試験でも何回か出ていますよ。

まずはⓑでやってみましょう。コレ，逆に並べた方が「等差」の部分が見易いですね。$p_1+p_2+p_3+p_4=P$ として

$$P = 4\cdot\frac{1}{3}\left(\frac{2}{3}\right)^3 + 3\left(\frac{1}{3}\right)^2\left(\frac{2}{3}\right)^2 + 2\left(\frac{1}{3}\right)^3\frac{2}{3} + \left(\frac{1}{3}\right)^4$$

逆に並べると「等差」の部分が見やすい

$$= \underline{1}\cdot\left(\frac{1}{3}\right)^4 + \underline{2}\left(\frac{1}{3}\right)^3\frac{2}{3} + \underline{3}\left(\frac{1}{3}\right)^2\left(\frac{2}{3}\right)^2 + \underline{4}\cdot\frac{1}{3}\left(\frac{2}{3}\right)^3$$

$$= \frac{1}{3^4}\left(1+2\cdot2+3\cdot2^2+4\cdot2^3\right)$$

$\times 2$　$\times 2$　$\times 2$

$\frac{1}{3^4}$ でくくると「等比」の部分が見やすい

となりますから，「等比」の部分の公比は 2 です。ですから，$P-2P$ を計算すればよいですね。

$$P = \frac{1}{3^4}\left(1\cdot1 + 2\cdot2 + 3\cdot2^2 + 4\cdot2^3\right)$$

1項ずつズラして書く

$$-\bigg)\,2P = \frac{1}{3^4}\left(1\cdot2 + 2\cdot2^2 + 3\cdot2^3 + 4\cdot2^4\right)$$

$$-P = \frac{1}{3^4}\left(\,①+\; 2\; +\; 2^2\; +\; 2^3\; -4\cdot2^4\right)$$

………部分が等比になる

本問はコレも等比に仲間入りできて，初項 1，公比 2，項数 4 の等比数列の和

$$= \frac{1}{3^4}\left(\frac{2^4-1}{2-1}-4\cdot2^4\right)$$

$$= \frac{1}{3^4}\left(-3\cdot2^4-1\right)$$

よって

$$P = 3\left(\frac{2}{3}\right)^4 + \left(\frac{1}{3}\right)^4$$

となります。さあ，解答を書いてみましょう。

実行

さいころを1回投げて,

1, 2, 3, 4 の目が出ることを○, 5, 6 の目が出ることを×

で表すことにする。条件をみたすのは, ○×の並びが1か所だけになるときで, 0回目が○であることに注意すると,

1回目 2回目 n 回目

$$\underbrace{○ \quad ○ \quad \cdots\cdots \quad ○}_{\text{0 個以上}} \quad \underbrace{× \quad × \quad \cdots\cdots \quad ×}_{\text{1 個以上}} \quad \underbrace{○ \quad ○ \quad \cdots\cdots \quad ○}_{\text{0 個以上}}$$

となるときである。

×の個数が i $(i = 1, 2, 3, \cdots\cdots, n)$ で条件をみたす確率を p_i とおくと, ×が i 回, ○が $n-i$ 回起こり, ○と×の並べ方は $n-i+1$ 通りあるから,

$$p_i = (n-i+1)\left(\frac{2}{6}\right)^i\left(\frac{4}{6}\right)^{n-i} = \frac{1}{3^n}(n-i+1)\cdot 2^{n-i}$$

である。

よって, 求める確率を P とおくと,

$$P = \sum_{i=1}^{n} p_i = \frac{1}{3^n}\sum_{i=1}^{n}(n-i+1)\cdot 2^{n-i}$$

$$= \frac{1}{3^n}\{n\cdot 2^{n-1}+(n-1)\cdot 2^{n-2}+\cdots\cdots+3\cdot 2^2+2\cdot 2^1+1\cdot 1\}$$

$$= \frac{1}{3^n}(1\cdot 1+2\cdot 2^1+3\cdot 2^2+\cdots\cdots+n\cdot 2^{n-1}) \quad \cdots\cdots① \quad \text{逆に並べた}$$

であり,

$$2P = \frac{1}{3^n}(\qquad 1\cdot 2^1+2\cdot 2^2+\cdots\cdots+(n-1)\cdot 2^{n-1}+n\cdot 2^n) \quad \cdots\cdots②$$

であるから, ①−②より,

$$-P = \frac{1}{3^n}(\underbrace{1+2^1+2^2+\cdots\cdots+2^{n-1}}_{} \quad -n\cdot 2^n)$$

$$= \frac{1}{3^n}\left(\underbrace{\frac{2^n-1}{2-1}}-n\cdot 2^n\right) \qquad \text{初項 1, 公比 2}$$
$$\qquad\qquad\qquad\qquad\qquad\qquad \text{項数 } n \text{ の等比数列の和}$$

$$= \frac{1}{3^n}\{(1-n)\cdot 2^n-1\}$$

$$= -(n-1)\left(\frac{2}{3}\right)^n-\left(\frac{1}{3}\right)^n$$

したがって,

$$P = (n-1)\left(\frac{2}{3}\right)^n+\left(\frac{1}{3}\right)^n$$

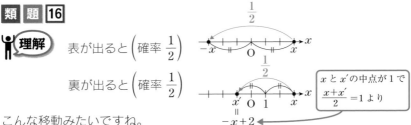

理解

表が出ると $\left(\text{確率} \dfrac{1}{2}\right)$

裏が出ると $\left(\text{確率} \dfrac{1}{2}\right)$

x と x' の中点が 1 で $\dfrac{x+x'}{2} = 1$ より

こんな移動みたいですね。

(1)は 2 回だけだからすぐできるとして，問題は(2)ですよね。例によって実験してみましょうか。$n=3$ とすると $2n=6$ で，表裏の組合せが $2^6=64$（通り）もありますので，ちょっと苦しいですから，ここは $n=2$ として，$2n=4$ 回でいきましょう。樹形図をかくと次のようになります。

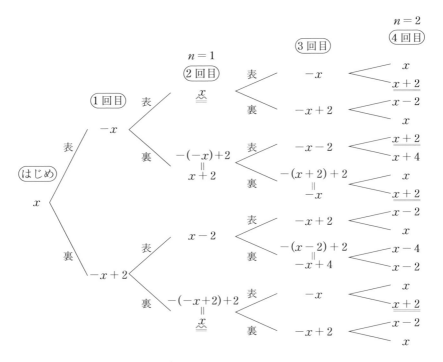

(1)は 2 回目で x となるところですから，〰〰部。(2)は原点スタートなので $x=0$ として，2 回目（$n=1$）なら $2n-2 = 2 \times 1 - 2 = 0 \;(=x)$，4 回目（$n=2$）なら $2n-2 = 2 \times 2 - 2 = 2 \;(=x+2)$ となるところですから，＿＿部です。2 回目については(1)とかぶりますね。

〜〜部が 2 か所，＿＿部が $n=1$ のとき 2 か所，$n=2$ のとき 4 か所ですね。ほかに気づくことはありますか？

「n 回」ではなく「$2n$ 回」というのは気になりませんか？　偶数回目と奇数回目を比較して，何か思いつきませんか？　偶数回目は，

　　　2 回目　　$x, x \pm 2$

　　　4 回目　　$x, x \pm 2, x \pm 4$

となっていますよね。奇数回目は

　　　1 回目　　$-x, -x+2$ ◀── $-x-2$ はない

　　　3 回目　　$-x, -x \pm 2, -x+4$ ◀── $-x-4$ はない

となっています。偶数回目が x を中心に ± 対称になっているのに対して，奇数回目は対称になっていないですね。それで扱いにくいからハズしてくれているのでしょう。ということは，

　　　　　　　　　　　2 回ずつセットで見る

とよいのではないでしょうか。

　表を○，裏を×で表しますと，樹形図の はじめ → 2回目 を考えて，

$$x \xrightarrow{\pm 0} x \qquad ○○ \ or \ ×× \qquad 確率 \left(\frac{1}{2}\right)^2 \times 2 = \frac{1}{2}$$

$$x \xrightarrow{+2} x+2 \quad ○× \qquad\qquad 確率 \left(\frac{1}{2}\right)^2 = \frac{1}{4}$$

$$x \xrightarrow{-2} x-2 \quad ×○ \qquad\qquad 確率 \left(\frac{1}{2}\right)^2 = \frac{1}{4}$$

の 3 パターンの移動しかありません。

　n セットとも「$x \to x+2$」ですと，原点をスタートして $+2$ を n 回ですから，石は座標 $2n$ の点に来ます（ちなみに文系はこちらで出題されました）。本問は $2n-2$ の点に来るときですので，1 セット少なければよくて，

　　　「$x \to x+2$」が $n-1$ セット　（硬貨を投げるのは $2(n-1)$ 回）

　　　「$x \to x$」　　が　　1 セット　（硬貨を投げるのは 2 回）

です。各セットの確率は独立ですので，いわゆる「反復試行の確率」で，求める確率は，

$$_n\mathrm{C}_1 \left(\frac{1}{4}\right)^{n-1} \frac{1}{2}$$

です。

計画　　さて，本問はコレで OK なのですが，「反復試行」の問題の中には，

　　　「事象 A が何回起こって，事象 B は何回起こればよいのか」

の分析や，説明が難しい問題があります。そんなときは，

> 反復試行の
> 問題の分析　→　**1** 「回数」と「結果」の連立方程式を立てる
> 　　　　　　　　**2** 「回数」と「結果」のダイヤグラムをかく

です。

　たとえば，

- **例** -
　コインを 1 枚投げて表が出たら $+1$ 点，裏が出たら -1 点とする。0 点からはじめて 5 回やって 3 点になる確率を求めよ。

というのを考えてみましょう。

　1 の方では，表が出た回数を a，裏が出た回数を b（合計 5 回ですので $5-a$ とおくこともできます）とおくと，

　　　「回数」について　$a+b=5$

　　　「得点」について　$1 \times a + (-1) \times b = 3$

この連立方程式を解いて，$a=4$，$b=1$ つまり「表 4 回，裏 1 回」で，求める確率は，

$$_5C_4 \left(\frac{1}{2}\right)^4 \left(\frac{1}{2}\right)^1 = \frac{5}{32}$$

となります。

　一方，**2** の方は「回数」を横軸，「得点」を縦軸にした右のようなグラフを考えます。電車の運行予定を立てるときに，時間を横軸，駅を縦軸にとった「ダイヤグラム」というものがあるそうで，それに似ているから，この呼び名がついたようです。あ，数学用語ではなく，受験世界用語ですので，答案では「グラフ」とか「図」と書いた方がいいかもしれません。

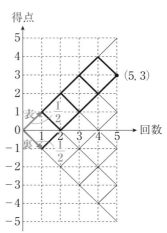

表が出ると得点が $+1$ ですから，これは右上への1マス移動 ↗，裏が出ると得点が -1 ですから，これは右下への1マス移動 ↘ で表されます。すると，「5回目に3点」は，

　　　　「原点 $(0, 0)$ から，点 $(5, 3)$ への移動」

ということになり，太線のような 4×1 の長方形となります。よって，

　　　　「表4回，裏1回」

と読み取ることができます。

　それぞれのメリット，デメリットですが，2 のデメリットは明らかですね。かくのがジャマくさいんです（笑）。とくに回数が多いと！　でも，メリットもあるんですね。それは，

得点

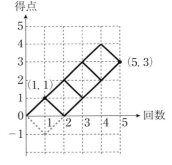

　　　　　　途中経過がわかる

ことです。1 は最終結果しかわかりませんが，2 は途中の状態もすべてわかります。たとえばさっきの例に条件を追加して

　　　　「1度も得点がマイナスになることなく，
　　　　　5回目に3点になる確率は？」

と問われたら，2 では右のように表せます。
↘↗ の部分がなくなるだけだったんですね。
ですから，

　　　　「原点 $(0, 0)$ からいったん $(1, 1)$ へ進んで（表1回）
　　　　　そのあと $(5, 3)$ へ進む（3×1 の長方形で表3回，裏1回）」

と分析できて，確率は

$$\underset{(0,\,0) \to (1,\,1)}{\frac{1}{2}} \times \underset{\xrightarrow{\hspace{3cm}} (5,\,3)}{{}_4\mathrm{C}_3 \left(\frac{1}{2}\right)^3 \frac{1}{2}} = \frac{1}{8}$$

です。

　本問は「$2n$ 回」ですし，2 のダイヤグラムはかきにくいですし（$n = 3$ くらいでかくのもアリですが），また $x \to x$，$x+2$，$x-2$ の3パターンがあるので，各印が ↖↙ ↗ のように3方向になり複雑です。1 の連立方程式でいきましょうか。

実行

(1) 1回硬貨を投げて表が出ると，座標 x の点から座標 $-x$ の点に石を移動する。1回硬貨を投げて裏が出たとき，座標 x の点から座標 x' の点に石を移動するとすると，

$$\frac{x+x'}{2}=1 \quad \therefore \quad x'=-x+2$$

である。

よって，硬貨を2回投げたとき，右のように石を移動するから，石が座標 x の点にある確率は，

$$2\left(\frac{1}{2}\right)^2=\frac{1}{2}$$

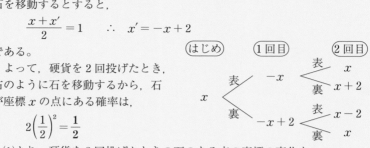

(2) (1)より，硬貨を2回投げたときの石のある点の座標の変化を，

事象 A：「変化しない」（表表または裏裏）
事象 B：「2だけ増加」（表裏）
事象 C：「2だけ減少」（裏表）

とおくと，それぞれが起こる確率は，

$$P(A)=2\left(\frac{1}{2}\right)^2=\frac{1}{2}, \quad P(B)=P(C)=\left(\frac{1}{2}\right)^2=\frac{1}{4}$$

である。

$2n$ 回硬貨を投げるとき，事象 A，B，C が起こった回数をそれぞれ a，b，c とおくと，石が原点から座標 $2n-2$ の点に移動することから，

$$\begin{cases} a+b+c=n & \cdots\cdots① \quad \leftarrow \boxed{\text{セット数}} \\ 2b-2c=2n-2 & \cdots\cdots② \quad \leftarrow \boxed{\text{座標}} \end{cases}$$

が成り立つ。

②より，

$$b-c=n-1 \qquad \cdots\cdots②'$$

であるから，①$-$②'より，

$$a+2c=1$$

> 3文字2式でこのままでは解けないのですが，「a, b, c が0以上の整数」なので解けます。

$a\geqq 0$，$c\geqq 0$ よりこれをみたす整数 a，c の組は，$(a, c)=(1, 0)$ しかない。
よって，①より $b=n-1$ であるから，

$$(a, b, c)=(1, n-1, 0)$$

である。

したがって，求める確率は，

$$_n\mathrm{C}_1\left(\frac{1}{2}\right)\left(\frac{1}{4}\right)^{n-1}=\frac{n}{2^{2n-1}}$$

類題 17

理解 よくある間違いとしては,

「3か6の目が1回出て，あとは何でもよいから」

と考えて,

$$_n\mathrm{C}_1 \cdot \frac{2}{6} \cdot 1^{n-1}$$

とすることです。上の日本語だけを聞いていると，合っているような気がするのですが，間違いです。こう考えなかった人も，そう言われると，これでよい気がしませんか？ $n=2$ で確認してみましょう。

$$_2\mathrm{C}_1 \cdot \frac{2}{6} \cdot 1$$

1回目と2回目
どちらで3, 6の目
が出るか

3, 6の目が
1回

何でもよい
1回

という式であり，右の樹形図の
ようなイメージだと思うのです
が，<u>1, 2回目とも3, 6の目が
出る場合がダブっています</u>ね。
右下のような表の考えれば，◎
のところがダブっています。

　実際この表の○と◎は合わせ
て20個あるから，確率は，$\dfrac{20}{36}$
なのですが，上の式は，

$$_2\mathrm{C}_1 \cdot \frac{2}{6} \cdot 1 = \frac{4}{6} = \frac{24}{36}$$

で答えが合いません。

　確率の問題の答えが合わないとき，
日本語で考えると合っているように思

1回目　2回目

| | 1 | 確率 |
| 3または6 | 2 3 4 5 6 | $\frac{2}{6} \times 1$ |

| 1 2 3 4 5 6 | 3または6 | 確率 $1 \times \frac{2}{6}$ |

$$_2\mathrm{C}_1 \cdot \frac{2}{6} \cdot 1$$

2回目 1回目	1	2	3	4	5	6
1			○			○
2			○			○
3	○	○	◎	○	○	◎
4			○			○
5			○			○
6	○	○	◎	○	○	◎

うことがありませんか？　そんなときはいくら日本語で考えても間違いの
原因はわかりません。また，数が大きいと実感がともなわないので，いまやったように，数をグッと小さくして全パターンを書き出し，納得できるまで調べてください。確率はある程度日本語で考えないと仕方がないので，

　自分の感覚と，日本語での表現，数式としての表現をすり合わせておく

ことが重要になってきます。答えが合わないときはチャンスだから，ぜひ時間をかけて検討してみてください。

また，直接考えることが難しいときは，

つねに肯定と否定の両方から考える

で否定を考えてみましょう。

「X が 3 の倍数にならない」

のは，

「3 または 6 の目が 1 回も出ない」

すなわち，

「n 回とも 1，2，4，5 の目だけが出る」

で，この確率は $\left(\dfrac{4}{6}\right)^n$ です。求める確率はこれを 1 から引けば OK です。

「X が 3 の倍数」$\Longleftrightarrow$「少なくとも 1 回，3，6 の目が出る」

と解釈できている人は，最初から余事象が思いついていましたよね。

 事象 A：「X が 3 で割り切れる」
　　　事象 B：「X が 2 で割り切れる」
　　　事象 C：「X が 4 で割り切れる」

とすると，上と同様に考えて，

　　　事象 $\overline{A}$：「n 回とも 1，2，4，5 の目だけが出る」
　　　事象 $\overline{B}$：「n 回とも 1，3，5 の目だけが出る」　← 2, 4, 6 の目が 1 回も出ない。
　　　事象 $\overline{C}$：「n 回とも 1，3，5 の目だけが出る
　　　　　　　または
　　　　　　　1 回だけ 2，6 の目が出て，
　　　　　　　$n-1$ 回は 1，3，5 の目が出る」　← 4 の目は 1 回も出ない。2, 6 の目は 1 回だけなら出てもよい。

だから，(1)，(3)は

$$P(A)=1-P(\overline{A}),\ P(C)=1-P(\overline{C})$$

ですぐに解けます。

(2)は $A\cap B$ が起こればよいので，

$$P(A\cap B)=1-P(\overline{A\cap B})　← 余事象$$
$$=1-P(\overline{A}\cup\overline{B})　← ド・モルガンの法則$$
$$=1-\{P(\overline{A})+P(\overline{B})-P(\overline{A}\cap\overline{B})\}　← ベン図$$

すると，$P(\overline{A} \cap \overline{B})$ が必要です。$\overline{A} \cap \overline{B}$ は，

　　　「n 回とも $\underline{1}$, 2, 4, $\underline{5}$ の目」かつ「n 回とも $\underline{1}$, 3, $\underline{5}$ の目」

すなわち，

　　　「n 回とも $\underline{1}$, $\underline{5}$ の目」

だから，これもイケます。

🏃 実行

(1) 　　　事象 A：「X が 3 で割り切れる」

とすると，

　　　事象 $\overline{A}$：「n 回とも 1, 2, 4, 5 の目だけが出る」

であるから，$\overline{A}$ が起こる確率 $P(\overline{A})$ は，

$$P(\overline{A}) = \left(\frac{4}{6}\right)^n = \left(\frac{2}{3}\right)^n$$

よって，

$$p_n = P(A) = 1 - P(\overline{A}) = 1 - \left(\frac{2}{3}\right)^n$$

(2) 　　　事象 B：「X が 2 で割り切れる」

とすると，

　　　事象 $\overline{B}$：「n 回とも 1, 3, 5 の目だけが出る」

　　　事象 $\overline{A} \cap \overline{B}$：「$n$ 回とも 1, 5 の目だけが出る」

であるから，

$$P(\overline{B}) = \left(\frac{3}{6}\right)^n = \left(\frac{1}{2}\right)^n, \quad P(\overline{A} \cap \overline{B}) = \left(\frac{2}{6}\right)^n = \left(\frac{1}{3}\right)^n$$

また，

　　　事象 $A \cap B$：「X が 6 で割り切れる」

であるから，

$$q_n = P(A \cap B) = 1 - P(\overline{A \cap B}) = 1 - P(\overline{A} \cup \overline{B})$$
$$= 1 - \{P(\overline{A}) + P(\overline{B}) - P(\overline{A} \cap \overline{B})\}$$
$$= 1 - \left(\frac{2}{3}\right)^n - \left(\frac{1}{2}\right)^n + \left(\frac{1}{3}\right)^n$$

(3) 　　　事象 C：「X が 4 で割り切れる」

とすると，

　　　事象 $\overline{C}$：「n 回とも 1, 3, 5 の目だけが出る　または

　　　　　　　　1 回だけ 2, 6 の目が出て，$n-1$ 回は 1, 3, 5 の目が出る」

であるから，

$$P(\overline{C}) = \left(\frac{3}{6}\right)^n + {}_n\mathrm{C}_1 \left(\frac{2}{6}\right)\left(\frac{3}{6}\right)^{n-1} = \frac{2n+3}{6}\left(\frac{1}{2}\right)^{n-1} = \frac{2n+3}{3}\left(\frac{1}{2}\right)^n$$

よって,

$$r_n = P(C) = 1 - P(\overline{C}) = 1 - \frac{2n+3}{3}\left(\frac{1}{2}\right)^n$$

➕補足　じつは(1), (2)が理系, (1), (3)が文系で出題されたものです。最近の京大は小問に分けない方針ですから, (2)か(3)レベルがポンと出題されるのでしょう。ではひとつレベルを上げ,

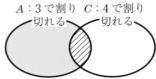

$A:3$ で割り切れる　$C:4$ で割り切れる

「X が 12 で割り切れる確率を求めよ」ではどうでしょう。上の解答で利用した記号を使うなら, $A \cap C$ の確率です。

論理の難しい問題はベン図で考えます。右のベン図の斜線部の確率を求めたいのですが, $P(A)$ や $P(C)$ は(1), (3)で求まっているから, ⊃ から ⊃ 部分を除けばよいです。

$$P(A \cap C) = P(A) - P(A \cap \overline{C}) \quad \cdots\cdots①$$

次に, $A \cap \overline{C}$ の方は, $\overline{A}$, $\overline{C}$ のベン図で考えると, 右のベン図のようになり,

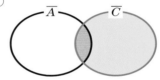

$\overline{A}$　$\overline{C}$

より,

$$P(A \cap \overline{C}) = P(\overline{C}) - P(\overline{A} \cap \overline{C}) \quad \cdots\cdots②$$

$P(\overline{C})$ は(3)で求まっているので, あとは $P(\overline{A} \cap \overline{C})$ です。

事象 $\overline{A} \cap \overline{C}$：「$X$ は 3 でも 4 でも割り切れない」

$\iff$「n 回とも $1, 5$ の目だけが出る　または
1 回だけ 2 の目が出て, $n-1$ 回は $1, 5$ の目が出る」

だから,

$$P(\overline{A} \cap \overline{C}) = \left(\frac{2}{6}\right)^n + {}_n\mathrm{C}_1 \frac{1}{6}\left(\frac{2}{6}\right)^{n-1} = \frac{n+2}{6}\left(\frac{1}{3}\right)^{n-1} = \frac{n+2}{2}\left(\frac{1}{3}\right)^n$$

②と(3)より,

$$P(A \cap \overline{C}) = P(\overline{C}) - P(\overline{A} \cap \overline{C}) = \frac{2n+3}{3}\left(\frac{1}{2}\right)^n - \frac{n+2}{2}\left(\frac{1}{3}\right)^n$$

よって, 求める確率は, ①と(1)より,

$$P(A \cap C) = P(A) - P(A \cap \overline{C})$$

$$= 1 - \left(\frac{2}{3}\right)^n - \frac{2n+3}{3}\left(\frac{1}{2}\right)^n + \frac{n+2}{2}\left(\frac{1}{3}\right)^n$$

類題 18

 理解 　立方体を 6 色や 5 色で塗り分ける場合の数を求める問題は，やったことがあるのではないでしょうか。本問は「使用された色の数が 3 以内で」と書いてあるのですが，「同色の面が隣り合うことになっていない」とも書いてあります。

図 1 のように，立方体の 1 つの頂点 T には，面 A，B，C がくっついていて，この 3 面には異なる色を塗らないといけないので，結局，

ちょうど 3 色を使う

ということですね。

図 2 のように立方体を押しつぶして，上から見ると，**図 3** のようになります。面 A に塗った色は面 B，C，D，E には塗れないので，裏面（対面？）に塗るしかありません。同様に面 B，C に塗った色は，それぞれ面 D，E に塗るしかありません。つまり，

面 A，B，C に塗る色を決めると，

残りの面に塗る色は 1 通りに決まる

ということです。

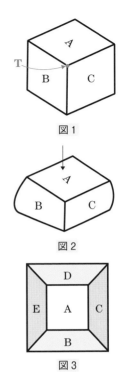

図 1

図 2

図 3

計画 　すると，

N 色から 3 色を選んで（$_N\mathrm{C}_3$ 通り）

面 A，B，C に塗る（3! 通り）

と考えられ，塗り方は全部で，

$_N\mathrm{C}_3 \times 3!$（通り）

各々の確率は $\left(\dfrac{1}{N}\right)^6$ だから，

$$P(N) = {}_N\mathrm{C}_3 \times 3! \times \left(\frac{1}{N}\right)^6 = \frac{N(N-1)(N-2)}{3 \cdot 2 \cdot 1} \times 3! \times \frac{1}{N^6}$$

$$= \frac{(N-1)(N-2)}{N^5}$$

さて，$P(a)$，$P(b)$ の大きさの比較だから，まず思いつくのは，

差をとる

ことです。しかし，

$$P(a) - P(b) = \frac{(a-1)(a-2)}{a^5} - \frac{(b-1)(b-2)}{b^5}$$

$$= \frac{b^5\,(a-1)(a-2) - a^5\,(b-1)(b-2)}{a^5 b^5}$$

となり，分子の 7 次式がスッとは変形できません。

次に，最大・最小ではないのですが，離散関数 $P(N)$ を調べているので，

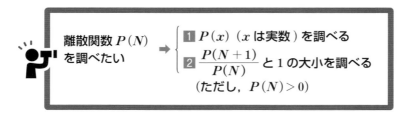

と考えて，まずは ■1 でやってみましょう。

$$P(x) = \frac{(x-1)(x-2)}{x^5} = \frac{x^2 - 3x + 2}{x^5}$$

とおくと，微分して，

> 数学Ⅲの微分法の，商の微分法です。未習の人はいったんパスしてください。◯検討 に別解があります。

$$P'(x) = \frac{(2x-3)\cdot x^5 - (x^2 - 3x + 2)\cdot 5x^4}{(x^5)^2}$$

$$= \frac{-3x^2 + 12x - 10}{x^6} = \frac{-3}{x^6}\left(x - \frac{6 - \sqrt{6}}{3}\right)\left(x - \frac{6 + \sqrt{6}}{3}\right)$$

$2 < \sqrt{6} < 3$ だから，$\dfrac{8}{3} < \dfrac{6 + \sqrt{6}}{3} < 3$, $1 < \dfrac{6 - \sqrt{6}}{3} < \dfrac{4}{3}$ です。

ただ，$N \geqq 3$ だったから $x \geqq 3$ です。すると，$P'(x) < 0$ であり，$P(x)$ は単調減少ですね。イケそうです。

ところで，■2 でやると，

$$\frac{P(N+1)}{P(N)} = \frac{N(N-1)}{(N+1)^5} \times \frac{N^5}{(N-1)(N-2)} = \frac{N^6}{(N+1)^5(N-2)}$$

ですが，これは逆数の方が扱いやすそうです。

$$\frac{P(N)}{P(N+1)} = \frac{(N+1)^5(N-2)}{N^6} = \left(\frac{N+1}{N}\right)^5\left(\frac{N-2}{N}\right)$$

$$= \left(1 + \frac{1}{N}\right)^5\left(1 - \frac{2}{N}\right)$$

ホラ，分母の N^6 をうまく分けてキレイにできるでしょう。で，$\dfrac{1}{N}=t$ とおいて，$\dfrac{P(N)}{P(N+1)}$ を $f(t)$ とおくと，

$$f(t)=(1+t)^5(1-2t) \quad \left(0<t\leqq\dfrac{1}{3}\right)$$

t の 6 次関数だから，これを微分して，1 との大小を調べます。次に，$P(N)$，$P(N+1)$ の大小から $P(N)$ の増減を調べないといけないので，**1** の $P(x)$ を直接調べる方が作業が少なくてよさそうです。

実は，本問は僕が京大に合格した年の問題でして，当時僕は「確率の最大・最小」といえば，「$\dfrac{P(N+1)}{P(N)}\gtrless 1$」しか知らなかったので，$\dfrac{(N\text{の}6\text{次式})}{(N\text{の}6\text{次式})}$ のまま，微分して，腕力で解き切りました（汗）。ちゃんと答が出て，合格したから笑い話ですが，これで落ちていたら……。少なくともこの本は世に出ていませんね（笑）。反省と，あなたが僕と同じ失敗をしないように，ちょっと古いですが，本問を載せました。

実行

1 つの頂点には 3 面が集まっているから，同色の面が隣り合うことにならないためには少なくとも 3 色が必要である。一方，使用する色の数は 3 以内であるから，ちょうど 3 色を使う。

また，同じ色を塗ることができるのは向かい合う 2 面だけであるから，1 つの頂点に集まる 3 面の塗り方を決めると，残る 3 面の塗り方は 1 通りである。

よって，N 色から 3 色を選んで，1 つの頂点に集まる 3 面の塗り方を決めると考えて，条件をみたす色の塗り方は，

$$_N\mathrm{C}_3\times 3!=N(N-1)(N-2)\ (\text{通り})$$

各々の塗り方をする確率は $\left(\dfrac{1}{N}\right)^6$ であるから，

$$P(N)=N(N-1)(N-2)\left(\dfrac{1}{N}\right)^6=\dfrac{(N-1)(N-2)}{N^5}$$

次に，x を実数とし，

$$P(x)=\dfrac{(x-1)(x-2)}{x^5}=\dfrac{x^2-3x+2}{x^5}$$

とすると，

$$P'(x) = \frac{(2x-3) \cdot x^5 - (x^2 - 3x + 2) \cdot 5x^4}{(x^5)^2} = \frac{-3x^2 + 12x - 10}{x^6}$$

$$= \frac{-3(x-2)^2 + 2}{x^6}$$

> **計画** で $P'(x) < 0$ がわかっているので，分子は因数分解でなく，平方完成しました。

$x \geqq 3$ のとき，$P'(x) < 0$ であるから，$P(x)$ は単調に減少する。

したがって，$N \geqq 3$ のとき，

$$P(3) > P(4) > P(5) > \cdots\cdots$$

であるから，

$$\begin{cases} a > b \text{ のとき} \quad P(a) < P(b) \\ a < b \text{ のとき} \quad P(a) > P(b) \end{cases}$$

 検討 理文共通問題なので，数学Ⅲを使わずに解くこともできます。

$$P(N) = \frac{(N-1)(N-2)}{N^5} = \frac{1}{N^3} \cdot \frac{N-1}{N} \cdot \frac{N-2}{N}$$

$$= \left(\frac{1}{N}\right)^3 \left(1 - \frac{1}{N}\right)\left(1 - \frac{2}{N}\right)$$

であるので，$\dfrac{1}{N} = t$ として，

$$g(t) = t^3(1-t)(1-2t) = 2t^5 - 3t^4 + t^3$$

の増減を調べます。

$$g'(t) = 10t^4 - 12t^3 + 3t^2 = t^2 \left\{ 10\left(t - \frac{3}{5}\right)^2 - \frac{3}{5} \right\}$$

$N \geqq 3$ より，$0 < t \leqq \dfrac{1}{3}$ なので，

$$g'(t) > 0$$

となり，$g(t)$ が単調に増加することがわかります。

あ，気をつけてください。「t が増加すると $g(t)$ が増加する」わけですが，$t = \dfrac{1}{N}$ なので，「N が増加すると t は減少」します。したがって，

$$N \text{ 増加} \quad \rightarrow \quad t \text{ 減少} \quad \rightarrow \quad g(t) \text{ 減少} \quad \rightarrow \quad P(N) \text{ 減少}$$

です。

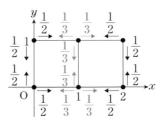

理解　右の図のような確率で移動する
ようですね。点 $(1, 0)$, $(1, 1)$ から
の移動は確率 $\dfrac{1}{3}$, それ以外は確率 $\dfrac{1}{2}$ です。

　「6個の頂点を行ったり来たり」していて,
「点 $(0, 0)$ か $(0, 1)$ にいる」確率を問われていますので,
　　　「遷移的な構造をしているものの, ある状態の確率を求める問題」
です。漸化式によるアプローチを考えてみましょう。

　このままだと, 「6個の状態」になるのですが, 問題は「x 座標が 0」す
なわち「点 $(0, 0)$ か $(0, 1)$ にいる」確率をきいています。これはどういう
ことでしょう?

　条件の対称性から気づきましたか?

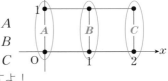

　　　$x = 0$ の状態 $((0, 0)\text{or}(0, 1))$　……A
　　　$x = 1$ の状態 $((1, 0)\text{or}(1, 1))$　……B
　　　$x = 2$ の状態 $((2, 0)\text{or}(2, 1))$　……C

の「3つに分けなさい」っていってるんですよ!

計画　n 秒後に A, B, C である確
率をそれぞれ a_n, b_n, c_n とお
くと, 状態遷移図は右のようになります
ね。n 秒後と $n+1$ 秒後に分けて書くと
下のようになります。こっちの方が見慣
れてますかね。すると

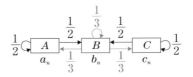

$$a_{n+1} = a_n \times \dfrac{1}{2} + b_n \times \dfrac{1}{3} \qquad \cdots\cdots\text{ⓐ}$$

$$b_{n+1} = a_n \times \dfrac{1}{2} + b_n \times \dfrac{1}{3} + c_n \times \dfrac{1}{2} \qquad \cdots\cdots\text{ⓑ}$$

$$c_{n+1} = \qquad\qquad\quad b_n \times \dfrac{1}{3} + c_n \times \dfrac{1}{2} \qquad \cdots\cdots\text{ⓒ}$$

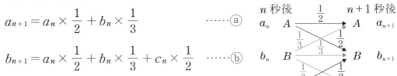

となります。

例題 19 でもそうでしたが，いくつかの状態をまとめて扱うのは大丈夫でしたか？ 「え？　$A \to B$ は $(0, 0)$ から確率 $\frac{1}{2}$，$(0, 1)$ から確率 $\frac{1}{2}$ で，

$\frac{1}{2} + \frac{1}{2} = 1$?!」みたいな。そこは足しちゃダメ（笑）！　例題 19 でもやりましたが，まとめてよいかどうかわからなくなったら，

いったんバラバラに確率をおいてみる

ことです。たとえば，n 秒後に X が，

$\left.\begin{array}{l} (0, 0) \text{ にいる確率 } p_n \\ (0, 1) \text{ にいる確率 } q_n \end{array}\right\} p_n + q_n = a_n$

$\left.\begin{array}{l} (1, 0) \text{ にいる確率 } r_n \\ (1, 1) \text{ にいる確率 } s_n \end{array}\right\} r_n + s_n = b_n$

としましょうか。すると右の図より，

$$p_{n+1} = \frac{1}{2} q_n + \frac{1}{3} r_n \quad \cdots\cdots ⓓ$$

$$q_{n+1} = \frac{1}{2} p_n + \frac{1}{3} s_n \quad \cdots\cdots ⓔ$$

となりますよね。ⓓ＋ⓔより，

$$p_{n+1} + q_{n+1} = \frac{1}{2} (p_n + q_n) + \frac{1}{3} (r_n + s_n)$$

ですから，$p_n + q_n = a_n$，$r_n + s_n = b_n$ より，

$$a_{n+1} = \frac{1}{2} a_n + \frac{1}{3} b_n$$

となり，ⓐが得られました。p_n と q_n を足すのであって，$\frac{1}{2}$ と $\frac{1}{2}$ を足しちゃダメですよ。

　さあ，あとは忘れちゃいけない　$P(\text{全事象}) = 1$ つまり，

$$a_n + b_n + c_n = 1$$

です。するとⓑが

$$b_{n+1} = \frac{1}{2} (a_n + c_n) + \frac{1}{3} b_n = \frac{1}{2} (1 - b_n) + \frac{1}{3} b_n = -\frac{1}{6} b_n + \frac{1}{2}$$

と数列 $\{b_n\}$ だけの 2 項間漸化式になり，解けます。これを解くと，

$b_n = \frac{3}{7} \left\{ 1 - \left(-\frac{1}{6} \right)^n \right\}$ となりますので，ⓐに代入すると，

$$a_{n+1} = \frac{1}{2} a_n + \frac{1}{7}\left\{1 - \left(-\frac{1}{6}\right)^n\right\}$$

という，数列 $\{a_n\}$ だけの 2 項間漸化式が得られます。解けますか？　両辺に 2^{n+1} を掛けると，

$$2^{n+1}a_{n+1} - 2^n a_n = \frac{1}{7}\left\{2^{n+1} - 2\left(-\frac{1}{3}\right)^n\right\}$$

となり，数列 $\{2^n a_n\}$ の階差数列が得られますので，これで解けます。代表的な漸化式の解法はマスターしておきましょうね。

さて，別の方針として，ⓐ，ⓑ，ⓒの式で a_n と c_n の対称性にも気づくと思います。するとⓐ－ⓒ，ⓐ＋ⓒで

$$a_{n+1} - c_{n+1} = \frac{1}{2}(a_n - c_n)$$

$$a_{n+1} + c_{n+1} = \frac{1}{2}(a_n + c_n) + \frac{2}{3}b_n$$

$$= \frac{1}{2}(a_n + c_n) + \frac{2}{3}\left\{1 - (a_n + c_n)\right\}$$

となり，数列 $\{a_n - c_n\}$ と数列 $\{a_n + c_n\}$ の漸化式が得られます。どちらの方針でもよいのですが，あとの方針の方が少し見やすいので，こちらで解答します。

実行

n 秒後に X の x 座標が 0, 1, 2 である確率をそれぞれ a_n, b_n, c_n とおくと右のように変化するので，

$$a_{n+1} = \frac{1}{2} a_n + \frac{1}{3} b_n \qquad \cdots\cdots ①$$

$$b_{n+1} = \frac{1}{2} a_n + \frac{1}{3} b_n + \frac{1}{2} c_n \qquad \cdots\cdots ②$$

$$c_{n+1} = \qquad\quad \frac{1}{3} b_n + \frac{1}{2} c_n \qquad \cdots\cdots ③$$

である。

また，時刻 0 で X は $\mathrm{O} = (0,\ 0)$ から出発するので，

$$a_0 = 1,\ b_0 = 0,\ c_0 = 0 \longleftarrow$$

としてよい。

①－③より，

$$a_{n+1} - c_{n+1} = \frac{1}{2}(a_n - c_n)$$

> 例題19と同じく0秒からスタートすると初項の計算がラクです。

であるから，数列 $\{a_n - c_n\}$ は，

初項 $a_0 - c_0 = 1$，公比 $\dfrac{1}{2}$ の等比数列

である。よって，

$$a_n - c_n = \left(\dfrac{1}{2}\right)^n \quad \cdots\cdots ④$$

である。

また，①＋③より，

$$a_{n+1} + c_{n+1} = \dfrac{1}{2}(a_n + c_n) + \dfrac{2}{3}b_n$$

であり，$a_n + b_n + c_n = 1$ であるから，

$$a_{n+1} + c_{n+1} = \dfrac{1}{2}(a_n + c_n) + \dfrac{2}{3}\{1 - (a_n + c_n)\}$$

$$= -\dfrac{1}{6}(a_n + c_n) + \dfrac{2}{3}$$

$$a_{n+1} + c_{n+1} - \dfrac{4}{7} = -\dfrac{1}{6}\left(a_n + c_n - \dfrac{4}{7}\right)$$

である。よって，数列 $\left\{a_n + c_n - \dfrac{4}{7}\right\}$ は，

> ②で
> $$b_n = 1 - (a_n + c_n)$$
> $$b_{n+1} = 1 - (a_{n+1} + c_{n+1})$$
> としても得られます。

> $a_n + c_n = d_n$ とおくと
> $$d_{n+1} = -\dfrac{1}{6}d_n + \dfrac{2}{3}$$
> $$-)\quad \alpha = -\dfrac{1}{6}\alpha + \dfrac{2}{3}$$
> $$d_{n+1} - \alpha = -\dfrac{1}{6}(d_n - \alpha)$$
> $$\therefore \quad \alpha = \dfrac{4}{7}$$

初項 $a_0 + c_0 - \dfrac{4}{7} = \dfrac{3}{7}$，公比 $-\dfrac{1}{6}$ の等比数列

であるから，

$$a_n + c_n - \dfrac{4}{7} = \dfrac{3}{7}\left(-\dfrac{1}{6}\right)^n \quad \cdots\cdots ⑤$$

である。

④＋⑤より，

$$2a_n - \dfrac{4}{7} = \left(\dfrac{1}{2}\right)^n + \dfrac{3}{7}\left(-\dfrac{1}{6}\right)^n$$

であるから，求める確率は，

$$a_n = \left(\dfrac{1}{2}\right)^{n+1} + \dfrac{3}{14}\left(-\dfrac{1}{6}\right)^n + \dfrac{2}{7}$$

類題 **20**

理解 「1歩で2段昇ることは連続しないものとする」の条件がなければ有名問題なので，一度くらいやった経験があるのでは？

まずこれを考えてみると，1歩進んでも，そこが「階段のいちばん下の段」と見ることができるので，再帰的です。方針 **1**，**2** どちらでもよいのですが **1** でいきます。

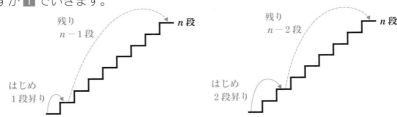

のようになるので，n 段の昇り方を a_n 通りとすると，

　　　はじめに1段昇った場合，残り $n-1$ 段の昇り方は a_{n-1} 通り

　　　はじめに2段昇った場合，残り $n-2$ 段の昇り方は a_{n-2} 通り

だから，

$$a_n = a_{n-1} + a_{n-2} \quad \cdots\cdots\text{ⓐ}$$

という3項間漸化式が得られます。

　では本問では？　「はじめに2段昇った場合」にちょっと修正が必要ですね。「1歩で2段昇ることは連続しないものとする」という条件があるので，はじめに2段昇ると，次は1段昇り，そのあとはまた自由に（といっても条件をみたすようにですが）昇ることができます。

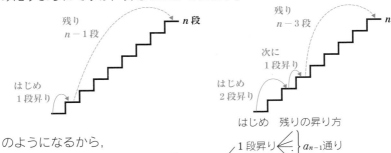

のようになるから，

$$a_n = a_{n-1} + a_{n-3} \quad \cdots\cdots\text{ⓑ}$$

という3項間漸化式が得られました。

ⓐは a_n, a_{n-1}, a_{n-2} の隣接3項間漸化式だから，**例題 20** でやったように，a_n を x^2，a_{n-1} を x，a_{n-2} を 1 でおきかえた方程式

$$x^2 = x + 1 \quad \therefore \quad x^2 - x - 1 = 0$$

の解 $x = \dfrac{1 \pm \sqrt{5}}{2}$ を利用することで，一般項 a_n を求めることができます。ちょっと値がキタナイので，$\alpha = \dfrac{1 + \sqrt{5}}{2}$，$\beta = \dfrac{1 - \sqrt{5}}{2}$ とおいて，α，β で計算を進めるとよいですね。

ところが，ⓑは，a_{n-2} が抜けた隣接しない3項間漸化式であり，ふつうの受験数学の範囲では扱いません。どうしましょう？ ……と思った人は問題文がちゃんと読めていませんよ。階段は 15 段と決められています。a_{15} を求めればよいのであって，一般項 a_n を求めろといわれているわけではありません。具体的に a_1，a_2，a_3 を求めてⓑに代入していけば，a_4，a_5，……と順に求まって，a_{15} が求まります。

実行

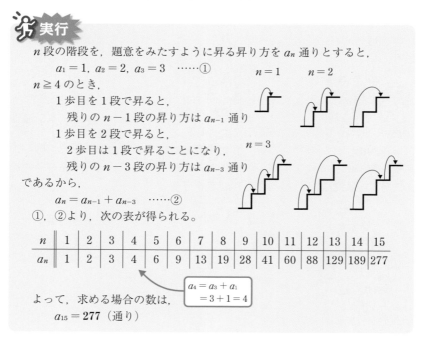

n 段の階段を，題意をみたすように昇る昇り方を a_n 通りとすると，

$$a_1 = 1,\ a_2 = 2,\ a_3 = 3 \quad \cdots\cdots ①$$

$n \geq 4$ のとき，

　1歩目を1段で昇ると，

　　残りの $n-1$ 段の昇り方は a_{n-1} 通り

　1歩目を2段で昇ると，

　　2歩目は1段で昇ることになり，

　　残りの $n-3$ 段の昇り方は a_{n-3} 通り

であるから，

$$a_n = a_{n-1} + a_{n-3} \quad \cdots\cdots ②$$

①，②より，次の表が得られる。

n	1	2	3	4	5	6	7	8	9	10	11	12	13	14	15
a_n	1	2	3	4	6	9	13	19	28	41	60	88	129	189	277

$$\begin{aligned} a_4 &= a_3 + a_1 \\ &= 3 + 1 = 4 \end{aligned}$$

よって，求める場合の数は，

$$a_{15} = 277 \ (通り)$$

検討 ところで本問，漸化式でやりましたか？ やっちゃいましたか……。じつは漸化式でなくても解けるんです。

1 歩で 1 段昇ることを A，2 段昇ることを B
と表し，階段の昇り方を A，B の並びで表現すると，
　　「1 歩で 2 段昇ることは連続しない」＝「B が隣り合わない」
です。これはやったことがあるでしょう。A を先に並べておいて，

$$\underset{1}{\wedge}\mathrm{A}\underset{2}{\wedge}\mathrm{A}\underset{3}{\wedge}\mathrm{A}\underset{4}{\wedge}\mathrm{A}\underset{5}{\wedge}\cdots\cdots$$

　　　　　　　　　　　　　　 B，B，……

　両端か，A と A の間に B を入れていくというアレです。
　この考え方も n 段だとキツイのですが，15 段なので，A，B の個数を
それぞれ a, b とすると，次の式をみたす a, b の組に限られます。
　　　$a + 2b = 15$　（a, b は 0 以上の整数）
$b = 0, 1, 2, \cdots\cdots$ と代入していけば OK です。
　あ，でも A の並びの両端か A と A の間に B が入るので，
　　　（B の個数）≦（A の個数）＋ 1　つまり $b \leqq a + 1$
ですね。これも使って a, b をしぼりましょうか。

〈別解〉
　1 歩で 1 段昇ることを A，2 段昇ることを B で表すと，昇り方は A，B
を B が隣り合わないように一列に並べる並べ方と 1 対 1 に対応する。A，
B の個数をそれぞれ a, b（a, b は 0 以上の整数）とすると，
　　　$a + 2b = 15,\ b \leqq a + 1$
であり，これをみたす a, b の組は
右の表のようになる。

a	15	13	11	9	7	5
b	0	1	2	3	4	5

　このそれぞれについて，A，B
の並べ方は a 個の A を一列に並べ
ておいて，その両端および A と A
の間の $a + 1$ か所から，b か所を選
んで B を入れると考えて，$_{a+1}\mathrm{C}_b$
通り。

$a = 7$, $b = 4$ の場合

$$\underset{1}{\wedge}\mathrm{A}\underset{2}{\wedge}\mathrm{A}\underset{3}{\wedge}\mathrm{A}\underset{4}{\wedge}\mathrm{A}\underset{5}{\wedge}\mathrm{A}\underset{6}{\wedge}\mathrm{A}\underset{7}{\wedge}\mathrm{A}\underset{8}{\wedge}$$

B, B, B, B
$_8\mathrm{C}_4$ 通り

　したがって，求める場合の数は，
　　　$_{16}\mathrm{C}_0 + _{14}\mathrm{C}_1 + _{12}\mathrm{C}_2 + _{10}\mathrm{C}_3 + _8\mathrm{C}_4 + _6\mathrm{C}_5$
　　　$= 1 + 14 + 66 + 120 + 70 + 6$
　　　$= 277$（通り）

　有名問題をひとヒネリした問題なので，漸化式の発想は構わないのです
が，それにしばられてはダメですよ。「例題20 が漸化式だから，これも漸
化式だろう」は絶対ダメです！！

最近の京大では，再帰的な構造をもった問題が少なくて，また，問題集や参考書にもそれほど載っていないので，ちょっと古いですが，もう1問紹介しておきましょう。ちょっと，手を動かしてみてください。

　数直線上を原点から右（正の向き）に硬貨を投げて進む。表が出れば1進み，裏が出れば2進むものとする。このようにして，ちょうど点 n に到達する確率を p_n で表す。ただし，n は自然数とする。

(1)　3以上の n について，p_n と p_{n-1}，p_{n-2} との関係式を求めよ。

(2)　p_n を求めよ。

（京大・文系・83）

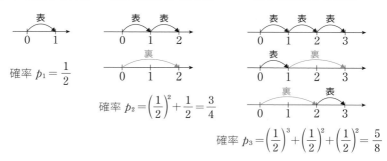

点1に到達するのは

確率 $p_1 = \dfrac{1}{2}$

点2に到達するのは

確率 $p_2 = \left(\dfrac{1}{2}\right)^2 + \dfrac{1}{2} = \dfrac{3}{4}$

点3に到達するのは

確率 $p_3 = \left(\dfrac{1}{2}\right)^3 + \left(\dfrac{1}{2}\right)^2 + \left(\dfrac{1}{2}\right)^2 = \dfrac{5}{8}$

　類題20 の階段と同じで，最初の一歩が1進みでも2進みでも，そこから「再スタートする」と見ることができますよね。点3に到達する場合を見てもらいますと，次のようになっていますね。

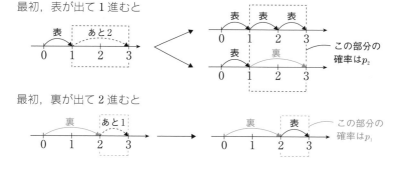

最初，表が出て1進むと

この部分の確率は p_2

最初，裏が出て2進むと

この部分の確率は p_1

ですから

460

$$p_3 = \frac{1}{2} \times \underset{\substack{\text{あと}2 \\ \text{最初}1}}{p_2} + \frac{1}{2} \times \underset{\substack{\text{あと}1 \\ \text{最初}2}}{p_1} = \frac{1}{2} \cdot \frac{3}{4} + \frac{1}{2} \cdot \frac{1}{2} = \frac{5}{8}$$

となり，ちゃんと値も合いますね。

では，これを一般の $n \geqq 3$ でやると，

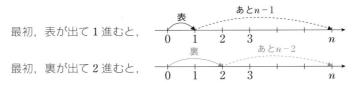

最初，表が出て1進むと，

最初，裏が出て2進むと，

ですから，

$$p_n = \frac{1}{2} \times \underset{\substack{\text{あと}n-1 \\ \text{最初}1}}{p_{n-1}} + \frac{1}{2} \times \underset{\substack{\text{あと}n-2 \\ \text{最初}2}}{p_{n-2}} \quad \cdots\cdots \text{あ}$$

となり，これを解くと，

$$p_n = \frac{2}{3} - \frac{1}{6}\left(-\frac{1}{2}\right)^{n-1} \qquad \cdots\cdots \text{い}$$

となります。答は合いましたか？

　ところで，本問には少し面白い別解があって，誘導の設問がなければ，

つねに肯定と否定の両方から考える

が使えるんです。$n \geqq 2$ とします。

　「点 n に到達しない確率 $1 - p_n$」
を考えます。本問では1進むか2進むかの
2通りの進み方しかないですから，点 n に
到達しないためには「点 n を飛び越える」
すなわち，

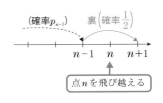

「点 $n-1$ に到達して（確率 p_{n-1}），次に裏を出して2進む $\left(\text{確率} \dfrac{1}{2}\right)$」

しかありませんよね。よって，

$$\underset{\substack{\text{点}n\text{に} \\ \text{到達しない}}}{1 - p_n} = \underset{\substack{\text{点}n-1\text{に} \\ \text{到達して}}}{p_{n-1}} \times \underset{\substack{\text{裏が出て} \\ 2\text{進む}}}{\frac{1}{2}} \qquad \therefore \quad p_n = -\frac{1}{2}p_{n-1} + 1 \quad \cdots\cdots \text{う}$$

となり，2項間漸化式で済んでしまうんです！　すごくないですか？

　この⑤を解けば，(2)の答である⑥は求まります。(1)の答の⑧は出ません
が（笑）。

👤理解 　まず条件(a)ですが,「少なくとも2つの内角は90°」ですから,
　　　内角が90°の頂点は2個または3個または4個です。四角形
なので5個はありません。また,3個が90°ですと,残り1個も90°ですから,結局4個とも90°になります。よって,
　　　内角が90°の頂点は2個または4個
です。さらに2個の場合は,どことどこが90°なんでしょう?　そうです。

　　または　　　　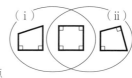

(i) 隣り合う頂点　　　　(ii) 向かいあう頂点

の2パターンがありますね。(i)かつ(ii)が長方形になりますから,長方形の場合は(i)や(ii)に含まれているとして,場合分けは(i),(ii)の2つでよさそうです。

　ところで,京大の入試本番で,この2通りの場合分けをしなかった人がかなりいたそうなんです。(i)か(ii)の一方だけしか考えていない答案ということです。半分しか解いていないんですから,そりゃあ大幅減点です。「半分解いたから,半分点数がもらえるだろう」というのは甘いですよ(笑)。
👤理解 の段階で気づくべきだと思うのですが,せめて解答作成中の 👤検討
の段階では気づいてほしいです。
　　　今,自分のやっている計算は合っているのか
　　　今,この言いかえは必要十分になっているのか
　　　今,この場合分けはすべての場合をつくしているのか
ひとつひとつ意識しながら,一行一行魂をこめて答案を書いてください。
　話がそれました。けっこうショックだったんで(笑)。
　次に条件(b)です。三角形にはつねに内接円
があありますが,四角形はあったりなかったり
です。たとえば長方形のとき,正方形には内
接円がありますが,正方形でない長方形には
ありません。

(i)の場合でやってみましょう。まず，先に円をかいた方がラクそうです。円をかいて底辺をかきます。次に直角の頂点を2つかいて，最後にフタをしましょうか。

　では，有名補助線を入れましょう。

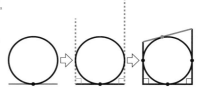

◆ 円の外から引いた2接線

合同な
直角三角形

です。

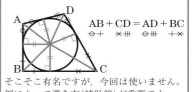

ちなみにコレから，円に外接する四角形ABCD（直角がなくてもよい）に対し，次の式が成り立つことがいえます。

$$AB + CD = AD + BC$$
○＋　×＋＋　○＋＋　＋×

そこそこ有名ですが，今回は使いません。例によって導き方（補助線）が重要です。

　四角形を ABCD として，円の中心を O，四角形との接点を P，Q，R，S とすると図1 のようになります。円の半径は1ですから，正方形 APOS，BPOQ に着目して，

$$AP = AS = BP = BQ = 1$$

です。わからない長さを，

$$CQ = CR = p,\ DR = DS = q$$

とおきましょう。

$$\angle AOP = \angle AOS = \angle BOP = \angle BOQ = 45°$$

です。わからない角を，

$$\angle COQ = \angle COR = \alpha,\ \ \angle DOR = \angle DOS = \beta$$

とおきましょう。すると，図2 のようになります。

　長さについて，まず直角三角形 OCQ，OCR，ODR，ODS に三平方の定理が使えて，

$$OC^2 = p^2 + 1^2　\cdots\cdots ⓐ$$
$$OD^2 = q^2 + 1^2　\cdots\cdots ⓑ$$

が成り立ちます。

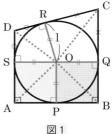

図1

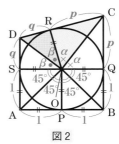

図2

　次に角度について気づくのは……，図形が得意な人はもう気づいていると思いますが，ニガテな人は今やってるみたいに，文字をおくとよいですよ。まん中の角を全部足すと360°ですから

$$45° \times 4 + \alpha \times 2 + \beta \times 2 = 360°$$
$$\therefore \quad \alpha + \beta = 90°$$

がわかります。そうなんです。

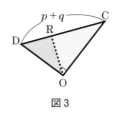

図3

∠COD = 90° で △OCD も直角三角形（**図3**）だったんですね。ここでも三平方の定理が使えて，

$$OC^2 + OD^2 = (p+q)^2 \quad \cdots\cdots ⓒ$$

です。すると，ⓐ，ⓑ，ⓒから OC, OD を消去して，

$$(p^2+1) + (q^2+1) = p^2 + 2pq + q^2$$
$$\therefore \quad pq = 1 \quad \cdots\cdots ⓓ$$

が得られました。では，(ii) の場合も同様に補助線を入れてみましょうか。**図4** です。

$$AP = AS = CQ = CR = 1$$

で，

$$BP = BQ = p, \quad DR = DS = q$$

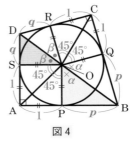

図4

とおきました。また直角三角形 OBP, OBQ, ODR, ODS に三平方の定理が使えて，

$$OB^2 = p^2 + 1 \quad \cdots\cdots ⓐ'$$
$$OD^2 = q^2 + 1 \quad \cdots\cdots ⓑ'$$

が成り立ちます。また，**図4** のように α, β をおくと，(i) と同様に

$$45° \times 4 + \alpha \times 2 + \beta \times 2 = 360°$$
$$\therefore \quad \alpha + \beta = 90°$$

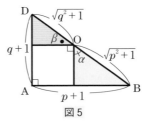

図5

ですから，B, O, D が一直線上にあるので，今度は直角三角形 ABD が使えそうですね（**図5**）。$AB^2 + AD^2 = BD^2$ より，

$$(p+1)^2 + (q+1)^2 = \left(\sqrt{p^2+1} + \sqrt{q^2+1}\right)^2 \quad \text{展開}$$
$$(p^2+2p+1) + (q^2+2q+1) = (p^2+1) + 2\sqrt{(p^2+1)(q^2+1)} + (q^2+1)$$
$$p + q = \sqrt{(p^2+1)(q^2+1)} \quad \div 2$$

両辺を 2 乗して，

$$p^2 + 2pq + q^2 = p^2 q^2 + p^2 + q^2 + 1$$
$$(pq)^2 - 2pq + 1 = 0 \quad \xleftarrow{\ pq\ \text{ひとカタマリ}\ \text{で整理}}$$
$$(pq-1)^2 = 0$$
$$pq = 1 \quad \cdots\cdots ⓓ$$

なんと！ (i) と同じ式になりました！

464

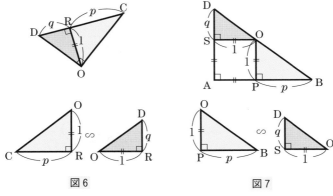

計画 これはもう1回考え直さないといけませんね。何か上手い解法があるかもしれません。図がこみ入ってきたときは，抜き書きです。もう一度，図3 に戻りますと，

直角三角形に垂線 ➡ 相似が使える

は見えませんか？ 図6 のようになり，

$$p : 1 = 1 : q \qquad \therefore \quad pq = 1$$

とカンタンに ⓓ が得られます。

図5 についても同様で，図7 のようになりますから，同じく

$$p : 1 = 1 : q \qquad \therefore \quad pq = 1$$

です。最初から気づいてた人は，話が長くてごめんなさい。

図6   図7

さて，面積ですが，あ，S は接点で使ってしまいましたね。T にしましょうか。T は (i), (ii), いずれも

$$T = \boxed{} \times 2 + \boxed{} \times 2 + \boxed{} \times 2$$

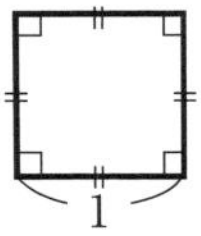

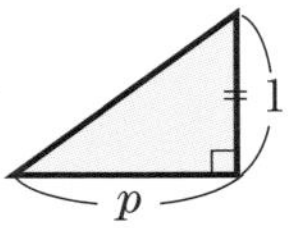

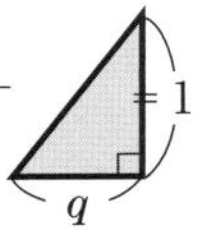

ですから，

$$T = 1 \cdot 1 \times 2 \qquad + \frac{1}{2} \cdot p \cdot 1 \times 2 \qquad + \frac{1}{2} \cdot q \cdot 1 \times 2$$

$$= p + q + 2$$

です。一方，p, q の間には ⓓ の関係があり，T は p, q の和，ⓓ は p, q の積ですから，

◆ 相加平均と相乗平均の大小関係

$a \geqq 0,\ b \geqq 0$ のとき

$$\frac{a+b}{2} \geqq \sqrt{ab}$$

等号が成立するのは $a = b$ のとき。

ⓓより $q = \dfrac{1}{p}$ として

$$T = p + \frac{1}{p} + 2$$

と見ると,

　逆数の和 ➡ 相加・相乗

ですね。

ですね。

実行

四角形を ABCD とすると, 条件(a)より,

　　(i)∠A＝∠B＝90° または　(ii)∠A＝∠C＝90°

の2つの場合を考えればよい。内接円の中心を O とし, 内接円と四角形の接点を図のように P, Q, R, S とする。

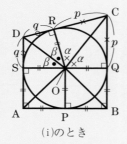 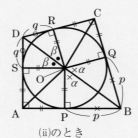

　(i)のとき　　　　　　　(ii)のとき

　図のように長さ $p,\ q$ と角度 $\alpha,\ \beta$ をおくと,

(i), (ii)いずれの場合も,

　　$2\alpha + 2\beta + 180° = 360°$

　　$\therefore\quad \alpha + \beta = 90°$

が成り立つから, (i)のときは△OCD,

(ii)のときは△ABD に着目すると右のようになる。

　(i)のときは△CRO∽△ORD,

　(ii)のときは△BPO∽△OSD より,

　　$p : 1 = 1 : q$

　　$\therefore\quad pq = 1$　……①

が成り立つ。

　四角形 ABCD の面積を T とすると,

(i), (ii)いずれの場合も,

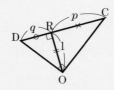

　(i)のとき

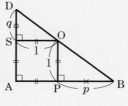

　(ii)のとき

$$T = 1 \cdot 1 \times 2 + \frac{1}{2} \cdot p \cdot 1 \times 2 + \frac{1}{2} \cdot q \cdot 1 \times 2 = p + q + 2$$

である。$p > 0$, $q > 0$ であるから，（相加平均）≧（相乗平均）より，

$$T = p + q + 2 \geqq 2\sqrt{pq} + 2 = 2 \cdot 1 + 2 = 4 \quad (\because \quad ①より)$$

であり，等号成立は，

$$p = q \; (> 0) \; かつ \; ① \quad つまり \quad p = q = 1$$

のときである。

　以上より，条件(a), (b)を同時にみたす四角形のうち面積が最小のものは正方形で，その面積は **4** である。

検討　ここでは長さ p, q を用いて T を表しましたが，角度 α, β でも T を表せます。図形問題では，変数は「長さ」と「角」が考えられます。どちらがよいかは問題によりますので，まず思いついた方で式を作り，ダメならちがう方を試してください。参考に載せておきます。$\alpha > 0°$, $\beta > 0°$, $\alpha + \beta = 90°$ より $0° < \alpha < 90°$ で，$\tan\alpha > 0$ ですから，

$$T = 1 \cdot 1 \times 2 + \frac{1}{2} \cdot 1 \cdot (\tan\alpha) \times 2 + \frac{1}{2} \cdot 1 \cdot (\tan\beta) \times 2$$

$$= 2 + \tan\alpha + \tan(90° - \alpha)$$

$$= 2 + \tan\alpha + \frac{1}{\tan\alpha}$$

$$\geqq 2 + 2\sqrt{\tan\alpha \cdot \frac{1}{\tan\alpha}}$$

図形問題の変数
➡ 長さ or 角度

$$= 4 \quad (等号成立は \tan\alpha = 1 \; つまり \; \alpha = 45° のとき)$$

ところで，(i)と(ii)では形がちがうのに，結局同じ関係式①が出てきて，面積も同じ式でしたよね。実は(ii)のとき，下の **図8** のように4つの四角形に分割して，■と■を並べかえると，

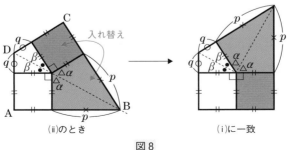

図8

となって，(i)と一致するんです！　ですから，解答では，これを説明して，(i)，(ii)をまとめて説明することもできました。

　試験中にはそこまで時間と心に余裕がありませんが，普段の勉強中に，こういうことを考察する時間は，とても大切だと思います。場合分けをして全然ちがう形から式を立てたのに，同じ式 $pq = 1$ ……①が出てきました。「あれ？」と思いますよね。このときに，「なんでやろ？」と考える時間を，ちょっとでいいからとりましょう。……といいながら，僕はコレを，河合塾の西浦高志先生に教えていただきました（笑）。

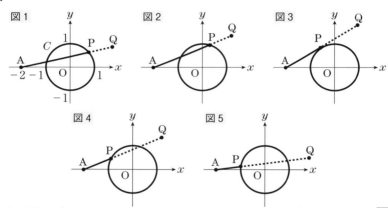

　とりあえず C の $y \geqq 0$ の部分で動かしてみたのですが，AP の長さ $\overline{\mathrm{AP}}$ がパッとはわからないので，$\overline{\mathrm{AP}} \cdot \overline{\mathrm{PQ}} = 3$ の条件が使えません。$\overline{\mathrm{PQ}}$ はすべてテキトーにとったので，Q の位置もテキトーです。

　問題の設定は「座標」です。たとえば，P は円 C 上にあるので，$\mathrm{P}(\cos\theta,\ \sin\theta)$ とおいたとすると，
$$\overline{\mathrm{AP}} = \sqrt{(\cos\theta + 2)^2 + \sin^2\theta} = \sqrt{5 + 4\cos\theta}$$
$$\therefore \quad \overline{\mathrm{PQ}} = \frac{3}{\overline{\mathrm{AP}}} = \frac{3}{\sqrt{5 + 4\cos\theta}}$$
となりますが，これで Q の位置を考えるとすると……，「座標」のままではちょっと苦しいですね。問題文に「$s = \overline{\mathrm{AP}},\ t = \overline{\mathrm{OQ}}$ とおいて」とあります。$\overline{\mathrm{AP}} \cdot \overline{\mathrm{PQ}} = 3$ だから，

$\overline{\mathrm{PQ}} = \dfrac{3}{s}$ がすぐにわかり，**図6** のようになります。ここで視点を「三角比」に切りかえると，

三角形を探せ

の原則で，s や t を含んだ三角形として $\triangle\mathrm{OAQ}$ が見つかります。

$\mathrm{OA} = 2$

には気づきましたか？　あとは

$\mathrm{OP} = 1$

もありますよね。これで3辺の長さのわかる三角形が $\triangle\mathrm{OAQ}$，$\triangle\mathrm{OAP}$，$\triangle\mathrm{OPQ}$ の3つ見つかります。

長さがたくさんわかって
いるときは余弦定理

だから，たとえば $\triangle\mathrm{OAQ}$（**図8**）に余弦定理を用いて，t の値を出そうとすると，

$$t^2 = \left(s + \frac{3}{s}\right)^2 + 2^2 - 2 \cdot 2\left(s + \frac{3}{s}\right)\cos\angle\mathrm{OAQ}$$

$\cos\angle\mathrm{OAQ}$ が必要になります。そこで，三角形をかえて，$\triangle\mathrm{OAP}$（**図9**）に余弦定理を使えば，$\cos\angle\mathrm{OAQ}$ が s で表せそうです。

$$\cos\angle\mathrm{OAQ} = \cos\angle\mathrm{OAP} = \frac{2^2 + s^2 - 1^2}{2 \cdot 2 \cdot s}$$

これで(1)は解答できそうです。じつは，

$t = 2$

になります。問題文に「t を s で表せ」とあるのに，定数が出るとはどういうことだ!?　といいたくなりますが，「t を s の式で表そうとしたら，たまたま s が消えて，定数になった」ということです。ヘタに「t の値を求めよ」と書くと，特殊な P をとって（たとえば $\mathrm{P}(1, 0)$），t の値を求める受験生がいるので，京大の先生も苦肉の表現だったのかもしれませんね。

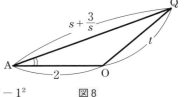

図8

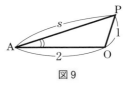

図9

計画 (1)から，$\overline{OQ}=t=2$(定数)がわかるので，(2)の軌跡は予想がつきます。「原点 O を中心とする半径 2 の円」です。しかし，この円全部かどうかはわかりません。そこで **理解** の最初で P を動かしたのが役に立ちます。**図10** の赤い線のように直線 AP が C の接線になるところがギリギリです。点線のような直線 AP はとれない（P がありません）ので，Q もこのような位置にはきません。

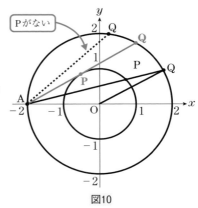

図10

　(1)のヒントもあるので，式ではなく，図形的に Q の軌跡を説明しましょう。

実行

(1) $\angle OAP = \theta$ とおくと，$\theta \neq 0$ のとき，△OAP に余弦定理を用いて，

$$\cos\theta = \frac{2^2+s^2-1^2}{2\cdot2\cdot s} = \frac{s^2+3}{4s} \quad\cdots\cdots①$$

> $\theta=0$ のときは O，A，P が三角形をなさないので。

また，$\overline{PQ}=\dfrac{3}{\overline{AP}}=\dfrac{3}{s}$ であるから，

△OAQ に余弦定理を用いて，

$$t^2 = \left(s+\frac{3}{s}\right)^2 + 2^2 - 2\cdot2\left(s+\frac{3}{s}\right)\cos\theta$$

$$= \left(s+\frac{3}{s}\right)^2 + 4 - 4\left(s+\frac{3}{s}\right)\frac{s^2+3}{4s} \quad(\because ①より)$$

$$= \left(s+\frac{3}{s}\right)^2 + 4 - \left(s+\frac{3}{s}\right)\left(s+\frac{3}{s}\right)$$

$$= 4$$

$$\therefore \quad t = 2$$

$\theta=0$ のとき，$s=\overline{AP}=1$ または 3 であるから，右の図より，いずれの場合も $t=\overline{OQ}=2$ である。以上より，

$$t = 2$$

> $\theta=0$ のときをチェック。

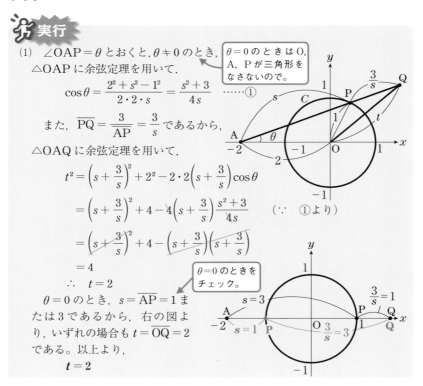

(2) (1)より，$\overline{\mathrm{OQ}}=t=2$であるから，点
Q は原点 O を中心とする半径 2 の円
$$x^2+y^2=4$$
上にある。よって，点 Q
はこの円と半直線 AP（A
を除く）の交点である。

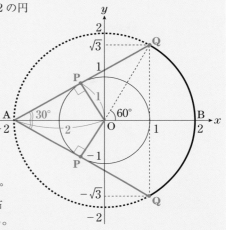

半直線 AP が円 C と接す
るとき，$\overline{\mathrm{OA}}=2$，$\overline{\mathrm{OP}}=1$，
$\angle\mathrm{OPA}=90°$ より，$\angle\mathrm{OAP}$
$=30°$ である。このとき円周
角と中心角の関係から，点
B$(2,0)$ とすると，
$$\angle\mathrm{BOQ}=2\times\angle\mathrm{OAP}=60°$$
であるから，点 Q の軌跡は右
の図の黒の太線部のようになる。

したがって，求める点 Q の描く軌跡は，

円 $x^2+y^2=4$ の $x\geqq1$ をみたす部分

検討　設定は座標だけど，解法の中心は「三角比」でした。「幾何」
の考察を加えてみましょう。

$\overline{\mathrm{AP}}\cdot\overline{\mathrm{PQ}}=3$ から，方べきの定理が
思いつかなかったでしょうか？　抜き
書きしてみると，ほら，見たことのあ
る形が。右の図のように R，B，C を
おくと，方べきの定理により，

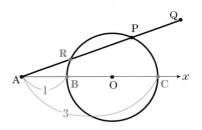

$$\overline{\mathrm{AP}}\cdot\overline{\mathrm{AR}}=\overline{\mathrm{AB}}\cdot\overline{\mathrm{AC}}=1\cdot3=3$$

これと $\overline{\mathrm{AP}}\cdot\overline{\mathrm{PQ}}=3$ より，

$$\overline{\mathrm{PQ}}=\overline{\mathrm{AR}}$$

さらに，$\overline{\mathrm{OP}}=\overline{\mathrm{OR}}=1$ で，これより
△OPR は二等辺三角形であるので，

$$\angle\mathrm{OPQ}=\angle\mathrm{ORA}$$

よって，

$$\triangle\mathrm{OPQ}\equiv\triangle\mathrm{ORA}$$

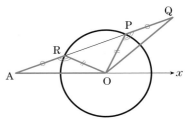

が成立するので，

$$t=\overline{\mathrm{OQ}}=\overline{\mathrm{OA}}=2$$

だったんですね〜。これで(1)を解答することもできます。

👤 **理解**　問題文にしたがって図をかいてみると，**図1** のようでしょうか。△ABC は鋭角三角形というだけで，具体的な長さや角はナシですね。では，t に具体的な値を入れて P を動かしてみましょう。**図2** のようになりますね。

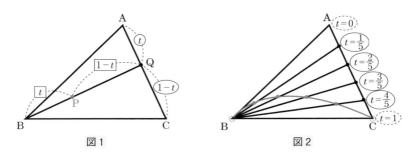

図1　　　　　　　　　　　　図2

「P の描く曲線」は赤い線のようになりますが，円か放物線か…，うーん，パッとはわからないですね。これと線分 BC で囲まれる部分の面積を考えるようです。

「$t : 1-t$ に内分」ですから，とりあえず「ベクトル」で式を立ててみましょうか。始点はどうしましょう？　$0 < t < 1$ なのですが，$t = 0$ のとき Q = A で P = B と見なせそうですので，B を始点にしてみましょうか。AQ : QC = $t : 1-t$ より，

$$\overrightarrow{BQ} = (1-t)\overrightarrow{BA} + t\overrightarrow{BC}$$

となり，BP : PQ = $t : 1-t$ より，

$$\overrightarrow{BP} = t\overrightarrow{BQ} = t(1-t)\overrightarrow{BA} + t^2\overrightarrow{BC} \quad \cdots\cdots ⓐ$$

となります。うーん，これでは P がどんな動きをするのか，よくわかりませんね。

ベクトルで曲線を表すことってありましたっけ？
C を中心とする半径 r の円（**図3**）を

$$|\overrightarrow{CP}| = r \quad \text{とか} \quad |\overrightarrow{OP} - \overrightarrow{OC}| = r$$

と表すのは知っていますよね。でも，放物線とか，その他の曲線なんて，知らないですよね。

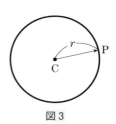

図3

じゃあ，他の手法に移りましょう。P の描く曲線，「軌跡」なので，「座標」にいってみましょう。ベクトルの始点 B が原点がよいですかね。「線分 BC によって囲まれる部分」を考えるので，BC が x 軸となるようにします。

$B(0, 0)$

$C(c, 0) \quad (c > 0)$

$A(a, b) \quad (b > 0)$

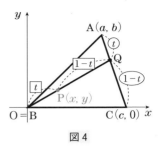

図4

としまず。図4 のように
なりますね。

$P(x, y)$

とすると，$B = O$ なので，ⓐは

$\overrightarrow{OP} = t(1-t)\overrightarrow{OA} + t^2\overrightarrow{OC}$ となりますから，

$$\begin{pmatrix} x \\ y \end{pmatrix} = t(1-t)\begin{pmatrix} a \\ b \end{pmatrix} + t^2\begin{pmatrix} c \\ 0 \end{pmatrix}$$

あ，ベクトルの成分を縦に書いています。現行の高校の教科書にはあまり
載っていませんが正式な書き方なので，試験で書いても大丈夫です。とくに
空間ベクトルのときはこの方が計算ミスしにくいと思います。よって，

$$\begin{cases} x = t(1-t)a + t^2 c \\ y = t(1-t)b \end{cases}$$

となりますが……，t を消去して，x，y の関係式を作るのは難しいですね。
どうしましょう？

図形問題 ➡ 1 幾何　2 三角比　3 座標　4 ベクトル

は，「1対1のパターン」というわけではなく，「図形の見方」です。「ベク
トル」も，どこを始点にとるか，1次独立なベクトルをどう選ぶかによっ
て，問題の「見え方」は大きく変わります。「座標」であれば，どのよう
に座標軸をとるかにより，これまた「見え方」が大きく変わります。

ためしに，座標軸をとり直してみましょう。アルファベット順に A を
原点にしてみます。Q は AC 上を動くので，AC を x 軸とすると，Q の
座標がカンタンになってよいのではないのでしょうか。

$A(0, 0)$

$C(c, 0) \quad (c > 0)$

$B(a, b) \quad (b > 0)$

とすると，図5 のようになり，

$\overrightarrow{OQ} = t\overrightarrow{OC}$

$\therefore \quad \overrightarrow{OP} = (1-t)\overrightarrow{OB} + t\overrightarrow{OQ}$

$\quad\quad = (1-t)\overrightarrow{OB} + t^2\overrightarrow{OC}$

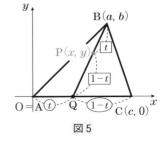

図5

となりますから，P(x, y)とすると，

$$\begin{pmatrix} x \\ y \end{pmatrix} = (1-t)\begin{pmatrix} a \\ b \end{pmatrix} + t^2\begin{pmatrix} c \\ 0 \end{pmatrix} \qquad \therefore \begin{cases} x = (1-t)a + t^2c & \cdots\cdots ⓑ \\ y = (1-t)b & \cdots\cdots ⓒ \end{cases}$$

お！　yがtのカンタンな式で表せましたよ！　ⓒより，

$$1-t = \frac{y}{b} \qquad \therefore \quad t = 1 - \frac{y}{b}$$

ⓑに代入して，tを消去すると，

$$x = \frac{y}{b} \cdot a + \left(1 - \frac{y}{b}\right)^2 \cdot c$$

$$\therefore \quad x = \frac{c}{b^2}y^2 + \frac{a-2c}{b}y + c$$

　$x =$（yの2次式）ですから，Pの軌跡は「横向きの放物線」ですね。

計画　うーん，「横向き」も扱えないことはないんですが，やはり「縦向き」がよいですよね。じゃあ，xとyをひっくり返しますか。Cを「x軸上」から「y軸上」に変更します。図6 のように

A$(0, 0)$
C$(0, c)$　$(c > 0)$
B(a, b)　$(a > 0)$

として，

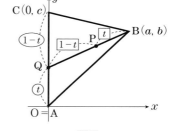

図6

$$\overrightarrow{OQ} = t\overrightarrow{OC}$$

$$\therefore \quad \overrightarrow{OP} = (1-t)\overrightarrow{OB} + t\overrightarrow{OQ} = (1-t)\overrightarrow{OB} + t^2\overrightarrow{OC}$$

$$\therefore \quad \begin{pmatrix} x \\ y \end{pmatrix} = (1-t)\begin{pmatrix} a \\ b \end{pmatrix} + t^2\begin{pmatrix} 0 \\ c \end{pmatrix}$$

ベクトルの式はさっきと同じです。ココが変わりました。

$$\therefore \quad \begin{cases} x = (1-t)a & \cdots\cdots ⓓ \\ y = (1-t)b + t^2c & \cdots\cdots ⓔ \end{cases}$$

ⓓより，

$$1-t = \frac{x}{a} \qquad \therefore \quad t = 1 - \frac{x}{a}$$

ですから，ⓔに代入して，

$$y = \frac{x}{a} \cdot b + \left(1 - \frac{x}{a}\right)^2 c$$

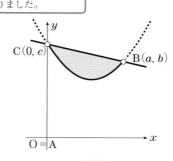

図7

$$\therefore \quad y = \frac{c}{a^2}x^2 + \frac{b-2c}{a}x + c \quad \cdots\cdots ⓕ$$

出ました！「縦向きの放物線」です。

　ところで，この放物線，B，Cを通るんですけど，気づいてますか？　あ，「線分 BC で囲まれる部分」の問題ですから，それはそうなんですが，理解の図2でPを動かしてみましたよね。ああいう作業が問題を把握するときに大切なんです。実際ⓕで

　　　$x = 0$ とすると，$y = c$　　　$\therefore$　　C$(0, c)$ を通る

　　　$x = a$ とすると，$y = c + (b-2c) + c = b$　　　$\therefore$　　B(a, b) を通る

ね。ということで，「放物線と直線で囲まれた図形」になっているんですね。数学Ⅱの微積分で頻出のヤツです。イケますね。

 実行

　xy 平面において，

　　　A$(0, 0)$，B(a, b)，C$(0, c)$　　$(a > 0, c > 0)$

のように点 A, B, C をとることができる。

　このとき，

　　　$\overrightarrow{OQ} = t\overrightarrow{OC}$

であり，

　　　$\overrightarrow{OP} = (1-t)\overrightarrow{OB} + t\overrightarrow{OQ}$

　　　　　　$= (1-t)\overrightarrow{OB} + t^2\overrightarrow{OC}$

であるから，P の座標を (x, y) とおくと，

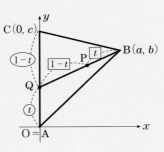

$$\begin{cases} x = (1-t)a & \cdots\cdots ① \\ y = (1-t)b + t^2 c & \cdots\cdots ② \end{cases}$$

である。

　①より，

　　　$1 - t = \dfrac{x}{a}$　　　$\therefore$　　$t = 1 - \dfrac{x}{a}$

であるから，②に代入して t を消去すると，

$$y = \frac{x}{a}\cdot b + \left(1 - \frac{x}{a}\right)^2 \cdot c$$

$$\therefore \quad y = \frac{c}{a^2}x^2 + \frac{b-2c}{a}x + c \quad \cdots\cdots ③$$

また，$0 < t < 1$ であるから，①より，

　　　$0 < x < a$　$\cdots\cdots ④$

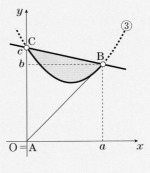

である。$c > 0$ より，点 P の描く曲線は下に凸な放物線③の④をみたす部分である。

　よって，題意の部分は，上の図の網掛部のようになり，この面積を T と

おくと，

$$\text{直線 BC} : y = \frac{b-c}{a}x + c$$

より，

$$T = \int_0^a \left\{ \left(\frac{b-c}{a}x + c \right) - \left(\frac{c}{a^2}x^2 + \frac{b-2c}{a}x + c \right) \right\} dx$$

$$= \int_0^a \left(-\frac{c}{a^2}x^2 + \frac{c}{a}x \right) dx$$

$$= -\frac{c}{a^2} \int_0^a x(x-a)\, dx$$

$$= -\frac{c}{a^2} \left(-\frac{1}{6} \right)(a-0)^3$$

> $\int_\alpha^\beta (x-\alpha)(x-\beta)\, dx = -\frac{1}{6}(\beta-\alpha)^3$
> です。詳しくは **例題 36** で扱います。

$$= \frac{1}{6}ac$$

一方，三角形 ABC の面積 S は，

$$S = \frac{1}{2}ac \longleftarrow$$

> C, a, B, c, A ですね。

であるから，

$$T = \frac{1}{3}S$$

検討　さて，解答はコレで OK なのですが，△ABC が「鋭角三角形」であるという条件は使いませんでしたね。この条件ナシで $T = \frac{1}{3}S$ が求まりましたので，本問は△ABC が直角三角形や鈍角三角形であっても，$T = \frac{1}{3}S$ となります。では，なぜ，京大の先生方は，わざわざ「鋭角三角形」という条件をつけられたのでしょうか？

理解 の最初の方で，B を原点，C を x 軸の正の部分にとったとき，

$$\begin{cases} x = t(1-t)a + t^2 c \\ y = t(1-t)b \end{cases}$$

となり，「t を消去して，x, y の関係式を作るのは難しいですね。」といいました。数学Ⅲの微積分の勉強が進んでいる人は「アレ?!」と思ったのではないでしょうか。詳しくは **例題 39** で扱いますが，コレ，「媒介変数表示された関数」になっているので，t を消去しなくても面積が求められるんですよね。「媒介変数表示と面積・体積」が未習の人は，いったんパスしておいていただいて，授業で習って，**例題 39** を読んでから戻ってきてください。

さて，大丈夫な人は，先を続けますよ。媒介変数表示された関数の曲線に関する面積や体積では，

　　　　● x 軸との上下　　　　●オーバーハングの有無

を check しないといけません。まず「x 軸との上下」ですが，$b > 0$ としていますので，$0 < t < 1$ のとき，

　　　$y = t(1-t)b > 0$

で，「x 軸より上」にあります。

　次に，「オーバーハングの有無」ですが，

$$\frac{dx}{dt} = (1-2t)a + 2tc$$

$$= 2(c-a)t + a$$

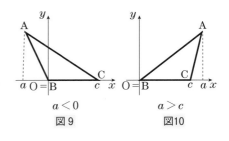

図 8

の符号の変化を調べるんですよね。何か気がつきましたか？　$a < 0$ だったり，$c - a < 0$ つまり $a > c$ だったりすると，$0 < t < 1$ のとき $\dfrac{dx}{dt}$ の符号が変化する可能性がありますよね。たとえば $a = 3$，$c = 1$ なら

$$\frac{dx}{dt} = -4t + 3$$

t	(0) $\cdots\cdots$ $\dfrac{3}{4}$ $\cdots\cdots$ (1)
$\dfrac{dx}{dt}$	$+$ $\quad 0 \quad$ $-$

となります。

　しかし，△ABC は「鋭角三角形」ですので，図9 や 図10 のようにはならず，図8 のように

　　　$0 < a < c$

です。そうしますと，$0 < t < 1$ のとき，

$$\frac{dx}{dt} = 2(c-a)t + a > 0$$

で，x は単調に増加し，「オーバーハングなし」です。

　おそらく，この方針で解答する受験生のために，「鋭角三角形」という条件をつけておかれたんでしょうね。さすが京大です。

　では，せっかくですので，こちらの別解も載せておきます。例題 39 とあわせて勉強しておいてください。

〈別解〉

xy 平面において，

A(a, b), B$(0, 0)$, C$(c, 0)$ $(0 < a < c, b > 0)$

のように点 A, B, C をとることができる。

このとき，

$$S = \frac{1}{2} bc \quad \cdots\cdots ①$$

である。また，

$$\overrightarrow{OQ} = (1 - t)\overrightarrow{OA} + t\overrightarrow{OC}$$

であり，

$$\overrightarrow{OP} = t\overrightarrow{OQ}$$
$$= t(1 - t)\overrightarrow{OA} + t^2\overrightarrow{OC}$$

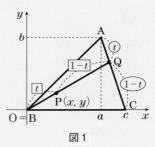

図1

であるから，P の座標を (x, y) とおくと，

$$\begin{cases} x = t(1 - t)a + t^2 c \\ y = t(1 - t)b \end{cases}$$

$b > 0$ であるから，$0 < t < 1$ のとき，
$y > 0$ である。また，

$$\frac{dx}{dt} = (1 - 2t)a + 2tc$$
$$= 2(c - a)t + a$$

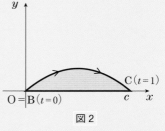

図2

であり，$0 < a < c$ であるから，$0 < t < 1$ のとき，$\dfrac{dx}{dt} > 0$ である。よって，

P の x 座標は単調に増加する。

$$\lim_{t \to +0} x = 0, \quad \lim_{t \to +0} y = 0, \quad \lim_{t \to 1-0} x = C, \quad \lim_{t \to 1-0} y = 0$$

であるから，題意の部分は図2の網掛部のようになり，この面積は，

$$\int_0^c y \, dx$$

> いったん x, y で立式して t の式に置換。

$$= \int_0^1 y \cdot \frac{dx}{dt} \, dt$$

$$= \int_0^1 t(1 - t) b \cdot \{2(c - a)t + a\} \, dt$$

$$= b \int_0^1 \{-2(c - a)t^3 + (2c - 3a)t^2 + at\} \, dt$$

$$= b\left\{-2(c - a) \cdot \frac{1}{4} + (2c - 3a) \cdot \frac{1}{3} + a \cdot \frac{1}{2}\right\}$$

$$= \frac{1}{6} bc = \frac{1}{3} S \quad (\because \ ①より)$$

478

類題 24

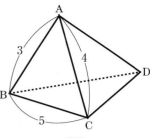

図1

理解 図をかいてみましょう。まずは テキトーな四面体をかいて，辺の長さを順に書き込んでいきましょう。順にですよ。何か気がつきましたか？

AB ＝ 3，AC ＝ 4，BC ＝ 5，……

そうです，

△ABC が直角三角形

です。∠BAC ＝ 90°ですね。これで△ABC の面積はすぐわかるから，四面体 ABCD の体積を求めるには，あとは高さです。これはすぐにわからないけど，せっかく90°がありますから，「座標」にいってみましょう。

計画 A を原点，B を x 軸の正の部分， C を y 軸の正の部分におくと，

A$(0, 0, 0)$，B$(3, 0, 0)$，C$(0, 4, 0)$

です。あとは D です。残る条件

AD＝6，BD＝7，CD＝8 ……(*)

で D の位置は決まるのですが，パッとはわからないです。そこで，

D(x, y, z)

とおいて，(*)の条件から x, y, z の関係式を作れば，3文字で3式だから，解けるはずです。

この設定で計算すると，D は **図 3** のように，xy 平面より上と下に1つずつ出てきます。本問では四面体 ABCD の体積を求めたいわけですから，△ABC を底面と見るとあとは高さだけなので，

$z > 0$

の方だけ考えればよいですね。

(四面体 ABCD の高さ) ＝ (D の z 座標)

です。

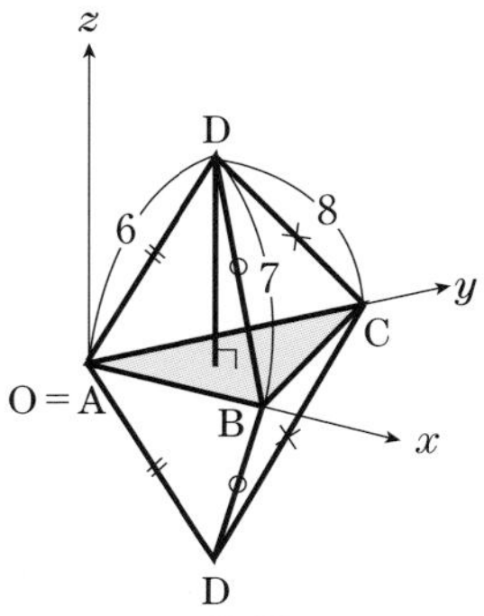

図2

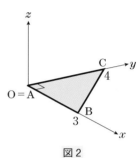

図3

AB = 3, AC = 4, BC = 5 より, △ABC は ∠BAC = 90° の直角三角形である。よって, xyz 空間で,

$$A(0, 0, 0), B(3, 0, 0), C(0, 4, 0)$$

とおける。

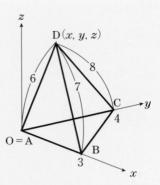

四面体 ABCD の体積を求めるので,

$$D(x, y, z) \quad (z > 0)$$

としてよく, このとき AD = 6, BD = 7, CD = 8 より,

$$\begin{cases} x^2 + y^2 + z^2 = 36 & \cdots\cdots① \\ (x-3)^2 + y^2 + z^2 = 49 & \cdots\cdots② \\ x^2 + (y-4)^2 + z^2 = 64 & \cdots\cdots③ \end{cases}$$

②−①, ③−① により,

$$-6x + 9 = 13 \quad \therefore \quad x = -\frac{2}{3}$$

$$-8y + 16 = 28 \quad \therefore \quad y = -\frac{3}{2}$$

よって, ① より,

$$\frac{4}{9} + \frac{9}{4} + z^2 = 36 \quad \therefore \quad z^2 = \frac{1199}{36} \quad \therefore \quad z = \frac{\sqrt{1199}}{6}$$

したがって, 四面体 ABCD の体積 V は,

$$V = \frac{1}{3} \cdot △ABC \cdot z = \frac{1}{3} \times \frac{1}{2} \cdot 3 \cdot 4 \times \frac{\sqrt{1199}}{6} = \frac{\sqrt{1199}}{3}$$

類題 25

（理解） 京大は空間図形で論証が出る
とベクトルで解くものが多いの
で，ベクトルを思いつくでしょうか？　も
ちろんアリです。解けるかどうかわかりま
せんが（笑）。

　最初に思いついた方法を試してみること
は OK です。でも，それで失敗したら立
ち止まって戻ってくることが大切です。も
っと言えば，最初から問題のもつ特徴をよ
く理解し，いろいろな選択肢をもっておく
ことが大切です。

　本問はベクトルでも解けるのですが，ベ
クトルは第 6 章で扱うので，ここでは別解
として載せておきます。

　点 P, Q, R が そ れ ぞ れ OA, OB, OC
上を動くので，

$$\text{OP} = p, \quad \text{OQ} = q, \quad \text{OR} = r$$

とおきましょうか。

　文字をおいたら，範囲をチェック
ですが，正四面体 OABC の 1 辺の長さが
与えられていませんでしたね。一般的に a
としてもよいのですが，証明の内容が **図 1**
のようなもので，具体的な長さを求めるな
どの寸法の影響する問題ではないので，1
辺の長さが 1 でも 2 でも構わないですね。
「1 辺の長さを 1 として一般性を失わない」
でいきましょう。

$$0 < p < 1, \, 0 < q < 1, \, 0 < r < 1$$

となります（**図 2**）。

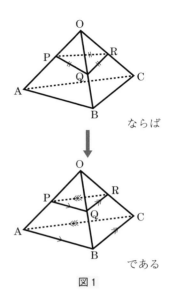

ならば

である

図 1

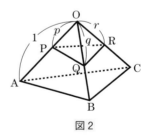

図 2

$p,\ q,\ r$ を使って，条件

　　「△PQR が正三角形」

を表そうとすると，

　　PQ = QR = RP　……ⓐ

ですから，**図3** の上側を見ると

……「余弦定理」でしょうか。

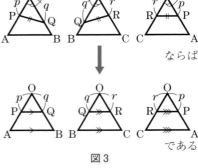

ならば

である

図3

　　$PQ^2 = p^2 + q^2 - 2pq\cos 60°$

　　$QR^2 = q^2 + r^2 - 2qr\cos 60°$

　　$RP^2 = r^2 + p^2 - 2rp\cos 60°$

ですから，ⓐは

　　$\underbrace{p^2 + q^2 - pq} = \underbrace{q^2 + r^2 - qr} = r^2 + p^2 - rp$　…ⓐ′

となります。

　一方，証明の目標

　　「PQ∥AB，　QR∥BC，　RP∥CA」

を，$p,\ q,\ r$ を使って表そうと思って，**図3** の下側を見ると……

　　$p = q$ かつ $q = r$ かつ $r = p$　　∴ 　　**目標**　$p = q = r$　……ⓑ

　ⓐ′→ⓑを示せばよいようです。ⓐ′の～～部を整理すると，q^2 が消去できて，

　　$p^2 - r^2 - pq + qr = 0$

　　$(p-r)(p+r) - q(p-r) = 0$　　← 次数の低い q で整理すると

　　$(p-r)(p+r-q) = 0$　　← $p-r$ でくくれる

　　$p = r$　……ⓒ または $p + r - q = 0$　……ⓓ

お！　ⓒはいいものが出てきましたね。で
も ⓓはダメです。どうしましょう？　とく
に思いつかないので，いったん保留して，
ⓐ′の……部にいきましょうか。～～部と
文字が入れ替っただけですから同様に，

　　$p^2 - q^2 - rp + qr = 0$

　　$(p-q)(p+q-r) = 0$

　　$p = q$　……ⓔ または $p + q - r = 0$　……ⓕ

です。

> **＋補足**
> 本問とは関係ありませんが，
> たとえば，$p,\ q,\ r$
> が三角形の3辺の
> 長さだったりする
> と，「三角形の成
> 立条件」で
> 　　$p + r < q$
> となって，ⓓが成立しないことを
> 示す問題もよくあります。

「ⓒかつⓔ」が ⬛目標 ですから，他の組み
合わせがダメなことをいえばよさそうです。

「ⓒかつⓕ」のときは，ⓒの $p = r$ でⓕ
の r を消去すると

$$p + q - p = 0 \qquad \therefore \quad q = 0$$

となって，「$0 < q < 1$」に反します。

「ⓓかつⓔ」のときも同様ですね。ⓔの $p = q$ でⓓの q を消去すると

$$p + r - p = 0 \qquad \therefore \quad r = 0$$

となり out です。

「ⓓかつⓕ」のときは，たとえば ⓓ+ⓕ をすると，q と r が消えて，

$$
\begin{array}{r}
p + r - q = 0 \\
+\underline{)\ p + q - r = 0} \\
2p \qquad\quad = 0 \qquad \therefore \quad p = 0
\end{array}
$$

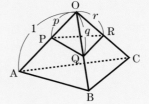

ⓓ−ⓕでもよいです。
$$
\begin{array}{r}
p + r - q = 0 \\
-\underline{)\ p + q - r = 0} \\
2r - 2q = 0 \qquad \therefore \quad q = r
\end{array}
$$
これをⓓに戻すと
$$p = 0$$
になります。

となり out です。

よし！ イケました。「「ⓒかつⓔ」以外は
ダメ」の部分がそこそこじゃまくさかったで
すね。京大の本番の入試では，この部分の説明が雑な答案がかなりあった
そうです。⬛目標 がわかりやすいと，つい飛びついてしまうかもしれません
が，「論証の京大」です。そういうときほど慎重に，穴がないように，論
を進めましょう。

🏃 実行

正四面体 OABC の1辺の長さを1とし
て一般性を失わない。このとき，

$$OP = p,\ OQ = q,\ OR = r$$

とおくと，

$$0 < p < 1,\ 0 < q < 1,\ 0 < r < 1$$

$$\cdots\cdots①$$

である。

△OPQ に余弦定理を用いると，

$$PQ^2 = p^2 + q^2 - 2pq\cos 60° = p^2 + q^2 - pq$$

であるから，△OQR，△ORP についても同様にして，

$$QR^2 = q^2 + r^2 - qr,\quad RP^2 = r^2 + p^2 - rp$$

である。

△PQR が正三角形ならば，PQ＝QR＝RP より，
$$p^2 + q^2 - pq = q^2 + r^2 - qr = r^2 + p^2 - rp$$
であり，左側の等式より，
$$(p - r)(p + r - q) = 0$$
$$\therefore \quad p = r \quad \cdots\cdots ② \quad または \quad p + r = q \quad \cdots\cdots ③$$
右側の等式より，
$$(p - q)(p + q - r) = 0$$
$$\therefore \quad p = q \quad \cdots\cdots ④ \quad または \quad p + q = r \quad \cdots\cdots ⑤$$
である。
②　かつ　⑤のとき，$q = 0$ となり，①に反する。
③　かつ　④のとき，$r = 0$ となり，①に反する。
③　かつ　⑤のとき，$p = 0$ となり，①に反する。
よって，②　かつ　④　つまり，
$$p = q = r$$
であるから，
$$OP : OA = OQ : OB = OR : OC = p : 1$$
となり，
$$PQ \parallel AB, \quad QR \parallel BC, \quad RP \parallel CA$$
である。

Ⓐ

検討　テーマ 24 でお話しした，立体図形へのアプローチのうちの
立体の表面だけを見ればよい問題　➡　「幾何」「三角比」
でした。**理解** でもいいましたが，京大は空間図形の論証ではベクトルで
解けるものが多いので，それが思いつくのはよいことですが，他の解法も
検討してみることは重要です。ベクトルよりもずっと楽に解ける方法があ
るかもしれませんもんね。本問はベクトルで解いてもだいたい同じくらい
の手間です。参考に解答を載せておきます。詳しくは第 6 章のベクトルで
お話ししますが，基本方針は，
　　　　1 次独立なベクトル $\overrightarrow{OA}$，$\overrightarrow{OB}$，$\overrightarrow{OC}$ ですべてを表す
です。

〈ベクトルによる別解〉

$\overrightarrow{OA} = \vec{a}$, $\overrightarrow{OB} = \vec{b}$, $\overrightarrow{OC} = \vec{c}$ とし, 正四面体 OABC の 1 辺の長さを l とすると,

$$|\vec{a}| = |\vec{b}| = |\vec{c}| = l$$

$$\vec{a} \cdot \vec{b} = \vec{b} \cdot \vec{c} = \vec{c} \cdot \vec{a} = l \cdot l \cos 60 = \frac{l^2}{2}$$

である。

P, Q, R は辺 OA, OB, OC 上（両端を除く）にあるから,

$$\overrightarrow{OP} = p\vec{a}, \quad \overrightarrow{OQ} = q\vec{b}, \quad \overrightarrow{OR} = r\vec{c}$$

$$(0 < p < 1, \ 0 < q < 1, \ 0 < r < 1)$$

とおけて, このとき,

$$\overrightarrow{PQ} = \overrightarrow{OQ} - \overrightarrow{OP} = q\vec{b} - p\vec{a}$$

であるから,

$$|\overrightarrow{PQ}|^2 = |q\vec{b} - p\vec{a}|^2 = q^2|\vec{b}|^2 - 2pq\vec{a} \cdot \vec{b} + p^2|\vec{a}|^2$$

$$= q^2 l^2 - 2pq \frac{l^2}{2} + p^2 l^2 = l^2(p^2 - pq + q^2)$$

同様にして,

$$|\overrightarrow{QR}|^2 = l^2(q^2 - qr + r^2), \quad |\overrightarrow{RP}|^2 = l^2(r^2 - rp + p^2)$$

△PQR が正三角形のとき, $|\overrightarrow{PQ}|^2 = |\overrightarrow{QR}|^2 = |\overrightarrow{RP}|^2$ であるから,

$$l^2(p^2 - pq + q^2) = l^2(q^2 - qr + r^2) = l^2(r^2 - rp + p^2)$$

であり, $l \neq 0$ より,

$$p^2 - pq + q^2 = q^2 - qr + r^2 = r^2 - rp + p^2$$

である。前ページの Ⓐ と同様にして,

$$p = q = r$$

となるから,

$$\overrightarrow{PQ} = q\vec{b} - p\vec{a} = p\overrightarrow{OB} - p\overrightarrow{OA} = p\overrightarrow{AB}$$

$$\overrightarrow{QR} = r\vec{c} - q\vec{b} = p\overrightarrow{OC} - p\overrightarrow{OB} = p\overrightarrow{BC}$$

$$\overrightarrow{RP} = p\vec{a} - r\vec{c} = p\overrightarrow{OA} - p\overrightarrow{OC} = p\overrightarrow{CA}$$

したがって,

$$\overrightarrow{PQ} \parallel \overrightarrow{AB}, \quad \overrightarrow{QR} \parallel \overrightarrow{BC}, \quad \overrightarrow{RP} \parallel \overrightarrow{CA}$$

である。

> さっきは「一辺の長さ 1」でやりましたので, こちらでは一般的に「長さ l」でやってみます。

> ココが「1 次独立なベクトル $\vec{a}$, $\vec{b}$, $\vec{c}$ ですべてを表す」です。

> すいません, 同じことなのでサボります。本番の答案ではちゃんと書かないとダメですよ！

理解 　図1 のような位置関係になります。

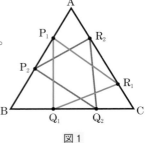

図1

まずは,

1次独立なベクトルですべてを表す

の方針で, $\overrightarrow{AB}$, $\overrightarrow{AC}$ ですべてを表していきましょう。

P_1, P_2, Q_1, Q_2, R_1, R_2 の位置を定めないといけないので

$$AP_1 : P_1B = p_1 : 1 - p_1 \quad (0 < p_1 < 1)$$
$$BQ_1 : Q_1C = q_1 : 1 - q_1 \quad (0 < q_1 < 1)$$
$$CR_1 : R_1A = r_1 : 1 - r_1 \quad (0 < r_1 < 1)$$

とおきましょうか。すると,

$$\overrightarrow{AP_1} = p_1\overrightarrow{AB}$$
$$\overrightarrow{AQ_1} = (1 - q_1)\overrightarrow{AB} + q_1\overrightarrow{AC}$$
$$\overrightarrow{AR_1} = (1 - r_1)\overrightarrow{AC}$$

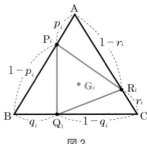

図2

だから, $\triangle P_1Q_1R_1$ の重心を G_1 とすると,

$$\overrightarrow{AG_1} = \frac{1}{3}(\overrightarrow{AP_1} + \overrightarrow{AQ_1} + \overrightarrow{AR_1})$$

$$= \frac{1}{3}\{p_1\overrightarrow{AB} + (1 - q_1)\overrightarrow{AB} + q_1\overrightarrow{AC} + (1 - r_1)\overrightarrow{AC}\}$$

$$= \frac{1}{3}(p_1 + 1 - q_1)\overrightarrow{AB} + \frac{1}{3}(q_1 + 1 - r_1)\overrightarrow{AC} \quad \cdots\cdots\text{ⓐ}$$

ちょっと文字が多いですが, 仕方がないですね。$\overrightarrow{AG_1}$ が $\overrightarrow{AB}$, $\overrightarrow{AC}$ で表せました。同様にして, $AP_2 : P_2B = p_2 : 1 - p_2$ などとおくと,

$$\overrightarrow{AG_2} = \frac{1}{3}(p_2 + 1 - q_2)\overrightarrow{AB} + \frac{1}{3}(q_2 + 1 - r_2)\overrightarrow{AC} \quad \cdots\cdots\text{ⓑ}$$

となります。ⓐ, ⓑの $\overrightarrow{AB}$, $\overrightarrow{AC}$ の係数をそれぞれ比較すれば, p_1, p_2, q_1, q_2, r_1, r_2 の関係式が出てきます。

$$\begin{cases} \dfrac{1}{3}(p_1 + 1 - q_1) = \dfrac{1}{3}(p_2 + 1 - q_2) \\ \dfrac{1}{3}(q_1 + 1 - r_1) = \dfrac{1}{3}(q_2 + 1 - r_2) \end{cases} \quad \therefore \begin{cases} p_1 - q_1 = p_2 - q_2 \\ q_1 - r_1 = q_2 - r_2 \end{cases} \quad \cdots\cdots\text{ⓒ}$$

計画 最終的な証明の目標は,
$$P_1P_2 = Q_1Q_2 = R_1R_2$$
ですから, たとえば $P_1P_2 = |\overrightarrow{P_1P_2}|$ で始点を A にしてみると,
$$|\overrightarrow{P_1P_2}| = |\overrightarrow{AP_2} - \overrightarrow{AP_1}| = |p_2\overrightarrow{AB} - p_1\overrightarrow{AB}| = |p_2 - p_1||\overrightarrow{AB}|$$

すると, ⓒは p_1 と p_2, q_1 と q_2, r_1 と r_2 がセットになるように整理して,

$$\begin{cases} p_1 - p_2 = q_1 - q_2 \\ q_1 - q_2 = r_1 - r_2 \end{cases} \qquad \therefore \quad p_1 - p_2 = q_1 - q_2 = r_1 - r_2$$

としておいた方がよさそうですね。

実行

$i = 1,\ 2$ として,
$$AP_i : P_iB = p_i : 1 - p_i$$
$$BQ_i : Q_iC = q_i : 1 - q_i$$
$$CR_i : R_iA = r_i : 1 - r_i$$
$$(0 < p_i < 1,\ 0 < q_i < 1,\ 0 < r_i < 1)$$
とすると,
$$\overrightarrow{AP_i} = p_i\overrightarrow{AB}$$
$$\overrightarrow{AQ_i} = (1 - q_i)\overrightarrow{AB} + q_i\overrightarrow{AC}$$
$$\overrightarrow{AR_i} = (1 - r_i)\overrightarrow{AC}$$
であるから, $\triangle P_iQ_iR_i$ の重心を G_i とすると,
$$\overrightarrow{AG_i} = \frac{1}{3}(\overrightarrow{AP_i} + \overrightarrow{AQ_i} + \overrightarrow{AR_i})$$
$$= \frac{1}{3}(p_i - q_i + 1)\overrightarrow{AB} + \frac{1}{3}(q_i - r_i + 1)\overrightarrow{AC}$$

G_1 と G_2 が一致するから, $\overrightarrow{AG_1} = \overrightarrow{AG_2}$ より,

$$\frac{1}{3}(p_1 - q_1 + 1)\overrightarrow{AB} + \frac{1}{3}(q_1 - r_1 + 1)\overrightarrow{AC}$$

$$= \frac{1}{3}(p_2 - q_2 + 1)\overrightarrow{AB} + \frac{1}{3}(q_2 - r_2 + 1)\overrightarrow{AC}$$

である。$\overrightarrow{AB} \neq \vec{0}$, $\overrightarrow{AC} \neq \vec{0}$, $\overrightarrow{AB} \nparallel \overrightarrow{AC}$ であるから,

$$\begin{cases} \dfrac{1}{3}(p_1 - q_1 + 1) = \dfrac{1}{3}(p_2 - q_2 + 1) \\ \dfrac{1}{3}(q_1 - r_1 + 1) = \dfrac{1}{3}(q_2 - r_2 + 1) \end{cases}$$

$$\therefore \quad p_1 - p_2 = q_1 - q_2 = r_1 - r_2 \quad \cdots\cdots ①$$

ここで,

$$|\overrightarrow{P_1P_2}| = |\overrightarrow{AP_2} - \overrightarrow{AP_1}| = |p_2\overrightarrow{AB} - p_1\overrightarrow{AB}| = |(p_2 - p_1)\overrightarrow{AB}|$$
$$= |p_2 - p_1|AB$$
$$|\overrightarrow{Q_1Q_2}| = |\overrightarrow{AQ_2} - \overrightarrow{AQ_1}| = |\{(1-q_2)\overrightarrow{AB} + q_2\overrightarrow{AC}\} - \{(1-q_1)\overrightarrow{AB} + q_1\overrightarrow{AC}\}|$$
$$= |(q_2 - q_1)(\overrightarrow{AC} - \overrightarrow{AB})| = |(q_2 - q_1)\overrightarrow{BC}| = |q_2 - q_1|BC$$
$$|\overrightarrow{R_1R_2}| = |\overrightarrow{AR_2} - \overrightarrow{AR_1}| = |(1-r_2)\overrightarrow{AC} - (1-r_1)\overrightarrow{AC}| = |(r_1 - r_2)\overrightarrow{AC}|$$
$$= |r_1 - r_2|AC$$

であるから，①と AB = BC = CA より，
$$|\overrightarrow{P_1P_2}| = |\overrightarrow{Q_1Q_2}| = |\overrightarrow{R_1R_2}| \qquad \therefore \quad P_1P_2 = Q_1Q_2 = R_1R_2$$

検討 本問もまた，道具は指定されていません。たとえば，右の図のように座標をおいても証明できます。気づいていましたか？ 「ベクトルの章だからベクトル」という発想はダメです。とくに京大受験生は。証明するべき内容は正三角形

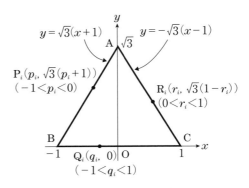

の 1 辺の長さには依存しないので，1 辺の長さを 2 としています。

類 題 27

理解 実は，幾何でも証明できるのですが，なかなか手強いです。長さや角度がまったく与えられていない，一般的な四面体ですから，「ベクトル」でいきましょう。

垂線の足を考えますので，内積の計算をすることになります。計算しやすいように $\overrightarrow{OA} = \vec{a}$, $\overrightarrow{OB} = \vec{b}$, $\overrightarrow{OC} = \vec{c}$ とおき直して，

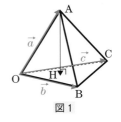

図1

　　　　　1 次独立なベクトル $\vec{a}$, $\vec{b}$, $\vec{c}$ ですべてを表す

でイキましょう。まずは「A から平面 OBC に下ろした垂線の足を H」として，$\vec{a}$, $\vec{b}$, $\vec{c}$ の関係式を作っていきます。

まず，「H は △OBC の重心」ですから，
$$\overrightarrow{OH} = \frac{\overrightarrow{OB} + \overrightarrow{OC}}{3} = \frac{1}{3}(\vec{b} + \vec{c}) \quad \cdots\cdots ⓐ$$

ですね。次に，「$\overrightarrow{\mathrm{AH}}\perp$平面 OBC」ですが，大丈夫ですか？ ここで確認しておきましょう。

ここからの失敗で多いのが

$$\overrightarrow{\mathrm{OH}}\cdot\overrightarrow{\mathrm{AH}}=0$$

などから求めようとする失敗です。これだと，たとえば**図2**のように H が垂線の足になっていなくても，$\overrightarrow{\mathrm{OH}}\perp\overrightarrow{\mathrm{AH}}$ ですから，$\overrightarrow{\mathrm{OH}}\cdot\overrightarrow{\mathrm{AH}}=0$ が成り立ってしまいます。「直線と平面が垂直」というのは**図3**のように，「その直線が，平面上のすべての直線と垂直」ということです。しかし，「平面上のすべての直線」との関係を調べることはとても面倒です。

図2　図3

次のことが成り立ちます。

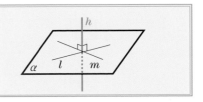

◆ **平面に垂直な直線**
直線 h が平面 α 上の交わる
2直線 l, m に垂直ならば，
直線 h は平面 α に垂直である。

実は平面上の交わる（すなわち平行でない）2直線との関係を調べればOKなんですね。これをベクトルに直すと，

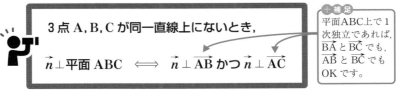

3点 A, B, C が同一直線上にないとき，

$$\vec{n}\perp\text{平面 ABC} \iff \vec{n}\perp\overrightarrow{\mathrm{AB}}\text{ かつ }\vec{n}\perp\overrightarrow{\mathrm{AC}}$$

＋補足
平面ABC上で1次独立であれば，$\overrightarrow{\mathrm{BA}}$ と $\overrightarrow{\mathrm{BC}}$ でも，$\overrightarrow{\mathrm{AB}}$ と $\overrightarrow{\mathrm{BC}}$ でもOK です。

これで本当に $\vec{n}$ は平面 ABC 上のすべてのベクトル（$\vec{0}$ は除く）と垂直なのでしょうか？ 確かめてみましょう。

$\vec{n}\perp\overrightarrow{\mathrm{AB}}$, $\vec{n}\perp\overrightarrow{\mathrm{AC}}$ より，

$$\vec{n}\cdot\overrightarrow{\mathrm{AB}}=0,\quad \vec{n}\cdot\overrightarrow{\mathrm{AC}}=0$$

が成り立っています。

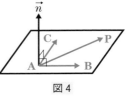

図4

$\overrightarrow{AB} \neq \vec{0}$, $\overrightarrow{AC} \neq \vec{0}$, $\overrightarrow{AB} \not\!\!/\!\!/ \overrightarrow{AC}$ だから,
平面 ABC 上の任意の点 P に対して $\overrightarrow{AP}$ は,

$$\overrightarrow{AP} = x\overrightarrow{AB} + y\overrightarrow{AC}$$

と表すことができます。すると,

$$\begin{aligned}
\vec{n} \cdot \overrightarrow{AP} &= \vec{n} \cdot (x\overrightarrow{AB} + y\overrightarrow{AC}) \\
&= x\vec{n} \cdot \overrightarrow{AB} + y\vec{n} \cdot \overrightarrow{AC} \\
&= x \cdot 0 + y \cdot 0 \\
&= 0
\end{aligned}$$

P = A のときは $\overrightarrow{AP} = \vec{0}$ ですが,
それ以外は,

$$\vec{n} \perp \overrightarrow{AP}$$

です。

　本問の「垂線の足」は「平面に下ろした垂線の足」ですが，「直線に下ろした垂線の足」もあり，どちらも重要ですから，ここでまとめておきましょう。

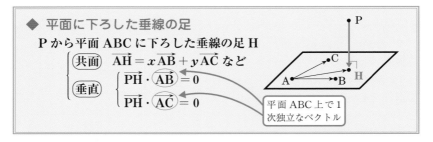

◆ **平面に下ろした垂線の足**

P から平面 ABC に下ろした垂線の足 H

（共面）$\overrightarrow{AH} = x\overrightarrow{AB} + y\overrightarrow{AC}$ など

（垂直）
$\overrightarrow{PH} \cdot \overrightarrow{AB} = 0$
$\overrightarrow{PH} \cdot \overrightarrow{AC} = 0$

平面 ABC 上で1次独立なベクトル

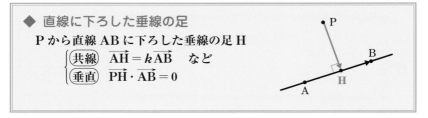

◆ **直線に下ろした垂線の足**

P から直線 AB に下ろした垂線の足 H

（共線）$\overrightarrow{AH} = k\overrightarrow{AB}$ など

（垂直）$\overrightarrow{PH} \cdot \overrightarrow{AB} = 0$

　では，本問にもどりましょう。「平面 OBC の1次独立な2本のベクトルと $\overrightarrow{AH}$ が垂直」が同値条件ですから，$\overrightarrow{OB}$ と $\overrightarrow{OC}$ でイキましょうか。

$$\overrightarrow{AH} \perp \overrightarrow{OB} \quad \text{かつ} \quad \overrightarrow{AH} \perp \overrightarrow{OC}$$

より

$$\overrightarrow{\mathrm{AH}} \cdot \overrightarrow{\mathrm{OB}} = 0 \quad \text{かつ} \quad \overrightarrow{\mathrm{AH}} \cdot \overrightarrow{\mathrm{OC}} = 0 \quad \cdots\cdots ⓑ$$

です。そうしますと，$\overrightarrow{\mathrm{AH}}$ を $\vec{a}$, $\vec{b}$, $\vec{c}$ で表して，

$$\overrightarrow{\mathrm{AH}} = \overrightarrow{\mathrm{OH}} - \overrightarrow{\mathrm{OA}} = \frac{1}{3}(\vec{b}+\vec{c}) - \vec{a}$$

ですから，ⓑより

$$\times 3 \left\langle \begin{array}{l} \left\{\dfrac{1}{3}(\vec{b}+\vec{c}) - \vec{a}\right\} \cdot \vec{b} = 0 \quad \text{かつ} \quad \left\{\dfrac{1}{3}(\vec{b}+\vec{c}) - \vec{a}\right\} \cdot \vec{c} = 0 \\[2mm] |\vec{b}|^2 + \vec{b}\cdot\vec{c} - 3\vec{a}\cdot\vec{b} = 0 \quad \text{かつ} \quad \vec{b}\cdot\vec{c} + |\vec{c}|^2 - 3\vec{a}\cdot\vec{c} = 0 \end{array} \right\rangle \times 3$$

$$\underset{\cdots\cdots ⓒ}{} \qquad\qquad\qquad\qquad \underset{\cdots\cdots ⓓ}{}$$

となります。

　「B から平面 OCA に下ろした垂線の足を I」，「C から平面 OAB に下ろした垂線の足を J」として，I と J についても同様です。あ，計算をやり直す必要はないですよ。**例題 27** と同様に，本問も与えられた条件は A，B，C に関して対称性がありますから。対応関係はわかりますか？

点 A から平面 OBC に下ろした垂線の足 H

　　　　A を B　　B を C　　C を A　にチェンジ

点 B から平面 OCA に下ろした垂線の足 I

　　　　B を C　　C を A　　A を B　にチェンジ

点 C から平面 OAB に下ろした垂線の足 J

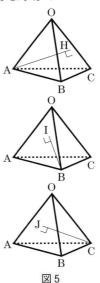

図 5

ですから，さきほどの ⓒ，ⓓ を

H について　$|\vec{b}|^2 + \vec{b}\cdot\vec{c} - 3\vec{a}\cdot\vec{b} = 0$…ⓒ　$\vec{b}\cdot\vec{c} + |\vec{c}|^2 - 3\vec{c}\cdot\vec{a} = 0$…ⓓ

　　　　　　$\vec{b}$を$\vec{c}$　$\vec{c}$を$\vec{a}$　$\vec{a}$を$\vec{b}$　　$\vec{b}$を$\vec{c}$　$\vec{c}$を$\vec{a}$　$\vec{a}$を$\vec{b}$にチェンジ

I について　$|\vec{c}|^2 + \vec{c}\cdot\vec{a} - 3\vec{b}\cdot\vec{c} = 0$…ⓔ　$\vec{c}\cdot\vec{a} + |\vec{a}|^2 - 3\vec{a}\cdot\vec{b} = 0$…ⓕ

　　　　　　$\vec{c}$を$\vec{a}$　$\vec{a}$を$\vec{b}$　$\vec{b}$を$\vec{c}$　　$\vec{c}$を$\vec{a}$　$\vec{a}$を$\vec{b}$　$\vec{b}$を$\vec{c}$にチェンジ

J について　$|\vec{a}|^2 + \vec{a}\cdot\vec{b} - 3\vec{c}\cdot\vec{a} = 0$…ⓖ　$\vec{a}\cdot\vec{b} + |\vec{b}|^2 - 3\vec{b}\cdot\vec{c} = 0$…ⓗ

となりますね。右のように循環しています。

　さて，そうしますと，$|\vec{a}|^2$，$|\vec{b}|^2$，$|\vec{c}|^2$，
$\vec{a}\cdot\vec{b}$，$\vec{b}\cdot\vec{c}$，$\vec{c}\cdot\vec{a}$ の6文字に関する連立方程式
になって，6文字6式ですから，すべて値が定まるハズですね。解けますか？

条件に等式があれば，文字消去してみる

でしたね。$\vec{a}\cdot\vec{b}$，$\vec{b}\cdot\vec{c}$，$\vec{c}\cdot\vec{a}$ は ＋（プラス）だったり －（マイナス）だったり，3 がついていたり，ついていなかったりで，ややこしいので，$|\vec{a}|^2$，$|\vec{b}|^2$，$|\vec{c}|^2$ を消去しましょうか。$|\vec{a}|^2$ は ⓕ と ⓖ にあって

　　　ⓕより　$|\vec{a}|^2 = 3\vec{a}\cdot\vec{b} - \vec{c}\cdot\vec{a}$　……ⓕ′

　　　ⓖより　$|\vec{a}|^2 = 3\vec{c}\cdot\vec{a} - \vec{a}\cdot\vec{b}$　……ⓖ′

ですから，$|\vec{a}|^2$ を消去すると，　　　　移項

　　　$(|\vec{a}|^2 =)\ 3\vec{a}\cdot\vec{b} - \vec{c}\cdot\vec{a} = 3\vec{c}\cdot\vec{a} - \vec{a}\cdot\vec{b}$

　　　　　　　　　　　　　　　　　　　　移項

　　　$\therefore\quad 4\vec{a}\cdot\vec{b} = 4\vec{c}\cdot\vec{a}$　　÷4

　　　$\therefore\quad \vec{a}\cdot\vec{b} = \vec{c}\cdot\vec{a}$

　ⓕ′，ⓖ′ にもどすと　$\vec{a}\cdot\vec{b} = \vec{c}\cdot\vec{a} = \dfrac{1}{2}|\vec{a}|^2$　……ⓘ

　お，キレイな式が出てきましたね。同じく

　　　ⓗ，ⓒより　$|\vec{b}|^2 = 3\vec{b}\cdot\vec{c} - \vec{a}\cdot\vec{b} = 3\vec{a}\cdot\vec{b} - \vec{b}\cdot\vec{c}$

　　　$\therefore\quad \vec{b}\cdot\vec{c} = \vec{a}\cdot\vec{b} = \dfrac{1}{2}|\vec{b}|^2$　……ⓙ

　　　ⓓ，ⓔより　$|\vec{c}|^2 = 3\vec{c}\cdot\vec{a} - \vec{b}\cdot\vec{c} = 3\vec{b}\cdot\vec{c} - \vec{c}\cdot\vec{a}$

　　　$\therefore\quad \vec{c}\cdot\vec{a} = \vec{b}\cdot\vec{c} = \dfrac{1}{2}|\vec{c}|^2$　……ⓚ

となります。ⓘ，ⓙ，ⓚより，

　　　$\vec{a}\cdot\vec{b} = \vec{b}\cdot\vec{c} = \vec{c}\cdot\vec{a} = \dfrac{1}{2}|\vec{a}|^2 = \dfrac{1}{2}|\vec{b}|^2 = \dfrac{1}{2}|\vec{c}|^2$　……ⓛ

計画 そうしますと，①の右2つの等式から，

$$|\vec{a}| = |\vec{b}| = |\vec{c}| \qquad \therefore \quad OA = OB = OC$$

がわかります。じゃあ，①の左2つの等式をOA，OB，OCで表すと

$$OA \cdot OB \cos \angle AOB = OB \cdot OC \cos \angle BOC = OC \cdot OA \cos \angle COA$$

となり，OA = OB = OC ですから

$$\cos \angle AOB = \cos \angle BOC = \cos \angle COA$$

∠AOB，∠BOC，∠COA は三角形の内角で0°より大きく180°より小さいので

$$\angle AOB = \angle BOC = \angle COA$$

あら？　角度が等しいのはわかりましたが，∠AOB，∠BOC，∠COA が何度かはわかりませんね。できれば「60°」がほしいのですが……

　もう一度①を見てください。何か使っていない式はないですか？

$$\boxed{\vec{a} \cdot \vec{b} = \vec{b} \cdot \vec{c} = \vec{c} \cdot \vec{a}} = \boxed{\frac{1}{2}|\vec{a}|^2 = \frac{1}{2}|\vec{b}|^2 = \frac{1}{2}|\vec{c}|^2} \qquad \cdots\cdots ①$$

ココから∠AOB = ∠BOC = ∠COA　　　　　　　　ココから OA = OB = OC

コレを使っていない！

ひとつ使い忘れていました。そりゃあ答が出ないですよね。

　あらためて，OA = OB = OC = r とすると，①の左3つの等式より

$$r \cdot r \cos \angle AOB = r \cdot r \cos \angle BOC = r \cdot r \cos \angle COA = \frac{1}{2}r^2$$

$$\cos \angle AOB = \cos \angle BOC = \cos \angle COA = \frac{1}{2} \qquad \div r^2$$

$$\angle AOB = \angle BOC = \angle COA = 60°$$

となります。そうしますと，△OAB，△OBC，△OCA はすべて二等辺三角形で，等辺のなす角が60°ですから，合同な正三角形です。さらに，そうしますと，AB = BC = CA で，△ABC も合同な正三角形ですから，四面体 OABC は正四面体ですね。イケました！（次ページの **図6**）

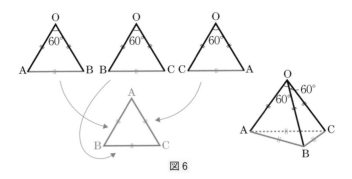

図6

$\overrightarrow{OA} = \vec{a}$, $\overrightarrow{OB} = \vec{b}$, $\overrightarrow{OC} = \vec{c}$ とおく。

A から平面 OBC に下ろした垂線の足を H とおくと，H は△OBC の重心であるから，

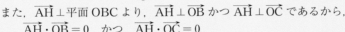

$$\overrightarrow{OH} = \frac{\vec{b} + \vec{c}}{3}$$

$\therefore \quad \overrightarrow{AH} = \overrightarrow{OH} - \overrightarrow{OA} = \frac{\vec{b} + \vec{c}}{3} - \vec{a}$

また，$\overrightarrow{AH} \perp$平面 OBC より，$\overrightarrow{AH} \perp \overrightarrow{OB}$ かつ $\overrightarrow{AH} \perp \overrightarrow{OC}$ であるから，

$$\overrightarrow{AH} \cdot \overrightarrow{OB} = 0 \quad \text{かつ} \quad \overrightarrow{AH} \cdot \overrightarrow{OC} = 0$$

である。よって，

$$\begin{cases} \left(\dfrac{\vec{b} + \vec{c}}{3} - \vec{a} \right) \cdot \vec{b} = 0 \\ \left(\dfrac{\vec{b} + \vec{c}}{3} - \vec{a} \right) \cdot \vec{c} = 0 \end{cases} \quad \therefore \quad \begin{cases} |\vec{b}|^2 = 3\vec{a} \cdot \vec{b} - \vec{b} \cdot \vec{c} \quad \cdots\cdots ① \\ |\vec{c}|^2 = 3\vec{c} \cdot \vec{a} - \vec{b} \cdot \vec{c} \quad \cdots\cdots ② \end{cases}$$

B から平面 OCA に下ろした垂線が△OCA の重心を通り，C から平面 OAB に下ろした垂線が△OAB の重心を通るから，同様にして，

$$\begin{cases} |\vec{c}|^2 = 3\vec{b} \cdot \vec{c} - \vec{c} \cdot \vec{a} \quad \cdots\cdots ③ \\ |\vec{a}|^2 = 3\vec{a} \cdot \vec{b} - \vec{c} \cdot \vec{a} \quad \cdots\cdots ④ \end{cases} \quad \begin{cases} |\vec{a}|^2 = 3\vec{c} \cdot \vec{a} - \vec{a} \cdot \vec{b} \quad \cdots\cdots ⑤ \\ |\vec{b}|^2 = 3\vec{b} \cdot \vec{c} - \vec{a} \cdot \vec{b} \quad \cdots\cdots ⑥ \end{cases}$$

①と⑥，②と③より，

$$\begin{cases} 3\vec{a} \cdot \vec{b} - \vec{b} \cdot \vec{c} = 3\vec{b} \cdot \vec{c} - \vec{a} \cdot \vec{b} \\ 3\vec{c} \cdot \vec{a} - \vec{b} \cdot \vec{c} = 3\vec{b} \cdot \vec{c} - \vec{c} \cdot \vec{a} \end{cases} \quad \therefore \quad \vec{a} \cdot \vec{b} = \vec{b} \cdot \vec{c} = \vec{c} \cdot \vec{a} \quad \cdots\cdots ⑦$$

であるから，⑦と①～⑥より，

$$|\vec{a}|^2 = |\vec{b}|^2 = |\vec{c}|^2 = 2\vec{a} \cdot \vec{b} = 2\vec{b} \cdot \vec{c} = 2\vec{c} \cdot \vec{a}$$

よって，$|\vec{a}| = |\vec{b}| = |\vec{c}| = r$ とおくと，$2\vec{a} \cdot \vec{b} = 2\vec{b} \cdot \vec{c} = 2\vec{c} \cdot \vec{a} = r^2$ であるから，

$$|\overrightarrow{\mathrm{AB}}|^2 = |\vec{b} - \vec{a}|^2 = |\vec{b}|^2 - 2\vec{a}\cdot\vec{b} + |\vec{a}|^2 = r^2 - r^2 + r^2 = r^2$$

$$\therefore \quad |\overrightarrow{\mathrm{AB}}| = r$$

であり，同様に $|\overrightarrow{\mathrm{BC}}| = |\overrightarrow{\mathrm{CA}}| = r$ であるから，

$$\mathrm{OA} = \mathrm{OB} = \mathrm{OC} = \mathrm{AB} = \mathrm{BC} = \mathrm{CA}\,(=r)$$

したがって，四面体 OABC は正四面体である。

> **動画** では「△OAB，△OBC，△OCA が正三角形」で証明しましたが，ココでは「6つの辺の長さが等しい」で証明してみました。

＋補足 この問題は文系でしたが，同じ年の理系では次の問題が出題されました。

四面体 OABC が次の条件を満たすならば，それは正四面体であることを示せ。

条件：頂点 A，B，C からそれぞれの対面を含む平面へ下ろした垂線は対面の外心を通る。

ただし，四面体のある頂点の対面とは，その頂点を除く他の3つの頂点がなす三角形のことをいう。

(京大・理系・16)

さっきの問題との違い，わかりますか？　間違いさがしのようですね（笑）。対面を含む平面へ下ろした垂線が，さっきは対面の「重心」を通っていたのですが，こちらは対面の「外心」を通っているんですね。

さっきの問題も，実は幾何でも解けるのですが，なかなか手強いんです。でも，この問題は，逆に幾何でカンタンに解けてしまうんです。

さっきと同じく，A から平面 OBC に下ろした垂線の足を H としましょうか。H は△OBC の外心ですから，まず気づくことは **図2** より

$$\mathrm{OH} = \mathrm{BH} = \mathrm{CH}$$

ですよね。コレをふまえて **図1** を見ると，何か思いつきませんか？　……そうです！

$$\triangle \mathrm{AHO} \equiv \triangle \mathrm{AHB} \equiv \triangle \mathrm{AHC}$$

ですよね。

● AH　共通

● OH = BH = CH

● $\angle \mathrm{AHO} = \angle \mathrm{AHB} = \angle \mathrm{AHC} = 90°$

ですから。

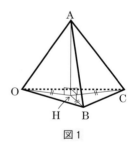

図1

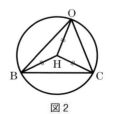

図2

そうしますと，**図3** のように，

$$AO = AB = AC \quad \cdots\cdots ⓐ$$

となります。B から平面 OCA に下ろした垂線
について考えると，同様に

$$BO = BA = BC \quad \cdots\cdots ⓘ$$

C から平面 OAB に下ろした垂線について考
えると，同様に

$$CO = CA = CB \quad \cdots\cdots ⓤ$$

となりますから，ⓐ，ⓘ，ⓤより

$$OA = OB = OC = AB = BC = CA$$

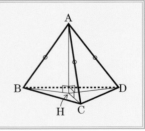

図3

となり，四面体 OABC は正四面体であることが証明できました。コレは，

$$\text{垂線の足が外心} \quad\longrightarrow\quad AO = AB = AC$$

でしたが，入試のネタとしては，逆の

$$AO = AB = AC \quad\longrightarrow\quad \text{垂線の足は外心}$$

が有名で，191 ページの東大・阪大の問題や，例題25 では「四面体の外
接球の中心から底面に垂線を下ろす」という設定で登場しましたね。受験
業界では「等脚四面体」などと呼ばれています。あ，正式な名前ではない
ので，答案には書かないようにしてください。

◆ **等脚四面体** ← 正式名称ではない

　四面体 ABCD において，

$$AB = AC = AD$$

**ならば，A から平面 BCD に下ろした垂線の
足を H として，**

$$\textbf{H は}\triangle\textbf{BCD の外心}$$

　入試の素材として，正四面体ではカンタンすぎるし，かといって，あま
りフクザツな四面体だと幾何的に扱うことは難しいです。そういう意味で，
問題を作る側からすると，この等脚四面体はそこそこキレイで，そこそこ
フクザツなんで，"ほどよい" 素材なんですよね。

　第5章　図形で言いましたが，

図形問題 ➡ 1 幾何　2 三角比　3 座標　4 ベクトル

でしたよね。とくに京大では「どの道具を使うのか」の選択が受験生にゆだねられています。また、別解が多いため、ちがう道具でも解けたりします。それでも、たまに「どんな場合はベクトルで、どんな場合は座標がいいんですか？」という質問を受けます。この、京大の文系と理系の問題を見ていただければ、そういう中途半端なパターン化は無理ということがわかると思います。たった一文字「重心」と「外心」が違うだけで、大きく解法がかわってしまうんです。くり返しになりますが、①理解 ②計画 ③実行 ④検討 を1つひとつ積み上げていってください。京大は「自分で考えることのできる人」を求めておられます。

類題 28

$$\overrightarrow{\mathrm{OA}} + \overrightarrow{\mathrm{OC}} = \overrightarrow{\mathrm{OB}} + \overrightarrow{\mathrm{OD}} \quad \cdots\cdots \text{ⓐ}$$
$$\overrightarrow{\mathrm{OP}} = p\overrightarrow{\mathrm{OA}}, \ \overrightarrow{\mathrm{OQ}} = q\overrightarrow{\mathrm{OB}}, \ \overrightarrow{\mathrm{OR}} = r\overrightarrow{\mathrm{OC}}, \ \overrightarrow{\mathrm{OS}} = s\overrightarrow{\mathrm{OD}} \quad \cdots\cdots \text{ⓑ}$$

まず、ⓐの図形的意味はわかりますか？
$\overrightarrow{\mathrm{OC}}$ と $\overrightarrow{\mathrm{OB}}$ を移項して、

$$\overrightarrow{\mathrm{OA}} - \overrightarrow{\mathrm{OB}} = \overrightarrow{\mathrm{OD}} - \overrightarrow{\mathrm{OC}}$$
$$\therefore \ \overrightarrow{\mathrm{BA}} = \overrightarrow{\mathrm{CD}}$$

よって、四角形 ABCD が平行四辺形であることがわかります。

また、別の見方として、ⓐの両辺を2で割ると、

$$\frac{\overrightarrow{\mathrm{OA}} + \overrightarrow{\mathrm{OC}}}{2} = \frac{\overrightarrow{\mathrm{OB}} + \overrightarrow{\mathrm{OD}}}{2}$$

だから、線分 AC と線分 BD の中点が一致しています（**図2**）。四角形で2本の対角線が互いの中点で交わるのは、平行四辺形です。このように見ても底面 ABCD は平行四辺形とわかりますね。

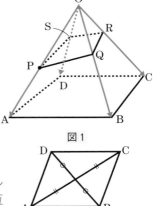

図1

図2

じつは本問では、四角形 ABCD が平行四辺形であることに気がつかなくても問題は解けます。でも、一般の入試で、四角錐を素材とするベクトルの問題では、底面は平行四辺形、長方形、正方形であることがほとんどです。つまり、ⓐが成り立っていて、これが問題を解く急所になるんですね。

1次独立なベクトルですべてを表す

です。$\overrightarrow{\mathrm{OA}}$, $\overrightarrow{\mathrm{OB}}$, $\overrightarrow{\mathrm{OC}}$, $\overrightarrow{\mathrm{OD}}$ の4本を使った方がキレイな気がするんですが、たとえば、

$$\overrightarrow{OD} = \overrightarrow{OA} - \overrightarrow{OB} + \overrightarrow{OC} \quad \cdots\cdots ⓐ'$$

のように変形して，$\overrightarrow{OD}$ を消去し，$\overrightarrow{OA}$，$\overrightarrow{OB}$，$\overrightarrow{OC}$ だけの式にするんですね。

ⓑの最後の式も，ⓐ'を利用すると，

$$\overrightarrow{OS} = s\overrightarrow{OD} = s(\overrightarrow{OA} - \overrightarrow{OB} + \overrightarrow{OC}) \quad \cdots\cdots ⓒ$$

と $\overrightarrow{OA}$，$\overrightarrow{OB}$，$\overrightarrow{OC}$ だけで表せます。

残る条件は「P，Q，R，S が同一平面上」ですが，これをベクトルで表現すると，たとえば，

$$\overrightarrow{PR} = x\overrightarrow{PQ} + y\overrightarrow{PS} \quad \cdots\cdots ⓓ$$

です（図3）。

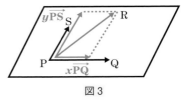

図3

 ⓓは始点がPですが，$\overrightarrow{OA}$，$\overrightarrow{OB}$，$\overrightarrow{OC}$ だけの式にしたいから，まずは始点をO に変えて，

$$\overrightarrow{OR} - \overrightarrow{OP} = x(\overrightarrow{OQ} - \overrightarrow{OP}) + y(\overrightarrow{OS} - \overrightarrow{OP})$$
$$\overrightarrow{OR} = (1 - x - y)\overrightarrow{OP} + x\overrightarrow{OQ} + y\overrightarrow{OS} \quad \cdots\cdots ⓓ'$$

あ，ちょっとマズイですね。ⓓ'でも解けますが，これにⓑ，ⓒを代入して，$\overrightarrow{OA}$，$\overrightarrow{OB}$，$\overrightarrow{OC}$ だけの式にします。$\overrightarrow{OP}$，$\overrightarrow{OQ}$，$\overrightarrow{OR}$ はⓑより，

$$\overrightarrow{OP} = p\overrightarrow{OA}, \quad \overrightarrow{OQ} = q\overrightarrow{OB},$$
$$\overrightarrow{OR} = r\overrightarrow{OC}$$

とおきかえられますが，$\overrightarrow{OS}$はⓒより，

$$\overrightarrow{OS} = s(\overrightarrow{OA} - \overrightarrow{OB} + \overrightarrow{OC})$$

と少し長いです。ⓓ'でなく$\overrightarrow{OS} = \cdots\cdots$

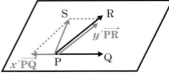

図4

の形の方が計算がラクそうだから，ⓓではなく，図4 のように見て，

$$\overrightarrow{PS} = x'\overrightarrow{PQ} + y'\overrightarrow{PR} \quad \cdots\cdots ⓔ$$

◀ 時間があれば，ⓓでもやってみて，どれくらい計算がジャマくさくなるか試してみてください。

としましょうか。始点をO に変えて，

$$\overrightarrow{OS} - \overrightarrow{OP} = x'(\overrightarrow{OQ} - \overrightarrow{OP}) + y'(\overrightarrow{OR} - \overrightarrow{OP})$$
$$\overrightarrow{OS} = (1 - x' - y')\overrightarrow{OP} + x'\overrightarrow{OQ} + y'\overrightarrow{OR} \quad \cdots\cdots ⓔ'$$

ⓑとⓒを代入して，

$$s(\overrightarrow{OA} - \overrightarrow{OB} + \overrightarrow{OC}) = (1 - x' - y')p\overrightarrow{OA} + x'q\overrightarrow{OB} + y'r\overrightarrow{OC}$$

これで1次独立が使えます。係数比較して，あとは x'，y' を消去すれば，$\dfrac{1}{p} + \dfrac{1}{r} = \dfrac{1}{q} + \dfrac{1}{s}$ を導けそうです。

実行

　p, q, r は0と異なるので，$\overrightarrow{\mathrm{PQ}} \neq \vec{0}$，$\overrightarrow{\mathrm{PR}} \neq \vec{0}$，$\overrightarrow{\mathrm{PQ}} \not\parallel \overrightarrow{\mathrm{PR}}$ であり，P，Q，R，S は同一平面上にあることから，

> **計画** では x', y' にしていましたが，見にくいので x, y にしました。
> **理解** の⑭の式の x, y とは別モノです。

$$\overrightarrow{\mathrm{PS}} = x\overrightarrow{\mathrm{PQ}} + y\overrightarrow{\mathrm{PR}}$$

と表せる。これより，

$$\overrightarrow{\mathrm{OS}} = (1-x-y)\overrightarrow{\mathrm{OP}} + x\overrightarrow{\mathrm{OQ}} + y\overrightarrow{\mathrm{OR}} \quad \cdots\cdots(*)$$

であり，$\overrightarrow{\mathrm{OP}} = p\overrightarrow{\mathrm{OA}}$，$\overrightarrow{\mathrm{OQ}} = q\overrightarrow{\mathrm{OB}}$，$\overrightarrow{\mathrm{OR}} = r\overrightarrow{\mathrm{OC}}$，$\overrightarrow{\mathrm{OS}} = s\overrightarrow{\mathrm{OD}}$ を代入して，

$$s\overrightarrow{\mathrm{OD}} = (1-x-y)p\overrightarrow{\mathrm{OA}} + xq\overrightarrow{\mathrm{OB}} + yr\overrightarrow{\mathrm{OC}}$$

さらに，$\overrightarrow{\mathrm{OA}} + \overrightarrow{\mathrm{OC}} = \overrightarrow{\mathrm{OB}} + \overrightarrow{\mathrm{OD}}$ であるから，$\overrightarrow{\mathrm{OD}}$ を消去して，

$$s(\overrightarrow{\mathrm{OA}} - \overrightarrow{\mathrm{OB}} + \overrightarrow{\mathrm{OC}}) = (1-x-y)p\overrightarrow{\mathrm{OA}} + xq\overrightarrow{\mathrm{OB}} + yr\overrightarrow{\mathrm{OC}}$$

O，A，B，C は同一平面上にないから，

$$s = (1-x-y)p, \quad -s = xq, \quad s = yr$$

であり，p, q, r は0ではないから，

$$1-x-y = \frac{s}{p}, \quad x = -\frac{s}{q}, \quad y = \frac{s}{r} \quad \therefore \quad 1 - \left(-\frac{s}{q}\right) - \frac{s}{r} = \frac{s}{p}$$

さらに，s も0ではないから，

$$\frac{1}{s} + \frac{1}{q} - \frac{1}{r} = \frac{1}{p} \quad \therefore \quad \frac{1}{p} + \frac{1}{r} = \frac{1}{q} + \frac{1}{s}$$

検討　　共面条件 $(*)$ は，$1-x-y = \alpha$，$x = \beta$，$y = \gamma$ とおき直すと，

$$\overrightarrow{\mathrm{OS}} = \alpha\overrightarrow{\mathrm{OP}} + \beta\overrightarrow{\mathrm{OQ}} + \gamma\overrightarrow{\mathrm{OR}}, \quad \alpha+\beta+\gamma = 1 \quad \cdots\cdots(*)'$$

となりますから，$\overrightarrow{\mathrm{OP}}$，$\overrightarrow{\mathrm{OQ}}$，$\overrightarrow{\mathrm{OR}}$ を主役に，$(*)'$ を利用した解答もできます。

〈別解〉

　p, q, r, s は0ではないから，条件より，

$$\overrightarrow{\mathrm{OA}} = \frac{1}{p}\overrightarrow{\mathrm{OP}}, \quad \overrightarrow{\mathrm{OB}} = \frac{1}{q}\overrightarrow{\mathrm{OQ}}, \quad \overrightarrow{\mathrm{OC}} = \frac{1}{r}\overrightarrow{\mathrm{OR}}, \quad \overrightarrow{\mathrm{OD}} = \frac{1}{s}\overrightarrow{\mathrm{OS}}$$

$\overrightarrow{\mathrm{OA}} + \overrightarrow{\mathrm{OC}} = \overrightarrow{\mathrm{OB}} + \overrightarrow{\mathrm{OD}}$ に代入して，

$$\frac{1}{p}\overrightarrow{\mathrm{OP}} + \frac{1}{r}\overrightarrow{\mathrm{OR}} = \frac{1}{q}\overrightarrow{\mathrm{OQ}} + \frac{1}{s}\overrightarrow{\mathrm{OS}}$$

$$\therefore \quad \overrightarrow{\mathrm{OS}} = \frac{s}{p}\overrightarrow{\mathrm{OP}} - \frac{s}{q}\overrightarrow{\mathrm{OQ}} + \frac{s}{r}\overrightarrow{\mathrm{OR}}$$

O，P，Q，R は同一平面上になく，S が平面PQR上にあることから，

$$\frac{s}{p} - \frac{s}{q} + \frac{s}{r} = 1 \quad \therefore \quad \frac{1}{p} - \frac{1}{q} + \frac{1}{r} = \frac{1}{s} \quad \therefore \quad \frac{1}{p} + \frac{1}{r} = \frac{1}{q} + \frac{1}{s}$$

類題 29

外接円があるから，やはり O を始
点にして考えるべきでしょう。

$\overrightarrow{OA} = \vec{a}$, $\overrightarrow{OB} = \vec{b}$, $\overrightarrow{OC} = \vec{c}$, 外接円の半径
を r として，条件をベクトルで表すと，

- △ABC の外心が O
  ➡ $|\vec{a}| = |\vec{b}| = |\vec{c}| = r$ ……ⓐ

- 3 辺 AB, BC, CA を 2 : 3 に内分する点 P, Q, R
  ➡ $\overrightarrow{OP} = \dfrac{3\vec{a} + 2\vec{b}}{2+3}$, $\overrightarrow{OQ} = \dfrac{3\vec{b} + 2\vec{c}}{2+3}$, $\overrightarrow{OR} = \dfrac{3\vec{c} + 2\vec{a}}{2+3}$ ……ⓑ

- △PQR の外心が O
  ➡ $|\overrightarrow{OP}| = |\overrightarrow{OQ}| = |\overrightarrow{OR}|$ ……ⓒ

ⓑをⓒに代入すると，

$$\left|\frac{3\vec{a}+2\vec{b}}{5}\right| = \left|\frac{3\vec{b}+2\vec{c}}{5}\right| = \left|\frac{3\vec{c}+2\vec{a}}{5}\right|$$

となるので，両辺を 5 倍して分母を払ってから，
2 乗して，

$$|3\vec{a}+2\vec{b}|^2 = |3\vec{b}+2\vec{c}|^2 = |3\vec{c}+2\vec{a}|^2$$
$$9|\vec{a}|^2 + 12\vec{a}\cdot\vec{b} + 4|\vec{b}|^2$$
$$= 9|\vec{b}|^2 + 12\vec{b}\cdot\vec{c} + 4|\vec{c}|^2 = 9|\vec{c}|^2 + 12\vec{c}\cdot\vec{a} + 4|\vec{a}|^2$$

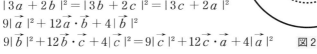

図1

図2

ⓐを代入して，

$$13r^2 + 12\vec{a}\cdot\vec{b} = 13r^2 + 12\vec{b}\cdot\vec{c} = 13r^2 + 12\vec{c}\cdot\vec{a}$$
$$\vec{a}\cdot\vec{b} = \vec{b}\cdot\vec{c} = \vec{c}\cdot\vec{a} \quad ……ⓓ$$

 「△ABC はどのような三角形か」と問われています。僕たち
が名前を知っている三角形といえば，正三角形，二等辺三角形，
直角三角形くらいです。正三角形はふつう「3 辺の長さが等しい三角形」
といいませんか。二等辺三角形もそうですが，

 三角形の形状 ➡ 辺の長さを調べる

が基本です。直角三角形も三平方の定理 $a^2 = b^2 + c^2$ があるから，辺の長
さで判断できます。ただし，これはあくまで基本。辺の長さがダメなら角
度です。辺の長さと角度のまぜこぜの式は見にくいから，どちらか一方に

着目して式を整理していくわけですね。たとえば，
$$\mathrm{AB}^2 = |\overrightarrow{\mathrm{AB}}|^2 = |\overrightarrow{\mathrm{OB}} - \overrightarrow{\mathrm{OA}}|^2 = |\vec{b} - \vec{a}|^2 = |\vec{b}|^2 - 2\vec{a} \cdot \vec{b} + |\vec{a}|^2$$
だから，ⓐより，
$$\mathrm{AB}^2 = 2r^2 - 2\vec{a} \cdot \vec{b}$$
BC，CA も同様でイケそうです。

実行

$\overrightarrow{\mathrm{OA}} = \vec{a}$，$\overrightarrow{\mathrm{OB}} = \vec{b}$，$\overrightarrow{\mathrm{OC}} = \vec{c}$ とおいて，題意の円の半径を r とすると，
$$|\vec{a}| = |\vec{b}| = |\vec{c}| = r \quad \cdots\cdots①$$
であり，

$$\overrightarrow{\mathrm{OP}} = \frac{3\vec{a} + 2\vec{b}}{5}$$

$$\overrightarrow{\mathrm{OQ}} = \frac{3\vec{b} + 2\vec{c}}{5}$$

$$\overrightarrow{\mathrm{OR}} = \frac{3\vec{c} + 2\vec{a}}{5}$$

である。
　△PQR の外心が O と一致するとき，
$$|\overrightarrow{\mathrm{OP}}| = |\overrightarrow{\mathrm{OQ}}| = |\overrightarrow{\mathrm{OR}}|$$
であるから，
$$|3\vec{a} + 2\vec{b}| = |3\vec{b} + 2\vec{c}| = |3\vec{c} + 2\vec{a}|$$
　辺々を 2 乗して，
$$9|\vec{a}|^2 + 12\vec{a} \cdot \vec{b} + 4|\vec{b}|^2 = 9|\vec{b}|^2 + 12\vec{b} \cdot \vec{c} + 4|\vec{c}|^2$$
$$= 9|\vec{c}|^2 + 12\vec{c} \cdot \vec{a} + 4|\vec{a}|^2$$
であるから，これと①より，
$$\vec{a} \cdot \vec{b} = \vec{b} \cdot \vec{c} = \vec{c} \cdot \vec{a} \quad \cdots\cdots②$$
　また，①より，
$$|\overrightarrow{\mathrm{AB}}|^2 = |\overrightarrow{\mathrm{OB}} - \overrightarrow{\mathrm{OA}}|^2 = |\vec{b} - \vec{a}|^2 = |\vec{b}|^2 - 2\vec{a} \cdot \vec{b} + |\vec{a}|^2$$
$$= 2r^2 - 2\vec{a} \cdot \vec{b}$$
であり，同様に，
$$|\overrightarrow{\mathrm{BC}}|^2 = 2r^2 - 2\vec{b} \cdot \vec{c}, \quad |\overrightarrow{\mathrm{CA}}|^2 = 2r^2 - 2\vec{c} \cdot \vec{a}$$
であるから，②より，
$$|\overrightarrow{\mathrm{AB}}|^2 = |\overrightarrow{\mathrm{BC}}|^2 = |\overrightarrow{\mathrm{CA}}|^2$$
$$\therefore \quad \mathrm{AB} = \mathrm{BC} = \mathrm{CA}$$
したがって，△ABC は**正三角形**である。
（逆にこのとき，条件を満たす。）◀ーーーー

> 形状を求める問題では
> 「与条件」$\Longleftrightarrow$「形状」
> （必要十分）
> となるように答えた方が
> よいので，つけました。

👤🔹**検討** ①，②の後，$\vec{a}$，$\vec{b}$，$\vec{c}$ のなす角を考えることもできます。$\vec{a}$ と $\vec{b}$，$\vec{b}$ と $\vec{c}$，$\vec{c}$ と $\vec{a}$ のなす角をそれぞれ α，β，γ とおくと，② より，

$$|\vec{a}||\vec{b}|\cos\alpha=|\vec{b}||\vec{c}|\cos\beta=|\vec{c}||\vec{a}|\cos\gamma$$

だから，①より，

$$\cos\alpha=\cos\beta=\cos\gamma$$

さらに，$0°\leqq\alpha\leqq180°$，$0°\leqq\beta\leqq180°$，$0°\leqq\gamma\leqq180°$ だから，

$$\alpha=\beta=\gamma \quad \cdots\cdots③$$

しかし，ここから，

「$\alpha+\beta+\gamma=360°$ だから，③と合わせて，

$\alpha=\beta=\gamma=120°$ で△ABC は正三角形だ」

はちょっと危ないです。

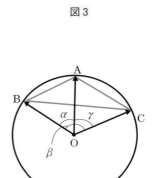

図3

図3 のように，△ABC が鋭角三角形のときは $\alpha+\beta+\gamma=360°$ で大丈夫ですが，**図4** のような鈍角三角形のときは $\alpha+\beta+\gamma=360°$ ではありません。

本問では，③と A，B，C が円上の異なる点であることから，鈍角三角形や直角三角形になることはないので，実際にはこれで解答することもできます。しかし，外心を始点にしてベクトルで問題を考えるときに，うっかり忘れやすいので気をつけましょう。

　　　　　　外心を始点で考えるときは，鈍角三角形に注意

です。

類題 30

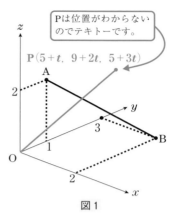

図1

理解 図1は x, y, z 軸をとってかきましたが，別に座標軸はいりませんでしたね。図2で十分です。

このように空間座標の問題の図をかくとき，

- ちゃんと座標軸をとった方がよい問題
- 座標軸ナシで図形の位置関係だけをかいた方がよい問題

があります。空間がニガテな人の中には，座標軸にこだわるあまり，かえってわかりにくい図をかいて迷宮入りさせてしまう人がいます。空間座標では，

とりあえず座標軸をとってみて，

わかりにくければ，

座標軸ナシで図形だけでかく

という方針で図をかくとよいでしょう。

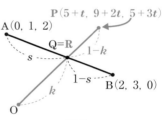

図2

では，条件をベクトルで表現していきます。

- 線分 AB 上の点 Q ➡ $\overrightarrow{OQ} = (1-s)\overrightarrow{OA} + s\overrightarrow{OB}$ $(0 \leq s \leq 1)$
- 線分 OP 上の点 R ➡ $\overrightarrow{OR} = k\overrightarrow{OP}$ $(0 \leq k \leq 1)$

と表せるので，「線分 AB と線分 OP が交点をもつ」ということは，

「Q ＝ R となることがある」

つまり

「$\overrightarrow{OQ} = \overrightarrow{OR}$ となることがある」

とできます。

> 線分の両端を含めるのか含めないのかが書かれていないので，$0 < s < 1$，$0 < k < 1$ でもどちらでもよいでしょう。

計画 $\overrightarrow{OQ} = \overrightarrow{OR}$ で，x, y, z 成分の3つの式が得られ，文字は t, s, k の3文字です。「実数 t が存在することを示せ」だから，実数 t を求めてやればよく，3文字3式ですから，t は具体的な値が求まりそうです。

線分 AB 上の点を Q とすると，$0 \leqq s \leqq 1$ として，

$$\overrightarrow{\mathrm{OQ}} = \overrightarrow{\mathrm{OA}} + s\overrightarrow{\mathrm{AB}}$$

$$= \begin{pmatrix} 0 \\ 1 \\ 2 \end{pmatrix} + s\begin{pmatrix} 2 \\ 2 \\ -2 \end{pmatrix} = \begin{pmatrix} 2s \\ 1+2s \\ 2-2s \end{pmatrix}$$

と表せる。

線分 OP 上の点を R とすると，$0 \leqq k \leqq 1$ として，

$$\overrightarrow{\mathrm{OR}} = k\overrightarrow{\mathrm{OP}} = k\begin{pmatrix} 5+t \\ 9+2t \\ 5+3t \end{pmatrix}$$

と表せる。

Q と R が一致するとき，$\overrightarrow{\mathrm{OQ}} = \overrightarrow{\mathrm{OR}}$ より，

$$\begin{cases} 2s = k(5+t) & \cdots\cdots① \\ 1+2s = k(9+2t) & \cdots\cdots② \\ 2-2s = k(5+3t) & \cdots\cdots③ \end{cases}$$

②−①，①+③により，s を消去して，

$$\begin{cases} 1 = k(4+t) & \cdots\cdots④ \\ 2 = k(10+4t) & \therefore \quad 1 = k(5+2t) \quad \cdots\cdots⑤ \end{cases}$$

④×2−⑤により，t を消去して，

$$1 = 3k \quad \therefore \quad k = \frac{1}{3}$$

よって，④より，

$$1 = \frac{1}{3}(4+t) \quad \therefore \quad t = -1$$

①より，

$$2s = \frac{1}{3}(5-1) \quad \therefore \quad s = \frac{2}{3}$$

$0 \leqq s \leqq 1$，$0 \leqq k \leqq 1$ をみたしているから，線分 AB と線分 OP が交点をもつような実数 t $(t = -1)$ が存在する。また，このとき，

$$\overrightarrow{\mathrm{OQ}} = \overrightarrow{\mathrm{OR}} = \left(\frac{4}{3}, \frac{7}{3}, \frac{2}{3} \right)$$

であるから，求める交点の座標は $\left(\frac{4}{3}, \frac{7}{3}, \frac{2}{3} \right)$ である。

類 題 31

理解 「3点 A，B，C を通る平面」の方程式は **・例2・** でやったように，

$$ax + by + cz + d = 0$$

とおいて，3点 A，B，C の座標を代入すれば得られますね。

次に，「対称な点」ですが，

立体図形を扱うときは，

それと類似の平面図形の扱い方を参考にする

だったから，やはり，

> l が線分 PQ の 垂直 二等分 線になっている。

直線 l に関して 2 点 P，Q が対称

$$\Longleftrightarrow \begin{cases} \text{(i)線分 PQ の中点 M が } l \text{ 上} \quad \text{←} \boxed{\text{二等分}} \\ \text{(ii)直線 PQ} \perp l \qquad\qquad\qquad \text{←} \boxed{\text{垂直}} \end{cases}$$

でしょうか。3点 A，B，C を通る平面を α とします。

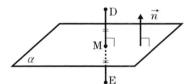

$$\begin{cases} \text{(i)'線分 DE の中点 M が } \alpha \text{ 上} \\ \text{(ii)'直線 DE} \perp \alpha \end{cases}$$

計画 α の法線ベクトルを $\vec{n}$ とすると，(ii)'の条件は，$\overrightarrow{DE} /\!/ \vec{n}$ に直せるから，

$$\overrightarrow{DE} = t\vec{n} \quad \cdots\cdots\text{ⓐ}$$

とできます。また，(i)'の条件は，

$$\overrightarrow{OM} = \frac{\overrightarrow{OD} + \overrightarrow{OE}}{2} \quad \cdots\cdots\text{ⓑ}$$

で表される M が α 上にあるということです。ⓑの $\overrightarrow{OD}$ は D の座標から定まっているので，ⓐより，

$$\overrightarrow{OE} = \overrightarrow{OD} + t\vec{n} \quad \cdots\cdots\text{ⓐ}'$$

として，$\overrightarrow{OE}$ を t で表し，ⓑに代入して $\overrightarrow{OM}$ を求め，それを α の方程式に代入すれば t が求められます。これをⓐ'に戻せば，E の座標が出せます。

実行

3点 A，B，C を通る平面を α とし，α の方程式を，
$$ax + by + cz + d = 0 \quad \cdots\cdots①$$
とおくと，A，B，C の座標を代入して，

$$\begin{cases} 2a + b + 0 + d = 0 \\ a + 0 + c + d = 0 \\ 0 + b + 2c + d = 0 \end{cases} \quad \therefore \quad \begin{cases} a = -\dfrac{1}{2}d \\ b = 0 \\ c = -\dfrac{1}{2}d \end{cases}$$

よって，①は，
$$d\left(-\frac{1}{2}x - \frac{1}{2}z + 1\right) = 0$$

$d \neq 0$ より，α の方程式は，
$$x + z - 2 = 0 \quad \cdots\cdots②$$

α の法線ベクトルの1つを $\vec{n} = (1,\ 0,\ 1)$ とすると，α 上にない2点 D，E が平面 α に関して対称となる条件は，

$$\begin{cases} \text{(i)} \overrightarrow{DE} /\!/ \vec{n} \\ \text{(ii)} 線分 DE の中点 M が \alpha 上にある \end{cases}$$

である。

条件(i)より，t を実数として，
$$\overrightarrow{DE} = t\vec{n}$$

と表せるから， $\overrightarrow{DE} = \overrightarrow{OE} - \overrightarrow{OD}$

$$\overrightarrow{OE} = \overrightarrow{OD} + t\vec{n} = (1,\ 3,\ 7) + t(1,\ 0,\ 1) = (1 + t,\ 3,\ 7 + t) \quad \cdots\cdots③$$

これより，

$$\overrightarrow{OM} = \frac{\overrightarrow{OD} + \overrightarrow{OE}}{2} = \frac{1}{2}\{(1,\ 3,\ 7) + (1 + t,\ 3,\ 7 + t)\}$$

$$= \left(\frac{2 + t}{2},\ 3,\ \frac{14 + t}{2}\right)$$

条件(ii)より，M の座標を②に代入して，

$$\frac{2 + t}{2} + \frac{14 + t}{2} - 2 = 0 \quad \therefore \quad t = -6$$

よって，③より，

$$\overrightarrow{OE} = (-5,\ 3,\ 1) \quad \therefore \quad \mathbf{E}(-5,\ 3,\ 1)$$

検討 本問は平面の方程式を利用せずにベクトルだけで解くこともできます。M は D から平面 ABC に下ろした垂線の足だから，

$$\begin{cases} (\text{i}) \text{M が平面 ABC 上にある} \\ (\text{ii}) \text{DM} \perp \text{平面 ABC} \end{cases}$$

が成り立ちます。

(i)より，$\overrightarrow{\text{AM}} = x\overrightarrow{\text{AB}} + y\overrightarrow{\text{AC}}$

(ii)より，$\text{DM} \perp \text{AB}$ かつ $\text{DM} \perp \text{AC}$

つまり $\overrightarrow{\text{DM}} \cdot \overrightarrow{\text{AB}} = 0$ かつ $\overrightarrow{\text{DM}} \cdot \overrightarrow{\text{AC}} = 0$

で M が求められます。あとは上の解答でも使った

$$\overrightarrow{\text{OM}} = \frac{\overrightarrow{\text{OD}} + \overrightarrow{\text{OE}}}{2} \quad \text{より} \quad \overrightarrow{\text{OE}} = 2\overrightarrow{\text{OM}} - \overrightarrow{\text{OD}}$$

で，E の座標を出せます。このように，ベクトルだけで処理できる場合もあるので，計算や答案作成がラクな方を選んでください。

〈別解〉

線分 DE の中点を M とすると，M は平面 ABC 上にあるから，

$$\overrightarrow{\text{AM}} = x\overrightarrow{\text{AB}} + y\overrightarrow{\text{AC}}$$

とおける。このとき，

$$\overrightarrow{\text{DM}} = \overrightarrow{\text{AM}} - \overrightarrow{\text{AD}} = x\overrightarrow{\text{AB}} + y\overrightarrow{\text{AC}} - \overrightarrow{\text{AD}} \quad \cdots\cdots①$$

DM⊥平面 ABC となる条件は，$\overrightarrow{\text{DM}} \perp \overrightarrow{\text{AB}}$ かつ $\overrightarrow{\text{DM}} \perp \overrightarrow{\text{AC}}$ であるから，

$$\overrightarrow{\text{DM}} \cdot \overrightarrow{\text{AB}} = 0 \quad \text{かつ} \quad \overrightarrow{\text{DM}} \cdot \overrightarrow{\text{AC}} = 0$$

より，

$$\begin{cases} x|\overrightarrow{\text{AB}}|^2 + y\overrightarrow{\text{AB}} \cdot \overrightarrow{\text{AC}} - \overrightarrow{\text{AB}} \cdot \overrightarrow{\text{AD}} = 0 \\ x\overrightarrow{\text{AB}} \cdot \overrightarrow{\text{AC}} + y|\overrightarrow{\text{AC}}|^2 - \overrightarrow{\text{AC}} \cdot \overrightarrow{\text{AD}} = 0 \end{cases}$$

$\overrightarrow{\text{AB}} = (-1, -1, 1)$，$\overrightarrow{\text{AC}} = (-2, 0, 2)$，$\overrightarrow{\text{AD}} = (-1, 2, 7)$ であるから，

$$\begin{cases} 3x + 4y - 6 = 0 \\ 4x + 8y - 16 = 0 \end{cases} \quad \therefore \begin{cases} x = -2 \\ y = 3 \end{cases}$$

したがって，①より，

$$\overrightarrow{\text{DM}} = -2\begin{pmatrix} -1 \\ -1 \\ 1 \end{pmatrix} + 3\begin{pmatrix} -2 \\ 0 \\ 2 \end{pmatrix} - \begin{pmatrix} -1 \\ 2 \\ 7 \end{pmatrix} = \begin{pmatrix} -3 \\ 0 \\ -3 \end{pmatrix}$$

であり，$\overrightarrow{\text{DE}} = 2\overrightarrow{\text{DM}}$ であるから，

$$\overrightarrow{\text{OE}} = \overrightarrow{\text{OD}} + \overrightarrow{\text{DE}} = \overrightarrow{\text{OD}} + 2\overrightarrow{\text{DM}} = \begin{pmatrix} 1 \\ 3 \\ 7 \end{pmatrix} + 2\begin{pmatrix} -3 \\ 0 \\ -3 \end{pmatrix} = \begin{pmatrix} -5 \\ 3 \\ 1 \end{pmatrix}$$

$$\therefore \quad \text{E}(-5, 3, 1)$$

$$a_{n+1} = pa_n + qr^n$$

のような，二項間漸化式で r^n の項が入ったものは，

$$\div \, r^{n+1} \,\text{をして}\, \frac{a_n}{r^n} = b_n \,\text{とおき直す}$$

です。有名な解法ですよね。

本問は，

> 文字で割り算するときは，
> $\neq 0$ を確認しましょう。

$$a_{n+1} = xa_n + y^{n+1}$$

だから，$\div \, y^{n+1}$ をします。$y > 0$ なので割り算しても OK です。

$$\frac{a_{n+1}}{y^{n+1}} = \frac{x}{y} \cdot \frac{a_n}{y^n} + 1$$

$\dfrac{a_n}{y^n} = b_n$ とおいて，

$$b_{n+1} = \frac{x}{y} b_n + 1$$

$$-\underline{\Big)\quad \alpha = \frac{x}{y}\alpha + 1 \qquad \therefore \quad \frac{y-x}{y}\alpha = 1 \quad \cdots\cdots ⓐ}$$

$$b_{n+1} - \alpha = \frac{x}{y}(b_n - \alpha)$$

とします。問題文に「x, y を相異なる……」とあるので，ⓐで $\div \, (y - x)$

としても OK で，$\alpha = \dfrac{y}{y - x}$ です。

細かい話かもしれませんが，このように $y \neq 0$ や $x \neq y$ をひとつひとつ確認することが大切です。ふだんからこのようなことに注意を払いながら解答を作成することで，論理的に整った解答が書けるようになるのです。

計算は，割り算と 2 乗に注意！

ですね。

> $x = \sqrt{2}$ の両辺を 2 乗すると，
> $x^2 = 2$ となり，$x = \pm\sqrt{2}$ です。
> $$x = \sqrt{2} \,\underset{\times}{\overset{\bigcirc}{\longleftrightarrow}}\, x^2 = 2$$
> ですね。同値にするなら，
> $$x = \sqrt{2} \iff x^2 = 2 \,\text{かつ}\, x \geqq 0$$
> です。

計画　　少し飛ばして，漸化式が解けたところから考えます。

$$a_n = \frac{y^2}{y-x}(y^{n-1} - x^{n-1}) \quad \cdots\cdots ⓑ$$

となり，$\displaystyle \lim_{n \to \infty} a_n$ が有限の値に収束する条件を求めます。

$$\lim_{n \to \infty}(3^n - 2^n)$$

という極限の計算はできますか？　$\infty - \infty$ の形の不定形ですが，2^n よりも 3^n の方がだいぶん大きいはずなので，直感的に ∞ になることはわかると思います。それを示すには？　極限の計算の基本として，

主要項でくくる

というのがあります。3^n の方が影響が大きい項（主要項）ですから，3^n でくくると，

$$\lim_{n \to \infty}(3^n - 2^n) = \lim_{n \to \infty} \underbrace{3^n}_{\to \infty}\left\{\underbrace{1 - \left(\frac{2}{3}\right)^n}_{\to 1}\right\} = \infty$$

とできます。

> $$\lim_{n \to \infty} \frac{3^n + 2^n}{3^n - 2^n} = \lim_{n \to \infty} \frac{1 + \left(\frac{2}{3}\right)^n}{1 - \left(\frac{2}{3}\right)^n} = 1$$
> も同じ考え方ですね。

　ⓑでは y^{n-1} と x^{n-1} があるので，x と y の大小で場合分けが必要です。たとえば，$y > x\ (> 0)$ の場合，y^{n-1} が主要項だから，これでくくって，

$$a_n = \frac{y^2}{y-x} \cdot y^{n-1}\left\{1 - \left(\frac{x}{y}\right)^{n-1}\right\}$$

$\dfrac{y^2}{y-x}$ は定数であり，$0 < \dfrac{x}{y} < 1$ より，$n \to \infty$ のとき $1 - \left(\dfrac{x}{y}\right)^{n-1} \to 1$ だから，これが有限の値に収束するには，y^{n-1} が有限の値に収束すれば OK です。よって，一般的には，

　　$-1 < y \leqq 1$　← ＝1 が入りますよ～。

もともと $y > 0$ だから，

　　$0 < y \leqq 1$

　さらに，場合分けの条件が $y > x\ (> 0)$ なので，点 $(x,\ y)$ の範囲は右の図の斜線部のようになります。境界を含む，含まないが微妙だから，気をつけて図示しましょう。

　あとは，$x > y\ (> 0)$ の場合を同様にやればイケそうです。

$$a_{n+1} = xa_n + y^{n+1}$$

$y > 0$ より，両辺を y^{n+1} で割ると，

$$\frac{a_{n+1}}{y^{n+1}} = \frac{x}{y} \cdot \frac{a_n}{y^n} + 1$$

$b_n = \dfrac{a_n}{y^n}$ とおくと，

$$b_{n+1} = \frac{x}{y} b_n + 1$$

$y \neq x$ より，

$$b_{n+1} - \frac{y}{y-x} = \frac{x}{y}\left(b_n - \frac{y}{y-x}\right)$$

よって，数列 $\left\{ b_n - \dfrac{y}{y-x} \right\}$ は，

初項 $b_1 - \dfrac{y}{y-x} = \dfrac{a_1}{y} - \dfrac{y}{y-x} = -\dfrac{y}{y-x}$

公比 $\dfrac{x}{y}$

の等比数列であるから，

$$b_n - \frac{y}{y-x} = -\frac{y}{y-x}\left(\frac{x}{y}\right)^{n-1} \quad \therefore \quad b_n = \frac{y}{y-x}\left\{1 - \left(\frac{x}{y}\right)^{n-1}\right\}$$

したがって，

$$a_n = b_n \cdot y^n = \frac{y}{y-x}\left\{1 - \left(\frac{x}{y}\right)^{n-1}\right\} \cdot y^n = \frac{y^2}{y-x}(y^{n-1} - x^{n-1})$$

(i) $y > x > 0$ のとき

$$a_n = \frac{y^2}{y-x} \cdot y^{n-1}\left\{1 - \left(\frac{x}{y}\right)^{n-1}\right\}$$

であり，$0 < \dfrac{x}{y} < 1$ より $\displaystyle\lim_{n \to \infty}\left(\frac{x}{y}\right)^{n-1} = 0$ であるから，$\displaystyle\lim_{n \to \infty} a_n$ が有限の値に収束するのは，$\displaystyle\lim_{n \to \infty} y^{n-1}$ が有限の値に収束するときで，その条件は，

$$0 < y \leqq 1$$

(ii) $x > y > 0$ のとき

$$a_n = \frac{y^2}{y-x} \cdot x^{n-1} \left\{ \left(\frac{y}{x}\right)^{n-1} - 1 \right\}$$

であり，$0 < \dfrac{y}{x} < 1$ より $\displaystyle\lim_{n\to\infty}\left(\frac{y}{x}\right)^{n-1} = 0$ であるから，$\displaystyle\lim_{n\to\infty}a_n$ が有限の値に収束するのは，$\displaystyle\lim_{n\to\infty}x^{n-1}$ が有限の値に収束するときで，その条件は，

$$0 < x \leqq 1$$

以上より，$\displaystyle\lim_{n\to\infty}a_n$ が有限の値に収束する (x, y) の条件は，

$y > x > 0$ のとき，$0 < y \leqq 1$

$x > y > 0$ のとき，$0 < x \leqq 1$

であるから，これを図示すると下の図の斜線部分のようになる。ただし境界は x 軸上，y 軸上，および直線 $y = x$ 上の点を除く。

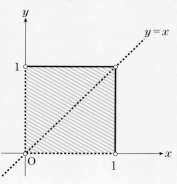

類題 33

理解

$$f_n(\theta) = (1 + \cos\theta)\sin^{n-1}\theta$$
を微分すると，

$(\sin^{n-1}\theta)' = (n-1)\sin^{n-2}\theta \cdot \cos\theta$ は合成関数の微分法

積の微分法

$$f_n'(\theta) = -\sin\theta \cdot \sin^{n-1}\theta + (1 + \cos\theta)(n-1)\sin^{n-2}\theta\cos\theta$$
$$= \sin^{n-2}\theta\{-\sin^2\theta + (n-1)(\cos\theta + \cos^2\theta)\}$$
$$= \sin^{n-2}\theta\{-\sin^2\theta + (n-1)\cos\theta + n\cos^2\theta - \cos^2\theta\}$$
$$= \sin^{n-2}\theta\{n\cos^2\theta + (n-1)\cos\theta - 1\}$$
$$= \sin^{n-2}\theta(\cos\theta + 1)(n\cos\theta - 1)$$

$\sin^{n-2}\theta$ でくくる

〜 部を展開

$\sin^2\theta + \cos^2\theta = 1$

{ } 内を因数分解

$0<\theta<\dfrac{\pi}{2}$ において, $\sin^{n-2}\theta>0$, $\cos\theta+1>0$

ですので, $\cos\theta=\dfrac{1}{n}$ のところで $f_n{}'(\theta)$ の符号

が変化します。$n\geqq2$ ですから, $0<\dfrac{1}{n}\leqq\dfrac{1}{2}$

で, ちゃんと θ はありますよね。でも n によって変化する値で, 具体的にはわかりませんから, α_n とでもおきましょうか。

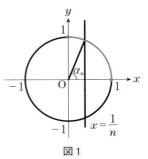

図1

$$\cos\alpha_n=\dfrac{1}{n}\quad\left(0<\alpha_n<\dfrac{\pi}{2}\right)$$

です。すると **図1** より,

$$0<\theta<\alpha_n \text{ のとき } \cos\theta>\dfrac{1}{n}$$

$$\alpha_n<\theta<\dfrac{\pi}{2} \text{ のとき } \cos\theta<\dfrac{1}{n}$$

ですから, $f_n(\theta)$ の増減表がかけて,
$\theta=\alpha_n$ のとき極大かつ最大となります。

θ	0	$\cdots$	α_n	$\cdots$	$\dfrac{\pi}{2}$
$f_n{}'(\theta)$		$+$	0	$-$	
$f_n(\theta)$		↗	極大	↘	

よって, 最大値 M_n は,

$$M_n=f_n(\alpha_n)=(1+\cos\alpha_n)\sin^{n-1}\alpha_n$$

です。**図2** より, $\sin\alpha_n=\sqrt{1-\left(\dfrac{1}{n}\right)^2}$ ですから,

図2

$$M_n=\left(1+\dfrac{1}{n}\right)\left(\sqrt{1-\dfrac{1}{n^2}}\right)^{n-1}=\left(1+\dfrac{1}{n}\right)\left(1-\dfrac{1}{n^2}\right)^{\frac{n-1}{2}}$$

です。(1)は悩むところはないですね。(2)は,

$$(M_n)^n=\underset{\wavy}{\left(1+\dfrac{1}{n}\right)^n}\underset{\cdots\cdots}{\left(1-\dfrac{1}{n^2}\right)^{\frac{n(n-1)}{2}}}$$

の極限です。

 計画 $\underset{\wavy}{\qquad}$部はすぐ気がついてほしいなあ〜。**プロローグ**でまとめた公式

$$⑥\quad\lim_{x\to0}(1+x)^{\frac{1}{x}}=e$$

ですよ。$\dfrac{1}{n}=x$ とすれば OK ですよね。でも, 京大の入試本番ではできなかった人がけっこういたみたいなんです。極限の基本公式の中ではいちばん扱いにくいヤツですが, こんなモロの形に気づかないなんて……

と，嘆きはこれくらいにして，極限ではとりあえず $n \to \infty$ を代入（？）してみて，

どこが不定形で，どこが不定形ではないかチェック

です。すると，$n \to \infty$ のとき

$$\left(1 + \frac{1}{n}\right)^n \to 1^\infty \quad \text{不定形}$$

$$\left(1 - \frac{1}{n^2}\right)^{\frac{n(n-1)}{2}} \to 1^\infty \quad \text{不定形}$$

> $\displaystyle\lim_{n\to\infty} 1^n = \lim_{n\to\infty} 1 = 1$ のような「1 そのものの∞乗」ではなく「1 に近づく数の∞乗」で，＝1 になるかどうかわかりません。

ですので，どちらも公式⑥で処理する不定形です。

〜〜部はさきほどいったように，$\dfrac{1}{n} = x$ とすれば OK です。……部は，$\left(1 - \dfrac{1}{n^2}\right)$ を $\left(1 + \dfrac{1}{-n^2}\right)$ と見て，$\dfrac{1}{-n^2} = x$ とすれば $(1+x)$ の形になります。あとは指数部分ですが，これは $\dfrac{1}{x} = -n^2$ にしないといけないので，

$$\left(1 - \frac{1}{n^2}\right)^{\frac{n(n-1)}{2}} = \left(1 + \frac{1}{-n^2}\right)^{\frac{1}{2}(n^2-n)}$$

> 〜〜部を $-(n^2-n) \times \left(-\dfrac{1}{2}\right)$ と見た

$$= \left\{\left(1 + \frac{1}{-n^2}\right)^{-(n^2-n)}\right\}^{-\frac{1}{2}}$$

$$= \left\{\left(1 + \frac{1}{-n^2}\right)^{-n^2}\left(1 + \frac{1}{-n^2}\right)^{n}\right\}^{-\frac{1}{2}}$$

> 他の変形もできます。🔍 でやりましょう。

……部は OK ですね。〜〜部はおしいです。$-\dfrac{1}{n^2} = x$ とすると，指数部分の n は $\dfrac{1}{x}$ とはなりません。どうしましょう？　もっと前に気づいていたかもしれませんが，

$$1 - \frac{1}{n^2} = 1^2 - \left(\frac{1}{n}\right)^2 = \left(1 - \frac{1}{n}\right)\left(1 + \frac{1}{n}\right) \quad \text{と因数分解できますので}$$

$$\left(1 - \frac{1}{n^2}\right)^{\frac{n(n-1)}{2}} = \left\{\left(1 + \frac{1}{-n^2}\right)^{-n^2}\left(1 + \frac{1}{n}\right)^{n}\left(1 - \frac{1}{n}\right)^{n}\right\}^{-\frac{1}{2}}$$

$$= \left\{\left(1 + \frac{1}{-n^2}\right)^{-n^2}\left(1 + \frac{1}{n}\right)^{n}\left(\left(1 + \frac{1}{-n}\right)^{-n}\right)^{-1}\right\}^{-\frac{1}{2}}$$

これで全部 $(1+x)^{\frac{1}{x}}$ の形になりました！

(1) $f_n(\theta) = (1+\cos\theta)\sin^{n-1}\theta$

$f_n{'}(\theta) = -\sin\theta \cdot \sin^{n-1}\theta + (1+\cos\theta)(n-1)\sin^{n-2}\theta\cos\theta$

$\qquad = \sin^{n-2}\theta\{-\sin^2\theta + (n-1)(1+\cos\theta)\cos\theta\}$

$\qquad = \sin^{n-2}\theta\{n\cos^2\theta + (n-1)\cos\theta - 1\}$

$\qquad = \sin^{n-2}\theta(\cos\theta+1)(n\cos\theta-1)$

$n \geqq 2$ のとき $0 < \dfrac{1}{n} \leqq \dfrac{1}{2}$ であるから,

$0 < \theta < \dfrac{\pi}{2}$ において $\cos\theta = \dfrac{1}{n}$ となる θ

がただ1つ存在する。これを α_n とおくと,

$$\cos\alpha_n = \frac{1}{n}, \quad \sin\alpha_n = \sqrt{1 - \frac{1}{n^2}}$$

であり,$f_n(\theta)$ の増減表は右のようになる。

よって,$f_n(\theta)$ は $\theta = \alpha_n$ のとき最大と

なるから,求める最大値 M_n は,

θ	0	$\cdots$	α_n	$\cdots$	$\dfrac{\pi}{2}$
$f_n{'}(\theta)$		$+$	0	$-$	
$f_n(\theta)$		↗	極大	↘	

$$M_n = f_n(\alpha_n) = (1+\cos\alpha_n)\sin^{n-1}\alpha_n = \left(1+\frac{1}{n}\right)\left(1-\frac{1}{n^2}\right)^{\frac{n-1}{2}}$$

(2) (1)の結果より,

$$(M_n)^n = \left(1+\frac{1}{n}\right)^n\left(1-\frac{1}{n^2}\right)^{\frac{n(n-1)}{2}} \quad\cdots\cdots(*)$$

他の変形もできます。検討 でやりましょう。

$$= \left(1+\frac{1}{n}\right)^n\left\{\left(1-\frac{1}{n^2}\right)^{-n^2+n}\right\}^{-\frac{1}{2}}$$

$$= \left(1+\frac{1}{n}\right)^n\left\{\left(1-\frac{1}{n^2}\right)^{-n^2}\left(1-\frac{1}{n^2}\right)^n\right\}^{-\frac{1}{2}}$$

$$= \left(1+\frac{1}{n}\right)^n\left\{\left(1-\frac{1}{n^2}\right)^{-n^2}\right\}^{-\frac{1}{2}}\left\{\left(1+\frac{1}{n}\right)^n\right\}^{-\frac{1}{2}}\left\{\left(1-\frac{1}{n}\right)^n\right\}^{-\frac{1}{2}}$$

であるから,

$$\lim_{n\to\infty}(M_n)^n = \lim_{n\to\infty}\left(1+\frac{1}{n}\right)^n\left\{\left(1+\frac{1}{-n^2}\right)^{-n^2}\right\}^{-\frac{1}{2}}\left\{\left(1+\frac{1}{n}\right)^n\right\}^{-\frac{1}{2}}\left\{\left(1+\frac{1}{-n}\right)^{-n}\right\}^{\frac{1}{2}}$$

$$= e \cdot e^{-\frac{1}{2}} \cdot e^{-\frac{1}{2}} \cdot e^{\frac{1}{2}} = e^{\frac{1}{2}} = \sqrt{e}$$

検討 (＊) の $\left(1-\dfrac{1}{n^2}\right)^{\frac{n(n-1)}{2}}$ の部分の不定形の解消について，他の

方法を考えてみましょう。$x=\dfrac{1}{-n^2}$ とおくので，指数部分を $\dfrac{1}{x}=-n^2$

にしたいわけですが，さきほどは和差でくくり出しました。積商でくくり

出すこともできます。

$$\left(1-\frac{1}{n^2}\right)^{\frac{n(n-1)}{2}}=\left\{\left(1+\frac{1}{-n^2}\right)^{-n^2}\right\}^{\frac{n(n-1)}{2(-n^2)}}$$

こうすると $\{\ \}$ 内は $(1+x)^{\frac{1}{x}}\to e$ で OK です。あとは指数部分ですが，

これは $\dfrac{\infty}{\infty}$ 不定形ですから，「分母の主要項で割る」で

$$\frac{n(n-1)}{2(-n^2)}=-\frac{1}{2}\frac{n}{n}\frac{n-1}{n}=-\frac{1}{2}\left(1-\frac{1}{n}\right)\to-\frac{1}{2}$$

これで OK です。

(＊)からやりますと，

$$(M_n)^n=\left(1+\frac{1}{n}\right)^n\left(1-\frac{1}{n^2}\right)^{\frac{n(n-1)}{2}}\quad\cdots\cdots(＊)$$

$$=\left(1+\frac{1}{n}\right)^n\left\{\left(1+\frac{1}{-n^2}\right)^{-n^2}\right\}^{-\frac{n(n-1)}{2n^2}}$$

$$=\left(1+\frac{1}{n}\right)^n\left\{\left(1+\frac{1}{-n^2}\right)^{-n^2}\right\}^{-\frac{1}{2}\left(1-\frac{1}{n}\right)}$$

$$\to e\cdot e^{-\frac{1}{2}}=\sqrt{e}\quad(n\to\infty)$$

となります。

　ただ，少し気をつけないといけないのは，$\displaystyle\lim_{n\to\infty}a_n=\alpha$, $\displaystyle\lim_{n\to\infty}b_n=\beta$ のとき

$$\lim_{n\to\infty}(a_n\pm b_n)=\alpha\pm\beta,\quad\lim_{n\to\infty}a_nb_n=\alpha\beta,\quad\lim_{n\to\infty}\frac{a_n}{b_n}=\frac{\alpha}{\beta}\quad(\text{ただし}\ \beta\neq0)$$

は高校の教科書に載ってるのですが，

$$\lim_{n\to\infty}a_n^{b_n}=\alpha^\beta$$

は載っていないんです。本問では大丈夫なのですが，a_n と b_n がともに 0

に収束したりすると 0^0 が出てしまったり，いろいろと怖いです。心配な

ときは a_n が正であることを確認してから $\log$ をとり，

$$\log a_n^{b_n}=b_n\log a_n\to\beta\log\alpha=\log\alpha^{\beta\sigma}\quad(n\to\infty)$$

と積の形にもちこむとよいでしょう。

類題 34

理解　「$a_{n+1} > \dfrac{1}{2}a_n - p$ をみたす番号 n が存在することを証明せよ」

の＿＿部は重要です。高校の教科書では記号で表しませんが，

「任意の x に対して $p(x)$ が成り立つ」
「すべての x に対して $p(x)$ が成り立つ」
「（x の値によらず）つねに $p(x)$ が成り立つ」

という命題を**条件 $p(x)$ に関する全称命題**といい，$\boxed{\forall x\ p(x)}$ と表す

> all，any の A
> をひっくり返したもの。

「$p(x)$ をみたす x が存在する」
「ある x に対して $p(x)$ が成り立つ」

という命題を**条件 $p(x)$ に関する特称命題**といい，$\boxed{\exists x\ p(x)}$ と表す

> exist の E
> をひっくり返したもの。

んです。

　本問は，

$$\exists n \quad a_{n+1} > \frac{1}{2}a_n - p$$

であって，

$$\forall n \quad a_{n+1} > \frac{1}{2}a_n - p$$

ではありません。つまり，

$$a_2 > \frac{1}{2}a_1 - p$$

$$a_3 > \frac{1}{2}a_2 - p$$

$$a_4 > \frac{1}{2}a_3 - p$$

$$\vdots$$

と，すべての自然数 n で成り立っているわけではなくて，たとえば

$$a_2 \leqq \frac{1}{2}a_1 - p$$

$$a_3 \leqq \frac{1}{2}a_2 - p$$

$$a_4 \leqq \frac{1}{2}a_3 - p$$

$$\vdots$$

なんだけれども，$n = 100$ で，
$$a_{101} > \frac{1}{2} a_{100} - p$$
となっているよ，ということを示せというのです。

　さあ，どうしましょう。このままだと使える条件は
$a_n > 0 \, (n = 1, 2, 3, \cdots\cdots)$ と，$p > 0$ だけで，ちょっと身動きがとれません。

　　　　　　　　つねに肯定と否定の両方から考える

ことから，背理法を考えると，結論である，

　　　「$a_{n+1} > \dfrac{1}{2} a_n - p$ をみたす番号 n が存在する」

の否定は，

　　　「すべての番号 n に対して，$a_{n+1} \leqq \dfrac{1}{2} a_n - p$ である」 ……(*)

です。

$$\overline{\forall x \; p(x)} \quad \text{と} \quad \exists x \; \overline{p(x)} \; \text{の真偽は一致する}$$
$$\overline{\exists x \; p(x)} \quad \text{と} \quad \forall x \; \overline{p(x)} \; \text{の真偽は一致する}$$

という定理があります。たとえば，

　　　「この部屋にいるのは全員男子だ」

の否定は，

　　　「この部屋に（少なくとも1人）女子がいる」

ですよね。

　　　「この部屋に（少なくとも1人）男子がいる」

の否定は，

　　　「この部屋にいるのは全員女子だ」

ですよね。

計画　(*)から，
$$a_2 \leqq \frac{1}{2} a_1 - p$$
$$a_3 \leqq \frac{1}{2} a_2 - p$$
$$a_4 \leqq \frac{1}{2} a_3 - p$$
$$\vdots$$

がすべて成り立つので，不等式ではなく等式なら，いつもの変形

$$a_{n+1} = \frac{1}{2}a_n - p$$

$$-\Big) \qquad \alpha = \frac{1}{2}\alpha - p \qquad \therefore \quad \alpha = -2p$$

$$a_{n+1} + 2p = \frac{1}{2}(a_n + 2p)$$

をやりますよね。これをやると,

$$a_2 + 2p \leqq \frac{1}{2}(a_1 + 2p)$$

$$a_3 + 2p \leqq \frac{1}{2}\underbrace{(a_2 + 2p)}_{\leqq \frac{1}{2}(a_1 + 2p)} \qquad \therefore \quad a_3 + 2p \leqq \left(\frac{1}{2}\right)^2 (a_1 + 2p)$$

$$a_4 + 2p \leqq \frac{1}{2}\underbrace{(a_3 + 2p)}_{\leqq \left(\frac{1}{2}\right)^2 (a_1 + 2p)} \qquad \therefore \quad a_4 + 2p \leqq \left(\frac{1}{2}\right)^3 (a_1 + 2p)$$

$$\vdots \qquad\qquad\qquad\qquad\qquad\qquad \vdots$$

$$a_n + 2p \leqq \frac{1}{2}(a_{n-1} + 2p) \qquad \therefore \quad a_n + 2p \leqq \left(\frac{1}{2}\right)^{n-1} (a_1 + 2p)$$

よって,

$$a_n \leqq -2p + \left(\frac{1}{2}\right)^{n-1}(a_1 + 2p)$$

という不等式が得られました。現在,背理法進行中だから矛盾を探してください～。そうですね,$n \to \infty$ のとき $\left(\frac{1}{2}\right)^{n-1}(a_1 + 2p) \to 0$ であり,$p > 0$ だから,n を大きくしていくと,どこかで,

$$\underset{\ominus}{\underwave{-2p}} + \underwave{\left(\frac{1}{2}\right)^{n-1}(a_1 + 2p)}_{\to 0} < 0$$

となり,$a_n > 0$ $(n = 1,\ 2,\ 3,\ \cdots)$ という条件に矛盾します!

> ### 🏃 実行
>
> 背理法で証明する。
> 「すべての番号 n に対して,
>
> $$a_{n+1} \leqq \frac{1}{2}a_n - p \quad \cdots\cdots ①$$
>
> である」
> と仮定する。①より,
>
> $$a_{n+1} + 2p \leqq \frac{1}{2}(a_n + 2p) \quad (n = 1,\ 2,\ 3,\ \cdots\cdots)$$

であるから，これをくり返し用いて，

$$a_n + 2p \leqq \frac{1}{2}(a_{n-1} + 2p) \leqq \left(\frac{1}{2}\right)^2 (a_{n-2} + 2p) \leqq \left(\frac{1}{2}\right)^3 (a_{n-3} + 2p) \leqq \cdots\cdots$$

$$\leqq \left(\frac{1}{2}\right)^{n-1}(a_1 + 2p)$$

$$\therefore \quad a_n \leqq -2p + \left(\frac{1}{2}\right)^{n-1}(a_1 + 2p) \quad \cdots\cdots②$$

$n \to \infty$ のとき，$\left(\frac{1}{2}\right)^{n-1}(a_1 + 2p)$ は単調に減少して 0 に近づく。また，$p > 0$ より $-2p < 0$ であるから，十分大きな n をとると②の右辺は負になる。これは $\{a_n\}$ が正の数からなる数列であることに矛盾する。

以上より，$a_{n+1} > \frac{1}{2}a_n - p$ をみたす番号 n が存在する。

類題 35

理解　京大が好きなネタですね。直観的には **図2** のような感じで，「自明じゃん」ってなりそうですが（笑）。こういう図形的になんとなく当たり前のことを，数式でキチンと論証させる，というのが京大は好きなんですね。

図1 に戻りましょう。接点の座標がないと接線の方程式が作れないので，接点の x 座標を t としておくと，接点の座標は $(t, e^t + 1)$ で，$y = e^x + 1$ より $y' = e^x$ ですから，接線の方程式は，

$$y = e^t(x - t) + e^t + 1$$

です。これが点 $(a, 0)$ を通る条件は $x = a$，$y = 0$ を代入して，

$$0 = e^t(a - t) + e^t + 1 \quad \cdots\cdots ⓐ$$

となります。

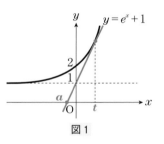

図1

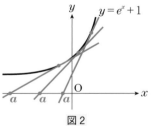

図2

t の方程式ⓐの実数解が，点 $(a, 0)$ を通る接線の接点の x 座標ですから，

　　　「接線がただ 1 つ存在する」

ことを示そうとすると

　　　「ⓐがただ 1 つの実数解をもつ」

こと示せばよいことになります。

╋補足

4次関数のグラフなどには「二重接線」「複接線」とよばれる「2点で接する接線」があります。

この場合，接線の本数と接点の x 座標 t の個数はイコールにならないので注意が必要です。

 計画　さて，ⓐは文字定数 a の入った方程式です。例題 6 でやりましたように，

でした。入れっぱなしで，扱うと

　　　$f(t) = e^t(a - t) + e^t + 1$

とおいて，

　　　$f'(t) = e^t(a - t) + e^t(-1) + e^t = e^t(a - t)$

［ココで符号が決まる。］

となりますから，符号判定可能ですね。OK です。

　では，a を分離しようとするとどうでしょう？　ⓐに $\div e^t$ つまり $\times e^{-t}$ をすると，

　　　$0 = (a - t) + 1 + e^{-t}$

　　　$-e^{-t} + t - 1 = a$　……ⓐ′

となり，a を分離することに成功しました。

　　　$f(t) = -e^{-t} + t - 1$

とおくと，

　　　$f'(t) = e^{-t} + 1$

お，これは $f'(t) > 0$ で単調増加だから楽ですね。こっちにしましょうか。あとは極限ですが，

　　$t \to +\infty$ のとき $e^{-t} = \dfrac{1}{e^t} \to 0$ だから $f(t) = -e^{-t} + t - 1 \to +\infty$

　　$t \to -\infty$ のとき $e^{-t} \to +\infty$ だから $f(t) = -e^{-t} + t - 1 \to -\infty$

となり，これもすぐですね。図 3 のようになり，

「$Y=f(t)$ のグラフと直線 $Y=a$ の共有点がただ 1 つ」

がいえて,

「方程式 $f(t)=a$　……ⓐ′

はただ 1 つの実数解をもつ」

がいえます。

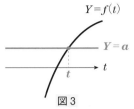

図3

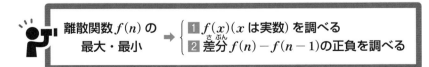

理解　　では,(2)の **理解** です。図 4 のように

なりますから,図1 の a が a_n, t が

a_{n+1} になったわけです。ⓐ′ でも同様にして,

$$-e^{-a_{n+1}}+a_{n+1}-1=a_n$$

となりますから,

$$a_{n+1}-a_n=e^{-a_{n+1}}+1\quad……ⓑ$$

となります。ですから,

$$\lim_{n\to\infty}(a_{n+1}-a_n)=\lim_{n\to\infty}(e^{-a_{n+1}}+1)$$

となりますので,$\displaystyle\lim_{n\to\infty}e^{-a_{n+1}}$ がほしい,もっといえば

$$\lim_{n\to\infty}a_{n+1}\text{ がほしい}$$

ということになります。しかし,ⓑを上手く変形して,

$$a_{n+1}=(n\text{ の式})$$

にするのは無理そうです。どうしましょうか?

　極限を考えるときに大切な感覚として,「はさみうちの原理」などが使えますから,

極限の計算では正確な式がわからなくても,

評価ができれば(不等式が作れれば)OK

ということです。

　また,テーマ18でもやりましたように,数列などの離散関数を調べるには

離散関数 $f(n)$ の　→　　1 $f(x)$(x は実数)を調べる
最大・最小　　　　　　　2 差分 $f(n)-f(n-1)$ の正負を調べる

というのがありました。数列において差分は「階差数列」ですね。

　これをふまえてⓑを見るとどうですか?　そうですね,左辺が階差数列の形になっています。右辺の $e^{-a_{n+1}}$ については $e^{-a_{n+1}}>0$ という不等式(アバウトな式)がすぐに思いつくと思います。すると,

$$a_{n+1} - a_n = e^{-a_{n+1}} + 1 > 1 \quad \cdots\cdots\text{ⓒ}$$

となります。

 計画　あとは **類題 34** と同様でしょう。ⓒで $n = 1,\ 2,\ 3,\ \cdots\cdots$ として,

$$\left.\begin{array}{l} a_2 - a_1 > 1 \\ a_3 - a_2 > 1 \\ a_4 - a_3 > 1 \\ \quad\vdots \\ a_{n+1} - a_n > 1 \end{array}\right\} n \text{ 個}$$

として辺々を加えると,

$$a_{n+1} - a_1 > n$$

となり, $a_1 = 1$ ですから

$$a_{n+1} > n + 1$$

$\displaystyle\lim_{n\to\infty}(n+1) = \infty$ ですから,

$$\lim_{n\to\infty} a_{n+1} = \infty$$

$$\therefore\quad \lim_{n\to\infty}(e^{-a_{n+1}} + 1) = \lim_{n\to\infty}\left(\frac{1}{e^{a_{n+1}}} + 1\right) = 1$$

で OK です。

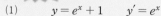 **実行**

(1)　　　$y = e^x + 1$　　　$y' = e^x$

より, この曲線の点 $(t,\ e^t + 1)$ における接線の方程式は,

$$y = e^t(x - t) + e^t + 1$$

である。これが点 $(a,\ 0)$ を通る条件は,

$$0 = e^t(a - t) + e^t + 1$$

であり, $e^t \neq 0$ より両辺を e^t で割って,

$$0 = (a - t) + 1 + e^{-t}$$
$$a = -e^{-t} + t - 1 \quad \cdots\cdots\text{①}$$

である。ここで,

$$f(t) = -e^{-t} + t - 1$$

とおくと,

$$f'(t) = e^{-t} + 1 > 0$$

であるから, $f(t)$ は単調に増加する。さらに,

$$\lim_{t\to+\infty} f(t) = +\infty,\quad \lim_{t\to-\infty} f(t) = -\infty$$

であるから, $Y = f(t)$ のグラフは右のようになる。

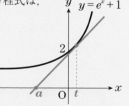

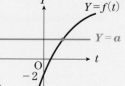

よって，$Y=f(t)$ のグラフと直線 $Y=a$ はただ1つの共有点をもつから，$f(t)=a$ すなわち①をみたす実数 t がただ1つ存在する。したがって，点 $(a,\ 0)$ を通り，$y=e^x+1$ に接する直線がただ1つ存在する。

(2) ①において，$a=a_n$ としたときの t の値が a_{n+1} であるから，
$$a_n=-e^{-a_{n+1}}+a_{n+1}-1$$
$$a_{n+1}-a_n=e^{-a_{n+1}}+1 \quad \cdots\cdots②$$
である。

$e^{-a_{n+1}}>0$ であるから，②より，
$$a_{n+1}-a_n>1$$
である。よって，
$$a_{k+1}-a_k>1$$
で，$k=1,\ 2,\ 3,\ \cdots\cdots,\ n$ として辺々を加えると，
$$a_{n+1}-a_1>n$$
となり，$a_1=1$ より，
$$a_{n+1}>n+1 \quad \cdots\cdots③$$
である。

③より，
$$\lim_{n\to\infty}a_{n+1}=\infty$$
であるから，②より，
$$\lim_{n\to\infty}(a_{n+1}-a_n)=\lim_{n\to\infty}\left(\frac{1}{e^{a_{n+1}}}+1\right)=1$$

検討　②で $e^{-a_{n+1}}+1>0$ より $a_{n+1}>a_n$ がわかりますから，
「$a_1<a_2\cdots\cdots<a_n<\cdots\cdots$ より　$\displaystyle\lim_{n\to\infty}a_n=\infty$」
とする誤答が多かったようです。たとえば，
$$a_n=-\frac{1}{n}$$
は，
$$a_1<a_2<\cdots\cdots<a_n<\cdots\cdots$$
ですが，
$$\lim_{n\to\infty}a_n=0$$
になりますよね。「単調増加だから $+\infty$ に発散」とはいえません。

まずはグラフの形を調べましょう。

$y = \left| \dfrac{3}{4}x^2 - 3 \right| - 2$ のグラフは,

$$y = \left| \dfrac{3}{4}x^2 - 3 \right| = \dfrac{3}{4}|x^2 - 4| = \dfrac{3}{4}|(x+2)(x-2)|$$

のグラフを y 軸方向に -2 だけ平行移動したものだから, 下の図のように なります。

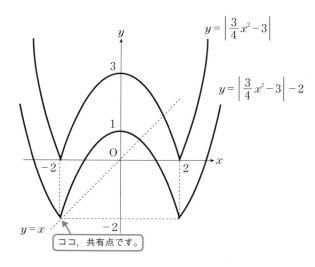

すると, $y = x$ のグラフと点 $(-2, -2)$ で共有点をもつのはすぐに気づ きますね。交点はこの他に 2 点ありそうですが, パッとはわかりませんの で, 計算しましょう。

$x \leqq -2$, $2 \leqq x$ のとき,

$$y = \left| \dfrac{3}{4}x^2 - 3 \right| - 2 = \dfrac{3}{4}|x^2 - 4| - 2 = \dfrac{3}{4}(x^2 - 4) - 2 = \dfrac{3}{4}x^2 - 5$$

だから, これと $y = x$ から y を消去して,

$$\dfrac{3}{4}x^2 - 5 = x \qquad \therefore \quad 3x^2 - 4x - 20 = 0$$

$$\therefore \quad (x+2)(3x-10) = 0 \qquad \therefore \quad x = -2, \ \dfrac{10}{3}$$

$-2 \leqq x \leqq 2$ のとき，

$$y = \left| \frac{3}{4} x^2 - 3 \right| - 2 = \frac{3}{4} |x^2 - 4| - 2 = -\frac{3}{4}(x^2 - 4) - 2 = -\frac{3}{4} x^2 + 1$$

だから，

$$-\frac{3}{4} x^2 + 1 = x$$

$$3x^2 + 4x - 4 = 0$$

$$(x + 2)(3x - 2) = 0$$

$$x = -2, \ \frac{2}{3}$$

ということで，題意の図形は
右の図の斜線部分のようにな
ります。

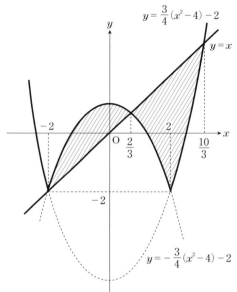

$y = \frac{3}{4}(x^2 - 4) - 2$

$y = x$

$y = -\frac{3}{4}(x^2 - 4) - 2$

計画 $-2 \leqq x \leqq \dfrac{2}{3}$ の部分は，⌀ の形になっているので，ラクに

計算できそうです。

では，$\dfrac{2}{3} \leqq x \leqq \dfrac{10}{3}$ の部分はどうでしょう。そのままやると，$x = 2$ で

分けて，

$$\int_{\frac{2}{3}}^{2} \left\{ x - \left(-\frac{3}{4}(x^2 - 4) - 2 \right) \right\} dx + \int_{2}^{\frac{10}{3}} \left\{ x - \left(\frac{3}{4}(x^2 - 4) - 2 \right) \right\} dx$$

となります。積分すると x^3 が出てきて，$x = \dfrac{2}{3}$ や $x = \dfrac{10}{3}$ を代入すること

になります。がんばればなんとかなりますが，もう少し考えてみましょう。

$y = \dfrac{3}{4}(x^2 - 4) - 2$ のグラフの $-2 \leqq x \leqq 2$ の部分の点線を実線にしてみ

ると，⌄ の形が出てきます。

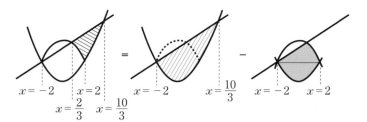

$x = -2$ $x = 2$ $x = -2$ $x = \dfrac{10}{3}$ $x = -2$ $x = 2$

$x = \dfrac{2}{3}$ $x = \dfrac{10}{3}$

さらに右の ⬢ の部分は,

$x = -2$ $x = 2$ $x = -2$ $x = 2$ $x = -2$ $x = \dfrac{2}{3}$

と分解できます。結局,

$x = -2$ $x = 2$ $x = -2$ $x = \dfrac{2}{3}$ $x = -2$ $x = \dfrac{10}{3}$ $x = -2$ $x = 2$ $x = -2$ $x = \dfrac{2}{3}$

$x = \dfrac{2}{3}$ $x = \dfrac{10}{3}$

$x = -2$ $x = \dfrac{10}{3}$ $x = -2$ $x = \dfrac{2}{3}$ $\times 2$ $x = -2$ $x = 2$ $\times 2$

と,すべて「放物線と直線で囲まれた図形」に分解できました。

🏃実行

$$y = \left| \frac{3}{4} x^2 - 3 \right| - 2 = \frac{3}{4} |x^2 - 4| - 2$$

$$= \begin{cases} \dfrac{3}{4} (x^2 - 4) - 2 \qquad \cdots\cdots① \quad (x \leqq -2,\ 2 \leqq x) \\[3mm] -\dfrac{3}{4} (x^2 - 4) - 2 \qquad \cdots\cdots② \quad (-2 \leqq x \leqq 2) \end{cases}$$

$$y = x \quad \cdots\cdots③$$

①，③より，yを消去して，

$$\frac{3}{4}(x^2-4)-2=x$$

$$3x^2-4x-20=0$$

$$(x+2)(3x-10)=0$$

$$x=-2,\ \frac{10}{3}$$

②，③より，yを消去して，

$$-\frac{3}{4}(x^2-4)-2=x$$

$$3x^2+4x-4=0$$

$$(x+2)(3x-2)=0$$

$$x=-2,\ \frac{2}{3}$$

よって，題意の図形は左下の図の斜線部分のようになる。①，②のグラフは直線 $y=-2$ に関して対称であるから，右下の図のように面積 S_1，S_2，S_3 を定めると，求める面積 S は，

$$S=S_1+2S_2-2S_3 \quad \cdots\cdots④$$

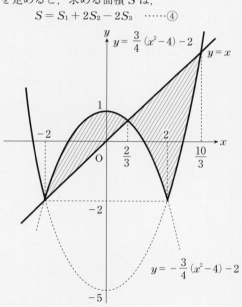

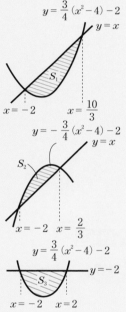

ここで，

$$S_1=\int_{-2}^{\frac{10}{3}}\left\{x-\left(\frac{3}{4}(x^2-4)-2\right)\right\}dx$$

$$=-\frac{3}{4}\int_{-2}^{\frac{10}{3}}\left(x^2-\frac{4}{3}x-\frac{20}{3}\right)dx$$

$$=-\frac{3}{4}\int_{-2}^{\frac{10}{3}}(x+2)\left(x-\frac{10}{3}\right)dx$$

$$=-\frac{3}{4}\left(-\frac{1}{6}\right)\left\{\frac{10}{3}-(-2)\right\}^3$$

$$=\frac{512}{27}$$

$$S_2 = \int_{-2}^{\frac{2}{3}} \left\{\left(-\frac{3}{4}(x^2-4)-2\right)-x\right\} dx$$

$$= -\frac{3}{4}\int_{-2}^{\frac{2}{3}}\left(x^2+\frac{4}{3}x-\frac{4}{3}\right)dx$$

$$= -\frac{3}{4}\int_{-2}^{\frac{2}{3}}(x+2)\left(x-\frac{2}{3}\right)dx$$

$$= -\frac{3}{4}\left(-\frac{1}{6}\right)\left\{\frac{2}{3}-(-2)\right\}^3$$

$$= \frac{64}{27}$$

$$S_3 = \int_{-2}^{2}\left\{-2-\left(\frac{3}{4}(x^2-4)-2\right)\right\}dx$$

$$= -\frac{3}{4}\int_{-2}^{2}(x^2-4)\,dx \quad\longleftarrow$$

> 偶関数・奇関数を考えて，
> $$= -\frac{3}{4}\cdot 2\int_{0}^{2}(x^2-4)\,dx$$
> としてもよいです。

$$= -\frac{3}{4}\int_{-2}^{2}(x+2)(x-2)\,dx$$

$$= -\frac{3}{4}\left(-\frac{1}{6}\right)\{2-(-2)\}^3$$

$$= 8$$

であるから，④より，

$$S = \frac{512}{27}+2\times\frac{64}{27}-2\times 8 = \frac{208}{27}$$

類題 37

 理解 S は右の 図1 の斜線部分
の面積だから，

$$S = \int_{0}^{\pi}\sin x\, dx$$

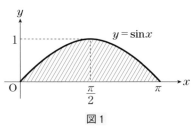

図1

を計算すれば，すぐに求められますね。

　次に，a は正の実数だから，T は右
の 図2 の網かけ部分の面積です。◢
の面積は $\sin x$ を，◣ の面積は $a\cos x$
を積分すればよいですが，積分区間の
境界⑦が問題です。これは $y=\sin x$
と $y=a\cos x$ のグラフの交点の x 座
標だから，y を消去した x の方程式

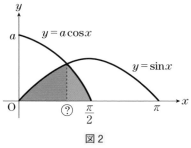

図2

$$\sin x = a \cos x \quad \cdots\cdots ①$$

を解けばよいのですが，これが解けません。どうしましょう？

 例 題 36 の 検討 では，

> **2次方程式の**
> **キタナイ解を代入するとき** → **割り算してから代入で**
> **次数を下げる**

というのをやりました。三角関数でできた方程式でも同じように，

> **三角関数を含む方程式の**
> **キタナイ解を代入するとき** → **いったん α とおいて計算を**
> **進め，なるべく簡単な式に**
> **してから代入する**

本問では，①の解を α とおくと，

$$\sin\alpha = a\cos\alpha \quad \left(0 < \alpha < \frac{\pi}{2}\right)$$

だから，α は，

$$\frac{\sin\alpha}{\cos\alpha} = a \quad \text{つまり} \quad \tan\alpha = a$$

をみたしています。$1 + \tan^2\alpha = \dfrac{1}{\cos^2\alpha}$,

$\tan\alpha = \dfrac{\sin\alpha}{\cos\alpha}$ を使って $\cos\alpha$, $\sin\alpha$ を

a で表すこともできますし，α は鋭角

で $\tan\alpha = a$ なので，

$$(\text{底辺}) : (\text{高さ}) = 1 : a$$

の右の図のような直角三角形を考えてもよいです。

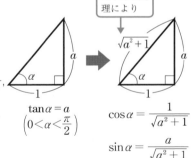

 計画 $y = \sin x$ と $y = a\cos x$ のグラフの交点の x 座標を α とおい
たので，

$$T = \int_0^\alpha \sin x\, dx + \int_\alpha^{\frac{\pi}{2}} a\cos x\, dx$$

です。積分はカンタンです。積分すると，

$$T = \left[-\cos x \right]_0^{\alpha} + \left[a\sin x \right]_{\alpha}^{\frac{\pi}{2}}$$

で，$\cos\alpha$，$\sin\alpha$ が出てくるから，解答では α をおいた段階で $\cos\alpha$，$\sin\alpha$ を a で表しておきましょう。これで T が a の式で表せるハズです。

　あとは条件 $S : T = 3 : 1$ より $S = 3T$ だから，これで a の方程式が出てきて，それを解けばよいでしょう。

実行

$$S = \int_0^{\pi} \sin x\,dx = \left[-\cos x \right]_0^{\pi}$$
$$= 1 - (-1) = 2 \quad \cdots\cdots①$$

$0 < x < \dfrac{\pi}{2}$ において，2曲線

$y = \sin x$，$y = a\cos x$ の共有点は，$a > 0$ よりただ1つ存在し，この点の x 座標を α とすると，

$$\sin\alpha = a\cos\alpha \quad \left(0 < \alpha < \frac{\pi}{2} \right) \quad \cdots\cdots ⓐ$$

よって，

$$\tan\alpha = a \quad \left(0 < \alpha < \frac{\pi}{2} \right)$$

であるから，右の図より，

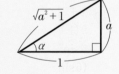

$$\sin\alpha = \frac{a}{\sqrt{a^2+1}}, \quad \cos\alpha = \frac{1}{\sqrt{a^2+1}} \quad \cdots\cdots②$$

ゆえに，

$$T = \int_0^{\alpha} \sin x\,dx + \int_{\alpha}^{\frac{\pi}{2}} a\cos x\,dx = \left[-\cos x \right]_0^{\alpha} + \left[a\sin x \right]_{\alpha}^{\frac{\pi}{2}}$$
$$= -\cos\alpha + 1 + a - a\sin\alpha \quad \cdots\cdots ⓑ$$
$$= -\frac{1}{\sqrt{a^2+1}} + 1 + a - \frac{a^2}{\sqrt{a^2+1}} \quad (\because ②より)$$
$$= a + 1 - \frac{a^2+1}{\sqrt{a^2+1}} = (a+1) - \sqrt{a^2+1} \quad \cdots\cdots③$$

$S : T = 3 : 1$ より，$S = 3T$ であるから，①，③より，

$$2 = 3\{(a+1) - \sqrt{a^2+1}\}$$

$\div 3$

$$\frac{2}{3} = a + 1 - \sqrt{a^2+1}$$

$\sqrt{}$ を左辺に

$$\sqrt{a^2+1} = a + \frac{1}{3}$$

両辺とも正であるから，2 乗して，

$$a^2 + 1 = a^2 + \frac{2}{3}a + \frac{1}{9}$$

$$\therefore \quad a = \frac{4}{3} \quad (\text{これは } a > 0 \text{ をみたす})$$

検討 ⓑから T を a の式で表しましたが，それが無理，もしくは
できるけれど計算が大変になる場合は，ⓐを利用していったん
T を α の式で表すこともあります。ⓑから，

$$T = -\cos\alpha + 1 + a - a\sin\alpha \quad \cdots\cdots ⓑ$$

ⓐより，$a = \dfrac{\sin\alpha}{\cos\alpha}$

$$= -\cos\alpha + 1 + \frac{\sin\alpha}{\cos\alpha} - \frac{\sin^2\alpha}{\cos\alpha}$$

通分

$$= \frac{-\cos^2\alpha + \cos\alpha + \sin\alpha - \sin^2\alpha}{\cos\alpha}$$

$$= \frac{\sin\alpha + \cos\alpha - 1}{\cos\alpha}$$

$S = 3T$ と①から，

$$2 = 3 \cdot \frac{\sin\alpha + \cos\alpha - 1}{\cos\alpha} \qquad \therefore \quad \cos\alpha = 3(1 - \sin\alpha)$$

$\cos^2\alpha + \sin^2\alpha = 1$ に代入して，

$$9(1 - \sin\alpha)^2 + \sin^2\alpha = 1$$

$$5\sin^2\alpha - 9\sin\alpha + 4 = 0$$

$$(5\sin\alpha - 4)(\sin\alpha - 1) = 0$$

$0 < \alpha < \dfrac{\pi}{2}$ より，$0 < \sin\alpha < 1$ だから，

$$\sin\alpha = \frac{4}{5} \qquad \therefore \quad \cos\alpha = \sqrt{1 - \sin^2\alpha} = \frac{3}{5}$$

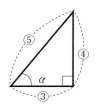

よって，求める a の値は，ⓐより，

$$a = \frac{\sin\alpha}{\cos\alpha} = \frac{4}{3}$$

とできます。a と α の 2 文字ありますから，攻め方も 2 通りあります。

どこかの問題集でやったことがあるような問題だったのではないでしょ
うか。京大でもこういうサービス問題が出ます。逆に，このような問題で
計算ミスをすると大きくビハインドを背負うことになります。間違えた人
は自分のミスの原因を究明して，それに対して十分な練習を積みましょう。

理解 　円柱 C は右の **図1** のようになる
　　　ことは大丈夫ですよね。平面 H と題
意の立体の形はわかりますか？　H が $y=1$ で
なく $y=0$ （x 軸）を含む問題はよくあるので
大丈夫かもしれませんが，わかりにくい人は例
によって真上，真横から見てみましょう。**図2**，
図3 のようになるから，題意の立体は下の **図4**
のようになります。

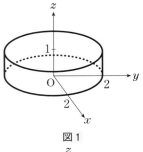

図1

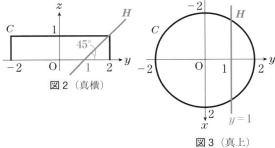

図2（真横）

図3（真上）

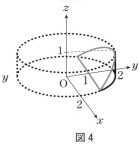

図4

　さて，体積を求めたいので切り口の面積がほしいのですが，**例題38** の
ような誘導がないので，自分で切らないといけません。どうしましょう？

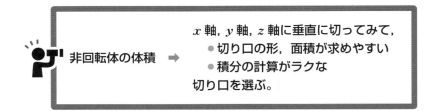

非回転体の体積 ➡ **x 軸，y 軸，z 軸に垂直に切ってみて，**
● **切り口の形，面積が求めやすい**
● **積分の計算がラクな**
切り口を選ぶ。

　順番に切ってみましょう。
　まず，平面 $x=t$ で切ってみます。「直角二等辺三角形だな」とわかる
人は OK です。僕はニガテだったのですが，予備校生のときに，

　　　　重ねてから切るな，切ってから重ねろ

と習いました。この立体を直接切るのがわかりにくければ，円柱 C と平
面 H をそれぞれ切ってから，それを合わせるということです。やってみ

ましょう。

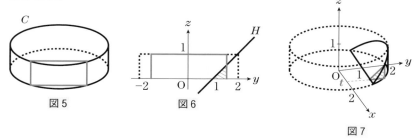

図5　　　　　　図6

図7

　円柱を底面に垂直な平面で切ると，**図5** のような長方形が現れます。また，平面と平面の交わりは直線だから，真横から見ると **図6** のようになります。H と xy 平面のなす角が $45°$ だから，切り口は直角二等辺三角形ですよね。立体に戻すと **図7** のようになります。

　次に，平面 $y = t$ で切ってみると **図8** のような長方形，平面 $z = t$ で切ってみると **図9** のような弓形とよばれる形になります。

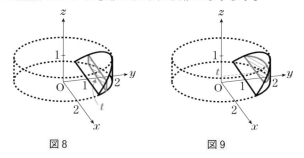

図8　　　　　　　　　　　図9

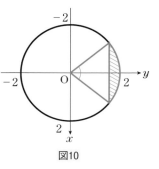

図10

🤔 **計画**　　弓形の面積を求めるには中心角が必要になり（**図10**），イマイチ。平面 $x = t$ で切るか平面 $y = t$ で切るかです。形や面積を求めるところはどちらでも大差ないのですが，$y = t$ で切ると，少しだけ積分の計算がじゃまくさくなります。ここでは $x = t$ で切ってみたいと思います。

　図7 を真上から見ると **図11** のようになるから，切り口は **図12** のような直角二等辺三角形 PQR です。

　Q は円 $x^2 + y^2 = 4$ の $y \geqq 0$ の部分，

つまり,
$$y^2 = 4 - x^2 \quad \text{かつ} \quad y \geqq 0$$
$$\therefore \quad y = \sqrt{4 - x^2}$$
上にあるので,
$$Q(t, \sqrt{4 - t^2})$$
よって,
$$PQ = (Q \text{の} y \text{座標}) - (P \text{の} y \text{座標})$$
$$= \sqrt{4 - t^2} - 1$$
だから, 切り口の面積 $S(t)$ は,

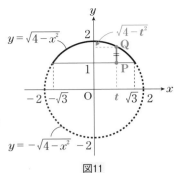

図11

$$S(t) = \frac{1}{2} PQ^2 = \frac{1}{2} \{(4 - t^2) - 2\sqrt{4 - t^2} + 1\}$$
$$= \frac{1}{2} (5 - t^2 - 2\sqrt{4 - t^2})$$

これを $t = -\sqrt{3}$ から $t = \sqrt{3}$ まで積分すれば OK です。
おっと, $S(t)$ は,

図12

$$S(-t) = \frac{1}{2} \{5 - (-t)^2 - 2\sqrt{4 - (-t)^2}\}$$
$$= \frac{1}{2} (5 - t^2 - 2\sqrt{4 - t^2})$$
$$= S(t)$$

だから偶関数ですね。図形的に yz 平面に関して対称になっていることに気づいていた人も OK です。

それから, $S(t)$ の～～部の積分はどうしますか?

$\sqrt{a^2 - x^2} \implies x = a \sin\theta$ と置換

の形ですが, $\sqrt{a^2 - x^2}$ そのものを積分するときは置換しませんよ～。上で Q の y 座標を求めたときの逆ですが,
$$s = \sqrt{4 - t^2} \iff s^2 = 4 - t^2 \text{ かつ } s \geqq 0$$
$$\iff t^2 + s^2 = 4 \text{ かつ } s \geqq 0$$

これは半円を表すので, この面積を利用して求めます。

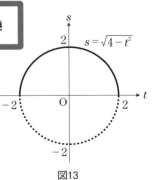

図13

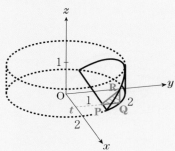

実行

　題意の立体の平面 $x = t\,(-\sqrt{3} \leqq t \leqq \sqrt{3})$ による切り口は，$t = \pm\sqrt{3}$ のときは 1 点となり，$-\sqrt{3} < t < \sqrt{3}$ のときは下の図のような直角二等辺三角形 PQR である。この切り口の面積を $S(t)$ とすると，

$$PQ = \sqrt{4 - t^2} - 1$$

であるから，

$$S(t) = \frac{1}{2}PQ^2$$

$$= \frac{1}{2}(\sqrt{4 - t^2} - 1)^2$$

$$= \frac{1}{2}(5 - t^2 - 2\sqrt{4 - t^2})$$

これは $t = \pm\sqrt{3}$ のときも成り立つ。

　よって，求める体積を V とすると，題意の立体の yz 平面に関する対称性から，

$$V = 2\int_0^{\sqrt{3}} S(t)\,dt$$

$$= \int_0^{\sqrt{3}} (5 - t^2 - 2\sqrt{4 - t^2})\,dt$$

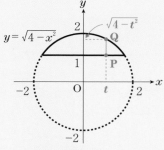

ここで，

$$\int_0^{\sqrt{3}} (5 - t^2)\,dt = \left[5t - \frac{1}{3}t^3\right]_0^{\sqrt{3}}$$

$$= 5\sqrt{3} - \sqrt{3} = 4\sqrt{3}$$

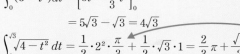
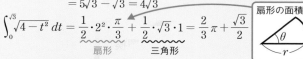

$$\int_0^{\sqrt{3}} \sqrt{4 - t^2}\,dt = \underbrace{\frac{1}{2}\cdot 2^2 \cdot \frac{\pi}{3}}_{\text{扇形}} + \underbrace{\frac{1}{2}\cdot\sqrt{3}\cdot 1}_{\text{三角形}} = \frac{2}{3}\pi + \frac{\sqrt{3}}{2}$$

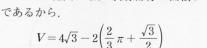

（右下の図の斜線部分の面積より）

であるから，

$$V = 4\sqrt{3} - 2\left(\frac{2}{3}\pi + \frac{\sqrt{3}}{2}\right)$$

$$= 3\sqrt{3} - \frac{4}{3}\pi$$

扇形の面積

$$S = \frac{1}{2}r^2\theta$$

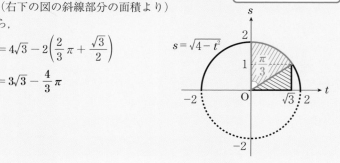

さて，今回の解答では，立体を真上や真横から見たりしなが
ら，図形的に切り口を考えましたが，

方程式（不等式）を立てて，切り口を考える

という方法もあります。もう一度，**図1**，**図2**，**図3** を見ていただきま
すと，

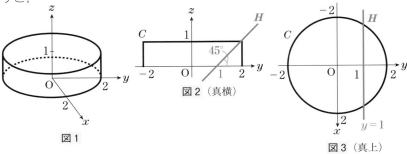

図1

図2（真横）

図3（真上）

でしたよね。そうしますと，円柱の部分は半径 2 の円ですから，

$$x^2 + y^2 \leq 4, \quad 0 \leq z \leq 1$$

と表せます。また，平面 H は，**図2** のように真横から見ると，

$$z = y - 1 \quad (x \text{ は任意の実数})$$

と表せることがわかります。題意の立体はこの平面 H と xy 平面 $(z = 0)$
の間にはさまれた部分ですから，

$$x^2 + y^2 \leq 4, \quad \underbrace{0 \leq z}_{xy\text{平面の上側}} \underbrace{\leq y - 1}_{\text{平面 }H\text{ の下側}} \quad \cdots\cdots (*)$$

と表すことができますね。

　これで，平面 $x = t$ $(-\sqrt{3} < t < \sqrt{3})$ による切り口を考えると，

$$t^2 + y^2 \leq 4 \quad \cdots\cdots \text{あ} \qquad 0 \leq z \leq y - 1 \quad \cdots\cdots \text{い}$$

となりますから，あを y について整理すると

$$y^2 \leq 4 - t^2$$

$$\therefore \quad -\sqrt{4 - t^2} \leq y \leq \sqrt{4 - t^2}$$

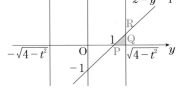

これといより，切り口の yz 平面への正
射影は，右の図の赤い三角形になります。
これが，解答の直角二等辺三角形 PQR
ですね。$\text{PQ} = \sqrt{4 - t^2} - 1$ がすぐにわかり，$S(t)$ も求められます。

　ちなみに，$y = t$ で切ると，切り口の面積は，

$$2(t - 1)\sqrt{4 - t^2}$$

となり，少し積分の計算がジャマくさいです。

536

類題 39

理解　$y = \dfrac{e^x + e^{-x}}{2}$ は「カテナリー」

とか「懸垂曲線」と呼ばれる曲線で，図1のような放物線っぽい形をしています。そうしますと，

$$|x| \leqq \frac{e^y + e^{-y}}{2} - 1$$

は絶対値をはずすと，

$$-\left(\frac{e^y + e^{-y}}{2} - 1\right) \leqq x \leqq \frac{e^y + e^{-y}}{2} - 1$$

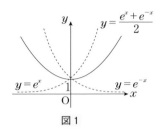

図1

となり，$0 \leqq y \leqq \log a$ ですから，図2の黒い網掛部のようになりますね。ここまではいいとして，図形 D は

「平面 $y = z$ の中で」って，

どういうこっちゃ!?

と思いませんでしたか？

一応説明しておきますと，D を表す式は

$$\begin{cases} y = z & \cdots\cdots ⓐ \\ |x| \leqq \dfrac{e^y + e^{-y}}{2} - 1 & \cdots\cdots ⓑ \\ 0 \leqq y \leqq \log a & \cdots\cdots ⓒ \end{cases}$$

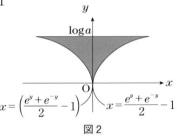

図2

です。で，ⓐかつⓑかつⓒだと D を表すんですが，ⓑだけですと，z を無視した，x と y だけの関係を表しているから，

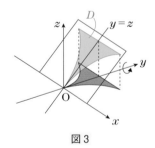

図3

D の xy 平面への正射影を表している

ことになります。図3の赤い網掛部が D，黒い網掛部がその正射影で，図2の黒い網掛部ということです。この赤い網掛部の図形 D を y 軸まわりに1回転するんですよね。

え？「形がわからない」なんて，眠たいこといってたら，シバきますよ(笑)。そうです。

回してから切るな，切ってから回せ

です。しかも！　類題 38 や 例題 39 とちがって，図形 D の方程式が問題で与えられてるんですよ!!

計画 y 軸のまわりに回転させますから,

平面 $y = t$

で切りましょう。t の範囲は ⓒ から

$0 \leq t \leq \log a$

です。平面 $y = t$ $(0 \leq t \leq \log a)$ 上で,図形 D の切り口上の点 (x, t, z) は

ⓐより $z = t$

ⓑより $|x| \leq \dfrac{e^t + e^{-t}}{2} - 1$ ……ⓓ

を満たします。ⓓがちょっと見にくいので

$s = \dfrac{e^t + e^{-t}}{2}$ とおきましょうか。すると,

$|x| \leq s - 1$

$\therefore \ -(s - 1) \leq x \leq s - 1$

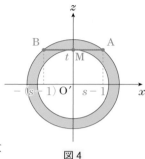

図 4

となりますので,D の切り口は **図 4** のような
線分 AB になります。よって,題意の回転体
の平面 $y = t$ による切り口は,

点 $\mathrm{O}'(0, t, 0)$ を中心として,線分 AB を 1 回転したもの

すなわち,線分 AB の中点を M として,$\mathrm{O'M} \perp \mathrm{AB}$ に注意すると,

点 O' を中心として,半径 $\mathrm{O'A}$ の円と半径 $\mathrm{O'M}$ の円に

はさまれた部分(**図 4** の赤い網掛部)

です。

この面積を $S(t)$ とおくと

$$
\begin{aligned}
S(t) &= \pi \mathrm{O'A}^2 - \pi \mathrm{O'M}^2 \\
&= \pi\{(s - 1)^2 + t^2\} - \pi t^2 \\
&= \pi(s^2 - 2s + 1) \\
&= \pi\left(\dfrac{e^{2t} + 2 + e^{-2t}}{4} - 2 \cdot \dfrac{e^t + e^{-t}}{2} + 1\right) \\
&= \pi\left\{\dfrac{e^{2t} + e^{-2t}}{4} - (e^t + e^{-t}) + \dfrac{3}{2}\right\}
\end{aligned}
$$

となります。積分はカンタンですね。

![実行]

図形 D を平面 $y=t$ $(0 \leqq t \leqq \log a)$ で切ると，切り口は，

$$\begin{cases} z=t \\ |x| \leqq \dfrac{e^t+e^{-t}}{2}-1 \end{cases}$$

で表され，これは，

$$\mathrm{A}\left(\frac{e^t+e^{-t}}{2}-1,\ t,\ t\right)$$

$$\mathrm{B}\left(-\left(\frac{e^t+e^{-t}}{2}-1\right),\ t,\ t\right)$$

とおくと，線分 AB（$t=0$ のときは原点 O）である。

D を y 軸のまわりに 1 回転してできる立体の，平面 $y=t$ $(0 \leqq y \leqq \log a)$ による切り口は，線分 AB を点 $\mathrm{O}'(0,\ t,\ 0)$ のまわりに 1 回転したものである。よって，線分 AB の中点を M とすると，$\mathrm{O}'\mathrm{M} \perp \mathrm{AB}$ であるから切り口の面積を $S(t)$ とすると，

$$\begin{aligned}
S(t) &= \pi \mathrm{O}'\mathrm{A}^2 - \pi \mathrm{O}'\mathrm{M}^2 \\
&= \pi\left\{\left(\frac{e^t+e^{-t}}{2}-1\right)^2+t^2\right\}-\pi t^2 \\
&= \pi\left\{\frac{e^{2t}+e^{-2t}}{4}-(e^t+e^{-t})+\frac{3}{2}\right\}
\end{aligned}$$

よって，求める体積は，

$$\begin{aligned}
\int_0^{\log a} S(t)\,dt &= \pi \int_0^{\log a}\left\{\left(\frac{e^{2t}+e^{-2t}}{4}\right)-(e^t+e^{-t})+\frac{3}{2}\right\}dt \\
&= \pi\left[\frac{e^{2t}-e^{-2t}}{8}-(e^t-e^{-t})+\frac{3}{2}t\right]_0^{\log a} \\
&= \pi\left\{\frac{1}{8}\left(a^2-\frac{1}{a^2}\right)-\left(a-\frac{1}{a}\right)+\frac{3}{2}\log a\right\}
\end{aligned}$$

> $e^{\log a}=a$ です。「？」と思った人は第3章のプロローグ**4** 対数の定義を復習しましょう。

類題 40

👤 理解 　点 A, B の位置は 図1 のよう
になります。 例題38 でお話しし
ましたが

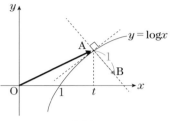

図1

🗣 動点 ➡ ベクトルで把握する

です。

$$\overrightarrow{OB}=\overrightarrow{OA}+\overrightarrow{AB} \quad \cdots\cdots ⓐ$$

であり

$$\overrightarrow{OA}=(t,\ \log t) \quad \cdots\cdots ⓑ$$

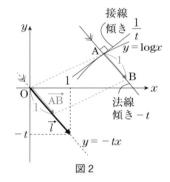

図2

はわかっていますから，$\overrightarrow{AB}$ の成分がわか
れば $\overrightarrow{OB}$ の成分，すなわち B の座標
$(u(t),\ v(t))$ が求まります。

　$AB=1$ ですから $\overrightarrow{AB}$ の大きさはわかり
ますので，あとは向きですね。点 B は
$y=\log x$ の点 A における法線上の点です
から，微分で法線の傾きを求めましょう。

$$y=\log x \quad より \quad y'=\frac{1}{x}$$

ですから，

　　　　点 A における接線の傾きは $\dfrac{1}{t}$

　　　　よって，法線の傾きは $-t$

> $l \perp m$ のとき
> $(l \text{の傾き})\times(m \text{の傾き})=-1$

となります。よって，原点を通る傾き $-t$ の直線 $y=-tx$ を考えますと，
図2 のように法線と平行で右下向きのベクトル

$$\vec{l}=(1,\ -t)$$

が得られます。$\overrightarrow{AB}$ は $\vec{l}$ と同じ向きで，長さが 1 ですから，

$$\overrightarrow{AB}=\frac{|\overrightarrow{AB}|}{|\vec{l}|}\vec{l}=\frac{1}{\sqrt{1+t^2}}(1,\ -t)=\left(\frac{1}{\sqrt{1+t^2}},\ -\frac{t}{\sqrt{1+t^2}}\right) \quad \cdots\cdots ⓒ$$

ですね。

　ⓑ，ⓒをⓐに代入して，

$$u(t) = t + \frac{1}{\sqrt{1+t^2}}, \quad v(t) = \log t - \frac{t}{\sqrt{1+t^2}}$$

となります。$\frac{1}{\sqrt{1+t^2}} = (1+t^2)^{-\frac{1}{2}}$ ですから，それぞれ t で微分して，

$$\frac{du}{dt} = 1 + \left(-\frac{1}{2}\right)(1+t^2)^{-\frac{3}{2}} \cdot 2t = 1 - \frac{t}{(1+t^2)^{\frac{3}{2}}}$$

> 1 は通分しない方が見やすいですね。

$(1+t^2)'$

$$\frac{dv}{dt} = \frac{1}{t} - \left\{ 1 \cdot (1+t^2)^{-\frac{1}{2}} + t \cdot \left(-\frac{1}{2}\right)(1+t^2)^{-\frac{3}{2}} \cdot 2t \right\}$$

$(1+t^2)'$

$\leftarrow t \cdot (1+t^2)^{-\frac{1}{2}}$ と見て積の微分法をやっています

$$= \frac{1}{t} - \left\{ \frac{1}{\sqrt{1+t^2}} - \frac{t^2}{(1+t^2)^{\frac{3}{2}}} \right\}$$

$$= \frac{1}{t} - \frac{(1+t^2) - t^2}{(1+t^2)^{\frac{3}{2}}}$$

通分

$$= \frac{1}{t} - \frac{1}{(1+t^2)^{\frac{3}{2}}}$$

> こちらも $\frac{1}{t}$ は通分しない方が見やすいですね。

これで(1)は OK です。

さて，$L_2(r)$ は t が r から 1 まで動くときに点 B の描く曲線の長さなので，

$$L_2(r) = \int_r^1 \sqrt{\left(\frac{du}{dt}\right)^2 + \left(\frac{dv}{dt}\right)^2}\, dt$$

です。ここまで出たので，(2)は $L_2(r)$ の方が求められそうですね。さきに $\sqrt{\ }$ の中身を整理しておきましょうか。

$$\left(\frac{du}{dt}\right)^2 + \left(\frac{dv}{dt}\right)^2 = \left\{ 1 - \frac{t}{(1+t^2)^{\frac{3}{2}}} \right\}^2 + \left\{ \frac{1}{t} - \frac{1}{(1+t^2)^{\frac{3}{2}}} \right\}^2 \quad \cdots\cdots ⓓ$$

$$= \left\{ 1 - \frac{2t}{(1+t^2)^{\frac{3}{2}}} + \frac{t^2}{(1+t^2)^3} \right\} + \left\{ \frac{1}{t^2} - \frac{2}{t(1+t^2)^{\frac{3}{2}}} + \frac{1}{(1+t^2)^3} \right\}$$

$$= 1 + \frac{1}{t^2} - \frac{2(t^2+1)}{t(1+t^2)^{\frac{3}{2}}} + \frac{t^2+1}{(1+t^2)^3}$$

〜〜と〜〜でそれぞれ通分

$$= \frac{t^2+1}{t^2} - \frac{2}{t(1+t^2)^{\frac{1}{2}}} + \frac{1}{(1+t^2)^2}$$

$$= \frac{(1+t^2)^3 - 2t(1+t^2)^{\frac{3}{2}} + t^2}{t^2(1+t^2)^2}$$

えーっと……ダメですね，コレは。こんなものに $\sqrt{\ }$ をつけて積分なんかできそうにありません。

計画 しょうがないので，一旦保留にして，$L_1(r)$ の方を考えてみましょう。t が r から 1 まで動くときに点 $A(t, \log t)$ の描く曲線の長さですね。

$$x = t, \ y = \log t$$

ですから

$$\frac{dx}{dt} = 1, \ \frac{dy}{dt} = \frac{1}{t}$$

$$\therefore \ \left(\frac{dx}{dt}\right)^2 + \left(\frac{dy}{dt}\right)^2 = 1 + \frac{1}{t^2} \quad \cdots\cdots ⓔ$$

$$\therefore \ L_1(r) = \int_r^1 \sqrt{\left(\frac{dx}{dt}\right)^2 + \left(\frac{dy}{dt}\right)^2}\, dt = \int_r^1 \sqrt{1 + \frac{1}{t^2}}\, dt = \int_r^1 \frac{\sqrt{t^2+1}}{t}\, dt$$

お!? こちらは $\sqrt{t^2+1}$ がありますので，$t = \tan\theta$ と置換積分すればよいですかね。積分区間に r があって，$r = \tan\theta$ となる θ を α とか置かないといけませんが，とりあえず $L_1(r)$ はイケそうです。

さて，では，もう一度 $L_2(r)$ を考えてみましょう。ⓓは

$$\left(\frac{du}{dt}\right)^2 + \left(\frac{dv}{dt}\right)^2 = \left\{1 - \frac{t}{(1+t^2)^{\frac{3}{2}}}\right\}^2 + \left\{\frac{1}{t} - \frac{1}{(1+t^2)^{\frac{3}{2}}}\right\}^2 \quad \cdots\cdots ⓓ$$

でしたよね。これを展開するとヒドイことになりました。で，

ⓓとⓔを見比べて，何か思いつきませんか？

$\left(\dfrac{du}{dt}\right)^2$ と $\left(\dfrac{dv}{dt}\right)^2$ を見比べて，何か思いつきませんか？

$\left(\dfrac{du}{dt}\right)^2$ と $\left(\dfrac{dv}{dt}\right)^2$ が「似てるな」と思いませんか？ $\left(\dfrac{dv}{dt}\right)^2$ で $\dfrac{1}{t}$ をくくると，

$$\left(\frac{dv}{dt}\right)^2 = \left\{\frac{1}{t} - \frac{1}{(1+t^2)^{\frac{3}{2}}}\right\}^2 = \left\{\frac{1}{t}\left(1 - \frac{t}{(1+t^2)^{\frac{3}{2}}}\right)\right\}^2 = \frac{1}{t^2}\left(\frac{du}{dt}\right)^2$$

となるので

$$\left(\frac{du}{dt}\right)^2 + \left(\frac{dv}{dt}\right)^2 = \left(\frac{du}{dt}\right)^2 + \frac{1}{t^2}\left(\frac{du}{dt}\right)^2 = \left(1 + \frac{1}{t^2}\right)\left(\frac{du}{dt}\right)^2$$

となり，部がⓔと同じになるんです！

そうしますと，

$$L_2(r) = \int_r^1 \sqrt{\left(\frac{du}{dt}\right)^2 + \left(\frac{dv}{dt}\right)^2}\, dt = \int_r^1 \sqrt{\left(1 + \frac{1}{t^2}\right)\left(\frac{du}{dt}\right)^2}\, dt$$

$$= \int_r^1 \frac{\sqrt{t^2+1}}{t}\left|\frac{du}{dt}\right|\, dt \quad \cdots\cdots ⓕ$$

となります。なんかイイ感じになってきましたよ。

$\dfrac{du}{dt}$ は図を描いたフンイキですと，u が単調増加しそうなので，$\dfrac{du}{dt} > 0$

っぽいのですが，"フンイキ" ではダメなので，ちゃんと調べましょう。

$$\frac{du}{dt} = 1 - \frac{t}{(1+t^2)^{\frac{3}{2}}} = \frac{(1+t^2)^{\frac{3}{2}} - t}{(1+t^2)^{\frac{3}{2}}}$$

ですから，$(1+t^2)^{\frac{3}{2}} > t$ を示せばよいです。$t > 0$ ですから両辺 2 乗して，差をとりましょうか。

$$(1+t^2)^3 - t^2 = 1 + 2t^2 + 3t^4 + t^6 > 0$$

はい，大丈夫でした。$\dfrac{du}{dt} > 0$ なので，ⓕより，

$$L_2(r) = \int_r^1 \frac{\sqrt{t^2+1}}{t} \cdot \frac{du}{dt}\, dt = \int_r^1 \frac{\sqrt{t^2+1}}{t}\left\{1 - \frac{t}{(1+t^2)^{\frac{3}{2}}}\right\} dt$$

となり，

$$L_1(r) - L_2(r) = \int_r^1 \frac{\sqrt{t^2+1}}{t}\, dt - \int_r^1 \frac{\sqrt{t^2+1}}{t}\left\{1 - \frac{t}{(1+t^2)^{\frac{3}{2}}}\right\} dt$$

$$= \int_r^1 \frac{\sqrt{t^2+1}}{t}\, dt - \int_r^1 \frac{\sqrt{t^2+1}}{t}\, dt + \int_r^1 \frac{t\sqrt{t^2+1}}{t\,(1+t^2)^{\frac{3}{2}}}\, dt$$

$$= \int_r^1 \frac{1}{1+t^2}\, dt$$

となります！ $t = \tan\theta$ でイケますね。ちょっと感動（笑）。

🏃 実行

(1) $y = \log x \qquad y' = \dfrac{1}{x}$

であるから，点 $A(t, \log t)$ における法線の傾きは $-t$ である。よって，B の x 座標が t（A の x 座標）より大きいことに注意すると，$\overrightarrow{AB}$ と同じ向きのベクトルとして，

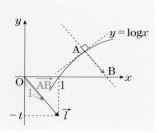

$$\vec{l} = (1, -t)$$

がとれる。さらに $|\overrightarrow{AB}| = 1$ であるから

$$\overrightarrow{AB} = \frac{|\overrightarrow{AB}|}{|\vec{l}|}\vec{l} = \frac{1}{\sqrt{1+t^2}}(1, -t)$$

また，$\overrightarrow{OA} = (t, \log t)$ であるから，$\overrightarrow{OB} = \overrightarrow{OA} + \overrightarrow{AB}$ より

$$(u(t), v(t)) = \left(t + \frac{1}{\sqrt{1+t^2}}, \ \log t - \frac{t}{\sqrt{1+t^2}}\right)$$

であり，

$$\frac{du}{dt} = 1 + \left(-\frac{1}{2}\right)(1+t^2)^{-\frac{3}{2}}(2t) = 1 - \frac{t}{(1+t^2)^{\frac{3}{2}}}$$

$$\frac{dv}{dt} = \frac{1}{t} - \left\{1 \cdot \frac{1}{\sqrt{1+t^2}} + t \cdot \left(-\frac{t}{(1+t^2)^{\frac{3}{2}}}\right)\right\} = \frac{1}{t} - \frac{1}{(1+t^2)^{\frac{3}{2}}}$$

であるから，

$$\left(\frac{du}{dt}, \frac{dv}{dt}\right) = \left(1 - \frac{t}{(1+t^2)^{\frac{3}{2}}}, \ \frac{1}{t} - \frac{1}{(1+t^2)^{\frac{3}{2}}}\right)$$

(2) $A(x, y)$ とおくと，$x = t$, $y = \log t$ より，

$$\frac{dx}{dt} = 1, \quad \frac{dy}{dt} = \frac{1}{t} \qquad \therefore \quad \left(\frac{dx}{dt}\right)^2 + \left(\frac{dy}{dt}\right)^2 = 1 + \frac{1}{t^2} = \frac{t^2+1}{t^2}$$

であるから，

$$L_1(r) = \int_r^1 \sqrt{\left(\frac{dx}{dt}\right)^2 + \left(\frac{dy}{dt}\right)^2}\, dt = \int_r^1 \frac{\sqrt{t^2+1}}{t}\, dt$$

また，(1)の結果より，

$$\frac{dv}{dt} = \frac{1}{t}\left\{1 - \frac{t}{(1+t^2)^{\frac{3}{2}}}\right\} = \frac{1}{t} \cdot \frac{du}{dt}$$

$$\therefore \quad \left(\frac{du}{dt}\right)^2 + \left(\frac{dv}{dt}\right)^2 = \left(\frac{du}{dt}\right)^2 + \frac{1}{t^2}\left(\frac{du}{dt}\right)^2 = \frac{t^2+1}{t^2}\left(\frac{du}{dt}\right)^2$$

である。ここで，$(0 <)r \leqq t \leqq 1$ のとき

$$(1+t^2)^3 - t^2 = 1 + 2t^2 + 3t^4 + t^6 > 0$$

より，

$$(1+t^2)^3 > t^2 \qquad \therefore \quad (1+t^2)^{\frac{3}{2}} > t \qquad \therefore \quad \frac{du}{dt} = 1 - \frac{t}{(1+t^2)^{\frac{3}{2}}} > 0$$

であるから，

$$L_2(r) = \int_r^1 \sqrt{\left(\frac{du}{dt}\right)^2 + \left(\frac{dv}{dt}\right)^2}\, dt = \int_r^1 \frac{\sqrt{t^2+1}}{t} \cdot \frac{du}{dt}\, dt$$

$$= \int_r^1 \frac{\sqrt{t^2+1}}{t}\left\{1 - \frac{t}{(1+t^2)^{\frac{3}{2}}}\right\}dt = L_1(r) - \int_r^1 \frac{1}{1+t^2}\, dt$$

よって,

$$L_1(r) - L_2(r) = \int_r^1 \frac{1}{1+t^2}\,dt$$

である。ここで $t = \tan\theta \left(0 < \theta < \dfrac{\pi}{2}\right)$ とおくと,$r = \tan\theta$ を満たす θ が

ただ1つ存在する。これを α とすると

$$\frac{dt}{d\theta} = \frac{1}{\cos^2\theta}$$

t	$r \to 1$
θ	$\alpha \to \dfrac{\pi}{4}$

であるから,

$$L_1(r) - L_2(r) = \int_\alpha^{\frac{\pi}{4}} \frac{1}{1+\tan^2\theta} \cdot \frac{1}{\cos^2\theta}\,d\theta = \int_\alpha^{\frac{\pi}{4}} d\theta$$

$$= \Big[\theta\Big]_\alpha^{\frac{\pi}{4}} = \frac{\pi}{4} - \alpha$$

$r \to +0$ のとき $\alpha \to +0$ であるから,

$$\lim_{r \to +0} (L_1(r) - L_2(r)) = \lim_{\alpha \to +0}\left(\frac{\pi}{4} - \alpha\right) = \frac{\pi}{4}$$

類題 41

理解 ちょっとややこしい式なので,ようすを見るために実際に
$f_2(x),\ f_3(x)$ を求めてみましょう。

$$f_1(x) = 4x^2 + 1 \qquad\qquad \cdots\cdots ⓐ$$

$$f_n(x) = \int_0^1 (3x^2 t f_{n-1}{}'(t) + 3f_{n-1}(t))\,dt \quad (n = 2,\ 3,\ 4,\ \cdots\cdots) \qquad \cdots\cdots ⓑ$$

だから,ⓑで $n = 2$ とすると,

$$f_2(x) = \int_0^1 (3x^2 t f_1{}'(t) + 3f_1(t))\,dt$$

$f_1(t) = 4t^2 + 1$
$f_1{}'(t) = 8t$

$$= \int_0^1 \{3x^2 t \cdot 8t + 3(4t^2 + 1)\}\,dt$$

$$= \int_0^1 \{(24x^2 + 12)\,t^2 + 3\}\,dt$$

t が積分変数
x は文字定数

$$= \Big[(8x^2 + 4)\,t^3 + 3t\Big]_0^1$$

$$= (8x^2 + 4) + 3 = 8x^2 + 7$$

次に，ⓑで $n = 3$ として，

$$f_3(x) = \int_0^1 (3x^2 t f_2{}'(t) + 3 f_2(t)) dt$$

$f_2(t) = 8t^2 + 7$
$f_2{}'(t) = 16t$

$$= \int_0^1 \{3x^2 t \cdot 16t + 3(8t^2 + 7)\} dt$$

$$= \int_0^1 \{(48x^2 + 24) t^2 + 21\} dt$$

t が積分変数
x は文字定数

$$= \left[(16x^2 + 8) t^3 + 21t \right]_0^1$$

$$= (16x^2 + 8) + 21 = 16x^2 + 29$$

このように，順番に $f_2(x)$，$f_3(x)$，……と定まっていくので，「帰納的に定義されている」わけですね。

例題 41 と同様，ⓑの定積分では t は積分されて 0，1 が代入されますが，x は残るので，$\int \cdots dt$ の外へ出しましょうか。

$$f_n(x) = 3x^2 \int_0^1 t f_{n-1}{}'(t) dt + 3 \int_0^1 f_{n-1}(t) dt \quad \cdots \text{ⓑ}'$$

〰〰部と……部は定数なので，$= A,\ B$ とおくと……，ちょっとマズそうですね。

$$f_1(x) = 4x^2 + 1,\quad f_2(x) = 8x^2 + 7,\quad f_3(x) = 16x^2 + 29,\quad \cdots$$

だから，$A,\ B$ は（x には無関係な）定数は定数でも，$f_n(x)$ の「n によって変わる定数」のようです。つまり，数列になっているから，

$$a_{n-1} = \int_0^1 t f_{n-1}{}'(t) dt \quad \cdots \text{ⓒ} \qquad b_{n-1} = \int_0^1 f_{n-1}(t) dt \quad \cdots \text{ⓓ}$$

のようにおかないといけませんね。するとⓑ′は，

$$f_n(x) = 3a_{n-1} x^2 + 3b_{n-1} \quad \cdots \text{ⓑ}''$$

となります。$f_1(x) = 4x^2 + 1$ がスタートだから，ⓒ，ⓓの式は $n - 1 = 1$ つまり $n = 2$ からスタートします。ⓑ″も $n = 2$ からスタートですね。

計画 ⓓの $n - 1$ を n にすると，

$$b_n = \int_0^1 f_n(t) dt$$

で，ⓑ″より，$f_n(t) = 3a_{n-1} t^2 + 3b_{n-1}$ だから，

$$b_n = \int_0^1 (3a_{n-1} t^2 + 3b_{n-1}) dt = \left[a_{n-1} t^3 + 3b_{n-1} t \right]_0^1 = a_{n-1} + 3b_{n-1} \quad \cdots \text{ⓔ}$$

数列 $\{a_n\}$ と $\{b_n\}$ の漸化式が出てきました。

同様に，ⓒで $n-1$ を n にすると，

$$a_n = \int_0^1 t f_n{}'(t) dt$$

で，$f_n(t) = 3a_{n-1}t^2 + 3b_{n-1}$ より，$f_n{}'(t) = 6a_{n-1}t$ だから，

$$a_n = \int_0^1 6a_{n-1}t^2 dt = \Big[2a_{n-1}t^3 \Big]_0^1 = 2a_{n-1}$$

数列 $\{a_n\}$ の漸化式が出てきました。等比数列ですね。$\{a_n\}$ の一般項を求め，それをⓔに代入して数列 $\{b_n\}$ の漸化式を解けば，ⓑ″で $f_n(x)$ が求まりそうです。

実行

$n = 2,\ 3,\ 4,\ \cdots\cdots$ に対して，

$$f_n(x) = \int_0^1 (3x^2 t f_{n-1}{}'(t) + 3f_{n-1}(t)) dt$$

$$= 3x^2 \int_0^1 t f_{n-1}{}'(t) dt + 3\int_0^1 f_{n-1}(t) dt$$

であり，$\displaystyle\int_0^1 t f_{n-1}{}'(t) dt$，$\displaystyle\int_0^1 f_{n-1}(t) dt$ は n によって定まるから，

$$a_{n-1} = \int_0^1 t f_{n-1}{}'(t) dt \quad \cdots\cdots① $$

$$b_{n-1} = \int_0^1 f_{n-1}(t) dt \quad \cdots\cdots② $$

とおくと，

$$f_n(x) = 3a_{n-1}x^2 + 3b_{n-1} \quad (n = 2,\ 3,\ 4,\ \cdots\cdots) \quad \cdots\cdots③ $$

$f_1(t) = 4t^2 + 1$ より，$f_1{}'(t) = 8t$ であるから，①，②で $n = 2$ として，

$$a_1 = \int_0^1 8t^2 dt = \Big[\frac{8}{3}t^3 \Big]_0^1 = \frac{8}{3} \quad \cdots\cdots④ $$

$$b_1 = \int_0^1 (4t^2 + 1) dt = \Big[\frac{4}{3}t^3 + t \Big]_0^1 = \frac{4}{3} + 1 = \frac{7}{3} \quad \cdots\cdots⑤ $$

また，③より，$f_n(t) = 3a_{n-1}t^2 + 3b_{n-1}$，$f_n{}'(t) = 6a_{n-1}t$ であるから，①，②より，

$$a_n = \int_0^1 t f_n'(t)dt = \int_0^1 6a_{n-1}t^2 dt = \left[2a_{n-1}t^3\right]_0^1 = 2a_{n-1} \quad \cdots\cdots \text{⑥}$$

$$b_n = \int_0^1 f_n(t)dt = \int_0^1 (3a_{n-1}t^2 + 3b_{n-1})dt$$

$$= \left[a_{n-1}t^3 + 3b_{n-1}t\right]_0^1 = a_{n-1} + 3b_{n-1} \quad \cdots\cdots \text{⑦}$$

④，⑥より，数列 $\{a_n\}$ は初項 $a_1 = \dfrac{8}{3}$，公比 2 の等比数列であるから，

$$a_n = \frac{8}{3} \cdot 2^{n-1} = \frac{2^{n+2}}{3} \quad \cdots\cdots \text{⑧}$$

⑦，⑧より，

$$b_n = 3b_{n-1} + \frac{2^{n+1}}{3} \qquad \therefore \quad \frac{b_n}{2^n} = \frac{3}{2} \cdot \frac{b_{n-1}}{2^{n-1}} + \frac{2}{3}$$

> $a_{n+1} = pa_n + qr^n$ **タイプ**
> ➡ r^{n+1} で割る
> 左辺が b_n なので，2^n で割りました。

であるから，$c_n = \dfrac{b_n}{2^n}$ とおくと，

$$c_n = \frac{3}{2}c_{n-1} + \frac{2}{3} \qquad \therefore \quad c_n + \frac{4}{3} = \frac{3}{2}\left(c_{n-1} + \frac{4}{3}\right)$$

よって，数列 $\left\{c_n + \dfrac{4}{3}\right\}$ は

初項 $c_1 + \dfrac{4}{3} = \dfrac{b_1}{2} + \dfrac{4}{3} = \dfrac{7}{6} + \dfrac{4}{3}$

$$= \frac{5}{2} \quad (\because \ \text{⑤より})$$

> $$c_n = \frac{3}{2}c_{n-1} + \frac{2}{3}$$
> $$-) \quad \alpha = \frac{3}{2}\alpha + \frac{2}{3} \qquad \therefore \quad \alpha = -\frac{4}{3}$$
> $$c_n + \frac{4}{3} = \frac{3}{2}\left(c_{n-1} + \frac{4}{3}\right)$$

公比 $\dfrac{3}{2}$

の等比数列であるから，

$$c_n + \frac{4}{3} = \frac{5}{2}\left(\frac{3}{2}\right)^{n-1} \qquad \therefore \quad c_n = \frac{5}{2}\left(\frac{3}{2}\right)^{n-1} - \frac{4}{3}$$

$$\therefore \quad b_n = 2^n c_n = 2^n \left\{\frac{5}{2}\left(\frac{3}{2}\right)^{n-1} - \frac{4}{3}\right\} = 5 \cdot 3^{n-1} - \frac{2^{n+2}}{3} \quad \cdots\cdots \text{⑨}$$

したがって，$n = 2, 3, 4, \cdots\cdots$ のとき，③，⑧，⑨より，

$$f_n(x) = 3 \cdot \frac{2^{n+1}}{3}x^2 + 3\left(5 \cdot 3^{n-2} - \frac{2^{n+1}}{3}\right)$$

$$= 2^{n+1}x^2 + (5 \cdot 3^{n-1} - 2^{n+1})$$

であり，これは $n = 1$ のときも $f_1(x) = 4x^2 + 1$ となり成り立つから，

$$f_n(x) = 2^{n+1}x^2 + (5 \cdot 3^{n-1} - 2^{n+1})$$

類 題 **42**

 理解

$$F(\theta) = \int_0^\theta x \cos(x + \alpha) dx$$

右辺は部分積分すれば θ の式に直せますが，$F(\theta)$ を最大にする θ は積分しなくても調べることができます。

$$\frac{d}{dx} \int_a^x f(t) dt = f(x)$$

を使います。

本問では最大値を求めないといけないので，どのみち後で積分することになるので，先に積分計算をすませてしまってもよいでしょう。しかし，最大となる θ を求めるだけの問題や，積分が大変な問題もあるので，まず微分しようと思います。

$$F'(\theta) = \frac{d}{d\theta} \int_0^\theta x \cos(x + \alpha) dx = \theta \cos(\theta + \alpha)$$

$0 \le \theta \le \dfrac{\pi}{2}$ において，θ は $\theta \geqq 0$ です。

$\cos(\theta + \alpha)$ は，$0 < \alpha < \dfrac{\pi}{2}$ より

$y = \cos(\theta + \alpha)$ のグラフが右のようになるから，

$\quad 0 \le \theta < \dfrac{\pi}{2} - \alpha \quad$ のとき

$\qquad \cos(\theta + \alpha) > 0$

$\quad \dfrac{\pi}{2} - \alpha < \theta \le \dfrac{\pi}{2} \quad$ のとき

$\qquad \cos(\theta + \alpha) < 0$

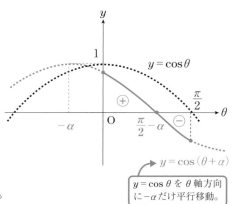

$y = \cos\theta$ を θ 軸方向に $-\alpha$ だけ平行移動。

です。これで増減表が書けます。

 計画 　　$F(\theta)$ は $\theta = \dfrac{\pi}{2} - \alpha$ で最大となるから，あとは最大値の計算です。

$$F\left(\frac{\pi}{2} - \alpha\right) = \int_0^{\frac{\pi}{2} - \alpha} x \cos(x + \alpha) dx$$

（微分） $\downarrow \quad$ （積分） $\downarrow$

$\quad 1 \qquad \sin(x + \alpha)$

θ	0	$\cdots$	$\dfrac{\pi}{2} - \alpha$	$\cdots$	$\dfrac{\pi}{2}$
$F'(\theta)$		$+$	0	$-$	
$F(\theta)$		↗	極大	↘	

部分積分でイケそうです。

$$F(\theta) = \int_0^\theta x\cos(x+\alpha)\,dx$$

$$F'(\theta) = \theta\cos(\theta+\alpha)$$

であり，$0 < \alpha < \dfrac{\pi}{2}$ であるから，

$F(\theta)$ の $0 \leqq \theta \leqq \dfrac{\pi}{2}$ における増減は

右の表のようになる。

θ	0	$\cdots$	$\dfrac{\pi}{2}-\alpha$	$\cdots$	$\dfrac{\pi}{2}$
$F'(\theta)$		$+$	0	$-$	
$F(\theta)$		$\nearrow$	極大	$\searrow$	

よって，$F(\theta)$ は $\theta = \dfrac{\pi}{2}-\alpha$ のとき最大となるから，求める最大値は，

$$F\left(\dfrac{\pi}{2}-\alpha\right) = \int_0^{\frac{\pi}{2}-\alpha} x\cos(x+\alpha)\,dx$$

$$= \left[x\sin(x+\alpha)\right]_0^{\frac{\pi}{2}-\alpha} - \int_0^{\frac{\pi}{2}-\alpha}\sin(x+\alpha)\,dx$$

$$= \left(\dfrac{\pi}{2}-\alpha\right)\sin\dfrac{\pi}{2} + \left[\cos(x+\alpha)\right]_0^{\frac{\pi}{2}-\alpha}$$

$$= \left(\dfrac{\pi}{2}-\alpha\right) + \left(\cos\dfrac{\pi}{2}-\cos\alpha\right)$$

$$= \dfrac{\pi}{2}-\alpha-\cos\alpha$$

検討　はじめに $F(\theta)$ の積分計算をすませると，

$$F(\theta) = \int_0^\theta x\,\cos(x+\alpha)\,dx = \left[x\sin(x+\alpha)\right]_0^\theta - \int_0^\theta \sin(x+\alpha)\,dx$$

$$= \theta\sin(\theta+\alpha) + \left[\cos(x+\alpha)\right]_0^\theta$$

$$= \theta\sin(\theta+\alpha) + \cos(\theta+\alpha) - \cos\alpha$$

となり，これから微分して，

$$F'(\theta) = 1\cdot\sin(\theta+\alpha) + \theta\cos(\theta+\alpha) - \sin(\theta+\alpha) = \theta\cos(\theta+\alpha)$$

としてもよいです。

どちらにしても難しい処理はなく，京大としてはかなり易しい方の部類に入る問題だと思うのですが……。見た目でビビりませんでしたか？　こういう問題を落としてはいけませんよ。

類題 43

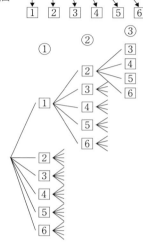

👤 理解 $n = 3$ ぐらいでやってみましょうか。

確率を考えるので，3個のボール，6個の箱にはすべて区別があるとします。

①のボールの投げ入れ方は6通り，②，③のボールについても同様だから，投げ入れ方は全部で6^3通り。

このうち，どの箱にも1個以下のボールしか入っていない状態になるのは，

　　①のボールの投げ入れ方が6通り。

　　②のボールは①のボールの入った箱以外の箱に入ればよいから5通り。

　　③のボールは①，②のボールが入った箱以外の箱に入ればよいから4通り。

よって，$6 \cdot 5 \cdot 4 (= {}_6P_3)$通りで，

$$p_3 = \frac{6 \cdot 5 \cdot 4}{6^3}$$

一般化すると，ボールの投げ入れ方が$(2n)^n$通りで，このうち条件をみたすのが，$2n \times (2n-1) \times (2n-2) \times \cdots\cdots \times (n+1)\ (= {}_{2n}P_n)$通りだから，

$$p_n = \frac{2n(2n-1)(2n-2) \cdots\cdots (n+1)}{(2n)^n}$$

となります。すると，

$$\frac{\log p_n}{n} = \frac{1}{n} \log \frac{2n(2n-1)(2n-2) \cdots\cdots (n+1)}{(2n)^n} \quad \cdots\cdots ⓐ$$

の極限を求めないといけないのですが，どうしましょう？

テーマ14でやりましたが，logの計算は「まとめる」「バラす」の2方向です。このままでは極限の計算ができそうになく，これ以上まとめようがないから，バラしてみましょうか。すると，

$$ⓐ = \frac{1}{n} \underbrace{\{\log 2n}_{k=n} + \underbrace{\log (2n-1)}_{k=n-1} + \underbrace{\log (2n-2)}_{k=n-2} + \cdots\cdots + \underbrace{\log (n+1)}_{k=1} - \underbrace{n \log 2n\}}_{\text{と見て}} \quad \cdots\cdots ⓑ$$

$$= \frac{1}{n} \left\{ \sum_{k=1}^{n} \log (n+k) - n \log 2n \right\}$$

$$= \frac{1}{n} \sum_{k=1}^{n} \log (n+k) - \log 2n$$

のようになり，~~~~部がΣでまとめられます。だから，この極限は無限級数ですね。しかし，これは，
$$\log(n+1)+\log(n+2)+\cdots\cdots+\log(n+n)$$
という和だから，無限等比級数ではありませんし，部分和も求められません。しいていえば区分求積法の形が近いですが，$\lim_{n\to\infty}$をつけたとき，

$$\lim_{n\to\infty}\underset{\underset{\displaystyle \text{ここはよいのですが}}{\uparrow}}{\frac{1}{n}}\sum_{k=1}^{n}\underset{\underset{\displaystyle \Sigma\text{の中が}\frac{k}{n}\text{の式になりません}}{}}{\log(n+k)}$$

計画　そこでもう一度ⓑの式を見てみると，後ろに~~$-n\log 2n$~~ってのが余っていますね。これは，
$$-\underbrace{(\log 2n+\log 2n+\log 2n+\cdots\cdots+\log 2n)}_{n\text{個}}$$
だから，~~~~部に1個ずつ分配してあげると，

$$
\begin{aligned}
ⓑ &= \frac{1}{n}\{(\log 2n-\log 2n)+(\log(2n-1)-\log 2n)\\
&\quad +(\log(2n-2)-\log 2n)+\cdots\cdots+(\log(n+1)-\log 2n)\}\\
&= \frac{1}{n}\left(\log\frac{2n}{2n}+\log\frac{2n-1}{2n}+\log\frac{2n-2}{2n}+\cdots\cdots+\log\frac{n+1}{2n}\right)\cdots\cdots ⓒ\\
&= \frac{1}{n}\sum_{k=1}^{n}\log\frac{n+k}{2n}\\
&= \frac{1}{n}\sum_{k=1}^{n}\log\frac{1}{2}\left(1+\frac{k}{n}\right)
\end{aligned}
$$

となって，Σの中が$\frac{k}{n}$の式に直せます。問題集などでたまに見る処理ですが，思いつきましたか？　ちょっと経験がないとキビシイかもしれません。

　しかし，じつはⓐの段階で，
$$
\begin{aligned}
\frac{\log p_n}{n} &= \frac{1}{n}\log\frac{2n(2n-1)(2n-2)\cdots\cdots(n+1)}{(2n)^n}\\
&= \frac{1}{n}\log\frac{2n(2n-1)(2n-2)\cdots\cdots(n+1)}{2n\cdot 2n\cdot 2n\cdot\cdots\cdots 2n}\\
&= \frac{1}{n}\log\left(\frac{2n}{2n}\right)\left(\frac{2n-1}{2n}\right)\left(\frac{2n-2}{2n}\right)\cdots\cdots\left(\frac{n+1}{2n}\right)
\end{aligned}
$$

としてからバラすと，

$$= \frac{1}{n}\left(\log\frac{2n}{2n} + \log\frac{2n-1}{2n} + \log\frac{2n-2}{2n} + \cdots\cdots + \log\frac{n+1}{2n}\right)$$

となり，ⓒの形になります。

　無限級数と気づいて，等比ではなく，部分和もムリだから，区分求積に
アタリをつけて，下書きに現れた式をひとつひとつていねいに吟味してい
くことですね。ヒラメキといってしまえばそれまでですが，ヒラメキを待
っていたのでは，いつやってきてくれるかわかりません。かといって，す
べてをパターン化していては膨大すぎますし，京大はそこをはずしてきま
す。無意識でやっていることを，意識の上にあげていくことが大切です。

実行

　ボールの投げ入れ方は全部で$(2n)^n$通りあり，これらは同様に確からしい。
　このうち，どの箱にも1個以下のボールしか入らないのは，$2n$個の箱か
らn箱を選んで，n個のボールを1個ずつ入れていくと考えて，${}_{2n}\mathrm{P}_n$通り
であるから，

$$p_n = \frac{{}_{2n}\mathrm{P}_n}{(2n)^n} = \frac{2n(2n-1)(2n-2)\cdots\cdots(n+1)}{(2n)^n}$$

よって，

$$\begin{aligned}
\frac{\log p_n}{n} &= \frac{1}{n}\log\left(\frac{2n}{2n}\right)\left(\frac{2n-1}{2n}\right)\left(\frac{2n-2}{2n}\right)\cdots\cdots\left(\frac{n+1}{2n}\right)\\
&= \frac{1}{n}\left(\log\frac{2n}{2n} + \log\frac{2n-1}{2n} + \log\frac{2n-2}{2n} + \cdots\cdots + \log\frac{n+1}{2n}\right)\\
&= \frac{1}{n}\sum_{k=1}^{n}\log\frac{n+k}{2n}
\end{aligned}$$

であるから，

$$\begin{aligned}
\lim_{n\to\infty}\frac{\log p_n}{n} &= \lim_{n\to\infty}\frac{1}{n}\sum_{k=1}^{n}\log\frac{1}{2}\left(1+\frac{k}{n}\right)\\
&= \int_0^1 \log\frac{1}{2}(1+x)dx\\
&= \int_0^1 \{\log(1+x) - \log 2\}dx\\
&= \Big[(1+x)\log(1+x) - x - x\log 2\Big]_0^1\\
&= (2\log 2 - 1 - \log 2) - 0\\
&= \boldsymbol{\log 2 - 1}
\end{aligned}$$

$\log\dfrac{1+x}{2} = \log(1+x) - \log 2$
で定数2を分離しました。

～部については，後の
➕補足でやりましょう。

＋補足 $\log x$ の不定積分

$$\int \log x\, dx = x\log x - x + C \quad （C \text{ は積分定数}）$$

は頻繁に使うので，覚えてしまってもよいと思います。本問の

$\int \log(1+x)\,dx$ もカンタンな積分ですが，大丈夫だったでしょうか？

$$\int \underset{\substack{\text{積分} \downarrow \\ x}}{\underline{1}} \, \underset{\substack{\text{微分} \downarrow \\ \frac{1}{1+x} \text{ と考えると}}}{\log(1+x)}\,dx = x\log(1+x) - \int \underset{\text{ここがジャマくさい}}{\frac{x}{1+x}}\,dx$$

ですよ。そこで，

$$\int \underset{\substack{\text{積分} \downarrow \\ x+1 \\ \text{追加}}}{\underline{1}} \, \underset{\substack{\text{微分} \downarrow \\ \frac{1}{1+x}}}{\log(1+x)}\,dx = (x+1)\log(1+x) - \int \overset{\frac{x+1}{1+x}}{1}\,dx$$

$$= (x+1)\log(1+x) - x + C$$

とします。$(x)' = 1$ ですが，$(x+1)' = 1$ でもあるので，どっちでもよいですよね。このように $\log$ の中身が $x+a$ や $a-x$ のときは，1 を積分したものを x とせず，後ろの積分がラクになるように定数項を調節します。

類題 44

👤理解
$$f(x) = \begin{cases} x & （0 \le x \le 1 \text{ のとき}） \\ 0 & （x > 1 \text{ のとき}） \end{cases}$$

だから，x を $4nx(1-x)$ におきかえて，

$$f(4nx(1-x)) = \begin{cases} 4nx(1-x) & （0 \le 4nx(1-x) \le 1 \text{ のとき}） \\ 0 & （4nx(1-x) > 1 \text{ のとき}） \end{cases}$$

となります。

$n > 0$ より $y = 4nx(1-x)$ のグラフは右の図のようになっていて，〰〰部をみたすのは █ 部です。図のように α，β をおくと，

$$4nx(1-x) = 1$$

より，

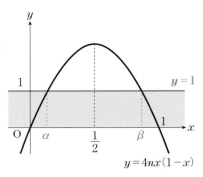

554

$$4nx^2 - 4nx + 1 = 0$$

$$\therefore \quad x = \frac{2n \pm \sqrt{4n^2 - 4n}}{4n}$$

$$= \frac{1}{2} \pm \frac{1}{2}\sqrt{1 - \frac{1}{n}}$$

だから,

$$\alpha = \frac{1}{2} - \frac{1}{2}\sqrt{1 - \frac{1}{n}}$$

$$\beta = \frac{1}{2} + \frac{1}{2}\sqrt{1 - \frac{1}{n}}$$

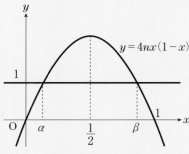

です。

 計画 すると,

$$\int_0^1 f(4nx(1-x))\,dx$$

$$= \int_0^\alpha 4nx(1-x)\,dx + \int_\alpha^\beta 0\,dx + \int_\beta^1 4nx(1-x)\,dx$$

となるから,これは上の図の斜線部分の面積を意味しますね。ここは

$y = 4nx(1-x)$ のグラフの軸 $x = \dfrac{1}{2}$ に関する対称性を利用しましょうか。

$$\int_0^1 f(4nx(1-x))\,dx = 2\int_0^\alpha 4nx(1-x)\,dx$$

より,積分すると α つまり n の式になるので,極限が計算できそうです。

実行

$4nx(1-x) = 1$ のとき,

$$4nx^2 - 4nx + 1 = 0$$

$$\therefore \quad x = \frac{1}{2} \pm \frac{1}{2}\sqrt{1 - \frac{1}{n}}$$

であるから,

$$\alpha = \frac{1}{2}\left(1 - \sqrt{1 - \frac{1}{n}}\right)$$

$$\beta = \frac{1}{2}\left(1 + \sqrt{1 - \frac{1}{n}}\right)$$

とおくと,

$$f(4nx(1-x)) = \begin{cases} 4nx(1-x) & (0 \le x \le \alpha,\ \beta \le x \le 1) \\ 0 & (\alpha < x < \beta) \end{cases}$$

である。

よって，$I_n = n\displaystyle\int_0^1 f(4nx(1-x))dx$ とおくと，$y=4nx(1-x)$ のグラフの

軸 $x=\dfrac{1}{2}$ に関する対称性から，

$$I_n = n\left\{\int_0^\alpha 4nx(1-x)dx + \int_\alpha^\beta 0\,dx + \int_\beta^1 4nx(1-x)dx\right\}$$

$$= n\left\{\int_0^\alpha 4nx(1-x)dx + \int_0^\alpha 4nx(1-x)dx\right\}$$

$$= n \times 2 \times 4n\int_0^\alpha x(1-x)dx$$

$$= 8n^2\int_0^\alpha (x-x^2)dx$$

$$= 8n^2\left[\frac{1}{2}x^2 - \frac{1}{3}x^3\right]_0^\alpha$$

$$= 8n^2\left(\frac{1}{2}\alpha^2 - \frac{1}{3}\alpha^3\right)$$

$$= \frac{4}{3}n^2\alpha^2(3-2\alpha)$$

ここで，$n \to +\infty$ のとき，

$$\alpha = \frac{1}{2}\left(1 - \sqrt{1-\frac{1}{n}}\right) \;\to\; \frac{1}{2}(1-1) = 0$$

$$n\alpha = \frac{n}{2}\left(1 - \sqrt{1-\frac{1}{n}}\right)$$

$\infty \cdot 0$ の不定形なので，

$1 - \sqrt{1-\dfrac{1}{n}}$ の部分で

分子の有理化

$$= \frac{n}{2}\cdot\frac{1-\left(1-\dfrac{1}{n}\right)}{1+\sqrt{1-\dfrac{1}{n}}}$$

$$= \frac{1}{2}\cdot\frac{1}{1+\sqrt{1-\dfrac{1}{n}}} \;\to\; \frac{1}{2}\cdot\frac{1}{1+1} = \frac{1}{4}$$

であるから，

$$\lim_{n\to+\infty} n\int_0^1 f(4nx(1-x))dx = \lim_{n\to+\infty} I_n = \lim_{n\to+\infty}\frac{4}{3}(n\alpha)^2(3-2\alpha)$$

$$= \frac{4}{3}\left(\frac{1}{4}\right)^2(3-2\cdot0) = \frac{1}{4}$$

類 題 **45**

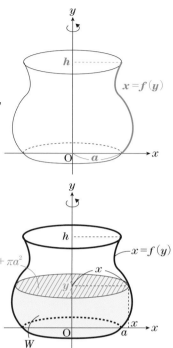

理解　問題文の情報を順に整理して
いくと，$x = f(y)$ は「$0 \leqq y \leqq h$」
で定義されていて，「$f(0) = a$」だから，
グラフは点 $(a, 0)$ を通しましょう。また，
「正の（値をとる）連続関数」だから，テ
キトーに曲げて右の図のような感じにしま
しょうか。

　次に，「単位時間あたり V（一定）の割合
で水を入れた」ので，t 時間後の水の量を
W とすると，

$$\frac{dW}{dt} = V \text{（一定）} \quad \cdots\cdots \text{ⓐ}$$

　また，「t 時間後の水面の面積は
$Vt + \pi a^2$」なので，t 時間後の水
の深さを y，水面の面積を S とす
ると，

$$S = Vt + \pi a^2 = \pi (x)^2 \quad \cdots\cdots \text{ⓑ}$$
$$f(y)$$

　また，水の量を考えて，

$$W = \int_0^y S\,dy \quad \frac{dW}{dy} = S \quad \cdots\cdots \text{ⓒ}$$

が成り立つから，ⓑ，ⓒより，

$$\frac{dW}{dy} = Vt + \pi a^2 \quad \cdots\cdots \text{ⓓ}$$

計画　すると，例の合成関数の微分法の公式

$$\frac{dW}{dt} = \frac{dW}{dy} \cdot \frac{dy}{dt}$$

でこれらを結びつけると，ⓐ，ⓓより，

$$V = (Vt + \pi a^2) \cdot \frac{dy}{dt}$$

となり，変数分離形の微分方程式になりました。またまた例によって，

$$\frac{V}{Vt + \pi a^2}\, dt = dy \quad \leftarrow \boxed{\text{Step1}} \; y \text{ と } t \text{ を分離}$$

$$\therefore \int \frac{V}{Vt + \pi a^2}\, dt = \int dy \quad \leftarrow \boxed{\text{Step2}} \; \int \text{ をつける}$$

すると，y と t の関係式が得られるので，ⓑの右側の等式で $f(y) = (y \text{ の式})$ にできそうです。

実行

t 時間後の水の深さを y，水面の面積を S，水の量を W とする。

単位時間あたり V の割合で水を入れるから，

$$\frac{dW}{dt} = V \quad \cdots\cdots ①$$

また，t 時間後の水面の面積は $Vt + \pi a^2$ であるから，

$$S = Vt + \pi a^2 = \pi\{f(y)\}^2 \quad \cdots\cdots ②$$

であり，$\dfrac{dW}{dy} = S$ であるから，

$$\frac{dW}{dy} = Vt + \pi a^2 \quad \cdots\cdots ③$$

ここで，$\dfrac{dW}{dt} = \dfrac{dW}{dy} \cdot \dfrac{dy}{dt}$ が成り立つから，①，③を代入して，

$$V = (Vt + \pi a^2)\frac{dy}{dt} \quad \therefore \; \frac{V}{Vt + \pi a^2} = \frac{dy}{dt}$$

よって，

$$\int \frac{V}{Vt + \pi a^2}\, dt = \int dy$$

$$\therefore \; \log(Vt + \pi a^2) = y + C \quad (C \text{ は積分定数})$$

$t = 0$ のとき $y = 0$ より，$C = \log \pi a^2$ であるから，

$$\log(Vt + \pi a^2) = y + \log \pi a^2 \quad \therefore \; y = \log \frac{Vt + \pi a^2}{\pi a^2}$$

したがって，

$$e^y = \frac{Vt + \pi a^2}{\pi a^2} \quad \cdots\cdots ④ \quad \therefore \; Vt + \pi a^2 = \pi a^2 e^y$$

であるから，②より，

$$\pi\{f(y)\}^2 = \pi a^2 e^y$$

$f(y) > 0$ であり，$a > 0$ であるから，

$$f(y) = ae^{\frac{y}{2}}$$

また，$t = T$ のとき $y = h$ であるから，④より，

$$e^h = \frac{VT + \pi a^2}{\pi a^2} \quad \therefore \quad T = \frac{\pi a^2}{V}(e^h - 1)$$

類題 46

 理解 $f(x) = x^2 + ax + b$
$$f(x^3) = (x^3)^2 + ax^3 + b = x^6 + ax^3 + b$$

テーマ8でやりましたが，

> **整式の 割り算** →
> 1 実際に割る
> 2 $A(x) = B(x)Q(x) + R(x)$ ……(*)
> の式を立てて，$B(x) = 0$ となる x の値を代入する
> 3 $A(x)$ から $B(x)$ をくくり出して(*)の形を作る

でした。

2 や 3 の方針で(*)を使おうとすると，$f(x^3)$ を $g(x)$ とし，$g(x)$ を $f(x)$ で割ったときの商を $Q(x)$ として，条件(イ)より，

$$g(x) = f(x)Q(x) = (x^2 + ax + b)Q(x)$$

となります。このままでは身動きできないので，$f(x)$ が複素数 α, β を用いて

$$f(x) = (x - \alpha)(x - \beta) \blacktriangleleft$$

と因数分解できたとすると，

> 実数係数の2次式が複素数の範囲でこのように因数分解できることは教科書に載っているのですが，虚数係数のときは載っていません。がここではOKとして（実際OK）話を進めますね。

$$g(x) = (x - \alpha)(x - \beta)Q(x)$$

となりますから，$x = \alpha, \beta$ を代入して，

$$g(\alpha) = g(\beta) = 0 \quad \cdots \cdots ⓐ$$

となります。

また，$f(x) = x^2 + ax + b = (x - \alpha)(x - \beta)$ と因数分解できましたから，$g(x)$ は

$$g(x) = f(x^3) = (x^3)^2 + ax^3 + b = (x^3 - \alpha)(x^3 - \beta)$$

と因数分解できますので，ⓐから

$$\underset{A}{(\alpha^3 - \alpha)}\underset{B}{(\alpha^3 - \beta)} = \underset{C}{(\beta^3 - \alpha)}\underset{D}{(\beta^3 - \beta)} = 0$$

となります。A, B, C, D を上のようにおくと，

$\quad$（$A = 0$ または $B = 0$）かつ（$C = 0$ または $D = 0$）

ですから，

$\quad$（ⅰ）$\ A = C = 0$ $\quad$（ⅱ）$\ A = D = 0$

$\quad$（ⅲ）$\ B = C = 0$ $\quad$（ⅳ）$\ B = D = 0$

$A = 0\ \ \text{or}\ \ B = 0$

（ⅰ）| $\quad$（ⅱ）$\times$（ⅲ）| （ⅳ）

$C = 0\ \ \text{or}\ \ D = 0$

の4つの場合をていねいに調べればイケそうです。

$\quad$ただ，たとえば，（ⅰ）の場合，

$\quad$$\alpha^3 = \alpha$ かつ $\beta^3 = \alpha$ $\qquad \therefore\quad \beta^3 = \alpha = 0,\ 1,\ -1$

$\beta = 0$ のとき $a = b = 0$ となり条件(ロ)に反しますが，$\beta^3 = 1$, -1 の2通りについて調べないといけません。(ⅲ)の場合は，

$\quad$$\alpha^3 = \beta$ かつ $\beta^3 = \alpha$

ですから，β を消去すると，

$\quad$$(\alpha^3)^3 = \alpha$ $\qquad \therefore\quad \alpha(\alpha^8 - 1) = 0$ $\qquad \therefore\quad \alpha = 0$ または $\alpha^8 = 1$

となり，α は「1の8乗根」です。$\beta = \alpha^3$ ですから，これも1つ1つ調べるとなかなか大変そうですね。

$\quad$じゃあ，$\boxed{1}$ **実際に割る** をやってみましょうか。

$$
\begin{array}{r}
x^4 - ax^3 + (a^2 - b)x^2 + (-a^3 + a + 2ab)x + (a^4 - a^2 - 3a^2b + b^2) \\
\hline
x^2 + ax + b \overline{)\,x^6 \qquad\qquad + ax^3 \qquad\qquad\qquad\qquad\qquad\qquad + b} \\
\end{array}
$$

$x^6 + ax^5 + bx^4$

$\underline{}$

$-ax^5 - bx^4 + ax^3$

$-ax^5 - a^2x^4 - abx^3$

$\underline{}$

$(a^2 - b)x^4 + (a + ab)x^3$

$(a^2 - b)x^4 + (a^3 - ab)x^3 + (a^2b - b^2)x^2$

$\underline{}$

$(-a^3 + a + 2ab)x^3 - (a^2b - b^2)x^2$

$(-a^3 + a + 2ab)x^3 + (-a^4 + a^2 + 2a^2b)x^2 + (-a^3b + ab + 2ab^2)x$

$\underline{}$

$(a^4 - a^2 - 3a^2b + b^2)x^2 + (a^3b - ab - 2ab^2)x + b$

$(a^4 - a^2 - 3a^2b + b^2)x^2 + (a^5 - a^3 - 3a^3b + ab^2)x + a^4b - a^2b - 3a^2b^2 + b^3$

$\underline{}$

$(-a^5 + a^3 + 4a^3b - ab - 3ab^2)x - a^4b + a^2b + 3a^2b^2 - b^3 + b$

$\quad$これもたいがいでしたね。すごい式になってしまいました。余りは，

$\quad$$(-a^5 + a^3 + 4a^3b - ab - 3ab^2)x - a^4b + a^2b + 3a^2b^2 - b^3 + b$

ですから，条件(イ)よりこれが恒等的に0になるということで，

$$
\begin{cases}
-a^5 + a^3 + 4a^3b - ab - 3ab^2 = 0 & \cdots\cdots \text{ⓑ} \\
-a^4b + a^2b + 3a^2b^2 - b^3 + b = 0 & \cdots\cdots \text{ⓒ}
\end{cases}
$$

ⓑは a でくくれて,
$$-a(a^4 - a^2 - 4a^2 b + b + 3b^2) = 0$$
（　）の中を次数の低い b で整理すると,
$$-a\{3b^2 - (4a^2 - 1)b + a^2(a^2 - 1)\} = 0$$
$$-a(b - a^2)\{3b - (a^2 - 1)\} = 0$$
$$a = 0 \quad または \quad b = a^2 \quad または \quad b = \frac{a^2 - 1}{3} \quad \cdots\cdots ⓑ'$$

$$
\begin{array}{rlcl}
3 & -(a^2 - 1) & \longrightarrow & -a^2 + 1 \\
1 & -a^2 & \longrightarrow & -3a^2 \\
\hline
& & & -4a^2 + 1
\end{array}
$$

となります。

ⓒは b でくくれて
$$-b(a^4 - a^2 - 3a^2 b + b^2 - 1) = 0$$
（　）の中を次数の低い b で整理すると,
$$-b\{b^2 - 3a^2 b + (a^4 - a^2 - 1)\} = 0$$
となりますが, この{　}の中はⓑのときのように因数分解できないですね。
$$b = 0 \quad または \quad b^2 - 3a^2 b + (a^4 - a^2 - 1) = 0 \quad \cdots\cdots ⓒ'$$

計画 　$f(x) = (x - \alpha)(x - \beta)$ からスタートしても, 実際の割り算からスタートしてもどっちにしても大変ですね。この問題は本番の京大の入試でも, ほとんどの人がまったく手つかずで, 捨て問でした。**理解** だけで十分です。でも, せっかくなので比較的わかりやすい割り算の方針で解答を作ってみますね。

ⓒ'より, $b = 0$ のときはⓑ'が,
$$a = 0 \quad または \quad a^2 = 0 \quad または \quad \frac{a^2 - 1}{3} = 0$$
$$\therefore \quad a = 0 \quad または \quad 1 または -1$$
となりますが, このとき a, b とも実数となり, 条件(ロ)に反します。

よって, $b \neq 0$ で, このときⓒ'より
$$b^2 - 3a^2 b + (a^4 - a^2 - 1) = 0 \quad \cdots\cdots ⓒ''$$
となります。これとⓑ'の連立方程式ですから, a か b のどちらか一方を消去しましょう。ⓑからⓑ'にもっていくときに b で整理したので, ⓑ'は「$b =$」の形になっています。このままⓒ''に代入して b を消去すると a の 4 次方程式になりますね。逆にⓑ'を「$a =$」または「$a^2 =$」の式にして, ⓒ''を a で整理すると,
$$ⓑ'より \quad a = 0 \quad または \quad a^2 = b \quad または \quad a^2 = 3b + 1$$
$$ⓒ''より \quad a^4 - (3b + 1)a^2 + b^2 - 1 = 0 \quad \cdots\cdots ⓒ'''$$
となり, a を消去すれば b の 2 次方程式です。こちらでいきましょうか。

(i) $a = 0$ のとき ⓒ‴ より $b^2 - 1 = 0$

   ∴ $b = \pm 1$ （条件㈣に反する）

(ii) $a^2 = b$ のとき ⓒ‴ より $b^2 - (3b + 1)b + b^2 - 1 = 0$

   ∴ $b^2 + b + 1 = 0$

(iii) $a^2 = 3b + 1$ のとき ⓒ‴ より $(3b + 1)^2 - (3b + 1)(3b + 1) + b^2 - 1 = 0$

   ∴ $b = \pm 1$

となります。

　(iii)のとき，$b = 1$ ですと $a^2 = 4$ より $a = \pm 2$ となり条件㈣に反します。$b = -1$ ですと $a^2 = -2$ より $a = \pm\sqrt{2}\,i$ となり条件㈣をみたします。

　(ii)のとき　$b = \dfrac{-1 \pm \sqrt{3}\,i}{2}$ で，このとき a は，

$$a^2 = b = \frac{-1 \pm \sqrt{3}\,i}{2}$$

をみたす複素数です。ここでやっと「複素数平面」の出番です。アプローチ **1** $z = x + yi$ **とおく**でもよいのですが，たったの「2乗」とはいえ一応「n乗」ですので，**3** $z = r(\cos\theta + i\sin\theta)$ **で表す**でいきましょうか。

$$a = r(\cos\theta + i\sin\theta) \quad (r > 0,\ 0 \le \theta < 2\pi)$$

とおいて，左辺にはド・モアブルの定理を用い，右辺も極形式に直しましょう。

$$r^2(\cos 2\theta + i\sin 2\theta) = \cos\left(\pm\frac{2\pi}{3}\right) + i\sin\left(\pm\frac{2\pi}{3}\right) \quad \text{（複号同順）}$$

　1 $z = x + yi$ **とおく**のときのように実部どうし虚部どうしを比較するのではなく，極形式では左辺と右辺の絶対値どうし，偏角どうしを比較します。偏角を比較するときは，偏角の範囲に注意しましょう。

　今回ですと，絶対値については，

$$r^2 = 1 \quad \therefore \quad r = 1$$

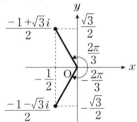

偏角については，$0 \le \theta < 2\pi$ より，$0 \le 2\theta < 4\pi$ で，

$$2\theta = \frac{2\pi}{3},\ \frac{2\pi}{3} + 2\pi,\ -\frac{2\pi}{3} + 2\pi,\ -\frac{2\pi}{3} + 4\pi$$

となります。もしくは，いったん一般角で処理しておいて，あとで θ の範囲を考慮してもよいですね。n を整数として，

$$2\theta = \pm\frac{2\pi}{3} + 2n\pi \quad \therefore \quad \theta = \pm\frac{\pi}{3} + n\pi$$

ですので，$0 \le \theta < 2\pi$ より

$$\theta = \frac{\pi}{3},\ \frac{\pi}{3}+\pi,\ -\frac{\pi}{3}+\pi,\ -\frac{\pi}{3}+2\pi,$$

$\theta = \frac{\pi}{3}+n\pi$ で $n=0,1$　　$\theta = -\frac{\pi}{3}+n\pi$ で $n=1,2$

という具合です。

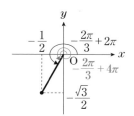

実行

$f(x)=x^2+ax+b$ で $f(x^3)=x^6+ax^3+b$ を割ると，余りは

$$-a(a^4-a^2-4a^2b+b+3b^2)x-b(a^4-a^2-3a^2b+b^2-1)$$

であるから，条件(イ)より，

$$\begin{cases} -a(a^4-a^2-4a^2b+b+3b^2)=0 & \cdots\cdots① \\ -b(a^4-a^2-3a^2b+b^2-1)=0 & \cdots\cdots② \end{cases}$$

である。

$a=0$ とすると，②より，

$$-b(b^2-1)=0 \qquad \therefore\quad b=0,\ \pm1$$

であるから，$a,\ b$ がともに実数となり，条件(ロ)に反する。

$b=0$ とすると，①より，

$$-a(a^4-a^2)=0 \qquad \therefore\quad a^3(a^2-1)=0 \qquad \therefore\quad a=0,\ \pm1$$

であるから，これも条件(ロ)に反する。

よって，①，②より，

$$\begin{cases} a^4-a^2-4a^2b+b+3b^2=0 & \cdots\cdots③ \\ a^4-a^2-3a^2b+b^2-1=0 & \cdots\cdots④ \end{cases}$$

であり，③より，

$$a^4-(4b+1)a^2+b(3b+1)=0$$
$$(a^2-b)\{a^2-(3b+1)\}=0$$
$$a^2=b \quad \text{または} \quad a^2=3b+1$$

である。

(I)　$a^2=b$ $\cdots\cdots⑤$ のとき，④より，

$$b^2-b-3b\cdot b+b^2-1=0 \qquad \therefore\quad b^2+b+1=0 \qquad \therefore\quad b=\frac{-1\pm\sqrt{3}i}{2}$$

であり，これは条件(ロ)をみたす。ここで，

$$a=r(\cos\theta+i\sin\theta) \quad (r>0,\ 0\leqq\theta<2\pi)$$

とおく。

(i)　$b=\dfrac{-1+\sqrt{3}i}{2}$ のとき，⑤より，

$$r^2(\cos2\theta+i\sin2\theta)=\cos\frac{2\pi}{3}+i\sin\frac{2\pi}{3}$$

であるから，両辺の絶対値と偏角を比較すると，n を整数として，

$$\begin{cases} r^2 = 1 \\ 2\theta = \dfrac{2\pi}{3} + 2n\pi \end{cases} \quad \therefore \quad \begin{cases} r = 1 \\ \theta = \dfrac{\pi}{3} + n\pi \end{cases}$$

$0 \leqq \theta < 2\pi$ より，$n = 0,\ 1$ であるから，

$$a = \cos\frac{\pi}{3} + i\sin\frac{\pi}{3},\ \cos\frac{4\pi}{3} + i\sin\frac{4\pi}{3} = \frac{1 + \sqrt{3}i}{2},\ \frac{-1 - \sqrt{3}i}{2}$$

(ii)　$b = \dfrac{-1 - \sqrt{3}\,i}{2}$ のとき，⑤より，

$$r^2(\cos 2\theta + i\sin 2\theta) = \cos\left(-\frac{2\pi}{3}\right) + i\sin\left(-\frac{2\pi}{3}\right)$$

であるから，両辺の絶対値と係数を比較すると，n を整数として，

$$\begin{cases} r^2 = 1 \\ 2\theta = -\dfrac{2\pi}{3} + 2n\pi \end{cases} \quad \therefore \quad \begin{cases} r = 1 \\ \theta = -\dfrac{\pi}{3} + n\pi \end{cases}$$

$0 \leqq \theta < 2\pi$ より，$n = 1,\ 2$ であるから，

$$a = \cos\frac{2\pi}{3} + i\sin\frac{2\pi}{3},\ \cos\frac{5\pi}{3} + i\sin\frac{5\pi}{3}$$
$$= \frac{-1 + \sqrt{3}i}{2},\ \frac{1 - \sqrt{3}i}{2}$$

(II)　$a^2 = 3b + 1$ ……⑥ のとき，④より，

$$(3b + 1)^2 - (3b + 1) - 3(b + 1)b + b^2 - 1 = 0$$
$$\therefore \quad b^2 - 1 = 0 \quad \therefore \quad b = \pm 1$$

(i)　$b = 1$ のとき

　　⑥より $a^2 = 4$ であるから，$a = \pm 2$ となるが，これは条件㋺をみたさない。

(ii)　$b = -1$ のとき

　　⑥より $a^2 = -2$ であるから，$a = \pm\sqrt{2}i$ となり，これは条件㋺をみたす。

以上より，

$$(a,\ b) = \left(\pm\frac{1 + \sqrt{3}i}{2},\ \frac{-1 + \sqrt{3}i}{2}\right),\ \left(\pm\frac{1 - \sqrt{3}i}{2},\ -\frac{1 + \sqrt{3}i}{2}\right),$$
$$(\pm\sqrt{2}i,\ -1)$$

であるから，求める $f(x)$ は，

$$f(x) = x^2 \pm \frac{1 + \sqrt{3}i}{2}x + \frac{-1 + \sqrt{3}i}{2},\ f(x) = x^2 \pm \frac{1 - \sqrt{3}i}{2}x - \frac{1 + \sqrt{3}i}{2},$$
$$f(x) = x^2 \pm \sqrt{2}ix - 1$$

検討 　**計画**のところで、「b を消去すると a の 4 次式になるから、a を消去して b の 2 次式にしましょう」と言いましたが、じつは b を消去しても a の複 2 次式が出てくるだけなので、こちらでも解けます。

> 複 2 次式 $ax^4 + bx^2 + c$ の因数分解 　→
> 1. $X = x^2$ として X の 2 次式で考える
> 2. $A^2 - B^2$ の形を作る

(Ⅰ) $a^2 = b$ のとき、④より

$$a^4 - a^2 - 3a^2 \cdot a^2 + (a^2)^2 - 1 = 0$$
$$a^4 + a^2 + 1 = 0$$
$$(a^2 + 1)^2 - a^2 = 0$$
$$(a^2 - a + 1)(a^2 + a + 1) = 0$$
$$a = \frac{1 \pm \sqrt{3}i}{2},\ \frac{-1 \pm \sqrt{3}i}{2}$$

（あとは $b = a^2$ を計算するだけ）

> $A^2 - B^2$
> $= (A - B)(A + B)$

> a^4 と 1 を $\bullet^2$ の形にするには
> $$(a^2 + 1)^2 = a^4 + 2a^2 + 1$$
> $$(a^2 - 1)^2 = a^4 - 2a^2 + 1$$
> のいずれかで、
> $a^4 + a^2 + 1 = (a^2 - 1)^2 + 3a^2$
> は $A^2 - B^2$ の形にならない。
> $a^4 + a^2 + 1 = (a^2 + 1)^2 - a^2$
> は $A^2 - B^2$ の形で因数分解できる。

(Ⅱ) $a^2 = 3b + 1$ つまり $b = \dfrac{a^2 - 1}{3}$ のとき、④より

$$a^4 - a^2 - 3a^2 \cdot \frac{a^2 - 1}{3} + \left(\frac{a^2 - 1}{3}\right)^2 - 1 = 0$$
$$\left(\frac{a^2 - 1}{3}\right)^2 = 1 \qquad \therefore\ \frac{a^2 - 1}{3} = \pm 1 \qquad \therefore\ a^2 = 4,\ -2$$

$\left(\text{あとは } b = \dfrac{a^2 - 1}{3} \text{ を計算するだけ}\right)$

　このようにしますと、$a = r(\cos\theta + i\sin\theta)$ とおいて、ド・モアブルの定理を用いる必要がなくなります。

　「b を消去すると a の 4 次式、a を消去すると b の 2 次式」で、次数の低い後者を選んで解答しましたが、じつは前者も悪くありません。むしろ計算は速いかもしれませんね。

　つねに複数の選択肢を考え、その 1 つを選んだときは計算用紙に残りの選択肢をメモしておきましょうね。行き詰まったときに戻れるように。

類 題 47

理解
$$1 + 2z + 3z^2 + \cdots\cdots + nz^{n-1}$$

は **例 題 35** でも出てきた，「(等差)×(等比) の和」です。和を S_n とおいて，$S_n - S_n \times$(公比) を行います。あ，数学 B の段階では数列は実数しか扱いませんが，数学 III では虚数でも OK ですよ。公比は z になりますので，

$$S_n = 1 + 2z + 3z^2 + 4z^3 + \cdots\cdots + nz^{n-1}$$
$$-\underline{)\ zS_n = \qquad z + 2z^2 + 3z^3 + \cdots\cdots + (n-1)z^{n-1} + nz^n}$$
$$(1-z)S_n = \underbrace{1 + z + z^2 + z^3 + \cdots\cdots + z^{n-1}}_{\text{初項 } 1,\ \text{公比 } z,\ \text{項数 } n\ \text{の等比数列の和}} - nz^n$$

$z \neq 1$ ですから，等比数列の和の公式から，

$$(1-z)\,S_n = \frac{1-z^n}{1-z} - nz^n$$

$z^n = 1$ を代入すると，

$$(1-z)S_n = 0 - n \qquad \therefore\quad S_n = \frac{-n}{1-z} = \frac{n}{z-1}$$

ということで，(1)は(エ)が正解ですね。

さて，(2)はもちろん(1)の結果を使うのでしょう。z の n 乗を扱いますから，**③ $z = r(\cos\theta + i\sin\theta)$ で表す**でしょうか。$z^n = 1$ ですから，「1 の n 乗根」ですね。とりあえず $|z| = 1$ は自明でいいでしょう。

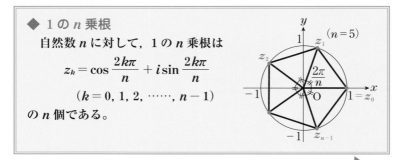

◆ **1 の n 乗根**

　自然数 n に対して，1 の n 乗根は
$$z_k = \cos\frac{2k\pi}{n} + i\sin\frac{2k\pi}{n}$$
$$(k = 0,\ 1,\ 2,\ \cdots\cdots,\ n-1)$$
の n 個である。

1 が 1 つの解は自明。O を中心とし，1 を 1 つの頂点とする正 n 角形になっている。

目標の左辺が
$$2\sin 40° + 3\sin 80° + \cdots\cdots + 9\sin 320°$$
ですから，(1)の
$$1 + 2z + 3z^2 + \cdots\cdots + nz^{n-1}$$
と比較して，$n = 9$ でしょうか？　すると右図
のような点 1 を頂点とする正 9 角形を考えて，
偏角のところに $\dfrac{360°}{9} = 40°$ が出てきます。イ
イ感じですね。
$$z = \cos 40° + i\sin 40°$$
とおいてみましょうか。ド・モアブルの定理より
$$z^n = \cos(40° \times n) + i\sin(40° \times n)$$
となりますね。
　$n = 9$ として，$S_9 = 1 + 2z + 3z^2 + \cdots\cdots + 9z^8$ を具体的に書くと，
$$
\begin{aligned}
S_9 = {}& 1 \\
&+ 2(\cos 40° + i\sin 40°) \\
&+ 3(\cos 80° + i\sin 80°) \qquad\quad 40° \times 2 \\
&+ \cdots\cdots \\
&+ 9(\cos 320° + i\sin 320°) \qquad 40° \times 8
\end{aligned}
$$
となりますから，ココで気づきますね。そうです。目標の左辺
$$2\sin 40° + 3\sin 80° + \cdots\cdots + 9\sin 320°$$
は，
　　　S_9 の虚部
です。

 計画　(1)より $S_n = \dfrac{n}{z - 1}$ でしたから，
$$S_9 = \frac{9}{(\cos 40° + i\sin 40°) - 1}$$
です。この虚部がほしいですから，まずは分母の実数化ですね。分母を実
部と虚部に分けて

$$S_9 = \frac{9}{(\cos 40° - 1) + i \sin 40°}$$

$$= \frac{9\{(\cos 40° - 1) - i \sin 40°\}}{(\cos 40° - 1)^2 + \sin^2 40°}$$

$$\times \frac{(\cos 40° - 1) - i \sin 40°}{(\cos 40° - 1) - i \sin 40°}$$

$$\cos^2 40° + \sin^2 40° = 1$$

$$= \frac{9\{(\cos 40° - 1) - i \sin 40°\}}{2 - 2\cos 40°}$$

(実部)＋(虚部)i の形

$$= \frac{9(\cos 40° - 1)}{2(1 - \cos 40°)} - \frac{9 \sin 40°}{2(1 - \cos 40°)} i$$

あ～，「S_9 の実部」ならよかったのに～ですね。$1 - \cos 40°$ で分子・分母が割り算できて，$-\dfrac{9}{2}$ です。しかし，今ほしいのは「S_9 の虚部」で，

$$(S_9 \text{ の虚部}) = -\frac{9 \sin 40°}{2(1 - \cos 40°)}$$

です。これを目標の $-\dfrac{9}{2\tan 20°}$ にもっていかないといけません。

　$40°$ を $20°$ にしたいので，$40° = 20° \times 2$ と見て 2 倍角の公式でどうでしょう。

$$\cos 40° = \cos(20° \times 2)$$
$$= \cos^2 20° - \sin^2 20° \quad \cdots\cdots ⓐ$$
$$= 2\cos^2 20° - 1 \quad \cdots\cdots ⓑ$$
$$= 1 - 2\sin^2 20° \quad \cdots\cdots ⓒ$$

$$\sin 40° = \sin(20° \times 2)$$
$$= 2\sin 20° \cos 20°$$

ですが，分母をキレイにしようとすると，ⓒでしょうか。入れてみましょう。

$$(S_9 \text{ の虚部}) = -\frac{9 \cdot 2\sin 20° \cos 20°}{2\{1 - (1 - 2\sin^2 20°)\}}$$

分子・分母を 2 で割る

$$= -\frac{9 \sin 20° \cos 20°}{2\sin^2 20°}$$

分子・分母を $\sin 20°$ で割る

$$= -\frac{9 \cos 20°}{2\sin 20°}$$

分子・分母を $\cos 20°$ で割る

$$= -\frac{9}{2\tan 20°}$$

できました。

568

実行

(1) $S_n = 1 + 2z + 3z^2 + \cdots\cdots + nz^{n-1}$

とおくと，$z \neq 1$ であるから，

$$
\begin{array}{rl}
& S_n = 1 + 2z + 3z^2 + \cdots\cdots + nz^{n-1} \\
- \bigr) & zS_n = \quad\;\; z + 2z^2 + \cdots\cdots + (n-1)z^{n-1} + nz^n \\
\hline
& (1-z)S_n = 1 + \;\; z + \;\; z^2 + \cdots\cdots + \;\; z^{n-1} \quad\;\;\; - nz^n
\end{array}
$$

$$
= \frac{1 - z^n}{1 - z} - nz^n
$$

となる。さらに，$z^n = 1$ であるから，

$$
(1-z)S_n = -n \qquad \therefore \quad S_n = \frac{n}{z-1}
$$

である。よって，S_n と等しいのは(エ)である。

(2) $\qquad z = \cos 40° + i \sin 40°$

とおくと，$z \neq 1$ であり，

$$
z^9 = \cos 360° + i \sin 360° = 1
$$

であるから，(1)の結果において $n = 9$ として，

> まず，(1)を使うための条件 $z \neq 1$，$z^n = 1$ が成り立つことをことわります。

$$
1 + 2z + 3z^2 + \cdots\cdots + 9z^8 = \frac{9}{z-1} \qquad \cdots\cdots ①
$$

である。

一方，

$$
\begin{aligned}
1 + 2z + 3z^2 + \cdots\cdots + 9z^8 = &\; 1 \\
& + 2(\cos 40° + i \sin 40°) \\
& + 3(\cos 80° + i \sin 80°) \\
& \quad\vdots \\
& + 9(\cos 320° + i \sin 320°)
\end{aligned}
$$

であり，

$$
\begin{aligned}
\frac{9}{z-1} &= \frac{9}{(\cos 40° - 1) + i \sin 40°} = \frac{9\{(\cos 40° - 1) - i \sin 40°\}}{(\cos 40° - 1)^2 + \sin^2 40°} \\
&= \frac{9\{(\cos 40° - 1) - i \sin 40°\}}{2(1 - \cos 40°)} = -\frac{9}{2} - \frac{9 \cdot 2 \sin 20° \cos 20°}{2 \cdot 2 \sin^2 20°} i \\
&= -\frac{9}{2} - \frac{9}{2 \tan 20°} i
\end{aligned}
$$

である。

よって，①の両辺の虚部を比較して，

$$
2 \sin 40° + 3 \sin 80° + \cdots\cdots + 9 \sin 320° = -\frac{9}{2 \tan 20°}
$$

検討 解答では①の右辺 $\dfrac{9}{z-1}$ の虚部を求めるために分母の実数化

をしましたが，$|z|=1$ のときの「$z-1$ の極形式への変形」は入試でよく見ますので，ここで確認しておきましょうか。

一般的に，$|z|=1$ のとき

$$z=\cos\theta+i\sin\theta\quad(0\leqq\theta<2\pi)$$

とおきますと，

$$z-1=(\cos\theta-1)+i\sin\theta \quad\text{← } \theta=\frac{\theta}{2}\times2 \text{ と見て 2 倍角の公式}$$

$$=\left\{\left(1-2\sin^2\frac{\theta}{2}\right)-1\right\}+i\cdot2\sin\frac{\theta}{2}\cos\frac{\theta}{2} \quad\text{← } \sin\frac{\theta}{2}\geqq0\ \left(0\leqq\frac{\theta}{2}<\pi\right) \text{ でくくる}$$

$$=2\sin\frac{\theta}{2}\left(-\sin\frac{\theta}{2}+i\cos\frac{\theta}{2}\right)$$

ですが，このときの偏角はわかりますか？　**第3章**の プロローグ でお話ししましたが，三角関数では単位円に戻りましょう。$\dfrac{\theta}{2}$ をテキトーにとると，

$-\sin\dfrac{\theta}{2}+i\cos\dfrac{\theta}{2}$ は右の図のようになります。すると，偏角は $\dfrac{\theta}{2}+\dfrac{\pi}{2}$ ですから，

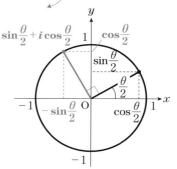

$$z-1=2\sin\frac{\theta}{2}\left\{\cos\left(\frac{\theta}{2}+\frac{\pi}{2}\right)+i\sin\left(\frac{\theta}{2}+\frac{\pi}{2}\right)\right\}\quad\cdots\cdots\text{あ}$$

$\underbrace{\qquad}_{|z-1|}\qquad\underbrace{\qquad\qquad}_{\arg(z-1)}$

となります。

さて，本問では $\theta=40°$ ですので，

$$z-1=2\sin20°\{\cos(20°+90°)$$
$$+i\sin(20°+90°)\}$$
$$=2\sin20°(\cos110°+i\sin110°)$$
$$\cdots\cdots\text{い}$$

ですが，$\dfrac{9}{z-1}$ と分数になっています。

「$\times z$ は $\arg z$ 回転，$\div z$ は $-\arg z$ 回転」を思い出してもらうと，

$$\frac{9}{z-1}=\frac{9}{2\sin20°}\frac{1}{\cos110°+i\sin110°}$$

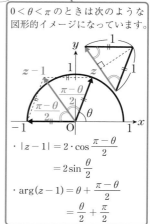

$0<\theta<\pi$ のときは次のような図形的イメージになっています。

$\cdot\ |z-1|=2\cdot\cos\dfrac{\pi-\theta}{2}$
$\qquad\quad=2\sin\dfrac{\theta}{2}$

$\cdot\ \arg(z-1)=\theta+\dfrac{\pi-\theta}{2}$
$\qquad\qquad\quad=\dfrac{\theta}{2}+\dfrac{\pi}{2}$

$$= \frac{9}{2\sin 20°} \{\cos(-110°) + i\sin(-110°)\}$$

ですから,

$$\left(\frac{9}{z-1} \text{ の虚部}\right) = \frac{9\sin(-110°)}{2\sin 20°}$$

$\sin(-\theta) = -\sin\theta$

$$= \frac{-9\sin 110°}{2\sin 20°}$$

$\sin(\theta + 90°) = \cos\theta$

$$= -\frac{9}{2} \cdot \frac{\cos 20°}{\sin 20°}$$

$$= -\frac{9}{2\tan 20°}$$

出ました。本問ではあまり有効ではありませんが,問題によっては,$|z| = 1$ のときの「$z-1$ の極形式への変形」は有効なことがあります。自力でできるようにしておいてください。

> 極形式 $z = r(\cos\theta + i\sin\theta)$ は,$r > 0$ で考えることになっています。
> ⓐの段階では $\theta = 0$ のとき $\sin\frac{\theta}{2} = 0$
> つまり $|z-1| = 0$ になりますので,厳密には「極形式」とは呼べません。ⓑは $2\sin 20° > 0$ ですので,ちゃんと「極形式」になっています。

類題 48

 理解　w が,(1)では絶対値 R,(2)では偏角 α の複素数全体を動くので,**3** $z = r(\cos\theta + i\sin\theta)$ **で表す**　ですかね。$w \ne 0$ ですから,

$$w = r(\cos\theta + i\sin\theta) \quad (r > 0,\ 0 \le \theta < 2\pi)$$

とおけます。そうしますと,

$$\frac{1}{w} = \frac{1}{r(\cos\theta + i\sin\theta)}$$

$\times \frac{\cos\theta - i\sin\theta}{\cos\theta - i\sin\theta}$ で分母の実数化

$$= \frac{1}{r} \cdot \frac{\cos\theta - i\sin\theta}{\cos^2\theta + \sin^2\theta}$$

$$= \frac{1}{r}(\cos\theta - i\sin\theta)$$

> $\frac{1}{w}$ を $1 \div w$ と考えて
> 「点 1 を $-\theta$ 回転 $\frac{1}{r}$ 倍した」
> と見ることもできます。
> $$\frac{1}{w} = \frac{1}{r}\{\cos(-\theta) + i\sin(-\theta)\}$$
> $$= \frac{1}{r}(\cos\theta - i\sin\theta)$$

です。$w + \frac{1}{w} = x + yi$ として,xy 平面上の点 (x, y) の軌跡を求めたいので,$w + \frac{1}{w}$ を (実部)+(虚部)i の形に整理すればよさそうです。

$$\underset{=}{x} + \underset{\sim}{y}i = w + \frac{1}{w}$$

$$= r(\cos\theta + i\sin\theta) + \frac{1}{r}(\cos\theta - i\sin\theta)$$

$$= \left(r + \frac{1}{r}\right)\cos\theta + i\left(r - \frac{1}{r}\right)\sin\theta$$

となりますから，x, y, $\cos\theta$, $\sin\theta$ が実数であることに注意して，

$$x = \left(r + \frac{1}{r}\right)\cos\theta, \quad y = \left(r - \frac{1}{r}\right)\sin\theta \quad \cdots\cdots\text{ⓐ}$$

です。

(1)では w が絶対値 R の複素数全体を動く，つまり，原点を中心とする半径 R の円上を動くわけですね。そうしますと $r = R$（一定）で，ⓐは

$$x = \left(R + \frac{1}{R}\right)\cos\theta, \quad y = \left(R - \frac{1}{R}\right)\sin\theta$$

$$\cdots\cdots\text{ⓑ}$$

となります。$R > 1$ より $R + \dfrac{1}{R} > 0$，$R - \dfrac{1}{R} > 0$

で，θ が変化しますので，

楕円のパラメータ表示

になっています！

図1

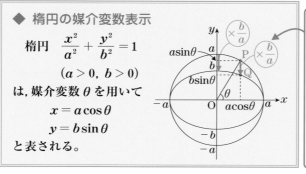

◆ 楕円の媒介変数表示

楕円 $\dfrac{x^2}{a^2} + \dfrac{y^2}{b^2} = 1$

$$(a > 0,\ b > 0)$$

は，媒介変数 θ を用いて

$$x = a\cos\theta$$

$$y = b\sin\theta$$

と表される。

楕円 $\dfrac{x^2}{a^2} + \dfrac{y^2}{b^2} = 1$ は「円 $x^2 + y^2 = a^2$ を y 軸方向に $\dfrac{b}{a}$ 倍したもの」と見ることができるので，

$$\text{P}(a\cos\theta, a\sin\theta)$$
$$\downarrow$$
$$\text{Q}(a\cos\theta, b\sin\theta)$$

となります。θ の位置に注意しましょう

ですから，ⓑは**図2**のような楕円を描きま
す。これで(1)はOKです。

では，(2)ですが，こちらはwが偏角αの
複素数全体を動きますから，**図3**のような
半直線上を動きます。あ，0は偏角が定義さ
れていないので，原点は除きます。そうしま
すと，$\theta = \alpha$（一定）で，ⓐは

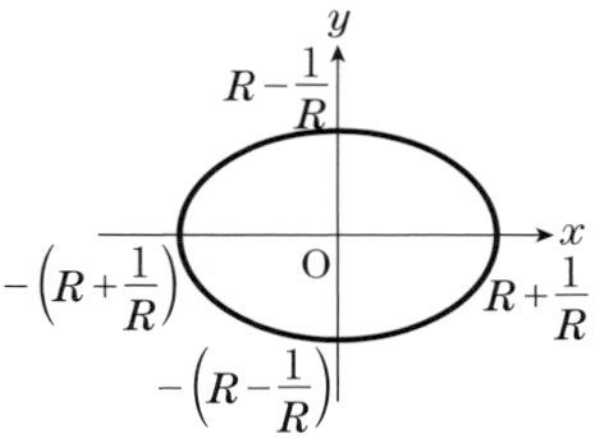

$$x = \left(r + \frac{1}{r}\right)\cos\alpha, \quad y = \left(r - \frac{1}{r}\right)\sin\alpha \quad \cdots\cdots ⓒ$$

となり，rが変化しますので……さて，どん
な曲線でしょう？　知ってますか？

「軌跡」ですから，rを消去して，x，y（と
α）の式を作ればいいんですよね。上手い変
形は思いつきますか？

右辺をrだけの式にするために，ⓒを

$$\begin{cases} \dfrac{x}{\cos\alpha} = r + \dfrac{1}{r} & \cdots\cdots ⓓ \\[3mm] \dfrac{y}{\sin\alpha} = r - \dfrac{1}{r} & \cdots\cdots ⓔ \end{cases}$$

と変形するとどうでしょう。$\dfrac{ⓓ+ⓔ}{2}$ と $\dfrac{ⓓ-ⓔ}{2}$ でさらに右辺がシンプルに

なります。

$\dfrac{ⓓ+ⓔ}{2}$で $\quad \dfrac{1}{2}\left(\dfrac{x}{\cos\alpha} + \dfrac{y}{\sin\alpha}\right) = r \quad \cdots\cdots ⓕ$

$\dfrac{ⓓ-ⓔ}{2}$で $\quad \dfrac{1}{2}\left(\dfrac{x}{\cos\alpha} - \dfrac{y}{\sin\alpha}\right) = \dfrac{1}{r} \quad \cdots\cdots ⓖ$

ⓕとⓖの辺々を掛けるとrが消せますね。

$$\frac{1}{4}\left(\frac{x}{\cos\alpha} + \frac{y}{\sin\alpha}\right)\left(\frac{x}{\cos\alpha} - \frac{y}{\sin\alpha}\right) = \cancel{r} \cdot \frac{1}{\cancel{r}}$$

$$\therefore \quad \frac{x^2}{4\cos^2\alpha} - \frac{y^2}{4\sin^2\alpha} = 1 \quad \cdots\cdots ⓗ$$

双曲線です！

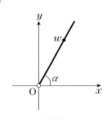

図2

図3

計画 さて，注意しないといけないのは，

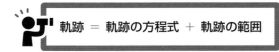

軌跡 ＝ 軌跡の方程式 ＋ 軌跡の範囲

です。軌跡を求めるときはその方程式だけでなく，範囲も考えなければいけません。(1)は楕円の媒介変数表示そのものですし，その意味から，楕円全体になっていることは自明でよいでしょう。では，(2)はどうでしょう？

　　　　　　　文字を消去するときは範囲に注意！

というのもありましたよね。$r>0$ ですから，ⓕ，ⓖで，

$$\frac{x}{2\cos\alpha}+\frac{y}{2\sin\alpha}>0 \quad \cdots\cdots ⓘ$$

$$\frac{x}{2\cos\alpha}-\frac{y}{2\sin\alpha}>0 \quad \cdots\cdots ⓙ$$

となります。これは双曲線ⓗの漸近線（を境界にもつ半平面）ですね。このままでわかりにくければ $0<\alpha<\frac{\pi}{2}$ より $\sin\alpha>0$ に注意して，

　　ⓘより　$y>-\dfrac{2\sin\alpha}{2\cos\alpha}x$

　　ⓙより　$y<\dfrac{2\sin\alpha}{2\cos\alpha}x$

と変形できますから，**図4** の網掛部です。求める軌跡は双曲線ⓗの右半分ということになります。

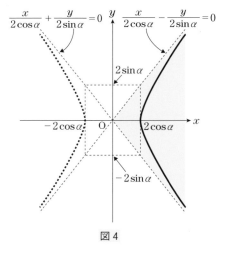

図4

　ⓘとⓙは片方だけで大丈夫なのですが，わかりますか？　今，ⓗが成り立っていますので，ⓘが成り立てばⓙも成り立ちますよね。逆にⓙが成り立てばⓘも成り立ちます。図もⓘだけ，またはⓙだけで，双曲線ⓗの右側になりますよね。

w は 0 ではないので,
$$w = r(\cos\theta + i\sin\theta) \quad (r > 0,\ 0 \le \theta < 2\pi)$$
とおけて, このとき,
$$\frac{1}{w} = \frac{1}{r(\cos\theta + i\sin\theta)} = \frac{1}{r}(\cos\theta - i\sin\theta)$$
であるから,
$$x + yi = w + \frac{1}{w} = \left(r + \frac{1}{r}\right)\cos\theta + i\left(r - \frac{1}{r}\right)\sin\theta$$
$x,\ y,\ \cos\theta,\ \sin\theta$ は実数であるから,
$$x = \left(r + \frac{1}{r}\right)\cos\theta,\quad y = \left(r - \frac{1}{r}\right)\sin\theta \quad \cdots\cdots ①$$
である。

(1) $r = R$ のとき, ①は,
$$x = \left(R + \frac{1}{R}\right)\cos\theta,\quad y = \left(R - \frac{1}{R}\right)\sin\theta$$
となる。$R > 1$ より $R + \dfrac{1}{R} > 0,\ R - \dfrac{1}{R} > 0$

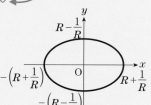

$R + \dfrac{1}{R} < 0$ や $R - \dfrac{1}{R} < 0$ でも楕円にはなりますが, x 軸, y 軸との交点の座標が, それぞれ, 左右, 上下に入れ替わります。

であるから, θ が $0 \le \theta < 2\pi$ の範囲を動くとき, 点 $(x,\ y)$ の軌跡は,

楕円 $\dfrac{x^2}{\left(R + \dfrac{1}{R}\right)^2} + \dfrac{y^2}{\left(R - \dfrac{1}{R}\right)^2} = 1$

(2) $\theta = \alpha$ のとき, ①は
$$x = \left(r + \frac{1}{r}\right)\cos\alpha,\quad y = \left(r - \frac{1}{r}\right)\sin\alpha$$

$0 < \alpha < \dfrac{\pi}{2}$ より $\cos\alpha \ne 0,\ \sin\alpha \ne 0$ であるから,

$\div\cos\alpha,\ \div\sin\alpha$ をしますので「$\ne 0$」を check

$$\frac{x}{\cos\alpha} = r + \frac{1}{r} \quad \cdots\cdots ② \qquad \frac{y}{\sin\alpha} = r - \frac{1}{r} \quad \cdots\cdots ③$$

$\dfrac{②+③}{2},\ \dfrac{②-③}{2}$ より,

$$\frac{x}{2\cos\alpha} + \frac{y}{2\sin\alpha} = r \quad \cdots\cdots ④ \qquad \frac{x}{2\cos\alpha} - \frac{y}{2\sin\alpha} = \frac{1}{r} \quad \cdots\cdots ⑤$$

であるから, ④, ⑤を満たす r が存在する条件は,

$$\begin{cases} \dfrac{x^2}{(2\cos\alpha)^2} - \dfrac{y^2}{(2\sin\alpha)^2} = 1 \\ \dfrac{x}{2\cos\alpha} + \dfrac{y}{2\sin\alpha} > 0 \end{cases}$$

よって，右の図より，点 (x, y) の
軌跡は

双曲線

$$\dfrac{x^2}{(2\cos\alpha)^2} - \dfrac{y^2}{(2\sin\alpha)^2} = 1$$

の $x > 0$ の部分

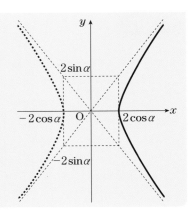

検討 さて，双曲線の媒介変数表示で，次はご存じでしょうか。

◆ **双曲線の媒介変数表示**

双曲線 $\dfrac{x^2}{a^2} - \dfrac{y^2}{b^2} = 1$

$\cdots\cdots(*)$

$(a > 0,\ b > 0)$

は，媒介変数を用いて

$$x = \dfrac{a}{2}\left(t + \dfrac{1}{t}\right)$$

$$y = \dfrac{b}{2}\left(t - \dfrac{1}{t}\right)$$

と表される。

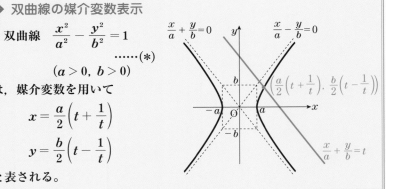

$(*)$ の漸近線は $\dfrac{x}{a} \pm \dfrac{y}{b} = 0$ です。どちらでもよいのですが，この媒介

変数表示の式は $\dfrac{x}{a} + \dfrac{y}{b} = 0$ に平行な直線と $(*)$ の交点を求めたものです。

$$\dfrac{x}{a} + \dfrac{y}{b} = t \quad (t \neq 0) \quad \cdots\cdots ⓐ$$

とおくと，$(*)$ は

$$\left(\dfrac{x}{a} + \dfrac{y}{b}\right)\left(\dfrac{x}{a} - \dfrac{y}{b}\right) = 1$$

と変形できますから，ⓐを代入すると

$$t\left(\frac{x}{a} - \frac{y}{b}\right) = 1 \qquad \therefore \quad \frac{x}{a} - \frac{y}{b} = \frac{1}{t} \quad \cdots\cdots ⓘ$$

（あ＋ⓘ）×$\dfrac{a}{2}$，（あ－ⓘ）×$\dfrac{b}{2}$ で，x，y について解くと

$$x = \frac{a}{2}\left(t + \frac{1}{t}\right), \quad y = \frac{b}{2}\left(t - \frac{1}{t}\right)$$

となり，さっきの双曲線の媒介変数表示が得られました。

　📋理解 のところでお話しした楕円の媒介変数表示は有名ですよね。それに比べると，この双曲線の媒介変数表示は知らない人も多いようです。さらに，問題を解くときに，双曲線上の点をこのようにおかないと解けない問題は，まあないでしょう。しかし，本問のように，いろいろな処理の結果，この形になっていることがあります。(2)の解答の最初に出てきた

$$x = \left(r + \frac{1}{r}\right)\cos\alpha, \quad y = \left(r - \frac{1}{r}\right)\sin\alpha$$

は，この媒介変数表示で $t \to r$，$\dfrac{a}{2} \to \cos\alpha$，$\dfrac{b}{2} \to \sin\alpha$ としたものですが，

$$r = (x,\ y \text{の式}), \quad \frac{1}{r} = (x,\ y \text{の式}) \text{ に整理して } r \text{消去}$$

という作業が思いつかず，「媒介変数表示された関数」として r で微分して処理しようとする人もいます。間違いではないですが，やはり「双曲線」までもっていかないと「正解」とはいえないでしょう。

　ということで，この双曲線の媒介変数表示は，

- 「$\dfrac{x}{a} + \dfrac{y}{b} = t$ とおく」などの誘導があれば，ついていける。

- 「t と $\dfrac{1}{t}$ の和と差」を見たら，「双曲線」と気づく。

くらいにはしておきましょう。

類 題 49

理解　　まず(1)は簡単です。複素数 z が単位円上にありますから，

$$|z| = 1$$
$$|z|^2 = 1$$
$$z\bar{z} = 1$$
$$\bar{z} = \frac{1}{z}$$

2乗

$|z|^2 = z\bar{z}$

$z \neq 0$ より割り算

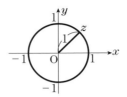

ですね。ずっと同値変形でいけますので，

> 　「$p \Leftrightarrow q$ を示せ」　　**1** 同値変形でつなぐ $p \Leftrightarrow p' \Leftrightarrow p'' \Leftrightarrow \cdots \Leftrightarrow q$
> 必要十分，同値　→　**2** (i) $p \Rightarrow q$ と(ii) $q \Rightarrow p$ に分けて示す

の **1** でよいですね。

　これを使いますと，

「z_1, z_2, z_3, z_4 が
単位円上にある」　$\Longleftrightarrow$　$\bar{z_1} = \dfrac{1}{z_1}$, $\bar{z_2} = \dfrac{1}{z_2}$, $\bar{z_3} = \dfrac{1}{z_3}$, $\bar{z_4} = \dfrac{1}{z_4}$

ですから，**2** $\bar{z}$ **を利用する**が思いつきますね。すると

「w が実数」　$\Longleftrightarrow$　$w = \bar{w}$

が思いつきますので，結局(2)は，

> **目標**
> $$\bar{z_1} = \frac{1}{z_1}, \ \bar{z_2} = \frac{1}{z_2}, \ \bar{z_3} = \frac{1}{z_3}, \ \bar{z_4} = \frac{1}{z_4} \ \longrightarrow \ w = \bar{w}$$

を示す問題ということになります。同様に(3)は，

> **目標**
> $$\bar{z_1} = \frac{1}{z_1}, \ \bar{z_2} = \frac{1}{z_2}, \ \bar{z_3} = \frac{1}{z_3}, \ w = \bar{w} \ \longrightarrow \ \bar{z_4} = \frac{1}{z_4}$$

を示す問題ということになりますね。

計画　　$w = \dfrac{(z_1 - z_3)(z_2 - z_4)}{(z_1 - z_4)(z_2 - z_3)}$　……ⓐ

はちょっと複雑な式ですが，$\overline{\mathbf{BAR}}$ については，

$$\overline{\alpha \pm \beta} = \bar{\alpha} \pm \bar{\beta}, \quad \overline{\alpha\beta} = \bar{\alpha}\,\bar{\beta} \qquad \overline{\left(\frac{\beta}{\alpha}\right)} = \frac{\bar{\beta}}{\bar{\alpha}}$$

のように，「加減乗除すべて，ブチブチ切ってよい」だけですので，計算は楽勝です。$\overline{w}$ を計算すると，

$$\overline{w} = \overline{\left\{\frac{(z_1 - z_3)(z_2 - z_4)}{(z_1 - z_4)(z_2 - z_3)}\right\}} = \frac{(\overline{z_1} - \overline{z_3})(\overline{z_2} - \overline{z_4})}{(\overline{z_1} - \overline{z_4})(\overline{z_2} - \overline{z_3})}$$

となります。

まず(2)については，これに $\overline{z_1} = \dfrac{1}{z_1}$，$\overline{z_2} = \dfrac{1}{z_2}$，$\overline{z_3} = \dfrac{1}{z_3}$，$\overline{z_4} = \dfrac{1}{z_4}$ を代入して，「$\overline{w} = \cdots\cdots = w$」にもっていけばいいわけですから，

$$\overline{w} = \frac{\left(\dfrac{1}{z_1} - \dfrac{1}{z_3}\right)\left(\dfrac{1}{z_2} - \dfrac{1}{z_4}\right)}{\left(\dfrac{1}{z_1} - \dfrac{1}{z_4}\right)\left(\dfrac{1}{z_2} - \dfrac{1}{z_3}\right)} \quad \cdots\cdots ⓑ$$

分子・分母を通分

$$= \frac{\dfrac{z_3 - z_1}{z_1 z_3} \cdot \dfrac{z_4 - z_2}{z_2 z_4}}{\dfrac{z_4 - z_1}{z_1 z_4} \cdot \dfrac{z_3 - z_2}{z_2 z_3}}$$

分子・分母に $\times z_1 z_2 z_3 z_4$
z_1, z_2, z_3, z_4 の順番を w にあわせるために各（　）をマイナスでくくった

$$= \frac{\{-(z_1 - z_3)\}\{-(z_2 - z_4)\}}{\{-(z_1 - z_4)\}\{-(z_2 - z_3)\}}$$

$$= \frac{(z_1 - z_3)(z_2 - z_4)}{(z_1 - z_4)(z_2 - z_3)}$$

$$= w$$

OK ですね。

(3)はⓑで，$\dfrac{1}{z_4}$ だけが，$\overline{z_4}$ のまま残って

$$\overline{w} = \frac{\left(\dfrac{1}{z_1} - \dfrac{1}{z_3}\right)\left(\dfrac{1}{z_2} - \overline{z_4}\right)}{\left(\dfrac{1}{z_1} - \overline{z_4}\right)\left(\dfrac{1}{z_2} - \dfrac{1}{z_3}\right)}$$

分子・分母を通分

$$= \frac{\dfrac{z_3 - z_1}{z_1 z_3} \cdot \dfrac{1 - \overline{z_4} z_2}{z_2}}{\dfrac{1 - \overline{z_4} z_1}{z_1} \cdot \dfrac{z_3 - z_2}{z_2 z_3}}$$

分子・分母に $\times z_1 z_2 z_3$
上と同様に各（　）をマイナスでくくった

$$= \frac{\{-(z_1 - z_3)\}\{-(\overline{z_4} z_2 - 1)\}}{\{-(\overline{z_4} z_1 - 1)\}\{-(z_2 - z_3)\}}$$

$$= \frac{(z_1 - z_3)(\overline{z_4} z_2 - 1)}{(\overline{z_4} z_1 - 1)(z_2 - z_3)} \quad \cdots\cdots ⓒ$$

となります。$\overline{z_4} = \dfrac{1}{z_4}$ が使えないかわりに，$w = \overline{w}$ が成り立ちますから，ⓐ，ⓒより

$$\frac{\overline{(z_1 - z_3)}\,\overline{(z_2 - z_4)}}{\overline{(z_1 - z_4)}\,\overline{(z_2 - z_3)}} = \frac{\overline{(z_1 - z_3)}(\overline{z_4}z_2 - 1)}{(\overline{z_4}z_1 - 1)\overline{(z_2 - z_3)}}$$

$$\frac{\overline{z_2 - z_4}}{\overline{z_1 - z_4}} = \frac{\overline{z_4}z_2 - 1}{\overline{z_4}z_1 - 1}$$

となりました。分母を払ってみましょうか。

$\times (z_1 - z_4)(\overline{z_4}z_1 - 1)$

$$(\overline{z_4}z_1 - 1)(z_2 - z_4) = (\overline{z_4}z_2 - 1)(z_1 - z_4)$$

展開

$$\overline{z_4}z_1z_2 - \overline{z_4}z_4z_1 - z_2 + z_4 = \overline{z_4}z_1z_2 - \overline{z_4}z_4z_2 - z_1 + z_4$$

$\overline{z_4}z_4$ について整理

$$(z_2 - z_1)\overline{z_4}z_4 - z_2 + z_1 = 0$$

$z_2 - z_1$ でくくる

$$(z_2 - z_1)(\overline{z_4}z_4 - 1) = 0$$

$z_1 \neq z_2$ ですから，

$$\overline{z_4}z_4 = 1$$

OK です！

実行

(1) 「複素数 z が単位円上にある」

$$\iff |z| = 1 \iff |z|^2 = 1 \iff z\overline{z} = 1 \iff \overline{z} = \frac{1}{z}$$

(2) $k = 1, 2, 3, 4$ として，(1)の結果より，

「複素数 z_k が単位円上にある」 $\iff \overline{z_k} = \dfrac{1}{z_k}$

が成り立つ。このとき，

$$\overline{w} = \frac{(\overline{z_1} - \overline{z_3})(\overline{z_2} - \overline{z_4})}{(\overline{z_1} - \overline{z_4})(\overline{z_2} - \overline{z_3})} = \frac{\left(\dfrac{1}{z_1} - \dfrac{1}{z_3}\right)\left(\dfrac{1}{z_2} - \dfrac{1}{z_4}\right)}{\left(\dfrac{1}{z_1} - \dfrac{1}{z_4}\right)\left(\dfrac{1}{z_2} - \dfrac{1}{z_3}\right)}$$

$$= \frac{(z_3 - z_1)(z_4 - z_2)}{(z_4 - z_1)(z_3 - z_2)} = \frac{(z_1 - z_3)(z_2 - z_4)}{(z_1 - z_4)(z_2 - z_3)} = w$$

であるから，w は実数である。

(3) $k = 1, 2, 3$ として，(1)の結果より，

「複素数 z_k が単位円上にある」 $\iff$ $\overline{z_k} = \dfrac{1}{z_k}$

が成り立つ。このとき，

$$\overline{w} = \frac{(\overline{z_1} - \overline{z_3})(\overline{z_2} - \overline{z_4})}{(\overline{z_1} - \overline{z_4})(\overline{z_2} - \overline{z_3})} = \frac{\left(\dfrac{1}{z_1} - \dfrac{1}{z_3}\right)\left(\dfrac{1}{z_2} - \overline{z_4}\right)}{\left(\dfrac{1}{z_1} - \overline{z_4}\right)\left(\dfrac{1}{z_2} - \dfrac{1}{z_3}\right)}$$

$$= \frac{(z_3 - z_1)(1 - \overline{z_4} z_2)}{(1 - \overline{z_4} z_1)(z_3 - z_2)} = \frac{(z_1 - z_3)(\overline{z_4} z_2 - 1)}{(\overline{z_4} z_1 - 1)(z_2 - z_3)}$$

である。

w は実数であるから，$w = \overline{w}$ が成り立ち，これより，

$$\frac{(z_1 - z_3)(z_2 - z_4)}{(z_1 - z_4)(z_2 - z_3)} = \frac{(z_1 - z_3)(\overline{z_4} z_2 - 1)}{(\overline{z_4} z_1 - 1)(z_2 - z_3)}$$

$$\frac{z_2 - z_4}{z_1 - z_4} = \frac{\overline{z_4} z_2 - 1}{\overline{z_4} z_1 - 1}$$

$$(\overline{z_4} z_1 - 1)(z_2 - z_4) = (\overline{z_4} z_2 - 1)(z_1 - z_4)$$

$$(z_2 - z_1) z_4 \overline{z_4} = z_2 - z_1$$

$z_1 \neq z_2$ より，

$$z_4 \overline{z_4} = 1 \qquad \therefore \quad \overline{z_4} = \frac{1}{z_4}$$

であるから，(1)の結果より z_4 は単位円上にある。

 検討 (1)の誘導がありますので，解答としてはコレでよいと思うのですが，

$$w = \frac{(z_1 - z_3)(z_2 - z_4)}{(z_1 - z_4)(z_2 - z_3)} = \frac{z_1 - z_3}{z_2 - z_3} \times \frac{z_2 - z_4}{z_1 - z_4}$$

と見ると，w の図形的意味はなかなか興味深いものですので，少し調べてみましょう。

z_1，z_2，z_3，z_4 が複素数平面上で表す点を順に P_1，P_2，P_3，P_4 としましょう。

差 $\iff$ ベクトルですから，

$$z_1 - z_3 = \overrightarrow{OP_1} - \overrightarrow{OP_3} = \overrightarrow{P_3 P_1}$$
$$z_2 - z_3 = \overrightarrow{OP_2} - \overrightarrow{OP_3} = \overrightarrow{P_3 P_2}$$

あ，ホントはこのイコールはダメですよ。現在の高校の教科書には，こんな書き方は載ってませんから，解答用紙には書かないようにしてください。図形的なイメージが "イコール" です。

商 ⟷ 回転＋拡大ですから，

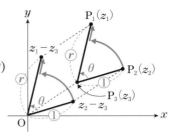

$$\frac{z_1 - z_3}{z_2 - z_3} = r(\cos\theta + i\sin\theta)$$

と極形式でおいてやると，

$$\underbrace{z_1 - z_3}_{\substack{\| \\ \overrightarrow{OP_1} - \overrightarrow{OP_3} \\ \| \\ \overrightarrow{P_3P_1}}} = \underbrace{(z_2 - z_3)}_{\substack{\| \\ \overrightarrow{OP_2} - \overrightarrow{OP_3} \\ \| \\ \overrightarrow{P_3P_2}}} \times \underbrace{r}_{\substack{r\,倍 \\ 拡大}}\underbrace{(\cos\theta + i\sin\theta)}_{\theta\,回転}$$

となります。つまり，

① $\left|\dfrac{z_1 - z_3}{z_2 - z_3}\right|\,(= r)$ は 「$|\overrightarrow{P_3P_1}|$ は $|\overrightarrow{P_3P_2}|$ の何倍か」

② $\arg \dfrac{z_1 - z_3}{z_2 - z_3}\,(= \theta)$ は「$\overrightarrow{P_3P_1}$ は $\overrightarrow{P_3P_2}$ を何 rad 回転したか」

を表しています。②は次のような公式として教科書にも載っています。

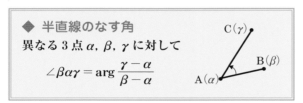

◆ **半直線のなす角**
異なる 3 点 α, β, γ に対して
$$\angle \beta\alpha\gamma = \arg \frac{\gamma - \alpha}{\beta - \alpha}$$

　例によって覚えなくてよいので，自力で導けるようにしておくことと，「なんかこんな式があったな～」程度は記憶にひっかけておきましょう。
　ただ，この式は「複素数平面上の回転の角度」ですので，「向き」があるんですよね。個人的には「$\angle \beta\alpha\gamma$」という表現は不正確で，いろいろトラブルの元のように思うのですが……。教科書には，
　　　　$\angle \beta\alpha\gamma =$（半直線 **AB** から半直線 **AC** までの回転角）
と定義しています。回転の向きはいつもの通り反時計まわりが正の向き，時計まわりは負の向きです。向きがあることに注意してください。
　ですから，

$$\arg \frac{z_1 - z_3}{z_2 - z_3} = \angle z_2 z_3 z_1 \quad \left\{ \begin{array}{l} \text{半直線 } P_3P_2 \text{ から，半直線 } P_3P_1 \text{ まで} \\ \text{の回転角（もしくは「} P_3 \text{ のまわりに} \\ P_2 \text{ から } P_1 \text{ へ回る角」）} \end{array} \right.$$

$$\arg \frac{z_2 - z_4}{z_1 - z_4} = \angle z_1 z_4 z_2 \quad \left\{ \begin{array}{l} \text{半直線 } P_4P_1 \text{ から，半直線 } P_4P_2 \text{ まで} \\ \text{の回転角（もしくは「} P_4 \text{ のまわりに} \\ P_1 \text{ から } P_2 \text{ へ回る角」）} \end{array} \right.$$

となります。すると，

$$\arg w = \arg \frac{z_1 - z_3}{z_2 - z_3} \cdot \frac{z_2 - z_4}{z_1 - z_4}$$

$$= \arg \frac{z_1 - z_3}{z_2 - z_3} + \arg \frac{z_2 - z_4}{z_1 - z_4}$$

$$= \angle z_2 z_3 z_1 + \angle z_1 z_4 z_2$$

$\arg \alpha\beta = \arg \alpha + \arg \beta$

となりますね。

たとえば P_1，P_2，P_3，P_4 がこの順に，反時計まわりに単位円上に並んでいるときは右の **図1** のようになっていて，

$$\angle z_2 z_3 z_1 = \theta \quad \longleftarrow \boxed{\text{図1で }\theta \text{ は負の角です。}}$$

とおくと，

$$\angle z_1 z_4 z_2 = -\theta \quad \longleftarrow \boxed{\text{向きに注意}}$$

です。すると

$$\arg w = 0$$

ですので，

w は実数

がいえました。

(2)，(3)は(1)を用いずに，このように解答することもできます。ただし，角の「向き」に注意しないといけませんし，P_1，P_2，P_3，P_4 の位置による場合分けも，モレがないように気をつけないといけません。

4個のものの円順列ですから，P_1 を固定するとして，$(4-1)! = 6$ 通りあります。しかし，**図1** と **図2** のように P_1，P_2，P_3，P_4 の位置関係が違っても（P_3 と P_4 が逆），角度が同じになる（$\angle z_2 z_3 z_1 = \theta$ とおくと $\angle z_1 z_4 z_2 = -\theta$）ものもあります。

結局場合分けは3通りで，**図1，3，4** のようになり，いずれの場合も w は実数です。

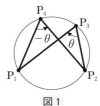

図1

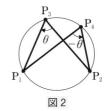

図2

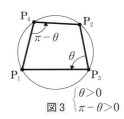

$$\begin{cases} \theta > 0 \\ \pi - \theta > 0 \end{cases}$$

図3

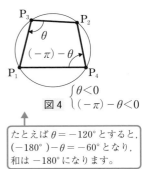

$$\begin{cases} \theta < 0 \\ (-\pi) - \theta < 0 \end{cases}$$

図4

$\boxed{\text{たとえば }\theta = -120° \text{ とすると，} (-180°) - \theta = -60° \text{ となり，和は }-180° \text{ になります。}}$

類題 50

🧍💬 理解　問題集でよく見る設定ではないでしょうか。複素数平面上で点がくるくる回っていく有名なネタです。易しいわけではありませんが，京大でもこんなのが出るんですよ。逆にこういうのを落とすとout! です。

z_n が複素数平面上で表す点を P_n とおくと，差 ⟷ ベクトルですから，

$$z_n - z_{n-1} = \overrightarrow{\mathrm{OP}_n} - \overrightarrow{\mathrm{OP}_{n-1}} = \overrightarrow{\mathrm{P}_{n-1}\mathrm{P}_n}$$
$$z_{n+1} - z_n = \overrightarrow{\mathrm{OP}_{n+1}} - \overrightarrow{\mathrm{OP}_n} = \overrightarrow{\mathrm{P}_n\mathrm{P}_{n+1}}$$

> 類題 49 でも言いましたが本当はイコールはダメです。

つまり，$z_n - z_{n-1}$ は $\overrightarrow{\mathrm{P}_{n-1}\mathrm{P}_n}$ の始点を原点にしたときの終点を表す複素数で，$z_{n+1} - z_n$ は $\overrightarrow{\mathrm{P}_n\mathrm{P}_{n+1}}$ の始点を原点にしたときの終点を表す複素数です。これが $\theta°$ 回転ですから，

> 変な表現ですが，問題文から θ は「$\theta = 45°$」ではなく「$\theta = 45$」ですので，「$\theta°$」のように「°」をつけないといけません。

$$w = \cos\theta° + i\sin\theta° \quad \cdots\cdots ⓐ$$
とおくと，
$$z_{n+1} - z_n = (z_n - z_{n-1}) \times w$$
ですね。

数列 $\{z_n\}$ に関する 3 項間漸化式ですが，よくある
$$z_{n+2} = (z_{n+1}, z_n \text{ の式})$$
ではなく
$$z_{n+1} = (z_n, z_{n-1} \text{ の式})$$
ですし，スタートは $z_1 - z_0$ ですから，ちょっとこわいですね。こういうときは n に具体的な値を入れてチェック。条件(ii)は $n \geqq 1$ のときですから，

$n = 1$ として　$z_2 - z_1 = (z_1 - z_0)w$
$n = 2$ として　$z_3 - z_2 = (z_2 - z_1)w$
$\qquad\qquad\vdots$

つまり，右のようになりますね。ですから，
$$z_{n+1} - z_n = (z_1 - z_0)w^n$$
であり，$z_0 = 0$，$z_1 = a$ ですから，
$$z_{n+1} - z_n = aw^n$$

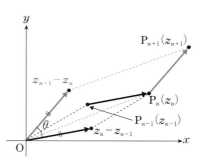

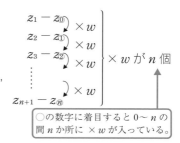

> ⓪の数字に着目すると 0〜n の間 n か所に ×w が入っている。

584

これで数列 $\{z_n\}$ の階差数列が求まったわけですが、ここから z_n を求めるときに、また z_0 からスタートしていてちょっとこわいので、具体的に調べておきましょう。右のようになりますね。ですから、

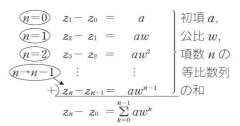

$$n \geqq 1 \text{ のとき} \qquad \boxed{\begin{array}{l}n=1 \text{ は OK。} \\ n=0 \text{ はダメ。}\end{array}}$$

$$z_n = z_0 + \sum_{k=0}^{n-1} aw^k$$

$$= 0 + a\frac{w^n - 1}{w - 1} \qquad \boxed{\begin{array}{l}\text{初項 } a \quad \text{公比 } w\,(\neq 1) \\ \text{項数 } n \text{ の等比数列の和}\end{array}}$$

これは $n=0$ のときも、$z_0 = 0$ となり成り立ちますが、「$z_n = z_0$ $(n \geqq 1)$ となる n を求める」問題ですので調べなくて OK です。

計画 $\quad z_n = a\dfrac{w^n - 1}{w - 1} \quad (n = 0,\ 1,\ 2,\ \cdots\cdots) \quad \cdots\cdots ⓑ$

となりました。目標は

「$z_n = z_0$ となる n が存在」 $\iff$ 「θ が有理数」

ですが、例題 **24** などでも言いましたように、

$$\text{存在を示す} \fallingdotseq \text{求める}$$

でしたから、とりあえず、「$z_n = z_0$ となる自然数 n」を求めてみましょう。

$$z_n = z_0 = 0$$

のとき、ⓑより、

$$a\frac{w^n - 1}{w - 1} = 0 \qquad \therefore\quad w^n = 1 \quad \cdots\cdots ©$$

さらに、ⓐより、

$$(\cos\theta° + i\sin\theta°)^n = 1$$

ですから、左辺にド・モアブルの定理を用い、右辺も極形式にして、

$$\cos n\theta° + i\sin n\theta° = \cos 0° + i\sin 0°$$

極形式では両辺の絶対値と偏角を比較しますが、今回、両辺の絶対値はともに 1 ですので、偏角の比較だけで OK です。ただし、$n\theta°$ は n の値しだいでいくらでも大きくなりますので、そこに注意して、

$$n\theta° = 360° \times k \quad (k \text{ は自然数})$$

ですね。

これより,

$$\theta = \frac{360 \times k}{n}$$

と変形できて，$\dfrac{360 \times k}{n}$ は有理数ですから,

「$z_n = z_0$ となる自然数 n が存在」　$\longrightarrow$　「θ は有理数」

が示せました。

それでは次に逆の

「θ が有理数」　$\longrightarrow$　「$z_n = z_0$ となる n が存在」

を示してみましょう。「θ が有理数」で，$0 < \theta < 90$ ですから

$$\theta = \frac{p}{q} \quad (p,\ q \text{ は自然数}) \longleftarrow \boxed{\begin{array}{l}\text{本問では，いつもの}\\ \text{「}p,\ q \text{ は互いに素」}\\ \text{は使いません。}\end{array}}$$

とおきましょう。すると,

$$w^n = \cos n\theta° + i\sin n\theta°$$
$$= \cos\left(\frac{np}{q}\right)° + i\sin\left(\frac{np}{q}\right)° \quad \cdots\cdots ⓓ$$

となります。$z_n = z_0$ になるには，ⓒの $w^n = 1$ が成立すればよいわけですが，そんな「n を求めて」ください。そうですね,

$$n = 360 \times q,\ 360 \times q \times 2,\ 360 \times q \times 3,\ \cdots\cdots$$

どれでもよくて，ⓓより,

$$w^n = \cos(360° \times p) + i\sin(360° \times p),$$
$$\cos(360° \times p \times 2) + i\sin(360° \times p \times 2),$$
$$\cos(360° \times p \times 3) + i\sin(360° \times p \times 3),$$
$$\vdots$$
$$= 1$$

となります。「n を求めよ」じゃなくて，「自然数 n が存在する」ことをいえばよいだけなので，$n = 360 \times q$ にしましょうか。確かに「$z_n = z_0$ となる自然数 n が存在」しますね。

それじゃあ，まず z_n の一般項を求めてから，必要と十分に分けて証明していきましょうか。

$$w = \cos\theta° + i\sin\theta°$$

とおくと，条件(ⅱ)より，

$$z_{n+1} - z_n = (z_n - z_{n-1})w \quad (n \geq 1) \quad \cdots \cdots ⓐ$$

あとの 検討 で
使います。

である。よって，数列 $\{z_{n+1} - z_n\}$ は，

初項 $z_1 - z_0 = a$，公比 $w\,(\neq 1)$ の等比数列

であるから，

$$z_{n+1} - z_n = aw^n \quad (n \geq 0) \quad \cdots \cdots ⓘ$$

である。ゆえに，$n \geq 1$ のとき，

$$z_n = z_0 + \sum_{k=0}^{n-1} aw^k = \frac{a(w^n - 1)}{w - 1} \quad \cdots \cdots ①$$

である。ここで，条件(ア)，(イ)を，

(ア)：「点 z_n と点 z_0 が一致するような自然数 n が存在する」

(イ)：「θ が有理数である」

とする。

(Ⅰ) (ア) $\Rightarrow$ (イ)の証明

$z_n = z_0$ となる n が存在するから，①より，

$$\frac{a(w^n - 1)}{w - 1} = 0$$

$$w^n = 1$$

$$\cos n\theta° + i\sin n\theta° = \cos 0° + i\sin 0°$$

「(ア)であるための必要十分条件が(イ)である」ことの証明ですので，(イ)が
(Ⅰ)必要条件であることの証明
(Ⅱ)十分条件であることの証明
です。
(Ⅰ)は「必要性の証明」
(Ⅱ)は「十分性の証明」
とも表現されます。

である。両辺の絶対値は等しいから，偏角を比較して，

$$n\theta° = 360° \times k$$

をみたす自然数 k が存在する。よって，

$$\theta = \frac{360k}{n}$$

であるから，θ は有理数である。

(Ⅱ) (イ) $\Rightarrow$ (ア)の証明

$\theta(0 < \theta < 90)$ が有理数であるから，

$$\theta = \frac{p}{q} \quad (p, q \text{ は自然数})$$

番号(Ⅰ)，(Ⅱ)をふって分けずに
(Ⅱ)は「逆にこのとき」
と書き出してもよいです。
本問の解答は少し長くなったので番号をふりました。

とおける。このとき，

$$w^n = \cos n\theta° + i\sin n\theta° = \cos\left(\frac{np}{q}\right)° + i\sin\left(\frac{np}{q}\right)°$$

である。

$n = 360 \times q$ とすると，

$$w^n = \cos(360° \times p) + i\sin(360° \times p) = 1$$

であるから，①より $z_n = 0$ となる。よって，

$$z_n = z_0$$
となる自然数 n が存在する。

以上(I), (II)より,

$$(ア) \iff (イ)$$

である。

 検討　　　　$z_{n+1} - z_n = (z_n - z_{n-1})w$　……ⓐ

から,

$$z_{n+1} - z_n = aw^n \quad ……ⓘ$$

を導き，ⓘから階差数列を使って数列 $\{z_n\}$ の一般項を求めましたが，ⓐ は 3 項間漸化式の基本的な形になっているので，こんな解き方も OK です。

ⓐより,

$$z_{n+1} - (1+w)z_n + wz_{n-1} = 0$$

$$z_{n+1} - wz_n = z_n - wz_{n-1}$$

> 特性方程式は
> $x^2 - (1+w)x + w = 0$
> $(x-1)(x-w) = 0$
> $x = 1,\ w$

ですから，数列 $\{z_{n+1} - wz_n\}$ は
初項 $z_1 - wz_0 = a$ の定数列です。よって,

$$z_{n+1} - wz_n = a \quad ……ⓒ$$

ⓘ−ⓒより,

$$(w-1)z_n = aw^n - a \qquad \therefore \quad z_n = \frac{a(w^n - 1)}{w - 1}$$

階差数列で「$n \geqq 2$?，$n \geqq 1$?，$n \geqq 0$?」と悩むより，こっちの方が速かったかもしれませんね。

おわりに

　駿台予備学校化学科の石川正明先生は浪人のときに教えていただいた大先生であり，予備校講師になってからはいろいろとご指導いただく大先輩なのですが，その石川先生に，

「授業は救いだ」

と教えていただいたことがあります。「昔，自分が苦労した受験で，自分と同じように苦労している人たちに，ちょっとくらいは手助けができたらいいな」と思いながら，日々講義をされているそうです。

　僕がこの本の執筆依頼をいただいたのが，石川先生からこのお話をうかがった1か月後でした。

　京大の数学なら，数学科出身のもっと賢い先生がお書きになった方がよいと思ったのですが，それはいろんな本が出版されています。KADOKAWA の担当者さんからも，「京大に行きたくてがんばっているんだけど，なかなか伸びなくて困っている学生さんのために書いてください」と言われ，これも何かのご縁と思って，書かせていただくことにしました。

　石川先生のお言葉を引用させていただくのもおこがましいですが，僕のように京大に憧れ，京大に入りたくてがんばっているあなたを，この本が少しでも後押しできることを願っています。

　　京大は素晴らしい大学です。ぜひ合格してください！

 解 答 用

採
点
欄

池谷　哲（いけや　さとし）
駿台予備学校、河合塾数学科講師。テキスト作成、模試作成も担当している。京都教育大学附属高校から2年間の浪人生活を経て京大に合格した苦労人。京大工学部卒、同大学院修了。人工知能の研究者になりたかったが挫折。予備校講師の世界に身を投じる。
「理解」「計画」を重視し、授業ではまず問題のどこに着目するか、どのように切り崩していくかを"下書き"する。そして解答の大筋が見えてから、あらためて解答を作成するスタイル。思考過程や解答作成において飛躍のない丁寧な授業を心掛けている。本人は普通にしゃべっているつもりだが、落語好きのためか、学生から「落語家さんのようなしゃべり方」と言われることも少なくない（ちょっとうれしい）。
著書に、『改訂版　世界一わかりやすい　京大の文系数学　合格講座』『改訂版　世界一わかりやすい　阪大の理系数学　合格講座』（以上、KADOKAWA）がある。

改訂第2版 世界一わかりやすい　京大の理系数学 合格講座
人気大学過去問シリーズ

2021年1月29日　初版発行
2024年9月10日　12版発行

著者／池谷　哲

発行者／山下　直久

発行／株式会社KADOKAWA
〒102-8177　東京都千代田区富士見2-13-3
電話 0570-002-301(ナビダイヤル)

印刷所／株式会社加藤文明社印刷所

©Satoshi Ikeya 2021　Printed in Japan
ISBN 978-4-04-604734-2　C7041